水利工程设计实例丛书

西部地区水库工程水土保持方案编制研究

甄　斌　杨伟超　薛建慧　杨春霞　等著

黄河水利出版社
·郑州·

内 容 提 要

本书为水利工程设计实例丛书，由直接参与工程设计的人员撰写，在全面系统地总结甘肃、青海、贵州和四川等西部地区水库工程水土保持方案编制实例的基础上，讲述了水库工程的水土保持方案编制方法，主要内容包括水库工程项目概况、水库工程项目区概况、水库水土保持防治责任范围划分、水库工程水土保持分析与评价、水土流失预测、水土保持监测、投资估算、水土保持工程措施设计、水土保持植物措施设计、水土保持临时措施设计和水土保持效益分析等。同时，详细地介绍了水库工程水土保持方案的设计方法，以及设计依据和目标，还提供了用于设计使用的公式、计算方法和技术资料。

本书针对性和实用性强，可供从事水土保持工作的规划、方案设计、施工、监测、监理、评估、后评价、科研、教学等科技人员参考，也可作为大专院校师生的参考资料和工程案例读物。

图书在版编目(CIP)数据

西部地区水库工程水土保持方案编制研究/甄斌等著.
郑州:黄河水利出版社,2014.11
ISBN 978-7-5509-0958-8

Ⅰ.①西… Ⅱ.①甄… Ⅲ.①水库工程-水土保持-研究-西北地区②水库工程-水土保持-研究-西南地区
Ⅳ.①TV632

中国版本图书馆 CIP 数据核字(2014)第 245158 号

策划组稿:李洪良　电话:0371-66026352　E-mail:hongliang0013@163.com

出 版 社:黄河水利出版社

地址:河南省郑州市顺河路黄委会综合楼 14 层　　邮政编码:450003

发行单位:黄河水利出版社

发行部电话:0371-66026940、66020550、66028024、66022620(传真)

E-mail:hhslcbs@126.com

承印单位:河南省瑞光印务股份有限公司

开本:787 mm×1 092 mm　1/16

印张:36

字数:832 千字　　印数:1—1 000

版次:2014 年 11 月第 1 版　　印次:2014 年 11 月第 1 次印刷

定价:150.00 元

前 言

为政之要,其枢在水。兴水利、除水害,历来都是治国安邦的大事。水库工程是水利工程极其重要的组成部分,新中国成立以来,我国建设了大量的不同规模的水库工程,对当地的农业生产和工程发展起到了不可替代的作用。随着我国西部大开发战略的实施,特别是1996年江泽民总书记在西安就加快中西部地区发展发表重要讲话以来,西部大开发的历史车轮滚滚向前,西部地区的矿产资源、煤炭能源的地区优势越来越明显。由于西部地区地处我国西部、亚欧大陆的深处,有年均降水量少、降水量季节性强的特点,造成水资源短缺的严峻形势,是制约西部大开发的重要环境因素。水库作为水资源的存储室,是调配利用水资源的最有效途径之一,也是解决西部水资源短缺的最直接有效的途径。因此,近年来甘肃、青海、贵州、四川等地新建了一批水库工程,对当地的工农业发展起到了十分重要的作用。

同时,水库工程作为开发建设项目的一部分,在工程建设过程中,造成的水土流失也引起了社会各界的关注。国家先后出台了一系列关于水土保持方案的法律法规和规范性文件,如2008年出台的《开发建设项目水土保持技术规范》和《开发建设项目水土流失防治标准》。特别是2012年出台了《水利水电工程水土保持技术规范》,对水库工程的水土保持工作提出了更高的要求。

本书为水利工程设计实例丛书,由直接参与工程设计的人员撰写,在全面系统地总结甘肃、青海、贵州和四川等西部地区水库工程水土保持方案编制实例的基础上,讲述了水库工程的水土保持方案编制方法,主要内容包括水库工程项目概况、水库工程项目区概况、水库水土保持防治责任范围划分、水库工程水土保持分析与评价、水土流失预测、水土保持监测、投资估算、水土保持工程措施设计、水土保持植物措施设计、水土保持临时措施设计和水土保持效益分析等。同时,详细地介绍了水库工程水土保持方案的设计方法,以及设计依据和目标,还提供了用于设计使用的公式、计算方法和技术资料。希望本书的出版能对我国西部地区水库工程的水土保持工作尽绵薄之力,将我国西部生态文明建设推向更高的水平。

本书撰写分工如下:黄河勘测规划设计有限公司甄斌、杨伟超撰写了第一部分;黄河勘测规划设计有限公司薛建慧、杨春霞、刘艳撰写了第二部分;华北水利水电大学黄鑫撰写了第三部分、第四部分;全书由甄斌统稿。

为总结水库工程水土保持设计的经验,兹撰写本书,以期与同行进行技术交流。本书得到了多位专家的大力支持，在此表示衷心的感谢！由于本书涉及的地区多，加上撰写时间仓促，本书中可能存在错误和不当之处，敬请同行专家和广大读者赐教指正。

作者

2014 年 8 月

目　录

第一部分　甘肃庆阳小盘河水库工程水土保持方案

第二部分　青海海西州鱼卡河水库工程水土保持方案

第三部分　贵州清渡河水库工程水土保持方案

第四部分　四川永定桥水库工程水土保持方案

第一部分　甘肃庆阳小盘河水库工程水土保持方案

小盘河水库及供水工程位于泾河的一级支流蒲河下游，下距蒲河与泾河汇合口约5 km。工程位于甘肃省庆阳市宁县，距离庆阳市约65 km，距宁县长庆桥镇约8 km。工程等别为Ⅲ等，工程规模为中型。永久性主要建筑物挡水大坝、泄洪建筑物、取水建筑物等级别为3级，次要建筑物输水线路、沉沙池、净水厂等均为4级，临时建筑物为5级。

小盘河水库死水位为970.0 m，正常蓄水位为982.0 m，设计洪水位为982.0 m，校核洪水位为987.22 m，相应死库容为541万m^3，正常蓄水位以下库容2 944万m^3，水库总库容为4 895万m^3。

第1章 综合说明

1.1 项目及项目概况

1.1.1 项目建设必要性

随着庆阳市能源化工基地的快速建设、工矿企业的较快发展，对水资源的需求越来越高，水资源供需矛盾越来越突出，严重制约能源基地的建设，迫切需要兴建一批供水工程增加供水能力，满足能源基地的供水需要。建设小盘河水库能有效缓解长庆桥工业园区用水紧张的局面，支撑当地经济快速发展，工程建设是十分必要和紧迫的。

1.1.2 项目进展概况及水土保持工作过程

2011年3月，开展小盘河水库及供水工程可行性研究编制工作。目前已经编制完成《甘肃庆阳小盘河水库及供水工程可行性研究报告》，正在上报审批过程中。

2011年3月，进行《甘肃庆阳小盘河水库及供水工程可行性研究报告》和水土保持等相关专题的设计工作。

2011年3月，成立了方案编制项目组，并组织相关技术人员参加该项工作。2012年3月，主体工程设计组完成了《甘肃庆阳小盘河水库及供水工程可行性研究报告》初稿，水土保持方案项目组人员在认真分析研究《甘肃庆阳小盘河水库及供水工程可行性研究报告》（初稿）等有关资料的基础上，对项目区及其周边区域进行了实地踏勘，对工程区进行了详细的勘察，收集了项目区的社会经济、农田水利工程、土地利用规划、林草植被分布等相关资料。根据对所收集资料的研究，结合主体工程设计的施工特点、施工工艺、建设时序安排等资料，预测项目建设可能损坏植被情况，预测将造成的人为水土流失特点及流失量，结合区域水土流失现状、区域水土流失治理经验，开展水土保持方案的编制工作。2012年6月初，主体工程设计组完成了《甘肃庆阳小盘河水库及供水工程可行性研究报告》最终稿，水土保持方案项目组根据最终稿，对本方案的弃渣场防治区等各项措施进行了修改，于2012年6月25日编制完成了《甘肃庆阳小盘河水库及供水工程水土保持方案报告书》（送审稿）。2012年9月12日在甘肃省兰州市召开并通过了《甘肃庆阳小盘河水库及供水工程水土保持方案报告书》（送审稿）技术审查，根据审查意见，2012年12月完成了《甘肃庆阳小盘河水库及供水工程水土保持方案报告书》（报批稿）。

1.1.3 项目概况

小盘河水库及供水工程位于泾河的一级支流蒲河下游，下距蒲河与泾河汇合口约5 km。位于甘肃省庆阳市宁县，距离庆阳市约65 km，距宁县长庆桥镇约8 km。工程等别为Ⅲ等,工程规模为中型。永久性主要建筑物:挡水大坝、泄洪建筑物、取水建筑物等建筑物级别为3级,次要建筑物输水线路、沉沙池、净水厂等均为4级,临时建筑物为5级。

小盘河水库死水位为970.0 m,正常蓄水位为982.0 m,设计洪水位为982.0 m,校核洪水位为987.22 m,相应死库容为541万m^3,正常蓄水位以下库容2 944万m^3,水库总库容为4 895万m^3。

工程建设目的:在充分利用蒲河非汛期水量的前提下,最大限度使用蒲河汛期天然径流,辅以地下水作为补充,联合运用,为长庆桥工业园区进行工业生产及生活供水。小盘河水库的供水范围是长庆桥工业园区的生活和工业用水。

项目总投资93 337.50万元,其中土建投资37 421.24万元。

工程施工总工期28个月,即2012年10月至2015年1月,其中施工准备期4个月,从2012年10月至2013年1月底;主体工程工期25个月,安排在2012年12月至2014年12月底,完建期2015年1月。

工程总占地面积为467.17 hm^2,其中施工临时占地面积为31.13 hm^2,永久占地面积为423.66 hm^2(包括水库淹没区面积403.78 hm^2)。

工程全部开挖量为77.04万m^3(自然方),其中开挖土方67.27万m^3(自然方),石方8.04万m^3(自然方),拆除混凝土0.08万m^3(自然方),钢筋石笼拆除1.29万m^3(自然方),另外房屋拆迁的建筑垃圾0.36万m^3。总填方为61.08万m^3(自然方),总利用土方39.66万m^3(自然方),总弃方42.20万m^3(自然方,折松方52.99万m^3)。工程弃方全部弃入相应的弃渣场,房屋拆迁的建筑垃圾全部运至长庆桥镇垃圾填埋场处理。

1.1.4 设计深度及防治标准

目前《甘肃庆阳小盘河水库及供水工程可行性研究报告》正在上报审批过程中,因此本工程水土保持方案编制深度确定为可行性研究深度。

根据《开发建设项目水土流失防治标准》,确定水土流失防治标准按照建设类项目水土流失防治一级标准执行。

1.1.5 项目区概况

工程区位于陇东黄土高原东部,在地貌单元上属黄土高原沟壑区。区内沟谷密布,岸坡陡立,地形连绵起伏。黄土塬、梁、峁等黄土地貌形态交错分布。除河道岸坡局部有基岩裸露外,大部分为第四系黄土所覆盖,上覆土层厚度100~300 m。自然边坡:黄土30°~50°,基岩50°~80°。

工程区蒲河为最低侵蚀基准面,蒲河自黄土塬深切于基岩中,河势曲折蜿蜒,河谷表现为“U”形不对称谷,河床平均坡降约为1.5‰。两岸黄土陡坡直达塬顶,塬顶高程最高约为1 250 m,高出河水位200~300 m。坝址附近山顶高程约1 150 m,河床高程约955 m,相对高差近200 m。

小盘河流域属于大陆性气候,具有冬天干旱而夏天湿润,气温日差较小和无霜期长的特点。年平均温度8.3 ℃,全年1月最低,7月最高,极端最高气温35.7 ℃,极端最低气温-22.6 ℃。多年平均降雨量为561.5 mm,雨量年内分布很不均匀,多集中在7~9月。

蒸发量为 1 503.5 mm，年日照时数 2 449.0 h，平均相对湿度 63%，最大风速 20 m/s，最大冻土深度 82 cm。最大一日雨量为 148 mm（1947 年 7 月 27 日）。

宁县境内土地均被黄土覆盖，主要土壤为交错分布的黑垆土和黄绵土。土壤养分总状况是氮少、磷缺、钾丰富，有机质贫乏，其黄绵土是主要的成土母质，深厚、疏松、质地细匀，垂直结构发达，透水性强，耕性良好。

项目区属全国水土流失重点治理区和甘肃省重点治理区，水土流失的形式以水力侵蚀为主。侵蚀强度为中度侵蚀，年平均土壤侵蚀模数 4 626 t/km^2。项目区属于西北黄土高原区，容许土壤流失量为 1 000 t/km^2。

1.2 主体工程水土保持分析评价结论

本项目的建设不存在水土保持限制性因素，工程选址、工程占地、土方平衡分析、弃渣场和取土场布置、施工组织及施工工艺基本符合水土保持相关要求。主体工程区采取了草皮护坡、混凝土护坡、净水厂区排水沟和空闲地绿化措施，有效地减少了水土流失，符合水土保持要求，由于设计阶段限制和主体设计侧重点不同，对主体工程区土石方开挖、填筑过程中的临时防护措施没有考虑，对生产生活区、弃渣场区、土料场区、施工道路区和输水线路区均没有采取水土流失防治措施，因此在本水土保持方案中从以下几个方面进行完善：

（1）新增枢纽区空闲地的绿化措施，枢纽区和净水厂区的临时堆土防护措施。

（2）补充设计生产生活区的临时排水、临时拦挡；空闲地绿化和土地平整迹地清理措施。

（3）补充设计弃渣场区的截排水措施、拦挡措施、护坡措施、土地平整、绿化和临时措施。

（4）补充设计料场区的表土剥离及回覆措施、植物护坡和临时措施。

（5）补充设计输水管线区的土地平整、绿化措施，临时措施。

（6）补充设计施工道路区的绿化、临时排水措施。

1.3 水土流失防治责任范围

经分析确定，该工程防治责任范围总面积为 494.84 hm^2，其中项目建设区面积 467.17 hm^2，直接影响区占地面积为 27.67 hm^2。

1.4 水土流失预测结果

工程扰动原地貌和破坏植被面积为 63.39 hm^2，其中耕地 48.76 hm^2，林地 2.04 hm^2，荒草地 5.28 hm^2，交通运输用地 0.34 hm^2，住宅用地 0.9 hm^2，水域 0.98 hm^2，其他用地 5.09 hm^2。本工程建设损坏水土保持设施面积为 63.39 hm^2，其中植被面积为 7.39 hm^2，非植被占地面积为 56.0 hm^2。工程弃渣 52.63 万 m^3（松方）。

工程建设产生的水土流失总量为29 334 t,新增水土流失量为17 988 t,其中主体工程区新增水土流失量为4 125 t,占新增水土流失总量的22.93%;弃渣场区新增水土流失量为2 629 t,占新增水土流失总量的14.61%;施工道路区新增水土流失量为6 193 t,占新增水土流失总量的34.43%;料场区新增水土流失量为1 039 t,占新增水土流失总量的5.78%;施工生产生活区新增水土流失量为1 093 t,占新增水土流失总量的6.08%;输水管线区新增水土流失量为2 909 t,占新增水土流失总量的16.17%。

1.5 水土保持措施总体布局及工程量

本方案通过水土流失预测,根据各个区域水土流失特点,将工程建设区分为:主体工程防治区、输水管线防治区、料场区、弃渣场区、施工道路区、施工生产生活区、临时堆料场区、水库淹没区和移民安置区等。通过对各防治分区可能造成人为水土流失的形式和特点分析,补漏拾遗,因害设防。本方案水土保持措施工程量如下。

(1)主体工程永久占地区。

工程措施:大坝上游护坡垫层5 609 m^3,大坝护坡混凝土1 726 m^3,净水厂区排水沟长833 m,浆砌石450 m^3。

植物措施:枢纽区空闲地绿化10.23 hm^2,大坝下游护坡草皮3 940 m^2,净水厂区绿化3.08 hm^2。

临时措施:临时拦挡袋装土方355.12 m^3。

(2)土料场防治区。

工程措施:剥离及回填表土13 500 m^3,土地平整4.05 hm^2。

植物措施:种植灌木面积45 000 m^2,灌木45 000株,植草45 000 m^2。

临时措施:临时排水沟长1 380 m,开挖土方441.6 m^3,表土堆存临时拦挡袋装土方201.38 m^3。

(3)弃渣场区。

工程措施:剥离及回填表土55 000 m^3;土地平整7.87 hm^2;修筑浆砌石排水沟长1 070 m,基础开挖土方1 710.4 m^3,排水沟M7.5浆砌石909.4 m^3;挡土墙长度为2 001 m,基础开挖土方2 671.63 m^3,M7.5浆砌石6 654.62 m^3;干砌石护坡面积为9 114 m^2,护坡干砌石2 734.2 m^3。

植物措施:渣场顶面种植乔木面积0.75 hm^2,乔木1 875株,种植灌木面积0.75 hm^2,种植灌木7 500株;灌木护坡面积2.23 hm^2,种植灌木22 308株;植草10.10 hm^2。

临时措施:表土堆存临时拦挡袋装土方474.77 m^3。

(4)施工道路防治区。

工程措施:道路铺设碎石(永临结合)3 km,道路铺设碎石(临时)3 km。

植物措施:种植行道树(乔木)6 667株。

临时措施:临时排水沟长度25.2 km,开挖土方8 064 m^3。

(5)施工生产生活防治区。

工程措施:土地平整3.27 hm^2。

植物措施：空闲地绿化种植灌木面积 1.17 hm^2，种植灌木 11 700 株，种草 1.17 hm^2。

临时措施：临时排水沟长度 6.25 km，开挖土方 2 000 m^3。

（6）输水管线区。

工程措施：土地平整 12.33 hm^2。

植物措施：种植乔木面积 0.49 hm^2，种植乔木 1 225 株，种草 11.84 hm^2。

临时措施：临时拦挡袋装土方 831.45 m^3，临时覆盖防尘网 26 341.5 m^2。

（7）临时堆料场。

临时措施：临时拦挡袋装土方 202.5 m^3，临时覆盖防尘网 2 500 m^2。

1.6 水土保持监测

根据工程建设进度安排，监测时段从施工准备期开始，至设计水平年结束。施工期扰动地表面积和损坏水土保持设施监测主要在施工前和竣工后，水蚀在 4～8 月每月监测 1 次，1～3 月至少监测 1 次，9～12 月监测 2 次，在日降雨量大于 50 mm（大雨）时加测。各项水土保持措施质量、数量和保土效果在施工结束后监测，植物措施成活率在造林后第一年 4 月（发芽后）监测 1 次，植物措施保存率在造林后第三年 4 月（发芽后）监测 1 次，生长情况在每年 4 月（发芽后）监测 1 次。

监测方法采用定点定位监测和现场巡查相结合的方法。根据监测点布设原则，考虑地形地貌、气候、重点防治区等因素，本方案初步选定 5 个定位监测点。

1.7 水土保持投资估算及效益分析

甘肃庆阳小盘河水库及供水工程水土保持方案估算总投资 1 649.25 万元，其中主体已有的投资为 605.88 万元，新增水土保持措施投资为 1 043.37 万元。总投资中工程措施投资 841.16 万元；植物措施投资 328.44 万元，临时措施投资 66.73 万元；独立费用 294.06 万元；基本预备费 55.47 万元；损坏水土保持补偿费 63.39 万元。

经分析，水土保持措施实施后，设计水平年各项防治目标均能达到防治目标的要求。

1.8 结论及建议

本项目的建设不存在水土保持限制性因素，根据《产业结构调整指导目录（2011 年本）》本工程属于供水水源及净水厂工程，为鼓励类项目，符合国家的产业政策。

本方案针对工程建设所造成的水土流失及危害，根据规范布置了各项治理措施，在施工中按照本方案进行实施，能够达到防治水土流失、保护生态环境的目的和要求。项目建设从水土保持角度来分析，该项目建设是可行的。

建议下阶段，加强主体工程水土保持设计，并编写专章、计列投资，及时开展水土保持监理和监测工作，通过招投标，明确施工方的水土流失防治责任，加强水土保持工作的监督和管理。

第2章　方案编制总则

2.1　方案编制的目的和意义

为保护和合理利用水土资源，改善生态环境，防治工程建设引起的新增水土流失，《甘肃庆阳小盘河水库及供水工程水土保持方案报告书》（以下简称方案）是根据有关法律法规要求，结合工程建设实际及项目区自然、社会、经济条件和水土流失特征完成的。其主要目的和意义是：

（1）全面贯彻落实《中华人民共和国水土保持法》及其相关法律、法规，明确项目建设单位防治水土流失的责任、义务和范围；

（2）在调查工程对建设区及周边区域水土保持的损坏情况的基础上，预测因工程可能造成的新增水土流失量，提出相应的预防、治理对策和具体的水土保持措施，为工程建设的水土保持工作指出方向，最大限度地减少水土流失，降低水土流失对生态环境的破坏程度，同时使项目区原有水土流失得到有效治理，生态环境得到改善；

（3）为水行政主管部门的水土保持监督执法及管理工作提供依据；

（4）为水土保持措施实施提供技术依据。

2.2　编制依据

2.2.1　法律法规

（1）《中华人民共和国水土保持法》；

（2）《中华人民共和国防洪法》；

（3）《中华人民共和国水法》；

（4）《中华人民共和国行政许可法》；

（5）《中华人民共和国水土保持法实施条例》；

（6）《建设项目环境保护管理条例》；

（7）《中华人民共和国基本农田保护条例》；

（8）《中华人民共和国河道管理条例》。

2.2.2　部委及地方规章

（1）《开发建设项目水土保持方案编报审批管理规定》（水利部1995第5号令，根据2005年第24号令修改）；

（2）《水土保持生态环境监测网络管理办法》（水利部2002第12号令）；

(3)《开发建设项目水土保持设施验收管理办法》(水利部2002第16号令,根据2005年第25号令修改);

(4)《水利部关于修改部分水行政许可规章的决定》(2005年7月8日水利部第24号令);

(5)《水利部关于修改或者废止部分水行政许可规范性文件的决定》(2005年7月8日水利部第25号令)。

2.2.3 规范性文件

(1)《国务院关于加强水土保持工作的通知》(国务院〔1993〕5号);

(2)《国务院关于深化改革严格土地管理的决定》(国务院〔2004〕28号);

(3)《全国生态环境保护纲要》(国务院〔2000〕38号);

(4)《国家土地管理局、水利部关于加强土地利用管理搞好水土保持的通知》(国土规字〔1989〕88号);

(5)《开发建设项目水土保持方案管理办法》(水利部、国家计委、国家环保局〔1994〕513号);

(6)《关于印发〈规范水土保持方案编报程序、编写格式和内容的补充规定〉的通知》(水利部司局函,保监〔2001〕15号);

(7)《关于加强水土保持方案审批后续工作的通知》(水利部办函〔2002〕154号);

(8)《关于加强大中型开发建设项目水土保持监理工作的通知》(水保〔2003〕89号);

(9)《关于颁发〈水土保持工程概(估)算编制规定和定额〉的通知》(水总〔2003〕67号);

(10)《关于印发〈全国水土保持预防监督纲要〉的通知》(水保〔2004〕332号);

(11)《财政部、国家发展改革委关于公布〈2007年全国性及中央部门和单位行政事业性收费项目目录〉的通知》(财综〔2008〕10号);

(12)《关于加强开发建设项目水土保持监督检查工作的通知》(水利部办水保〔2004〕97号);

(13)《关于规范水土保持方案技术评审工作的意见》(水利部办水保〔2005〕121号);

(14)《关于开发建设项目水土保持咨询服务费用计列的指导意见》(保监〔2005〕22号);

(15)《关于严格开发建设项目水土保持方案审查审批工作的通知》(水保〔2007〕184号);

(16)国家发展改革委、建设部关于印发《建设工程监理与相关服务收费管理规定》的通知(发改价格〔2007〕670号);

(17)《关于划分国家级水土流失重点防治区的公告》(水利部公告2006年第2号);

(18)《开发建设项目水土保持监测设计与实施计划编制提纲(试行)》(水保监〔2006〕16号);

(19)《关于规范生产建设项目水土保持监测工作的意见》(水保〔2009〕187号);

(20)《甘肃省人民政府关于划分水土流失重点防治区的通告》(2000年5月19日);

(21)《甘肃省水土保持补偿费、水土流失防治费征收管理办法》(1994 年 9 月 1 日)；

(22)《关于发布〈水利工程各阶段水土保持技术文件编制指导意见〉的通知》(水总局科〔2005〕3 号)。

2.2.4 技术规范及标准

(1)《开发建设项目水土保持技术规范》(GB 50433—2008)；

(2)《水土保持监测技术规程》(SL 277—2002)；

(3)《土壤侵蚀分类分级标准》(SL 190—2007)；

(4)《开发建设项目水土流失防治标准》(GB 50434—2008)

(5)《水土保持综合治理 效益计算方法》(GB/T 15774—1997)；

(6)《水土保持综合治理技术规范》(GB/T 16453.1 ~6)；

(7)《水利水电工程等级划分及洪水标准》(SL 252—2000)

(8)《水利工程水利计算规范》(SL 104—95)；

(9)《水利水电工程制图标准 水土保持图》(SL 73.6—2001)；

(10)《防洪标准》(GB 50201—94)；

(11)《农田排水工程技术规范》(SL/T 4—1999)；

(12)《主要造林树种苗木质量分级》(GB 6000—1999)；

(13)《禾本科主要栽培牧草种子质量分级》(GB 6142—85)；

(14)《工程勘察设计收费标准》(2004 年修订本)。

2.2.5 技术文件及资料

《甘肃庆阳小盘河水库及供水工程可行性研究报告》(2012 年 6 月)。

2.3 水土流失防治的执行标准

工程属于建设类项目,项目区位于国家级水土流失重点治理区和甘肃省水土流失重点治理区,根据《开发建设项目水土流失防治标准》,确定水土流失防治标准按照建设类项目水土流失防治一级标准执行。

2.4 指导思想

本项目水土保持方案编制是以《中华人民共和国水土保持法》和《开发建设项目水土保持方案管理办法》等有关法规文件为依据,以防治水土流失,保护生态环境,服务工程建设为主线,结合工程自身特点和建设实际情况,合理安排防治措施,使工程建设造成的水土流失得到有效治理。同时,通过防治本工程建设造成的新增水土流失,保护和改善项目区的生态环境,保证主体工程安全运行,协调工程建设与区域环境建设的关系,为当地经济的可持续发展服务。

2.5 编制原则

根据《中华人民共和国水土保持法》等有关法律法规及规范性文件，在符合《开发建设项目水土保持技术规范》等国家有关技术规范及标准要求的前提下，分析项目区自然及社会经济情况、工程建设特点和施工工艺，结合项目区水土保持特点，针对项目建设中产生的水土流失问题，因地制宜、因害设防、采取水土保持综合防治措施，控制因项目建设所产生的水土流失，使水土流失在短时间内减少到最低限度，尽早恢复因工程建设对生态环境造成的破坏。方案的编制原则如下：

(1)“谁开发、谁保护，谁造成水土流失、谁负责治理”的原则。

根据《中华人民共和国水土保持法》关于“基本建设过程中造成的水土流失，其防治费用由建设单位从基本建设投资中列支。生产过程中造成的水土流失，其防治费由企业从更新改造资金或者生产发展基金中列支”的规定，明确本工程建设水土流失防治责任的范围和治理要求，落实“谁开发、谁保护，谁造成水土流失、谁负责治理”的原则，由建设单位负责防治工程建设造成的水土流失。

(2)“预防为主、先挡后弃”的原则。

本工程土石方开挖量较大，且大部分为临时堆存土石方，遇径流冲刷极易造成大的水土流失，为防止建设期临时堆土区水土流失，必须贯彻“预防为主、先挡后弃”的原则，加强建设期临时防护措施，减少建设过程中造成的新增水土流失。

(3)水土保持方案与主体工程“三同时”的原则。

水土保持方案与主体工程同时设计、同时施工、同时投产使用。方案中的水土保持措施设计、布局、实施进度安排与主体工程同步进行，并与主体工程相互衔接、相互补充，避免遗漏或重复设计，确保水土保持措施能够有效防治新增水土流失。

(4)水土流失分区防治、突出重点的原则。

水土流失防治应注重局部治理与全面治理、单项治理与综合治理的关系，结合施工工艺和水土流失特点进行水土流失防治分区，有针对性地科学配置各项防治措施，建立选型正确、结构合理、效果显著的水土保持防治体系，在全面治理的情况下对水土流失较为严重的区域进行重点治理。

(5)水保措施经济合理、技术可行原则。

水土保持方案的编制坚持投资少、效益好的原则，各项防治措施既要符合水土保持方案规范要求，能防治新增水土流失，又能结合工程实际，因地制宜，经济合理，使水土保持方案技术上可靠，经济上可行。

(6)尽量减小扰动面积的原则。

认真贯彻不破坏就是最大保护的原则，结合改扩建工程沿线林地多的特点，严格控制建设过程中对林木的砍伐，土石方尽量移挖作填，有效控制土石方数量，尽量保留天然植被，最大限度地降低工程建设对植被的破坏。

2.6 设计深度及方案设计水平年

按照《中华人民共和国水土保持法》关于“水土保持工程必须与主体工程同时设计、同时施工、同时投产使用”的规定和《开发建设项目水土保持技术规范》(GB 50433—2008)的有关要求,水土保持方案的设计深度必须与主体工程设计深度相适应。已编制完成《甘肃庆阳小盘河水库及供水工程可行性研究报告》,目前该报告正在上报审批过程中。因此,本工程水土保持方案编制深度确定为可行性研究深度。

建设类项目设计水平年为主体工程完工后,方案确定的水土保持措施实施完毕并初步发挥效益的时间,建设类项目为主体工程完工后的当年或后一年。本工程建设期为28个月,工程计划于2012年10月开工,2015年1月完工,因此水土保持设计水平年为2015年。

第3章　项目概况

3.1　基本情况

3.1.1　项目名称及地理位置

本工程全称：甘肃庆阳小盘河水库及供水工程。

工程位于庆阳市宁县内泾河的一级支流蒲河下游，下距蒲河与泾河汇合口约 5 km。地理位置位于甘肃省庆阳市宁县，距离庆阳市约 65 km，宁县长庆桥镇约 8 km。

庆阳市属黄河中游内陆地区，介于东经 106°20′～108°45′、北纬 35°15′～37°10′。东倚子午岭，北靠羊圈山，西接六盘山，东、西、北三面隆起，中南部低缓，故有"盆地"之称。区内东西之间 208 km，南北相距 207 km。宁县位于甘肃省庆阳市西南部，属于黄河中游内陆地区，介于东经 107°41′～108°34′、北纬 35°15′～35°52′。

小盘河水库控制流域面积 7 466 km^2，几乎控制蒲河流域的全部。上距巴家嘴水库约 50 km，下距泾河口约 10 km，库区内河道平均比降 17.6‰。

工程对外交通便利，国道 G309 从太白镇经过，太白镇—庆阳市区有公路（G309、S202）相连；坝址右岸有柔远至南梁至太白（合水段）三级公路（为沥青双车道）经过，公路连接华池县至太白镇。

3.1.2　建设目的与性质

甘肃庆阳小盘河水库及供水工程建设目的：在充分利用蒲河非汛期水量的前提下，最大限度使用蒲河汛期天然径流，辅以地下水作为补充，联合运用，为长庆桥工业园区进行工业生产及生活供水。小盘河水库的供水范围是长庆桥工业园区的生活和工业用水。

甘肃庆阳小盘河水库及供水工程性质：新建的建设类项目。

3.1.3　工程规模与工程特性

根据《水利水电枢纽工程等级划分及洪水标准》（SL 252—2000）的规定，甘肃庆阳小盘河水库及供水工程等别为Ⅲ等，工程规模为中型。

小盘河水库死水位为 970.0 m，正常蓄水位为 982.0 m，设计洪水位为 982.0 m，校核洪水位为 987.22 m，相应死库容为 541 万 m^3，正常蓄水位以下库容 2 944 万 m^3，水库总库容为 4 895 万 m^3。

永久性主要建筑物：挡水大坝、泄洪建筑物、取水建筑物等建筑物级别为 3 级，次要建筑物输水线路、沉沙池、净水厂等均为 4 级，临时建筑物为 5 级。

本工程施工总工期 28 个月。

工程建设区占地面积为467.17 hm^2，其中施工临时占地面积为31.13 hm^2，永久占地面积为423.66 hm^2（包括水库淹没区面积403.78 hm^2）。

本工程全部开挖量为77.04万 m^3（自然方），其中开挖土方67.27万 m^3（自然方），石方8.04万 m^3（自然方），拆除混凝土0.08万 m^3（自然方），钢筋石笼拆除1.29万 m^3（自然方），另外房屋拆迁的建筑垃圾0.36万 m^3。总填方为61.08万 m^3（自然方），总利用土方39.66万 m^3（自然方），总弃方42.20万 m^3（自然方，折松方52.99万 m^3）。工程弃方全部弃入相应的弃渣场，房屋拆迁的建筑垃圾全部运至长庆桥镇垃圾填埋场处理。

工程特性见表3-1。

表3-1　甘肃庆阳小盘河水库及供水工程特性

项目名称	甘肃庆阳小盘河水库及供水工程		
建设地点	甘肃庆阳市宁县长庆桥镇以上小盘河段		
项目法人单位	小盘河水库工程建设管理局		
所属流域/开发的河流	泾河流域/小盘河		
建设目的与性质	以防洪、供水为主，兼顾改善生态		
工程等别	中型Ⅲ等水利工程		
工程总投资/土建投资	93 337.50万元/37 421.24万元		
建设工期	本工程施工总工期28个月		
一、工程概况			
名称/序号	单位	数量	备注
1　水文			
1.1　流域面积			
全流域面积	km^2	7 500	
工程坝址以上	km^2	7 466	
1.2　坝址多年平均年径流量	亿 m^3	2.79	
1.3　代表性流量			
设计洪水标准及流量	m^3/s	6 090	2%（50年一遇）
校核洪水标准及流量	m^3/s	10 100	0.1%（千年一遇）
施工导流标准及流量	m^3/s	1 740	20%（汛期5年一遇）
2　水库			
2.1　水库水位			
校核洪水位	m	987.22	
设计洪水位	m	982.00	
正常蓄水位	m	982.00	
死水位	m	970.00	
2.2　正常蓄水位时水库面积	km^2	3.14	

续表 3-1

2.3　回水长度	km	16.84	
2.4　库容			
总库容(校核洪水位以下库容)	万 m^3	4 895	原始库容曲线
正常蓄水位以下库容	万 m^3	2 944	有效库容曲线
调节库容(正常蓄水位至死水位)	万 m^3	2 403	有效库容曲线
死库容	万 m^3	541	有效库容曲线
3　下泄流量			
3.1　设计洪水位时最大泄量	m^3/s	6 090	
3.2　校核洪水位时最大泄量	m^3/s	8 550	
4　工程效益指标			
4.1　水库年供水总量	万 m^3	3 386	(城镇与工业)
4.2　水库结合地下水年供水总量	万 m^3	3 540	
5　淹没、占压拆迁			
5.1　库区			
淹没影响总人口($P=5\%$)	人	742	
淹没影响房屋	m^2	25 589	
5.2　坝区及供水工程			
影响人口	人	326	
影响房屋	m^2	14 910	
6　主要建筑物及设备			
6.1　大坝			
坝型		均质土坝/重力坝	
地基特性		壤土基础/弱风化基岩	
地震动峰值加速度		0.05	
坝顶高程	m	988.00	
最大坝高	m	39.0	
坝顶长度	m	268.0	
6.2　表孔泄洪闸			
孔数	孔	3	
进口底坎高程	m	972.00	
事故检修门孔口尺寸	m×m	8×10	宽×高

续表 3-1

事故检修门型		平板钢闸门	
工作门孔口尺寸	m×m	8×10	宽×高
工作门型		弧形钢闸门	
设计最大流量	m^3/s	2 860	
消能方式		底流消能	
6.3 底孔泄洪排沙闸			
孔数	孔	5	
进口底坎高程	m	960.00	
事故检修门孔口尺寸	m×m	8×13.0	宽×高
事故检修门型		平板钢闸门	
工作门孔口尺寸	m×m	8×10	宽×高
工作门型		弧形钢闸门	
6.4 引水管道			
条数	条	1	
引水管道长度	km	5.6	
引水进口高程	m	966.50	
管径	mm	DN1 500/ DN1 200/ DN1 000	
设计流量	m^3/s	1.528	
6.5 净水处理厂			
规模	万 t/d	12	
二、工程占地(单位:hm^2)			
占地性质	序号	项目	占地面积
永久占地	1	主体工程	19.88
	2	水库淹没区	403.78
临时占地	1	弃渣场	11.0
	2	料场	4.5
	3	施工道路	12.36
	4	施工生产生活区	3.27
合计			467.17

续表 3-1

三、土石方平衡(单位:万 m^3)

部位	开挖		借土	借砂石料	弃方		合计
	项目	工程量	取土场取土	外购	项目	工程量	松方
大坝	土方开挖	9.4	18.24		土方	9.4	11.28
	石方开挖	6.06		1.59	石方	6.06	9.09
管道沟槽	土方开挖	10.54	0.01				
	石方开挖	1.85		0.05		1.85	2.77
	边沟混凝土拆除	0.05				0.05	0.07
	路面混凝土拆除	0.03				0.03	0.04
沉沙池	土方开挖	2.47					
闸阀井	土方开挖	0.24					
	石方开挖	0.04			石方	0.04	0.06
镇墩	土方开挖	0.77					
	石方开挖	0.09			石方	0.09	0.13
水厂	土方开挖	24.04			土方	13.96	16.76
一期围堰	钢筋石笼拆除	1.29		1.29	石方	1.29	1.55
	围堰拆除土方	12.23			土方	8.66	10.39
	河道扩挖	7.17	5.06				
二期围堰	围堰拆除	0.41				0.41	0.49
移民拆迁	建筑垃圾	0.36					
合计		77.04	23.31	2.93		42.20	52.99

3.1.4 工程管理

工程管理包括甘肃庆阳小盘河水库及供水工程建设管理和运行管理。

(1)建设管理:甘肃庆阳小盘河水库及供水工程在建设期间,组建甘肃庆阳小盘河水库及供水工程建设管理局,作为甘肃庆阳小盘河水库及供水工程建设的项目法人,隶属市水务局。市人民政府负责工程投资的筹集,委托市水务局对工程建设期和运行期进行监督、管理;甘肃庆阳小盘河水库及供水工程建设管理局负责与工程建设相关的一切事宜,根据中华人民共和国建筑法、招标投标法、合同法等相关法律以及水利行业规定,对工程建设通过公开招标方式择优选择合适的工程建设的各类承包人,负责工程建设项目的申报、审批、贷款、征地、移民、工程的招标、建设过程中的管理,并对市水务局负责。

(2)运行管理:甘肃庆阳小盘河水库及供水工程建成后,运行期管理机构将按照新建项目建管一体的原则，以甘肃庆阳小盘河水库及供水工程建设管理局为班底，由市水务局成立小盘河水库管理局，隶属市水务局管理，服从水利厅的统一调度管理。

小盘河水库管理局运行期管理的主要任务是负责工程建成后的运行维护、供水、偿还贷款本息、固定资产的保值增值以及运行期综合经营等，并对市水务局负责。

小盘河水库建成后其管理机构根据其职能划分为管理机构和经营机构。

管理机构的职责是：负责工程工情的采集、处理、工程维修养护。搞好水情的预测及水库优化调度。在保证水库安全运行的前提下，充分发挥水库防洪、兴利等方面的综合效益，搞好经营管理，在经济上达到良性循环。

经营机构的职责是：建立必要的经济实体，如供水公司、水产公司等。其主要职责是负责水库兴利效益的经营和管理，为水库管理提供良好的经济保障。

3.2 项目组成及总体布局

甘肃庆阳小盘河水库及供水工程由枢纽工程和供水引水渠(管)道组成。辅助工程主要有弃渣场、土料场、施工生产生活区和施工道路。

3.2.1 枢纽工程

小盘河水库枢纽布置采用左岸重力坝、河床泄水建筑物、排沙建筑物、引水管坝段及右岸均质土坝的枢纽布置方案。

枢纽建筑物从左岸到右岸依次由混凝土重力坝、表孔泄洪闸、底孔泄洪排沙闸、引水管坝段、右岸均质土坝段等建筑物组成。

(1)左岸混凝土重力坝。

混凝土坝段采用现浇混凝土重力坝，坝顶宽 10.0 m，坝顶高程 988.00 m，河床建基面高程 981.00 ~ 949.00 m，最大坝高 39 m，坝顶长度 29 m，共 1 个坝段。

重力坝上游坝面设折坡，起坡高程 960.00 m，其以下坡度为 1∶0.2；坝体下游坡度 1∶0.85，起坡高程 973.00 m。坝体上游采用二级配现浇混凝土防冻防渗。

(2)表孔泄洪闸。

表孔泄洪闸紧邻左岸重力坝，共 3 孔，单孔净宽 8.0 m，堰顶高程 972.00 m。下游采用底流消能。

(3)底孔泄洪排沙闸。

底孔泄洪排沙闸紧邻表孔泄洪闸，共 5 孔，单孔净宽 8.0 m，进口底坎高程 960.00 m。下游采用底流消能。

(4)引水管坝段。

引水管坝段采用现浇混凝土重力坝，坝顶宽 6.0 m，坝顶高程 988.00 m，河床建基面高程 949.00 m，最大坝高 39.0 m，坝顶长度 6.0 m，为 1 个坝段。分别在 566.50 m 和 567.50 m 高程预埋 ϕ1 500 mm 和 ϕ500 mm 的钢管，分别作为引水供水管和生态基流过水管。

(5)右岸均质土坝段。

均质土坝最大坝高约39 m,坝顶高程988.00 m,坝顶宽6.0 m,上游坝坡1:3,下游坝坡1:3。在均质坝上游设防冻保护层,含混凝土护坡和垫层,垂直厚度分别为0.20 m和0.65 m。坝体填土顶部设置防冻保护层,分别为细石料和垫层,坝顶路面到填土之间总厚度1.0 m。下游坡面采用草皮护坡,下游坝脚设贴坡排水。

(6)消能防冲设施。

底孔泄洪排沙闸和表孔泄洪闸下游设消力池,消力池长度60 m,底板厚度3 m,尾坎高3 m,尾坎齿槽基础开挖至强风化岩石底部,底宽2 m。尾坎下游抛填大块石护脚防冲。

3.2.2 供水工程

供水工程由沉沙池、输水管道、输水主管道附属构筑物和净水厂组成。

(1)沉沙池。

小盘河水库位于高含沙的蒲河上,多年平均含沙量196 kg/m^3,汛期平均含沙量为305 kg/m^3,瞬时最大含沙量为992 kg/m^3(1979年)。为了减轻泥沙对管道的磨损,在水库下游管线桩号S0+400附近设置沉沙池,汛期引水管线先通过沉沙池沉淀后,再经输水管道到水厂;非汛期管线直接输水到水厂沉沙池。

沉沙池采用定期冲洗式沉沙池,其由上游连接段、工作段(包括溢流堰区)和冲排沙设施等组成。沉沙池共设置两组。边墙及池组隔墙顶高程均为970.70 m,池箱隔墙顶高程为967.30 m,边墙及池组隔墙厚度0.8 m,池箱隔墙厚度为0.4 m。各池段底板厚度均为0.8 m。结构材料均为C25钢筋混凝土,垫层为C15素混凝土。

上游连接段长19.78 m,由扩散段、进水闸室段、斜坡段组成。扩散段进口单侧扩散角11°,底板顶高程为967.00 m,连接段内设有配水墩2个,进水闸4个,闸孔宽度2.3 m,为螺杆启闭平板门。闸底板高程为967.00 m,闸室段顺水流方向长5 m,其后设长4 m,坡比为1:4的斜坡段与工作段相连。扩散段、闸室段及斜坡段之间均设分缝,分缝处设止水两道,一道橡胶止水,一道紫铜片止水。

工作段长60 m,其中溢流堰区长9 m。工作段底坡为1:70,进口底板高程为966.00 m,出口底板高程为965.14 m。工作段设分缝,第1段与上游连接段的斜坡段相连,长共14 m,第2~4段长13 m,第4段长11 m。分缝处设齿墙和两道止水,一道橡胶止水,一道紫铜片止水。溢流堰区堰顶高程为969.90 m,纵向溢流堰设置在边墙、隔墙上,横向溢流堰设在池末横墙上,过堰出池水流经纵向集水槽和横向集水槽流入输水管道。

冲排沙段长共7.3 m,设冲沙闸4个,冲沙闸为涵洞式,闸孔尺寸为1.5 m×1.5 m,闸门型式为平板门,螺杆启闭。冲沙闸顺水流方向长4 m,底板高程为964.84 m。冲沙闸出口接排沙道,排沙道为U形槽形式,净宽1.5 m,边墙及底板厚均为0.5 m,纵坡1:60。排沙道出口将泥沙直接排入小盘河水库下游河道。

(2)输水管道。

输水线路自水库坝下预埋出水管,沿小盘河右岸敷设,在坝后输水距离350~500 m间设置沉沙池,输水线路继续向前敷设,至小盘河村的东南部,管线长度约2.2 km处穿越蒲河,穿越蒲河后,向北敷设330 m,在后河里村的南方向垂直穿越蒲河,之后沿新修道路向西南方向敷设,在线路长度约4.5 km处第三次穿越蒲河,穿越蒲河在叶王川村的东北角向北沿新修现状道路敷设至净水处理厂，输水线路总长度 5.6 km。全部采用直埋敷设的方式。输水线路采用单管供水，输水线路 S0 +350—S3 +045 段，管径为 DN1 200 mm，S3 +045—S5 +595 段，管径为 DN1 000 mm，S0 +000—S0 +350 段，采用管径为 DN1500 的钢管。

(3)输水主管道附属构筑物。

管道附属设施包括检修阀、放空阀、进排气阀等。

(4)净水厂。

拟建净水厂长约 300 m，宽约 200 m。位于宁县长庆桥镇江村附近，距长庆桥镇约 1 km，距蒲河与泾河交汇处左岸约 2 km。长庆桥镇地处西(安)兰(州)公路沿线，交通便利。区内地形较平坦，高程 937 ~943 m，高差一般在 5 m 以内。净水厂工程规划用地约为 5.81 hm^2(围墙内面积)。

在总平面布置中，按照处理工艺和生产功能的不同，将净水厂分为两个区域：即生产管理区、生产区。生产管理区位于厂区的东南部。主要包括办公楼、宿舍、食堂、锅炉房等，通过绿化带和道路把它与生产区分开。厂区入口设于生产管理区，该区域为水厂的重点绿化区。生产区位于厂前区的西北部，布置有清水池、机修车间、变配电间、V 形滤池、预沉池等。

通过合理的功能分区、便捷的交通组织、富有层次的庭院绿化及传统的建筑表现手法，把净水厂建成为一座现代化的花园式工厂。

3.2.3 管理营地

管理营地包括水库管理营地和净水厂管理营地，水库管理营地位于坝址右岸的大坝管理用地范围内，占地面积 0.33 hm^2；净水厂管理营地位于净水厂管理用地范围内，占地面积 0.19 hm^2。工程管理营地共 0.52 hm^2，均在工程管理用地范围内。

3.2.4 弃渣场

工程全部开挖量为 77.04 万 m^3，开挖土石方除 39.58 万 m^3 利用外，其余全部作为弃渣处理，折合松方 52.99 万 m^3，其中 52.63 万 m^3 运至弃渣场，0.36 万 m^3 运至垃圾填埋场处理。

本工程设 3 个弃渣场。1 号弃渣场位于坝址下游右岸河滩地内，距离坝址 0.5 km，渣场占地面积为 8.0 hm^2，渣场容量为 35.4 万 m^3。主要堆弃大坝开挖土方 7.9 万 m^3，石方 6.36 万 m^3，供水管道区开挖石方 2.88 万 m^3，施工围堰拆除 12.43 万 m^3，共堆渣 29.57 万 m^3。弃渣可以通过 3 号和 2 号施工道路运至 1 号弃渣场。

2 号弃渣场位于坝址下游左岸峡谷内，距离坝址 0.7 km，渣场占地面积约为 1 hm^2。渣场容量为 8.2 万 m^3。主要堆弃大坝开挖土方 3.38 万 m^3，石方 2.73 万 m^3，共堆渣 6.11 万 m^3(松方)。弃渣可以通过 5 号施工道路运至 2 号弃渣场。

3 号弃渣场位于宋家大桥附近蒲河右岸的一级阶地，距离水厂 1.5 km，渣场占地面积约为 2.0 hm^2。渣场容量为 17.8 万 m^3。设施堆渣量 16.95 万 m^3，主要是水厂土方的弃渣 16.76 万 m^3，输水管线区弃石方 0.19 万 m^3，弃渣可以通过现有的道路运至 2 号弃渣场，不需修建施工道路。

3.2.5 临时堆料场

工程共设2处临时堆料场,其中1号临时堆料场,规划面积为1 000 m^2,主要用于临时堆存河道开挖土料,场地位于1号弃渣场范围内,施工时由1号、3号施工道路连接到大坝施工区;2号临时堆料场位于净水厂管理用地范围内,规划面积为5 000 m^2,用于净水厂区临时堆存土料。

3.2.6 土料场

本工程土方填筑工程除了利用自身的开挖料,还有23.31万m^3土料取自土料场。工程共设2个取土场,土料场占地面积约4.5 hm^2,其中1号土料场占地约3.5 hm^2,2号土料场占地面积1.0 hm^2。

(1)T1土料场。

T1土料场位于蒲河右岸,小盘河村二组(下河村)南侧,呈条带状展布,面积3.5 hm^2,现大部分为荒地,设计取土量为18.24万m^3,料场分布高程为980~1 067 m,距下坝址0.3~0.5 km,仅有土石小路相通,交通不便,但开采条件较好。料场为第四系中更新统离石黄土,土料的黏粒含量、塑性指数、击实后渗透系数、易溶盐含量、pH值等指标均符合规范要求。现阶段土料勘察储量满足本阶段3倍设计需要量的要求。工程取土可通过1号施工道路进行运输。

(2)T2土料场。

T2土料场位于蒲河右岸,面积约1.0 hm^2,与T1土料场相邻。料场分布高程为970~990 m,设计取土量为5.07万m^3,距下坝址0.2~0.5 km,有土石小路相通,交通不便,但开采条件较好。料场为第四系中更新统离石黄土,土料的有机质含量、黏粒含量、塑性指数、击实后渗透系数、易溶盐含量、pH值等指标均符合规范要求。现阶段土料勘察储量满足本阶段3倍设计需要量的要求。工程取土可通过4号施工道路进行运输。

3.2.7 施工生产生活区

本工程施工工厂和施工营地整合在一起,共设3处,分别为水库施工生产生活区、管线施工生产生活区和净水厂生产生活区。3处施工生产生活区均布置了混凝土拌和系统、综合加工厂、综合仓库和施工营地。另外在枢纽施工生产生活区还布置了机械修配、停放场和机电设备及金属结构安装场。生产生活区总建筑面积11 840 m^2,总占地面积为32 700 m^2。

其中小盘河水库施工区34 000 m^2设置在1号弃渣场内,因此施工生产生活区新增占地面积为3.27 hm^2。

各施工工厂设施规模特性见表3-2。

表 3-2　施工工厂设施规模特性　（单位：m^2）

分区	小盘河水库施工区			管线施工区		水厂施工区	
项目	建筑面积	占地面积	说明	建筑面积	占地面积	建筑面积	占地面积
混凝土拌和站	400	10 000		100	3 000	150	4 000
综合加工厂	300	5 000		50	1 000	100	2 400
机械修配、停放场	50	10 000	该区均设置在 1 号弃渣场内				
金属结构装配场	300	8 000					
综合仓库	500	1 000		100	500	150	500
大坝风电		2 000					
施工生产生活用房	6 170	12 340		1 280	2 560	2 190	4 380
合计	7 720	48 340		1 530	7 060	2 590	11 280

3.2.8　施工交通运输

（1）对外交通运输。

工程位于巴家嘴水库下游蒲河、泾河交汇处上游 10 km 左右蒲河上，坝址下游向长庆桥开发区供水。小盘河水库坝址距甘肃省庆阳市约 65 km，距长庆桥开发区约 10 km。水厂距离长庆桥约 4 km，有当地的旅游线路（沥青路面）连接长庆桥。长庆桥—庆阳市区有公路（S202）相连，福银高速及国道 G312 公路从附近经过，该工程对外交通条件较为便利。

根据对外交通现状和本工程主要外来物资来自或经过庆阳市区，选定以公路为主的对外交通运输方案。水库有左右岸当地道路连接庆阳市和长庆桥镇，其中左岸由当地道路连接省道（S202）至庆阳市，右岸由当地道路连接长庆桥镇。施工期左右岸道路经过改建后，作为外来人员、物资的主要进场道路，能满足施工期工程交通运输要求。施工期改建长度为左岸 6 km、右岸 7 km，路面宽度 6 m，碎石路面结构，国四道路等级。

（2）场内交通运输。

工程场内施工交通方式采用以公路运输为主，场内道路主干线的规划结合工程的对外交通、枢纽布置及施工进度、施工总布置安排综合考虑。根据工程施工特点，结合施工方法以及施工区场地布置，将场内交通规划布置为立体交叉闭路循环网络。

甘肃庆阳小盘河水库及供水工程场内交通布置 5 条干线道路，输水管线布置 1 条施工道路，各道路位置及作用分述如下：

1 号道路从 1 号土料场至右岸坝肩，主要担负 1 号土料场的土料开采和工程土方回填的运输上坝等施工交通运输任务。道路长 0. 7 km，其中 0. 4 km 位于 1 号取土场内，0. 3

km 为另征占地范围内，道路征地宽 10 m，总占地 0.3 hm^2。

2 号道路从 1 号道路至 1 号弃渣场，主要担负工程施工时的土方开挖弃渣、土方回填、混凝土浇筑、钢筋加工、金属结构运输上坝等的施工交通运输任务。道路长 0.5 km，在新征占地范围内，道路征地宽 15 m，总占地 0.75 hm^2。

3 号道路从 2 号道路至右岸基坑，主要担负工程一期施工时的回填土方、混凝土浇筑、钢筋加工、木材加工、金属结构运输等的施工交通运输任务。道路长 0.4 km，在新征占地范围内，道路征地宽 7.5 m，总占地 0.3 hm^2。

4 号道路从 2 号土料场至下游跨河桥梁，主要担负 2 号土料场的土料开采和工程土方回填的运输上坝等施工交通运输任务。道路长 0.73 km，道路征地宽 15 m，总占地 1.1 hm^2。

5 号道路从下游跨河桥梁至左岸进场道路（左坝肩），主要担负左岸一期施工时的土石方开挖弃渣、土石方回填、混凝土浇筑、钢筋加工、木材加工、金属结构运输等的施工交通运输任务。道路长 0.3 km，道路征地宽 15 m，道路全部在工程管理区内不另征地。

6 号道路为输水管线施工道路，沿着管线修建，新建长度约为 3 km。道路宽 10 m，后期改建为管线检修道路。

（3）下游跨河桥梁。

下游跨河桥梁长 80 m，拟设为贝雷桥。场内道路总长度 5.6 km，场内外道路特性见表 3-3。

表 3-3　场内外道路特性

序号	项目	单位	长度	路面类型	路面宽（m）	备注
1	对外道路		13.0			
	右岸对外道路	km	7.0	沥青混凝土	6.5	国四，永久，改建
	左岸对外道路	km	6.0	沥青混凝土	6.0	国四，永久，改建
2	场内道路	km	5.6			
1 号道路	1 号土料场至右坝肩	km	0.7	碎石	6.5	矿三，临时
2 号道路	1 号道路—1 号弃渣场	km	0.5	碎石	6.5	矿三，临时
3 号道路	2 号道路头—右岸基坑	km	0.4	碎石	6.5	矿三，临时
4 号道路	2 号土料场—下游跨河桥梁	km	0.7	碎石	6.5	矿三，临时
5 号道路	下游桥梁—左岸进场道路	km	0.3	碎石	6.5	矿三，临时
6 号道路	管线施工道路	km	3.0	碎石	4.50	矿三，永临结合
3	下游跨河桥梁	m	80.00			贝雷桥，临时

3.3 工程占地

本工程总占地面积为467.17 hm^2,其中施工临时占地面积为34.66 hm^2,永久占地面积432.51 hm^2(包括水库淹没区面积403.78 hm^2)。

按照工程区工程占地可分为:

(1)主体工程区19.88 hm^2,包括大坝管理区占地面积13.76 hm^2,净水厂管理区面积6.12 hm^2。

(2)施工生产生活区面积3.27 hm^2,包括枢纽区施工营地1.23 hm^2,管线施工营地0.71 hm^2,枢纽施工风水电用地0.2 hm^2,净水厂区施工营地1.13 hm^2,另外枢纽区的施工工厂设置在1号弃渣场范围内,即1号弃渣场堆渣完成,经土地平整后作为枢纽的施工工厂,故不再重复计算工程占地。

(3)弃渣场区占地面积11.00 hm^2,其中1号弃渣场面积8.0 hm^2,2号弃渣场面积1.0 hm^2,3号弃渣场面积2.0 hm^2。

(4)土料场区占地面积4.5 hm^2,其中1号土料场面积3.5 hm^2,2号土料场面积1 hm^2。

(5)输水管线区占地面积12.38 hm^2。

(6)施工道路区占地面积12.36 hm^2,其中1号施工道路占地面积0.3 hm^2,2号施工道路占地面积0.75 hm^2,3号施工道路占地面积0.3 hm^2,4号施工道路占地面积1.01 hm^2,6号施工道路占地面积3.0 hm^2,右岸永久对外道路占地面积7.0 hm^2。

另外,5号施工道路占地均在大坝管理区范围内,故不再另计工程占地;左岸永久对外道路为利用现有道路,不另征地。

(7)水库淹没区面积为403.78 hm^2,由水库淹没区和因水库蓄水而引起的影响区组成,全部为工程征地范围。水库淹没区包括正常蓄水位以下的经常淹没区和正常蓄水位以上受水库洪水回水、风浪、船行波、冰塞壅水等产生的临时淹没区。水库蓄水影响区包括浸没、坍岸、滑坡、内涝、水库渗漏等地质灾害区,以及其他受水库蓄水影响的区域,水库淹没总土地面积403.78 hm^2。

按土地类型分,工程总占地中耕地259.01 hm^2,园地2.24 hm^2,林地33.88 hm^2,荒草地17.29 hm^2,交通运输用地0.58 hm^2,其他土地(裸地)63.32 hm^2,水域80.46 hm^2,住宅用地8.54 hm^2。本工程占地情况详见表3-4。

3.4 土石方平衡

本工程全部开挖量为77.04万 m^3(自然方),其中开挖土方67.27万 m^3(自然方),石方8.04万 m^3(自然方),拆除混凝土0.08万 m^3(自然方),钢筋石笼拆除1.29万 m^3(自然方),另外房屋拆迁的建筑垃圾0.36万 m^3。总填方为61.08万 m^3(自然方),总利用土方39.66万 m^3(自然方),总弃方42.20万 m^3(自然方,折松方52.99万 m^3)。工程弃方全部弃入相应的弃渣场,房屋拆迁的建筑垃圾全部运至长庆桥镇垃圾填埋场处理。本工程土石方平衡分析详见表3-5。土石方流向框图如图3-1所示。

表 3-4　甘肃庆阳小盘河水库及供水工程建设占地表

项目占地			占地面积（hm^2）	耕地（hm^2）	园地（hm^2）	林地（hm^2）	荒草地（hm^2）	交通运输用地（hm^2）	住宅用地（hm^2）	其他土地（hm^2）	水域（hm^2）
永久占地	一	大坝管理区	13.76	7.79					1.37	3.71	0.89
	二	水厂管理区	6.12	5.82		0.3					
	三	永久道路	7	7							
	四	水库淹没区	403.78	211.9	2.17	31.86	12.07	0.34	7.04	58.92	79.48
	五	6 号道路	1.8	1.6		0.02		0.1		0.08	
	六	管线闸阀井	0.05	0.05							
临时占地	一	弃渣场	11	9.48		0.74	0.78				
		1 号弃渣场	8	7.26		0.74					
		2 号弃渣场	1	0.22			0.78				
		3 号弃渣场	2	2							
	二	料场	4.5				4.44		0.06		
		1 号料场	3.5				3.5				
		2 号料场	1				0.94		0.06		
	四	施工生产生活区	3.27	2.71	0.07	0.49					
		枢纽区	1.23	0.76	0.07	0.4					
		管线区	0.71	0.71							
		净水厂区	1.13	1.04		0.09					
		施工风水电	0.2	0.2							
	五	临时道路	3.56	3.26				0.24	0.06		
	六	输水管线	12.33	11.05		0.49			0.01	0.69	0.09

表 3-5　土石方平衡表

（单位：万 m^3）

部位	开挖		填筑		本地利用		调配利用		借土	借砂石料	弃方		弃渣场堆渣分配			长庆桥垃圾填埋场
	项目	工程量	项目	工程量	项目	工程量	项目	工程量	取土场取土	外购	项目	工程量	1号渣场	2号渣场	3号渣场	
大坝	土方开挖	9.4	土方填筑	18.24	土方				18.24		土方	9.4	6.58	2.82		
	石方开挖	6.06	砂石料	1.59	砂石料					1.59	石方	6.06	4.24	1.82		
管道沟槽	土方开挖	10.54	土方填筑	11.81	土方	10.54	调入土方	1.26	0.01							
	石方开挖	1.85	砂石料	0.05						0.05		1.85	1.85			
	边沟混凝土拆除	0.05										0.05	0.05			
	路面混凝土拆除	0.03										0.03	0.03			
沉沙池	土方开挖	2.47	土方填筑	1.27	土方填筑	1.27	调出土方	1.2								
闸阀井	土方开挖	0.24	土方填筑	0.23	土方填筑	0.23	调出土方	0.01								
	石方开挖	0.04									石方	0.04			0.04	
镇墩	土方开挖	0.77	土方填筑	0.73	土方填筑	0.73	调出土方	0.04								
	石方开挖	0.09									石方	0.09			0.09	
水厂	土方开挖	24.04	土方填筑	10.07	土方填筑	10.07					土方	13.96			13.96	
一期围堰	钢筋石笼拆除	1.29	石方填筑	1.29						1.29	石方	1.29	1.29			
	围堰拆除土方	12.23					调出土方	3.57			土方	8.66	8.66			
	河道扩挖	7.17	土方填筑	12.23	土方填筑	7.17			5.06							
二期围堰	围堰拆除	0.41	土方填筑	3.57			调入土方	3.57				0.41	0.41			
移民拆迁	建筑物拆迁	0.36									建筑垃圾	0.36				0.36

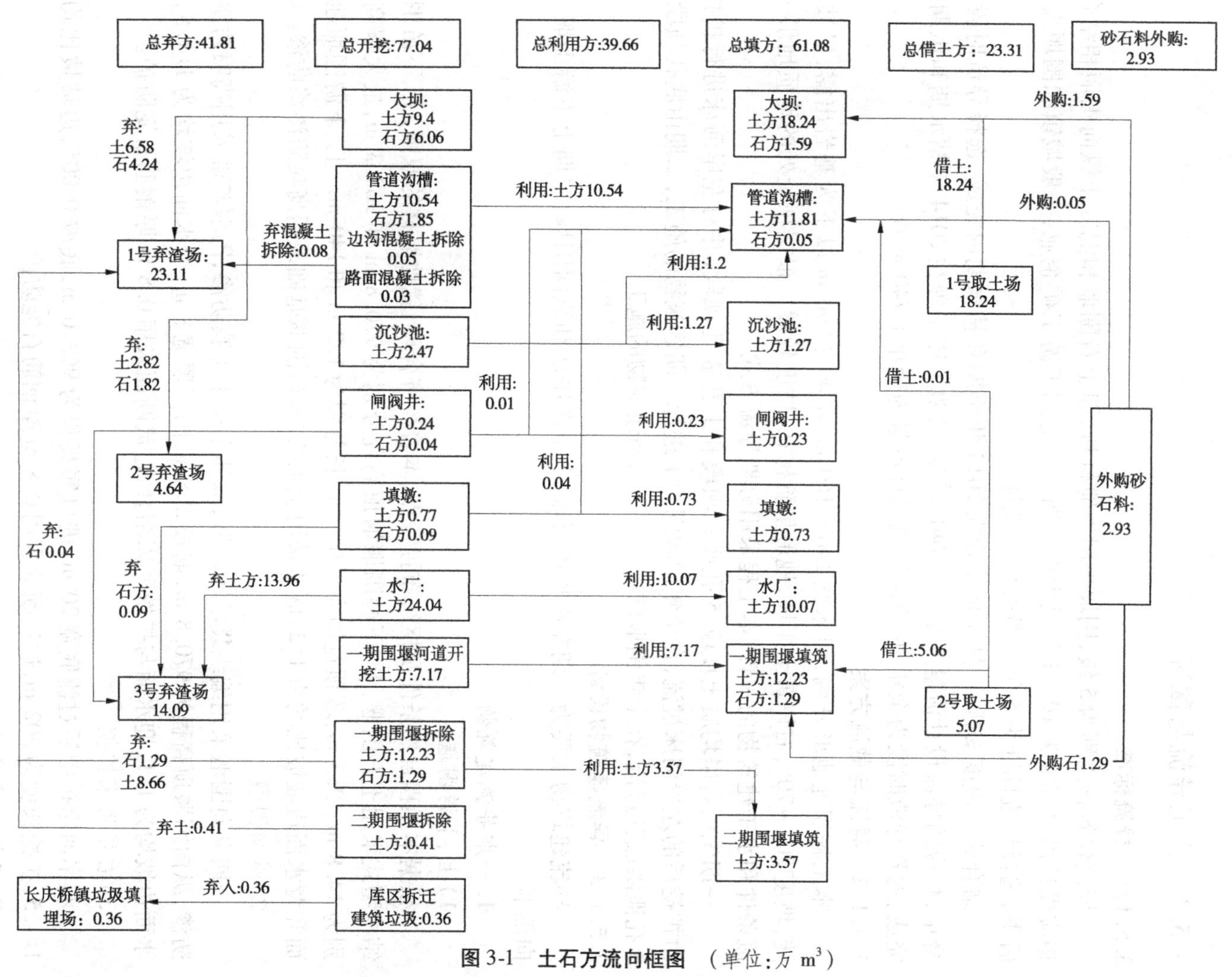

图 3-1　土石方流向框图　（单位：万 m^3）

3.5 施工组织

3.5.1 施工导流与截流

3.5.1.1 导流标准

导流建筑物级别为5级,围堰采用当地材料,即土石围堰和混凝土纵向围堰相结合,相应设计洪水标准为10~5年洪水重现期。考虑到下游工矿企业、一般城镇和围堰失事后果,选择导流标准为5年一遇洪水重现期。

结合施工进度安排,一期主体工程在2013年汛期和枯水期内完成,选择导流时段为全年,相应的导流设计流量为全年1 740 m^3/s;二期主体工程在2014年枯水期和汛期内完成,选择导流时段为全年,相应的导流设计流量为全年1 740 m^3/s。

3.5.1.2 导流与截流方案

本工程坝址地形开阔,河床宽140~160 m,左坝肩990 m以下为基岩出露,岸坡较陡,坡度50°~70°;右岸黄土岸坡,地形呈阶梯状,坡度较缓。根据坝址处的地质地形、泄流条件和水工建筑物的布置,本工程采用分期导流方式。

一期先围右岸均质土坝段、5孔底孔坝段和1孔表孔坝段,并对左岸河床进行扩挖,由扩挖后的左岸河床过流,在全年围堰围护下进行一期建筑物的施工;二期由底孔坝段的5孔泄洪底孔过流,在全年围堰围护下进行二期建筑物的施工。

3.5.1.3 导流建筑物设计

导流建筑物主要为一期左岸扩挖河床、上下游围堰和纵向围堰,二期上下游围堰、纵向围堰。

1. 一期导流建筑物

1)上、下游围堰

根据本工程自然条件及枢纽布置特点,本着经济合理、就地取材的原则,上、下游围堰结构型式采用土石围堰,上、下游围堰堰顶高程分别为970.8 m和968.3 m,最大堰高分别为14.8 m、12.3 m,堰顶宽均为3.0 m,堰长分别为122 m和140 m。上、下游围堰迎水面和背水面边坡坡比均为1:2,堰体采用土工膜防渗,围堰基础采用高喷防渗墙防渗。

2)纵向围堰

一期纵向围堰采用编织袋填土围堰,堰体采用土工膜防渗,围堰基础采用高喷防渗墙防渗,纵向围堰顶高程为970.8 m,堰长225 m,围堰顶宽3 m,迎水面边坡均为1:1.5,背水面边坡均为1:1,迎水面与扩挖河床结合,过流断面采用0.8 m厚钢筋石笼防护。

3)右岸河床扩挖

右岸河床扩挖后过流底宽20 m,进口底高程为963.0 m,底坡0.005,边坡坡比均为1:1.5,扩挖长度为302 m,过流断面采用0.8 m厚钢筋石笼防护。

2. 二期导流建筑物

1)上、下游围堰

二期上、下游围堰结构型式采用土石围堰,上、下游围堰堰顶高程分别为969.6 m和

968.3 m,最大堰高分别为11.6 m、5.3 m,堰顶宽均为3.0 m,长度分别为83 m和75 m,上、下游围堰迎水面和背水面边坡坡比均为1:2,堰体采用土工膜防渗,围堰基础采用高喷防渗墙防渗。

2)纵向围堰

二期上、下游纵向围堰采用混凝土围堰,其中上游混凝土纵向围堰与均质土坝导墙结合,下游混凝土纵向围堰与消力池导墙结合。上游混凝土纵向围堰顶高程为969.6 m,堰长为61 m,堰顶宽1.0 m,迎水面直立,背水面坡比为1:0.5;下游混凝土纵向围堰顶高程为968.3 m,堰长为14 m,堰顶宽1.0 m,迎水面直立,背水面坡比为1:0.5。

3.5.1.4 导流建筑物施工

围堰填筑采用2 m^3 液压正铲挖掘机挖装,15 t自卸汽车运输,后退卸料,88 kW推土机平料,14 t振动碾碾压,边角部位采用2.8 kW蛙式打夯机夯实。

河床扩挖采用2 m^3 挖掘机挖装,88 kW推土机集料,15 t自卸汽车运输至渣场。高喷防渗墙采用150型地质钻机钻孔,三管法旋喷施工。编制袋装填砂砾石采用人工装填,15 t自卸汽车运输;土工膜采用人工铺设焊接,围堰拆除采用2 m^3 挖掘机挖装,15 t自卸汽车运输。

3.5.1.5 施工截流

根据施工组织设计规范要求,参照本工程的水文特性和工程施工进度要求,一期河床截流时间初定于2013年1月上旬进行,截流标准采用5年一遇月平均流量,相应截流流量为2.88 m^3/s。二期河床截流时间初定于2014年1月中旬进行,截流标准采用5年一遇月平均流量,相应截流流量为2.88 m^3/s。

3.5.1.6 基坑排水

基坑排水包括初期排水和经常性排水。

1.初期排水

初期排水主要为围堰闭气后进行基坑初期排水,包括基坑积水、基础和堰体渗水、围堰接头漏水、降雨汇水等。一期基坑体积为1.6万 m^3,初期排水总量按3倍基坑积水估算。按3 d排干计算,基坑水位平均下降速度约0.6 m/d,初期排水强度约670 m^3/h。二期基坑体积为1.1万 m^3,初期排水总量按3倍基坑积水估算。按3 d排干计算,基坑水位平均下降速度约0.4 m/d,初期排水强度约420 m^3/h。

2.经常性排水

基坑经常性排水包括基础和围堰渗水、降雨汇水及坝体施工废水等。根据坝址附近水文站的气象资料,经计算最大排水强度为180 m^3/h。

3.5.2 主体工程施工

小盘河水库及供水工程主体工程包括枢纽工程、输水管线工程和净水厂工程三部分。枢纽工程为混凝土重力坝及均质土坝;输水管线工程包括坝址到长庆桥水厂的自流引水管线及附属构筑物;净水厂工程由一系列水处理构筑物及建筑物组成。

3.5.2.1 枢纽工程施工

枢纽建筑物从左岸到右岸依次由混凝土重力坝、表孔泄洪闸、底孔泄洪排沙闸、引水管坝段、右岸均质土坝段等建筑物组成。

混凝土坝段采用现浇混凝土重力坝，坝顶宽 10.0 m，坝顶高程 988.00 m，河床建基面高程 983.67 ~ 949.00 m，最大坝高 39.0 m，坝顶长度 29.0 m，共 1 个坝段。

重力坝上游坝面设折坡，起坡高程 960.00 m，该高程以上垂直，以下坡度为 1:0.2；坝体下游坡度 1:0.85，起坡高程 973.00 m。坝体上游采用二级配现浇混凝土防冻防渗。

表孔泄洪闸紧邻左岸重力坝，共 3 孔，单孔净宽 8.0 m，堰顶高程 972.00 m。下游采用底流消能。底孔泄洪排沙闸紧邻表孔泄洪闸，共 5 孔，单孔净宽 8.0 m，进口底坎高程 960.00 m。下游采用底流消能。底孔泄洪排沙闸和表孔泄洪闸下游设消力池，消力池长度 60 m，底板厚度 3 m，尾坎高 3 m，尾坎齿槽基础开挖至强风化岩石底部，底宽 2 m。尾坎下游抛填大块石护脚防冲。

引水管坝段采用现浇混凝土重力坝，坝顶宽 6.0 m，坝顶高程 988.00 m，河床建基面高程 949.00 m，最大坝高 39.0 m，坝顶长度 6.0 m，为 1 个坝段。

均质土坝最大坝高约 39 m，坝顶高程 988.00 m，坝顶宽 6.0 m，上游坝坡 1:3，下游坝坡 1:3。

1. 施工程序

大坝采用分期施工，工程开工后首先进行右岸河床扩挖，之后在一期围堰的围护下进行坝体基坑开挖、基础处理、防渗墙施工和泄洪底孔坝段的混凝土浇筑，以及右岸均质坝段的填筑施工；在二期围堰的围护下进行左岸重力坝段和溢流表孔坝段的基础处理、坝体填筑等。

2. 坝基土石方开挖

土方开挖采用 88 kW 推土机集料，2 m^3 挖掘机装，15 t 自卸汽车运至渣场。石方开挖自上而下分层进行，采用 YQ－150 型潜孔钻造孔，沿设计开挖线采用预裂爆破技术，梯段爆破，88 kW 推土机集料，2 m^3 挖掘机装渣，15 t 自卸汽车运至弃渣场。建基面预留保护层采用手风钻钻孔，少药量爆破。

3. 大坝基础处理

坝基处理主要为固结灌浆和帷幕灌浆。固结灌浆总进尺 3 398 m，在盖重混凝土浇筑结束并达到设计强度的 50% 后，按分序加密的原则进行。固结灌浆采用 YQ－100 型潜孔钻钻孔，2 m^3 卧式搅拌机集中制浆，BW200/60 型灌浆泵自上而下分段进行灌注。帷幕灌浆总进尺 1 728 m，采用自下而上分段灌浆法施工，由 150 型地质钻机钻孔，200 L 泥浆搅拌机拌制水泥浆，BW250/50 型灌浆泵灌浆。

4. 均质坝施工

均质坝段土方填筑方量为 18.12 万 m^3，填筑土料从土料场开采，2 m^3 装载机挖装，15 t 自卸汽车运输，后退卸料，88 kW 推土机铺料，14 t 凸块振动碾碾压，边角部位采用 2.8 kW 蛙式打夯机夯实。反滤料采用外购料，由 15 t 自卸汽车运输，0.6 m^3 反铲配合人工摊铺。护坡随坝体填筑分层浇筑。采用 6 m^3 混凝土搅拌运输车自拌和站运送混凝土，溜槽入仓，平板式振捣器振捣。其他石方施工采用外购料，15 t 自卸汽车运输，0.6 m^3 反铲配合人工砌筑。

3.5.2.2 **输水管线工程施工**

输水管线包括埋地管道和沉沙池等工程。主要为沟槽的土石方开挖、回填、管道安装、沉沙池施工等。

1. 管道沟槽土石方开挖

土方开挖采用0.6 m^3 挖掘机沿设计开挖线开挖,就近放在沟槽两侧,供管道安装后回填。石方开挖采用手风钻钻孔、爆破,开挖石方采用1 m^3 挖掘机挖装,8 t 自卸汽车运至弃渣场。

2. 管道安装

钢管采用8 t 汽车运输到安装位置,8 t 汽车起重机吊装,人工配合方式安装。管道安装前,按设计和规范要求铺筑管底中粗砂垫层。安装时管道不得离开管底表面。

3. 沟槽回填

管道安装完成后,即进行土方回填。沟槽回填利用开挖土料,回填时两侧对称进行,避免管道偏移。灌区周围回填土采用人工分层夯实,铺土厚度控制在30 cm 以内。回填土及其密实度应严格按照规范执行,覆土1 m 后,采用小型振动碾压实。

4. 沉沙池施工

土方开挖采用2 m^3 挖掘机挖装,88 kW 推土机集料,15 t 自卸汽车运输。沉沙池结构混凝土采用6 m^3 混凝土搅拌运输车运送,15 t 汽车吊吊1 m^3 吊罐入仓,钢模施工,插入式振捣器振捣。垫层混凝土采用6 m^3 混凝土搅拌运输车运送,直接入仓,平板振捣器振捣。土方回填由临时堆料场回采,装载机装15 t 自卸汽车运输,人工回填,2.8 kW 蛙式打夯机夯实。

5. 穿河施工

管线三次穿越蒲河,管线穿蒲河采用枯水期施工,在施工时分两期进行,施工完一侧后施工另一侧。沟槽开挖时利用开挖料装编织袋对基坑进行围护,开挖回填与管道其他位置相同,混凝土浇筑采用6 m^3 混凝土搅拌运输车运送,直接入仓,插入式振捣器振捣。

3.5.2.3 **净水厂工程施工**

拟建净水处理厂长约300 m,宽约200 m。全厂分为两大功能区:生产管理区、生产区。生产区集中布置办公楼、宿舍楼,食堂。净水厂大量的构筑物为水池,且均高出地面不多,建筑物较少,厂区内无较高建筑。厂内道路采用环状布置,主干道宽度为8 m,次干道宽度为4 m。

1. 土方开挖

土方开挖自上而下分层进行,采用88 kW 推土机集料,2 m^3 挖掘机挖装,15 t 自卸汽车运至堆渣场。

2. 土方回填

临时堆料场回采,装载机装15 t 自卸汽车运输,人工回填,2.8 kW 蛙式打夯机夯实。

3.5.3 道路施工

道路包括永久道路和临时道路,道路施工程序为:路基施工便道,路基地表清理,产生临时堆土,然后填筑路基,修防护工程,铺面层。

路基地表清理应清除路基表层约 30 cm 范围内的杂草、垃圾、有机杂质等杂物，然后进行路基填筑。在地面自然横坡度陡于 1∶1.5 的斜坡上(包括纵断面方向)修筑路堤时，路堤基底应挖台阶，台阶宽度不小于 1 m，台阶底做成 2% ~4% 向内倾斜的坡度，挖台阶前应清除草皮及树根。路基填方要分层填筑，分层压实。泥结碎石面层采用灌浆法分层施工，下层 15 cm，上层 10 cm。制浆时，石灰与土按水土体积比 1∶0.8 ~1∶1进行拌制，拌和均匀。用三轮压路机或振动压路机碾压 2 ~4 遍，至碎石无松动且有一定空隙为度。灌浆应充满碎石间的空隙，并灌到碎石底部，灌后 1.5 ~2.0 h 均匀撒嵌缝料。

3.5.4 料场开采

(1)土料场。

土料场表层为耕作层，采用 74 kW 推土机集料，2.0 m^3 液压正铲挖掘机挖装，15 t 自卸汽车运输，就近堆放在料场区地势较低处，料场开采完成后用于料场回填和复耕。

土料开采用 88 kW 推土机集料，1.0 m^3 挖掘机挖装，8 t 自卸汽车运输。取料时分台阶开采。

(2)石料场。

工程下游长庆桥有石料加工厂，当地所用石料多从本处采购。本工程所需块石及混凝土粗骨料拟从长庆桥购买，运输至现场使用。根据当地情况，砂子从巴家嘴购买，采用自卸汽车运输至施工现场。

3.5.5 施工条件

3.5.5.1 对外交通

庆阳市小盘河水库坝址位于巴家嘴水库下游蒲河、泾河交汇处上游 10 km 左右蒲河上，坝址下游向长庆桥开发区供水。坝址距甘肃省庆阳市约 65 km，距长庆桥开发区约 10 km。长庆桥—庆阳市区有公路(S202)相连。福银高速及国道 312 公路从附近经过，该工程对外交通条件较为便利。

3.5.5.2 场内交通

根据坝址地形特点、工程布置和施工需要，甘肃庆阳小盘河水库及供水工程施工共布置 6 条场内道路为矿山道路。坝后跨河施工道路架设贝雷桥(详细情况可见 3.2.8 节施工交通运输)。

3.5.5.3 施工风、水、电及通信

大坝施工用风采用沿输水管线布置移动式柴油空压机，分散布置的方式供风；水厂施工区用风主要为水厂基础开挖用风，高峰用风量为 15.0 m^3/min，因供风点分散，水厂工厂区采用移动式柴油空压机分散供风的方式。

本工程施工供水以蒲河河水作为施工和生产用水水源，从河内抽取根据不同需要处理后使用；工程区附近地下水作为生活用水水源，采用潜水泵抽取。

本工程高峰用电计算总负荷为 3 800 kW，共分三区供电，大坝施工区高峰用电负荷为 2 600 kW，输水管线施工区高峰用电负荷为 400 kW，水厂施工区高峰用电负荷为 800 kW。施工电源由各区最近的当地电网 10 kV 输电线路分别引接，引接线路总长约 8.0

km。分区供电规划如下：

(1)大坝施工区。

本区用电地点主要为工厂区、生活区及大坝施工区，施工用电高峰负荷估约 2 600 kW，可由区内 10 kV 线路“T”接，工区内设额定容量约 630、800 kVA 的 10/0.4 kV 变压器各 2 座。

(2)输水管线施工区。

本区施工用电高峰负荷估约 400 kW。可由区内 10 kV 线路“T”接，工区内设额定容量约 300 kVA 的 10/0.4 kV 变压器 2 座。

(3)水厂施工区。

本区用电地点主要为施工生活区的室内、室外照明和生活用电，施工用电高峰负荷估约 800 kW。可由区内 10 kV 线路“T”接，工区内设额定容量约 400、630 kVA 的 10/0.4 kV 变压器各 1 座。

目前电话、网络以及无线通信都已经覆盖本区域，通信条件优越。施工期对外通信主要以移动通信方式解决。

3.5.6 材料来源及防治责任

本工程设置了土料场，满足工程土料的需求。

工程附近无合适的石料供开采，根据当地情况采用外购砂石料。根据调查，工程所需块石及混凝土粗骨料拟从长庆桥购买，砂子从巴家嘴购买，采用自卸汽车运输至施工现场。工程周边有庆阳市、平凉市、西安市、华池县、宁县等大中城市，工程所需水泥、钢材、木材、油料等物资可从上述城市购买。

本工程外购工程材料时，应在购买合同中明确水土流失防治责任范围属供应方，并由供应方负责采取相应的水土保持措施防治水土流失。

3.6 移民安置规划

基准年搬迁安置人口为 181 户，714 人，规划设计水平年库区生产安置人口 953 人，其中宁县 626 人，泾川县 327 人。根据安置区环境容量分析结果和地方政府的意见，对小盘河水库淹没影响的 6 个村全部采取本村后靠的大农业安置方式安置。安置区总占地面积为 8.09 hm^2。

3.7 工程进度安排

3.7.1 施工分期

根据主体工程施工特点、工程规模及导流程序，工程施工期分为工程筹建期、工程准备期、主体工程施工期和施工完建期，工程总工期为后三项工期之和。

工程筹建期 6 个月，工程总工期 28 个月。准备期工程施工安排 4 个月，其中净准备工期为1个月,即2012年10月;主体工程工期安排25个月,即2012年11月至2014年12月底;完建工期安排工期1个月,即2015年1月。

3.7.2 工程筹建期进度计划

工程筹建期主要完成招标、征地、移民等工作。为了给承包商提供方便的施工条件,以便使其进场后尽早开工,缩短准备工期,在工程筹建期由业主负责兴建部分准备工程。这些工程主要包括:对外公路13 km。筹建期总工期为6个月,不计入总工期。

3.7.3 工程准备期施工进度计划

工程准备期为准备工程开工至大坝基坑开挖前的工期。主要完成项目包括:施工道路建设、场地平整;生产及生活用房、施工工厂建设等工作;施工生产、生活区的风、水、电、通信系统。

3.7.4 主体工程施工进度计划

根据施工总进度的安排,主体工程施工主要包括导流工程、大坝岸坡开挖、坝基开挖、坝体填筑、混凝土浇筑、供水线路、净水厂等的施工。

主体工程施工从2012年11月至2014年12月底,工期25个月。

(1)大坝工程。

大坝工程是本工程控制工期的关键项目。根据坝体施工特点和导流程序的安排,大坝分两期施工。一期进行左岸基础开挖、坝体混凝土浇筑和金属结构安装等,二期进行右岸基础开挖、土石坝填筑和坝顶道路防浪墙施工等。

坝体施工进度的总体安排为:工程开工后2013年1月中旬至2014年1月中旬,完成河床扩挖,一期左岸坝体基坑开挖、基础处理和混凝土坝段施工;2014年2月初到12月进行二期左岸的基础开挖、基础处理、剩余五孔表孔坝段和左岸挡水坝段的施工。

大坝工程施工从2013年1月中旬开始至2014年12月完成,历时23.5个月。

(2)供水线路工程。

供水线路工程处在工程的非关键线路上。供水线路工程自2012年12月开始,至2014年6月底施工结束,历时19个月。

(3)净水厂工程。

净水厂工程处在工程的非关键线路上。净水厂工程自2012年12月开始,至2014年1月底施工结束,历时14个月。

3.7.5 关键线路

本工程关键线路为:工程准备→导流工程施工→坝基开挖→大坝混凝土浇筑→坝顶防浪墙及道路施工。

工程施工进度安排详见图3-2。

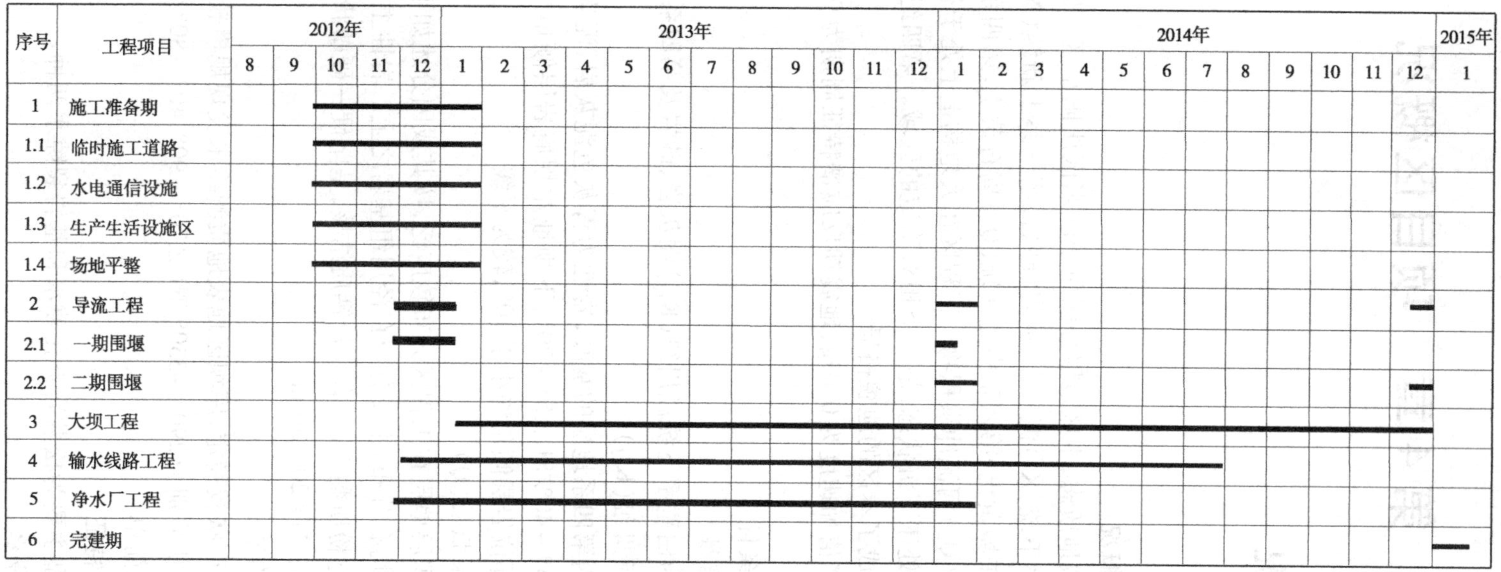

序号	工程项目	2012年					2013年												2014年												2015年
		8	9	10	11	12	1	2	3	4	5	6	7	8	9	10	11	12	1	2	3	4	5	6	7	8	9	10	11	12	1
1	施工准备期																														
1.1	临时施工道路																														
1.2	水电通信设施																														
1.3	生产生活设施区																														
1.4	场地平整																														
2	导流工程																														
2.1	一期围堰																														
2.2	二期围堰																														
3	大坝工程																														
4	输水线路工程																														
5	净水厂工程																														
6	完建期																														

图 3-2　甘肃庆阳小盘河水库及供水工程施工进度图

第 4 章　项目区概况

4.1　自然概况

4.1.1　地质

4.1.1.1　区域地质概况

根据甘肃省区域地质志，本区地层分区属于陇东区庆阳小区。区域内从老到新出露的地层岩性为白垩系下统(K_1)泥灰岩、泥岩、砂岩，第三系上新统(N_2)棕红色黏土岩，第四系下更新统(Q_1)午城黄土，第四系中更新统(Q_2)离石黄土，第四系上更新统(Q_3)马兰黄土，第四系全新统(Q_4)河流冲洪积物。工程区在大地构造上处于祁吕贺“山”字形构造体系脊柱东部，长期处于下沉状态，是一个相对稳定的区域。第四纪以来，由于受间歇式上升运动的影响，形成了本区的地貌格局。

工程区地震动峰值加速度为 0.05g，地震动反应谱特征周期为 0.45 s，相应于地震基本烈度Ⅵ度。

4.1.1.2　工程地质条件

1. 工程区地质岩性

库区地层可分为白垩系下统泾川组(K_1j)泥灰岩、砂岩及第四系松散堆积层(Q)。

1) 白垩系下统泾川组(K_1j)

该组地层为区内第四系地层的基底，岩性为青灰色泥灰岩、泥岩、灰黄色细—中砂状砂岩。岩层产状为 5°～40°/SE∠5°～20°，下坝址左坝肩岩层倾角局部大于 10°，但小于 20°，其余基岩出露部位岩层倾角均小于 10°，较为平缓。

2) 第四系松散堆积层(Q)

第四系松散堆积层地层在工程区分布较广泛，按其成因分述如下：第四系下更新统午城黄土(Q_1w)：两岸均有分布，主要分布在泾川组基岩之上。岩性主要为褐黄色重粉质壤土局部含薄层褐红色粉质黏土，含有少量钙质结核，呈坚硬—硬塑状，垂直节理发育，局部发育柱状节理。该层厚度 20～30 m。

2. 工程区地质构造

区内地层连续，产状较稳定，库坝区地表地质测绘未发现规模较大褶皱、断层通过，主要发育两组节理，产状分别为 290°～330°/NE∠70°～90°，40°～80°/SE∠70°～85°。总体来说，库区地质构造简单。

4.1.1.3　水文地质特征

库区地下水类型主要为松散岩类孔隙水和基岩裂隙水两种。

1. 松散岩类孔隙水

松散岩类孔隙水主要赋存和运移在河谷漫滩、Ⅰ级阶地砂砾石层中，孔隙较大，连通性好，水力联系密切，水量较为丰富，为区内主要含水层。受大气降水及地表水补给，以侧向径流或泉水的形式向河流和低洼处排泄。坡面碎石土中地下水主要接受大气降水补给，以蒸发或补给下部含水层的形式排泄。

2. 基岩裂隙水

根据坝址区布置的钻孔揭露，库坝区岩石以泥灰岩和泥岩、灰黄色细—中砂状砂岩为主，下部岩体新鲜、整体较完整，地质构造运动微弱，节理裂隙基本处于闭合状态，透水性微弱甚至不透水。基岩裂隙水主要贮存在上部的强风化带内，接受上部含水层补给，向下游相邻含水层排泄。

坝址地下水位高程950.67～959.23 m。

4.1.2 地形地貌

工程区位于陇东黄土高原东部，在地貌单元上属黄土高原沟壑区。区内沟谷密布，岸坡陡立，地形连绵起伏。黄土塬、梁、峁等黄土地貌形态交错分布。除河道岸坡局部有基岩裸露外，大部分为第四系黄土所覆盖，上覆土层厚度100～300 m。自然边坡：黄土30°～50°，基岩50°～80°。

工程区蒲河为最低侵蚀基准面，蒲河自黄土塬深切于基岩中，河势曲折蜿蜒，河谷表现为“U”形不对称谷，河床平均坡降约为1.5‰。两岸黄土陡坡直达塬顶，塬顶高程最高约为1 250 m，高出河水位200～300 m。坝址附近山顶高程约1 150 m，河床高程约955 m，相对高差近200 m。

4.1.3 水文

小盘河水库位于渭河最大支流泾河的一级支流蒲河下游庆阳市宁县境内。控制流域面积7 466 km^2，几乎控制蒲河流域的全部。上距巴家嘴水库约50 km，下距泾河口约10 km，库区内河道平均比降17.6‱。

蒲河是泾河的一级支流，庆阳第二大河流，发源于甘肃省环县砖城子，于宁县宋家坡附近流入泾河，流经宁夏、甘肃2省9县，涉及庆阳市有环县、庆城、镇原和宁县，流域面积近7 500 km^2，其中巴家嘴以上3 478 km^2。河道陡峻，天然河道平均比降22.8‱，河宽500～700 m。流域地势西北高东南低，河流由西北向东南蜿蜒而下，沿途汇入的主要支流有米家川、白家川、康家河、大黑河、小黑河和茹河等，其中以茹河最大。蒲河中上游为黄土丘陵沟壑区，沟谷发育，河床狭窄，河道陡峻，仅有零星川台地。下游为黄土塬区，地势平坦，河床较宽，川台地较多，流域内植被较差，黄土裸露，水土流失严重。蒲河是水量相对小而含沙量相对大的多泥沙河流，但水质较好，是庆阳市城区唯一的供水水源，目前主要调蓄工程是巴家嘴水库（见图4-1）。

4.1.4 气象

流域属于大陆性季风湿润半湿润气候，具有冬天干旱而夏天湿润，气温日差较小和无霜期长的特点。根据庆阳市气象站资料统计，多年年平均温度8.3 ℃，全年1月气温最低，7月气温最高，极端最高气温35.7 ℃，极端最低气温－22.6 ℃。多年平均降雨量为

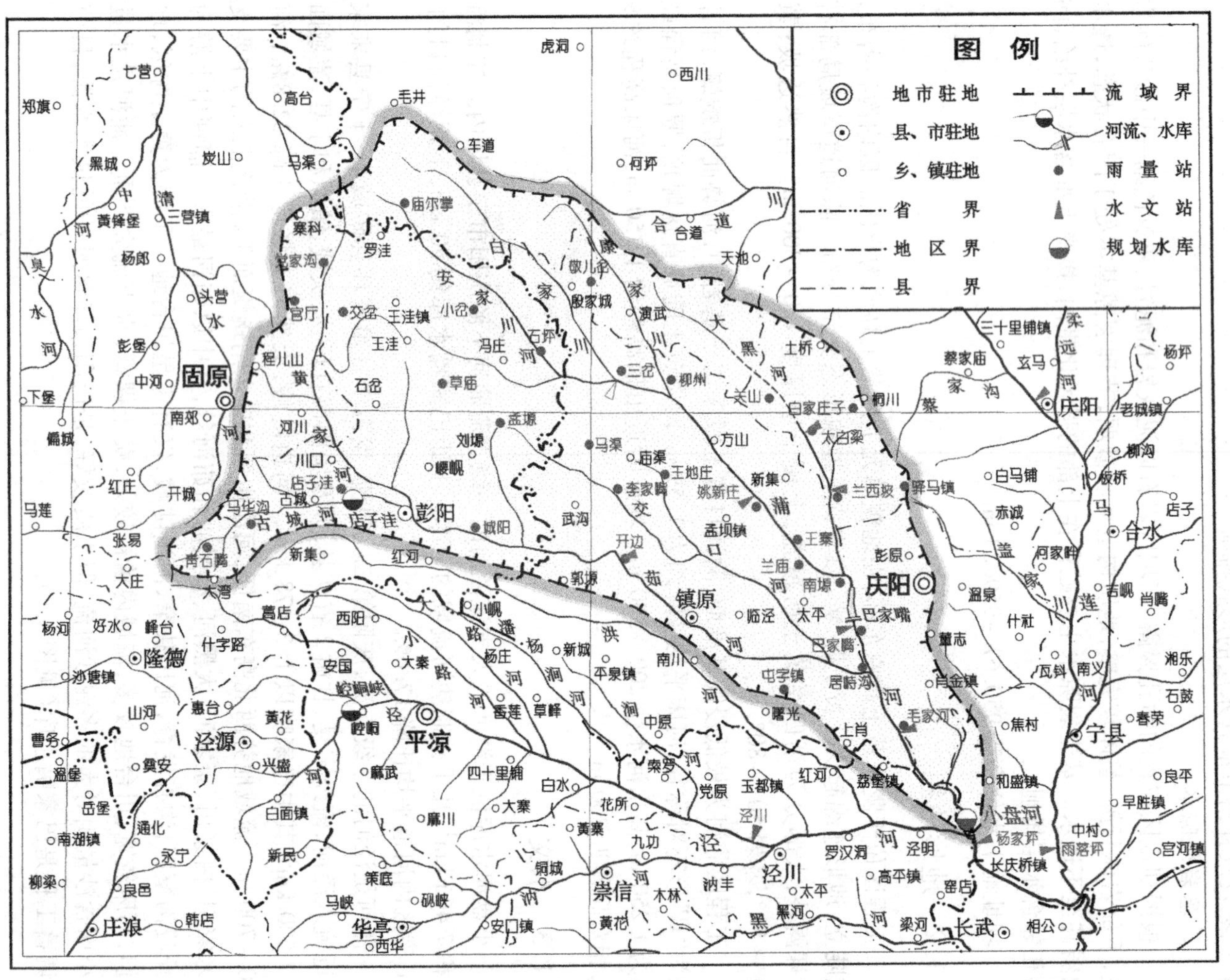

图 4-1 蒲河流域水系分布图

561.5 mm，雨量年内分布很不均匀，多集中在7～9月。蒸发量为1 503.5 mm，年日照时数2 449.0 h，平均相对湿度63%，最大风速20 m/s，最大冻土深度82 cm。最大一日降雨量为148 mm（1947年7月27日）。庆阳市气象站气象要素统计见表4-1。

表4-1　庆阳市气象站气象要素统计表（1951～2011年）

序号	项目	特征值
1	多年平均气温（℃）	8.3
2	多年平均气压（hPa）	1 013.1
3	多年平均风速（m/s）	2.6
4	多年平均相对湿度（%）	63
5	多年平均降水量（mm）	561.5
6	极端最高气温（℃）	35.7
7	极端最低气温（℃）	－22.6
8	定时最大风速（m/s）	20.0
9	最大积雪深度（cm）	19
10	最大冻土厚度（cm）	82
11	最大一日降雨量（mm）	148
12	20年一遇1 h降雨量（mm）	52.72
13	20年一遇24 h降雨量（mm）	122.52

4.1.5　土壤、植被

宁县境内土地均被黄土覆盖，主要土壤为交错分布的黑垆土和黄绵土。土壤养分总状况是氮少、磷缺、钾丰富，有机质贫乏，其黄绵土是主要的成土母质，深厚、疏松、质地细匀，垂直结构发达，透水性强，耕性良好。机械组成中粉沙含量在50%以上，含大量的碳酸钙。

全县境内土壤分为7个土类，8个亚类，15个土属，28个土种。其中黑垆土类，肥力较高。黄绵土类发育于黄土母质之上的幼年土壤，多分布于梁峁沟坡，其土属分为黄绵土、黄墡土、灰绵土及灰墡土。淤积土类发育于冲积和洪积母质之上，分布于川道一级阶地、河漫滩及超河漫滩，其土属分为淤积土、残余草甸土。

县境内有粮食作物18科54属136种；树木28科40属70种；牧草32科118种；野生植物420余种，经济作物75种；瓜菜27类227种；花卉百余种；中草药300余种。县境内主要粮食作物有冬小麦、玉米、高粱、糜子、谷子、荞麦、豆类、水稻、薯类等；主要油料作物有油菜、胡麻、麻子、芝麻、向日葵、芸芥、蓖麻等；主要饲草有苜蓿、红豆草、沙打旺、草木樨、春箭舌豌豆、毛苕子、苏丹草，野草常见者有冰草、白草、索草、灰条条、猪草草、麦辣辣、铁铁牛、米蒿蒿、黄花苔等；主要乔木有杨、松、柏、槐、红椿、桑、榆、柳等；主要灌木有柽柳、沙柳、酸枣、沙棘、黑刺等。全县森林覆盖率为12.9%。

4.2 经济社会概况

4.2.1 庆阳市

庆阳市位于甘肃省东部，习称“陇东”，包括西峰、庆城、镇原、宁县、正宁、合水、华池、环县 8 个县（区）。介于东经 106°20′~108°45′，北纬 35°15′~37°10′。周边分别与陕西、宁夏及甘肃省平凉的 15 个县（区）交界，总面积 27 119 km^2。

庆阳是中华文明的发祥地之一，是陕甘宁边区的组成部分。民风淳厚，古迹众多，皮影剪纸独树一帜。根据庆阳市统计年鉴，2011 年末全市常住人口 221.48 万人，比上年末增加 0.09 万人，其中城镇人口 55.53 万人。全年出生人口 2.99 万人，出生率为 13.50‰，死亡人口 1.42 万人，死亡率为 6.41‰；自然增长率为 7.12‰。

2011 年全市粮食作物播种面积 655.6 万亩，比上年增长 1.2%，粮食总产量达到 122.41 万 t，下降 4.1%。其中夏粮播种面积 198.03 万亩，下降 0.1%，总产量 34.24 万 t，下降 12.8%；秋粮播种面积 457.57 万亩，增长 1.8%，总产量 88.17 万 t，减产 0.3%。油料播种面积 115.23 万亩，增长 4.1%，总产量 12.07 万 t，增产 10.7%；蔬菜面积 120.17 万亩，增加 2.33 万亩，产量 75.69 万 t，增长 4.3%；果园面积 171.71 万亩，其中当年新栽 32.85 万亩。水果总产量 47.64 万 t，增长 11.5%。其中苹果面积 116.51 万亩，产量 39.64 万 t，增长 9.7%。全年完成农业总产值 102.45 亿元，按可比价格计算，增长 3.8%。

2011 年全市实现生产总值 454.08 亿元，按可比价计算（下同），比上年增长 16.8%。其中，第一产业增加值 58.00 亿元，增长 6.8%；第二产业增加值 287.95 亿元，增长 21.2%；第三产业增加值 108.13 亿元，增长 12.4%。国民经济主要比例关系为第一产业增加值占生产总值的比重为 12.8%，第二产业增加值比重为 63.4%，第三产业增加值比重为 23.8%。2011 年全年规模以上工业增加值完成 235.40 亿元，增长 23.1%，规模以上工业中地方工业完成增加值 14.82 亿元，增长 13.2%。全年规模以上工业完成销售产值 633.22 亿元，产品销售率为 99.2%。

4.2.2 宁县

宁县位于甘肃省东部，是甘肃省东南边境县之一。介于东经 107°41′~108°34′，北纬 35°15′~35°52′，东依子午岭，南接陕西，北靠宁夏，西临泾、蒲两河，距黄陵 160 km，西安 200 km，兰州 510 km。宁县现辖 8 镇 10 乡 257 个行政村，常住人口 41 万，其中农业人口 25 万人，城镇面积 18.5 km^2。宁县是汉族聚居的地区，兄弟民族及其人口均很少。全县有汉族、回族、满族等。县域总面积 2 633 km^2，耕地 96 万亩，海拔 860~1 760 m。宁县素有“陇东粮仓”之称，盛产小麦、玉米、油料、黄豆、小米等，尤以特色小杂粮久负盛名，备受推崇。

2011 年，全县地区生产总值 37.2 亿元，增长 21.3%。粮食总产量达到 24.15 万 t，全县工业完成增加值 5.62 亿元，同比增长 48.2%，完成全社会固定资产投资 90.66 亿元，社会消费品零售总额 15.67 亿元，全县大口径财政收入 3.2 亿元，一般预算收入 2.62 亿元，城镇居民人均可支配收入达到12 016元,增长24%,农民人均纯收入3 701元。

4.3 土地利用现状

根据2009年统计资料,宁县土地利用总面积为260 874.65 hm^2。其中耕地69 210.67 hm^2,占总土地面积的26.53%;园地面积3 049.34 hm^2,占总土地面积的1.17%;林地面积126 895.3 hm^2,占总土地面积的48.64%;牧草地面积43 785.75 hm^2,占总土地面积的16.78%;建设用地面积16 712.31 hm^2,占总土地面积的6.41%;未利用土地面积1 221.28 hm^2,占总土地面积的0.47%。

宁县土地利用现状见表4-2。

表4-2 宁县土地利用现状

地区	耕地	林地	牧草地	园地	建设用地	未利用地	总计
面积(hm^2)	69 210.67	126 895.3	43 785.75	3 049.34	16 712.31	1 221.28	260 874.65
所占比例(%)	26.53	48.64	16.78	1.17	6.41	0.47	100

4.4 水土流失现状及水土保持现状

4.4.1 水土流失现状

根据《全国土壤侵蚀第二次遥感调查统计表》宁县总面积2 631.39 km^2,其中轻度以上土壤侵蚀面积为2 015.92 km^2,占总面积的76.61%;微度土壤侵蚀面积为613.34 km^2,占总面积的23.31%;轻度土壤侵蚀面积为559.57 km^2,占总面积的21.27%;中度土壤侵蚀面积为502.76 km^2,占总面积的19.11%;强度土壤侵蚀面积为950.89 km^2,占总面积的36.13%;极强度土壤侵蚀面积为2.7 km^2,占总面积的0.1%(见表4-3)。

表4-3 各级别强度土壤侵蚀面积

总面积(km^2)	各级别强度土壤侵蚀面积													
	轻度以上		微度		轻度		中度		强度		极强度		剧烈度	
	面积(km^2)	比例(%)	面积(km^2)	比例(%)	面积(km^2)	比例(%)	面积(km^2)	比例(%)	面积(km^2)	比例(%)	面积(km^2)	比例(%)	面积(km^2)	比例(%)
2 631.39	2 015.92	76.61	613.34	23.31	559.57	21.27	502.76	19.11	950.89	36.13	2.7	0.1	0	0

根据《土壤侵蚀强度分类分级标准》和2002年全国第二次土壤侵蚀遥感资料调查成果,项目区水土流失的形式以水力侵蚀和重力侵蚀为主。侵蚀强度为中度侵蚀,年平均土壤侵蚀模数4 626 t/km^2。项目区属于西北黄土高原区,容许土壤流失量为1 000 $t/(km^2 \cdot a)$。

4.4.2　项目建设区与“三区”的关系

根据水利部2006第2号《关于划分国家级水土流失重点防治区的公告》和《甘肃省人民政府关于划分水土流失重点防治区的通告》(甘肃省人民政府,2000年5月19日发布),项目区属全国水土流失重点治理区和甘肃省重点治理区。

4.4.3　水土保持现状及水土保持治理的成功经验

4.4.3.1　水土保持现状

县内水土流失严重。降水不均,暴雨集中且强度大,每逢暴雨形成径流,切割成冲沟(水路)携走泥沙,沟壑逐年发育,地形支离破碎,自然灾害频繁发生。

全县水土保持治理措施有生物措施、小型水保工程、梯田和淤地坝等,其中生物措施包括种草、植树。小型水保工程包括小水窖、涝池、沟头防护、柳谷坊等。梯田分布于原面或山坡地连片整块5°以下坡耕地,田块绕山水平布置,田面挖虚整平,地边打埂,埂上栽植黄花、种植苜蓿等。淤地坝分布于支沟口,直接拦泥淤地防洪,控制水土流失,坝体以黄土分层碾压而成,泄水建筑物以钢筋混凝土浇筑。至2006年,全县水土流失治理面积累计达到198.87万亩,其中水平梯田30.33万亩、条田18.53万亩,塘坝13座、涝池384个、谷坊2 799道、骨干坝12座、淤地坝37座、沟头防护914道,累计投工108.7万个工日。

4.4.3.2　水土保持治理的成功经验

为保证本项目措施布局合理,工程技术人员通过对工程区周边区域的大型工程进行现场查勘,总结了工程建设中较为成功的水土保持工程措施,并向当地水行政主管部门调查了解开发建设项目的水土流失治理经验。水保经验主要为:

(1)在项目管理上,严格按照“三制”要求进行管理,由于前期工作中对水土保持工作的重视,使得各项水土保持要求和建设能够在招标文件和合同签订中得到具体落实。

(2)在工程建设中,施工单位能够按照合同要求,进行水土保持措施建设,特别是在施工方法、施工工艺方面。通过控制施工工序,优化施工方法,使得土方开挖、临时堆放、回填的周期大大缩短,减少了土方开挖、临时堆放、回填过程中的水土流失。同时,在土方开挖过程中,施工单位能够按照要求,将表土和生土分开堆放,进行临时防护,并将土堆表面进行人工简易密实。在施工时段安排上,施工单位为减少施工难度,一般都会选择非汛期施工,避开雨天施工。

(3)水保措施适当。该类工程以弃渣场和料场的防护措施为主。对渣场主要是采取工程措施和植物措施结合,工程措施一般布设挡渣墙拦挡、浆砌石护坡、菱形网格、覆土复耕等,植物措施主要是对渣场顶面、坡面进行绿化。料场主要是布设截排水沟排导径流,避免径流冲刷料场开采的临空面,料场如是耕地,取料前将表层耕作土剥离后进行临时防护,料场取料结束后可回填于料场底部,以利复垦。针对料场开挖形成的临空面,布设绿化措施。此外,因水利工程建设工期较长,施工生产生活区占地时间长,对这些区域采取植树种草、布设花坛等绿化措施,以及铺撒碎石子等工程措施。此外,为避免场地受雨水径流冲刷产生水蚀,布设了开挖截排水沟等临时措施。这些措施能很好地防治水土流失,值得本工程借鉴。

第5章　主体工程水土保持分析与评价

5.1　主体工程方案比选及制约因素分析与评价

5.1.1　主体方案比选分析与评价

5.1.1.1　坝址的方案比选分析与评价

下坝址位于蒲河入泾河口约10 km的小盘河村处，该处有一峡谷地段，长度约1 km，峡谷以上和以下河段河谷均较开阔，因此，坝址应在峡谷地段选择。从峡谷段地形地质条件考虑，位于峡谷出口的小盘河村处左岸边坡及河床基岩裸露，右岸边坡黄土覆盖、山体雄厚，因此确定小盘河村处作为下坝址，该坝址控制流域面积7 466 km^2，几乎控制蒲河流域的全部；距下坝址约800 m的峡谷进口处作为上坝址进行坝址比选。

1. 上坝址枢纽布置

1)上坝址地形地质条件

小盘河水库上坝址河谷呈不对称的"U"形谷，两岸岸坡整体稳定，上坝址河流靠近右岸，正常蓄水位982.00 m时，坝址处河谷宽约210 m。左岸1 005 m高程以下为黄土陡坡，坡度30°~40°，1 005 m以上为黄土阶梯状岸坡，总体坡度15°~20°，坝肩黄土性状主要为Q_{1w}、Q_{21}黄土，Q_{21}黄土浅表部具有湿陷性；右岸高程988 m左右以下为泥灰岩、泥岩夹灰黄色细—中砂状砂岩岸坡，岸坡较陡，坡度60°~70°，上部为黄土岸坡，岸坡坡度40°~45°。河床覆盖层厚8.0 m，强风化厚度5.0~10.0 m，弱风化厚度17.4~33.8 m；岩体透水率均小于10 Lu，总体属弱透水；沿坝基和右坝肩层面和灰黄色细—中砂状砂岩存在渗漏问题，坝肩黄土基本不存在渗漏问题。

2)上坝址枢纽布置

上坝址枢纽建筑物从左岸到右岸依次由均质土坝、引水坝段、底孔泄洪排沙闸、表孔泄洪闸、混凝土重力坝段等建筑物组成。

2. 下坝址枢纽布置方案

1)下坝址地形地质条件

下坝址河谷呈不对称的"U"形谷，两岸岸坡整体稳定，下坝址河流靠近左岸，正常蓄水位982.00 m时，坝址处河谷宽约230 m。左岸高程990 m左右以下基岩出露，岩性为泥灰岩、泥岩夹灰黄色细—中砂状砂岩，岸坡较陡，坡度50°~70°，上部为黄土岸坡，岸坡坡度40°~45°；右岸为黄土岸坡，地形呈阶梯状，总体坡度15°~20°。河床覆盖层厚4.6~5.3 m，强风化厚度5.6~6.7 m，弱风化厚度9.1~40.6 m；岩体透水率均小于10 Lu，总体属弱透水；沿坝基和左坝肩层面和灰黄色细—中砂状砂岩存在渗漏问题，坝肩黄土基本不存在渗漏问题。

2)下坝址枢纽布置方案

枢纽布置由左岸重力坝段,3 孔表孔泄洪闸、5 孔底孔泄洪排沙闸,引水管坝段、右岸均质坝组成,坝顶长度 268.0 m。坝顶高程 988.00 m,坝基开挖最低高程 949.00 m,最大坝高 39.0 m,坝顶宽 6.0 m。左岸重力坝和引水管坝段上游坝坡在 960.00 m 高程以上竖直,以下为 1∶0.2,下游坝坡为 1∶0.85。坝体基本剖面为三角形,顶点高程为 987.22 m。坝顶上游侧设置钢筋混凝土防浪墙,墙高 1.2 m,厚 0.3 m,坝顶下游侧设置防护栏杆。

3. 上、下坝址水土保持比选分析

从水土保持生态建设角度分析,方案 A、B 坝址均无水土保持限制性因素,但方案 A 地势平缓、施工土方量相对小,且弃渣量明显少于方案 B,占地面积少,施工过程中对现有地貌的扰动和造成的水土流失相对较轻。可研报告将方案 A 场址作为推荐场址,本方案从水土保持角度同意主体设计单位推荐的方案 A 的场址,并按推荐方案编制水土保持方案。场址比选分析见表 5-1。

表 5-1　坝址水土保持评价分析表

序号	比较项目	下坝址(方案 A)	上坝址(方案 B)	水土保持评价
1	限制性因素	无	无	无差别
2	地形、地质	河谷呈不对称的“U”形,河流靠近左岸,河谷高程 956.60 ~ 966.50 m。左岸高程 990 m 以下基岩出露,岸坡较陡,坡度 50° ~ 70°,上部为黄土岸坡,岸坡坡度 40° ~ 45°;右岸为黄土岸坡,地形呈阶梯状,总体坡度 15° ~ 20°	河谷呈不对称的“U”形,河流靠近右岸,河谷高程 957.30 ~ 969.00 m。左岸为黄土陡坡,坡度 30° ~ 40°;右岸高程 988 m 以下为基岩岸坡,岸坡较陡,坡度 60° ~ 70°,上部为黄土岸坡,岸坡坡度 40° ~ 45°	两坝址的地形、地质条件,基本相似。正常蓄水位时下坝址河谷稍宽,有利于建筑物的布置,河床覆盖层和强风化岩层稍薄,可减少基础的开挖量,下坝址稍优
		坝轴线处河谷宽 163 m,982 m 蓄水位时河谷宽 230 m	坝轴线处河谷宽 173 m,982 m 蓄水位时河谷宽 210 m	
		河床覆盖层 4.6 ~ 5.3 m;河床强风化厚度 5.6 ~ 6.7 m,弱风化厚度 9.1 ~ 40.6 m	河床覆盖层 8.0 m;河床强风化厚度 5.0 ~ 10.0 m,弱风化厚度 17.4 ~ 33.8 m	
3	占地性质	以耕地为主	以耕地为主	无差别
4	占地面积	13.76 hm^2	14.33 hm^2	A 优于 B
5	土方量	12.63 万 m^3	15.91 万 m^3	A 优于 B
6	弃方量	6.76 万 m^3	10.37 万 m^3	A 优于 B
7	输水管线长	5.6 km	6.4 km	A 优于 B
水保评价结论		推荐下坝址		

5.1.1.2　供水路线方案比选分析与评价

本输水线路起点接水库坝下预埋出水管,终点接净水厂进水管,输水距离约 5.6 km。主体设计对供水线路布置了两个路线方案即方案一和方案二。

1. 输水线路方案一

输水线路自水库坝下预埋出水管,沿小盘河右岸敷设,在坝后输水距离 350 ~ 500 m

间设置沉沙池，输水线路继续向前敷设，至小盘河村的东南部，管线长度约 2.2 km 处穿越蒲河，穿越蒲河后，向北敷设 330 m，在后河里村的南方向垂直穿越蒲河，之后沿新修道路向西南方向敷设，在线路长度约 4.5 km 处第三次穿越蒲河，穿越蒲河在叶王川村的东北角向北沿新修现状道路敷设至净水厂，输水线路总长度 5.6 km。

结合现场实地踏勘，全部采用直埋敷设的方式。

2. 输水线路方案二

输水线路自水库坝下预埋出水管，沿小盘河右岸敷设，在坝后输水距离 350 ~ 500 m 处设置沉沙池，输水线路继续向前敷设，至小盘河村的东南部，管线长度约 2.2 km 处穿越蒲河。随后沿蒲河的右岸敷设，管线沿石河里村的西侧向西南方向敷设，在长度约 3.6 km 处第二次穿越蒲河。在长度约 3.7 km 处穿越隧洞，隧洞出口向前敷设约 300 m，第三次穿越蒲河，之后沿朱家村的北侧向东敷设，在叶王川村的东北角向北沿新修现状道路敷设至净水处理厂，输水线路总长度 5.69 km。

隧洞全长 122 m，起止桩号分别对应供水管道桩号 K3 + 721 和 K3 + 843，隧洞进口底板高程 964.60 m，出口底板高程 964.11 m，隧洞比降 $i = 3.985 \times 10^{-3}$。

3. 输水线路水土保持比选分析

从水土保持生态建设角度分析，方案一、二路线均无水土保持限制性因素，但方案一路线短、占压土地面积小、施工土方量小，且弃渣量明显少于方案二，施工过程中对现有地貌的扰动和造成的水土流失相对较轻。可研报告将方案一场址作为推荐线路，本方案从水土保持角度同意主体设计单位推荐的方案一的场址，并按推荐方案编制水土保持方案。路线水土保持评价分析见表 5-2。

表 5-2 路线水土保持评价分析表

序号	项目	方案一(C)	方案二(隧洞方案)(D)	水土保持评价
1	不同线路段管线长度	管线桩号 S2 + 612—S4 + 589，长度 1 977 m	管线桩号 K2 + 612—K4 + 681，长度 2 069 m，比方案一长 92 m	C 优于 D
2	地质条件	管线沿线为第四系全新统冲积层(Q_4^{al})	与方案一基本相同	无差别
3	施工条件	管线沿道路布置，不需要临时施工道路，施工方便	管线穿隧洞段基本无现有道路，施工时需要修建临时施工道路，相对不便	新建临时施工道路，增加占地，容易造成新的水土流失，C 优于 D
4	占压影响	不穿越村庄，无移民拆迁	管线穿越叶王川村，有部分移民拆迁	C 优于 D
5	穿越建筑	无其他穿越建筑物，管道均为埋设方式	穿叶王塬附近山脉一次，需修建约 112 m 的穿山隧洞，增加工程开挖量	C 优于 D
6	占地面积	12.33 hm^2	12.75 hm^2	C 优于 D
7	土方量	土方开挖 10.54 万 m^3，石方开挖 1.85 万 m^3	土方开挖 13.65 万 m^3，石方开挖 2.98 万 m^3	C 优于 D
8	弃方量	1.85 万 m^3	5.02 万 m^3	C 优于 D
9	水保评价结论	推荐方案一		

5.1.2　水土保持制约性因素分析与评价

本项目的水土保持制约性因素分析见表5-3。

表5-3　工程建设的水土保持制约性因素分析表

限制行为性质	水土保持要求	主体设计情况	处理办法
严格限制与要求行为	(1)选址(线)必须兼顾水土保持要求,应避开泥石流易发区、崩塌滑坡危险区以及易引起严重水土流失和生态恶化的地区	甘肃庆阳小盘河水库及供水工程的坝址、输水路线和净水厂址不涉及(1)中描述的区域	
	(2)选址(线)应避开用全国水土保持监测网络中的水土保持监测站点、重点试验区,不占用国家确定的水土保持长期定位观测站	项目区无(2)中描述的区域	
普通要求行为	选址(线)宜避开生态脆弱区、固定半固定山丘区、国家划分的重点预防保护区和重点治理成果区,最大限度地保护现有土地和植被的水土保持功能	项目区属于国家划分的水土保持重点治理区和甘肃省重点治理区	提高水土保持防治标准

通过列表分析,本项目选址不占用全国水土保持监测网络中的水土保持监测站点,重点试验区,不占用国家确定的水土保持长期定位观测站,也不在泥石流易发区、崩塌滑坡危险区;项目不占用基本农耕地。项目区处于国家划分的水土流失重点治理区。

综上所述,项目选址不在国家划定的相关敏感区范围内,符合《开发建设项目水土保持技术规范》项目选址、选线的基本要求,因此从水土保持的角度出发本项目建设无制约因素。

5.2　主体工程占地类型、面积和占地性质的分析与评价

根据主体工程设计,工程占地包括耕地、林地、荒草地、裸地和水域等,总占地面积为467.17 hm^2,其中施工临时占地面积为31.13 hm^2,永久占地面积423.66 hm^2(包括水库淹没区面积403.78 hm^2)。

在占地性质上,永久用地在施工结束后改变了原土地功能,在建筑永久设施并采取防护措施后,可减少该区域的水土流失;临时用地在施工结束后采取土地整治与植物防护措施,可恢复原土地类型而恢复原土地功能。

从施工占地面积上分析,主体工程设计中体现了尽可能少占地的思想,如水库工程区的施工生产区和临时堆土场选取在1号弃渣场占地范围内,没有新增临时占地;净水厂生产生活区设置在水厂管理区内。另外通过坝址方案比选和输水线路比选,推荐方案均选择了占地面积少的方案。

从水土保持角度分析，主体工程设计时坚持尽可能少占地的原则，工程占地满足水土保持要求。

5.3 主体工程土石方平衡、弃土(石、渣)场、取料场的布置、施工组织与施工工艺评价

5.3.1 主体工程土石方平衡的分析与评价

主体工程土石方平衡的水土保持分析评价见表5-4。

表5-4 土石方平衡的水土保持分析评价

限制行为性质	要求内容	分析评价意见	解决方法
严格限制与要求行为	(1)充分考虑弃土、石的综合利用，尽量就地利用，减少排弃量	开挖土方中满足工程填筑要求的土方全部回填利用，没有排弃，符合要求	
	(2)应充分利用取土场(坑)作为弃土(石、渣)场，减少弃土(石、渣)占地和水土流失	本工程设置2个取土场，取土结束后没有形成取土坑，不具备弃渣的条件	弃渣全部弃入集中弃渣场
	(3)开挖、排弃和堆垫场地应采取拦挡、护坡、截排水等防护措施	主体设计只提出原则性要求，未设计	水土保持方案中补充临时堆土的防护措施
	(4)施工时序应做到先挡后弃	主体设计只提出原则性要求，未设计	水土保持方案中补充弃渣场的拦挡措施和临时堆土的防护措施
普通要求行为	(1)充分考虑调运，移挖作填，尽量做到挖填平衡，不借不弃	通过平衡分析，做到了少弃少排，符合要求	
	(2)尽量缩短调运距离，减少调运程序	调运距离固定，但注意减少调运程序	

由表5-4分析可知，除(3)(4)条外，均符合水土保持限制性规定和要求。解决办法是：在土方开挖过程中，水保方案补充拦挡、排水措施。

5.3.2 弃土(石、渣)场、取料场的布置评价

弃土(石、渣)场、取料场的布置评价见表5-5。

表 5-5　弃土(石、渣)场、取料场的布置评价

限制行为性质	要求内容	分析评价意见	解决方法
绝对限制行为	(1)严禁在县级以上人民政府划定的崩塌和滑坡危险区、泥石流易发区内设置取土(石、料)场	工程设置的取、弃土场不在(1)中描述的区域内,满足要求	
	(2)禁止在对重要基础设施、人民群众生命财产安全及行洪安全有重大影响的区域布设弃渣场	工程设置的取、弃土场不在(2)中描述的区域内,满足要求	
严格限制与要求行为	(1)在山区、丘陵区取土场选址,应分析诱发崩塌、滑坡和泥石流的可能性	取土场取土不会诱发崩塌、滑坡和泥石流,满足要求	
	(2)弃渣场选址,不得影响周边公共设施、工业企业、居民点等安全	弃渣场下游无公共设施、工业企业、居民点满足要求	
	(3)涉及河道的,应符合治导规划和防洪行洪的规定,不得在河道、湖泊管理范围内设置弃土(渣、石)场	3 号弃渣场位于坝下 4 km 处的一级阶地,离蒲河堤岸最短的距离 40 m 以上,不影响蒲河行洪,满足要求	
普通要求行为	(1)取土场选址应符合城镇、景区等规划要求,并与周边景观互相协调,宜避开正常的可视范围。在河道取砂砾料的应遵循河道管理有关规定	取土场设计远离城镇,可视范围内无景观;砂砾料均采取市场购买的方式,满足要求	
	(2)弃渣场选址,不宜布置在流量较大的沟道,否则应进行防洪论证	工程所选 2 号渣场为坝后左岸的荒沟,属于典型的沟头弃渣,上游来水量少。1 号弃渣场的坡脚处离碾沟边坡 6～10 m,有效地避开了碾沟	在 2 号弃渣场上游,设置截水沟,解决上游来水的问题
	(3)弃渣场选址,在山丘区,宜选择荒沟、凹地、支毛沟,平原区宜选择在凹地、荒地,风沙区应避开风口和易产生风蚀的地方	弃渣场占地主要为荒草地,不在风沙区	

由表 5-5 分析可知,除主体设计中的弃土(石、渣)场、取料场的布置普通要求行为的(2)条外,均符合水土保持限制性规定和要求,本方案中补充弃渣场拦挡、排水、绿化等防护措施以满足要求。

5.3.3 主体工程施工组织分析与评价

工程施工组织设计、工艺等指标评价见表5-6。

表5-6 对主体设计施工组织的合理性评价表

限制行为性质	要求内容	分析评价意见	解决方法
绝对限制行为	(1)在河岸陡坡开挖土石方,以及开挖边坡下方有河渠、公路、铁路和居民点时,开挖渣石必须设计渣石渡槽、溜渣洞等专门设施,将开挖的土石渣及时运至弃渣场或专用场地	根据主体施工组织设计,大坝先在右岸开挖,右岸为黄土岸坡,地形呈阶梯状,总体坡度15°~20°。边坡下方无居民点。开挖土方直接运至弃渣场,满足要求	
严格限制与要求行为	(1)控制施工场地占地,避开植被良好区	施工用地主要为耕地、荒草地。占地为耕地的进行了复耕措施设计,满足要求	
	(2)合理安排施工,减少开挖量和废弃量,防止重复开挖和土(石、渣)多次倒运	开挖土方除部分利用土方后,直接运至弃渣场,减少二次倒运,符合要求	
	(3)合理安排施工进度与时序,缩小裸露面积和减少裸露时间	施工工序是实现了裸露地面最少时间,满足要求	
	(4)施工开挖、填筑、堆置等裸露面,应采取临时拦挡、排水、沉沙、覆盖等措施	主体设计只提出原则性要求,未设计	水土保持方案中补充临时堆土的防护措施
普通要求行为	(1)料场宜分台阶开采,控制开挖深度。爆破开挖应控制装药量和爆破范围,有效控制可能造成的水土流失	砂石料全部外购,符合要求	
	(2)弃土(石、渣)应分类堆放,布设专门的临时倒运或回填料的场地	利用土方专门设置了临时堆料场,满足要求	

由表5-6分析可知,主体设计中的施工组织设计除严格限制与要求行为的(4)条外,均符合水土保持限制性规定和要求,本方案中补充施工区临时拦挡等防护措施以满足要求。

5.3.4 主体工程施工方法分析与评价

主体工程施工方法等指标评价见表5-7。

表 5-7　对主体设计的施工方法合理性评价表

限制行为性质	要求内容	分析评价意见	解决方法
绝对限制行为	(1)开挖土石方和取料不得在指定取土(料)场以外地方乱挖	本项目设置取土场,不存在乱挖现象,符合要求	
严格限制与要求行为	(1)施工道路、伴行路、检修道路等应控制在规定范围内,减小施工扰动范围,采取拦挡、排水等措施,必要时可设置桥隧;临时道路在施工结束后应进行迹地恢复	主体工程设计了临时道路、永久道路和永临结合的道路,以及架设施工桥梁。对临时道路采取了土地复耕措施,但无排水措施	方案中补充道路的排水措施,永久道路的绿化措施
	(2)主体工程动工前,应剥离熟土层并集中堆放,施工结束后作为复耕地、林草地的覆土	主体工程对输水管线、大坝和净水厂设计了表土剥离及回填利用,但对取土场和弃渣场等临时用地区未设计	方案中补充设计了取土场和弃渣场等临时占地区的表层土剥离及回覆利用与临时防护措施
	(3)减少地表裸露时间,遇暴雨或大风天气应加强临时防护,雨季填筑土方时应随挖、随运、随填、随压,避免产生水土流失	设计中作出了明确规定	
	(4)临时堆土(石、渣)及料场加工的成品料应集中堆放,设置沉沙、拦挡等措施	主体设计没有设计	水土保持方案中补充临时堆土的防护措施
	(5)开挖土石和取料场地应先设置截排水、沉沙、拦挡等措施后再开挖	工程仅设置了取土场,无具体防护要求	方案中补充取土场排水和拦挡等防护措施
	(6)土(砂、石、渣)料在运输过程中应采取保护措施,防止沿途散溢,造成水土流失	设计中环评专业提出了相关要求,满足要求	

由表 5-7 中的分析可知,主体设计的施工方法满足绝对限制行为的要求,但严格限制行为中不足之处较多,主要缺少表土剥离及保护措施,不能满足水土保持要求,因此在本方案中根据场地实际情况补充或提出表土剥离保护及临时防护等措施的设计或要求。

5.4　主体工程设计的水土保持工程分析与评价

5.4.1　主体工程设计的水土保持工程的分析与评价

根据项目可行性研究报告分析,主体工程设计中具有水土保持功能的措施主要包括:

枢纽区:大坝工程区下游草皮护坡 3 940 m^2,护坡混凝土 1 726 m^3,护坡垫层

5 609 m^3。

净水厂区:厂区矩形浆砌石排水沟防洪标准为20年一遇,排水沟尺寸为底宽0.4 m,深0.4 m,浆砌石衬砌厚度0.3 m,单位砌石工程量为0.54 m^3/m,共修筑浆砌石排水沟长度833 m,浆砌石450 m^3,厂区绿化面积3.08 hm^2。

施工道路区:场内施工道路均采取矿三标准,碎石路面,碎石路面为透水路面,具有水保功能,其中永临结合的碎石路面(6号施工道路)长3 km,临时施工道路(1号、2号、3号、4号和5号道路)的碎石路面长3 km。

水土保持措施总投资为464.3万元。主体工程设计中具有水土保持功能的措施工程量汇总表详见表5-8。

表5-8　具有水土保持功能的措施工程数量表

项目		工程量	投资(万元)
枢纽区	大坝下游草皮护坡(m^2)	3 940	1.50
	大坝上游护坡垫层混凝土(m^3)	5 609	55.99
	大坝上游护坡混凝土(m^3)	1 726	80.25
净水厂区	厂区浆砌石排水沟(m^3)	450	13.04
	厂区绿化面积(hm^2)	3.08	61.52
施工道路区	永临结合的碎石道路(km)	3	135
	临时碎石道路(km)	3	117
合计			464.3

5.4.2　主体工程设计的水土保持分析与评价(分区)

5.4.2.1　主体工程区防护措施的分析与评价

水库枢纽区:主体工程设计对大坝上下游边坡分别采取了工程和植物护坡措施,符合水土保持要求。但是枢纽区仍有10.23 hm^2的空闲地没有采取水土保持防治措施,主体设计对临时堆存的开挖土方没有设计任何临时防护措施,因此本方案根据枢纽区的实际情况,补充:①空闲区补充设计绿化措施;②临时堆土的防护措施。

净水厂区:净水厂区布置了完整的排水措施,空闲地全部采取了绿化措施,符合水土保持要求,但是对堆存的土方没有设计任何防护措施,因此本方案根据枢纽区的实际情况,补充:临时堆土的防护措施。

5.4.2.2　弃渣场区

主体设计对本工程共设置了3个弃渣场,通过5.3.2节的分析评价,可以看出弃渣场的选址是满足水土保持要求的,另外对占地为耕地的区域进行了土地复耕措施设计,但是主体设计对弃渣场的防护措施没有进行设计。根据弃渣场的实际情况,本方案报告中将补充：弃渣场的截、排水措施，拦挡措施，护坡措施和表土资源保护措施，以及临时措施。

5.4.2.3 施工生产生活区防护措施的分析与评价

主体设计对本工程共设置了3个生产生活区，占地面积为2.14 hm^2，主体设计对该区除采取土地复耕措施以外，没有其他的防护措施。根据该区的实际情况，本方案中将补充：临时排水措施，拦挡措施，空闲地绿化措施，以及施工结束后迹地清理措施。

5.4.2.4 施工道路防护措施的分析与评价

本工程共布置了13 km长的永久道路，2.6 km的临时施工道路和3 km长永临结合的道路，主体工程设计中仅对占地为耕地的临时道路采取了复耕措施，另外新建的临时道路和永临结合的施工道路，路面均铺设碎石，碎石路面为透水性路面，具有水保功能。本方案中将补充：

1. 永久道路

(1)工程措施：道路两侧修建浆砌石排水沟。

(2)植物措施：道路两侧种植行道树。

2. 临时道路

临时措施：道路两侧开挖土排水沟。

5.4.2.5 料场区防护措施的分析与评价

本工程共设置了2个取土场，通过5.3.2节的分析评价，可以看出土料场的选址是满足水土保持要求的，但是主体设计中没有涉及取土场的防护措施。

根据土料场的实际情况，本方案报告中将补充：土料场的表土资源保护措施，即表土剥离及回填，坡面和底面绿化措施和表土资源保护措施，以及临时措施。

5.4.2.6 输水管线区防护措施的分析与评价

通过对输水管线的线路方案的分析可知，输水管线的选线是合理的，但是主体设计对该区的水土流失防护没有设计措施，本方案中将补充：

(1)绿化措施：供述管线区占地为临时占地，施工结束后需要对原地貌进行恢复，对占地为林地的种植乔木，占地为非林地的种植一季绿肥。

(2)临时措施：对临时堆存的土方进行设计拦挡、覆盖措施。

5.4.2.7 临时堆料场区防护措施的分析与评价

主体设计对临时堆料场没有采取防护措施，本方案补充临时堆存土方的拦挡、覆盖措施设计。

5.4.2.8 水土淹没区防护措施的分析与评价

主体设计中布置了库底清理、消毒工作，符合水保要求，本方案建议进一步做好监督工作，防止滥砍乱伐，破坏植被，造成新的水土流失。

5.4.2.9 移民安置区防护措施的分析与评价

本方案对该工程的移民安置区不再设置防治措施，仅对该区提出水土保持防治措施要求。移民安置区水土保持要求：空闲地必须绿化，路基边坡、路堑需采取防护措施，区域内做好排水措施，对施工过程中动土工程必须有防尘、防水土流失的临时措施。

主体工程设计水土保持工程分析与评价及防治措施见表5-9。

表 5-9　主体工程设计水土保持工程分析与评价及防治措施

项目	主体设计水土保持工程		方案需新增或补充完善的措施
	主体工程设计内容	问题与不足	
主体工程区	大坝护坡、开挖边坡排水措施;净水厂排水、绿化措施	无临时堆土防护措施	枢纽区绿化措施、临时堆土防护措施
施工生产生活区	土地复耕措施	无临时排水、绿化措施	临时排水、拦挡;空闲地绿化和土地平整、迹地清理措施
弃渣场区	选址合理,土地复耕	无排水措施等防护措施	截排水措施、拦挡措施、护坡措施、土地平整、绿化和临时措施
料场区	选址合理,土地复耕	无排水措施等防护措施	表土剥离及回覆措施、底面和坡面植物绿化措施和临时措施
输水管线区	选线合理,无其他措施	无临时防护措施	土地平整、绿化措施,临时措施
施工道路区	复耕措施、碎石路面	无排水、绿化措施	绿化、临时排水措施
临时堆料场区	无	无临时防护措施	临时拦挡和临时覆盖措施
水库淹没区	库底清理、消毒工作		建议进一步做好监督工作
移民安置区			仅对该区提出水土保持要求

5.5　工程建设与生产对水土流失的影响因素分析

工程建设引起和加剧原地面水土流失的因素主要包括自然因素和人为因素。自然因素包括气候、地形、地貌、土壤、植被等;人为因素主要是供水工程建设和生产活动而诱发和加速原地面水土流失。根据实地调查,项目建设过程中,由于场地平整,管沟开挖及回填,道路堆垫,土料临时堆放和挖取、排土排渣等,对原地貌和地表植被进行扰动和破坏,降低或丧失了原有地表水土保持功能,改变了外营力与土体抵抗力之间形成的自然相对平衡,导致原地貌土壤侵蚀的发生和发展。

工程建设期及运行期可能造成的水土流失影响因素见表 5-10。

表 5-10　工程建设可能造成的水土流失影响因素

序号	预测单元	预测时段	产生水土流失的因素
施工准备期			
1	施工生产生活区	施工准备期	场地平整、表土剥离等破坏原地貌及植被，产生水土流失
2	施工道路	施工准备期	平整道路破坏原地貌及植被，产生水土流失
施工期			
1	输水管线	施工期	管沟开挖与回填，临时堆土等破坏原地貌及植被，产生水土流失
2	枢纽区、净水厂区	施工期	建筑物基础开挖及临时堆土区，破坏原地貌及植被，产生水土流失
3	施工生产生活区	施工期	人为活动等破坏原地貌及植被，产生水土流失
4	弃渣场区、土料场区	施工期	破坏原地貌及植被，产生水土流失
自然恢复期			
1	项目区	自然恢复期	损坏的土地植被及土体结构尚未完全恢复，仍将产生较原地貌严重的水土流失

5.6　结论性意见、要求与建议

通过以上分析可知，本项目的建设不存在水土保持限制性因素，工程选址、占地性质、占地类型、土方流向、施工组织及施工工艺基本符合水土保持相关要求，本方案针对可能产生的水土流失隐患，在以下几个方面进行完善：

(1)新增枢纽区空闲地的绿化措施，枢纽区和净水厂区的临时堆土防护措施。

(2)补充设计生产生活区的临时排水、临时拦挡；空闲地绿化和土地平整迹地清理措施。

(3)补充设计弃渣场区的截排水措施、拦挡措施、护坡措施、土地平整、绿化和临时措施。

(4)补充设计料场区的表土剥离及回覆措施、植物护坡和临时措施。

(5)补充设计输水管线区的土地平整、绿化措施，临时措施。

(6)补充设计施工道路区的绿化、临时排水措施。

(7)补充设计临时堆料场区的拦挡和覆盖措施。

经分析，只要严格按照主体设计的占地方案、土方流向和施工工艺施工，同时认真落实本方案确定的各项水土保持措施，工程建设引起的水土流失能够控制在规定范围内，从水土保持角度评价，项目建设可行。

第6章　防治责任范围及防治分区

6.1　防治责任范围确定的原则

水土流失防治责任范围是进行水土流失防治措施设计的基础，是落实“谁开发、谁保护，谁造成水土流失、谁负责治理”的原则的重要依据。根据《中华人民共和国水土保持法》、《开发建设项目水土保持技术规范》、《关于印发开发建设项目水土保持方案大纲及报告书技术审查要点的函》(〔2002〕118 号)及关于发布《水利工程设计阶段水土保持技术文件编制指导意见》的通知(水总局科〔2005〕3 号)的规定，依照和结合工程施工的具体情况上述原则及依据，确定本工程水土流失防治的责任范围分为项目建设区和直接影响区两部分。

项目建设区包括工程建设计划征用面积，有主体工程区、料场区、渣场区、施工生产生活区、施工道路区、输水管线区和水库淹没区等，是建设项目工程直接造成损坏和扰动的区域，也是水土流失治理的重点区域，占地面积为467.17 hm^2。

直接影响区主要为施工场地周围、渣场下游以及移民安置区等，经现场查勘并结合1:10 000 地形图、工程总布置图进行量算，直接影响区确定以下原则：

(1)由于弃渣场导致下游水土流失危害加重的区域。按渣场占地边界线向外 20 m 计。

(2)由于建筑物施工，对周边地表造成的人为、机械扰动和破坏的区域。按主体工程占地边界线向外 10 m 计。

(3)由于土料场的开采，而使下游河道的泥沙含量加大，下游淤积严重的区域。按料场边界线向外 10 m 计。

(4)施工道路区按道路两旁 2 m 计。

(5)输水管线两侧各 2 m 计。

(6)移民安置区占地 8.09 hm^2 作为直接影响区纳入本方案的防治责任范围。

最后确定直接影响区面积为 27.67 hm^2。

6.2　防治责任范围

根据以上原则，经计算甘肃庆阳小盘河水库及供水工程防治责任范围总面积为494.84 hm^2。其中项目建设区为467.17 hm^2，直接影响区为27.67 hm^2。工程防治责任范围详见表6-1。

表 6-1　防治责任范围表　（单位：hm^2）

防治区		项目建设区			直接影响区	合计
		永久占地	临时占地	小计		
一	主体工程区	19.88		19.88	1.78	21.66
二	施工道路区	8.80	3.56	12.36	3.72	16.08
三	弃渣场区		11.00	11.00	1.33	12.33
四	施工生产生活区		3.27	3.27	0.72	3.99
五	料场区		4.50	4.50	0.85	5.35
六	输水管线区	0.05	12.33	12.38	11.18	23.56
七	水库淹没区	403.78		403.78		403.78
八	移民安置区				8.09	8.09
小计		432.51	34.66	467.17	27.67	494.84

6.3　水土流失防治分区

6.3.1　分区依据

本工程水土流失防治分区是依据项目区地貌特征、自然属性、水土流失特点，同时分析主体工程布局、施工扰动特点、建设时序、造成人为水土流失影响等进行分区。

6.3.2　分区原则

（1）各区之间具有显著差异性。

（2）相同分区内造成水土流失的主导因子相近或相似。

（3）各级分区应层次分明，具有关联性和系统性。

6.3.3　分区方法

主要采取实地调查勘测、资料收集与数据分析相结合的方法进行分区。

6.3.4　分区结果

按照以上分区原则，将项目区水土流失防治区分为主体工程防治区、输水管线防治区、料场区、弃渣场区、施工道路区、施工生产生活区、临时堆料场区、水库淹没区和移民安置区等。

根据不同防治分区工程扰动情况，分析各区水土流失特点如下。

（1）主体工程防治区。

主体工程防治区包括大坝枢纽施工区、水库管理营地和净水厂施工区、净水厂管理营地，总占地面积为21.56 hm^2。主体工程区为点式施工区，主要是因为主体工程的大量土石方开挖引起水土流失。土石方开挖等都严重破坏地表，使地表土壤失去原植被的固土和防冲能力，而且由于临时堆存土料为松散堆放物，在雨水、河流冲刷和自身重力作用下，极易形成较大的水蚀和重力侵蚀。

(2)输水管线防治区。

输水管线防治区包括起点水库坝下预埋出水管，终点接净水厂进水管，输水距离约5.6 km。该区施工期间，管槽开挖破坏地表，另外人为活动和机械碾压很频繁，因此一遇大雨或者大风，易发生流失。

(3)施工道路防治区。

施工道路区包括永久道路13 km，临时道路2.6 km，永临结合的道路3 km，总新增占地12.36 hm^2，该区水土流失主要发生在建设期，由于道路建设时，需要进行土方的开挖和回填，土料在临时堆放过程中，由于没有植被覆盖，特别在坡面施工中，易发生较大的水蚀。

(4)弃渣场防治区。

弃渣场防治区包括1、2、3号弃渣场，总占地面积11.00 hm^2。施工期间工程弃渣松散堆放，堆渣表面也没有植被覆盖，极易产生严重的水土流失，特别是遇到强暴雨，弃渣容易被冲走，产生严重水土流失。

(5)料场防治区。

料场防治区包括1号、2号取土场，总占地面积为4.5 hm^2。施工过程中在表土临时堆放区，土质疏松遇径流极易产生水土流失。取土场取土后原地表植被破坏，形成的裸露边坡改变了地形地貌，表层土壤结构疏松，加之工程建设活动频繁等因素，极易产生水土流失。

(6)施工生产生活区。

施工生产生活区包括枢纽区、输水管线区和净水厂区的施工营地与施工工厂，新增总占地面积3.27 hm^2。其中枢纽区施工工厂全部布置在1号弃渣场内，净水厂施工营地与施工工厂均布置在净水厂管理用地范围内。施工生产生活区在场地平整时彻底破坏了原地表植被，施工期间，人为活动和机械碾压很频繁，会造成土壤结构改变，含水率、入渗率下降，易形成径流，造成水土流失；此外，一些易流失的施工材料在堆放过程中不采取措施，一遇大雨或者大风，会发生流失。

(7)临时堆料场区。

在施工期间，临时堆存的土料，土质松散，极易产生水土流失。

(8)移民安置区。

移民安置点有房屋建设、道路、排水管道、供电线路等建设内容，在施工过程中，由于土方的开挖回填、地基平整、人为活动和机械碾压等，将破坏地表植被，改变地形，造成水土流失。

(9)水库淹没区。

该区主要是在库区清理过程中，由于监管不到位较容易导致滥砍乱伐，毁坏植被导致新水土流失。

第7章 水土流失预测

7.1 工程可能造成的水土流失因素分析

影响工程区水土流失的因素有自然因素和人为因素，自然因素包括大风、降雨、重力、地面物质组成、土壤结构、地形地貌及植被等；人为因素是本工程的建设活动，工程建设期间，人为活动将诱发和加速原地面的水土流失。根据实地调查，本工程建设过程中，由于场地平整，大坝填筑，土石方开挖，道路修建，弃渣堆放、土料临时堆放和回填等施工活动，完全破坏了原地貌和地表植被，改变原地貌，使土壤降低了甚至丧失了原有的水土保持功能，改变了外营力和土体抵抗力之间形成的自然平衡，使原地貌土壤侵蚀发生发展。

水土流失影响因素分析见表7-1。

表7-1 甘肃庆阳小盘河水库及供水工程建设水土流失影响因素分析表

建设区	地形地貌	土壤	植被
主体工程区	(1)大坝基础开挖，坝肩开挖使原地形地貌发生改变，形成裸露表面； (2)厂房基础开挖、土地平整发生改变	(1)碾压、压埋； (2)使土壤结构改变	(1)挖填、占压； (2)植被不覆存在； (3)地表失去保护
施工道路区	(1)场地平整发生改变； (2)施工机具碾压； (3)回填土堆放，形成坡度	(1)碾压、压埋； (2)使土壤结构改变	(1)挖填、占压； (2)植被不覆存在； (3)地表失去保护
施工生产生活区	(1)场地平整发生改变； (2)施工机具碾压； (3)回填土堆放，形成坡度	(1)碾压、压埋； (2)使土壤结构改变	(1)挖填、占压； (2)植被不覆存在； (3)地表失去保护
弃渣场	(1)场地开挖与堆弃土，原地形地貌发生改变； (2)弃渣形成裸露表面	(1)挖损、水文改变； (2)弃渣表面疏松	(1)挖损、堆土弃渣； (2)植被覆盖度下降
输水管线区	场地开挖与堆弃土，原地形地貌发生改变	挖损、水文改变	(1)挖损、堆土； (2)植被覆盖度下降
料场	(1)场地开挖与堆弃土，原地形地貌发生改变； (2)开挖形成裸露表面	(1)挖损、水文改变； (2)开挖面裸露疏松	(1)挖损； (2)植被不覆存在； (3)地表失去保护
移民安置区	(1)场地平整发生改变； (2)场地开挖与堆弃土，原地形地貌发生改变； (3)回填土堆放，形成坡度	(1)碾压、压埋； (2)使土壤结构改变	(1)挖损； (2)植被不覆存在； (3)地表失去保护

7.2　水土流失预测时段和预测单元

7.2.1　预测时段

本工程为建设类项目，水土流失主要发生在建设过程中。通过对该工程建设期可能造成水土流失情况分析，确定该工程建设所造成的新增水土流失预测时段分施工准备期、施工期和自然恢复期。

主体工程总工期 28 个月，其中施工准备期 2012 年 10 月至 2013 年 1 月底，共 4 个月；主体工程施工期 2012 年 11 月至 2014 年 12 月底，共 25 个月；工程完建期 2015 年 1 月，共 1 个月。另外还有工程筹建期 6 个月，不计入总工期。主体工程在施工筹建期主要完成对外道路施工，也是发生水土流失的主要阶段，因此，水土流失预测时段包括工程筹建期，结合主体工程施工进度，本方案施工准备期包括工程筹建期和施工准备期，共 10 个月。施工期包括主体工程施工期和工程完建期，即 2012 年 11 月至 2014 年 1 月，共 26 个月。根据造成水土流失的成因具体分析，施工开挖形成的挖损地貌，分析当地植被自然恢复条件，确定该范围的自然恢复期为施工结束后 2 年，永久道路和主体工程永久建筑物占地区，不进行自然恢复期的水土流失预测。

根据工程组织设计施工时序安排，在本工程防治责任范围内，不同区域或部位的施工时间不同，预测时间也不同。各区域的预测时段均按最不利的影响时段考虑，当预测时段未全部跨越雨季时段时，按占雨季的比例计算；跨越整个雨季时段不足一年的按全年计算。根据工程组织设计施工时序安排，在本工程建设范围内，不同区域或部位的施工时间不同，预测时间也不同。具体预测时段见表 7-2。

表 7-2　水土流失预测时段及单元

预测单元		施工准备期(年)	施工期(年)	自然恢复期(年)
主体工程区			2	2
渣场区	顶面		2	2
	坡面		2	2
	小计		2	2
料场区	底面		2	2
	坡面		2	2
	小计		2	2
施工生产生活区		0.5	2	2
施工道路		1	2	2
输水管线区			2	2

7.2.2 预测单元

根据主体工程的总体布局、本工程建设特点、施工工艺、施工场地及水土流失特点，确定本项目建设期的水土流失预测单元为主体工程区、输水管线区、施工道路区、弃渣场区、料场区、施工生产生活区共6个预测单元，库区不预测。其中运行管理区和其他预测单元有重叠，为避免重复，只预测运行管理区内水土流失。

考虑到工程建设过程中的实际情况，弃渣场区进一步划分为顶面和坡面；料场区进一步划分为土料场底面、土料场坡面。

预测单元划分详见表7-2。

7.3 预测内容和方法

7.3.1 预测内容

根据《开发建设项目水土保持技术规范》(GB 50433—2008)的规定，结合该工程项目的特点，水土流失分析预测的主要内容有：

(1)扰动原地貌、破坏植被面积；

(2)弃土、弃渣量；

(3)损坏和占压水土保持设施；

(4)可能造成的水土流失量；

(5)可能造成的水土流失危害。

7.3.2 预测方法

根据规范规定，水土流失预测包括5部分内容，由于预测内容的差异，其不同预测项目的主要工作内容及预测方法各不相同。水土流失预测内容和预测方法详见表7-3。

7.3.2.1 扰动原地貌、破坏植被面积预测方法

通过查阅工程可研设计资料，结合实地勘测和GPS定位测量，对工程施工过程中占压土地的情况、破坏林草植被的程度和面积进行测算和统计。

7.3.2.2 弃土、弃渣量的预测方法

工程建设的弃土量主要采用分析相关工程设计报告中的数据，通过土石方挖填平衡分析，以充分利用工程开挖中剩余土石方为原则。在此基础上，分析确定工程建设的弃土、弃渣量。

7.3.2.3 损坏和占压水土保持设施预测方法

根据甘肃省水土保持设施补偿要求，损坏和占压水土保持设施预测是在主体工程对项目区进行土地类型调查的基础上，结合水土保持外业查勘，分别确定工程建设损坏各类水土保持设施量。

7.3.2.4 可能造成的水土流失量的预测方法

本工程水土流失量的预测以资料调查法和经验公式法进行分析预测为主，根据本工

程有关资料，掌握工程建设对地表、植被的扰动情况，了解废弃物的组成、堆放位置和形式，根据《水土保持综合治理 效益计算方法》的规定，对于本工程建设中造成的新增侵蚀量，拟采用经验公式进行，其中经验公式法所采用的参数通过与本工程地形地貌、气候条件、工程性质相似的工程项目类比分析中取得。

表 7-3 水土流失预测内容和预测方法

预测内容	主要工作内容	预测方法
扰动原地貌及破坏植被	(1)工程永久及临时占地开挖扰动地表、占压土地和损坏林草地类型、面积； (2)工程专项设施建设破坏原植被类型、面积	查阅技术资料、设计图纸，农业林业土地区划资料，并结合实地查勘测量分析
弃土、弃渣量	详细分析工程建设过程中的土石方开挖量和工程填筑量，通过挖填平衡分析计算，确定工程建设过程中的弃土、弃渣堆放量	查阅设计资料，现场实测，弃土、弃石分别统计分析
损毁水土保持设施	对具有水土保持功能的植物及工程设施(主要有水土保持林草地、坡改梯、排水沟、水渠等)的损害情况	现场调查测量和地形图分析、统计
可能造成的水土流失量	预测工程施工活动可能造成的水土流失量	利用类比工程，采用土壤侵蚀模数法进行预测
水土流失危害	对工程、土地资源、下游河道的影响，以及对周边生态环境和地下水等方面的影响，并导致土地资源退化的可能性	通过类比工程调查，进行定性分析

1. 水土流失背景值预测

水土流失背景值预测是根据区域原有水土流失情况，分析预测项目区在无工程扰动情况下水土流失量，水土流失量的预测采用以下公式：

$$W_1 = \sum_{i=1}^{n} (F_i \times M_{1i} \times T_i)/100$$

式中 W_1——水土流失背景值水土流失量，t；

F_i——预测区域的占地面积，hm^2；

M_{1i}——现状土壤侵蚀模数，$t/(km^2 \cdot a)$；

T_i——预测区域的预测年限(含施工建设期、自然恢复期)，a；

i——不同的预测区域。

2. 施工准备期、施工期、自然恢复期水土流失预测

本工程水土流失量的预测以资料调查法和经验公式法进行分析预测为主，根据本工程有关资料，通过分析工程建设对地表、植被的扰动情况，了解废弃物的组成、堆放位置和形式，根据《水土保持综合治理 效益计算方法》的规定，对于本工程建设中造成的新增侵蚀量，拟采用经验公式进行，其中经验公式法所采用的参数应通过与本工程地形地貌、气

候条件、工程性质相似的工程项目类比分析中取得。

水土流失量的预测采用以下公式：

$$W = \sum_{i=1}^{n} \sum_{k=1}^{3} F_i \times M_{ik} \times T_{ik}$$

新增土壤流失量按下式计算：

$$\Delta W = \sum_{i=1}^{n} \sum_{k=1}^{3} F_i \times \Delta M_{ik} \times T_{ik}$$

$$\Delta M_{ik} = \frac{(M_{ik} - M_{i0}) + |M_{ik} - M_{i0}|}{2}$$

式中 W——扰动地表土壤流失量，t；

ΔW——扰动地表新增土壤流失量，t；

i——不同的预测单元（1，2，3，…，n）；

k——预测时段，$k = 1，2，3$，分别指施工准备期、施工期和自然恢复期；

F_i——第 i 个预测单元的面积，km^2；

M_{ik}——扰动后不同预测单元不同时段的土壤侵蚀模数，t/(km^2 · a)；

ΔM_{ik}——不同预测单元各时段新增土壤侵蚀模数，t/(km^2 · a)；

M_{i0}——扰动前不同预测单元土壤侵蚀模数，t/(km^2 · a)；

T_{ik}——预测时段，a。

7.3.3 土壤侵蚀模数确定

2012 年 3 月对本项目区现场进行了实地踏勘和水土流失观测，结合全国水土流失遥感调查资料成果以及沿线地区水土保持部门的水土保持资料，分区分析确定项目区土壤侵蚀模数背景值。项目区土壤侵蚀以水蚀为主，分析确定本工程土壤侵蚀模数背景值为 4 626 t/(km^2 · a)。

工程扰动后的土壤侵蚀模数和自然恢复期土壤侵蚀模数的确定，采取类比和实地调查相结合的方法，综合分析确定。类比工程为长庆油田分公司超低渗透油藏第一项目部石油井场及道路开发建设项目。类比工程位于宁县境内，为马莲河的二级支流，东临宁县的盘克镇，南接宁县的段家集及肖嘴两乡，西与西峰区的赤城、白马接壤，北与子午岭相连。从类比工程与本工程的相距距离、所处水土流失类型区、地形地貌、气象、植被、水土流失形式等多方面因素分析，类比工程与本工程具有很高的可比性。两个项目的有关类比条件对比情况详见表 7-4。

根据长庆油田分公司超低渗透油藏第一项目部石油井场及道路开发建设项目的水土保持监测报告，得到类比工程各区域的施工扰动后和自然恢复期的土壤侵蚀模数。本项目与类比工程在地形地貌、气象、水土流失形式上基本一致。将类比工程扰动后的侵蚀模数适当调整后作为本工程采用的侵蚀模数。将类比工程扰动后土壤侵蚀模数调整后作为本工程扰动后侵蚀模数，见表 7-5。

表 7-4　拟建工程和类比工程水土流失主要影响因子

序号	类比项目	本工程	长庆油田分公司超低渗透油藏第一项目部石油井场及道路开发建设项目
1	工程类型	供水项目	石油生产、道路建设
2	地理位置	庆阳市宁县	庆阳市宁县
3	水土流失强度	轻度侵蚀区	轻度侵蚀区
4	所属水系	泾河水系	泾河水系
5	原地貌土壤侵蚀模数	4 000 t/(km²·a)	4 100 t/(km²·a)
6	水土保持三区划分	甘肃省重点治理区	甘肃省重点监督区
7	土壤侵蚀类型区	西北黄土高原区	西北黄土高原区
8	土壤侵蚀类型	以水蚀为主	以水蚀为主
9	降雨特点及多年平均降水量	多年平均降雨量为561.5 mm，雨量年内分布很不均匀，多集中在7～9月	多年平均降雨量为557.7 mm，雨量年内分布很不均匀，多集中在7～9月
10	多年平均气温	8.3 ℃	9.4 ℃
11	土壤植被特点	土地均被黄土覆盖，主要土壤为交错分布的黑垆土和黄绵土	土地均被黄土覆盖，主要土壤为交错分布的黑垆土和黄绵土
12	工程建设排弃特点	弃渣主要是大坝基础开挖，净水厂基础开挖和输水管线开挖产生的弃土、弃渣，布置在支沟和河滩地	弃渣主要是井场开挖、道路开挖填筑，输水管线管槽开挖产生的弃土、弃渣。渣场布置在支沟和河滩地

表 7-5　本工程建设扰动后土壤侵蚀模数　　（单位：t/(km²·a)）

预测单元		施工准备期	施工期	自然恢复期
主体工程区			15 000	6 000
渣场区	顶面		15 000	5 000
	坡面		18 000	6 000
料场区	底面		15 000	5 000
	坡面		18 000	6 000
施工生产生活区		15 000	15 000	4 000
临时道路		16 000	16 000	5 000
供水管线区			16 000	5 000

7.4 预测结果

7.4.1 扰动原地貌面积

根据主体工程可行性研究报告，结合实地踏勘和地形图图面量算，工程扰动原地貌和破坏植被面积为63.39 hm^2，其中耕地48.76 hm^2，林地2.04 hm^2，园地0.07 hm^2，荒草地5.22 hm^2，交通运输用地0.34 hm^2，住宅用地1.5 hm^2，水域0.98 hm^2，其他用地4.48 hm^2。

本工程建设扰动原地貌、占压土地和破坏植被的面积详见表7-6。

表7-6 工程建设扰动原地貌和破坏植被面积

序号	地貌类型	占地面积(hm^2)
1	耕地	48.76
2	园地	0.07
3	林地	2.04
4	荒草地	5.22
5	交通运输用地	0.34
6	住宅用地	1.5
7	其他用地	4.48
8	水域	0.98
合计		63.39

7.4.2 损坏水土保持设施

根据《甘肃省水土流失危害补偿费、防治费征收、使用和管理办法》(1995年9月1日)，经对项目区土地类型调查，并结合外业查勘，本工程建设损坏水土保持设施面积为63.39 hm^2。

7.4.3 弃土弃渣量预测

本工程全部开挖量为77.04万 m^3(自然方)，其中开挖土方67.27万 m^3(自然方)，石方8.04万 m^3(自然方)，拆除混凝土0.08万 m^3(自然方)，钢筋石笼拆除1.29万 m^3(自然方)，拆迁建筑垃圾0.36万 m^3，总填方为61.08万 m^3(自然方)，总利用土方39.66万 m^3(自然方)，总弃方42.20万 m^3(自然方，折松方52.99万 m^3)。

7.5 新增水土流失量预测与分析

7.5.1 水土流失量背景值预测

背景值预测是在综合考虑工程项目占地范围内流失情况进行计算的，预测时段包括施工准备期、施工期、自然恢复期。预测面积主要为工程建设期间扰动面积。

经计算，水土流失背景值流失量为12 377 t，本工程背景值水土流失量详见表7-7。

表 7-7 水土流失背景值预测值

预测单元		面积(hm^2)	施工准备期（年）	施工期（年）	自然恢复期（年）	水土流失背景值计算				
						侵蚀模数（$t/(km^2 \cdot a)$）	施工准备期（t）	施工期（t）	自然恢复期（t）	合计（t）
主体工程区		19.88		2	2	4 626		1 840	1 840	3 680
渣场区	顶面	7.70		2	2	4 626		712	712	1 424
	坡面	3.30		2	2	4 626		306	306	612
	小计	11.00		2	2	4 626		1 018	1 018	2 036
料场区	底面	3.60		2	2	4 626		333	333	666
	坡面	0.90		2	2	4 626		83	83	166
	小计	4.50		2	2	4 626		416	416	832
施工生产生活区		3.27	0.5	2	2	4 626	75	303	303	681
施工道路		12.36	1	2	2	4 626	572	1 143	1 143	2 858
输水管线区		12.38		2	2	4 626		1 145	1 145	2 290
合计		63.39					647	5 865	5 865	12 377

7.5.2 施工准备期水土流失总量预测

施工准备期主要是施工道路和施工生产生活区的施工。施工准备期各区预测面积按工程扰动占地面积计算。

经计算,工程施工准备期水土流失量为 2 222 t,施工准备期的水土流失量预测详见表 7-8。

表 7-8 施工准备期水土流失量预测表

项目		面积 (hm²)	施工准备期		
			预测年限(年)	侵蚀模数 (t/(km²·a))	水土流失量 (t)
永久占地	主体工程区				
临时占地	施工生产生活区	3. 27	0. 5	15 000	245
	施工道路	12. 36	1	16 000	1 977
输水管线区					
合计		15. 63			2 222

7.5.3 施工期水土流失量预测

施工期随着主体工程的全面开工,水土流失也将在工程建设区域内全面发生。

经计算,工程施工期水土流失量为 21 985 t,施工期的水土流失量预测详见表 7-9。

表 7-9 施工期水土流失量预测表

项目			面积 (hm²)	施工期		
				预测年限(年)	侵蚀模数 (t/(km²·a))	水土流失量 (t)
永久占地	主体工程区		19. 88	2	15 000	5 965
临时占地	渣场区	顶面	7. 70	2	15 000	2 310
		坡面	3. 30	2	18 000	1 188
		小计	11. 00	2		3 498
	料场区	底面	3. 60	2	15 000	1 080
		坡面	0. 90	2	18 000	324
		小计	4. 50	2		1 404
	施工生产生活区		3. 27	2	15 000	1 226
	临时道路		12. 36	2	16 000	5 930
输水管线区			12. 38	2	16 000	3 962
合计			63. 389			21 985

7.5.4 自然恢复期水土流失总量预测

在自然恢复期,随着施工活动结束,建筑物占压等原因,水土流失逐渐减弱,直至恢复到施工扰动前的水平。

在自然恢复期,主体工程区占地范围中由于主体建筑物占压、硬化,永久道路由于道路占压,这些区域不再计算水土流失量。经计算,工程自然恢复期水土流失量为5 127 t。

自然恢复期的水土流失量预测详见表7-10。

表7-10 自然恢复期水土流失量预测表

<table>
<tr><th colspan="3" rowspan="2">项目</th><th rowspan="2">面积(hm²)</th><th colspan="3">自然恢复期</th></tr>
<tr><th>预测年限(年)</th><th>侵蚀模数(t/(km²·a))</th><th>水土流失量(t)</th></tr>
<tr><td>永久占地</td><td colspan="2">主体工程区</td><td>13.65</td><td>2</td><td>6 000</td><td>1 638</td></tr>
<tr><td rowspan="8">临时占地</td><td rowspan="3">渣场区</td><td>顶面</td><td>7.70</td><td>2</td><td>5 000</td><td>770</td></tr>
<tr><td>坡面</td><td>3.30</td><td>2</td><td>6 000</td><td>396</td></tr>
<tr><td>小计</td><td>11.00</td><td>2</td><td></td><td>1 166</td></tr>
<tr><td rowspan="3">料场区</td><td>底面</td><td>3.60</td><td>2</td><td>5 000</td><td>360</td></tr>
<tr><td>坡面</td><td>0.90</td><td>2</td><td>6 000</td><td>108</td></tr>
<tr><td>小计</td><td>4.50</td><td>2</td><td></td><td>468</td></tr>
<tr><td colspan="2">施工生产生活区</td><td>3.27</td><td>2</td><td>4 000</td><td>262</td></tr>
<tr><td colspan="2">临时道路</td><td>3.56</td><td>2</td><td>5 000</td><td>356</td></tr>
<tr><td colspan="3">供水管线区</td><td>12.38</td><td>2</td><td>5 000</td><td>1 237</td></tr>
<tr><td colspan="3">合计</td><td>48.36</td><td></td><td></td><td>5 127</td></tr>
</table>

7.5.5 新增水土流失量预测

经计算,工程建设产生的水土流失总量为29 334 t,新增水土流失量为17 988 t,其中主体工程区新增流失量为4 125 t,占新增水土流失总量的22.93%;弃渣场区新增水土流失量为2 629 t,占新增水土流失总量的14.61%;施工道路区新增水土流失量为6 193 t,占新增水土流失总量的34.43%;料场区新增水土流失量为1 039 t,占新增水土流失总量的5.78%;施工生产生活区新增流失量为1 093 t,占新增水土流失总量的6.08%。输水管线区新增水土流失量为2 909 t,占新增水土流失总量的16.17%。

本工程新增水土流失量详见表7-11。各水土流失防治区预测水土流失量汇总见表7-12。

表 7-11　新增水土流失量预测表

项目			面积（hm^2）	新增水土流失量(t)			
				总计	施工准备期	施工期	自然恢复期
永久占地	主体工程区		19.88	4 125		4 125	
临时占地	渣场区	顶面	7.70	1 655		1 597	58
		坡面	3.30	974		883	91
		小计	11.00	2 629		2 480	149
	料场区	底面	3.60	774		747	27
		坡面	0.90	265		241	24
		小计	4.50	1 039		988	51
	施工生产生活区		3.27	1 093	170	923	
	施工道路		3.56	6 193	1 405	4 788	
输水管线区			12.38	2 909		2 816	93
合计			54.59	17 988	1 575	16 120	293

表 7-12　各水土流失防治区预测水土流失量汇总表

水土流失防治区	水土流失预测总量(t)	所占比例(%)	新增水土流失预测量(%)	所占比例(%)
主体工程区	7 603	25.92	4 125	22.93
渣场区	4 664	15.90	2 629	14.61
料场区	1 872	6.38	1 039	5.78
施工生产生活区	1 733	5.91	1 093	6.08
施工道路区	8 263	28.17	6 193	34.43
输水管线区	5 199	17.72	2 909	16.17
合计	29 334	100	17 988	100

7.6　可能造成的水土流失危害的预测与分析

7.6.1　影响河道行洪

本工程建设 3 号弃渣场布置在蒲河阶地上，如果不采取防护措施，遇到暴雨洪水，堆渣可能发生滑坡、崩塌等，进而进入河道，这会降低河道的排洪能力，加大洪水灾害的发生频率和危害。

7.6.2 破坏水土资源

本工程的料场和渣场占压了耕地和林地，而且一遇暴雨洪水，边坡将产生水土流失；弃渣场占用不采取复耕或者绿化措施，将使耕地无法继续耕种；工程建设破坏占压林地将加剧区域水土流失。

7.6.3 影响农业生产

在施工建设过程中，主体工程开挖对原地貌的破坏主要表现为河道开挖、坝肩开挖、输水管线开挖及施工厂区、临时建筑和施工道路等在施工期间对原地貌也进行开挖扰动和占压。这些都会造成原地貌结构的破坏，使之变得疏松，加重水土流失，严重的可导致崩塌甚至滑坡，危害施工人员和当地群众生命安全，对枢纽工程本身也会造成威胁。因此，本工程大规模的扰动原地貌，占压土地，破坏植被，使项目区的土壤结构和植被遭到破坏，加剧项目区内的水土流失，对当地的农业生产也会带来不利影响。

7.7 预测结论及指导意见

7.7.1 预测结论

（1）工程扰动原地貌和破坏植被面积为63.39 hm^2，其中耕地48.76 hm^2，林地2.04 hm^2，荒草地5.22 hm^2，交通运输用地0.34 hm^2，住宅用地1.5 hm^2，水域0.98 hm^2，其他5.09 hm^2。

（2）本工程建设损坏水土保持设施面积为63.39 hm^2，其中植被面积为7.39 hm^2，非植被占地面积为56.0 hm^2。

（3）工程弃渣52.99万 m^3（松方）。

（4）该工程产生的水土流失总量为29 334 t，新增水土流失量17 988 t。

7.7.2 指导意见

（1）施工准备期由于“三通一平”工程施工，主体工程的部分工程也在施工准备期开工，因此，施工准备期的水土流失量较大，也是水土流失的重要时段，水土保持措施在施工准备期适当布设，防治水土流失。

（2）弃渣场的弃渣疏松堆置，并且弃渣场堆渣高度高，堆弃渣可能发生滑坡、崩塌等。

（3）土料场的表层剥离土临时堆存会造成较大水土流失，因此临时堆存土方是防治重点。以临时拦挡、临时覆盖、临时排水等临时措施为主，这些临时措施必须切实与主体工程同步进行施工，并落实到位。

（4）弃渣场、施工道路、输水管线区、料场和主体工程的开挖填筑区水土流失量大。弃渣场、施工道路、输水管线区、料场应布设有效水土保持措施，防治水土流失；主体工程区在施工过程中，要做好水土保持工作，快挖快填，并尽量避开雨季施工，最大限度地防止水土流失。

（5）水土流失监测重点部位在弃渣场区、料场区、输水管线区、主体工程区和道路区。

第 8 章　水土流失防治目标及防治措施布设

8.1　防治目标

本方案水土保持防治总目标为：因地制宜地布设各类水土流失防治措施，全面控制工程及其建设过程中可能造成的新的水土流失，恢复和保护项目区内的植被和其他水土保持设施，有效治理防治责任范围内的水土流失，绿化、美化、优化项目区生态环境，促进工程建设和生态环境协调发展。

根据《开发建设项目水土流失防治标准》，本项目执行一级防治标准，并根据本工程特点，从气象、地形特征方面进行修正，经修正后，作为本项目的最终防治目标。本项目区多年平均降水量为561.5 mm，项目区平均土壤侵蚀模数为4 626 t/(km^2 · a)，地形为黄土高原沟壑区地形地貌，经调整计算，综合防治目标如下：

(1)扰动土地整治率。

项目施工区的土地面积，除水域占地、永久建筑物占地和永久道路路面外，均应采取各种水土保持措施进行治理，使因工程施工扰动破坏的土地整治率达到95.0%。

(2)水土流失总治理度。

到工程建设竣工时，本工程水土流失防治责任范围内，除永久建筑物占地外，其余扰动土地基本得到治理。一级防治标准是95%，项目区年均降水量为561.5 mm，在400～600 mm基准范围内，不需调整，因此本项目水土流失治理程度标准为96%。

(3)土壤流失控制比。

项目区处于低山丘陵区，根据《土壤侵蚀分类分级标准》，项目区为西北黄土高原区侵蚀类型区，土壤容许流失量为1 000 t/(km^2 · a)，一级标准确定土壤流失控制比施工期为0.7，试运行期为0.8。本工程所处区域的侵蚀为中度侵蚀，根据规范规定，以中度侵蚀为主的区域土壤流失控制比可降低0.1～0.2，但最小不得低于0.3，因此本方案应对土壤流失控制比进行修正，修正值为0.2，最终确定土壤流失控制比为0.6。

(4)拦渣率。

根据一级标准，本工程拦渣率为95%，但本工程处于黄土高原沟壑区，依据规范本工程拦渣率可降低10%。本工程通过对堆弃渣场、土料场和石料场进行重点治理，并采取拦挡工程措施和植物措施双重防护，使工程弃渣得到有效拦截，通过临时拦挡措施，使施工期拦渣率达到85%以上，通过各项拦挡以及临时措施的实施，设计水平年拦渣率达到85%以上，显著减少进入河道的弃渣。

(5)植被恢复率。

尽可能恢复受工程建设影响和破坏的原地表植被。一级标准为97%，本工程所处区域降水量为561.5 mm，在400～600 mm基准范围内，不需调整，因此本工程的植被恢复率应达到97.0%。

(6)林草覆盖率。

一级标准规定的林草覆盖率为25%。本工程所处区域降水量为561.5 mm,在400~600 mm基准范围内,不需调整,设计水平年工程施工区林草植被覆盖率确定为25%。水土流失防治目标值见表8-1。

表8-1 水土流失防治目标值

防治目标	标准规定	按降水量修正	按土壤侵蚀强度修正	按地形修正	采用标准
扰动土地整治率(%)	95				95
水土流失总治理度(%)	95	1			96
土壤流失控制比	0.8			-0.2	0.6
拦渣率(%)	95			-10	85
林草植被恢复率(%)	97				97
林草覆盖率(%)	25				25

8.2 防治措施布设原则

在符合国家有关技术规范对水土保持、环境保护的总体要求的前提下,根据编制依据及其他相关文件和资料,在分析项目区自然及社会经济情况、工程建设特点和施工工艺的基础上,因地制宜,因害设防,对各类占地区按水土保持要求提出治理措施,突出保水保土和生态效益;在防治措施安排上,以植物措施为主,合理配置工程措施,最终形成一个完整的水土保持防治体系。本方案的编制原则如下:

(1)结合本工程临时占地面积大、堆弃渣场运用方式复杂等工程特点,结合项目区水土流失轻微、林草植被少等自然现状特点,因地制宜、因害设防、防治结合、全面布局、科学配置。

(2)结合本工程临时占地多的特点,通过优化施工组织设计,合理布设堆、弃渣场、取土场以减少对原地表和植被的破坏。

(3)项目建设过程中应注重生态环境保护,设置的临时性防护措施应以天然的、无污染的、可回收的材料为主,临时防护措施应有较好的防治水土流失效果,能较好地起到减少施工过程中造成的人为扰动及产生的废弃土(石、渣)。

(4)注重吸收当地水电站项目在防治水土流失方面的先进经验,能够使本工程水土保持设施防治效果良好、有效。

(5)树立人与自然和谐相处的理念,尊重自然规律,注重与周边景观相协调,针对占场区,对空闲地进行绿化,使占场区环境优美。

(6)坚持工程措施、植物措施、临时措施合理配置、统筹兼顾的原则,形成综合防护体系。

(7)坚持工程措施尽量选用当地材料,做到技术上可靠、经济上可行的原则。

(8)坚持水土保持与土地复垦、治理和开发相结合的原则,工程建设临时占用耕地、园地、林地数量和比例较大,尽量恢复原有地类,以保护耕地资源。降低工程建设因占用耕地,而对当地造成的经济损失的影响。

(9)坚持“适地适树”的原则,在选取树种草种时,尽量采用当地优良的乡土树种、草种,同时,对绿化场地采用宜生长、景观好的植物进行绿化,在防止水土流失的同时达到景观优美的效果。

(10)坚持防治措施布设与主体工程密切配合,相互协调,形成整体的原则。特别是在布设堆渣场堆渣临时防护措施时,要充分考虑施工工艺,做到既能防止水土流失,又不影响主体工程施工。

8.3 水土保持防治措施体系和总体布局

本工程水土流失防治措施应结合水利枢纽工程建设项目水土流失具有“线、面”的特点,来确定水土流失防治的综合措施,明确防治责任。其中,“线”指的是输水管线工程、施工临时道路工程;“面”指的是占地面积大的施工生产生活区、土料场区和堆弃渣场区。结合水土流失状况进行水土保持措施综合防治,达到有效防止水土流失的目的。水土保持防治措施体系见图8-1。

在水土保持防治责任范围内,针对各区施工布置特点和工程建设及运行中产生的新增水土流失特点,本着“拾遗补缺,避免重复建设”的设计原则,水土流失防治措施体系的设立拟在原有主体工程防护设计的基础上,进行水土保持工程的措施布局,以形成完整的水土保持防护体系。根据水土流失预测和各区水土流失特点分析,本工程的水土流失重点防治区域是料场区、主体工程区、弃渣场区、施工道路区和输水管线区。

8.3.1 主体工程防治区

主体工程防治区在主体设计中已经采取了工程措施,部分区域采取了植物措施,因此本方案主要补充枢纽区的绿化措施和施工过程中的临时防护措施,施工中临时堆土土方的拦挡措施。

(1)绿化措施:对枢纽区空闲地布置乔冠草相结合的绿化措施。

(2)临时措施:该区临时措施主要有施工中的临时拦挡措施,为防止降雨使临时堆土造成较大的水土流失,在堆土区外侧设临时挡土设施。

8.3.2 输水管线防治区

本方案增加施工过程中对临时堆存的土方进行拦挡、覆盖措施,施工结束后采取绿化等原地貌恢复措施。

(1)植物措施:施工结束后进行土地平整;该区域内的原地貌恢复措施,占地为林地的采取种植乔木,占地为草地、裸地的采取撒播草籽绿化,占地为耕地进行土地复耕。

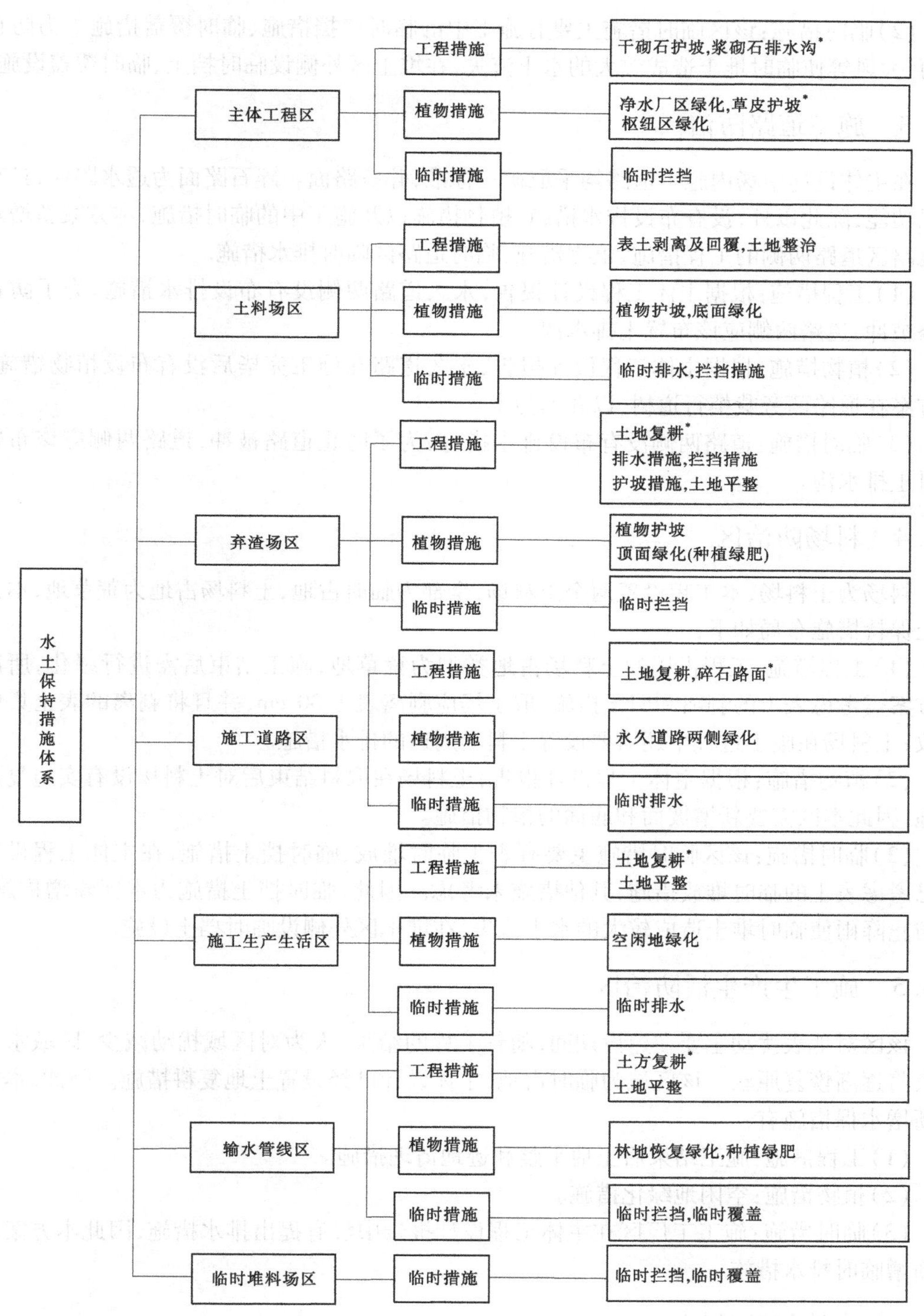

注:“*”为主体工程设计已有,其他防护措施均为新增。

图 8-1　水土保持防治措施体系

（2）临时措施：该区临时措施主要有施工中的临时拦挡措施、临时覆盖措施。为防止降雨、大风等使临时堆土造成较大的水土流失，在堆土区外侧设临时挡土、临时覆盖设施。

8.3.3 施工道路防治区

在主体设计中场内施工道路均采取矿三标准，碎石路面。碎石路面为透水路面，具有水保功能，除此以外，没有布设排水措施、植物措施以及施工中的临时措施，本方案新增永久道路区道路两侧的工程措施、植物措施，临时道路区临时排水措施。

（1）工程措施：根据主体工程设计报告，永久道路两侧没有布设排水措施，为了防止道路被冲，道路两侧应该布置土排水沟。

（2）植物措施：根据主体工程设计报告，永久道路在施工完毕后没有布设植物措施，本方案在道路两旁栽植行道树，以乔木为主。

（3）临时措施：道路两侧没有布设排水措施，为了防止道路被冲，道路两侧应该布置临时土排水沟。

8.3.4 料场防治区

料场为土料场，本工程设置两个土料场，全部为临时占地，土料场占地为荒草地，本区水土保持措施布局如下：

（1）工程措施：工程占用的土料场占地类型为荒草地，施工结束后需进行绿化，所以本方案需考虑表土的剥离和回覆措施，取土场应剥离表土 30 cm，并且将剥离的表土集中堆放；土料场在施工过程中还需要设置土料场周边的排水措施。

（2）植物措施：根据主体工程设计报告，土料场在取料结束后对土料场没有实施复耕措施，因此本区需要新增坡面和底面的植物措施。

（3）临时措施：该区临时措施主要有表土临时堆放、临时挡土措施，在主体工程设计中已考虑表土的临时堆放措施，其他措施未考虑。因此，临时挡土措施为本区新增措施。为防止降雨使临时堆土造成较大的水土流失，在堆土区外侧设临时挡土设施。

8.3.5 施工生产生活防治区

该区对地表扰动主要在建设期间，随着工程的结束，人为对区域扰动减少，区域水土流失将逐渐恢复原状。该区域为临时占地，主体设计已经设置土地复耕措施。因此，本方案新增水保措施有：

（1）工程措施：施工结束后土地平整和迹地清理措施。

（2）植物措施：空闲地绿化措施。

（3）临时措施：施工工厂区在主体工程设计报告中没有提出排水措施，因此本方案需要新增临时排水措施。

8.3.6 弃渣场防治区

弃渣场下游边坡设浆砌石挡墙防护，上游设截、排水沟措施；施工结束后，对弃渣场边坡进行护坡，原地貌恢复措施。对临时堆存表土采取临时拦挡措施。

8.3.7 临时堆料场防治区

工程共设计2个临时堆料场区，施工期间采取临时拦挡和临时覆盖措施。

8.3.8 移民安置区

本方案对该工程的移民安置区不再设置防治措施，仅对该区提出水土保持防治措施要求，以便下阶段，建设方根据移民安置区的规模来决定是否要做水土保持专题。移民安置区水土保持要求：空闲地必须绿化，路基边坡、路堑需采取防护措施，区域内做好排水措施，对施工过程中动土工程必须有防尘、防水土流失的临时措施。

8.3.9 水库淹没区

做好库底清理、消毒工作，做好监督工作，防止滥砍乱伐，破坏植被，造成新的水土流失。

8.4 水土保持新增措施典型设计

8.4.1 主体工程防治区

8.4.1.1 植物措施

净水厂区：主体工程已经设计了绿化措施，共绿化面积为3.08 hm^2。

大坝枢纽区：该区域总占地面积13.76 hm^2，其中管理营地面积0.33 hm^2，大坝及其附属建筑物面积3.2 hm^2，空闲地面积为10.23 hm^2。经过与主体设计的沟通，该区域的空闲地需要进行绿化，但是在此可研阶段，主体设计没有进行绿化设计，因此本方案对该区的空闲地绿化做出绿化面积和投资估算，下阶段将主体设计安排专业的绿化设计单位进行设计。经估算，该区域绿化面积为10.23 hm^2。估算投资单价与净水厂绿化单价一致。

8.4.1.2 临时措施

对临时堆存的土方采取临时拦挡措施，临时拦挡采用填筑袋装土摆放在堆土的四周。袋装土土源直接取用开挖土方，单个装土袋长0.8 m、宽0.5 m、高0.25 m，拦挡高度按照三层摆放，摆放后拦挡断面面积为0.45 m^2。为保证摆放稳定，底层袋装土应垂直堆土放置，第二、三层平行于堆土放置。土料场剥离表土堆放高度3 m，边坡1∶1。

经计算，共需填筑袋装土355.12 m^3。

8.4.2 料场防治区

工程共设2个取土场，土料场占地面积约4.5 hm^2，其中1号土料场占地约3.5 hm^2，2号土料场占地1.0 hm^2。

T1土料场位于蒲河右岸，小盘河村二组（下河村）南侧，呈条带状展布，面积3.5 hm^2，现大部分为荒草地，设计取土量为18.24万 m^3，料场分布高程为980～1 067 m，距下坝址 0.3 ~0.5 km,仅有土石小路相通,交通不便,但开采条件较好。工程取土可通过新修 1 号施工道路进行运输。

T2 土料场位于蒲河右岸,面积约 1.0 hm^2,占地地类为荒草地,与 T1 土料场相邻。料场分布高程为 970 ~990 m,设计取土量为 5.07 万 m^3,距下坝址 0.2 ~0.5 km 有土石小路相通,交通不便,但开采条件较好。工程取土可通过新修 4 号施工道路进行运输。

8.4.2.1　**工程措施**

(1)表土剥离及回覆:为了保护表土资源,也是为了后期绿化用土,施工前进行表土剥离,剥离厚度为 30 cm,剥离后集中存放,施工结束后回覆料场底面,共需剥离及回覆表土 13 500 m^3。

(2)土地平整:取土结束后为了更好地进行取土场区绿化,需对取土场底面进行土地平整、松翻等措施。共需平整土地面积 4.05 hm^2。

8.4.2.2　**植物措施**

(1)植物措施护坡:为了减少坡面水土流失,取土结束后对取土边坡采取种植灌木 + 种草的方式护坡。灌木树种为黄刺玫,灌木苗高 60 cm,株行距为 1 m×1 m,整地方式为鱼鳞坑整地;植草的种植方式为撒播,草种选取鹅观草 + 白羊草 + 冰草,进行混合撒播,草种混播比例为 0.4∶0.35∶0.25,种植密度为 80 kg/hm^2。工程量为种植灌木 4 500 株,种草 0.45 hm^2。

(2)底面绿化: 施工结束后取土场底面采取种植灌木和草进行绿化,灌木树种推荐黄刺玫,苗高 60 cm,株行距为 1 m×1 m;种草种植方式为撒播,草种选取鹅观草 + 白羊草 + 冰草,进行混合撒播,草种混播比例为 0.4∶0.35∶0.25,种植密度 80 kg/hm^2。

8.4.2.3　**临时措施**

排水沟:周围人工开挖临时排水沟,排水沟长度为 1 380 m,开挖断面上为 1.2 m,下为 0.4 m,边坡比 1∶1,深 0.4 m,经分析临时排水沟需要开挖土方 441.6 m^3。临时堆存的表土的拦挡同弃渣场的表土防护措施。

临时拦挡:对临时堆存的表土采取临时拦挡措施,临时拦挡采用填筑袋装土摆放在堆土的四周。袋装土土源直接取用开挖土方,单个装土袋长 0.8 m、宽 0.5 m、高 0.25 m,拦挡高度按照三层摆放,摆放后拦挡断面面积为 0.45 m^2。为保证摆放稳定,底层袋装土应垂直堆土放置,第二、三层平行于堆土放置。土料场剥离表土堆放高度 3 m,边坡 1∶1。

料场的水土保持防护措施工程量见表 8-2。

表 8-2　料场的水土保持防护措施工程量

土料场编号	工程措施		植物措施				临时措施	
	表土剥离回覆(m^3)	土地平整(hm^2)	护坡		底面绿化		排水沟土方开挖(m^3)	临时拦挡袋装土方(m^3)
			灌木(株)	种草(hm^2)	灌木(株)	种草(hm^2)		
1 号取土场	10 500	3.15	3 500	0.35	31 500	3.15	275.2	131.23
2 号取土场	3 000	0.9	1 000	0.1	9 000	0.9	166.4	70.15
合计	13 500	4.05	4 500	0.45	40 500	4.05	441.6	201.38

8.4.3 施工道路防治区

8.4.3.1 植物措施

右岸对外道路为新修永久道路，6 号施工道路，施工结束后作为输水管线维修道路，施工结束后所有永久道路均需纳入地方路网。为了美化道路和当地永久道路景观一致，在永久道路两侧 1.5 m 范围内分别种植乔木一排，株距 3.0 m，树种推荐油松，苗木规格：地径 2 ~3 cm，土球直径≥3 cm。本区绿化需乔木 6 667 株。

8.4.3.2 临时措施

施工期间对临时道路和永久道路两侧设置梯形排水沟作为道路排水措施，排水沟尺寸为开挖断面上为 1.2 m，下为 0.4 m，边坡比 1:1，深 0.4 m。施工结束后永久道路的两侧的土排水沟作为永久排水措施保留。本区需修筑土排水沟长 25.2 km，开挖土方8 064 m^3。

8.4.4 施工生产生活防治区

施工生产生活区总占地面积为 6.67 hm^2。其中位于 1 号弃渣场占地范围内的 3.4 hm^2，位于净水厂管理范围内 1.13 hm^2。新增占地面积 2.14 hm^2。

8.4.4.1 工程措施

施工结束后土地平整及迹地清理，经计算共需平整土地面积 2.14 hm^2。

8.4.4.2 植物措施

绿化：空闲地绿化需要种植灌木 11 700 株，种草 1.17 hm^2。灌木树种选择黄刺玫，草种选取鹅观草 + 白羊草 + 冰草，进行混合撒播，草种混播比例为 0.4:0.35:0.25。灌木株行距 1 m×1 m，草籽播撒按 80 kg/hm^2。

8.4.4.3 临时措施

排水沟：施工过程中人工开挖排水沟采取临时排水防护，开挖断面上为 1.2 m，下为 0.4 m，边坡比 1:1，深 0.4 m，经分析开挖临时排水沟长度 6.25 km，需要开挖土方 2 000 m^3。

8.4.5 弃渣场防治区

本工程设 3 个弃渣场，其中 1 号弃渣场位于坝址下游右岸河滩地内，距离坝址 0.5 km，渣场占地面积为 8.0 hm^2，渣场容量为 35.4 万 m^3。主要堆弃大坝开挖土方 7.9 万 m^3，石方 6.36 万 m^3，供水管道区开挖石方 2.88 万 m^3，施工围堰拆除 12.43 万 m^3，共堆渣 29.57 万 m^3。弃渣可以通过 3 号和 2 号施工道路运至 1 号弃渣场。

2 号弃渣场位于坝址下游左岸峡谷内，距离坝址 0.7 km，渣场占地面积约为 1.0 hm^2。渣场容量为 8.2 万 m^3。主要堆弃大坝开挖土方 3.38 万 m^3，石方 2.73 万 m^3，共堆渣 6.11 万 m^3（松方）。弃渣可以通过 5 号施工道路运至 2 号弃渣场。

3 号弃渣场位于宋家大桥附近蒲河右岸的一级阶地，距离水厂 1.5 km，渣场占地面积约为 2.0 hm^2。渣场容量为 17.8 万 m^3。设施堆渣量 16.95 万 m^3，主要是水厂土方的弃渣 16.76 万 m^3，输水管线区弃石方 0.19 万 m^3，弃渣可以通过现有的道路运至 2 号弃渣场，不需修建施工道路。弃渣场特性见表8-3。

表8-3　弃渣场特性

编号	渣场面积（hm^2）	堆渣高程范围（m）	容量（万 m^3）	堆渣量（万 m^3）	设计堆渣坡度	施工道路
1号渣场	8	953～960	35.4	29.57	1:2	3号和2号施工道路
2号渣场	1	970～995	8.2	6.11	1:2	5号施工道路
3号渣场	2	935～945	17.8	16.95	1:2	现有乡间道路

8.4.5.1　弃渣场防护标准

依照《防洪标准》(GB 50201—94)，该区水土保持工程的设计防洪标准为20年一遇，按照《堤防工程设计规范》(GB 50286—98)，弃渣场边坡稳定安全系数参照5级堤防标准进行设计，边坡稳定安全系数应不小于1.1。

8.4.5.2　弃渣场边坡稳定分析

边坡稳定性可采用下式进行分析：

$$K=\frac{\tan\varphi}{\tan\alpha}+\frac{4C}{\gamma h\sin2\alpha}$$

式中　K——稳定安全系数；

φ——堆积体内摩擦角，本工程弃渣全是石渣，而且多为角砾状碎石和大块石，根据《水工设计手册》第二卷表6-3-8可知，其内摩擦角（或堆放角）均大于45°，计算时取内摩擦角为45°；

α——软弱滑裂面AB的倾角，分析中与设计边坡一致，为21.8°；

γ——坡面倾角，$\gamma=\alpha$；

h——滑动体滑面AB上岩体高度，$h=0$；

C——岩体滑动面上的凝聚力，本工程弃渣性质为石渣，取$C=0$。

将以上值代入公式得：

$$K=\tan45°/\tan\alpha$$

根据上述边坡稳定计算公式进行边坡稳定分析。计算结果为1.5，边坡稳定系数大于1.1，说明弃渣场边坡坡度满足边坡稳定要求。

8.4.5.3　1号弃渣场防治措施设计

1号弃渣场位于坝址下游右岸河滩地内，距离坝址0.5 km，渣场占地面积为8.0 hm^2，占地地类主要为耕地，施工结束后需要复耕。

1.挡渣措施

1号弃渣场位于坝址下游右岸河滩地内，距离坝址0.5 km，渣场整体形状像开口向东的“U”形，渣场的上游来水将渣场从“U”形底部一分为二，渣场底部地势平坦，地面平均高程为954 m，渣场两侧地面均高于设计堆渣高程，因此渣场的拦挡措施设置在渣场两头边坡坡脚处和沿排水沟道渣场一侧的边坡坡脚处设计浆砌石挡土墙上。拦渣墙型选择浆砌石重力式挡土墙，挡土墙设计顶宽0.4 m，墙背为直背，墙面边坡1:0.4，墙高3.0 m，基础深0.4 m，趾板长0.4 m，挡墙单位长度基础开挖量0.83 m^3/m，单位长度浆砌石量3.18

m^3/m,共设计挡土墙长度为1 176 m。弃渣场挡土墙断面见图8-2。

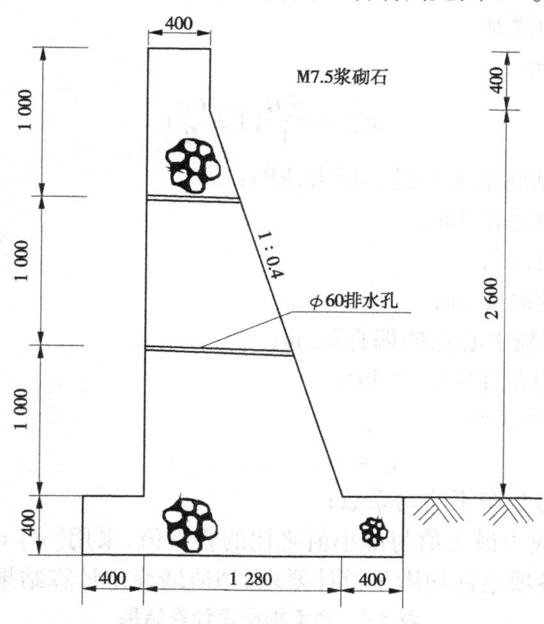

图8-2　1、2号弃渣场挡土墙断面　（单位:mm）

墙后土压力计算:铅直土压力按上部土重计算,侧向土压力按朗肯主动土压力理论计算:

$$P_a = \gamma H^2 K_a/2 + qHK_a - 2CH\,K_a{}^{1/2}$$

式中　γ——土容重,kN/m^3;

C——土的凝聚力,kPa;

K_a——主动土压力系数,$K_a = \tan^2(45° - \varphi/2)$;

φ——土的内摩擦角。

按正常运行、非常运用两种情况分别进行计算,计算应满足下列各种要求。

1)抗倾覆稳定分析

要求挡渣墙在任何不利的荷载组合作用下均不会绕前趾倾覆,且应具有足够的安全系数。

$$K_0 = 抗倾力矩/倾覆力矩 \geqslant [K_0]$$

式中　$[K_0]$——容许的抗倾安全系数,取1.50。

2)抗滑稳定分析

$$K_c = \frac{f\sum G}{\sum H} \geqslant [K_c]$$

式中　K_c——计算的抗滑稳定安全系数;

$[K_c]$——容许抗滑稳定安全系数,基本荷载组合$[K_c] = 1.30$,特殊荷载组合$[K_c] = 1.05$;

$\sum G$——竖向力之和；

$\sum H$——水平力之和。

3）地基容许承载力

$$\sigma_{\min}^{\max} = \frac{\sum G}{A}(1 \pm \frac{6e}{B})$$

式中 $\sigma_{\max}$、$\sigma_{\min}$——基底最大和最小压力，kPa；

$\sum G$——竖向力之和，kN；

A——基底面积，m^2；

B——墙底板的高度，m；

e——合力距底板中心点的偏心距，m；

σ——地基土的允许压应力，kPa。

4）应力分布不均匀系数

$$\eta = \sigma_{\max}/\sigma_{\min} < [\eta]$$

式中 η——实际应力分布不均匀系数；

$[\eta]$——基底应力最大值与最小值之比的容许值，采用$[\eta]$ = 2.0 ~ 3.0。

计算结果表明，各项指标均满足设计要求，挡渣墙稳定计算结果见表8-4。

表8-4 挡渣墙稳定计算结果

墙后填料	项目	抗倾 K_0	抗滑 K_c	$\sigma_{\max}$（kPa）	$\sigma_{\min}$（kPa）	$\bar{\sigma}$（kPa）	η
土渣	正常运行	4.35	1.5	55.8	41.88	48.82	1.3
	非常运用	4.64	1.15	70.86	26.82	48.84	2.6

2.排水措施

渣场排水主要是截住渣场上游坡面来水和渣体内部渗水，并将它引入碾沟后排入蒲河。

（1）碾沟排水处理。碾沟汇水面积为4.52 km^2，经计算碾沟20年一遇的洪峰流量为56 m^3/s。为了防止因碾沟来水对渣场的影响，根据水土保持“避让”原则，渣场的坡脚设计在距离碾沟边坡坡顶6 m以外的区域。

（2）根据主体施工布置，渣场上游边坡为6号永久施工道路，施工道路已经设计了排水沟，因此，渣场上游边坡无汇水流入渣场范围内，因此本渣场不考虑上游坡面来水；对排出渣体渗水，在渣场挡土墙设置PVC排水孔。

3.表土剥离及回覆

为了保护表土资源，在弃渣场堆渣前，将渣场占地范围内的表土进行剥离，并集中堆放指定位置，在堆渣结束后再回覆到渣场顶面，以便进行复耕。表土剥离厚度为50 cm。经计算共需剥离、回覆表土4.0万 m^3。

4.护坡措施

渣场边坡设计为1:2，渣场边坡高度为5 m，不再进行分级，护坡采取种植灌木和草植物措施护坡，灌木种植密度为株行距1 m×1 m，灌木树种选择黄刺玫，苗高≥50 cm。草种选取鹅观草＋白羊草＋冰草，进行混合撒播，草种混播比例为0.4∶0.35∶0.25。灌木株行距为1 m×1 m，草籽播撒按80 kg/hm^2。

5. 土地平整和渣顶土地肥力恢复

为了更好地进行渣场顶面土地复耕，在施工结束后对渣场顶面进行土地平整，要求土地平整后渣场顶面平整，区域内无大坑、无运输车辆碾压痕迹，渣场顶面留有2‰坡度。

另外，为了尽快恢复土壤肥力，在土地平整后种植一季绿肥，绿肥推荐草种为红豆草，种植方式撒播，种植密度为80 kg/hm^2。

6. 临时拦挡措施

为了防止临时堆存的表土，在施工期间撒落到堆放区以外的区域，采取临时拦挡措施，临时拦挡采用填筑袋装土摆放在堆土的四周。袋装土土源直接取用开挖土方，单个装土袋长0.8 m、宽0.5 m、高0.25 m，拦挡高度按照三层摆放，摆放后拦挡断面面积为0.45 m^2。为保证摆放稳定，底层袋装土应垂直堆土放置，第二、三层平行于堆土放置。土料场剥离表土堆放高度3 m，边坡1∶1。

1号弃渣场水土保持防护措施工程量见表8-5。

表8-5　1号弃渣场水土保持防护措施工程量

弃渣场序号	工程措施						植物措施						临时措施
	剥离、回覆表土	挡渣墙		干砌石护坡	排水沟土堤		土地平整	渣顶绿化			护坡		临时拦挡
	(万m^3)	基础开挖(m^3)	M7.5浆砌石(m^3)	干砌石(m^3)	基础开挖(m^3)	M7.5浆砌石(m^3)	(hm^2)	种植乔木(株)	种植灌木(株)	植草(hm^2)	种植灌木(株)	植草(hm^2)	袋装土方(m^3)
1	4.0	976.08	3 734.98				6.82			6.82	11 760	1.18	256.14

8.4.5.4　**2号弃渣场防治措施设计**

2号弃渣场位于坝址下游左岸峡谷内，距离坝址0.7 km，渣场占地面积约为1 hm^2。渣场占地主要为荒草地，施工结束后进行绿化。

1. 挡渣措施

2号弃渣场位于坝址下游左岸峡谷内，距离坝址0.7 km，属于典型的沟头弃渣场，在渣场下游边坡坡脚处设计浆砌石挡土墙。拦渣墙型选择浆砌石重力式挡土墙，挡土墙设计顶宽0.4 m，墙背为直背，墙面边坡1∶0.4，墙高3.0 m，基础深0.4 m，趾板长0.4 m，挡墙单位长度基础开挖量0.83 m^3/m，单位长度浆砌石量3.18 m^3/m，共设计挡土墙长度为65 m。挡土墙断面见图8-2。

挡土墙的稳定分析见8.4.5.3部分内容。

2. 排水措施

渣场排水主要是截住渣场上游坡面来水和渣体渗水。

渣场上游汇水面积为0.32 km^2，经计算20年一遇的洪峰流量为4.5 m^3/s。为排出上游来水，在渣场两侧设计梯形浆砌石排水沟，将雨水引入蒲河，要求排水沟流量≥2.25

m^3/s。排水沟尺寸：底宽 0.5 m，深 0.8 m，边坡为 1∶0.75，砌石厚度 30 cm，设计量 3.00 m^3/s，排水沟单位开挖量 1.788 m^3/m，单位砌石量 0.908 m^3/m，经计算排水长度 700 m，排水沟水力计算见表 8-6。

表 8-6 排水沟水力计算

渠深（m）	水深（m）	底宽（m）	边坡	纵坡	糙率	过水面积（m^2）	湿周（m）	水力半径（m）	谢才系数	流量（m^3/s）	流速（m/s）
0.8	0.60	0.50	0.75	10.8	0.025	0.57	2.00	0.285	32.45	3.00	5.27

对排出渣体渗水，在渣场挡土墙设置 PVC 排水孔，详见弃渣场挡土墙断面图（见图 8-2）。

3. 表土剥离及回覆

为了保护表土资源，在弃渣场堆渣前，将渣场占地范围内的表土进行剥离，并集中堆放指定位置，在堆渣结束后再回覆到渣场顶面，以便进行复耕。表土剥离厚度为 50 cm。经计算共需剥离、回覆表土 0.50 万 m^3。

4. 护坡措施

渣场边坡设计为 1∶2，渣场边坡高度为 21 m，分三级，每级间设 2 m 宽马道，护坡采取工程护坡和植物护坡两种方式，一级马道以下边坡采取干砌石护坡，护坡厚度 30 cm，一级马道以上及马道采取植物护坡，植物护坡采取种植灌木和草植物措施护坡，灌木种植密度为株行距 1 m×1 m，灌木树种选择黄刺玫，苗高≥50 cm。草种选取鹅观草＋白羊草＋冰草，进行混合撒播，草种混播比例为 0.4∶0.35∶0.25。灌木株行距 1 m×1 m，草籽播撒按 80 kg/hm^2。

5. 土地平整和渣顶面绿化

为了更好地进行渣场顶面土地复耕，在施工结束后对渣场顶面进行土地平整，要求土地平整后渣场顶面平整，区域内无大坑、无运输车辆碾压痕迹，渣场顶面留有 2‰坡度。

渣场占地为荒草地、工程结束后需要进行绿化，绿化采取乔冠草相结合的方式绿化，乔木种植密度为株行距 2 m×2 m，灌木种植密度为 1 m×1 m，林下撒播草籽，种植密度为 80 kg/hm^2。乔木推荐树种为油松，苗木规格：苗木地径 2～3 cm，带土球，土球直径大小 30 cm。灌木为黄刺玫，苗高≥50 cm。草种选取鹅观草＋白羊草＋冰草，进行混合撒播，草种混播比例为 0.4∶0.35∶0.25。

6. 临时拦挡措施

为了防止临时堆存的表土，在施工期间撒落到堆放区以外的区域，采取临时拦挡措施，临时拦挡采用填筑袋装土摆放在堆土的四周。袋装土土源直接取用开挖土方，单个装土袋长 0.8 m、宽 0.5 m、高 0.25 m，拦挡高度按照三层摆放，摆放后拦挡断面面积为 0.45 m^2。为保证摆放稳定，底层袋装土应垂直堆土放置，第二、三层平行于堆土放置。土料场剥离表土堆放高度 3 m，边坡 1∶1。

2 号弃渣场水土保持防护措施工程量见表 8-7。

表 8-7　2 号弃渣场水土保持防护措施工程量

<table>
<tr><td rowspan="3">弃渣场序号</td><td colspan="6">工程措施</td><td colspan="6">植物措施</td><td>临时措施</td></tr>
<tr><td rowspan="2">剥离、回覆表土(万 m³)</td><td colspan="2">挡渣墙</td><td>干砌石护坡</td><td colspan="2">排水沟土堤</td><td rowspan="2">土地平整(hm²)</td><td colspan="3">渣顶绿化</td><td colspan="2">护坡</td><td>临时拦挡</td></tr>
<tr><td>基础开挖(m³)</td><td>M7.5浆砌石(m³)</td><td>干砌石(m³)</td><td>基础开挖(m³)</td><td>M7.5浆砌石(m³)</td><td>种植乔木(株)</td><td>种植灌木(株)</td><td>植草(hm²)</td><td>种植灌木(株)</td><td>植草(hm²)</td><td>袋装土方(m³)</td></tr>
<tr><td>2</td><td>0.50</td><td>53.95</td><td>206.44</td><td>219</td><td>1 251.6</td><td>635.6</td><td>0.75</td><td>1 875</td><td>7 500</td><td>0.75</td><td>1 808</td><td>0.18</td><td>90.56</td></tr>
</table>

8.4.5.5　3 号弃渣场防治措施设计

3 号弃渣场位于宋家大桥附近蒲河右岸的一级阶地，距离水厂 1.5 km，渣场占地面积约为 2.0 hm²。渣场容量为 17.8 万 m³。设施堆渣量 16.95 万 m³，主要是水厂土方的弃渣 16.76 万 m³，输水管线区弃石方 0.19 万 m³，弃渣可以通过现有的道路运至 2 号弃渣场，不需修建施工道路。渣场占地主要为耕地，施工结束后复耕。

1. 挡渣措施

3 号弃渣场属于典型的坡面弃渣场，堆渣后渣顶为 947 m，上游边坡高度为 9 m，下游边坡高度为 12 m，对渣场四周边坡坡脚处设计浆砌石挡土墙。拦渣墙型选择浆砌石重力式挡土墙，挡土墙设计顶宽 0.4 m，墙背为直背，墙面边坡 1∶0.4，墙高 3.0 m，基础深 0.4 m，趾板长 0.4 m，挡墙单位长度基础开挖量 2.16 m³/m，单位长度浆砌石量 3.57 m³/m，共设计挡土墙长度为 760 m。挡土墙断面见图 8-3。

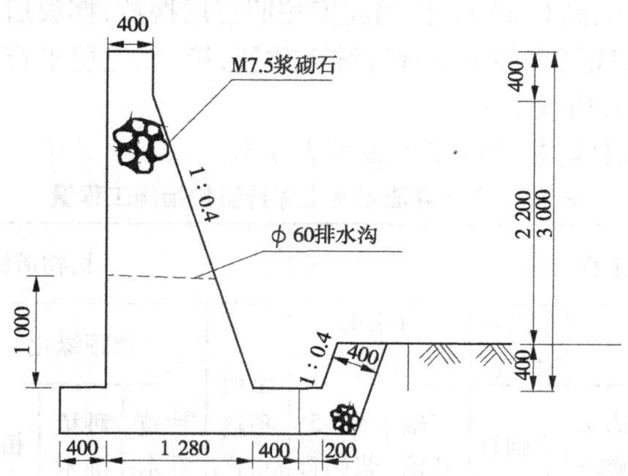

图 8-3　3 号弃渣场挡土墙断面图　（单位：mm）

挡土墙的稳定分析见 8.4.5.3 部分内容。

2. 排水措施

根据现场查勘，3 号弃渣场上游全部为耕地，根据耕地排水情况，3 号弃渣场上游边坡汇水面积为 2.1 hm²，汇水量极少，因此渣场排水仅考虑渣场内部排水和少量上游汇水，拟在渣场挡土墙外侧设置梯形浆砌石排水沟，将水排入附近沟渠，排水沟采用 M7.5 浆砌块石衬砌,截水沟的尺寸:底宽 60 cm(包括挡墙外趾板 40 cm)、边坡为 1:0.4、衬砌厚度 0.4 m。

3. 表土剥离及回覆

为了保护表土资源,在弃渣场堆渣前,将渣场占地范围内的表土进行剥离,并集中堆放指定位置,在堆渣结束后再回覆到渣场顶面,以便进行复耕。表土剥离厚度为 50 cm。经计算共需剥离、回覆表土 1.0 万 m^3。

4. 护坡措施

渣场边坡设计为 1:2,渣场边坡高度为 12 m,分 2 级,每级间设 2 m 宽马道,一级边坡坡顶和马道高程 941 m。护坡采取工程护坡和植物护坡两种方式,一级马道以下边坡采取干砌石护坡,护坡厚度 30 cm,一级马道以上及马道采取植物护坡,植物护坡采取种植灌木和草植物措施护坡,灌木种植密度为株行距 1 m×1 m,灌木树种选择黄刺玫,苗高≥50 cm。草种选取鹅观草+白羊草+冰草,进行混合撒播,草种混播比例为 0.4:0.35:0.25。灌木株行距 1 m×1 m,草籽播撒按 80 kg/hm^2。

5. 土地平整和渣顶土地肥力恢复

为了更好进行渣场顶面土地复耕,在施工结束后对渣场顶面进行土地平整,要求土地平整后渣场顶面平整,区域内无大坑、无运输车辆碾压痕迹,渣场顶面留有 2‰坡度。

另外,为了尽快恢复土壤肥力,在土地平整后种植一季绿肥,绿肥推荐草种为红豆草,种植方式撒播,种植密度 80 kg/hm^2。

6. 临时拦挡措施

为了防止临时堆存的表土,在施工期间撒落到堆放区以外的区域,采取临时拦挡措施,临时拦挡采用填筑袋装土摆放在堆土的四周。袋装土土源直接取用开挖土方,单个装土袋长 0.8 m、宽 0.5 m、高 0.25 m,拦挡高度按照三层摆放,摆放后拦挡断面面积为 0.45 m^2。为保证摆放稳定,底层袋装土应垂直堆土放置,第二、三层平行于堆土放置。土料场剥离表土堆放高度 3 m,边坡 1:1。

3 号弃渣场水土保持防护措施工程量见表 8-8。

表 8-8 3 号弃渣场水土保持防护措施工程量

弃渣场序号	工程措施						植物措施						临时措施
	剥离、回覆表土	挡渣墙		干砌石护坡	排水沟土堤		土地平整 (hm^2)	渣顶绿化			护坡		临时拦挡
	(万 m^3)	基础开挖 (m^3)	M7.5 浆砌石 (m^3)	干砌石 (m^3)	基础开挖 (m^3)	M7.5 浆砌石 (m^3)		种植乔木 (株)	种植灌木 (株)	植草 (hm^2)	种植灌木 (株)	植草 (hm^2)	袋装土方 (m^3)
3	1.00	1 641.6	2 713.2	2 515.2	458.8	273.8	0.30			0.30	8 740	0.87	128.07

8.4.6 输水管线防治区

工程输水方案为:输水线路自水库坝下预埋出水管,沿小盘河右岸敷设,在坝后输水距离 350 ~ 500 m 间设置沉沙池，输水线路继续向前敷设，至小盘河村的东南部，管线长度约 2.2 km 处穿越蒲河，穿越蒲河后，向北敷设 330 m，在后河里村的南方向垂直穿越蒲河，之后沿新修道路向西南方向敷设，在线路长度约 4.5 km 处第三次穿越蒲河，穿越蒲河在叶王川村的东北角向北沿新修现状道路敷设至净水处理厂，输水线路总长度 5.6 km。总占地面积 12.38 hm^2。管线全部采用直埋敷设的方式。管线开挖后的土方全部回填利用，部分石方直接弃置相应的弃渣场。根据主体施工组织报告，管线施工为非关键路线，施工采取分段施工，施工工期为 19 个月。

8.4.6.1 工程措施

施工结束后土地平整，共平整土地面积为 12.33 hm^2。

8.4.6.2 植物措施

施工结束后原地面的恢复，其中林地恢复 0.49 hm^2、耕地 11.84 hm^2。林地恢复：种植乔木，种植密度为株行距 2 m×2 m，乔木推荐树种为油松，苗木规格：苗木地径为 2 ~ 3 cm，带土球，土球直径大小 30 cm，共需种植油松 1 225 株，恢复耕地种植一季绿肥红豆草，种植绿肥面积 11.84 hm^2。

8.4.6.3 临时措施

临时拦挡：施工过程中对临时堆土区进行拦挡，由于部分线路周围有村庄，为防止扬尘需对临时堆土进行覆盖。拦挡采取袋装土拦挡：需装袋土填筑 831.45 m^3，覆盖采取防尘网覆盖，经计算需覆盖防尘网 26 341.5 m^2。

8.4.7 临时堆料场防治区

工程共设两处临时堆料场，其中 1 号临时堆料场，规划面积为 1 000 m^2，主要用于临时堆存河道开挖土料，场地位于 1 号弃渣场范围内，施工是由 1 号、3 号施工道路连接到大坝施工区；2 号临时堆料场位于净水厂管理用地范围内，规划面积为 5 000 m^2，用于净水厂区临时堆存土料。

由于 2 号临时堆料场位于净水厂管理用地范围内，临时堆土期间的防护措施，在“8.4.1 主体工程防治区”中已经设计，因此不再重复设计和计列工程量。

对 1 号临时堆土场临时堆存的土方采取临时拦挡措施，临时拦挡采用填筑袋装土摆放在堆土的四周。袋装土土源直接取用开挖土方，单个装土袋长 0.8 m、宽 0.5 m、高 0.25 m，拦挡高度按照三层摆放，摆放后拦挡断面面积为 0.45 m^2。为保证摆放稳定，底层袋装土应垂直堆土放置，第二、三层平行于堆土放置。土料场剥离表土堆放高度 3 m，边坡 1:1。

经计算需装袋土填筑 202.5 m^3，覆盖采取防尘网覆盖，防尘网可重复利用，本次按重复利用 4 次计算，经计算需覆盖防尘网 2 500 m^2。

8.4.8 植物措施设计

植物种植技术主要为植树、种草等技术，依据“适地适树，适地适草”的原则，选择优良乡土树种或草种对本工程进行绿化。选种时考虑以下方面：①选择耐寒、耐旱、耐瘠薄、能适合当地气候土壤条件、速生、根系发达、固土能力强的树种；②选择耐寒、耐旱、耐瘠薄、繁殖容易、根系发达、保水固土能力强的草种；③选择有较强的抗噪声、抗污染、净化空气能力强的树种；④选择易种、易繁、易管、抗病虫害能力强的树种；⑤选择树型美观，具有良好景观效果，与附近植被和景观协调且树种来源丰富，经济可行的树种。备选植物详见表8-9。

8.4.8.1 立地条件分析

项目区为大陆性季风湿润半湿润气候，具有冬天干旱而夏天湿润，气温日差较小和无霜期长的特点。多年年平均温度8.3 ℃，全年1月最低，7月最高，极端最高气温35.7 ℃，极端最低气温 -22.6 ℃。多年平均降雨量为561.5 mm，雨量年内分布很不均匀，多集中在7~9月。蒸发量为1 503.5 mm，年日照时数2 449.0 h，平均相对湿度63%，最大风速20 m/s，最大冻土深度82 cm。最大一日雨量为148 mm(1947年7月27日)。

项目区土地均被黄土覆盖，主要土壤为交错分布的黑垆土和黄绵土。土壤养分总状况是氮少、磷缺、钾丰富，有机质贫乏，黄绵土是主要的成土母质，深厚、疏松、质地细匀，垂直结构发达，透水性强，耕性良好。机械组成中粉沙含量在50%以上，含大量的碳酸钙。

从当地降水、气温和土壤等立地条件分析，根据降水等气象因子分析项目区满足绿化要求，项目区土壤弱偏碱性，有机质含量低，因此树种选择应以当地树种为主。

8.4.8.2 种树

1. 苗木选择

苗木的好坏是保证绿化成功的关键，因此在苗木选择上应严格把好质量关，确保苗木的成活率。

(1)外观要求。所选植株应健壮，无病虫害及机械损伤；茎干通直圆满、枝条茁壮、组织充实、顶芽健壮、木质化好；针叶树必须具有完整健壮的顶芽。

(2)种植要求。根系发达，主根顺直，短而粗壮；侧根多，根系有一定长度。不同树种对根系有不同的要求，一般易成活的落叶乔木树和绿矮篱，采用裸根苗。

工程备选绿化植物见表8-9。

表8-9 工程备选绿化植物一览表

类型	名称	生态学、生物学特征
乔木	侧柏	侧柏为裸子植物亚门柏科常绿乔木，主要造林地多选海拔1 500 m以下的山地阳坡、半阳坡，以及轻盐碱地和沙地。一般整地后植苗造林，喜光，幼时稍耐阴，适应性强，对土壤要求不严，在酸性、中性、石灰性和轻盐碱土壤中均可生长。耐干旱瘠薄，萌芽能力强
	油松	油松为松科、常绿乔木，为阳性树种，深根性，喜光、抗瘠薄、抗风，在土层深厚、排水良好的酸性、中性或钙质黄土上，-25 ℃的气温下均能生长。油松可与快长树成行混交植于路边，其优点是：油松的主干挺直，分枝弯曲多姿，杨柳作它的背景，树冠层次有别，树色变化多，街景丰富
	刺槐	落叶乔木，刺槐系喜光树种，不耐阴。喜温暖湿润气候，不耐寒冷。原产地为湿润气候区，年平均降水量1 000~1 500 mm，7月平均气温20~26.5 ℃，1月平均气温1.7~7.2 ℃，每年无霜期140~220 d。在我国年平均气温8~14 ℃，年降雨量500~900 mm的地方，生长良好，干形较通直；水土保持林、薪炭林可栽330株以上

续表 8-9

类型	名称	生态学、生物学特征
乔木	山桃	别名花桃,蔷薇科、李属,落叶小乔木,高达 10 m,干皮紫褐色,有光泽,常具横向环纹,老时纸质剥落。主要分布于我国黄河流域、内蒙古及东北南部,西北也有,多生于向阳的石灰岩山地。喜光,耐寒,对土壤适应性强,耐干旱、瘠薄,怕涝
	山杏	落叶灌木或小乔木,高 2 ~ 5 m。花期 3 ~ 4 月,果期 6 ~ 7 月。主要分布在俄罗斯的西伯利亚、蒙古的东部和东南部以及我国北纬 40°以北的辽宁、河北、内蒙古、山西、陕西、新疆等省(区)海拔 300 ~ 1 500 m 的山地丘陵山区的阳坡或半阴坡上。抗低温能力强。根系发达,抗旱、耐瘠薄、耐盐碱、不耐涝。栽植密度:山杏林一般密度为 110 株/667 m^2,株行距为 2 m × 3 m
	榆树	落叶乔木,高达 25 m。树干直立,枝多开展,树冠近球形或卵圆形,分布于东北、华北、西北及西南各省(区),生于海拔 1 000 ~ 2 500 m 以下之山坡、山谷、川地、丘陵及沙岗等处,阳性树种,喜光,耐旱,耐寒,耐瘠薄,不择土壤,适应性很强。根系发达,抗风力、保土力强。萌芽力强,耐修剪。生长快,寿命长。能耐干冷气候及中度盐碱,但不耐水湿(能耐雨季水涝)。具抗污染性,叶面滞尘能力强。在土壤深厚、肥沃、排水良好的冲积土及黄土高原生长良好。可作西北荒漠、华北及淮北平原、丘陵及东北荒山、沙地及滨海盐碱地的造林或"四旁"绿化树种
	栾树	落叶乔木,高达 20 m,树皮灰褐色,细纵裂;小枝稍有棱,无顶芽,皮孔明显,树冠为近似的圆球形,冠幅 8 ~ 12 m,原产于我国北部及中部,它是一种喜光、稍耐阴的植物,耐寒,但是不耐水淹,耐干旱和瘠薄,对环境的适应性强,喜欢生长于石灰质土壤中,耐盐渍及短期水涝。栾树具有深根性,萌蘖力强,生长速度中等,幼树生长较慢,以后渐快,有较强抗烟尘能力。定植密度:胸径 4 ~ 5 cm 的每亩 600 棵左右,胸径 6 ~ 8 cm 的每亩 200 ~ 300 棵,选留 3 ~ 5 个主枝,短截至 40 cm,每个主枝留 2 ~ 3 个侧枝,冠高比 1:3
	小叶杨	落叶乔木,树高 15 ~ 25 m,大者胸径 1 m 以上。喜光,喜湿,耐瘠薄,耐干旱,也较耐寒,适应性强,山沟、河滩、平原、阶地以及短期积水地带均可生长。生长迅速,萌芽力强,但寿命较短。对土壤要求不严,沙壤土、黄土、冲积土、灰钙土上均能生长。山沟、河边、阶地、梁峁上都有分布,小叶杨根系发达,侧根水平伸展,须根密集。为各地营造速生用材林、防护林、行道树和绿化的重要树种
	白桦	落叶乔木,高达 25 m,胸径 50 cm;树冠卵圆形,树皮白色,孤植、丛植于庭园、公园之草坪、池畔、湖滨或列植于道旁均颇美观。喜光,不耐阴,耐严寒。对土壤适应性强,喜酸性土,沼泽地、干燥阳坡及湿润阴坡都能生长。深根性、耐瘠薄

续表 8-9

类型	名称	生态学、生物学特征
灌木	黄刺玫	落叶灌木。小枝褐色或褐红色，具刺。喜光，稍耐阴，耐寒力强。对土壤要求不严，耐干旱和瘠薄，在盐碱土中也能生长，以疏松、肥沃土地为佳。不耐水涝。为落叶灌木。少病虫害。北方春末夏初的重要观赏花木，开花时一片金黄，又名黄蔷薇。花色鲜艳夺目，且花期较长。适合庭园观赏，丛植，花篱
	白刺花	别名小叶槐、白花刺、马蹄针、狼牙刺；矮小灌木，高 1.2 m 左右。树皮灰褐色，多疣状突起；枝条棕色，近于无毛，具锐刺。在园林中可做绿篱植物，也可孤植、片植于林地的边缘、草坪等处，还可制作盆景或盆栽观赏。白刺花原产我国，在华北、西北、西南均有分布。白刺花习性强健，管理粗放，喜温暖湿润和阳光充足的环境，耐寒冷，耐瘠薄，但怕积水，稍耐半阴，不耐阴。对土壤要求不严，但在疏松肥沃、排水良好的沙质土壤中更好。白刺花的萌发力较强，而且耐修剪，栽培中应注意修剪整形，以保持树形的优美
草种	鹅观草	良好的水土保持植物，多年生草本。须根深 15 ~ 30 cm。秆直立或基部倾斜，疏丛生，高 30 ~ 100 cm。在温带地区，如果采取春播或夏播，当年仅能形成基生叶丛，而不能抽穗结实，直至降霜后，地上部分枯死，其绿草期为 96 ~ 132 d。而生长 2 年以上的鹅观草，青草期为 199 ~ 208 d。它既可在砂质土上生长，也可在黏质土上定居，适应的土壤 pH4.5 ~ 8；适应的绝对最低温 -30 ℃、绝对最高温为 35 ℃
	白羊草	多年生疏丛型禾草。具短根茎，分蘖力强，能形成大量基生叶丛。须根特别发达，常形成强大的根网，耐践踏，固土保水力强。性喜温暖和湿度中等的沙壤土环境，为典型喜暖的中旱生植物。多分布于暖温带的灌草褐土及黄土的低山丘陵地，一般高程不超过海拔 1 600 ~ 1 700 m，在华东及华中北部不超过 1 000 m。适应温度范围为≥10 ℃，积温 3 000 ~ 4 500 ℃
	冰草	草原区旱生植物，具有很强的抗旱性和抗寒性，适于在干燥寒冷地区生长，特别是喜生干草原区的栗钙土壤上，有时在黏质土壤上也能生长，但不耐盐碱，也不耐涝，在酸性或沼泽、潮湿的土壤上也极少见，并很快形成丛状。种子自然落地，可以自生。根系发达，入土较深，达 1 m，一般能活 10 ~ 15 年。冰草返青早，在北方各省（区）4 月中旬开始返青，5 月末抽穗，6 月中下旬开花，7 月中下旬种子成熟，9 月下旬至 10 月上旬植株枯黄。一般生育期为 110 ~ 120 d
	红豆草	深根型牧草。根系强大，主根粗壮，直径 2 cm 以上，入土深 1 ~ 3 m 或更深，侧根随土壤加厚而增多，着生大量根瘤。国内种植较多的省（市、区）有内蒙古、新疆、陕西、宁夏、青海。甘肃农业大学等单位还选育出对甘肃生境有较强的适应性的甘肃红豆草。红豆草性喜温凉、干燥气候，适应环境的可塑性大，耐干旱、寒冷、早霜、深秋降水、缺肥贫瘠土壤等不利因素。与苜蓿比，抗旱性强，抗寒性稍弱。适应栽培在年均气温 3 ~ 8 ℃，无霜期 140 d 左右，年降水量 400 mm 上下的地区

（3）苗木、草种规格。苗木、草种规格要严格按照选定的等级规格要求执行，以确保苗木、种子无病虫害，成活率高。

(4)美观要求。栽植时对树苗冠形和规格也有严格要求，一般防护林带和道路两旁定植的苗木，要求树干高度合适，树冠完整，分枝点高度基本一致，有 3 ~ 5 个分布均匀、角度合适的主枝。栽在同一行内的同一批苗木个体不能相差太大，高差不超过 ±(1 ~ 2) m，胸径差不超过 2 cm。相邻植株规格应基本相同。花和灌木高度应平均在 1 m 左右，有主干或分枝 3 ~ 6 个，根际有分枝，冠形丰满，观赏树木要求形态多姿，冠形优美；常绿树要求枝繁叶茂、生机盎然；中轴明显的针叶树，要求有新梢生长，树干基部枝条不干枯。

2. 整地方式与时间

整地是改善土壤结构、蓄水保墒和保持水土、改善苗木生长条件、提高苗木成活率的一项重要措施。整地质量的好坏，往往成为绿化工程成败的决定性因素。根据道路沿线土壤条件和绿化要求，多采用穴状整地。坑穴大小(坑径 × 坑深)：常绿乔木为 80 cm × 80 cm，落叶乔木为 60 cm × 60 cm，平面种植灌木为 30 cm × 30 cm，坡面种植灌木采取小鱼鳞坑整地。

整地时间一般为春、秋两季进行。

3. 栽植方法

裸根苗栽植时，首先要扶正苗木，苗入坑后用表土填至坑 1/3 处，将苗木轻轻上提，保持树身正直，树根舒展，栽植后埋土乔木比原根径深 10 ~ 15 cm，灌木比原先深 5 ~ 10 cm，然后用回填土埋实。移栽时应将树形及长势较好的一面朝向观赏方向，弯曲的树种，应将变曲的一面朝向主风方向，栽植后行、列应对齐。栽好后用多余的土在树坑外修一个浇水土埂。

带土坨的苗木栽植时，先把树苗放入挖好的坑中，然后定位、放好、放稳后，将包装塑料布打开、取出；分层填好土坑，并分层踩实；踩时不得触及土坨，以防破碎，修好浇水土埂，其他要求与上相同。

所有苗木定植前，最好在土坑内施厩肥或堆肥 10 ~ 20 kg，肥上覆表土 10 cm，然后再放置苗木定植、浇水。

4. 抚育管理

苗木栽植后，应及时浇水 2 ~ 3 次，每年穴内除草 2 ~ 3 次，另外还需定时整形修剪。

8.4.8.3 种草

1. 平整土地

种草或种植草坪前先彻底清除土壤中的杂物，然后施入一定量的有机肥作基肥，再对土壤进行深翻、耕耘，把草坪地平整为中央稍高，四周略低，有 0.2% 左右排水坡度的样子，再加入土壤改良剂，对土壤进行改良。

2. 种草

种草主要采用直接播撒种子法，春、夏、秋雨后直播。

播种方法是：条带均匀撒播、种子掺土拌和撒播。草种撒好后，应立即覆土，厚约 1 cm，并进行滚压。大面积播种时，可用细齿耙，往返拉松表土面，使草籽被土覆盖。

养护管理：种上草籽后，在出苗前后应及时浇水；苗期内应经常清除杂草，施肥、防治病虫害。

8.5 水土保持措施工程量

本方案水土保持措施工程量包括各防治区的工程措施、植物措施和临时措施。各防治区的水土保持措施主要工程量汇总详见表8-10。

表8-10 水土保持措施工程量汇总表

编号	措施		单位	数量	说明
一	主体工程区				
(一)	工程措施				
1	大坝上游护坡垫层混凝土		m^3	5 609	主体已有
2	大坝上游护坡混凝土		m^3	1 726	主体已有
3	厂区排水沟浆砌石		m^3	450	主体已有
(二)	植物措施				
1	枢纽区空闲地绿化		hm^2	10.23	
2	净水厂区空闲地绿化		hm^2	3.08	主体已有
3	大坝下游草皮护坡		m^2	3 940	主体已有
(三)	临时措施				
1	临时拦挡袋装土方		m^3	355.12	
二	料场区				
(一)	工程措施				
1	剥离及回覆表土		m^3	13 500	
2	土地平整		hm^2	4.05	
(二)	植物措施				
1	坡面绿化	种植灌木	株	40 500	
		种草	hm^2	0.45	
2	底面绿化	种植灌木	株	40 500	
		种草	hm^2	4.05	
(三)	临时措施				
1	排水沟	开挖土方	m^3	441.6	
2	表土临时拦挡	袋装土方	m^3	201.38	
三	弃渣场区				
(一)	工程措施				
1	剥离及回覆表土		m^3	55 000	
2	基础开挖		m^3	4 382.03	
3	M7.5浆砌石(排水沟)		m^3	909.4	
4	M7.5浆砌石(挡墙)		m^3	6 654.62	
5	干砌石		m^3	2 734.2	
6	土地平整		hm^2	7.87	
(二)	植物措施				
1	种植乔木		株	1 875.00	
2	种植灌木(平地)		株	7 500.00	
3	种植灌木(坡面)		株	22 308.00	
4	植草		hm^2	10.10	

续表 8-10

编号	措施		单位	数量	说明
(三)	临时措施				
1	表土临时拦挡	袋装土方	m^3	474.77	
四	施工道路区				
(一)	工程措施				
1	永临结合的碎石道路	碎石路面	km	3	主体已有
2	临时碎石道路	碎石路面	km	3	主体已有
(二)	植物措施				
1	两侧种植乔木		株	6 667	
(三)	临时措施				
1	临时排水沟	开挖土方	m^3	8 064	
五	施工生产生活区				
(一)	工程措施				
1	平整土地		hm^2	3.27	
(二)	植物措施				
1	空闲地绿化	种植灌木	株	11 700	
		种草	hm^2	1.17	
(三)	临时措施				
1	临时排水沟	土方开挖	m^3	2 000	
六	输水管线区				
(一)	工程措施				
1	土地平整		hm^2	12.32	
(二)	植物措施				
1	种植乔木		株	1 225	
2	种草		hm^2	11.84	
(三)	临时措施				
1	堆土临时拦挡	袋装土方	m^3	831.45	
2	堆土覆盖	防尘网	m^2	26 341.5	
七	临时堆料场区				
(一)	临时措施				
1	堆土临时拦挡	袋装土方	m^3	202.5	
2	堆土覆盖	防尘网	m^2	2 500	

8.6 水土保持工程施工组织设计

8.6.1 施工条件

(1)对外交通:工程建设区交通便利,有高速公路、国道、省道、县乡公路等,组成了方便快捷的交通网络,在主体工程建设过程中,除充分利用当地交通网络外,工程施工还修建了临时施工道路。根据本工程水土保持措施施工特点,工程施工不需要大型的施工机械设备,仅为普通的交通运输工具、推土机、胶轮车等,当地的交通网络和新建施工便道完全能够满足水土保持措施施工交通运输要求。

(2)材料:水土保持措施建设所需材料主要为防尘网、编制袋、苗木、草籽等,该部分材料均可在当地购买,货源和运距均可满足施工要求。

(3)施工用水及用电:

供水:本工程施工供水以蒲河河水作为施工和生产用水水源,从河内抽取根据不同需要处理后使用;工程区附近地下水作为生活用水水源,采用潜水泵抽取。

供电:主体工程施工电源由各区最近的当地电网 10 kV 输电线路分别引接,引接线路总长约 8.0 km,水土保持工程用电负荷均已在主体设计考虑中,因此,水土保持工程用电直接从附近的施工区接引。

8.6.2 施工方法

(1)土地整治,首先通过机械挖出树桩、树根,然后进行深翻,耙磨,将土块碾碎,并使土地得到平整。

(2)土方工程:一般采用人工开挖。临时排水沟土方施工要与主体工程施工同时进行,施工便道开挖的土方可作为垫高路基使用,生产生活区排水沟开挖土方可用于场地平整和垫高之用。施工过程中严格按照相关施工规范要求。

(3)植物工程:主要安排在春季或秋季人工种植。应购买适应性、抗性强的苗木。采用“三埋两踩一提苗”的栽植方法。首先将沟内回填 30 ~ 50 cm 的表土(壤土)和农家肥,翻匀平整后将幼苗放入沟内,回填表土之后将苗轻轻提起,使根系舒展,踩实,再将心土回填踩实,作土埂便于浇水。栽植后要浇水一次,在幼年期对林木进行抚育,保证苗木成活率。

8.6.3 施工布置

因工程项目较多而且比较分散,各段工程因地制宜进行布置,宜遵循以下原则:施工营地利用主体工程施工生产生活区,不另布设;建筑材料应分类存放在施工区附近或与主体工程相同,并注意有关材料防潮、防湿;施工布置应避免各单项工程间的施工干扰。

8.7 实施进度安排

水土保持方案的实施应按“三同时”制度的要求,与主体工程“同时设计、同时施工、同时投产使用”。根据主体工程施工进度及水土保持工程特点,确定完成水土保持工程的期限和年度安排。整个水保工程进度安排应本着先工程措施和土地整治措施,后植物措施的原则进行。在主体工程开工前,应首先进行“三通一平”,主要包括道路、施工场地等的修建及施工准备工作,此部分水土保持措施已经在本方案中进行设计,施工方应根据本方案设计进行施工,做到水土保持施工的“三同时”。结合主体工程施工建设工程进度图,本方案实施进度安排见表 8-11。

表 8-11　方案实施进度安排表

分区	措施类型		2012年			2013年												2014年												2015年
			10	11	12	1	2	3	4	5	6	7	8	9	10	11	12	1	2	3	4	5	6	7	8	9	10	11	12	1
主体工程区	主体措施																													
	水保措施	工程措施																												
		植物措施																												
		临时措施																												
弃渣场区	主体措施																													
	水保措施	工程措施																												
		植物措施																												
		临时措施																												
取土场区	主体措施																													
	水保措施	工程措施																												
		植物措施																												
		临时措施																												
施工道路区	主体措施																													
	水保措施	植物措施																												
		临时措施																												
输水管线区	主体措施																													
	水保措施	工程措施																												
		植物措施																												
		临时措施																												
施工生产生活区	主体措施																													
	水保措施	工程措施																												
		植物措施																												
		临时措施																												
临时堆料场区	主体措施																													
	水保措施	临时措施																												

注：实线为主体工程进度，虚线为水保措施进度。

第 9 章　水土保持监测

9.1　监测目的

(1)通过对各项指标的监测,协助建设单位落实水土保持方案,加强水土保持设计和施工管理,优化水土流失防治措施,协调水土保持工程与主体工程建设进度。

(2)通过对项目施工作业方式进行监测,及时、准确掌握生产建设项目水土流失状况和防治效果,提出水土保持改进措施,减少人为水土流失。

(3)监测过程中及时发现重大水土流失危害隐患,提出水土流失防治对策建议。

(4)水土保持监测成果能全面反映开发建设项目水土流失及其防治情况,提供水土保持监督管理技术依据和公众监督基础信息,促进项目区生态环境的有效保护和及时恢复。

9.2　监测原则

(1)全面监测与重点监测相结合;

(2)以扰动地表为中心进行监测;

(3)以水土流失的重点时序、重点部位、重点工序作为监测重点;

(4)围绕 6 项指标进行监测;

(5)监测点位选取应该有代表性。

9.3　监测范围和监测分区

9.3.1　监测范围

根据工程设计和施工安排,对防治责任范围内的水土流失因子、水土流失状况及水土流失防治效果等内容进行监测。包括水库枢纽区、净水厂区、输水管线区、取土场区、弃渣场区、施工道路区和水库淹没区及其影响区。

9.3.2　监测分区

监测分区原则上与水土流失防治分区一致,结合工程施工区域、水土流失程度和特点等进行划分。水土保持监测分区及分区监测重点见表 9-1。

9.4　监测时段

监测时段为 2012 ~2015 年,监测时段从施工准备期开始,至设计水平年结束。

表 9-1 水土保持监测分区及监测重点

监测分区	主要施工内容	水土保持监测重点
主体工程区	基础开挖、土方填筑	土方开挖、临时堆土、排水
取土场区	场地平整、绿化措施、表土堆放	绿化措施、临时堆土
弃渣场区	工程弃渣、挡墙修筑、排水沟修筑、绿化、土地复耕	弃渣数量、临时堆土、措施实施情况
临时堆料场区	临时堆土、临时拦挡	临时堆土、堆料
施工生产生活区	场地平整、建筑材料堆放、施工活动	临时排水、土地复耕
施工道路	路基填筑、土方开挖	永久道路绿化、临时道路复耕
输水管线区	管道开挖、回填	管道开挖、临时堆土边坡

9.5 监测方法

根据《水土保持监测技术规程》,开发建设项目水土流失监测,宜采用地面监测、调查监测和巡查法。结合本工程特点,料场、渣场、主体工程区、临时道路区、施工生产生活区,监测方法采用定点定位监测,除设置简易土壤侵蚀观测场外,还采用实地调查、现场巡查相结合的方法进行。主要监测方法说明如下。

9.5.1 地面小区定点监测

采用简易土壤侵蚀观测场法,即在汛期前将直径 0.5 ~ 1 cm、长 50 ~ 100 cm(新堆积的土堆要考虑沉降的影响,沉降量大时可加长)的钢钎按一定距离(视坡面面积而定)分上中下 3 排,每排 5 条(共 15 条)打入地下,钉帽与地面齐平,并在钉帽上涂上红漆,编号登记注册。

每次大暴雨后和汛期结束,按编号测量侵蚀厚度。土壤侵蚀量采用以下公式:$A = ZS/1\,000\cos\theta$ 计算,式中 A 为土壤侵蚀量(m^3),Z 为侵蚀厚度(mm),S 为水平投影面积(m^2),θ 为斜坡坡度值。

9.5.2 现场调查、巡查监测

项目区水土流失因子的监测、水土流失量及水土保持设施的监测采用调查监测的方法。常用的方法有询问调查、收集资料、普查和抽样调查。

(1)项目区水土流失因子的监测。水土流失因子包括地质、地貌、气候、土壤、植被、水文和土地利用等资料。因此,采用实地勘测、线路调查等方法对地形、地貌、水系的变化进行监测;采用设计资料分析,结合实地调查对土地扰动面积、程度和林草覆盖度进行监测。

(2)建设过程中的挖填方量及弃土弃渣量监测。建设过程中的挖填方量及弃土弃渣量监测采用详查法。通过查阅设计文件、实地测量和调查,监测建设过程中的挖填方量及弃土弃渣量。

(3)水土保持设施监测。水土保持设施监测采用抽样调查的方法。对施工过程中破坏的水土保持设施数量进行调查和核实,并对新建水土保持设施的质量和运行情况采用随机抽样调查的方式进行监测,如对项目区水土保持防护工程的稳定性、完好程度、运行情况等的监测。

(4)资料收集。向工程建设单位、设计单位、监理单位、质量监督单位等收集有关工程资料,从中分析出对水土保持监测有用的数据。主要资料包括项目区地形图、土地利用现状图及主体工程设计文件;项目区土壤、植被、气象、水文、泥沙资料;监理、监督单位的月报及有关报表等。

(5)询问。通过访问群众,并走访当地水土保持工作人员和有关专家,了解和掌握工程建设造成的水土流失对当地和周边地区的影响。

工程施工期,对施工区施工方式、临时水保措施、施工便道、砂石料临时转运场等进行现场巡查,雨季加强巡视次数,并做好记录,掌握各种可能出现的水土流失问题,及时处理,消除隐患。

现场调查、巡查监测的重点监测内容和要求如下:①工程建设扰动土地面积和水土保持措施防治面积(包括植物措施面积和工程措施面积),以便确定扰动土地治理率;②工程造成水土流失面积和永久建筑物占地面积,以便确定水土流失治理程度;③巡查并量测项目区平均土壤侵蚀模数,并根据项目区允许土壤侵蚀模数确定水土流失控制比;④巡查并量测堆弃渣量和拦渣量,确定拦渣率;⑤巡查并量测植物措施面积,巡查项目区可绿化措施面积,确定植被恢复系数;⑥巡查量测林草措施面积,并根据防治责任范围确定林草覆盖率。

9.6 监测内容

水土保持监测的主要内容包括水土流失影响因子监测、水土流失状况监测、水土保持措施防治效果监测,根据工程不同的功能分区及各区的水土流失特点、水土保持防治重点,确定各区的水土保持监测内容和监测重点,并设计相应的监测方法。水土保持监测内容和监测方法见表9-2。

表9-2 水土保持监测内容和监测方法

时段	监测内容	监测方法
施工准备期	项目区地形、植被、水土流失现状等本底值监测	调查监测
建设期	占地面积及扰动地表面积	
	水土流失面积、水土流失量、水土流失程度	
	损坏水土保持设施数量和面积	
	水土流失危害	
	弃渣场、取土场场地水土流失	
设计水平年	防治措施数量和质量	
	林草措施成活率、保存率、生长情况、覆盖度	

9.6.1　水土流失影响因子监测

水土流失影响因子主要有植被状况、降雨状况、水土保持设施数量和质量等，通过对工程建设期水土流失因子进行监测，获取观测数据，作为项目区水土流失及影响因子的背景值，同时通过各因子的变化进行比较分析，得出监测结果。

(1)植被状况。通过实地全面调查或典型地段观测，对林草植被的分布、面积、种类、生长情况等，计算林地的郁闭度、草地的覆盖度、林草植被覆盖度等指标。植被状况监测每3个月监测记录1次。

(2)降雨状况。可采用庆阳市气象站资料，主要指标包括年降水量、年降水量的季节分布和暴雨情况，监测时段为开工当年至工程施工结束。

(3)扰动地貌情况。采用实地勘测、线路调查等方法对地形、地貌变化进行监测。扰动地貌变化每1个月监测记录1次。

(4)项目占地和扰动地表面积情况。根据设计资料和实地调查对项目实际占地面积变化、扰动地表面积进行监测。项目占地和扰动地表面积每1个月监测记录1次。

(5)填方、借方和弃渣数量情况。通过设计文件和实地量测，监测建设过程中的填方、借方和弃渣数量。共监测多次，重点对施工过程中填方、借方和弃渣数量、土方转运、临时堆土等的变化进行详细的记录，每10天监测记录1次。

9.6.2　水土流失状况监测

采用现场调查的方式，随时对施工组织和工艺提出建议，采取补救措施，以保证最大限度地控制施工造成的水土流失。当日降雨量大于30 mm时，应当进行加测。

(1)水土流失状况。路基边坡和临时堆土边坡采用沟槽监测法估算侵蚀量，取弃土场水土流失量采用建简易水土流失观测场监测，其他地段采用现场调查的方法，根据施工的进度，分期对项目区水土流失面积、水土流失量、水土流失程度等的变化情况进行统计。水土流失状况观测多次，分三个阶段进行，第一阶段观测1次，在水土流失现状调查时进行；第二阶段的观测频次根据水土保持工程的施工阶段安排多次；第三阶段观测1次，在水土保持工程完工后进行。

(2)水土流失危害及其趋势。水土流失危害分析应与原地貌水土流失危害比较分析，以得出较为合理和准确的定性结论。水土流失危害观测多次，分三个时期进行，第一阶段监测1次，在水土流失现状调查时进行；第二阶段的监测频次根据水土保持工程的施工阶段安排多次；第三阶段监测1次，在水土保持工程完工后进行。因降雨、大风或人为原因发生重大水土流失及危害事件，应于事件发生后1周内完成监测，并向水行政主管部门报告。

9.6.3　水土保持措施防治效果监测

主要监测水土保持设施投入使用初期的防治效果，并对工程的维修、加固和养护提出建议。

(1)防治措施的数量和质量。采用全面调查、实地测量等方法，对各项治理措施面积和保存情况、水土保持工程的数量和质量、水土流失治理度等进行监测，同时对施工中破坏的水土保持设施数量进行调查和核实。本方案设计监测3次，分别在水土流失现状调查、水土保持工程完工和水土保持工程投入使用后的第一个雨季结束时进行。

(2)土地整治工程效果监测。本项目的土地整治对象主要是设施施工场地扰动地表、施工生产生活区和输水管线等区域，采用典型地段调查法进行监测。监测指标包括整地对象、面积、覆土厚度、整治后的土地利用形式等。土地整治工程效果观测2次，分别在工程完成投入使用初期和使用后进行。

(3)林草措施效果监测。采用样方法，对林草措施的成活率、保存率、生长情况及覆盖度进行监测。每3个月监测1次。

9.6.4 水土保持监测设计

根据水土保持监测分区及分区监测重点，布设监测点位，设计监测内容和监测频次。水土保持监测重点部位、时段及频率情况见表9-3。

表9-3　水土保持监测重点部位、时段及频率情况

监测时段	监测区域	监测点位	监测内容	监测频次
建设期	主体工程区	净水厂、大坝枢纽基础开挖处	①挖、填方数量及面积；②扰动地表面积，破坏植被面积及程度；③临时堆土的数量、边坡情况；④临时堆土边坡水土流失状况；⑤防护措施数量及防治效果；⑥开挖边坡稳定性以及有无裂缝和变形情况等	①挖、填方数量每10天监测1次，扰动地表面积及程度每个月监测1次；②防护工程防护效果，实施后每个月监测1次；③临时堆土边坡水土流失状况雨季(6～9月)每月1次，遇暴雨情况加测；④弃渣、借土量在土建施工期前、中、末各1次
	取土场区	1号取土场	①取土数量；②扰动地表面积，破坏植被面积及程度；③临时措施数量及防治效果；④开挖边坡稳定性；⑤边坡水土流失状况	①取土数量每10天监测1次，扰动地表面积及程度每个月监测1次；②排水工程、临时拦挡工程防护效果，实施后每个月监测1次
	弃渣场区	1、3号弃渣场	①扰动地表面积，破坏植被面积及程度；②弃渣数量；③临时堆土的数量、边坡情况及临时堆土边坡水土流失状况；④挡墙等防治措施实施情况；⑤渣场边坡稳定性以及有无裂缝和变形情况	①弃渣数量每10天监测1次，扰动地表面积及程度每个月监测1次；②拦挡工程、排水工程防护效果，实施后每个月监测1次；③临时堆土边坡水土流失状况雨季(6～9月)每月1次，遇暴雨情况加测

续表 9-3

监测时段	监测区域	监测点位	监测内容	监测频次
建设期	临时堆料场区	2号临时堆土场	同主体工程区的③⑤	同主体工程区的③
	施工生产生活区	2号生产生活区	同主体工程区的②③⑤	同主体工程区的①②③
	施工道路区	路基填筑	同主体工程区的①②③⑤	同主体工程区的①②③
	输水管线区	管道开挖临时堆土	同主体工程区的①②③⑤	同主体工程区的①②③
设计水平年	主体工程区	净水厂、大坝枢纽	①水土流失量变化;②植被生长状况、成活率、覆盖度、防治侵蚀效果;③防治措施数量和效果,水土流失治理面积,减少水土流失量情况、拦蓄效果;④土地整治面积及效果	①水土流失量监测在汛期6~9月份进行,大雨后及时加测;②植被生长、成活率、覆盖度及防治土壤侵蚀效果每3个月监测1次;③工程措施防治效果,每个月监测1次;④水土流失治理面积,每年秋末监测1次;⑤土地整治面积及效果,在工程实施前后各测1次
	取土场区	1号取土场	同主体工程区的①②③④	同主体工程区的①②③④⑤
	弃渣场区	2、3号弃渣场	同主体工程区的①②③④	同主体工程区的①②③④⑤
	临时堆料场区	2号临时堆土场	同主体工程区的①③	同主体工程区的①③④
	施工生产生活区	2号生产生活区	同主体工程区的①②③④	同主体工程区的①②④⑤
	施工道路区	路基填筑	同主体工程区的①②③	同主体工程区的①②③④
	输水管线区	管道开挖临时堆土	同主体工程区的①②③④	同主体工程区的①②④⑤

9.7 监测工作量

本项目水土保持监测利用临时工程布置施工区出口的沉淀池进行监测,因此没有监测土建设施。监测过程中所需要的监测设施、消耗性材料详见表9-5。施工第一年由于施工项目多,地点分散,因此需安排3名监测人员,第二年按2人考虑,监测时段内共需监测人员5人。所需监测设备由该项目监测实施单位根据工程监测的实际需要落实,监测人工费用列入水土保持投资。

9.8 监测制度

建设单位应委托具有甲级水土保持监测资质单位，按照有关规定、规范对防治责任范围内的水土流失和水土保持防治情况进行监测，监测资料应及时进行分项整理分析，建立监测档案，每年年底进行年度总结，编制监测报表和报告，向建设单位及相应水行政主管部门汇报监测成果。水土保持监测技术报告应满足水土保持工程专项验收的要求。项目完工后，应当编制项目水土保持监测技术报告，作为水土保持专项工程竣工验收的依据，通过对监测成果的分析，明确6项水土流失防治指标。监测单位在监测过程中应当建立、健全以下监测制度。

(1)监测设备检验制度。

监测设备、设施使用前，应当根据有关技术规程或规范进行试验、校正，保证监测成果的准确性；在监测过程中，每个监测年度初应当对监测设施、设备进行检查、试验。

(2)档案资料管理制度。

监测单位应当对承担的监测项目建立专项档案，并有专人负责进行管理，对监测数据应当按照相应规定，做好数据的整编、分析、评价、归档和保密工作。

(3)重大水土流失事件上报制度。

施工期间因施工造成的重大水土流失事件应于事件发生后1周内上报甘肃省水行政主管部门，及时采取防治措施，减少水土流失危害。

(4)监测通报制度。

监测单位应建立汛期月报、非汛期季报的制度，定期编制监测月(季)报告或报表，汛期应提交雨季季度监测报告，将水土保持监测成果向业主和水行政主管部门汇报或备案。

(5)监测报告制度。

施工前，应向有关水行政主管部门报送《生产建设项目水土保持监测实施方案》；施工期间，应于每个季度的第一个月内报送上季度的《水土保持监测季度报告》，每年年终编制年报，于次年1月上报，年度监测成果报上一级监测网统一管理；施工结束，水土保持监测任务完成后，应于3个月内报送《水土保持监测总结报告》。

9.9 监测机构

监测机构应委托具有水保监测乙级和乙级以上资质单位进行。

9.10 监测设施和设备

根据工程总体布置情况，本工程共布置7个定位监测点，具体实施时依据监测内容和监测目标布设临时监测样区，实施水土流失定点监测。在选定的监测区中，每处布置1个简易水土流失观测场。

监测小区需要配备的常规监测设备包括自记雨量计、蒸发皿、取样瓶、烘箱、物理天平和测钎等处理设备。

本工程所需水土保持监测设备详见表9-4、表9-5。

表9-4　易耗水土保持监测设备

序号	设备名称	数量
1	自记雨量计（台）	7
2	集雨设备（套）	7
3	风向风速仪（台）	7
4	钢钎（根）	105

表9-5　水土保持监测设备

序号	设备名称	数量
1	干燥器（个）	5
2	烘箱（台）	2
3	土壤水分测定仪（套）	1
4	过滤装置（套）	2
5	电子天平（台）	2
6	手持型 GPS（部）	3
7	计算机（台）	6
8	打印机（台）	1
9	扫描仪（套）	1

第10章　水土保持投资估算与效益分析

10.1　水土保持投资估算

10.1.1　编制范围

估算编制范围：甘肃省甘肃庆阳小盘河水库及供水工程水土保持方案报告书设计内容。

10.1.2　编制原则

本项目水土保持方案投资估算编制，以主体工程的估算编制定额为依据，不足部分依据水利部颁发标准，适当结合地方标准。

(1)主体工程中具有水土保持功能的投资，计入本方案；

(2)主要材料价格及建筑工程单价根据《开发建设项目水土保持工程概(估)算编制规定》确定；

(3)种苗单价依据当地价格水平确定；

(4)水土保持补偿费按照《甘肃省水土保持补偿费、防治费征收、使用和管理办法》计算，并纳入水土保持方案新增总投资中；

(5)投资估算表格采用《开发建设项目水土保持工程概(估)算编制规定》中的相应表格形式。

10.1.3　编制依据

(1)《开发建设项目水土保持工程概(估)算编制规定》(水利部水总〔2003〕67号)；

(2)《开发建设项目水土保持工程概算定额》(水利部水总〔2003〕67号)；

(3)《水利建筑工程概算定额》(水利部水建〔2002〕116号)；

(4)《工程勘察设计收费管理规定》(国家计委、建设部计价格〔2002〕10号)；

(5)《关于发布工程监理费有关规定的通知》(国家物价局、建设部〔1992〕价费字479号)；

(6)《国家计委关于加强对基本建设大中型项目概算中“价格预备费”管理有关问题的通知》(国家发计委 计投资〔1999〕1340号)；

(7)《国家计委收费管理司、财政部综合与改革司关于水利建设工程质量监督收费标准及有关问题的复函》(计司收费函〔1996〕2号)；

(8)《国家发展和改革委员会办公厅、建设部办公厅关于印发修订建设监理与咨询服务收费标准的工作方案的通知》(发改办价格〔2005〕632号)；

(9)《开发建设项目水土保持设施验收管理办法》(水利部第16号令)；

（10）《关于开发建设项目水土保持咨询服务费用计列的指导意见》（水保监〔2005〕22 号）；

（11）《甘肃庆阳小盘河水库及供水工程可行性研究报告》。

10.1.4 估算水平年

水土保持方案是工程项目的组成部分，其价格水平年与主体工程概（估）算的价格水平年相一致，采用 2012 年第一季度价格水平。

10.1.5 投资估算编制方法和费用构成

10.1.5.1 编制办法

水土保持工程投资计算方法：结合当地实际情况和标准，先确定人工、水、电、材料、苗木、机械台班等的基础价格，编制建筑工程及植物措施单价，再按照工程量乘以单价编制建筑工程、植物工程、临时工程的投资估算，按照编制规定的取费标准计算独立费用，再计算总投资，并根据水土流失防治工程进度的安排，编制分年度投资。

10.1.5.2 基础单价

1. 人工预算单价

根据各地工资水平，综合基础工资采用 190 元/月，根据《关于实施艰苦边远地区津贴的方案》（人事部 财政部 2001 年 2 月 8 日）该工程区为一类地区，地区津贴 40 元/月，根据甘水发［2009］424 号文规定，该工程区为一类地区，高原补贴为每人每月 20 元。庆阳市属于七类工资区，工资系数为 1.026 1。经计算，工程措施单价为 25.74 元/工日，3.22 元/工时。植物措施单价为 21.68 元/工日，2.71 元/工时。

2. 施工用电、水价格

施工用电、水按照主体工程标准计取，电 0.99 元/（kW · h），水 1.16 元/m^3。

3. 材料预算单价

工程措施和临时措施的主要及次要材料采用主体工程的材料预算单价；植物措施的材料单价 = 当地市场价格 + 运杂费 + 采购保管费，其中采购保管费按材料运到工地价格的 2% 计算。

4. 施工机械台时费

以主体工程使用的施工机械台时费为主，水保措施中需要使用但主体工程未有的施工机械台时费，按照《开发建设项目水土保持工程概算定额》中附录一“施工机械台时费定额”计算。详见投资估算分册附表 6。

10.1.5.3 费用构成

本水土保持方案投资费用分为两大项：水土保持工程费用和水土保持补偿费行政性收费。其中，水土保持工程费用根据《开发建设项目水土保持工程概（估）算编制规定》和《关于开发建设项目水土保持咨询服务费用计列的指导意见》编制、计列，共包括工程措施费、植物措施费、施工临时工程费、独立费、预备费。

1. 工程措施和植物措施

水土保持工程措施和植物措施工程单价由直接工程费、间接费、企业利润和税金组成。工程单位各项的计算或取费标准如下：

（1）直接工程费，按直接费、其他直接费、现场经费之和计算。

直接费：按照《开发建设项目水土保持工程概算定额》计算，其中人工工资直接采用主体工程的人工预算单价；建筑材料价格按当地市场价格计算。

其他直接费：工程措施取直接费的2.0%，植物措施取直接费的1.5%。

现场经费费率见表10-1。

表10-1 现场经费费率

序号	工程类别	计算基础	现场经费费率(%)
1	土石方工程	直接费	5
2	混凝土工程	直接费	6
3	植物及其他工程	直接费	4

（2）间接费费率，见表10-2。

表10-2 间接费费率

序号	工程类别	计算基础	间接费费率(%)
1	土石方工程	直接工程费	5
2	混凝土工程	直接工程费	4
3	植物及其他工程	直接工程费	3

（3）企业利润。

工程措施按直接工程费与间接费之和的7%计算，植物措施按直接工程费与间接费之和的5%计算。

（4）税金。

税金按直接工程费、间接费、企业利润之和的3.284%计算。

2.施工临时工程

本方案已规划的施工临时工程（如临时排水设施、临时拦挡设施等），按设计方案的工程量乘单价计算，其他临时工程费按“第一部分工程措施”与“第二部分植物措施”新增措施投资之和的2.0%计算。

3.独立费用

独立费用包括建设管理费、工程建设监理费、水土保持方案编制费和科研勘测设计费、水土保持监测费、水土保持设施竣工验收技术评估报告编制费等。

（1）建设管理费。

按水土保持工程措施投资、植物措施投资和临时工程投资三部分之和的2.0%计算。并与主体工程建设管理费合并使用。

（2）工程建设监理费。

本工程设总监、监理工程师各1名，工程监理时间为2.3年，总监每年监理费用为12万元，监理工程师监理费用为8万元，通过计算，工程建设监理费为46万元。

（3）水土保持方案编制费和科研勘测设计费。

水土保持方案编制费参照《关于开发建设项目水土保持咨询服务费用计列的指导意见》（水保监〔2005〕22号）计列，结合同类项目，水土保持方案编制费为85.77万。

科研勘测设计费按国家计委、建设部计价格〔2002〕10号文《工程勘察设计费收费标准》和相关标准计算。包括可研阶段、初步设计与施工图设计阶段的勘测设计费用。经计算科研勘测设计费为39.79万元。

（4）水土保持监测费。

水土保持监测费参照《关于开发建设项目水土保持咨询服务费用计列的指导意见》（水保监〔2005〕22号）和参照同类工程计算计列，主体工程土建投资为3.74亿元，相应的水土保持监测费为140万元，参照同类工程并结合本工程的特点，小盘河水库工程水土保持监测费取85万元。

（5）水土保持设施竣工验收技术评估报告编制费。

本项目主体工程土建投资为3.74亿元，参照《关于开发建设项目水土保持咨询服务费用计列的指导意见》（水保监〔2005〕22号），并结合水电站工程的特点，水土保持工程验收技术评估报告编制费取37万元。

4.预备费

基本预备费：按水土保持工程措施投资、植物措施投资、临时措施投资和独立费用四项总投资的6.0%计算。

价差预备费：根据《国家计委关于加强对基本建设大中型项目概算中“价格预备费”管理有关问题的通知》，本方案投资不计列价差预备费。

5.水土保持设施补偿费

根据《中华人民共和国水土保持法》《甘肃省水土流失危害补偿费、防治费征收、使用和管理办法》，损坏水土保持设施面积按损坏地表面积每平方米1元一次性缴纳，本工程水土保持设施补偿费为63.39万元。

经计算，水土保持设施补偿费共计63.39万元，详见表10-3。

表10-3　水土保持设施补偿费

类型	损坏水土保持设施面积（hm^2）	单价（m^2/元）	水土保持设施补偿费合价（万元）
林草地	7.33	1	7.33
其他占地	56.06	1	56.06
合计	63.39		63.39

10.1.6　投资估算结果

经计算，甘肃庆阳小盘河水库及供水工程水土保持方案估算总投资1 649.25万元，其中主体已有的投资为605.88万元，新增水土保持措施投资为1 043.37万元。其中工程措施投资841.16万元；植物措施投资328.44万元，临时措施投资66.73万元；独立费用294.06万元；基本预备费55.47万元；水土保持设施补偿费63.39万元。投资估算表详见表10-4。

表10-4 水土保持方案总估算表 （单位：万元）

序号	工程或费用名称	建安工程费	植物措施费		独立费用	合计	备注	
			栽（种）植费	种子/苗木费			新增	主体已列
第一部分	工程措施	841.16				841.16	439.88	401.28
1	主体工程区	149.28				149.28		149.28
2	料场区	29.59				29.59	29.59	
3	弃渣场区	408.00				408	408	
4	施工道路区	252.00				252		252
5	施工生产生活区	0.48				0.48	0.48	
6	输水管线区	1.81				1.81	1.81	
第二部分	植物措施		284.24	44.20		328.44	123.84	204.60
1	主体工程区		267.70			267.7	63.1	204.6
2	料场区		4.78	7.43		12.21	12.21	
3	弃渣场区		3.27	14.77		18.04	18.04	
4	施工道路区		1.24	16.45		17.69	17.69	
5	施工生产生活区		0.56	2.53		3.09	3.09	
6	输水管线区		6.69	3.02		9.71	9.71	
第三部分	临时措施	66.73				66.73	66.73	
1	主体工程区	3.15				3.15	3.15	
2	料场区	2.13				2.13	2.13	
3	弃渣场区	4.21				4.21	4.21	
4	施工道路区	6.38				6.38	6.38	
5	施工生产生活区	1.58				1.58	1.58	
6	输水管线区	33.71				33.71	33.71	
7	临时堆料场区	4.30				4.3	4.3	
8	其他临时工程	11.27				11.27	11.27	
第一至三部分之和		907.89	284.24	44.20		1 236.33	630.45	605.88
第四部分	独立费用				294.06	294.06	294.06	
一	建设管理费				12.61	12.61	12.61	
二	工程建设监理费				46.00	46.00	46.00	
三	勘测设计费				113.45	113.45	113.45	
四	水土保持设施竣工验收费				37.00	37.00	37.00	
五	水土保持监测费				85.00	85.00	85.00	
第一至四部分合计		907.89	284.24	44.2	294.06	1530.39	924.51	605.88
基本预备费						55.47	55.47	
水土保持设施补偿费					63.39	63.39	63.39	
总投资						1649.25	1043.37	605.88

10.2 效益分析

10.2.1 效益分析的依据和原则

10.2.1.1 效益计算依据

《水土保持综合治理效益计算方法》(GB/T 15774—1995)。

10.2.1.2 效益分析方法

水土保持方案各项措施的实施,可以预防或治理开发建设项目因工程建设造成的严重的水土流失,这对改善当地生态经济环境、保障公路安全运营都具有极其重要的意义。

方案各项措施实施后的效益主要表现为生态效益、社会效益和经济效益。

10.2.2 生态效益

10.2.2.1 控制水土流失量的预测

由“水土流失预测”可知,如果不采取措施,工程建设造成的水土流失总量为 29 334 t,新增水土流失量为 17 988 t,在预测期内原有水土流失量(水土流失背景值)为 12 376 t。

1. 设计水平年土壤侵蚀模数的确定

到设计水平年时,主体工程区总占地面积为 19.88 hm^2,建筑物面积为 5.13 hm^2,道路和广场面积为 1.1 hm^2,绿化面积为 13.31 hm^2,剩下 0.34 hm^2 为净水厂围墙外管理用地,施工前后均不扰动;到设计水平年时,取土场区边坡采取了灌木 + 植草护坡措施,取土场底面已经全部绿化;到设计水平年时,弃渣场区渣场边坡全部采取了干砌石护坡和植物措施护坡,渣场顶面全部植草绿化;到设计水平年时施工生产生活区、输水管线临时道路全部进行土地整治,复耕;因此到设计水平年时,通过各项措施的防护,建设范围内永久建筑物、永久道路及广场区域内水土流失轻微,可以忽略不计,其他占地区通过平整、绿化和复耕等措施,预计植被覆盖度达到 70% 以上。通过分析和咨询,水土保持治理措施实施后,预测各区域土壤侵蚀模数将会大大降低,预测项目区土壤侵蚀模数将会降至 1 386 t/(km^2·a)以下。设计水平年土壤侵蚀模数确定为 1 386 t/(km^2·a)。

2. 水土保持措施实施后控制的水土流失量预测

工程建设期内,如果不采取措施,工程建设造成的水土流失总量为 29 334 t。通过防治措施,水土流失大大减轻,通过水土保持措施可减少水土流失量 15 440 t。

10.2.2.2 水土保持方案治理目标分析

水土保持方案实施后,通过原主体工程设计的防护措施和本次水土保持方案设计的措施,项目区水土流失可以得到有效的控制。通过本方案的水土保持措施,造成水土流失面积全部得到治理,方案实施后,通过预测计算 6 项指标均达到防治目标值。

(1)扰动土地的治理率:本项目扰动土地总面积为 63.39 hm^2。永久建筑物占地面积 6.23 hm^2,水保措施防治面积为 56.82 hm^2,其中植物措施面积 42.82 hm^2,工程措施面积 14.00 hm^2(扣除了与植物措施重合的面积 19.68 hm^2,与建筑物重合的面积 2.84 hm^2),计算出项目区扰动土地的治理率为 99.46%,达到了防治目标值。

(2)水土流失治理程度:水土流失防治措施面积为56.82 hm^2,项目建设造成水土流失面积为58.84 hm^2,项目区水土流失治理度为96.57%,达到了防治目标值。

(3)水土流失控制比:通过上节的计算分析,责任范围内采取水土保持措施后,项目区平均土壤侵蚀模数降到1 386 t/(km^2·a)以下,项目区允许土壤侵蚀模数为1 000 t/(km^2·a),因此,水土流失模数的控制比限制在0.72,达到了防治目标值。

(4)拦渣率:通过治理措施,对弃渣全部进行拦挡,其他部位的临时堆弃土也采取临时拦挡措施和临时排水措施进行防护,施工过程中的运输掉渣等少量渣土可以通过加强施工管理和优化施工组织设计进行减免,这些弃渣可以忽略不计。项目区拦渣率预测计算值为99.44%,达到了防治目标值。

(5)林草植被恢复系数:植物措施面积为42.82 hm^2,可绿化措施面积为43.13 hm^2,项目区植被恢复系数为99.28%,达到了防治目标值。

(6)林草覆盖率:林草总面积为42.83 hm^2,项目区建设区面积为63.39 hm^2(扣除了水库淹没区面积),计算出项目区总的林草覆盖率为29.94%,达到了防治目标值。

通过水土保持方案的实施,项目区水土流失治理效果均达到或超过治理目标,详见表10-5、表10-6。

表10-5 水土保持方案各项面积统计表

序号	项目	面积(hm^2)
1	损坏水保设施面积	63.39
2	扰动地表面积	63.39
3	责任范围面积	494.84
4	项目建设区面积	467.17
5	直接影响区面积	27.67
6	水土保持措施防治面积	56.82
7	防治责任范围内可绿化面积	43.13
8	已采取的植物措施面积	42.82

10.2.3 社会效益

水土保持方案实施后,通过采取绿化、复耕措施,建设区基本无裸露面。水土保持方案实施后,可以防止滑坡、崩塌等现象的发生,减少水土流失危害,减少下游河道含沙量和退水入河泥沙量,保障工程安全和周围农田、村庄居民的安全,对当地及周边经济社会的持续发展都具有积极意义。同时,本方案的实施将对当地水土保持工作起到积极的促进作用。

表 10-6　工程水土保持方案治理目标预测分析表

评估指标	计算依据	单位	主体工程区	取土场区	施工生产生活区	输水管线区	弃渣场区	施工道路区	合计	计算结果
扰动土地整治率	水保措施面积+建筑面积+水面面积	hm^2	19.54	4.5	3.27	12.38	11	12.36	63.05	超过目标值95%
	扰动地表面积	hm^2	19.88	4.5	3.27	12.38	11	12.36	63.39	
	设计达到值		99.97%	100%	100%	100%	100%	100%	99.46%	
水土流失治理度	水保措施防治面积	hm^2	13.31	4.5	3.27	12.38	11	12.36	56.82	超过目标值96%
	区内水土流失面积	hm^2	15.33	4.5	3.27	12.38	11	12.36	58.84	
	设计达到值		86.82%	100%	100%	100%	100%	100%	96.57%	
水土流失控制比	侵蚀模数达到值	$t/(km^2 \cdot a)$	1 300	1 300	1 500	2 500	1 600	1 500	1 386	达到目标值0.6
	侵蚀模数容许值	$t/(km^2 \cdot a)$	1 000	1 000	1 000	1 000	1 000	1 000	1 000	
	设计达到值		0.77	0.77	0.67	0.40	0.63	0.67	0.72	
拦渣率	设计拦渣量	万 m^3	39.75	1.35	0.20	2.89	43.13	87.32		达到目标值85%
	弃渣量	万 m^3	40.24	1.35	0.20	2.89	43.13		87.82	
	设计达到值		98.78%	100%	100%	100%	100%		99.44%	
植被恢复系数	绿化总面积	hm^2	13.31	4.5	1.17	12.33	11	0.52	42.82	超过目标值98%
	可绿化面积	hm^2	13.61	4.5	1.17	12.33	11	0.52	43.13	
	设计达到值		100.00%	100.00%	100.00%	100.00%	100.00%	100.00%	99.28%	
林草覆盖率	绿化总面积	hm^2	13.31	4.5	1.17	12.33	11	0.52	18.98	超过目标值25%
	项目建设区面积	hm^2	19.88	4.50	3.27	12.38	11.00	12.36	63.39	
	设计达到值		66.94%	100.00%	35.78%	99.60%	100.00%	4.21%	29.94%	

第 11 章　方案实施保证措施

为贯彻落实《中华人民共和国水土保持法》《中华人民共和国水土保持法实施条例》和国家计委、水利部、国家环保局发布的《开发建设项目水土保持方案管理办法》，确保甘肃庆阳小盘河水库及供水工程水土保持方案顺利实施，在本方案实施过程中，业主单位应切实做好水保工程的招投标工作，落实工程的设计、施工、监理、监测工作，要求各项任务的承担单位具有相应的专业资质，尤其要注意在合同中明确承包商的水土流失防治责任。并依法成立方案实施组织领导小组，联合水行政主管部门做好水土保持工程的竣工验收工作。

11.1　落实后续设计

按照《中华人民共和国水土保持法》有关条款“建设项目中的水土保持设施，必须与主体工程同时设计、同时施工、同时投产使用”的规定，本方案批复后，建设单位应按水土保持方案报告提出的防治措施，委托具有相应工程设计资质的单位完成水土保持部分的初步设计和施工图设计，对水保措施进行优化调整；在施工过程中，由于各种无法预测的因素，如果主体工程设计变更，水土保持方案需变更的要按相应程序报批；主体工程的招投标文件中应包含水土保持方案的内容。

11.2　加强施工管理，明确施工责任

水土保持工程建设应与主体工程一起，实行招标投标制，建设单位应将本项目水土保持方案纳入主体工程施工招标合同，明确承包商以及外购土石料的水土流失防治范围和防治责任。

(1)对发包合同提出要求：工程发包书中要明确水土保持要求，根据水土保持“三同时”原则，在招标合同中明确各标段的水土保持防治责任范围、方案措施量、施工单位的水土保持责任和义务，按照水保方案中水土保持措施建设工序和要求进行。

(2)明确承包商防治水土流失的责任：承包商要严格按照招标合同要求及水土保持方案要求，在文明施工的同时，做好水土保持工作，不得超占工程征地和水土保持防治责任范围。承包商不得违反《中华人民共和国水土保持法》，有义务向自己的施工队伍宣传水土保持法律法规。对于承包商及其施工队伍违反水土保持法的，水土保持监理人员和水土保持监督部门有权令其改正，不听劝阻的，有权令其停工。施工中应做好施工记录和有关资料的管理存档，以备监督检查和竣工验收时查阅。

(3)明确外购土石料的水土流失防治责任：建设单位对于承包商的外购砂石料，若在本方案水土流失防治责任范围以外时，在供应合同中应明确水土流失防治责任。

11.3 实行水土保持工程建设监理制

小盘河水库及供水工程的水保工程，在监理合同招标时，要明确指出监理机构应具有水土保持工程监理甲级资质，或要求监理单位聘请注册水土保持生态建设监理工程师从事水保监理工作，评标委员会应对资质证书严格审查，确保监理人员的专业水平，以便在水土保持工程施工中及时发现问题，及时下达处理意见，控制水土流失，切实把水土保持方案落到实处。

建设单位应就本工程的水土保持监理作出承诺。

11.4 落实水土保持监测工作

建设单位应按照水土保持方案中提出的监测要求，委托具有水土保持监测甲级资质的单位进行本工程的水土保持监测，切实把水土保持监测落到实处。监测单位按照水土保持方案中提出的监测要求编制详细的监测实施计划，提出具体的监测地点、所使用的监测方法和监测仪器设备等；对原始监测结果应存档、综合分析、平衡误差，将监测成果定期上报水行政主管部门，监测结果应对外发布。水土保持设施竣工验收时提交监测专项报告。

建设单位应就本工程的水土保持监测作出承诺。

11.5 加强水土保持监督管理工作

在方案组织实施过程中，监理单位应切实负起责任，委派具有水土保持生态建设监理资质的监理工程师进行监理工作。水保监理工程师要及时对本工程水土保持方案的实施进度、质量、资金落实等情况进行监督管理，保证水土保持方案高标准、高质量、按进度完成。同时，应积极接受当地水行政主管部门的监督检查。方案每年的实施情况，都要写出年度总结报告，由当地水行政主管部门进行年检。

11.6 落实方案组织实施方式

根据《中华人民共和国水土保持法》《中华人民共和国水土保持法实施条例》的规定，本水土保持方案原则上由建设单位组织实施，如果建设单位不愿组织实施或组织实施有困难的，由建设单位提出，经本方案批准机关同意，可由水行政主管部门组织实施。由建设单位组织实施的，建设单位要落实水土保持工程的施工单位、监理单位和监测单位等，署订合同，明确责任，制定各项规章制度。

11.7 切实做好竣工验收工作

按照“三同时”制度，水土保持工程应与主体工程同时竣工验收。主体工程验收时，必须验收其水土保持设施。验收的内容、程序等按照《开发建设项目水土保持设施验收规定》执行。

11.8 资金来源及使用管理

依据《中华人民共和国水土保持法》第二十七条，“企业事业单位在建设和生产过程中，必须采取水土保持措施，对造成的水土流失负责治理。本单位无力治理的，由水行政主管部门治理，治理费用由造成水土流失的企事业单位负担”。“建设过程中发生的水土流失防治费用，从基本建设投资中列支”，“生产过程中发生的水土流失防治费用，从生产费用中列支”。因此，该水土保持方案投资作为工程投资的一部分，纳入工程总概算中，确保水土保持措施的资金来源。该资金作为专款专用，并由专职部门负责管理，按施工进度下拨。

第12章 结论及建议

12.1 结 论

根据现场调查分析和方案编制过程以及对工程建设与工程设计报告等资料的研究分析,并征询有关专家的意见和建议,完成了《甘肃庆阳小盘河水库及供水工程水土保持方案报告书》(送审稿)。主要结论如下:

(1)本工程由主体工程防治区、输水管线防治区、料场区、弃渣场区、施工道路区、施工生产生活区、临时堆料场区、水库淹没区和移民安置区等组成。工程总投资93 337.50万元,其中土建投资37 421.24万元。本工程总工期28个月。工程筹建期6个月,不列入总工期。工程总占地面积为467.17 hm^2,其中施工临时占地面积为34.66 hm^2,永久占地面积432.51 hm^2(包括水库淹没区面积403.78 hm^2)。本工程全部开挖量为77.04万 m^3(自然方),其中开挖土方67.27万 m^3(自然方),石方8.04万 m^3(自然方),拆除混凝土0.08万 m^3(自然方),钢筋石笼拆除1.29万 m^3(自然方),另外房屋拆迁的建筑垃圾0.36万 m^3。总填方为61.08万 m^3(自然方),总利用土方39.66万 m^3(自然方),总弃方42.20万 m^3(自然方,折松方52.99万 m^3)。工程弃方全部弃入相应的弃渣场,房屋拆迁的建筑垃圾全部运至长庆桥镇垃圾填埋场处理。

(2)通过对主体工程水土保持分析与评价,工程建设符合国家产业政策,在水土保持方面不存在制约因素。经方案比选,推荐方案是可行的。

(3)本工程防治责任范围总面积为494.84 hm^2。其中项目建设区为467.17 hm^2,直接影响区27.67 hm^2。

(4)本项目建设征占地范围内在施工准备期、施工期和自然恢复期可能造成的水土流失总量为29 334 t,可能产生的新增水土流失量17 988 t。

(5)通过水土流失预测,水土流失重点防治时段为工程施工期,水土流失防治和监测重点部位为弃渣场区、料场区、主体工程区和道路区。

(6)本方案通过水土流失预测,根据各个区域水土流失特点,将工程建设区分为主体工程防治区、输水管线防治区、料场区、弃渣场区、施工道路区、施工生产生活区、临时堆料场区、水库淹没区和移民安置区等。通过对各防治分区可能造成人为水土流失的形式和特点分析,补漏拾遗,因害设防,设计新增水土保持设施有工程措施、植物措施和临时措施三大部分。本方案新增水土保持措施工程量包括:各防治区的工程措施、植物措施和临时措施。

①主体工程永久占地区。

工程措施:大坝上游护坡垫层5 609 m^3,大坝护坡混凝土1 726 m^3,净水厂区排水沟长833 m,浆砌石450 m^3。

植物措施：枢纽区空闲地绿化 10.23 hm^2，大坝下游护坡草皮 3 940 m^2，净水厂区绿化 3.08 hm^2。

临时措施：临时袋装土方 355.12 m^3。

②土料场防治区。

工程措施：剥离及回填表土 13 500 m^3，土地平整 4.05 hm^2。

植物措施：种植灌木面积 45 000 m^2，灌木 45 000 株，植草 45 000 m^2。

临时措施：临时排水沟长1 380 m，开挖土方 441.6 m^3，表土堆存临时拦挡袋装土方 201.38 m^3。

③弃渣场区。

工程措施：剥离及回填表土 55 000 m^3；土地平整 7.87 hm^2；修筑浆砌石排水沟长 1 070 m，基础开挖土方 1 710.4 m^3，排水沟 M7.5 浆砌石 909.4 m^3；挡土墙长度为 2 001 m，基础开挖土方 2 671.63 m^3，M7.5 浆砌石 6 654.62 m^3；干砌石护坡面积为 9 114 m^2，护坡干砌石 2 734.2 m^3。

植物措施：渣场顶面种植乔木面积 0.75 hm^2，乔木 1 875 株，种植灌木面积 0.75 hm^2，种植灌木 7 500 株；灌木护坡面积 2.23 hm^2，种植灌木 22 308 株；植草 10.10 hm^2。

临时措施：表土堆存临时拦挡袋装土方 474.77 m^3。

④施工道路防治区。

工程措施：道路铺设碎石（永临结合）3 km，道路铺设碎石（临时）3 km。

植物措施：种植行道树（乔木）6 667 株。

临时措施：临时排水沟长 25.2 km，开挖土方 8 064 m^3。

⑤施工生产生活防治区。

工程措施：土地平整 3.27 hm^2。

植物措施：空闲地绿化种植灌木面积 1.17 hm^2，种植灌木 11 700 株，种草 1.17 hm^2。

临时措施：临时排水沟长 6.25 km，开挖土方 2 000 m^3。

⑥输水管线区。

工程措施：土地平整 12.33 hm^2。

植物措施：种植乔木面积 0.49 hm^2，种植乔木 1 225 株，种草 11.84 hm^2。

临时措施：临时拦挡袋装土土方 831.45 m^3，临时覆盖防尘网 26 341.5 m^2。

⑦临时堆料场。

临时措施：临时拦挡袋装土土方 202.5 m^3，临时覆盖防尘网 2 500 m^2。

（7）甘肃庆阳小盘河水库及供水工程水土保持方案估算总投资 1 649.25 万元。其中工程措施投资 841.16 万元；植物措施投资 328.44 万元，临时措施投资 66.73 万元；独立费用 294.06 万元；基本预备费 55.47 万元；损坏水土保持补偿费 63.39 万元。

（8）方案实施后，项目区的扰动土地整治率达 99.46%；水土流失总治理度达 96.57%；土壤流失控制比达到 0.72；拦渣率达到 99.44% 以上；林草植被恢复率达到 99.28%；林草植被覆盖率为 29.94%。

（9）通过分析工程建设所造成的水土流失及危害，本方案根据规范制定了各项治理措施，在施工中，如果按照本方案进行实施，能够达到防治水土流失、保护生态环境的目的和要求，从水土保持角度来看，本方案是可行的。

12.2 建 议

（1）在主体工程设计及工程招投标时，都要包括防治水土流失、水土保持工程监理和水土保持监测等内容。

（2）加强工程施工管理，严禁随处乱倒弃渣，必须将弃渣堆放于指定的弃渣场。

（3）项目施工建设过程中，临时征占的施工生产生活区、临时工程、临时道路等应尽量控制在征占地范围内，以减少对项目周边地区土壤和地表植被的破坏。

（4）下阶段主体工程在做主体工程区的绿化措施时，应由园林绿化设计专业人员及时进行具体详细设计，到本方案设计水平年时，该区绿化措施及时起到防治水土流失、美化环境的作用。

（5）工程施工过程中，对临时措施施工应及时保存影像资料和其他记录，以便在水土保持设施验收时有据可查，使该项验收更加顺利完成。

（6）水土保持工程必须与主体工程同步实施。每完成一项工程，应立即对其施工场地进行清理整治，完善排水设施，及时进行绿化，尽快恢复植被，减少水土流失。

第二部分　青海海西州鱼卡河水库工程水土保持方案

青海省海西州鱼卡河水库工程位于青海省海西州大柴旦行委境内，工程建设任务为灌溉和人畜供水。鱼卡河水库工程规模为小(Ⅰ)型水库工程，枢纽工程为Ⅳ等工程，水库总库容984万m^3，其中正常蓄水位库容693.00万m^3，调洪库容291.00万m^3；水库兴利库容403万m^3，死库容290万m^3。鱼卡河水库工程永久性主要建筑物包括挡水建筑物(黏土心墙坝)、泄洪建筑物(溢洪道)和取水建筑物(引水钢管)等，其建筑物级别为4级；另外，次要建筑物及临时性水工建筑物为5级。洪水标准：大坝、泄水建筑物按50年一遇洪水设计，1 000年一遇洪水校核；消能防冲建筑物按20年一遇洪水设计。挡水大坝为黏土心墙坝，最大坝高29.00 m，坝顶长587.0 m，坝顶宽6.0 m。

第1章 综合说明

1.1 项目建设的必要性

鱼卡河流域地处柴达木盆地北部，降雨量小，生态环境比较脆弱，且流域内工业用水增加较快，为了协调流域内生产、生活、生态用水之间的矛盾，促进流域内国民经济的可持续发展，根据柴达木循环经济试验区相关规划、区域水土资源条件及现有灌溉工程等条件综合分析，设计水平年马海灌区未来灌溉面积增加0.8万亩，同时要进一步加大退耕还林还草的力度，调整种植结构。根据当地人口发展情况，结合《青海省柴达木循环经济实验区水资源综合规划报告》《海西州特色产业发展规划》《海西州五项产业基地简介》等规划和文件精神，考虑到规划区生态的脆弱性和水资源高效利用的要求，未来工业生活，以及农业灌溉对水资源的需求更加明显。

随着大柴旦地区的建设和发展，城镇生活用水逐步增加，现有的水利基础设施已经不能适应经济社会发展的需要，供水设施滞后与需求之间的矛盾日趋突出，水资源已成为制约区内资源开发的主要因素。建设鱼卡河水库作为鱼卡河的调蓄工程对径流进行调节，将大大提高当地的水资源配置能力和供水保障水平，可为本地区的基本建设提供稳定可靠的水源支撑。

根据马海水文站1956～1991年径流系列的分析，鱼卡河径流年际变化较大，最大年径流量与最小年径流量之比达3.2；年内分配不均，7、8月的来水量占全年来水量的48.6%，按照月平均流量分析，年最大流量为最小流量的5倍，枯水期用水难以得到保证。鱼卡河水库的建设可以增加区域水资源调控能力，改善下游灌区用水条件，促进水资源的优化配置。

1.2 项目概况

青海省海西州鱼卡河水库工程（以下简称为鱼卡水库工程）位于青海省海西州大柴旦行委境内，工程性质为新建建设类项目，工程建设任务为灌溉和人畜供水，即改善下游马海灌区的灌溉用水条件，保障下游马海地区的生产和生活用水需求。鱼卡河水库工程规模为小（Ⅰ）型水库工程，枢纽工程为Ⅳ等工程，水库总库容984万m^3，其中正常蓄水位库容693.00万m^3，调洪库容291.00万m^3；水库兴利库容403万m^3，死库容290万m^3。鱼卡河水库工程永久性主要建筑物包括挡水建筑物（黏土心墙坝）、泄洪建筑物（溢洪道）和取水建筑物（引水钢管）等，其建筑物级别为4级；另外，次要建筑物及临时性水工建筑物为5级。洪水标准：大坝、泄水建筑物按50年一遇洪水设计，1 000年一遇洪水校核；消能防冲建筑物按20年一遇洪水设计。挡水大坝为黏土心墙坝，最大坝高29.00 m，坝顶长 587.0 m,坝顶宽 6.0 m。

本工程土石方开挖 45.98 万 m^3,总填筑土方 85.21 万 m^3,调配利用土方 19.04 万 m^3,外借土石方 66.17 万 m^3,其中土料场借土方 12.19 万 m^3,块石料场借石方 1.15 万 m^3,坝壳料料场借砂砾料 38.28 万 m^3,砂石料场借砂石料 14.55 万 m^3,总弃方为 31.72 万 m^3(松方)。

本工程总占地面积为 193.89 hm^2,其中施工临时占地面积为 59.02 hm^2,永久占地面积 134.87 hm^2(包括水库淹没区面积 79.00 hm^2)。淹没区无村庄居民,根据移民安置规划专业报告,本工程不需设置移民安置区,淹没的草地均采取经济补偿方式给予补偿。

鱼卡河水库工程总工期 30 个月,拟定于 2014 年 8 月开工至 2017 年 1 月完工,工程总投资 27 970.64 万元,其中土建投资为 14 666.52 万元。

1.3 项目区概况

工程区地处青藏高原北部,柴达木盆地北缘。水库东北部为中高山深切割区,山脉连绵起伏,山体高大厚实,河谷深切,岸坡陡立,冲沟、水系纵横交错;水库西南部为柴达木盆地堆积区。库区总体地势东北高西南低,中高山海拔 4 000 ~ 5 000 m,盆地海拔 2 700 ~ 3 000 m,相对高差约 2 000 m。鱼卡河全长 175 km。鱼卡河水库工程的施工区的海拔 3 010 ~ 3 200 m。

工程区内主要有三种地貌形态:一种为构造剥蚀中高山地貌,一种为盆地堆积型湖积地貌,另一种为河谷地貌。

大柴旦地区海拔较高,区政府驻地柴旦镇海拔 3 173 m,气候终年多风少雨,属高原沙漠气候。多年平均气温 1.9 ℃,7 月气温最高,平均为 15.5 ℃;1 月最低,平均为 -13.4 ℃;年平均气温最高和最低相差 28.9 ℃ 。多年平均降水量为 82.6 mm,年均蒸发量 2 167.1 mm,为降雨量的 26.2 倍多,无霜期 108 d。

项目区内土壤类型主要有灰棕漠土、栗钙土、棕钙土、风沙土、盐土和沼泽土。土壤主要特征是:土壤沙漠化特征,有机质含量低;土壤缺氮、少磷、钾富足;土壤中普遍含盐,偏碱性。

植被:项目区鱼卡河滩地及两侧的阶地内均为天然草地,主要草种有芨芨草、白刺和针茅等,阶地以上为高山,且山地裸露无明显的植被,区域内无高大乔木,只有鱼卡河河岸 5 m 范围内零星分布些天然灌木林,主要树种为红柳。区域附近有零星的人工种植杨树、旱柳等,由于没有人员看护,多半已经枯萎。

根据《土壤侵蚀强度分类分级标准》和 2002 年全国第二次土壤侵蚀遥感资料调查成果,项目区水土流失的形式以水力侵蚀和风力侵蚀为主。侵蚀强度为轻度侵蚀,年平均土壤侵蚀模数 2 175 t/(km^2 · a),容许土壤流失量为 1 000 t/(km^2 · a)。项目区位于青海省水土流失重点治理区。

1.4 设计深度

目前《青海省海西州鱼卡河水库工程可行性研究报告》正在上报审批过程中,因此本工程水土保持方案编制深度确定为可行性研究深度。

1.5 方案设计水平年

本工程建设期为30个月，即从2014年8月开工建设，到2017年1月工程完工，因此水土保持设计水平年为2017年。

1.6 防治标准

根据《开发建设项目水土流失防治标准》，确定水土流失防治标准按照建设类项目水土流失防治二级标准执行。

1.7 主体工程水土保持分析评价结论

通过以上分析可知，本项目的建设不存在水土保持限制性因素，工程选址、占地性质、占地类型、土方流向、施工组织及施工工艺基本符合水土保持相关要求，本方案针对可能产生的水土流失隐患，在以下几个方面进行完善：

新增主体工程区的临时防护措施；补充设计生产生活区土地平整迹地清理措施；补充设计弃渣场区的截排水措施、拦挡措施、护坡措施、土地平整、绿化和临时措施；补充设计料场区的表土回覆措施、土地整治和临时措施；补充设计施工道路区土地平整、排水措施；补充临时堆料场的土地整治和临时拦挡措施；补充工程管理区的绿化措施和土地整治措施。

通过对主体工程的分析评价，对主体工程设计在下阶段设计的要求和建议：①要求对施工道路区做更进一步的勘测，根据路堑开挖、路基填筑的实际情况，进一步合理调配土石方，如利用主体工程区开挖的土方填筑路基，以减少弃土弃渣量；②建议主体设计将下游围堰与弃渣合为一体，即将下游围堰作为弃渣场东侧的边缘，这样既减少了工程弃渣量，也减少了弃渣场东侧的拦挡措施，还节约了工程投资。

1.8 水土流失防治责任范围

青海省海西州鱼卡河水库工程防治责任范围总面积为202.53 hm^2。其中，项目建设区为193.89 hm^2，直接影响区8.64 hm^2。

1.9 水土流失预测结果

工程扰动原地貌和破坏植被面积为114.89 hm^2，全部为牧草地。本工程建设损坏水土保持设施面积为114.89 hm^2。工程弃渣31.72万 m^3（松方）。工程建设产生的水土流失总量为46 413 t，新增水土流失量为34 022 t。施工道路区、料场区、主体工程区和弃渣场区新增水土流失量较大。水土流失主要发生在施工期。工程建设期为本方案水土流失预防治理时期，也是水保监测的重点时期；施工道路区、料场区、主体工程区和弃渣场区为本方案水土流失重点治理区域，也是水保监测的重点防治区。

1.10 水土保持措施总体布局及工程量

本方案通过水土流失预测，根据各个区域水土流失特点，将工程建设区分为主体工程永久占地区、料场区、弃渣场区、施工道路区、施工生产生活区、工程管理区、临时堆料场区等。通过对各防治分区可能造成人为水土流失的形式和特点分析，补漏拾遗，因害设防。本方案水土保持措施工程量有：

（1）主体工程永久占地区。

临时措施：临时袋装土方 351.94 m^3，铺盖防尘网 19 806.64 m^2。

（2）料场防治区。

工程措施：回覆表土 127 656 m^3，土地平整 40.30 hm^2。

临时措施：临时袋装土方 497.56 m^3，铺盖防尘网 13 356.6 m^2。

（3）弃渣场区。

工程措施：剥离及回填表土 18 144 m^3，土地平整 4.8 hm^2，基础开挖土方 2 694.6 m^3，排水沟 M7.5 浆砌石 738.52 m^3，挡土墙 M7.5 浆砌石 5 089.8 m^3，填筑土方 388.02 m^3。

植物措施：植草 5.88 hm^2。

临时措施：表土堆存临时拦挡袋装土方 187.58 m^3。

（4）施工道路防治区。

工程措施：修筑浆砌石排水沟 36 km，基础开挖土方 48 211.2 m^3，排水沟 M7.5 浆砌石 26 640 m^3，土地平整 8.25 hm^2。

（5）施工生产生活防治区。

工程措施：土地平整 3.87 hm^2。

（6）工程管理区。

工程措施：土地平整 0.19 hm^2。剥离恢复表土 216 m^3。

植物措施：种植乔木 16 株，种植灌木 315 株，种植绿篱 84 m，种草 0.2 hm^2。

（7）临时堆料场区。

工程措施：土地平整 1.88 hm^2。

植物措施：种草 1.97 hm^2。

临时措施：表土堆存临时拦挡袋装土方 198.43 m^3。

1.11 水土保持监测

1.11.1 监测方法

根据《水土保持监测技术规程》，开发建设项目水土流失监测，宜采用地面观测和调查监测法。结合本工程特点，监测方法主要采用定位观测、调查监测和现场巡查的方法进行。

1.11.2 监测时段和监测频率

监测时段：监测时段从施工准备期2014年8月开始，至设计水平年2017年结束。在施工准备前先进行一次监测（背景值监测），作为工程项目开始后水土流失的对比参照数据。

监测频率：在施工期挖、填方数量每10 d监测1次，扰动地表面积及程度每个月监测1次；防护工程防护效果，实施后每个月监测1次；临时堆土边坡水土流失状况雨季（6～9月）每月1次，遇暴雨情况加测；弃渣、借土量在土建施工期前、中、末各1次。

1.11.3 监测点位布设

工程重点监测地段为主体工程区、土料场区和弃渣场区。

本工程监测点位共布置5个监测点，分别为主体工程区大坝基础施工处、料场区、弃渣场区、施工道路区和施工生产生活区各布置1个。

1.11.4 监测制度

施工前，应向有关水行政主管部门报送《生产建设项目水土保持监测实施方案》；施工期间，应于每个季度的第一个月内报送上季度的《水土保持监测季度报告》，每年年终编制年报，于次年1月上报，年度监测成果报上一级监测网统一管理；施工结束后，水土保持监测任务完成后，应于3个月内报送《水土保持监测总结报告》。

1.12 水土保持投资估算及效益分析

水土保持方案估算总投资2 734.51万元，其中水保方案新增投资1 744.51万元，主体原有的水保投资990万元。新增投资中工程措施投资1 188.53万元；植物措施投资36.96万元；临时措施投资61.78万元；独立费用304.3万元；基本预备费95.49万元；损坏水土保持补偿费57.45万元。

经分析，水土保持措施实施后，设计水平年各项防治目标均能达到防治目标的要求。

1.13 结论及建议

本方案针对工程建设所造成的水土流失及危害，根据规范布置了各项治理措施，在施工中按照本方案进行实施，能够达到防治水土流失、保护生态环境的目的和要求。项目建设从水土保持角度来分析，该项目建设是可行的。

建议下阶段加强主体工程水土保持设计，并编写专章、计列投资，及时开展水土保持监理和监测工作，通过招投标，明确施工方的水土流失防治责任，加强水土保持工作的监督和管理。

第 2 章　方案编制总则

2.1　方案编制的目的和意义

由于建设活动扰动和破坏了地表植被，造成地表裸露，土壤侵蚀加剧，水土流失加重，因此在工程建设的同时必须采取有效的防护措施，保护生态环境，遏制水土流失。根据我国水土保持法等有关法律法规，为了减少和避免工程建设对水土流失的影响，明确建设方应承担的水土流失防治责任，为水土保持监督管理部门提供技术支撑，确保本工程建设造成的水土流失得到有效治理，水土保持措施得以顺利实施，青海省海西州鱼卡河水库工程水土保持方案编制的目的在于：

(1)贯彻和落实水土保持法律法规的有关规定，为青海省海西州鱼卡河水库工程建设涉及的水土保持执法部门提供技术支撑。

(2)通过水土保持方案编制，使水土保持工作纳入工程基本建设程序，使工程建设中水土保持措施和防治投资得到落实。

(3)明确了建设单位的责任和义务，为其提供了技术支撑、法律支持。

(4)为工程下阶段设计、水土保持监测、监理、施工和验收评估，提供技术依据和法律依据。

(5)使新增水土流失得到较好控制，水土流失产生的危害降到最低程度，有效保护水土资源。

(6)使水土流失防治措施能够与青海省海西州鱼卡河水库工程主体工程同时施工，使水土流失能够得到及时控制。

2.2　编制依据

2.2.1　法律法规

(1)《中华人民共和国水土保持法》；

(2)《中华人民共和国防洪法》；

(3)《中华人民共和国水法》；

(4)《中华人民共和国森林法》；

(5)《中华人民共和国草原法》；

(6)《中华人民共和国行政许可法》；

(7)《中华人民共和国水土保持法实施条例》；

(8)《建设项目环境保护管理条例》；

(9)《中华人民共和国基本农田保护条例》;

(10)《中华人民共和国河道管理条例》。

2.2.2 部委及地方规章

(1)《开发建设项目水土保持方案编报审批管理规定》(水利部1995年第5号令,根据2005年第24号令修改);

(2)《水土保持生态环境监测网络管理办法》(水利部2002年第12号令);

(3)《开发建设项目水土保持设施验收管理办法》(水利部2002年第16号令,根据2005年第25号令修改);

(4)《水利部关于修改部分水行政许可规章的决定》(2005年7月8日水利部第24号令);

(5)《水利部关于修改或者废止部分水行政许可规范性文件的决定》(2005年7月8日水利部第25号令)。

2.2.3 规范性文件

(1)《国务院关于加强水土保持工作的通知》(国务院〔1993〕5号);

(2)《国务院关于深化改革严格土地管理的决定》(国务院〔2004〕28号);

(3)《全国生态环境保护纲要》(国务院〔2000〕38号);

(4)《国家土地管理局、水利部关于加强土地利用管理搞好水土保持的通知》(国土规字〔1989〕88号);

(5)《开发建设项目水土保持方案管理办法》(水利部、国家计委、国家环保局〔1994〕513号);

(6)《关于印发〈规范水土保持方案编报程序、编写格式和内容的补充规定〉的通知》(水利部司局函,保监〔2001〕15号);

(7)《关于加强水土保持方案审批后续工作的通知》(水利部办函〔2002〕154号);

(8)《关于加强大中型开发建设项目水土保持监理工作的通知》(水保〔2003〕89号);

(9)《关于颁发〈水土保持工程概(估)算编制规定和定额〉的通知》(水总〔2003〕67号);

(10)《关于印发〈全国水土保持预防监督纲要〉的通知》(水保〔2004〕332号);

(11)《财政部、国家发展改革委关于公布〈2007年全国性及中央部门和单位行政事业性收费项目目录〉的通知》(财综〔2008〕10号);

(12)《关于加强开发建设项目水土保持监督检查工作的通知》(水利部办水保〔2004〕97号);

(13)《关于规范水土保持方案技术评审工作的意见》(水利部办水保〔2005〕121号);

(14)《关于开发建设项目水土保持咨询服务费用计列的指导意见》(保监〔2005〕22号);

(15)《关于严格开发建设项目水土保持方案审查审批工作的通知》(水保〔2007〕184号);

（16）《国家发展改革委、建设部关于印发〈建设工程监理与相关服务收费管理规定〉的通知》（发改价格〔2007〕670 号）；

（17）《关于划分国家级水土流失重点防治区的公告》（水利部公告〔2006〕2 号）；

（18）《开发建设项目水土保持监测设计与实施计划编制提纲（试行）》（水保监〔2006〕16 号）；

（19）《青海省人民政府关于划分水土流失重点防治区的通告》（青政〔1999〕17 号）；

（20）《青海省水土保持设施补偿费、水土流失防治费征收管理办法（试行）》（青海省物价局、财政厅、水利厅，1996 年 4 月 2 日）。

（21）《关于发布〈水利工程各阶段水土保持技术文件编制指导意见〉的通知》（水总局科〔2005〕3 号）。

2.2.4 技术规范及标准

（1）《开发建设项目水土保持技术规范》（GB 50433—2008）；

（2）《水利水电工程水土保持技术规范》（SL 575—2012）；

（3）《水土保持监测技术规程》（SL 277—2002）；

（4）《土壤侵蚀分类分级标准》（SL 190—2007）；

（5）《开发建设项目水土流失防治标准》（GB 50434—2008）；

（6）《水土保持综合治理 效益计算方法》（GB/T 15774—1997）；

（7）《水土保持综合治理技术规范》（GB/T 16453.1～6）；

（8）《水利水电工程等级划分及洪水标准》（SL 252—2000）；

（9）《水利工程水利计算规范》（SL 104—95）；

（10）《水利水电工程制图标准 水土保持图》（SL 73.6—2001）；

（11）《防洪标准》（GB 50201—94）；

（12）《农田排水工程技术规范》（SL/T 4—1999）；

（13）《主要造林树种苗木质量分级》（GB 6000—1999）；

（14）《禾本科主要栽培牧草种子质量分级》（GB 6142—85）；

（15）《工程勘察设计收费标准》（2004 年修订本）。

2.2.5 技术文件及资料

《青海省海西州鱼卡河水库工程可行性研究报告》（2013 年 6 月）。

2.3 水土流失防治的执行标准

工程属于建设类项目，项目区位于青海省水土流失重点治理区，根据《开发建设项目水土流失防治标准》（GB 50434—2008），确定水土流失防治标准按照建设类项目水土流失防治二级标准执行。

2.4 指导思想

本项目水土保持方案编制是以《中华人民共和国水土保持法》和《开发建设项目水土保持方案管理办法》等有关法规文件为依据，以防治水土流失，保护生态环境，服务工程建设为主线，结合工程自身特点和建设实际情况，合理安排防治措施，使工程建设造成的水土流失得到有效治理。同时，通过防治本工程建设造成的新增水土流失，保护和改善项目区的生态环境，保证主体工程安全运行，协调工程建设与区域环境建设的关系，为当地经济的可持续发展服务。

2.5 编制原则

根据《中华人民共和国水土保持法》等有关法律法规，在符合《开发建设项目水土保持技术规范》等有关技术规范及标准要求的前提下，分析项目区自然及社会经济情况、工程建设特点和施工工艺，结合项目区水土保持特点，针对项目建设中产生的水土流失问题，因地制宜、因害设防、采取水土保持综合防治措施，控制因项目建设所产生的水土流失，使水土流失在短时间内减少到最低限度，尽早恢复因工程建设对生态环境造成的破坏。方案的编制原则如下：

(1)“谁开发、谁保护，谁造成水土流失、谁负责治理”的原则。

根据《中华人民共和国水土保持法》关于“开办生产建设项目或者从事其他生产建设活动造成水土流失的，应当进行治理”的规定，明确工程建设水土流失防治责任的范围和治理要求，落实“谁开发、谁保护，谁造成水土流失、谁负责治理”的原则，由建设单位负责防治工程建设造成的水土流失。

(2)“预防为主、防治结合”的原则。

水土保持方案应符合国家和当地对水土保持及环境保护的要求，坚持“预防为主、保护优先、全面规划、综合治理、因地制宜、突出重点、科学管理、注重效益”的水土保持工作方针。紧密结合工程施工特点，将预防和治理有机地结合起来，坚持工程措施与植物措施相结合，单项治理措施和综合治理措施相结合，贯彻“先挡后弃”等原则，加强防护措施，减少建设过程中造成的新增水土流失，最大限度地控制对地表植被的破坏，同时搞好工程建设管理，预防和减少水土流失造成的危害。

(3)水土保持方案与主体工程“三同时”的原则。

水土保持方案与主体工程同时设计、同时施工、同时投产使用。方案中的水土保持措施设计、布局、实施进度安排与主体工程同步进行，并与主体工程相互衔接、相互补充，避免遗漏或重复设计，确保水土保持措施能够有效防治新增水土流失。

(4)水土流失分区防治、突出重点的原则。

水土流失防治应注重局部治理与全面治理、单项治理与综合治理的关系，结合施工工艺和水土流失特点进行水土流失防治分区，有针对性地科学配置各项防治措施，建立选型正确、结构合理、效果显著的水土保持防治体系，在全面治理的情况下对水土流失较为严重的区域进行重点治理。

(5)经济、技术可行原则。

水土保持方案的编制应坚持投资少、效益好的原则,各项防治措施既要符合水土保持方案规范要求,能防治新增水土流失,又能结合工程实际,因地制宜,经济合理,使水土保持方案技术上可靠、经济上可行。

(6)坚持水土保持与环境美观、土地资源保护相结合的原则。

水土保持措施应结合工程特点,设计做到合理美观,同时要根据当地土地资源现状安排土地复耕,保护和合理利用土地资源,实现生态效益、社会效益和经济效益的同步发展。

2.6 设计深度及方案设计水平年

按照《中华人民共和国水土保持法》关于“水土保持工程必须与主体工程同时设计、同时施工、同时投产使用”的规定和《开发建设项目水土保持技术规范》(GB 50433—2008)的有关要求,水土保持方案的设计深度必须与主体工程设计深度相适应。我公司已编制完成《青海省海西州鱼卡河水库工程可行性研究报告》,目前该报告正在上报审批过程中。因此,本工程水土保持方案编制深度确定为可行性研究深度。

建设类项目设计水平年为主体工程完工后,方案确定的水土保持措施实施完毕并初步发挥效益的时间,建设类项目为主体工程完工后的当年或后一年。本工程建设期为30个月,即从2014年8月开工建设,到2017年1月工程完工,因此水土保持设计水平年为2017年。

第 3 章　项目概况

3.1　基本情况

3.1.1　项目名称及地理位置

本工程全称:青海省海西州鱼卡河水库工程。

青海省鱼卡河水库位于青海省海西蒙古族藏族自治州大柴旦行委境内鱼卡河上,坝址距马海农场约 25 km,距大柴旦镇约 90 km,工程区与国道 G315 之间有约 10 km 简易道路,交通基本便利。

大柴旦行委位于青海省西北部,柴达木盆地腹地,地理坐标东经 93°10′~96°22′、北纬 37°35′~39°12′,总面积 2.10 万 km^2。隶属于海西蒙古族藏族自治州,是一个以资源性经济为主导的地区。辖柴旦镇、锡铁山镇。大柴旦行委委员会为海西州人民政府的派出机构,驻柴旦镇。东距州府所在地德令哈市约 285 km,距西宁市 732 km,南距格尔木市约 190 km,西北距甘肃敦煌市 320 km。国道 G215 线和 G315 线在此交会。行政区东西最大直线距离 250 km、南北最大直线距离 210 km。大柴旦区内高山众多,河流纵横,湖泊遍布,海拔 2 684 ~5 742 m。行委驻地柴旦镇海拔为 3 173 m。

鱼卡河属柴达木内陆水系,发源于喀克土蒙克雪山西侧冰川,河源海拔 5 363 m,自东向西,最终汇入德宗马海湖。主沟道全长约为 175 km,平均比降 14.9‰。河床系由砂砾石组成,河流上游水系发育呈树枝状,流域干支流源头多有冰川。鱼卡河水库坝址位于鱼卡河干流上。

青海省海西州鱼卡河水库工程地理位置见图 3-1。

3.1.2　建设目的与性质

青海省海西州鱼卡河水库工程建设目的:灌溉和人畜供水。即改善下游马海灌区的灌溉用水条件,保障下游马海地区的生产和生活用水需求。

青海省海西州鱼卡河水库工程性质:新建的建设类项目。

3.1.3　工程规模与工程特性

根据《水利水电枢纽工程等级划分及洪水标准》(SL 252—2000)的规定,青海省海西州鱼卡河水库工程总库容 984 万 m^3,枢纽工程为Ⅳ等工程,工程规模为小(Ⅰ)型。

鱼卡河水库死水位为 3 053 m,正常蓄水位为 3 059.5 m,设计洪水位为 3 061.93 m,校核洪水位为 3 062.97 m,相应死库容为 290 万 m^3,水库总库容为 984 万 m^3。永久性主要建筑物:挡水大坝、泄洪建筑物、取水建筑物等建筑物级别为 4 级;次要建筑物及临时性

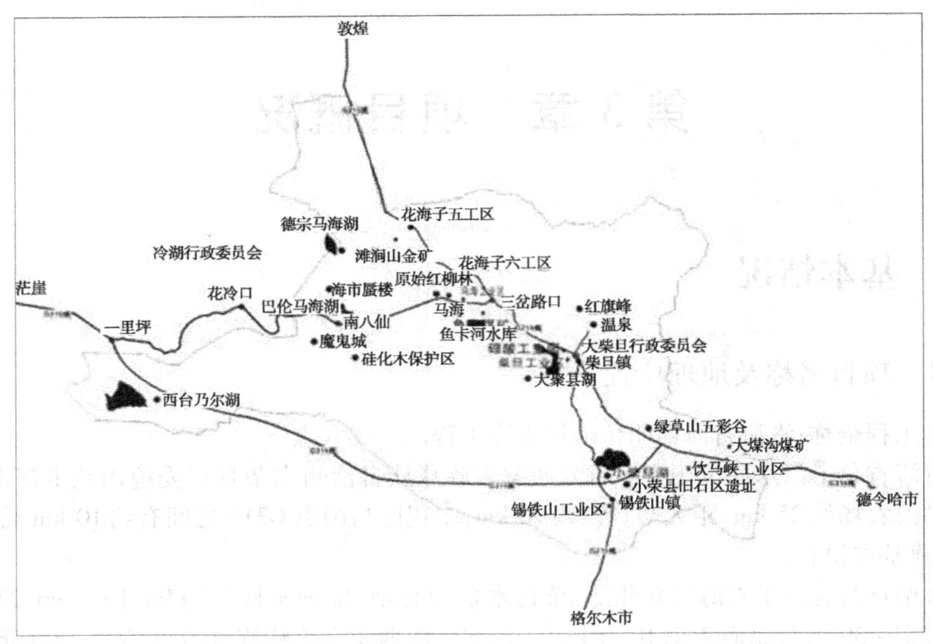

图 3-1　青海省海西州鱼卡河水库工程地理位置

水工建筑物为 5 级。洪水标准:大坝、泄水建筑物按 50 年一遇洪水设计,1 000 年一遇洪水校核;消能防冲建筑物按 20 年一遇洪水设计。挡水大坝为黏土心墙坝,最大坝高 29.00 m,坝顶长 587.0 m,坝顶宽 6.0 m。

工程总工期为 30 个月。工程准备期从 2014 年 8 月初至 2015 年 4 月中旬,历时 9 个月;主体工程施工期从 2015 年 5 月中旬至 2016 年 10 月,历时 18 个月;完建期从 2016 年 11 月至 2017 年 1 月,历时 3 个月。

本工程总占地面积为 193.89 hm^2,其中施工临时占地面积为 59.02 hm^2,永久占地面积 134.87 hm^2(包括水库淹没区面积 79.00 hm^2)。

本工程土石方开挖 45.60 万 m^3,其中 13.39 万 m^3 运至渣场,后期回采用于溢洪道、引水钢管和围堰填筑,其余 32.21 万 m^3 运至渣场。渣场共堆存弃渣(松方)43.57 万 m^3。

鱼卡河水库工程特性见表 3-1。

表 3-1　鱼卡河水库工程特性

序号及名称	单位	数量	说明
一、水文			
1　流域面积			
工程坝址以上	km^2	2 320	
2　水文系列年限	年	36	
3　多年平均年径流量	万 m^3	9 082	
4　代表流量			

续表 3-1

序号及名称	单位	数量	说明
多年平均流量	m^3/s	2.88	
实测最大流量	m^3/s	134	1981 年 8 月 4 日
实测最小流量	m^3/s	0.22	1973 年 1 月 7 日
设计洪水流量($P=2\%$)	m^3/s	190	
校核洪水流量($P=0.1\%$)	m^3/s	332	
施工导流流量($P=20\%$)	m^3/s	83	全年
5　洪量			
设计最大洪量(7 d)	万 m^3	4 661	
校核最大洪量(7 d)	万 m^3	7 714	
6　泥沙			
多年平均悬移质输沙量	万 t	12.1	
多年平均含沙量	kg/m^3	1.3	
多年平均推移质输沙量	万 t	2.4	
二、工程规模			
1　水库			
校核洪水位($P=0.1\%$)	m	3 062.97	
设计洪水位($P=2\%$)	m	3 061.93	
正常蓄水位	m	3 059.50	
死水位	m	3 053.00	
2　回水长度	km	2.70	
3　水库容积			
总库容	万 m^3	984.00	校核洪水位以下
正常蓄水位库容	万 m^3	693.00	
调洪库容	万 m^3	291.00	校核洪水位至汛限水位
调节库容	万 m^3	403.00	正常蓄水位至死水位
死库容	万 m^3	290.00	死水位以下
三、下泄流量及相应下游水位			

续表 3-1

序号及名称	单位	数量	说明
1　设计洪水位时最大泄量	m^3/s	156.30	
相应下游水位	m	3 041.52	
2　校核洪水位时最大泄量	m^3/s	271.90	
相应下游水位	m	3 041.89	
3　最低下泄流量	m^3/s	0.30	坝下生态基流
四、工程效益指标			
1　灌溉工程			
灌溉面积	万亩	2.69	
灌溉保证率	%	75	
引水流量	m^3/s	2.48	
年用水总量	万 m^3	1 849	
2　生活供水工程			
供水保证率	%	95	
最大引用流量	m^3/s	0.015	
年用水总量	万 m^3	20	
年引水时间	d	365	
设计取水位	m	3 049.60	库区取水
引水管长度	m	407.55	
五、建设征地及移民安置			
淹没天然牧草地	亩	968.95	
淹没林地	亩	47.03	
水库淹没土地	亩	1 185	
施工区永久征地	亩	838.02	
施工区临时占地	亩	885.33	
生产安置人口	人	5	
六、主要建筑物及设备			
1　挡水建筑物			
坝型		黏土心墙坝	

续表 3-1

序号及名称	单位	数量	说明
地基特性		砂砾卵石和第三系砾岩	
地震基本烈度/设防烈度		7/7	
地震动峰值加速度		0.10～0.15g	
坝顶高程	m	3 064.00	
最大坝高	m	29.00	
坝顶长度	m	587.00	
2　溢洪道			
型式		驼峰堰开敞式泄流	
地基特性		砾岩夹砂岩	
堰顶高程	m	3 059.50	
孔数	孔	2	
单孔净宽	m	11	
消能方式		底流消能	
设计泄洪流量	m^3/s	156.30	
校核泄洪流量	m^3/s	271.90	
3　引水钢管			
最大引水流量	m^3/s	2.8	
进水口底板高程	m	3 049.60	
压力钢管条数/长度	条/m	1/407.55	
管径	mm	1 100	
孔数	孔	1	
事故检修门孔口尺寸	m×m	1.5×1.5	
事故检修门型		平面滑动闸门	
启闭机形式		固定卷扬式启闭机	
七、施工			

续表 3-1

序号及名称	单位	数量	说明
1 主体工程量			
土石方开挖	万 m^3	36.97	
土石方填筑	万 m^3	65.32	
浆(干)砌石	万 m^3	1.15	
混凝土	万 m^3	3.00	
钢筋、钢材	t	1 580	
金属结构安装	t	42.4	
帷幕灌浆	m	14 505	
固结灌浆	m	180	
2 施工临时房屋	m^2	5 700	
3 施工动力及来源			
高峰用电负荷	kW	800	
其他动力设备	kW	100	
4 对外交通			
距离	km	285	
运量	万 t	2.35	
5 施工导流			
导流方式		围堰一次拦断	
导流形式		导流洞导流	
导流流量($P=20\%$)	m^3/s	83.4	全年
6 施工临时占地	万 m^2	59.02	
7 所需劳动力			
总工日	万日	26.81	
高峰施工人数	人	1 000	
8 施工工期			
施工准备	月	9	
总工期	月	30	
八、经济指标			

续表 3-1

序号及名称	单位	数量	说明
1　工程静态总投资	万元	27 970.64	
1.1　工程部分	万元	23 484.08	
建筑工程	万元	14 666.52	
机电设备及安装工程	万元	314.71	
金属结构设备及安装工程	万元	37.82	
临时工程	万元	2 994.31	
独立费用	万元	3 335.80	
基本预备费	万元	2 134.92	
1.2　水土保持	万元	1 655.80	
1.3　环境保护	万元	430.55	
1.4　水库淹没处理补偿费	万元	1 019.87	
1.5　建设及施工场地征用补偿费	万元	1 380.34	
2　总投资	万元	27 970.64	
3　经济指标			
国民经济内部收益率	%	6.54	
年运行费	万元	491	
人畜饮水水价	元/m^3	0.71	
农田灌溉水价	元/m^3	0.16	
林草灌溉水价	元/m^3	0.30	

3.1.4　工程管理

(1)管理机构:设置鱼卡河水库管理处,该管理处隶属海西州水利局,主要任务是具体负责工程建成后的运行维护、供水、偿还贷款本息、固定资产的保值增值以及运行期综合经营等。

(2)管理设施:依据《水库工程管理设计规范》(SL 106—96)的有关规定,根据工程建设与运行管理对管理设施用房的要求,管理机构管理设施用房主要由办公用房、文化福利用房、生产用房等组成,其中生产用房主要由调度设备用房、档案资料室、文印室、修配车间、仓库、车库、食堂、锅炉房、卫生所等组成。管理单位用房建筑面积见表 3-2。

表 3-2　鱼卡河水库运行期管理单位用房面积汇总表

序号	设施名称	前方基地建筑面积(m^2)
1	办公用房	165
2	生活福利用房	385
3	生产用房	200
合计		750

在工程运行期间,按照利于管理、方便生活的原则,管理机构设置前方基地。前方基地建筑面积为 750 m^2,由建设期的管理设施改建而成,不再另行建设。

3.2　项目组成及总体布局

青海省海西州鱼卡河水库工程布置有拦河大坝、泄水和引水主要建筑物。拦河大坝为黏土心墙砂砾石坝,采用坝肩开敞式溢洪道,导流洞进口封堵后敷设引水钢管引水,并兼具放空水库作用。辅助工程主要有弃渣场、土料场、砂石料场、坝壳填筑料场(砂砾石料场)、石料场、施工生产生活区和施工道路。

3.2.1　挡水大坝

大坝采用黏土心墙砂砾石坝,坝顶高程 3 064.00 m,坝顶上游侧设防浪墙,墙顶高出坝顶 1.0 m;坝顶宽度综合考虑坝高、交通和坝顶布置各种设施的要求,参照一般工程经验定为 6.0 m。坝顶长 587.0 m,最大坝高 29.00 m。上游坝坡 1∶2.5,下游坝坡 1∶2.25。

坝体自上游至下游依次分为上游混凝土板护坡、碎石垫层、上游砂砾石坝壳、反滤料 2B、反滤料 2A、黏土心墙、反滤料 2A、反滤料 2B、过渡料、下游砂砾石坝壳、下游碎石垫层、下游护坡。

黏土心墙上、下游各设两层反滤料,水平宽均为 1.0 m。下游反滤料 2B 外设 2.0 m 宽的排水体,在坝体底部通向下游坡脚,竖直厚 1.0 m。

反滤料 2A 粒径范围 0.1 ~ 20 mm,反滤料 2B 粒径范围 1 ~ 80 mm,均采用料场砂粒料人工筛分制备。反滤料和排水体中粒径小于 0.075 mm 的颗粒含量不超过 5%。

上游坝壳与上游围堰结合,在结合部位高程 3 049.80 m 处设混凝土固脚;固脚以上设 C30F300 的混凝土板护坡,厚 0.15 m,混凝土板尺寸 3 m × 3 m,其下设 0.2 m 厚的碎石垫层。

下游护坡采用干砌石护坡,厚 0.3 m,护坡下面均设 0.2 m 厚碎石垫层。

大坝防渗体为黏土心墙,心墙轴线位于坝轴线上游 2.0 m。按《碾压式土石坝设计规范》(SL 274—2001)要求,心墙底部厚度不小于水头的 1/4,本工程心墙底部厚度最大 16.60 m。心墙顶高程 3 062.20 m。

3.2.2　泄洪建筑物

溢洪道布置于右坝肩,采用驼峰堰开敞式泄流,泄槽采用直线布置,由进水渠、控制段、泄槽段、消力池段和尾水渠段五部分组成。溢洪道控制段可采用驼峰堰，堰顶高程按汛期限制水位控制，汛期限制水位 3 059.50 m。

(1)进水渠。

进水渠段桩号 0 - 046.00—0 + 000.00，全长 46.00 m。0 - 046.00—0 - 020.00 段采用混凝土衬砌，混凝土厚 0.5 m。过流横断面为梯形，底高程 3 058.00 m，底宽 23.50 m，两侧边坡 1:1.5。0 - 020.00—0 + 000.00 为闸室连接渐变段，采用钢筋混凝土衬砌，边墙为半重力式挡土墙，顶宽 1.0 m，挡墙顶高程 3 064.00 m。

溢洪道进口岸坡为第三系上新统油砂山组(N_2y)巨厚层砾岩夹砂岩，砾岩遇水易崩解，抗冲刷能力较差，对岸坡采用 0.5 m 厚浆砌石防护。

(2)控制段。

控制段桩号 0 + 000.00—0 + 012.00，闸室长 12.00 m。轴线与坝轴线垂直，采用开敞式结构，闸顶高程 3 064.00 m，2 孔，单孔净宽 11.0 m，中墩厚 1.5 m，边墩厚 1.5 m。全闸不设结构缝。溢流堰采用 a 型驼峰堰，堰高 1.5 m，堰顶高程 3 059.50 m，闸底板高程 3 058.00 m。

(3)泄槽段。

泄槽段桩号 0 + 012.00—0 + 161.67，全长 149.67 m。0 + 012.00—0 + 032.00 段，长 20.00 m，为闸室连接渐变段，采用钢筋混凝土衬砌，边墙为半重力式挡土墙，顶宽 1.0 m，渐变段初始断面挡墙顶高程 3 064.00 m，底宽由 23.5 m 渐变为 22.0 m，收缩角 2.15°。泄槽采用直线布置，断面底宽 22.0 m。泄槽 0 + 032.00—0 + 039.18 段，长 7.18 m，底坡 $i = 0.04$，全断面采用钢筋混凝土衬砌；泄槽 0 + 039.18—0 + 161.67 段，长 122.49 m，底坡 $i = 0.167$，全断面采用钢筋混凝土衬砌，底板厚 0.8 m，边墙为贴坡式挡墙，厚 0.5 m。边墙与底板设纵缝分隔。

(4)消力池段。

消力池段桩号 0 + 161.67—0 + 196.67 m，全长 35.00 m，底宽 22.0 m。底板高程 3 038.10 m，底板厚 1.5 m。消力池边墙为贴坡式挡墙，边墙顶部高程 3 045.60 m，边坡 1:1.5，厚 0.5 m。

(5)尾水渠段。

溢洪道末端位于右岸滩地，尾水渠段 0 + 196.67—0 + 279.92，长 83.25 m，采用浆砌石防护，底宽 22.0 m，边坡 1:1.5，边坡及底板厚度均为 0.5 m，尾水渠底坡 $i = 0.02$，后面设 10.0 m 长抛石段，防止水流冲刷尾水渠末端。其后设 284.08 m 长的引渠，不衬砌，将溢洪道尾水自流至主河槽。

3.2.3 取水建筑物(引水钢管)

引水管线采用与导流底孔相结合的方式，在导流底孔封堵闸门上面设引水钢管的拦污栅和事故门，出口设工作阀门。引水管进口底板高程 3 049.60 m，出口高程 3 044.00 m，管道全长约 407.55 m，直径 ϕ1 100 mm。引水钢管进口为喇叭口，前面设固定拦污栅。引水钢管出口处设冲击式消能箱。

本取水工程管道埋设在导流洞内，运行条件较好，本阶段推荐采用钢管。管道内防腐都采用环氧黑陶瓷涂料。管道外防腐采用环氧富锌底漆、环氧云铁中层漆、氯化橡胶面漆结构。

引水钢管引水满足生活、灌溉和生态基流用水，几管合用，在引水钢管末端，分为3管，主管作为灌溉用水管道，后接冲击式消能箱，海漫后接灌溉渠道；生活引水采用叉管从主管引出，管径 ϕ100 mm；坝下游生态基流从主管引出，通向河床3 038.00 m高程，管径 ϕ400 mm。

3.2.4 弃渣场

本工程土石方开挖45.60万 m^3，开挖的土方全部运至弃渣场，其中19.04万 m^3 将回采用于溢洪道和围堰填筑。其余弃入渣场。因此，渣场共堆存弃渣26.94万 m^3，折合松方为31.72万 m^3。

工程共设一处渣场，渣场布置于坝后滩地，属于坝后弃渣，渣场底面平均高程3 040 m，堆渣后渣顶高程为3 046 m，弃渣场占地面积5.6 hm^2，渣场容量54万 m^3，设计堆渣量31.72万 m^3，平均堆渣高度为5.7 m。设计堆渣边坡为1∶2。

3.2.5 土料场

土料场位于上坝址西北，距离上坝址3.5～6.5 km，有简易道路与坝址相通。料场呈长条形，西北—东南向展布，长约2.4 km，宽40～160 m，总面积约24万 m^2，料场开阔，较平坦，总体东南高西北低，高程在3 118～3 145 m，地表植被较差，零星生长杂草。

由实验结果可知，土料的黏粒含量偏高；塑性指数基本符合要求；天然密度多数高于最大干密度；天然含水率偏低；其余项目符合规范要求。

料场土料为残积土，其分布具有一定的不连续性，用平均厚度法进行储量计算，厚度平均按1.5 m，土料场储量约为18万 m^3，上部砂层平均厚度按0.5 m，则剥离量约为6万 m^3。

对表土资源的保护，料场在取料前对开挖范围内30 cm的表土进行剥离并集中堆放，以作后期料场覆土用土。

3.2.6 石料场

石料场位于鱼卡河右岸砖厂与鱼卡煤矿之间的道路旁，为一花岗岩山体，距离上坝址约6 km，距离下坝址约9 km，有简易道路与两坝址相通。

山体为加里东期侵入岩脉，与元古界地层呈侵入接触。

经岩矿鉴定，为灰白色中粗粒白云母二长花岗岩，含碱性长石25%～30%、斜长石25%～30%、石英22%～23%，白云母12%～13%、黑云母约2%。

块石的饱和抗压强度、软化系数、冻融损失率和干密度均符合规范要求。

山体长约150 m，宽30～50 m，高10～20 m，储量约为9万 m^3。

此石料场质量和储量满足工程要求，初步选作本工程石料场，计划开采约1.92万 m^3（自然方）。

3.2.7 砂石料料场

砂石料场位于下坝址现马海水库大坝下游，为第四系全新统冲积砂砾卵石层（Q_4^{al}），距离坝址约5.0 km，有简易道路与上坝址相通。

料场为鱼卡河漫滩，宽230～290 m，长约630 m，面积约16.9万 m^2。地面宽阔平坦，高出河水位1.0～2.0 m，地下水埋深多在2.0 m以上，且距离河床越远埋深越大。卵砾石岩性以砂岩、花岗岩和片麻岩为主，次圆状—圆状，密实，无胶结。

由料场砂砾卵石颗粒分析成果可知，料场为卵石混合土，黏粉粒（粒径<0.075 mm）含量平均约为1.29%，砂粒（粒径为0.075～2 mm）含量平均约为14.31%，砾粒（粒径为2～60 mm）含量平均约为58.40%，卵粒（粒径为60～200 mm）含量平均约为26.01%。

由混凝土粗骨料全分析试验可知，5～20 mm级配软弱颗粒含量普遍偏高，部分级配堆积密度偏低，个别级配冻融损失率稍大；经计算，粗骨料粒度模数为5.71～5.86，平均5.78，偏低（规范：宜采用6.25～8.30），除上述项目不符合规范要求外，粗骨料其余项目满足规范要求。

由混凝土细骨料颗粒分析试验可知，细骨料以中细砂为主，级配符合规范要求。细骨料中含泥量偏高，其余指标满足要求。

由粗细骨料碱活性检验（砂浆棒快速法）成果可知，粗细骨料均含有碱活性。

料场面积约16.9万 m^2，地下水埋深多在2.0 m以上，且距离河床越远埋深越大。用平均厚度法进行料场储量计算，料场可开采厚度按3.0 m，计算出料场总储量约为50.7万 m^3。

此料场5～20 mm级粗骨料软弱颗粒含量超标，可通过破碎超径石来调整级配，使5～20 mm级粗骨料的软弱颗粒含量满足规范要求。此料场砂石料含有碱活性，可在拌和混凝土时添加粉煤灰等掺合料抑制其碱活性。通过以上措施，料场质量和储量满足工程要求，初步选择本料场作为工程的砂石料料场，计划开采约26.84万 m^3（自然方）。另外，关于对表土资源的保护，料场在取料前对开挖范围内30 cm的表土进行剥离并集中堆放，以作后期料场覆土用土。

3.2.8 坝壳砂砾石料场

坝壳砂砾石料场位于坝址下游约2 km右岸阶地上，为第四系上更新统冲洪积砂砾卵石层（Q_3^{al+pl}），有简易道路与坝址相通。

料场宽150～300 m，长约1 800 m，面积约49万 m^2。地面较平坦，向河流方向倾斜，局部发育冲沟，地面高出河水位20 m以上，地下水埋深大于20 m。卵砾石岩性以砂岩、花岗岩和片麻岩为主，次棱角状—次圆状，密实，无胶结。

由实验可知，料场以级配良好砾和卵石混合土为主；部分填筑料紧密密度偏低，内摩擦角满足规范要求；由颗粒分析可知，料场>5 mm颗粒含量为46%～68%，平均约57%，满足规范要求（规范：5 mm至相当3/4填筑层厚度的颗粒在20%～80%范围内）；含泥量（黏、粉粒）0.06%～1.72%，平均约0.74%，满足规范要求（规范：≤8%）；第四系上更新统冲洪积砂砾卵石层（Q_3^{al+pl}）属强透水，渗透系数满足规范要求。

料场面积约49万 m^2，地下水埋深在20 m以上。用平均厚度法进行料场储量计算，料场可开采厚度按5 m，计算出的料场总储量约为245万 m^3。

此料场质量和储量满足工程要求，初步选作本工程坝壳砂砾石料场，计划开采约43.50万 m^3（自然方）。另外，关于对表土资源的保护，料场在取料前对开挖范围内30 cm的表土进行剥离并集中堆放，以作后期料场覆土用土。

3.2.9 施工生产生活区

本工程施工生产生活区包括：砂石料加工系统，混凝土拌和系统，综合加工厂和机械修配厂、施工生活区和仓库等，砂石料加工系统布置在坝址下游右岸、紧邻砂石料料场的滩地上；混凝土拌和站布置在坝址下游右岸、紧邻2号施工道路的阶地上；综合加工厂和机械修配厂也布置在坝址下游右岸，与混凝土拌和站相邻。

本工程设仓库一座，布置于坝顶右侧，临近1号道路，用于存储工程用材料、配件、五金等，建筑面积400 m^2，占地2 000 m^2。

本工程施工总工期年平均劳动人数为400人，集中布置一施工生活区，位于右坝肩附近，建筑面积3 200 m^2，占地面积6 400 m^2。工程后期，管理营地在施工生活区场址上修建。

因此，生产生活区总占地为4.24 hm^2。

施工生产生活区特性见表3-3。

表3-3 施工生产生活区特性

序号	项目	生产能力	建筑面积（m^2）	占地面积（m^2）
1	砂石料加工系统	165 t/h	600	20 000
2	混凝土拌和系统	30 m^3/h	800	8 000
3	综合加工厂		400	4 000
4	机械修配厂		200	1 000
5	施工供水、供电		100	1 000
6	仓库		400	2 000
7	施工生活区	600人	3 200	6 400
	合计		5 700	42 400

3.2.10 施工交通运输

3.2.10.1 对外交通

鱼卡河水库工程位于青海省海西州大柴旦镇境内鱼卡河下游峡谷末端。坝址距马海农场方向的国道G315约18 km，由现有对外道路相接，国道G315对外依次经过大柴旦镇和德令哈市，对外交通条件较为便利。根据对外交通运输条件及工程对外运输的需要，选择公路运输作为本工程的对外交通运输方式。坝址距大柴旦镇公路里程90 km，距德令哈市285 km。

根据工程建设和管理需要，对坝址至下游方向国道 G315 间的现有道路按照矿三道路进行改建，建设期为碎石路面，路面宽度 6.0 m，后期改建为沥青混凝土路面，路面宽 4.5 m，长 18.0 km。在对外道路跨坝址下游的冲沟处设桥梁 1 座，跨度约 40 m，钢混结构，桥面宽 5.0 m。对外道路马海水库坝址以下沿引水渠道设置，经当地道路与马海农场相连，便于工程管理。

北侧方向，现有从国道 G315 经土料场至坝址的简易道路，约 7 km，改建为 1 号道路，矿三级，碎石路面，路面宽度 6.0 m。施工期从该方向进场比从对外道路近约 10 km，由于 1 号道路经过土料场，土料场距坝址约 5 km，所以 1 号道路至国道 G315 形成北侧的进场道路。

本工程外来建筑材料主要有水泥、钢材、木材、油料等，考虑在德令哈市购买，运距约 285 km。

3.2.10.2　**场内交通**

根据坝址地形特点、工程布置和施工需要，结合对外交通，鱼卡河水库工程施工共布置 2 条场内道路，总长约 1.3 km。考虑到 1 号道路沿冲沟方向，在道路一侧设排水沟，与 2 号道路交叉处下游设涵洞 1 座，以便水流流向河道。施工道路跨导流洞泄水渠和溢洪道处设涵桥。另设场内支线道路共约 1.5 km。

场内外道路特性见表 3-4。

表 3-4　场内外道路特性

名称	长度(km)	路面类型	路面宽(m)	属性
对外道路(国道 G314—引水塔架)	18.0	碎石(沥青混凝土)	6.0(4.5)	矿三，临时 (后期国四，永久)
1 号道路(国道 G314—导流洞出口)	7.0	碎石	6	矿二，临时
2 号道路(对外道路—导流洞进口)	1.1	碎石	7	矿三，临时
3 号道路(1 号道路—临时堆土场)	0.2	碎石	7	矿二，临时
合计	26.3			

3.3　工程占地

本工程总占地面积为 193.89 hm^2，其中施工临时占地面积为 59.02 hm^2，永久占地面积 134.87 hm^2(包括水库淹没区面积 79.00 hm^2)。

按照工程区工程占地可分为：

(1)主体工程区 28.60 hm^2，包括大坝管理区占地面积 28.60 hm^2。

(2)施工生产生活区面积 3.87 hm^2，包括施工营地 0.37 hm^2，施工工厂 1.2 hm^2，施工风水电用地 0.1 hm^2，砂石料加工系统占地 2.0 hm^2，施工仓库占地面积 0.2 hm^2。

(3)弃渣场区占地面积 4.4 hm^2，另外有 1.2 hm^2 位于大坝管理区内，不重复计列。

(4)料场区占地面积 40.3 hm^2，其中土料场面积 11.5 hm^2，石料场面积 0.9 hm^2，砂石料场面积 1.38 hm^2，大坝坝壳砂砾石料场面积 14.1 hm^2。

(5)施工道路区占地面积 35.25 hm^2，其中永久对外公路为永久占地，占地面积分别为 27.00 hm^2；1、2、3 号施工道路为临时道路占地面积分别为 7.0 hm^2、1.05 hm^2 和 0.2 hm^2。

另外，2 号施工道路部分占地位于大坝管理区范围内，故不再另计工程占地。

按土地类型分，工程总占地中牧草地 179.48 hm^2，林地 3.14 hm^2，河流水面 11.27 hm^2。林地主要为天然灌木林，全部位于淹没区。本工程占地性质详见表 3-5，占地类型见表 3-6。

表 3-5　青海省海西州鱼卡河水库工程建设占地性质

序号	防治区	项目建设区(hm^2)		
		永久占地	临时占地	小计
1	主体工程	28.60		28.60
2	道路	27.00	8.25	35.25
3	弃渣场		4.40	4.40
4	施工生产生活区		3.87	3.87
5	料场		40.30	40.30
6	临时堆料场		2.2	2.20
7	工程管理区	0.27		0.27
8	水库淹没区	79.00		79.00
小计		134.87	59.02	193.89

表 3-6　青海省海西州鱼卡河水库工程建设占地类型统计表

序号	防治区	合计	占地类型(hm^2)		
			林地	牧草地	水域
1	主体工程	28.60		28.60	
2	道路	39.13		39.13	
3	弃渣场	5.24		5.24	
4	施工生产生活区	4.66		4.66	
5	料场	42.84		42.84	
6	临时堆料场	2.79		2.79	
7	工程管理区	0.27		0.27	
8	水库淹没区	79.00	3.14	64.59	11.27
小计		202.53	3.14	188.12	11.27

3.4 施工组织

3.4.1 施工导流与截流

3.4.1.1 导流标准

根据《水利水电工程施工组织设计规范》(SL 303—2004)规定,导流临时建筑物级别为5级,相应的土石类导流建筑物设计洪水标准为重现期5~10年。

根据本工程所在处地区水文气象条件,结合施工进度,进行了全年导流方案与枯水期导流方案比较。工程所在位置处于高海拔地区冬季不宜进行施工,每年11月至次年3月为气温在零度以下,不宜进行黏土心墙填筑,且6~9月为汛期,若采用枯水期导流,全年有效施工期仅3个月。因此,为争取工期,本工程采用全年导流方案。

结合施工进度安排,一期、二期导流均采用全年5年一遇设计洪水标准,相应的导流设计流量为83.4 m^3/s。

3.4.1.2 导流与截流方案

上库区河谷宽200~600 m,河床及漫滩宽150~400 m,河床纵坡降约8‰。河谷高程3 042~3 070 m,库岸陡坎高20~70 m不等。两岸山体坡度10°~14°,山顶高程3 180~3 200 m。

坝址位置河较宽,从地形上分析,具备分期导流的条件。若采取分期导流,二期导流无泄流通道,若在坝下埋涵作为二期泄流通道,可能对大坝安全稳定产生不利的影响。因此,综合考虑地形及水工建筑的安全问题,本工程的导流方式不宜采用分期导流。

经初步比较,考虑坝址地形、地质条件和水工建筑物布置,本阶段导流方式采用一次拦断隧洞导流。

3.4.1.3 导流程序

工程开工后2014年9月至2015年3月修建导流洞,由原河床泄流;2015年5月初截流;截流后第一个汛期由围堰挡水,导流洞泄流,在围堰的保护下进行大坝基础开挖、基础防渗、心墙底部混凝土浇筑及大坝填筑等工作,其中2015年11月至2016年3月底冬季停工。2016年10月初,导流洞下闸封堵,水库开始蓄水。2016年11月以后,永久建筑物正常运行。

施工导流程序见表3-7。

3.4.1.4 导流建筑物设计

1. 导流洞设计

根据地形和地质条件,在右岸设一条导流洞,隧洞型式为城门洞形。本阶段确定衬砌后断面尺寸3.0 m×4.0 m。

表 3-7　施工导流程序

时间	设计洪水标准 P	设计流量 (m^3/s)	泄水建筑物	坝(堰)顶高程(m)	水库水位 (m)	备注
2014 年 9 月至 2015 年 3 月	—	—	原河道过流	—	—	修建导流洞
2015 年 5 月初	20% (非汛期)	3.29	导流洞	3 048	3 046.5	截流
2015 年 6 月至 2016 年 9 月	20% (全年)	83.4	导流洞	3 053 (堰)	3 051.5	心墙底部混凝土浇筑及坝体填筑等
2016 年 10 月初	非汛期 20% (月平均)	2.15	—	3 064 (坝)	3 046	导流洞下闸
2016 年 10 ~ 11 月	非汛期 20%		—	3 064 (坝)	—	导流洞封堵
2016 年 11 月以后	2% (全年)	190	溢洪道	3 064 (坝)	—	永久建筑物正常运行

初拟导流洞进口高程 3 045 m,出口高程 3 044 m,洞内坡降 2.45‰,洞身长 407.55 m。

根据导流洞沿线地质条件,洞身初步考虑采用一次喷锚支护与二次全断面钢筋混凝土衬砌结合的组合衬砌方式,衬砌厚 50 cm。

2. 围堰设计

根据本工程自然条件及枢纽布置特点,本着经济合理、就地取材的原则,围堰结构形式采用土石围堰结构。

上游围堰挡水水位 3 051.5 m,考虑波浪爬高和安全超高后堰顶高程为 3 053 m,最大堰高为 11 m,堰顶轴线长 468 m,堰顶宽 4 m,迎水面坡 1∶3,背水面坡 1∶1.8,堰体采用土工膜防渗。

下游围堰挡水水位 3 041.0 m,考虑波浪爬高和安全超高后堰顶高程为 3 042.5 m,最大堰高为 2.5 m, 堰顶轴线长 290 m,堰顶宽 4 m,迎水面坡 1∶3,背水面坡 1∶1.8,堰体采用土工膜防渗。

上、下游围堰基础覆盖层厚 2 ~6 m,覆盖层以砂砾卵石为主,因此在围堰迎水侧铺设土工膜铺盖防渗,铺盖长度 15 m。

3.4.1.5　**截流**

根据本工程所在河段的气象特性、水文特性及进度安排，初拟5月初作为截流时段，截流标准为5月份非汛期5年一遇月平均流量，相应流量为3.29 m^3/s。

3.4.1.6　**下闸封堵**

根据进度初步安排，2016年汛后下闸封堵，10月下闸封堵，封堵下闸设计标准采用5年一遇月平均流量，设计流量为2.15 m^3/s，下闸时水位3 046 m，闸门最高挡水位3 058 m。

为满足施工期下游生态保护要求，在导流洞下闸封堵及引水钢管施工期间，考虑向下游供生态基流措施。根据下游最小生态流量0.3 m^3/s要求，在此期间利用浮船载3台IS200－150－400型离心泵（单台流量400 m^3/h，扬程50 m）抽水下泄生态基流。

3.4.1.7　**导流建筑物施工**

1. 导流洞施工

进口明挖采用分台阶自上而下分层开挖，顶层削坡采用手风钻钻孔爆破，人工扒渣，下层开挖采用YQ－100潜孔钻钻垂直孔、梯段爆破、边壁预裂、底部留保护层开挖。88 kW推土机辅助集渣，2 m^3挖掘机配15 t自卸汽车运输至渣场堆存。

导流隧洞洞身开挖采用手风钻钻孔，人工装药，扒渣机装渣机动三轮车运输至洞外，在洞口采用2 m^3液压反铲挖掘机挖装，59 kW推土机装渣集料，15 t自卸汽车运渣。

隧洞混凝土衬砌采用人工安装组合钢模板，自卸汽车运送混凝土至洞口，混凝土泵送入仓浇筑。

进出口混凝土1 t机动翻斗车运输，10 t塔机吊1 m^3吊罐入仓，插入式振捣器振捣密实。

2. 围堰施工

上、下游围堰拟利用开挖料填筑，砂砾石填筑采用2 m^3挖掘机配15 t自卸汽车运料，88 kW推土机铺料，18 t振动平碾压实。

3.4.1.8　**基坑排水**

基坑排水包括初期排水和经常性排水。

1. 初期排水

初期排水主要为围堰闭气后进行基坑初期排水，包括基坑积水、基础和堰体渗水、围堰接头漏水、降雨汇水等。基坑内体积为4.9万 m^3，初期排水总量按3倍基坑积水估算。按5 d排干计算，基坑水位平均下降速度约0.5 m/d，初期排水强度约1 250 m^3/h。

2. 经常性排水

基坑经常性排水包括基础和围堰渗水、降雨汇水及坝体施工废水等。因围堰基础未进行防渗处理，基坑内渗水主要为地基渗水，经计算最大排水强度为578 m^3/h。

排水明沟沿基坑底部周边布置，集水井设在四角，配备IS125－100－200型离心泵。

3.4.2　主体工程施工

鱼卡河水库工程主体工程包括黏土心墙砂砾石坝、溢洪道、引水钢管等。

3.4.2.1　**土石坝施工**

本水库工程大坝为黏土心墙砂砾石坝。黏土心墙砂砾石坝坝顶长度587.0 m,坝顶高程3 064.0 m,最大坝高29.0 m,坝顶宽6.0 m。上游坝坡1∶2.5,下游坝坡1∶2.25。坝顶上游侧设置钢筋混凝土防浪墙,墙高1.0 m。

大坝工程施工程序为:覆盖层开挖→基础处理→坝体填筑。

1. 土石方开挖

土石方均采用自上而下分层开挖。

土方由88 kW推土机集料,2 m^3挖掘机挖装,15 t自卸汽车运输至渣场。

岸坡岩石采用手风钻钻孔,人工装药连线爆破,1.6 m^3反铲翻渣至下部出渣平台,88 kW推土机集料,2 m^3挖掘机挖装,15 t自卸汽车运输至渣场;河床部位岩石采用手风钻钻孔,人工装药连线爆破,88 kW推土机集料,2 m^3挖掘机挖装,15 t自卸汽车运输至渣场。

2. 基础处理

坝基基础处理采用帷幕灌浆防渗,沿帷幕线设置一排灌浆孔,孔距2.0 m,工程量11 670 m。

帷幕灌浆在心墙底部混凝土板浇筑完成且混凝土强度达到50%以上时方可施工。采用Ⅰ、Ⅱ、Ⅲ三个次序逐渐加密的原则进行,每序孔自下而上分段灌浆法施工,由150型地质钻机钻孔,200 L泥浆搅拌机集中拌制水泥浆,BW-250/50型灌浆泵灌浆。

3. 大坝填筑

坝体填筑主要包括黏土心墙、反滤料、坝壳料、上下游碎石垫层、上下游护坡等。各部位施工方法如下。

1)黏土心墙

心墙混凝土垫层采用10 t自卸汽车拉1 m^3罐水平运输,10 t汽车吊吊1 m^3吊罐入仓,岸坡部位由混凝土泵入仓,插入式振捣器振捣密实,每一浇筑块浇筑完成后应及时养护和保护。

黏土填筑直接从临时堆土场取料,采用2.0 m^3液压正铲挖掘机挖装,10 t自卸汽车运输上坝,后退法卸料,坝面采用88 kW推土机平料,14 t凸块振动碾碾压,边角部位由蛙式打夯机夯实。

2)反滤料

反滤料由骨料加工而成,2 m^3装载机料堆挖装,10 t自卸汽车运输后退法卸料,1.6 m^3液压反铲挖掘机铺料,18 t振动碾碾压。

3)坝壳料

砂砾料从砂砾石料场开采获得,由2 m^3挖掘机在砂砾料场挖装,15 t自卸汽车运输上坝进占法卸料,88 kW推土机平料,18 t振动碾碾压。

4)上下游碎石垫层

垫层铺筑随坝体填筑同步进行,由骨料加工厂加工,2 m^3装载机料堆挖装,10 t自卸汽车运输,1.6 m^3反铲挖掘机配合人工铺料,1 t振动夯板碾压。

5)上下游护坡

坝体上游混凝土护坡施工采用10 t自卸汽车拉1 m^3罐水平运输,溜槽辅助入仓,插入式振捣器振捣。

坝体上下游干砌石护坡随坝体填筑同步进行。潜孔钻钻孔，分层台阶爆破，人工配合 2 m^3 挖掘机料场分拣，2 m^3 挖掘机挖装，15 t 自卸汽车运输石料上坝，1.6 m^3 反铲挖掘机配合人工橇码整齐，并以块石垫塞嵌合牢固。

3.4.2.2 **溢洪道施工**

1. 土石方开挖

施工方法与土石坝段基础土石方开挖施工方法相同。

2. 混凝土浇筑

混凝土坝段按照先上游进口侧堰后泄槽的顺序浇筑。混凝土采用组合钢模板段分层浇筑，人工立模和绑扎钢筋。

10 t 自卸汽车拉 1 m^3 罐水平运输，10 t 汽车吊吊 1 m^3 吊罐入仓，人工插入式振捣器振捣密实。

3.4.2.3 **引水钢管施工**

引水钢管在导流洞内设置，前部设置龙抬头进口，进口段在前期和导流洞同时完成，导流洞下闸封堵后，进行后部钢管施工。

1. 混凝土浇筑

混凝土由拌和站拌制，10 t 自卸汽车拉 1 m^3 罐水平运输，10 t 汽车吊吊 1 m^3 吊罐入仓，人工插入式振捣器振捣密实。

2. 管道安装

钢管由 10 t 自卸汽车运至安装作业面附近，人工配合 10 t 汽车吊就位，平稳放入沟内管座或支镇墩上，组对焊接。

安装管道经水压试验合格后，按设计要求进行焊缝防腐和浇筑包封混凝土。

3. 砂砾石回填

利用开挖料，2 m^3 装载机料堆挖装，10 t 自卸汽车运输，1.6 m^3 反铲挖掘机配合人工铺料，小型振动碾碾压。

3.4.2.4 **金属结构安装**

本工程金属结构安装工程有闸门、启闭机、拦污栅及其附属设备，闸门为平面滑动、固定直栅、电动锥阀、电动闸阀等型式。共计安装各类闸门 8 扇，包括平板门 2 扇，固定直栅闸门 1 扇，电动锥阀 4 扇，电动闸阀 1 扇，闸门总质量 19.4 t，闸门埋件总质量 16.5 t。

该工程共有各种闸门启闭机 2 台，其中固定卷扬启闭机 1 台，电动葫芦 1 台，总质量 6.5 t。

闸门和启闭机安装均采用汽车吊吊装。

1. 平板闸门的安装

平板闸门埋件包括底槛、主轨、反轨、侧轨及门楣，均采用二期混凝土埋设。

所有平板闸门的埋件安装，拟采用卷扬机牵引吊笼的办法(相当于电梯)。

由于本工程闸门规模较小，均采用整扇吊入门槽安装。

平板闸门安装程序：安装准备→整扇调入→起落试验。

2. 启闭机的安装

启闭机安装前,安装位置的土建工作应全部结束,混凝土达到允许承受荷载的强度,启闭机室的工作尽可能结束。

固定卷扬式启闭机的安装,在其承载墩台完成并达到设计强度后进行。

固定卷扬式启闭机的安装程序是:部件拆洗→组装检查→运输→基础安装→启闭机安装→单机调试→启闭机负荷试验→与自动挂钩梁、闸门连接→启闭机、闸门操作试验→启闭机除锈涂漆。

3.4.3 道路施工

道路包括永久道路和临时道路,道路施工程序为:路基施工便道,路基地表清理,产生临时堆土,然后填筑路基,修防护工程,铺面层。

路基地表清理应清除路基表层约 30 cm 范围内的杂草、垃圾、有机杂质等杂物,然后进行路基填筑。在地面自然横坡度陡于 1:1.5 的斜坡上(包括纵断面方向)修筑路堤时,路堤基底应挖台阶,台阶宽度不小于 1 m,台阶底做成 2% ~4% 向内倾斜的坡度,挖台阶前应清除草皮及树根。路基填方要分层填筑,分层压实。泥结碎石面层采用灌浆法分层施工,下层 15 cm,上层 10 cm。制浆时,石灰与土按水土体积比 1:0.8 ~1:1进行拌制,拌和均匀。用三轮压路机或振动压路机碾压 2 ~4 遍,至碎石无松动且有一定空隙为度。灌浆应充满碎石间的空隙,并灌到碎石底部,灌后 1.5 ~2.0 h,均匀撒嵌缝料。

3.4.4 料场开采

3.4.4.1 土料场

该料场表层沙厚 60 cm,黏土层厚约 1.5 m。

根据勘察,料场土料含水率接近于零,且有固化倾向。根据地质推荐,表层沙与土料混合后有利于土料加水,达到最优含水率。故料场开采时用 2.0 m^3 挖掘机开挖,然后耙一遍,打碎土块,土料由 88 kW 推土机辅助集料,2.0 m^3 挖掘机挖装,15 t 自卸汽车运输至坝区临时堆土场,在临时堆土场分层(每层 30 cm)加水,加水量按实验结果控制,并加以塑料膜覆盖,含水率达到填筑要求后,土料从临时堆土场立采上坝。

3.4.4.2 石料场

石料场覆盖层较薄,有用层厚 10 ~20 m。

表层覆盖层由 1.6 m^3 反铲挖掘机配合 132 kW 推土机集料,2.0 m^3 挖掘机挖装,15 t 自卸汽车运至开采区内堆存。

石料采用分区、分层深孔台阶松动爆破开采,由潜孔钻配合手风钻钻爆破孔,人工装药连线爆破,132 kW 推土机辅助集料,2.0 m^3 挖掘机挖装,15 t 自卸汽车运输。

3.4.4.3 砂石料料场

料场表层沙厚度约 60 cm,下部为厚约 3 m 的砂石料有用层。

表层沙由 88 kW 推土机辅助集料,2.0 m^3 挖掘机挖装,15 t 自卸汽车运开采区内堆存。

砂石料采用分层开挖,由 2.0 m^3 挖掘机挖装,15 t 自卸汽车运输至砂石料加工厂。

3.4.4.4 坝壳砂砾石料料场

料场表层沙厚度约 60 cm，下部为厚 10 ~ 20 m 的砂砾石有用层。

表层沙由 88 kW 推土机辅助集料，2.0 m^3 挖掘机挖装，15 t 自卸汽车运开采区内堆存。

砂砾石料采用分层开挖，由 2.0 m^3 挖掘机挖装，15 t 自卸汽车运输直接上坝。

3.4.5 施工条件

3.4.5.1 对外交通

鱼卡河水库工程位于青海省海西州大柴旦镇境内鱼卡河下游峡谷末端。坝址距北侧的国道 G315 约 10 km，有现有对外道路相接，国道 G315 对外依次经过大柴旦镇和德令哈市，坝址距大柴旦镇公路里程 90 km，距德令哈市 285 km，对外交通条件较为便利。

本工程外来建筑材料主要有水泥、钢材、木材、油料、火工材料等，考虑在德令哈市购买，运距约 285 km。

3.4.5.2 场内交通

根据坝址地形特点、工程布置和施工需要，青海省海西州鱼卡河水库工程施工共布置 3 条场内道路为矿山道路（详细情况可见 3.2.10 节“施工交通运输”）。

3.4.5.3 施工风、水、电及通信

工程用风部位主要为大坝基础和溢洪道石方开挖，用风量小，采用移动空压机供风。

施工生产和生活高峰用水量为 480 m^3/h，分坝址区和坝址下游区两区供水，坝址区在河滩设水井一口，泵抽至高位水池后，自流至施工工厂和生活区使用；坝址下游区抽水自赛什克河至高位水池，然后自流至砂石料加工系统使用。

工地生产生活高峰用电负荷约 800 kW。根据施工供电条件，采取永临结合的方式，利用电网供电，从大柴旦镇—马海农场的 10 kV 线路上“T”接，引接 10 kV 架空线路至鱼卡河水库配电房外终端杆，线路长约 15 km，由 10/0.4 kV 变压器降压后使用。工地设置 100 kW 柴油发电机组作为备用电源。

施工期对外通信主要以移动通信方式解决。

3.4.6 材料来源

本工程设置了土料场、块石料场、砂石料场和大坝坝壳砂砾料料场，满足工程的需求。工程所需水泥、钢材、木材、油料等物资可从德令哈市或者格尔木市购买。

3.5 土石方平衡

本工程土石方开挖 45.98 万 m^3，总填筑土方 85.21 万 m^3，调配利用土方 19.04 万 m^3，外借土石方 66.17 万 m^3，其中从土料场借土方 12.19 万 m^3，块石料场借石方 1.15 万 m^3，坝壳料料场借砂砾料 38.28 万 m^3，砂石料场借砂石料 14.55 万 m^3，总弃方为 26.93 万 m^3，折合松方为 31.72 万 m^3。土石方平衡表见表 3-8。土石方流向框图见图 3-2。

表 3-8　土石方平衡表

（单位：万 m^3）

工程部位	开挖	回填	调入		调出		外借		废弃		
			数量	来源	数量	去向	数量	来源	数量	去向	松方
心墙坝	14.90	65.12			0.14	溢洪道	0.84	块石料场	2.79	坝后弃渣场	4.18
							38.28	坝壳料料场			
					11.96	施工围堰	12.19	黏土料场			
							13.80	砂石料场			
溢洪道	21.33	0.31	0.14	心墙坝	6.94	施工围堰	0.11	块石料场	14.39	坝后弃渣场	14.98
							0.06	砂石料场			
引水钢管	0.75	0.20					0.20	块石料场	0.75	坝后弃渣场	1.05
施工围堰	3.93	19.58	11.96	心墙坝			0.69	砂石料场	3.93	坝后弃渣场	4.42
			6.94	溢洪道							
导流洞	5.07								5.07	坝后弃渣场	7.09
合计	45.98	85.21	19.04		19.04		66.17		26.93		31.72

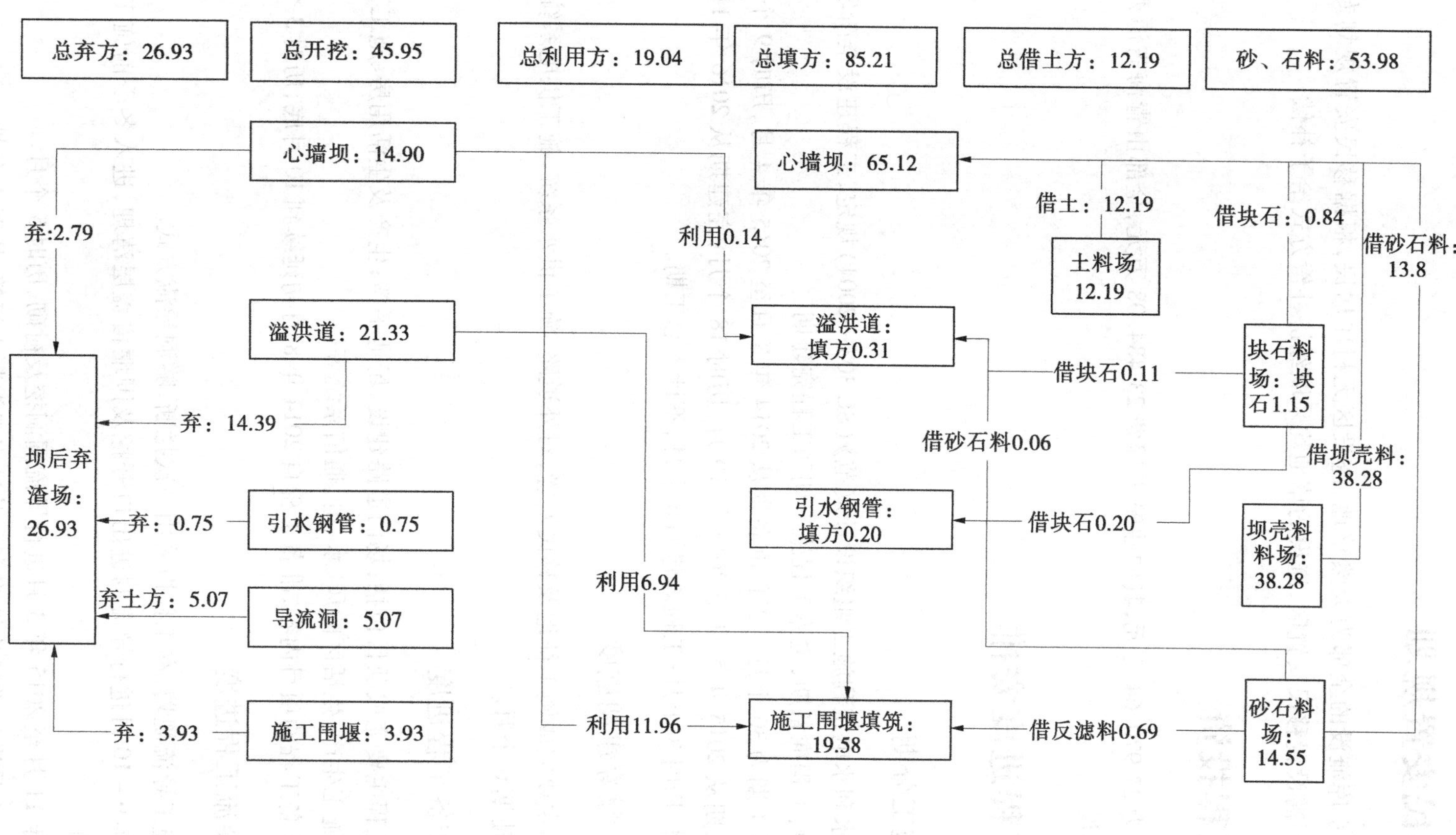

图 3-2　土石方流向框图　（单位：万 m^3）

3.6 移民安置规划

本工程水库淹没的全部为天然草地,淹没区无村庄居民,根据移民安置规划专业报告,本工程不需设置移民安置区,淹没的草地均采取经济补偿方式给予补偿。

3.7 工程投资

总投资为27 970.64万元,其中建筑工程费23 484.08万元,全部由青海省海西州水利局出资建设。

3.8 工程进度安排

3.8.1 施工分期

根据《水利水电工程施工组织设计规范》(SL 303—2004)规定,工程建设全阶段分为工程筹建期、工程准备期、主体工程施工期和工程完建期。

工程总工期为30个月。工程准备期从2014年8月至2015年4月,历时9个月;主体工程施工期从2015年5月至2016年10月,历时18个月;完建期从2016年11月至2017年1月,历时3个月;工程筹建期6个月,不计入总工期。

3.8.2 工程筹建期进度

筹建期主要完成施工征地及移民安置,对外道路、施工供水系统、施工供电系统、通信系统等;筹建期6个月。

3.8.3 准备工程进度

准备工程主要完成项目包括:场内道路建设、场地平整;生产及生活用房、施工工厂建设等工作;施工生产、生活区的风、水、电、通信系统等。

根据准备工程的项目内容,准备工程自2014年8月初延续到10月底,历时3个月。

3.8.4 导流工程进度

根据施工导流规划,本工程拟采用一次拦断,隧洞导流方式。

2014年9~10月进行导流洞进出口开挖及围堰覆盖层清理,进入冬季前施工完成,历时2个月。

2014年11月至2015年3月进行导流洞洞挖及衬砌,历时5个月。

2015年4月进行进口边坡浆砌石及进出口混凝土浇筑,历时1个月。

河床截流安排在2015年4月底进行。

围堰填筑安排在2015年4~5月进行,历时2个月。

下游围堰拆除安排在2016年汛后进行,即2016年10月进行。

导流洞封堵闸门安装安排在2016年9月进行,随后进行封堵闸门下闸,导流洞封堵安排在2016年10月进行。

3.8.5 黏土心墙坝工程进度

黏土心墙坝工程包括基础开挖、基础处理、黏土心墙坝填筑及上下游护坡施工等。

主要施工程序:岸坡开挖→基坑开挖→心墙底部混凝土板浇筑→帷幕灌浆→坝体填筑及护坡→防浪墙及坝顶道路施工。

截流前进行岸坡开挖,安排在2015年4月进行,历时1个月。

基坑开挖安排在2015年5~6月进行,历时2个月。

心墙底部混凝土坝浇筑安排在2015年7月上旬进行,历时0.5个月。

帷幕灌浆安排在2015年7月下旬至8月底进行,历时1.5个月。

坝体填筑安排在2015年9~2016年8月进行,历时12个月,其中冬季停工5个月。

防浪墙及坝顶道路施工安排在2016年9~10月进行,历时2个月。

3.8.6 溢洪道工程进度

溢洪道工程处于本工程的非关键线路上,该工程开挖安排在2015年4~6月进行,历时3个月,混凝土浇筑及金结安装安排在2015年7~10月进行,历时4个月,2015年10月底具备泄流条件。

3.8.7 引水管工程进度

引水管进口塔架与导流洞塔架结合,与导流洞进口塔架同时施工,埋设于塔架内的钢管亦同塔架施工同时进行;导流洞内钢管支墩浇筑、钢管铺设及出口闸阀室施工待导流洞封堵后进行,属于完建期内容,安排在2016年11月至2017年1月进行,历时3个月。

工程施工进度安排详见图3-3。

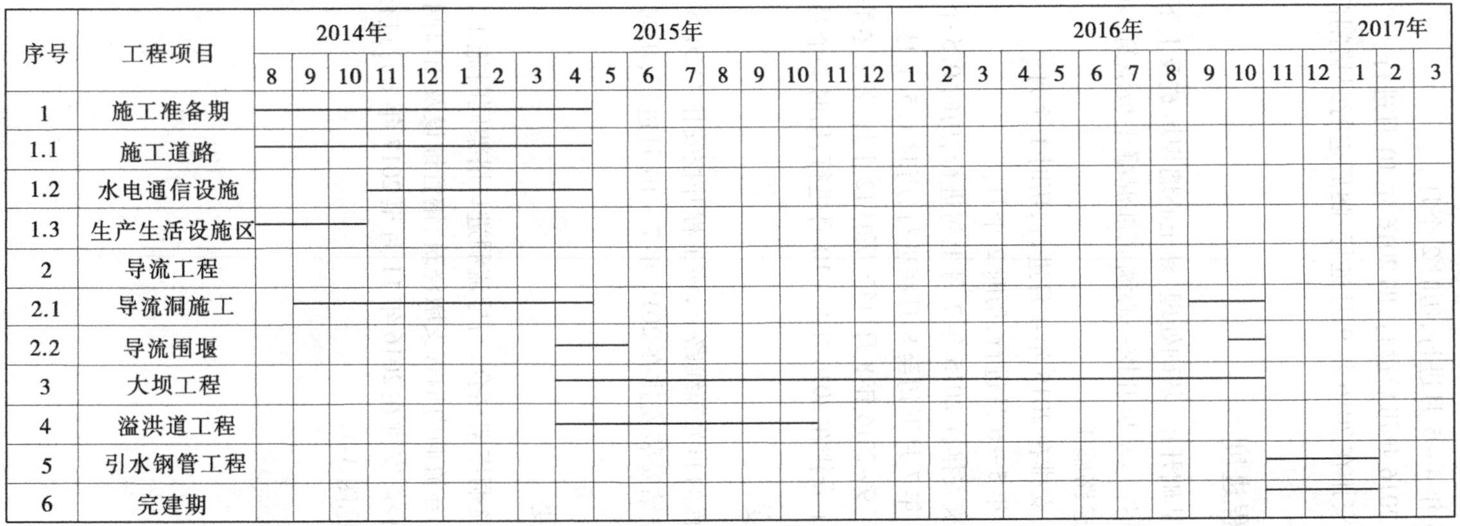

序号	工程项目	2014年					2015年												2016年												2017年		
		8	9	10	11	12	1	2	3	4	5	6	7	8	9	10	11	12	1	2	3	4	5	6	7	8	9	10	11	12	1	2	3
1	施工准备期																																
1.1	施工道路																																
1.2	水电通信设施																																
1.3	生产生活设施区																																
2	导流工程																																
2.1	导流洞施工																																
2.2	导流围堰																																
3	大坝工程																																
4	溢洪道工程																																
5	引水钢管工程																																
6	完建期																																

图 3-3　青海省海西州鱼卡河水库工程施工进度图

第4章 项目区概况

4.1 自然概况

4.1.1 地形地貌

大柴旦地区地处柴达木盆地腹地，境内四面环山，喀克图蒙克、古尔斑镇热达陇、科克希里山、柴达木山雄踞于东部，锡铁山、绿梁山绵延于南部，赛什腾山、马海达坂（青山）横亘于西部，这些山脉分属于祁连山系和柴达木山系，两条山系在境内呈北西南—南东东走向。海拔一般在4 000 m左右，山间分布有一些列次盆地，自东向西依次为小柴旦盆地、大柴旦盆地、鱼卡盆地、马海盆地、花海子盆地。雪域高度在海拔4 000 m以上，总的地势是北高南低，平均海拔在3 000 m以上。

工程区地处青藏高原北部，柴达木盆地北缘。水库东北部为中高山深切割区，山脉连绵起伏，山体高大厚实，河谷深切，岸坡陡立，冲沟、水系纵横交错；水库西南部为柴达木盆地堆积区。库区总体地势东北高西南低，中高山海拔4 000～5 000 m，盆地海拔2 700～3 000 m，相对高差约2 000 m。鱼卡河全长175 km。

工程区内主要有三种地貌形态，一种为构造剥蚀中高山地貌，一种为盆地堆积型湖积地貌，另一种为河谷地貌。

4.1.1.1 构造剥蚀中高山地貌

中高山地貌分布在工程区东北部，东起大柴旦—鱼卡煤矿，西北过嗷唠河—青龙滩—线，海拔3 500～4 500 m，相对高差约1 000 m，最北部的阿尔金山主峰海拔5 798 m。该特征地型（形）是在前寒武构造旋回的基础上遭受强烈构造剥蚀而发展起来的，其山坡为直线形、折线形，脊状呈锯齿状；古冰川地貌特征如漏斗、角峰、鳍脊等；现代冰川地貌的特征如悬谷、冰川谷、冰碛扇等；山区前沿发育有大小不等的洪积扇。

4.1.1.2 盆地堆积型湖积地貌

工程区位于柴达木盆地北部边缘。盆地内相对高差不大，植被稀疏，气候干燥（风大）。德宗马海湖为鱼卡河水排泄地下渗流的终点。工程区西北部高山区的脑儿河、嗷唠河的流水最终亦排泄到德宗马海湖内。沿山体与盆地接触带形成大小不等的洪积扇，局部地段冲洪积沟道密集带形成洪积裙，冲沟内夏季洪水迅猛，但基本无常流水，特别是沟源较长冲沟在沟口易形成洪积锥。

盆地内风沙大，常见的地貌有新月形沙丘、蜂巢状沙丘、流动沙丘、半固定沙丘等，在库址附近特别是水库下游随处可见。

4.1.1.3 河谷地貌

工程区内发育的鱼卡河为大柴旦地区最大的河流，全长175 km，源头海拔5 363 m。

上游从源头大柴旦北部的喀克吐蒙克冰川至哈马尔陶沟，全长 58 km；中游为哈马尔陶沟至鱼卡峡，全长 45 km；出鱼卡峡后均为下游，全长 72 km。

鱼卡河发源于北山区，由基岩裂隙水、降水和冰雪融水汇集而成，沿途接受两岸地下水补给，在进入绿梁山峡谷后，由于地下水大量溢出补给泄出流量达 2.255 m^3/s，在水库下游不远（约 25 km）处，地表径流渗入地下。由于鱼卡河流域面积小，流程短，河谷地貌不明显，故鱼卡河在局部范围展示有河谷地貌。

鱼卡河谷属堆积侵蚀河谷地貌，河谷走向由东向西。上游无阶地发育；中游残存阶地，宽度连续性较差，阶地堆积物以砂卵砾石为主，河床及漫滩覆盖第四系冲积砂砾卵石。

4.1.2 工程地质

库区为一向斜（称之为鱼卡河向斜），属塞什腾山褶皱带次级褶皱，核部基本位于鱼卡河，轴部沿鱼卡河展布，两翼及核部为第三系沉积岩，地层向鱼卡河及其下游倾斜，北翼产状一般 210°～260°∠35°～70°，南翼产状一般 280°～320°∠30°～80°。自核部至两翼依次为上新统狮子沟组（N_2s）、油砂山组（N_2y）、中新统上干柴沟组（N_1g）。

库区内节理裂隙不发育，整个库区未见断层。上库区库尾东约 1 km 为元古界与新生界的分界断层落风坡断层，该断层位于绿梁山南麓，长度大于 20 km。西段走向北西，中段走向北北西，东段转为北西，平面上呈反“S”形。断面呈舒缓波状，总体倾向北东，倾角大于 40°。断层北盘为达肯达坂群下亚群片麻岩、片岩及加里东期超基性岩；南盘为下干柴沟组。断裂带较宽，带内岩层近直立，断层泥及糜棱岩多见，为北盘相对往南东逆冲的压扭性断层。断层形成时间较早，第三纪末未见有活动迹象。

根据《中国地震动峰值加速度区划图》（1∶400 万），工区地震动峰值加速度 0.10～0.15g，地震动反应谱特征周期 0.45 s，相应地震基本烈度Ⅶ度。依据工程区地质条件，工程区基本烈度为Ⅶ度，地震动峰值加速度为 0.10～0.15g，工程区未发现长度小于 10 km 的活断层，大于 6 级地震震中距工程区最近为 88 km，没有大于 7 级的地震，工程区存在区域性重磁异常明显。根据上述划分条件，综合分析，工程区区域稳定性程度为基本稳定。

4.1.3 水文、气象

4.1.3.1 流域概况

鱼卡盆地位于柴达木盆地北缘达肯达坂山山前鱼卡河冲洪积平原区，深居内陆，地处高原。其总体地形为东高西低，最高点位于区内东北部的达肯达坂山，海拔 4 841 m，鱼卡河为该区境内最大的河流。鱼卡河属柴达木内陆水系，发源于喀克吐蒙克雪山西侧冰川，河源海拔 5 363 m，自东向西，最终汇入德宗马海湖。主沟道全长约为 175 km，平均比降 14.9‰。河床系由砂砾石组成，河流上游水系发育呈树枝状，流域干支流源头多有冰川。鱼卡河水库坝址位于鱼卡河干流上，距马海站约 2 km。鱼卡河流域水系图见图 4-1。

4.1.3.2 气象气候

距鱼卡河最近的气象站是大柴旦气象站，该气象站的资料系列较长，其所处地区的气象条件与鱼卡河流域相似，所以该站气象参数的变化趋势应与鱼卡河流域气象参数的变

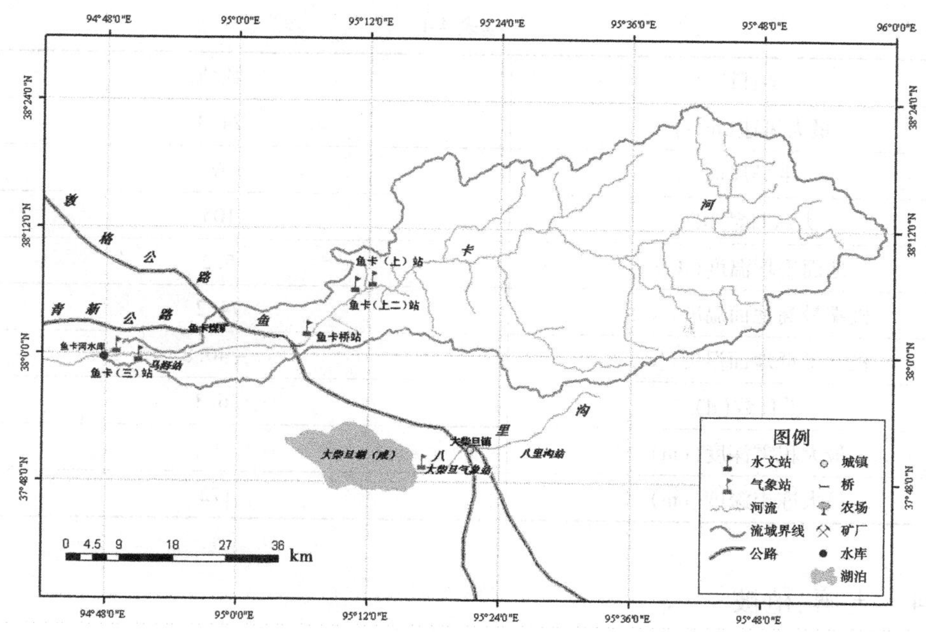

图 4-1　鱼卡河流域水系图

化趋势近似一致，故本次设计采用大柴旦气象站资料作为鱼卡河水库的设计依据。

大柴旦地区海拔较高，区政府驻地柴旦镇海拔 3 173 m，气候终年多风少雨，属高原荒漠气候。多年平均气温 1.9 ℃，7 月气温最高，平均为 15.5 ℃；1 月最低，平均为 -13.4 ℃；年平均气温最高和最低相差 28.9 ℃ 。多年平均降水量为 82.6 mm，年均蒸发量 2 167.1 mm，为降雨量的 26.2 倍多，无霜期 108 d。多年平均风速为 2.2 m/s，最大风速为 24.3 m/s。大柴旦气象站（1971 ~ 2001 年）气象要素统计详见表 4-1。

表 4-1　大柴旦地面气候资料统计值（1971 ~ 2001 年）

项目	数值
平均气温（℃）	1.9
极端最高气温（℃）	33
极端最低气温（℃）	-34.2
平均相对湿度（%）	3.5
降水量（mm）	82.6
最大日降水量（mm）	32.2
≥0.1 mm 平均日数（d）	34.7
≥10 mm 平均日数（d）	1.9
≥25 mm 平均日数（d）	0.1
≥50 mm 平均日数（d）	0
蒸发量（mm）	2 167.1
平均风速（m/s）	2.2

续表 4-1

项目	数值
最大风速(m/s)	24.3
主导风向	W
大风日数(d)	105
地面平均温度(℃)	5.2
极端最高地面温度(℃)	74.2
极端最低地面温度(℃)	-40.8
霜日数(d)	36.3
最大积雪深度(cm)	1
最大冻土深度(cm)	172

4.1.4 土壤、植被

土壤:项目区内土壤受到盆地特殊的地形、地貌,典型的高原大陆性气候,封闭的内陆盆地水系及广泛分布的荒漠植被等因素的影响,土壤类型主要有灰棕漠土、风沙土、盐土和沼泽土。

项目区的为半荒漠化土壤,主要特征是:土壤漠化特征,有机质含量低;土壤缺氮、少磷、钾富足;土壤中普遍含盐,偏碱性。

植被:项目区鱼卡河滩地及两侧的阶地内均为天然草地,主要草种有芨芨草和针茅等,阶地以上为高山,且山地裸露无明显的植被,区域内无高大乔木,只有鱼卡河河岸范围内零星分布些天然灌木林,主要树种为红柳。多年来,德令哈市根据当地的自然特征,经过科学试验,在当地植被建设中,草本可选择老芒麦、披碱草、苜蓿、草木樨、沙打旺、冰草、碱茅、无芒雀麦,木本可选新疆杨、青海杨、白刺、枸杞等。

4.2 经济社会概况

大柴旦是一个多民族聚居的地区,有蒙古族、回族、藏族、苗族、壮族、裕固族、朝鲜族、满族、白族、土家族、土族、撒拉族、锡伯族和东乡族等 13 个民族在此居住,其中,汉族占人口总数的 99.94%。全区常住人口中柴旦镇 9 750 人,锡铁山镇 3 921 人。柴旦镇常住人口中,镇区人口 4 755 人,农牧区人口 893 人(其中马海公司 147 人,柴旦村及马海村 746 人),周边矿山企业及公路施工人数 4 102 人。锡铁山镇常住人口中,镇区人口 3 405 人,周边地区人数 516 人。

2010 年行委实现生产总值 172 544 万元,按可比价计算,比上年增长 14.92%。第一产业增加值 1 478 万元,增长 38.72%;第二产业增加值 147 117 万元,增长15.38%;第三产业增加值 23 949 万元,增长 11.29%。一、二、三产业结构为0.86:85.26:13.88。全年

一、二、三产业对 GDP 的贡献率分别为 1.16%、93.12%、5.72%。全区人均 GDP 达到 115 029 元。

2010 年行委完成牧业总产值 2 092 万元,完成增加值 1 425 万元,同比增长 38.86%。年末各类牲畜存栏 7.36 万头(只),总增 3.18 万头(只),总增率 43.27%。全年完成工业增加值 132 697 万元,同比增长 16.74%。其中,行属工业增加值 77 554 万元,增长 24.27%。

2010 年行委人口自然增长率 4‰,人口出生率 6‰。全区农牧民人均纯收入 8 885 元,增长 15.03%,其中工资性收入 506 元,下降 50.24%;家庭经营性收入 7 690 元,增长 14.43%。

4.3 土地利用现状

大柴旦行委土地总面积为 3 400 000 hm^2。其中耕地 49 279 hm^2,占总土地面积的 1.45%;园地面积 49 779 hm^2,占总土地面积的 1.46%;林地面积 68 214 hm^2,占总土地面积的 2.01%;牧草地面积 2 457 632 hm^2,占总土地面积的 72.28%;居民点及工矿用地面积 10 196 hm^2,占总土地面积的 0.30%;未利用土地面积 254 634 hm^2,占总土地面积的 7.49%。

土地利用现状见表 4-2。

表 4-2 大柴旦行委土地利用现状

地区	耕地	园地	林地	牧草地	居民点及工矿用地	水域	未利用地	土地总面积
面积(hm^2)	49 279	49 779	68 214	2 457 632	10 196	510 267	254 634	3 400 000
所占比例(%)	1.45	1.46	2.01	72.28	0.30	15.01	7.49	100

4.4 水土流失现状及水土保持现状

4.4.1 水土流失现状

根据《全国土壤侵蚀第二次遥感调查统计表》德令哈市总面积 25 882.53 km^2,土壤侵蚀形式为水力侵蚀,其中轻度以上土壤侵蚀面积为 12 395.93 km^2,占总面积的 47.89%;微度土壤侵蚀面积为 385.28 km^2,占总面积的 1.49%;轻度土壤侵蚀面积为 7 688.6 km^2,占总面积的 29.71%;中度土壤侵蚀面积为 767.06 km^2,占总面积的 2.96%;强度土壤侵蚀面积为 3 748.02 km^2,占总面积的 14.48%;极强度土壤侵蚀面积为 192.25 km^2,占总面积的 0.74%。侵蚀面积统计见表 4-3。

表 4-3　侵蚀面积统计表

侵蚀强度		轻度以上		各级别强度土壤侵蚀面积									
				微度		轻度		中度		强度		极强度	
地区	总面积（km^2）	面积（km^2）	比例（%）	面积（km^2）	比例（%）	面积（km^2）	比例（%）	面积（km^2）	比例（%）	面积（km^2）	比例（%）	面积（km^2）	比例（%）
德令哈市	25 882.53	12 395.93	47.89	385.28	1.49	7 688.6	29.71	767.06	2.96	3 748.02	14.48	192.25	0.74

根据《土壤侵蚀强度分类分级标准》和 2002 年全国第二次土壤侵蚀遥感资料调查成果，项目区水土流失的形式为水力侵蚀。侵蚀强度为轻度侵蚀，平均土壤侵蚀模数 2 175 t/(km^2·a)，容许土壤流失量为 1 000 t/(km^2·a)。

4.4.2　项目建设区与水土流失重点防治区的关系

根据《青海省人民政府关于划分水土流失重点防治区的通告》(青政〔1999〕17 号)，项目区属青海省重点治理区。

4.4.3　水土保持现状及水土保持治理的成功经验

4.4.3.1　水土保持现状

德令哈市地处柴达木盆地东北部，土地面积 2.84 万 km^2，由山地荒漠和高寒草场组成，有草地 0.98 万 km^2，是该地区畜牧业生产的重要基地和阻挡盆地沙漠向甘肃河西走廊延伸的绿色屏障，多年来，由于人们生产经营方式粗放，掠夺式开发资源，致使生产环境严重受损，土壤侵蚀加重，直接影响到当地的经济发展，为此，德令哈市结合退耕还林、还草政策，对城市南部的草地生态环境进行了重点治理和建设。2004 年对建设治理方法作了改进，工作取得了突破性进展，当年树木成活率提高了 70 个百分点，达到 90%，牧草出苗率提高了 50 个百分点，达到 80%，植被盖度提高 20 个百分点以上，牧草地基本能安全越冬，土壤侵蚀基本得到控制，彻底地扭转了“风起石走飞沙不可治”的被动局面。

根据海西州“十二五”规划报告，在“十一五”期间，水土保持工作中心主要是通过实施生态综合治理及水土保持项目；围绕天峻县河道、乌兰县、都兰县石头谷坊建设开展示范治理工程，生态综合治理及水土保持工作逐步走向正轨。水土流失监测工作开始起步。“十二五”期间将新增治理水土流失面积 73.32 万亩；建设淤地坝(谷坊)3 733 座。

4.4.3.2　水土保持治理的成功经验

为保证本项目措施布局合理，我公司工程技术人员通过对工程区周边区域的大型工程进行现场查勘，总结了工程建设中较为成功的水土保持工程措施，并向当地水行政主管部门调查了解开发建设项目的水土流失治理经验。水保经验主要为：

(1)在项目管理上，严格按照“三制”要求进行管理，由于前期工作中对水土保持工作的重视，使得各项水土保持要求和建设能够在招标文件中和合同签订中得到具体落实。

(2)在工程建设中，施工单位能够按照合同要求，进行水土保持措施建设，特别是在施工方法、施工工艺方面。通过控制施工工序，优化施工方法，使得土方开挖、临时堆放、回填的周期大大缩短，减少了土方开挖、临时堆放、回填过程中的水土流失。同时，在土方开挖过程中，施工单位能够按照要求，将表土和生土分开堆放，并进行临时防护，并将土堆表面进行人工简易密实。在施工时段安排上，施工单位为减小施工难度，一般都会选择非汛期施工，避开雨天施工。

（3）水保措施适当。该类工程以弃渣场和料场的防护措施为主。对渣场主要是采取工程措施和植物措施相结合，工程措施一般布设挡渣墙拦挡、浆砌石护坡、菱形网格、覆土绿化等，植物措施主要是对渣场顶面、坡面进行绿化。料场主要是布设截排水沟排导径流，避免径流冲刷料场开采的临空面，料场如果耕地，取料前将表层耕作土剥离后进行临时防护，料场取料结束后可回填于料场底部，以利于复垦。针对料场开挖形成的临空面，布设绿化措施。此外，因水利工程建设工期较长，施工生产生活区占地时间长，对这些区域采取植树种草、布设花坛等绿化措施，铺撒碎石子等工程措施。此外，为避免场地受雨水径流冲刷产生水蚀，布设了开挖截排水沟等临时措施。这些措施能很好地防治水土流失，值得本工程借鉴。

（4）德令哈市荒漠类退化草场建设的经验。

近些年来，德令哈市对城市边缘的荒漠类退化草场进行了建设，其林草措施的种植方式和苗木草籽的选取都值得本项目借鉴。如德令哈市荒漠类草场建设中，采用了碱茅、披碱草、冰草和无芒雀麦 4 种混播，其播种量不少于各品种单播量的 20%，建设时间为 5 月上中旬至 6 月上旬，充分利用雨量集中的时机。同时，为了防止碱对种子的影响，种子的埋深为 1 ~ 2 cm。

第 5 章　主体工程水土保持分析与评价

5.1　主体工程方案比选及制约因素分析与评价

5.1.1　坝址的方案比选分析与评价

青海省海西州鱼卡河水库工程共选择了上、下两个坝址进行比选。上下坝址的位置见图 5-1。

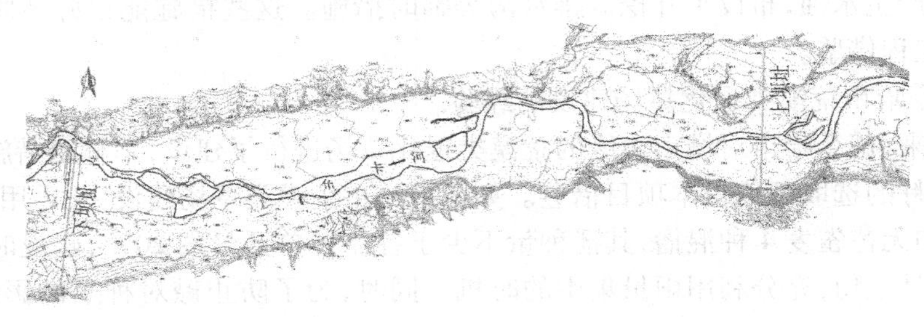

图 5-1　坝址选择

5.1.1.1　上坝址枢纽的布置方案(推荐坝址)

1. 上坝址地形地质条件

上坝址河谷宽约 700 m,河床宽 15 ~ 70 m,河漫滩宽 260 ~ 400 m。河谷右岸发育Ⅱ级冲洪积阶地,阶地前缘高出河水位 18 ~ 20 m,阶面高程 3 062 ~ 3 070 m,宽 200 ~ 400 m,向河流方向倾斜;左坝肩附近岸坡高 65 ~ 70 m。右岸阶地发育三条冲沟,其中一条位于坝轴线上游,两条位于坝轴线下游,冲沟干涸,沟口高程与河漫滩相当。右岸下游发育一条大型冲沟,宽 10 ~ 20 m,沟底平坦,无水,有便道与省道相通,是坝址区与外界及土料场、块石料场的必经之路。左岸坡较完整,局部坡面发育陡立沟槽,左岸下游发育一较大冲沟,沟内无水,主沟长约 100 m,沟底宽 3 ~ 8 m,沟口高程与河漫滩相当。上坝址岩层属中等透水,有相对隔水边界。

2. 上坝址枢纽布置方案

上坝址枢纽建筑物由挡水建筑物、泄水建筑物和引水钢管等建筑物组成。具体布置见 3.2.1 ~ 3.2.3 节。

5.1.1.2　下坝址枢纽的布置方案(比选坝址)

下坝址为原马海水库坝址,为 20 世纪 50 年代末期人工堆筑而成。

1. 下坝址地形地质条件

下坝址位于鱼卡河河口,其东部为河谷地貌,西部为马海盆地。两岸山体高 60 ~ 80

m,海拔 3 070 ~ 3 100 m ;河谷宽 900 ~ 1 000 m,河床宽 30 ~ 80 m,河漫滩宽 350 ~ 400 m,河床与河漫滩海拔 3 011 ~ 3 024 m。

河谷两岸发育Ⅱ级阶地,前缘高出河水位 18 ~ 20 m,阶面宽 150 ~ 200 m,向河流方向倾斜,覆盖冲洪积物,左岸受采金破坏,分布矿坑及矿洞;右岸局部发育冲沟,较完整。下坝址岩层属强透水,没有明显的隔水边界。

2. 下坝址枢纽布置方案

1)挡水建筑物

大坝为黏土斜墙砂砾石坝,坝顶长度 525.00 m,坝顶高程 3 038.10 m,最大坝高 20.80 m,坝顶宽 6.0 m。上游坝坡为 1:2.75,下游坝坡为 1:2.5。坝顶上游侧设置钢筋混凝土防浪墙,墙高 1.0 m,宽 0.30 m。

2)泄水建筑物

溢洪道布置在左岸坝肩,沿现状开挖的溢洪道轴线布置,坝段长度 18.0 m,溢流堰采用闸门控制的开敞式表孔自由溢流,按 3 孔布置,每孔净宽 5.0 m,中墩、边墩厚均为 1.5 m,与坝体斜墙衔接的边墩外坡坡比 1:0.25。溢流堰堰顶高程 3 033.50 m,堰型采用 a 型驼峰堰,溢流堰末端采用底流消能。堰顶设置工作闸门和事故检修闸门,工作闸门为平面滑动闸门,3 孔 3 扇,闸门采用固定卷扬启闭机操作。事故检修闸门为平面滑动闸门,3 孔 1 扇,闸门采用单轨移动电动葫芦操作。

3)引水钢管

根据国民经济需水量预测,到 2020 年鱼卡河马海区居民生活总需水量 19.8 万 m^3,在维持现状灌溉面积不变的情况下灌溉需水量为 1 316 万 m^3,根据水资源可利用量分析,工业可供水量为 1 325 万 m^3。根据 2020 年鱼卡河水库供水过程,5 月需水量为全年中最大,共 470.7 万 m^3,即 1.757 m^3/s,坝下生态基流为 0.3 m^3/s,供水量共 2.057 m^3/s。

引水管道沿右岸岸坡布置,采用开挖埋设。水库淤沙高程 3 026.50 m,死水位 3 029.50 m,取水口底板高程为 3 027.00 m,进口为喇叭型,设固定拦污栅。取水口后接压力管道,采用钢管,管径 ϕ1 000 mm,壁厚 8 mm。管道穿出坝体后降至 3 017.50 m 高程,引水钢管末端设闸阀室。

4)基础处理

坝基上部为第四系全新统冲积砂砾卵石层(Q_4^{al}),下部主要为第四系下更新统冲洪积砂砾卵石层(Q_1^{al+pl}),均属强透水层,存在坝基渗漏问题。

5.1.1.3 上、下坝址水土保持比选分析

从水土保持生态建设角度分析,方案 A、B 坝址均无水土保持限制性因素,但方案 A 河道比方案 B 窄,更利于建坝,下坝址为马海水库坝址,为 20 世纪 50 年代末期人工堆筑而成,下坝址地质条件存在渗流现象,该坝自建成之期起就一直渗漏,大坝一直没有启用,因此从地质条件上分析下坝址不具备建坝条件;另外,A 方案弃渣量、占地面积明显优于方案 B。可研报告将方案 A 场址作为推荐场址,本方案从水土保持角度同意主体设计单位推荐的方案 A 的场址,并按推荐方案编制水土保持方案。坝址水土保持评价分析见表 5-1。

表 5-1　坝址水土保持评价分析表

序号	比较项目	上坝址(方案 A)	下坝址(方案 B)	水土保持评价
1	限制性因素	无	无	无差别
2	地形、地质	上坝址河谷宽约 700 m,河床宽 15～70 m,河漫滩宽 260～400 m。河谷右岸发育Ⅱ级冲洪积阶地,阶地前缘高出河水位 18～20 m,阶面高程 3 062～3 070 m,宽 200～400 m,向河流方向倾斜	下坝址位于鱼卡河河口,其东部为河谷地貌,西部为马海盆地。两岸山体高 60～80 m,海拔 3 070～3 100 m;河谷宽 900～1 000 m,河床宽 30～80 m,河漫滩宽 350～400 m,河床与河漫滩高程 3 011～3 024 m	上坝址河道相对下坝址较窄,更有利于建坝,下坝址岩层属强透水,没有明显的隔水边界,渗漏问题难以解决。 A 优于 B
		上坝址岩层属中等透水,有相对隔水边界	下坝址岩层属强透水,没有明显的隔水边界	
3	占地性质	河滩地、牧草地	河滩地、牧草地	无差别
4	占地面积	28.60 hm^2	24.15 hm^2	A 优于 B
5	土方开挖量	40.48 万 m^3	32.59 万 m^3	B 优于 A
6	弃方量	43.57 万 m^3(松方)	47.35 万 m^3	A 优于 B
7	建筑材料	(1)坝体填筑土料场距上坝址 3.5～6.5 km; (2)块石料场距上坝址约 6 km	(1)坝体填筑土料场距下坝址 6.5～9.5 km; (2)块石料场距下坝址约 9 km	坝体填筑土料及块石料场距上坝址近 A 优于 B
水保评价结论		推荐上坝址与主体推荐坝址一致		

5.1.2　水土保持制约性因素分析与评价

(1)根据水保〔2007〕184 号进行分析评价。

根据《水利部关于严格开发建设项目水土保持方案审查审批工作的通知》(以下简称《通知》)(水保〔2007〕184 号)的有关要求,对主体工程建设进行了分析,各个方面均符合通知要求。具体见表 5-2。

表 5-2　对《通知》要求的响应性分析表

一	开发建设项目水土保持方案不能达到以下要求的,技术评审应不予通过	是否符合要求
1	水土保持方案中没有主体工程的比选方案,比选方案中水土保持评价缺乏水土保持有关量化指标的	对上下坝址进行了比选分析,符合要求

续表 5-2

2	工程的土石方平衡、废弃土石渣利用达不到规范要求的	符合规范要求，最大限度地进行了综合利用
二	开发建设项目符合下列条件之一的，水土保持方案不予批准	
1	《促进产业结构调整暂行规定》(国发〔2005〕40 号)、国家发展和改革委员会发布的《产业结构调整指导目录》中限制类和淘汰类产业的开发建设项目	不属于限制类项目
2	《国民经济和社会发展第十一个五年规划纲要》确定的禁止开发区域内不符合主体功能定位的开发建设项目	不属于“禁止开发区域内不符合主体功能定位的开发建设项目”
3	违反《水土保持法》第十四条，在 25°以上陡坡地实施的农林开发项目	不属于 25°陡坡以上的农林开发项目
4	违反《水土保持法》第二十条，在县级以上地方人民政府公告的崩塌滑坡危险区和泥石流易发区内取土、挖砂、取石的开发建设项目	不属于崩塌滑坡危险区和泥石流易发区
5	违反《中华人民共和国水法》第十九条，不符合流域综合规划的水工程	为流域综合规划的水利工程
6	根据国家产业结构调整的有关规定精神，国家发展和改革主管部门同意后方可开展前期工作，但未能提供相应文件依据的开发建设项目	有文件依据
7	分期建设的开发建设项目，其前期工程存在未编报水土保持方案、水土保持方案未落实和水土保持设施未按期验收的	不存在上述情况
8	同一投资主体所属的开发建设项目，在建及生产运行的工程中存在未编报水土保持方案、水土保持方案未落实和水土保持设施未按期验收的	未存在违反要求的情况
9	处于重要江河、湖泊以及跨省(自治区、直辖市)的其他江河、湖泊的水功能一级区的保护区和保留区内可能严重影响水质的开发建设项目，以及对水功能二级区的饮用水源区水质有影响的开发建设项目	鱼卡河水库的开发任务主要是灌溉和人畜供水。即改善下游马海灌区的灌溉用水条件，保障下游马海地区的生产和生活用水需求。鱼卡河水库退水对水功能区功能无不利影响
10	在华北、西北等水资源严重短缺地区，未通过建设项目水资源论证的开发建设项目	已经完成水资源论证的专题

(2)根据《中华人民共和国水土保持法》《开发建设项目水土保持技术规范》和《水利水电工程水土保持技术规范》对工程选址的限制性规定，对本工程选址进行分析评价。

本项目的水土保持制约性因素分析见表5-3。

表5-3　工程建设的水土保持制约性因素分析表

依据	对主体工程选址的约束性规定	本项目情况	分析意见
《中华人民共和国水土保持法》	生产建设项目选址、选线应当避让水土流失重点预防区和重点治理区；无法避让的，应当提高防治标准，优化施工工艺，减少地表扰动和植被损坏范围，有效控制可能造成的水土流失	青海省海西州鱼卡河水库工程不涉及水土流失重点预防保护区和重点治理区	符合要求
《开发建设项目水土保持技术规范》	选址（线）必须兼顾水土保持要求，应避开泥石流易发区、崩塌滑坡危险区以及易引起严重水土流失和生态恶化的地区	青海省海西州鱼卡河水库工程项目区为平原区，不涉及上述地区	符合要求
	选址（线）应避开全国水土保持监测网络中的水土保持监测站点、重点试验区。不得占用国家确定的水土保持长期定位观测站	避开了水土保持监测站点、重点试验区。未占用国家确定的水土保持长期定位观测站	符合要求
	选址（线）宜避开生态脆弱区、固定半固定沙丘区、国家划定的水土流失重点预防保护区和重点治理成果区，最大限度地保护现有土地和植被的水土保持功能	避开了国家划定的水土流失重点预防保护区和重点治理成果区，项目区属于青海省水土流失重点治理区	符合要求
	工程占地不宜占用农耕地，特别是水浇地、水田等生产力较高的土地	工程建设占地没有农耕地	符合要求

根据《中华人民共和国水土保持法》《开发建设项目水土保持技术规范》《水利水电工程水土保持技术规范》和《水利部关于严格开发建设项目水土保持方案审查审批工作的通知》（水保〔2007〕184号），对主体工程设计进行分析评价，青海省海西州鱼卡河水库工程不涉及国家级水土流失重点预防保护区和重点治理区、不涉及泥石流易发区、崩塌滑坡危险区以及易引起严重水土流失的地区；本项目为青海省水利厅批复的《关于海西州大柴旦镇马海灌区续建配套与节水改造工程初步设计报告的批复》（青建〔2010〕440号）中的水源工程，不属于限制类和淘汰类项目；项目所在区域不属于"县级以上地方人民政府公告的崩塌滑坡危险区和泥石流易发区"。主体工程建设没有水土保持限制性因素。

5.2 主体工程占地类型、面积和占地性质的分析与评价

根据主体工程设计，本工程总占地面积为 193.89 hm^2，其中施工临时占地面积为 59.02 hm^2，永久占地面积 134.87 hm^2（包括水库淹没区面积 79.00 hm^2）。其中，永久占地占总占地面积的 69.56%，临时占地占总占地面积的 30.44%（见图 5-2）。

按土地类型分，工程占牧草地 179.48 hm^2，占总占地面积的 92.57%；林地 3.14 hm^2，占总占地面积的 1.62%；河流水面 11.27 hm^2，占总占地面积的 5.81%。其中河流水面和林地全部位于水库淹没区。

在占地性质上，永久用地在施工结束后改变了原土地功能，在建筑永久设施并采取防护措施后，可减少该区域的水土流失；临时用地主要是为了保证施工临建措施的顺利实施，共布置了生产生活临时设施、临时堆土场、施工临时道路、弃渣场和料场。其中：

（1）临时施工道路根据施工期车辆通行的需要设置占地宽度为 10～15 m，据分析可以满足施工交通的要求。

（2）临时堆料场，主要是临时堆存土料场运来的土料，根据工程地质勘察结果，土料场的土料含水率几乎为零，根据施工填土含水率的要求，需要对土料注水，增加其含水率，因此据施工用料要求和水源的条件，将临时堆土场选择在大坝下游的滩地上是科学的，其占地面积也是经过测算的，满足施工要求。

（3）施工生产生活区是根据施工机械设备数量和施工期人数进行布置的，各个功能区和占地面积均满足施工需要。

（4）弃渣场布置在坝后，主要是考虑了工程运输的便利，如果布置在距离较远的山沟里，一来阻断了山沟的原有的水路，并需要修建临时施工道路，增加工程占地，而且防治费用也会增加。二来增加了运距，根据工程施工组织设计，各工程的施工工序要求工程的调配利用土方必须设置临时转运的场地，不能直接从土方开挖处直接运至需要回填土方的施工处，因此工程弃渣场兼做调配利用土石方的转运场所。综合考虑，弃渣场的占地面积和选址是符合规范要求和工程实际需要的。

（5）料场是根据工程区域范围的地质条件分析和工程需要量来确定料场的场址和面积，是满足工程需要的，也符合水土保持要求。

对所有的临时占地中临时堆土场、施工临时道路、生产生活区和料场的临时占地在施工结束后采取土地整治恢复原土地类型而恢复原土地功能；弃渣场的临时占地，在施工结束后进行绿化。

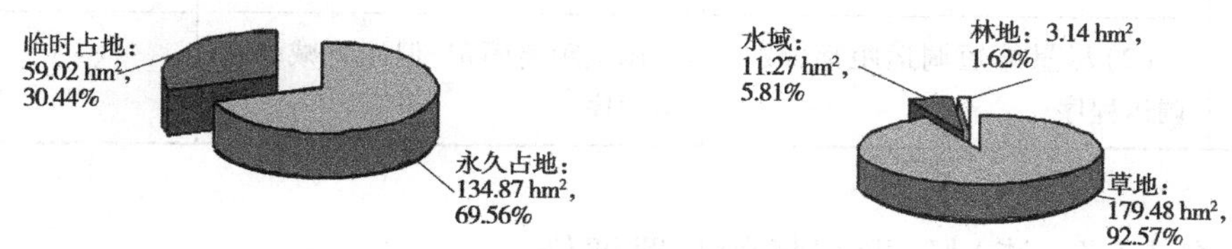

图 5-2　工程占地性质、类型比例图

从节约施工占地面积上分析，主体工程设计中体现了尽可能的少占地的思想，如弃渣场部分占地选择在大坝管理占地范围内，减少了新增占地面积；通过坝址方案比选，推荐方案均选择了占地面积少的方案。

从水土保持角度分析，主体工程设计时按照尽可能少占地的原则，工程占地满足水土保持要求。

5.3 主体工程土石方平衡，弃土（石、渣）场、取料场的布置，施工组织与施工工艺评价

5.3.1 主体工程土石方平衡的分析与评价

主体工程土石方平衡的水土保持分析见表5-4。

由表5-4分析可知，除(3)、(4)条外，均符合水土保持限制性规定和要求。解决办法是：在土方开挖过程中，水保方案补充拦挡、排水措施。

表5-4 土石方平衡的水土保持分析评价表

限制行为性质	要求内容	分析评价意见	解决方法
严格限制与要求行为	(1)充分考虑弃土、石的综合利用，尽量就地利用，减少排弃量	开挖土方中满足工程填筑要求的土方全部回填利用，没有排弃，符合要求	
	(2)应充分利用取土场(坑)作为弃土(石、渣)场，减少弃土(石、渣)占地和水土流失	设置1个取土场，离工程区3.5~6.5 km，距离较远，平均取土深1 m	工程全部弃渣弃入坝后弃渣场，运距短
	(3)开挖、排弃和堆垫场地应采取拦挡、护坡、截排水等防护措施	主体设计只提出原则性要求，未设计临时防护措施	水土保持方案中补充临时堆土的防护措施
	(4)施工时序应做到先挡后弃	主体设计只提出原则性要求，未设计拦挡措施	水土保持方案中补充弃渣场的拦挡措施和临时堆土的防护措施
普通要求行为	(1)充分考虑调运，移挖作填，尽量做到挖填平衡，不借不弃	通过平衡分析，做到了少弃少排，符合要求	
	(2)尽量缩短调运距离，减少调运程序	调运距离固定，但注意减少调运程序	

5.3.2 弃土(石、渣)场、取料场的布置评价

弃土(石、渣)场、取料场的布置评价见表5-5。

表5-5　弃土(石、渣)场、取料场的布置评价表

限制行为性质	要求内容	分析评价意见	解决方法
绝对限制行为	(1)严禁在县级以上人民政府划定的崩塌和滑坡危险区、泥石流易发区内设置取土(石、料)场	工程设置的取、弃土场不在(1)中描述的区域内,满足要求	
	(2)禁止在对重要基础设施、人民群众生命财产安全及行洪安全有重大影响的区域布设弃渣场	工程设置的取、弃土场不在(2)中描述的区域内,满足要求	
严格限制与要求行为	(1)在山区、丘陵区取土场选址,应分析诱发崩塌、滑坡和泥石流的可能性	工程料场位于滩地或者鱼卡河的一级阶地上,地势平缓,料场取料不会诱发崩塌、滑坡和泥石流,满足要求	
	(2)弃渣场选址,不得影响周边公共设施、工业企业、居民点等安全	弃渣场位于坝后滩地,下游无公共设施、工业企业、居民点,满足要求	
	(3)涉及河道的,应符合治导规划和防洪行洪的规定,不得在河道、湖泊管理范围内设置弃土(渣、石)场	工程渣场设置在坝后,即大坝与溢洪道之间的滩地,不在水库行洪道内,因此不会影响鱼卡河行洪,满足要求	
普通要求行为	(1)取土场选址应符合城镇、景区等规划要求,并与周边景观互相协调,宜避开正常的可视范围。在河道取砂砾料的应遵循河道管理有关规定	取土场、砂砾料场等场址设置远离城镇,可视范围内无景观,满足要求	
	(2)弃渣场选址,不宜布置在流量较大的沟道	工程所选渣场为坝后,不会出现要求中描述的情况	
	(3)弃渣场选址,在山丘区,宜选择荒沟、凹地、支毛沟,平原区宜选择在凹地、荒地,风沙区应避开风口和易产生风蚀的地方	工程所选渣场为坝后,不会出现要求中描述的情况	

由表5-5分析可知,主体设计中的弃土(石、渣)场、取料场的布置均符合水土保持限制性规定和要求。

5.3.3　主体工程施工组织分析与评价

工程施工组织设计、工艺等指标评价见表5-6。

表 5-6　对主体设计施工组织的合理性评价表

限制行为性质	要求内容	分析评价意见	解决方法
绝对限制行为	在河岸陡坡开挖土石方,以及开挖边坡下方有河渠、公路、铁路和居民点时,开挖土石渣必须设计土石渣渡槽、溜渣洞等专门设施,将开挖的土石渣及时运至弃渣场或专用场地	根据主体施工组织设计,土石方均采用自上而下分层开挖。土石方开挖都是在一期围堰内施工,不会散落到鱼卡河河道内,边坡下方无公路、铁路和居民点。开挖土方直接运至弃渣场,满足要求	
严格限制与要求行为	(1)控制施工场地占地,避开植被良好区	施工用地主要为牧草地。施工结束后进行了原地貌恢复措施设计,满足要求	
	(2)合理安排施工,减少开挖量和废弃量,防止重复开挖和土(石、渣)多次倒运	开挖土方直接运至弃渣场,由于施工工序要求,部分开挖土石方需要利用弃渣场作为临时堆存场所,因此需要二次倒运,没有多次倒运的现象,符合要求	
	(3)合理安排施工进度与时序,缩小裸露面积和减少裸露时间	施工工序实现了裸露地面最少时间,满足要求	
	(4)施工开挖、填筑、堆置等裸露面,应采取临时拦挡、排水、沉沙、覆盖等措施	主体设计只提出原则性要求,未设计	水土保持方案中补充临时堆土的防护措施
普通要求行为	(1)料场宜分台阶开采,控制开挖深度。爆破开挖应控制装药量和爆破范围,有效控制可能造成的水土流失	根据施工组织,料场的施工,符合要求	
	(2)弃土(石、渣)应分类堆放,布设专门的临时倒运或回填料的场地	对大坝、溢洪道开挖土方部分作为利用料使用在施工围堰土石混合料填筑中,需要二次倒运。但不需要分类,临时倒运土石方全部堆存在渣场的东北侧,满足要求	

由表 5-6 分析可知,主体设计中的施工组织设计除严格限制与要求行为的(4)条外,均符合水土保持限制性规定和要求,本方案中补充施工区临时拦挡等防护措施以满足要求。

5.3.4 主体工程施工方法分析与评价

主体工程施工方法合理性评价见表5-7。

表5-7 主体工程施工方法合理性评价表

限制行为性质	要求内容	分析评价意见	解决方法
绝对限制行为	开挖土石方和取料不得在指定取土(料)场以外地方乱挖	本项目设置取土场,不存在乱挖现象,符合要求	
严格限制与要求行为	(1)施工道路、伴行路、检修道路等应控制在规定范围内,减小施工扰动范围,采取拦挡、排水等措施,必要时可设置桥隧;临时道路在施工结束后应进行迹地恢复	主体工程设计了临时道路、永久道路。对临时道路的采取了草地恢复措施 ,但无排水措施	方案中补充道路的排水措施,临时道路区施工结束后的土地整治措施
	(2)主体工程动工前,应剥离熟土层并集中堆放,施工结束后作为复耕地、林草地的覆土	主体工程对取土场、砂石料场等设计了表土剥离,但是没有设计回覆利用措施	方案中补充设计取土场和弃渣场等临时占地区的表层土回覆利用与临时防护措施
	(3)减少地表裸露时间,遇暴雨或大风天气应加强临时防护,雨季填筑土方时应随挖、随运、随填、随压,避免产生水土流失	设计中作出了明确规定,满足要求	
	(4)临时堆土(石、渣)及料场加工的成品料应集中堆放,设置沉沙、拦挡等措施	主体设计没有设计	水土保持方案中补充临时堆土的防护措施
	(5)开挖土石和取料场地应先设置截排水、沉沙、拦挡等措施后再开挖	工程仅设置了取土场,无具体防护要求	方案中补充取土场拦挡等防护措施
	(6)土(砂、石、渣)料在运输过程中应采取保护措施,防止沿途散溢,造成水土流失	设计中环评专业提出了相关要求,满足要求	

由表5-7分析可知,主体设计的施工方法满足绝对限制行为的要求,但严格限制行为中不足之处较多,主要缺少对表土回覆利用及保护措施,不能满足水土保持要求,因此在本方案中根据场地实际情况补充或提出表土剥离保护及临时防护等措施的设计或要求。

5.4 主体工程设计的水土保持工程分析与评价

5.4.1 主体工程设计中具有水土保持功能的工程界定

根据项目可行性研究报告分析,主体工程设计中具有水土保持功能的措施主要包括以下几个方面。

5.4.1.1 主体工程区

大坝上游边坡的护坡措施能有效地减少土坝坡面水土流失,具有水土保持功能,因此将该护坡措施界定为水土保持工程。其主要工程量为:

(1)大坝上游护坡碎石垫层 12 447 m^3;

(2)大坝干砌石护坡 17 749 m^3;

(3)大坝上游护坡混凝土 2 333 m^3。

5.4.1.2 料场区

根据主体工程设计,土料场、砂砾料场和坝壳填筑料场在取料前进行剥离表土,并集中堆放在指定区域以作料场覆土,剥离厚度 30 cm,该措施有效地保护了项目区稀缺表土资源,具有水土保持功能,因此界定为水土保持工程,经统计共剥离表土 118 200 m^3。

经估算,主体工程设计中界定为水土保持工程的总投资为 990 万元。主体工程设计中具有水土保持功能的措施工程量详见表 5-8。

表 5-8 具有水土保持功能的措施工程量

项目		单位	工程量	单价	投资(万元)
主体工程区	大坝上游护坡碎石垫层	m^3	12 447	139.95	174.2
	大坝干砌石护坡	m^3	17 749	162.81	288.97
	大坝上游护坡混凝土	m^3	2 333	807.63	188.42
料场区	表土剥离	m^3	118 200	28.63	338.41
合计					990

5.4.2 主体工程设计的水土保持分析与评价

5.4.2.1 主体工程区防护措施的分析与评价

主体工程设计对大坝上下游边坡分别采取了工程护坡措施,减少了均质土坝的边坡的水土流失,符合水土保持要求。但是对土方开挖、堆运过程中没有设计临时防护措施,为了避免土石方开挖过程中,临时堆放的土料凌乱散落造成新的水土流失,本方案补充土石方开挖过程中的临时防护措施。

5.4.2.2 弃渣场区

主体设计对本工程设置的 1 个弃渣场,通过 5.3.2 节的分析评价,可以看出弃渣场的选址是满足水土保持要求的,但是主体设计对弃渣场的防护措施没有进行设计,根据弃渣场的实际情况，本方案报告中将补充：弃渣场的截、排水措施，拦挡措施，护坡措施和表土资源保护措施，以及临时措施。

5.4.2.3 施工生产生活区防护措施的分析与评价

主体设计对本工程设置的生产生活区包括施工工厂、仓库、施工营地和施工供水供电设施等，占地面积为3.87 hm^2，主体设计对临时占地区除采取草地恢复措施以外，没有其他的防护措施，根据该区的降水量少、风多的实际情况，对施工生产生活区不再修建临时排水措施和占地区的表土剥离措施。本方案报告中将补充：施工结束后土地整治措施，在施工结束后对场地区域内进行迹地清理措施，以便后期的土地复垦措施顺利实施。

5.4.2.4 施工道路防护措施的分析与评价

本工程共布置了18 km长的永久对外道路，8.3 km的临时施工道路，永久道路采用沥青路面、临时道路采用了透水形式碎石路面，符合水土保持要求，另外主体工程设计中对临时道路的临时占地采取了草地恢复措施，符合水土保持要求。根据施工布置，永久施工道路均布置在地形相对复杂的右岸阶地或者坡面上，如果遇到强降雨或者冰雪融水容易造成路面和路面两侧的土壤侵蚀，因此本方案中将补充：①永久道路两侧修建永久性排水设施；②临时道路施工结束后的土地整治措施。

5.4.2.5 料场区防护措施的分析与评价

本工程设置取土场、砂石料场、砂砾石料场和石料场一处，通过5.3.2节的分析评价，可以看出料场的选址是满足水土保持要求的，并且料场施工前采取了表土剥离措施，但是主体设计对料场的防护措施没有进行设计。

根据料场的实际情况，取土场、砂石料场和砂砾石料场在施工结束后需要恢复为草地，为了更好地进行草地恢复本方案报告中将补充取土场、砂石料场和砂砾石料场的表土回覆措施，土地整治措施，以及表土堆放期间的临时防护措施。块石料场施工结束后没有条件进行植被恢复措施，在进行土地平整后不会造成新的水土流失，因此本方案补充：块石料场的土地平整，清除场地的碎石、边角料等。

5.4.2.6 临时堆料场区防护措施的分析与评价

临时堆料场主要是临时堆存土料场运来的土料，根据工程地质勘察结果，土料场的土料含水率几乎为零，根据施工填土含水率的要求，需要对土料注水，增加其含水率，因此据施工用料要求和水源的条件，将临时堆土场选择在大坝下游的滩地上，临时堆料场占地面积为1.88 hm^2。主体工程设计没有设计防护措施，施工期间为了防止临时堆料的无序散落，本方案补充临时堆料场的临时拦挡措施；为了更好地进行草地恢复，本方案补充：临时堆料场的土地整治措施和植草绿化措施。

5.4.2.7 工程管理区防护措施的分析与评价

根据《水利水电工程水土保持技术规范》(SL 575—2012)的要求，将工程永久管理区单独进行分区。本工程的工程管理区位于大坝右岸的阶地内，总占地面积为0.27 hm^2，其中建筑面积为750 m^2，空闲地面积为0.19 hm^2，主体工程设计由于设计阶段的原因对该区域没有设计防护和绿化措施，根据《水利水电工程水土保持技术规范》(SL 575—2012)的要求，本方案补充：工程管理区的绿化美化措施和土地整治措施。

5.4.2.8 水土淹没区防护措施的分析与评价

主体设计中布置了库底清理、消毒工作,符合水保要求,本方案建议进一步做好监督工作。

主体工程设计水土保持工程分析与评价及防治措施见表5-9。

表5-9 主体工程设计水土保持工程分析与评价及防治措施

项目	主体设计水土保持工程		方案需新增或补充完善的措施
	主体工程设计具有水土保持功能的措施	问题与不足	
主体工程区	大坝护坡	无土方开挖过程中临时堆土防护措施	土方开挖临时防护措施
施工生产生活区	草地恢复措施	施工结束后的土地整治措施	土地整治措施
弃渣场区	选址合理	无排水措施等防护措施	截排水措施、拦挡措施、护坡措施、土地平整、绿化和临时措施
料场区	选址合理,表土剥离、草地恢复措施	无表土临时堆放期间的临时防护措施、表土回覆利用措施等防护措施	表土回覆措施、土地平整、临时防护措施
施工道路区	草地恢复措施	无排水等	排水措施、土地整治
临时堆料场区		无临时拦挡措施等	土地整治、植草绿化和临时拦挡措施
工程管理区		对空闲地没有设计绿化等措施	空闲地的土地整治和绿化措施
水库淹没区	库底清理、消毒工作		建议进一步做好监督工作

5.5 工程建设与生产对水土流失的影响因素分析

工程建设引起和加剧原地面水土流失的因素主要包括自然和人为因素。自然因素包括气候、地形、地貌、土壤、植被等;人为因素主要是供水工程建设和生产活动而诱发和加速原地面水土流失。根据实地调查,在项目建设过程中,由于场地平整,管沟开挖及回填,道路堆垫,土料临时堆放和挖取、排土排渣等,对原地貌和地表植被进行扰动和破坏,降低或丧失了原有地表水土保持功能,改变了外营力与土体抵抗力之间形成的自然相对平衡,导致原地貌土壤侵蚀的发生和发展。

工程建设可能造成的水土流失影响因素见表5-10。

表5-10 工程建设可能造成的水土流失影响因素

序号	预测单元	预测时段	产生水土流失的因素
施工准备期			
1	施工生产生活区	施工准备期	场地平整、表土剥离等破坏原地貌及植被,产生水土流失
2	施工道路	施工准备期	平整道路破坏原地貌及植被,产生水土流失
施工期			
1	主体工程区	施工期	建筑物基础开挖及临时堆土区,破坏原地貌及植被,产生水土流失
2	施工生产生活区、工程管理区	施工期	人为活动等破坏原地貌及植被,产生水土流失
3	弃渣场区、料场区	施工期	破坏原地貌及植被,产生水土流失
4	临时堆土场区	施工期	临时堆土土质松散,容易造成水土流失
自然恢复期			
1	项目区	自然恢复期	损坏的土地植被及土体结构尚未完全恢复,仍将产生较原地貌严重的水土流失

5.6 结论性意见、要求与建议

通过以上分析可知,本项目的建设不存在水土保持限制性因素,工程选址、占地性质、占地类型、土方流向、施工组织及施工工艺基本符合水土保持相关要求,本方案针对可能产生的水土流失隐患,在以下几个方面进行完善:

(1)新增主体工程区的临时防护措施。

(2)补充设计生产生活区土地平整迹地清理措施。

(3)补充设计弃渣场区的截排水措施、拦挡措施、护坡措施、土地平整、绿化和临时措施。

(4)补充设计料场区的表土回覆措施、土地整治和临时措施。

(5)补充设计施工道路区土地平整、排水措施。

(6)补充临时堆料场的土地整治和临时拦挡措施。

(7)补充工程管理区的绿化措施和土地整治措施。

通过对主体工程的分析评价,对主体工程设计在下阶段设计的要求和建议:

(1)要求对施工道路区做更进一步的勘测,根据路堑开挖、路基填筑的实际情况,进一步合理调配土石方，例如利用主体工程区开挖的土方填筑路基，以减少工程建设的弃土弃渣量。

（2）建议主体设计将下游围堰与弃渣合为一体，即将下游围堰作为弃渣场东侧的边缘，这样既减少了工程弃渣量，又减少了弃渣场东侧的拦挡措施，节约投资。

总体来说，只要严格按照主体设计可研阶段的占地方案、土方流向和施工工艺施工，同时认真落实本方案确定的各项水土保持措施，工程建设引起的水土流失能够控制在规定范围内，从水土保持角度评价，项目建设可行。

第6章　防治责任范围及防治分区

6.1　防治责任范围确定的原则和依据

水土流失防治责任范围是进行水土流失防治措施设计的基础，根据《中华人民共和国水土保持法》《开发建设项目水土保持技术规范》《水利水电工程水土保持技术规范》(SL 575—2012)的规定，依照和结合工程施工的具体情况，确定本工程水土流失防治的责任范围分为项目建设区和直接影响区两部分。

项目建设区包括工程建设计划征用面积，有主体工程区、料场、弃渣场、施工生产生活区、施工道路区、临时堆料场、工程管理区和水库淹没区等，占地面积为193.89 hm^2。

直接影响区主要为施工场地周围、渣场下游等，经现场查勘并结合1:10 000地形图、工程总布置图进行量算，直接影响区的确定按照以下原则：

(1)由于弃渣场导致下游水土流失危害加重的区域。按渣场占地边界线向外20 m计，经测量，渣场东侧和西侧的影响区域在工程管理用地范围内，因此不再重复计算东侧和西侧的影响区面积。

(2)根据主体工程设计，水工建筑物保护范围在管理范围界线外延50 m。该区域不会对管理范围以外的区域造成新的水土流失，因此主体工程区不计直接影响区。

(3)由于料场的开采，施工过程中可能对周边环境产生影响，根据以往经验。按料场边界线向外10 m计。

(4)施工道路区：主体设计了对外交通道路两侧坡脚线向外5 m为管理范围；因此对外道路不计直接影响区，场内道路按道路两旁2 m计。

(5)工程管理区和施工生产生活区，施工期间扰动相对较小，其影响区按占地范围外延5 m计算。

(6)临时堆料场区，该区主要为施工土料的中转场地，在采取临时拦挡措施后，对其他区域影响比较少，根据以往经验，其影响区按占地范围外延2 m计算。

(7)水库淹没区，移民专业在计算淹没区范围时，已经考虑其影响区。

6.2　防治责任范围

根据以上原则，经计算青海省海西州鱼卡河水库工程防治责任范围总面积为202.53 hm^2。其中项目建设区为193.89 hm^2，直接影响区8.64 hm^2。工程防治责任范围详见表6-1。

表 6-1　防治责任范围表　（单位：hm^2）

防治区		项目建设区			直接影响区	合计
		永久占地	临时占地	小计		
1	主体工程区	28.60		28.60		28.60
2	施工道路区	27.00	8.25	35.25	3.88	39.13
3	弃渣场		4.40	4.40	0.84	5.24
4	施工生产生活区		3.87	3.87	0.79	4.66
5	料场		40.30	40.30	2.54	42.84
6	临时堆料场		2.20	2.20	0.58	2.78
7	工程管理区	0.27		0.27	0.01	0.28
8	水库淹没区	79.00		79.00		79.00
小计		134.87	59.02	193.89	8.64	202.53

6.3　防治责任范围与工程征占地的关系

（1）本工程为水库工程，库区淹没面积为 79.00 hm^2，库区内没有布置施工临时道路、料场、渣场和其他临时设施。没有重叠的占地。

（2）本工程的 2 号施工道路有 0.6 hm^2 位于大坝管理区范围内，坝后弃渣场有 1.2 hm^2 位于大坝管理区范围内，临时堆料场有 1.1 hm^2 位于大坝管理区范围内，在统计防治责任范围时，将位于大坝管理区范围内的此部分面积全部统计在主体工程区内，避免了重复计算。

6.4　水土流失防治分区

6.4.1　分区依据

根据《水利水电工程水土保持技术规范》（SL 575—2012）的要求，结合本工程水土流失防治分区是依据项目区地貌特征、自然属性、水土流失特点，同时分析主体工程布局、施工扰动特点、建设时序、造成人为水土流失影响等进行分区。

6.4.2　分区原则

（1）各区之间具有显著差异性。

（2）相同分区内造成水土流失的主导因子相近或相似。

（3）各级分区应层次分明，具有关联性和系统性。

6.4.3 分区结果

按照以上分区原则，将项目区水土流失防治区分为主体工程防治区、料场区、弃渣场区、施工道路区、施工生产生活区、临时堆料场区、工程管理区和水库淹没区等。

根据不同防治分区工程扰动情况，分析各区水土流失特点如下。

(1)主体工程防治区。

主体工程防治区包括大坝枢纽施工区，总占地面积为28.60 hm^2。主体工程区为点式施工区，主要是因为主体工程的大量土石方开挖引起水土流失。土石方开挖等都严重破坏地表，使地表土壤失去原植被的固土和防冲能力，而且由于临时堆存土料为松散堆放物，在雨水、河流冲刷和自身重力作用下，极易形成较大的水蚀和重力侵蚀。

(2)施工道路防治区。

施工道路区水土流失主要发生在建设期，由于道路建设时，需要进行土方的开挖和回填，土料在临时堆放过程中，由于没有植被覆盖，特别在坡面施工中，易发生较大的水蚀。

(3)弃渣场防治区。

施工期间工程弃渣松散堆放，堆渣表面也没有植被覆盖，极易产生严重的水土流失，特别是遇到强暴雨，弃渣容易被冲走，产生严重水土流失。

(4)料场防治区。

施工过程中在表土临时堆放区，土质疏松遇径流极易产生水土流失。料场开采后原地表植被破坏，形成的裸露边坡改变了地形地貌，表层土壤结构疏松，加之工程建设活动频繁等因素，极易产生水土流失。

(5)施工生产生活区。

施工生产生活区包括施工营地、施工工厂等，新增总占地面积3.87 hm^2。施工生产生活区在场地平整时彻底破坏了原地表植被，施工期间，人为活动和机械碾压很频繁，会造成土壤结构改变、含水率、入渗率下降，易形成径流，造成水土流失；此外，一些易流失的施工材料在堆放过程中不采取措施，一遇大雨或者大风，会发生流失。

(6)临时堆料场区。

临时堆料场，主要是临时堆存土料场运来的土料，根据工程地质勘察结果，土料场的土料含水率几乎为零，根据施工填土含水率的要求，需要对土料注水，增加其含水率，因此据施工用料要求和水源的条件，将临时堆土场选择在大坝下游的滩地上。施工期间，料场的土质松散容易造成水土流失。

(7)工程管理区。

本工程的工程管理区位于大坝右岸的阶地内，为工程运行期的永久办公、生活区，总占地面积为0.27 hm^2，其中建筑面积为750 m^2，空闲地面积为0.19 hm^2。在施工期间对土地的扰动较容易造成水土流失。

(8)水库淹没区。

该区主要是在库区清理过程中，由于监管不到位较容易导致滥砍乱伐、毁坏植被，从而导致新的水土流失。

第7章　水土流失预测

7.1　工程可能造成的水土流失因素分析

影响工程区水土流失的因素有自然因素和人为因素，自然因素包括大风、降雨、重力、地面物质组成、土壤结构、地形地貌及植被等；人为因素是本工程的建设活动，工程建设期间，人为活动将诱发和加速原地面的水土流失。根据实地调查，本工程建设过程中，由于场地平整，大坝填筑，土石方开挖，道路修建，弃渣堆放、土料临时堆放和回填等施工活动，完全破坏了原地貌和地表植被，改变原地貌，使土壤降低甚至丧失了原有的水土保持功能，改变了外营力和土体抵抗力之间形成的自然平衡，使原地貌土壤侵蚀发生发展。

水土流失影响因素分析见表7-1。

表7-1　青海省海西州鱼卡河水库工程建设水土流失影响因素分析表

建设区	地形地貌	土壤	植被
主体工程区	大坝基础开挖、坝肩开挖使原地形地貌发生改变，形成裸露表面	(1)碾压、压埋； (2)使土壤结构改变	(1)挖填、占压； (2)植被不覆存在； (3)地表失去保护
施工道路区	(1)场地平整发生改变； (2)施工机具碾压； (3)回填土堆放，形成坡度	(1)碾压、压埋； (2)使土壤结构改变	(1)挖填、占压； (2)植被不覆存在； (3)地表失去保护
施工生产生活区	(1)场地平整发生改变； (2)施工机具碾压； (3)回填土堆放，形成坡度	(1)碾压、压埋； (2)使土壤结构改变	(1)挖填、占压； (2)植被不覆存在； (3)地表失去保护
弃渣场	(1)场地开挖与堆弃土，原地形地貌发生改变； (2)弃渣形成裸露表面	(1)挖损、水文改变； (2)弃渣表面疏松	(1)挖损、堆土弃渣； (2)植被覆盖度下降
料场	(1)场地开挖与堆弃土，原地形地貌发生改变； (2)开挖形成裸露表面	(1)挖损、水文改变； (2)开挖面裸露疏松	(1)挖损； (2)植被不覆存在； (3)地表失去保护

7.2 水土流失预测时段和预测单元

7.2.1 预测时段

根据本工程建设施工特点，水土流失预测分为施工期和自然恢复期两个时段进行。

(1)施工期:主要是由于土方开挖、填筑，工程弃渣堆放和料场的石方开挖，以及机械碾压等原因，改变了工程沿线原有地貌，破坏了原植被，扰动了土体结构，致使土体抗蚀能力降低，再加上建筑材料松散堆放等，极易造成水土流失。

工程原则上安排在30个月内完成。因此，本工程预测时间按各单项工程施工时段分析确定，定为2.5年。

(2)自然恢复期:随着植被恢复和表层土体结构的逐渐稳定，水土流失亦逐渐减少，经过一段时间可达到新的稳定状态。根据项目区的自然条件特点，同时结合实地调查，一般区域在项目实施3年后，由于植被等自然条件的恢复对表层土起到稳定作用，使工程破坏地表造成的水土流失趋于稳定，并逐渐恢复至原有状态。因此，确定该工程项目自然恢复期水土流失预测时间为3年。

具体预测时段见表7-2。

表7-2 水土流失预测时段及单元

项目		面积(hm^2)	施工期(年)	自然恢复期(年)
主体工程区		25.70	2.5	3
渣场区	顶面	3.92	2.5	3
	坡面	1.68	2.5	3
	小计	5.60	2.5	3
料场区	底面	32.24	2.5	3
	坡面	8.06	2.5	3
	小计	40.30	2.5	3
施工生产生活区		3.87	2.5	2.5
施工道路		35.85	2.5	2.5
临时堆料场		3.30	2.5	2.5
工程管理区		0.27	2.5	2.5
合计		114.89		

7.2.2 预测范围

根据主体工程的总体布局、本工程建设特点、施工工艺、施工场地及水土流失特点，确定本项目建设期的水土流失预测范围为:主体工程区、施工道路区、弃渣场区、料场区、施工生产生活区、临时堆料场区和工程管理区共7个预测单元,水库淹没区及主体工程区不扰动的面积不预测。水土流失预测面积为114.89 hm^2。

考虑到工程建设过程中的实际情况,弃渣场区进一步划分为顶面和坡面;料场区进一步划分为土料场底面、土料场坡面。

预测单元划分详见表7-2。

7.3 预测内容和方法

7.3.1 预测内容

根据《开发建设项目水土保持技术规范》(GB 50433—2008)的规定,结合该工程项目的特点,水土流失分析预测的主要内容有:

(1)扰动原地貌、破坏植被面积;

(2)弃土、弃渣量;

(3)损坏和占压水土保持设施;

(4)可能造成的水土流失量;

(5)可能造成的水土流失危害。

7.3.2 预测方法

根据规范规定,水土流失预测包括五部分内容,由于预测内容的差异,其不同预测项目的主要工作内容及预测方法各不相同。水土流失预测内容和预测方法详见表7-3。

表7-3 水土流失预测内容和预测方法

预测内容	主要工作内容	预测方法
扰动原地貌及破坏植被	(1)工程永久及临时占地开挖扰动地表、占压土地和损坏林草地类型、面积; (2)工程专项设施建设破坏原植被类型、面积	查阅技术资料、设计图纸,农业林业土地区划资料,并结合实地查勘测量分析
弃土、弃渣量	详细分析工程建设过程中的土石方开挖量和工程填筑量,通过挖填平衡分析计算,确定工程建设过程中的弃土、弃渣堆放量	查阅设计资料,现场实测,弃土、弃石分别统计分析
损毁水土保持设施	对具有水土保持功能的植物及工程设施(主要有水土保持林草地、坡改梯、排水沟、水渠等)的损害情况	现场调查测量和地形图分析、统计
可能造成的水土流失量	预测工程施工活动可能造成的水土流失量	利用类比工程,采用土壤侵蚀模数法进行预测
水土流失危害	水土流失对工程、土地资源、下游河道的影响,及对周边生态环境和地下水等方面的影响,并导致土地资源退化的可能性	通过类比工程调查,进行定性分析

7.3.2.1　**扰动原地貌、破坏植被面积预测方法**

通过查阅工程可研设计资料，结合实地勘测和GPS定位测量，对工程施工过程中占压土地的情况、破坏林草植被的程度和面积进行测算和统计。

7.3.2.2　**弃土、弃渣量的预测方法**

工程建设的弃土量主要采用分析相关工程设计报告中的数据，通过土石方挖填平衡分析，以充分利用工程开挖中剩余土石方为原则。在此基础上，分析确定工程建设的弃土、弃渣量。

7.3.2.3　**损坏和占压水土保持设施预测方法**

根据青海省水土保持设施补偿要求。损坏和占压水土保持设施预测是在主体工程对项目区进行土地类型调查的基础上，结合水土保持外业查勘，分别确定工程建设损坏各类水土保持设施量。

7.3.2.4　**可能造成的水土流失量的预测方法**

本工程水土流失量的预测以资料调查法和经验公式法进行分析预测为主，根据本工程有关资料，掌握工程建设对地表、植被的扰动情况，了解废弃物的组成、堆放位置和形式，根据《水土保持综合治理－效益计算方法》的规定，对于本工程建设中造成的新增侵蚀量，拟采用经验公式进行，其中经验公式法所采用的参数通过与本工程地形地貌、气候条件、工程性质相似的工程项目类比分析中取得。

1. 水土流失背景值预测

水土流失背景值预测是根据区域原有水土流失情况，分析预测项目区在无工程扰动情况下的水土流失量，水土流失量的预测采用以下公式：

$$W_1 = \sum_{i=1}^{n} (F_i \times M_{1i} \times T_i)/100$$

式中　W_1——水土流失背景值水土流失量，t；

F_i——预测区域的占地面积，hm^2；

M_{1i}——现状土壤侵蚀模数，$t/(km^2 \cdot a)$；

T_i——预测区域的预测年限（含施工建设期、自然恢复期），a；

i——不同的预测区域。

2. 施工准备期、施工期、自然恢复期水土流失预测

水土流失量的预测采用以下公式：

$$W = \sum_{i=1}^{n}\sum_{k=1}^{3} F_i \times M_{ik} \times T_{ik}$$

新增土壤流失量按下式计算：

$$\Delta W = \sum_{i=1}^{n}\sum_{k=1}^{3} F_i \times \Delta M_{ik} \times T_{ik}$$

$$\Delta M_{ik} = \frac{(M_{ik} - M_{i0}) + |M_{ik} - M_{i0}|}{2}$$

式中　W——扰动地表土壤流失量，t；

ΔW——扰动地表新增土壤流失量，t；

i——不同的预测单元，$i=1,2,3,\cdots,n$；

k——预测时段，$k=1,2,3$，分别指施工准备期、施工期和自然恢复期；

F_i——第 i 个预测单元的面积，km^2；

M_{ik}——扰动后不同预测单元不同时段的土壤侵蚀模数，$t/(km^2 \cdot a)$；

ΔM_{ik}——不同预测单元各时段新增土壤侵蚀模数，$t/(km^2 \cdot a)$；

M_{i0}——扰动前不同预测单元土壤侵蚀模数，$t/(km^2 \cdot a)$；

T_{ik}——预测时段，a。

7.3.3 土壤侵蚀模数确定

7.3.3.1 土壤侵蚀模数背景值

项目组于2012年3月对本项目区现场进行了实地踏勘和水土流失观测，结合全国水土流失遥感调查资料成果以及沿线地区水土保持部门的水土保持资料，分区分析确定项目区土壤侵蚀模数背景值。项目区土壤侵蚀以水蚀为主，分析确定本工程土壤侵蚀模数背景值为2 175 $t/(km^2 \cdot a)$。

7.3.3.2 建设期土壤侵蚀模数

工程扰动后的土壤侵蚀模数和自然恢复期土壤侵蚀模数的确定，采取类比和实地调查相结合的方法，综合分析确定。类比工程为乌兰县下湾水库工程，该工程位于海西州乌兰县铜普乡境内，坝址处地理坐标为：东经98°34′，北纬36°59.8′，坝址附近有青藏铁路和国道G315经过，水库距乌兰县城希里沟镇6 km，希里沟镇东距西宁375 km，西距德令哈市145 km，属于海西蒙族藏族自治州管辖。该灌区属于内陆河流域柴达木盆地的希赛区，地处柴达木盆地东北部乌兰县境内希赛区盆地中，盆地中心地势平坦、开阔，东西长约60 km，南北宽约16 km，海拔在2 900～3 060 m。该水库建设根据库容工程等级为Ⅳ等小(Ⅰ)型，主要建筑物为4级，次要建筑物为五级。从类比工程与本工程的相距距离、地形地貌、气象、植被、水土流失形式等多方面因素分析，类比工程与本工程具有很高的可比性。两个项目的有关类比条件对比情况详见表7-4。

表7-4 两个项目的有关类比条件对比情况

序号	类比项目	本工程	乌兰县下湾水库工程
1	工程类型	灌溉、改善生态环境	灌溉、改善生态环境
2	地理位置	青海省海西州德令哈市	青海省海西州乌兰县
3	水土流失强度	轻度侵蚀区	轻度侵蚀区
4	原地貌土壤侵蚀模数	2 175 $t/(km^2 \cdot a)$	2 340 $t/(km^2 \cdot a)$
5	水土保持三区划分	青海省水土流失重点治理区	青海省水土流失重点治理区
6	土壤侵蚀类型区	风力侵蚀为主兼有水力侵蚀	风力侵蚀为主兼有水力侵蚀

续表 7-4

序号	类比项目	本工程	乌兰县下湾水库工程
7	降雨特点	降水多集中于 6 ~ 8 月，占全年降水量的 69.5%	降水多集中于 6 ~ 8 月，占全年降水量的 70%
8	多年平均降水量	82.6 mm	92 mm
9	多年平均气温	1.9 ℃	2.5 ℃
10	平均风速	2.2 m/s	2.3 m/s
11	土壤植被特点	土壤类型主要有灰棕漠土、栗钙土、棕钙土、风沙土、盐土和沼泽土	土壤类型主要有灰棕漠土、栗钙土、棕钙土、风沙土、盐土和沼泽土
12	工程建设排弃特点	弃渣主要是基础开挖产生的弃土、弃渣，导流洞、引水洞的弃渣	弃渣主要是主坝、副坝、溢流坝基础开挖产生的弃土、弃渣

根据乌兰县下湾水库工程的水土保持监测报告，得到类比工程各区域的施工扰动后和自然恢复期的土壤侵蚀模数。本项目与类比工程在地形地貌、气象、水土流失形式上基本一致。将类比工程扰动后的侵蚀模数适当调整后作为本工程采用的侵蚀模数。将类比工程扰动后土壤侵蚀模数调整后作为本工程建设扰动后侵蚀模数，见表 7-5。

表 7-5　本工程建设扰动后土壤侵蚀模数

预测单元		施工期侵蚀模数 t/(km^2·a)	自然恢复期侵蚀模数 t/(km^2·a)
主体工程区		9 570	2 950
渣场区	顶面	11 750	5 000
	坡面	15 000	6 000
	小计		
料场区	底面	8 500	2 500
	坡面	15 000	3 100
	小计		
施工生产生活区		7 500	2 500
施工道路		12 500	2 200
临时堆料场		12 500	2 500
工程管理区		12 500	2 500

7.4　预测结果

7.4.1　扰动原地貌面积

根据主体工程可行性研究报告，结合实地踏勘和地形图图面量算，工程扰动原地貌和破坏植被面积为 114.89 hm^2，占地地类均为牧草地。

本工程建设扰动原地貌、占压土地和破坏植被的面积详见表 7-6。

表 7-6 工程建设扰动原地貌和破坏植被面积表

项目		扰动面积(hm^2)
主体工程区		25.70
渣场区	顶面	3.92
	坡面	1.68
	小计	5.60
料场区	底面	32.24
	坡面	8.06
	小计	40.30
施工生产生活区		3.87
施工道路		35.85
临时堆料场		3.30
工程管理区		0.27
合计		114.89

7.4.2 损坏水土保持设施

根据《青海省水土保持设施补偿费、水土流失防治费征收管理办法(试行)》，破坏原地貌、植被或水土保持设施而使原有水土保持功能降低或者丧失的均需按规定交纳水土流失补偿费。经统计，本工程建设损坏水土保持设施面积为 114.89 hm^2。

7.4.3 弃土弃渣量预测

本工程土石方开挖 45.98 万 m^3，总填筑土方 85.21 万 m^3，调配利用土方 19.04 万 m^3，外借土石方 66.17 万 m^3，其中土料场借土方 12.19 万 m^3，块石料场借石方 1.15 万 m^3，坝壳料料场借砂砾料 38.28 万 m^3，砂石料场借砂石料 14.55 万 m^3，总弃方为 26.94 万 m^3，折合松方为 31.72 万 m^3。

7.5 新增水土流失量预测与分析

7.5.1 水土流失量背景值预测

背景值预测是在综合考虑工程项目占地范围内水土流失情况进行计算的，预测时段包括施工期、自然恢复期。预测面积主要为工程建设期间扰动面积。

经计算，水土流失背景值流失量为 12 391 t，本工程背景值水土流失量详见表 7-7。

表 7-7　水土流失背景值预测表

项目		面积(hm^2)	施工期（年）	自然恢复期（年）	水土流失背景值计算			
					侵蚀模数（$t/(km^2 \cdot a)$）	施工期（t）	自然恢复期（t）	合计（t）
主体工程区		25.70	3	2	2 157	1 663	1 109	2 772
渣场区	顶面	3.92	3	2	2 157	254	169	423
	坡面	1.68	3	2	2 157	109	72	181
	小计	5.60	3	2	2 157	363	241	604
料场区	底面	32.24	3	2	2 157	2 086	1 391	3 477
	坡面	8.06	3	2	2 157	522	348	870
	小计	40.30	3	2	2 157	2 608	1 739	4 347
施工生产生活区		3.87	3	2	2 157	251	167	418
道路		35.85	3	2	2 157	2 320	1 547	3 867
临时堆料场		3.30	3	2	2 157	214	142	356
工程管理区		0.27	3	2	2 157	16	11	27
合计		114.89	3	2		7 435	4 956	12 391

7.5.2 施工期水土流失量预测

施工期随着主体工程的全面开工，水土流失也将在工程建设区域内全面发生。

经计算，工程施工期水土流失量为 37 156 t，施工期的水土流失量预测详见表 7-8。

表 7-8 施工期水土流失量预测表

项目		面积(hm^2)	预测年限（年）	侵蚀模数（$t/(km^2 \cdot a)$）	水土流失量（t）
主体工程区		25.70	3	9 750	7 517
渣场区	顶面	3.92	3	11 750	1 382
	坡面	1.68	3	15 000	756
	小计	5.60			2 138
料场区	底面	32.24	3	8 500	8 220
	坡面	8.06	3	15 000	3 627
	小计	40.30			11 847
施工生产生活区		3.87	3	7 500	871
道路		35.85	3	12 500	13 444
临时堆料场		3.30	3	12 500	1 238
工程管理区		0.27	3	12 500	101
合计		114.89			37 156

7.5.3 自然恢复期水土流失总量预测

在自然恢复期，随着施工活动结束，建筑物占压等原因，水土流失逐渐减弱，直至恢复到施工扰动前的水平。

在自然恢复期，主体工程区占地范围中由于主体建筑物占压、硬化，永久道路由于道路占压，这些区域不再计算水土流失量。经计算，工程自然恢复期水土流失量为 9 257 t。

自然恢复期的水土流失量预测详见表 7-9。

7.5.4 新增水土流失量预测

经计算，工程建设产生的水土流失总量为 46 413 t，新增水土流失量为 34 022 t，其中施工道路区新增流失量为 11 943 t，占新增水土流失总量的 35.11%；料场区新增水土流失量为 10 669 t，占新增水土流失总量的 31.36%；主体工程区新增流失量为 7 020 t，占新增水土流失总量的 20.63%；弃渣场区新增水土流失量为 2 424 t，占新增水土流失总量的 7.13%；临时堆料场区新增流失量为 1 129 t，占新增水土流失总量的 3.32%；施工生产生活区新增水土流失量为 744 t，占新增水土流失总量的 2.19%；工程管理区新增流失量为

92 t,占新增水土流失总量的0.27%。

表7-9　自然恢复期水土流失量预测表

项目		面积(hm²)	预测年限(年)	侵蚀模数(t/(km²·a))	水土流失量(t)
主体工程区		25.70	3	2 950	2 274
渣场区	顶面	3.92	3	5 000	588
	坡面	1.68	3	6 000	302
	小计	5.60	3		890
料场区	底面	32.24	3	2 500	2 418
	坡面	8.06	3	3 100	750
	小计	40.30	3		3 168
施工生产生活区		3.87	3	2 500	290
道路		35.85	3	2 200	2 366
临时堆料场		3.30	3	2 500	249
工程管理区		0.27	3	2 500	20
合计		114.89			9 257

从上述预测结果可以看出,施工道路区、料场区、主体工程区和弃渣场区新增水土流失量较大,为本方案水土流失重点治理区域。

本工程新增水土流失量详见表7-10。各水土流失防治区预测水土流失量汇总表见表7-11。

表7-10　新增水土流失量预测表

项目		面积(hm²)	新增水土流失量(t)		
			总计	施工期	自然恢复期
主体工程区		25.70	7 020	5 854	1 166
渣场区	顶面	3.92	1 547	1 128	419
	坡面	1.68	877	647	230
	小计	5.60	2 424	1 775	649
料场区	底面	32.24	7 162	6 135	1 027
	坡面	8.06	3 507	3 105	402
	小计	40.30	10 669	9 240	1 429
施工生产生活区		3.87	744	621	123
道路		35.85	11 943	11 124	820
临时堆料场		3.30	1 129	1 024	105
工程管理区		0.27	93	84	8
合计		114.89	34 022	29 722	4 300

表 7-11　各水土流失防治区预测水土流失量汇总表

水土流失防治区	水土流失预测总量(t)	所占比例(%)	新增水土流失预测量(t)	所占比例(%)
主体工程区	9 792	21.10	7 020	20.63
渣场区	3 028	6.52	2 424	7.13
料场区	15 016	32.35	10 669	31.36
施工生产生活区	1 162	2.50	744	2.19
施工道路区	15 810	34.06	11 943	35.11
临时堆料场	1 485	3.20	1 129	3.32
工程管理区	121	0.26	92	0.27

7.6　可能造成的水土流失危害的预测与分析

7.6.1　影响河道行洪

本工程建设区多在鱼卡河河滩地上,工程建设期间改变原地貌,使土质变得疏松,如果不采取防护措施,容易引起水土流失,经预测施工期间的水土流失总量为 46 413 t,如果全部顺流而下进入鱼卡河进而进入河道,这会降低河道的排洪能力,影响河道行洪。

7.6.2　破坏水土资源

本工程的临时占地占压了 59.02 hm^2 牧草地,如果不进行草地恢复和水土流失治理,容易使这些占地失去防风固沙、保持水土的功能,且该区的气候条件恶劣,很可能会造成该区的土壤沙化,土地失去原有的生产能力。

7.7　预测结论及指导意见

7.7.1　预测结论

(1)工程扰动原地貌和破坏植被面积为 114.89 hm^2, 全部为牧草地。

(2)本工程建设损坏水土保持设施面积为 114.89 hm^2。

(3)工程弃渣 31.72 万 m^3(松方)。

(4)工程建设产生的水土流失总量为 46 413 t,新增水土流失量为 34 022 t,其中施工道路区新增流失量为 11 943 t,占新增水土流失总量的 35.11%;料场区新增流失量为 10 669 t,占新增水土流失总量的 31.36%;主体工程区新增流失量为 7 020 t,占新增水土流失总量的 20.63%;弃渣场区新增流失量为 2 424 t,占新增水土流失总量的 7.13%;临时堆料场区新增流失量为 1 129 t,占新增水土流失总量的 3.32%;施工生产生活区新增流失量为 744 t,占新增水土流失总量的 2.19%;工程管理区新增流失量为 92 t,占新增水土流失总量的 0.27%。施工道路区、料场区、主体工程区和弃渣场区新增水土流失量较大。施工期水土流失量为 29 722 t,植被恢复期水土流失量为 4 300 t。水土流失主要发生在施工期。

7.7.2 指导意见

工程建设期为本方案水土流失预防治理时期,也是水保监测的重点时期;施工道路区、料场区、主体工程区和弃渣场区为本方案水土流失重点治理区域,也是水保监测的重点防治区。

第8章 水土流失防治目标及防治措施布设

8.1 防治目标

本方案水土保持防治总目标为:因地制宜地布设各类水土流失防治措施,全面控制工程及其建设过程中可能造成的新的水土流失,恢复和保护项目区内的植被和其他水土保持设施,有效治理防治责任范围内的水土流失,绿化、美化、优化项目区生态环境,促进工程建设和生态环境协调发展。

根据《开发建设项目水土流失防治标准》(GB 50434—2008),本项目执行二级防治标准。并根据本工程特点,从气象、地形特征方面进行修正,经修正,作为本项目的最终防治目标。本项目区多年平均降水量为82.6 mm,项目区土壤侵蚀强度属于轻度侵蚀区,地形为高山峡谷地形地貌,经调整计算,综合防治目标如下。

8.1.1 扰动土地整治率

项目施工区的土地面积,除水域、未扰动占地、永久建筑物占地和永久道路路面外,均应采取各种水土保持措施进行治理,使因工程施工扰动破坏的土地整治率达到95.0%。

8.1.2 水土流失总治理度

到工程建设竣工时,本工程水土流失防治责任范围内,除水域、未扰动占地、永久建筑物占地和永久道路路面外,工程扰动土地基本得到治理。因此,本项目水土流失治理程度标准为85%。

8.1.3 土壤流失控制比

二级标准确定土壤流失控制比施工期为0.5,试运行期为0.7,本工程所处区域的侵蚀为轻度侵蚀,根据规范规定,以轻度侵蚀为主的区域土壤流失控制比应大于或等于1,最终确定土壤流失控制比为1。

8.1.4 拦渣率

根据二级标准,本工程拦渣率为95%,但本工程处于高山峡谷区,依据规范本工程拦渣率可降低10%。本工程通过对堆弃渣场、土料场和石料场进行重点治理,并采取拦、挡工程措施和植物措施双重防护,使工程弃渣得到有效拦截,通过临时拦挡措施,使施工期拦渣率达到85%以上,通过各项拦挡以及临时措施的实施,设计水平年拦渣率达到85%以上,显著减少进入河道的弃渣。

8.1.5 林草植被恢复率及林草覆盖率

尽可能恢复受工程建设影响和破坏的原地表植被。二级标准为95%，本工程所处区域降水量为82.6 mm，在<300 mm以下地区，可根据降水量与有无灌溉条件及当地生产实践经验分析确定，项目区降水量少，气候条件恶劣，根据本工程的实际情况：主体工程区的未扰动牧草地面积10.19 hm^2，根据《开发建设项目水土流失防治标准》（GB 50434—2008），该部分面积乘覆盖度后作为项目区的天然草地面积计入林草面积，大坝管理营地空闲地0.05 hm^2 应该进行绿化，因此根据实际情况，项目区的植被恢复率定为95%，林草覆盖率为10%。

本项目水土流失防治目标值见表8-1。

表8-1 水土流失防治目标值

防治目标	标准规定	按降水量修正	按土壤侵蚀强度修正	按地形修正	采用标准
扰动土地整治率（%）	95				95
水土流失总治理度（%）	85				85
土壤流失控制比	0.7		+0.3		1
拦渣率（%）	95			-10	85
林草植被恢复率（%）	95				95
林草覆盖率（%）	20				10

8.2 措施布设原则

在符合国家有关技术规范对水土保持、环境保护的总体要求的前提下，根据编制依据及其他相关文件和资料，在分析项目区自然及社会经济情况、工程建设特点和施工工艺的基础上，因地制宜，因害设防，对各类占地区按水土保持要求提出治理措施，突出保水保土和生态效益；在防治措施安排上，以植物措施为主，合理配置工程措施，最终形成一个完整的水土保持防治体系。本方案的编制原则如下：

（1）结合本工程临时占地面积大、堆弃渣场运用方式复杂等工程特点，结合项目区水土流失轻微、林草植被少等自然现状特点，因地制宜、因害设防、防治结合、全面布局、科学配置。

（2）结合本工程临时占地多的特点，通过优化施工组织设计，合理布设堆、弃渣场、取土场以减少对原地表和植被的破坏。

（3）项目建设过程中应注重生态环境保护，设置的临时性防护措施应以天然的、无污染的、可回收的材料为主，临时防护措施应有较好的防治水土流失效果，能较好地起到减少施工过程中造成的认为扰动及产生的废弃土(石、渣)。

(4)注重吸收当地水电站项目在防治水土流失方面的先进经验,能够使本工程水土保持设施防治效果良好、有效。

(5)树立人与自然和谐相处的理念,尊重自然规律,注重与周边景观相协调,针对占地区,对空闲地进行绿化,使占场区环境优美。

(6)坚持工程措施、植物措施、临时措施合理配置、统筹兼顾的原则,形成综合防护体系。

(7)坚持工程措施尽量选用当地材料,做到技术上可靠、经济上可行的原则。

(8)坚持水土保持与土地复垦、治理和开发相结合的原则,工程建设临时占地全部为牧草地,尽量恢复原有地类,以保护草地资源。降低工程建设因占用牧草地,而对当地造成的经济损失的影响。

(9)坚持"适地适树"的原则,在选取树种草种时,尽量采用当地优良的乡土树种、草种,同时,对绿化场地采用宜生长、景观好的植物进行绿化,在防止水土流失的同时达到景观优美的效果。

(10)坚持防治措施布设与主体工程密切配合,相互协调,形成整体的原则。特别是在布设堆渣场堆渣临时防护措施时,要充分考虑施工工艺、时序,做到既能防止水土流失,又不影响主体工程施工。

8.3 水土保持防治措施体系和总体布局

本工程水土流失防治措施应结合水利枢纽工程建设项目水土流失具有"线、面"的特点,来确定水土流失防治的综合措施,明确防治责任。其中,"线"指的是饮水钢管工程、施工道路工程;"面"指的是大坝施工区、占地面积大的施工生产生活区、土料场区和堆弃渣场区。结合水土流失状况进行水土保持措施综合防治,达到有效防止水土流失的目的。水土保持防治措施体系见图8-1。

在水土保持防治责任范围内,针对各区施工布置特点和工程建设及运行中产生的新增水土流失特点,本着"拾遗补缺,避免重复建设"的设计原则,水土流失防治措施体系的设立拟在原有主体工程防护设计的基础上,进行水土保持工程的措施布局,以形成完整的水土保持防护体系。根据水土流失预测和各区水土流失特点分析,本工程的水土流失重点防治区域是取土场区、主体工程区、弃渣场区、施工道路区。

8.4 水土保持新增措施典型设计

8.4.1 主体工程防治区

对主体工程区在土方开挖过程中临时堆存的土方采取临时拦挡和临时覆盖措施,以预防造成新的风蚀,污染环境。临时拦挡采用填筑袋装土摆放在堆土的四周。袋装土土源直接取用开挖土方,单个装土袋长0.8 m,宽0.5 m,高0.25 m,拦挡高度按照三层摆

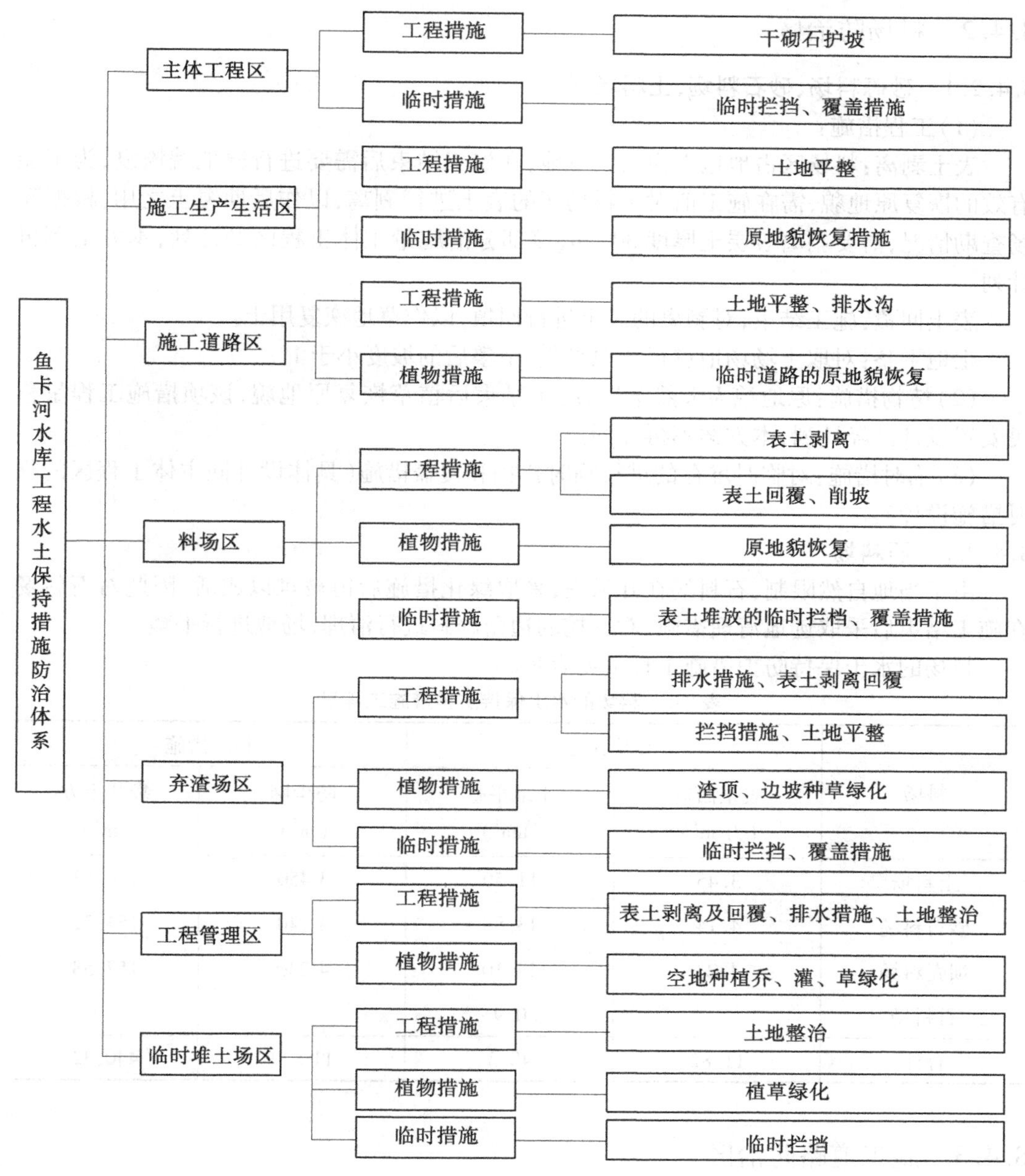

图 8-1　水土保持防治措施体系

放,摆放后拦挡断面面积为 0.45 m^2。为保证摆放稳定,底层袋装土应垂直堆土放置,第二、三层平行于堆土放置。土料场剥离表土堆放高度 3 m,边坡 1∶1。覆盖采取防尘网覆盖。

经估算,需要防尘网 17 528 m^2,需装袋土填筑 311.45 m^3。

8.4.2 料场防治区

8.4.2.1 砂砾料场、砂石料场、土料场区

(1)工程措施:

表土剥离:料场区占地地类为天然草地,在施工结束后需要进行原地貌恢复,为了能有效的恢复原地貌,需在施工前对土料场区的表土进行剥离,以作后期覆土之用,根据现场查勘情况,需要剥离表层土厚度 30 cm,该部分措施量主体工程已经计列,本方案不再计列。

表土回覆:施工结束,对剥离的表土进行回填,以作草地恢复用土。

土地平整:对取土场场地进行场地平整,平整后的坡度小于 1°。

(2)植物措施:原地貌为天然草地,施工结束后植草恢复原地貌,该项措施工程量移民安置设计已经计列,本方案不再计列。

(3)临时措施:对临时堆存的进行临时拦挡和覆盖措施(具体设计同主体工程区的临时措施设计)。

8.4.2.2 石料场

由于当地自然限制,石料场在开采完,采取绿化措施后植被难以成活,因此对石料场在施工结束后采取迹地清理措施,对开挖的边角碎料进行清理,场地进行平整。

料场的水土保持防护措施工程量见表 8-2。

表 8-2 料场的水土保持防护措施工程量

料场	工程措施		临时措施	
	表土回覆（万 m^3）	土地平整（hm^2）	防尘网（m^2）	袋装土方（m^3）
土料场	3.45	11.50	3 450	128.52
砂石料场	4.14	13.80	4 140	154.22
坝壳料场	4.23	14.10	4 230	157.58
石料场		0.9		
合计	11.82	40.3	11 820	440.32

8.4.3 施工道路防治区

本工程共布置了 26.3 km 施工道路,其中永久道路 18 km,临时道路 8.3 km,本方案针对永久道路和临时道路分别采取了不同的防治措施(见表 8-3)并进行了典型设计。

(1)工程措施。

对外道路为永久道路,长 18 km。对永久道路,在道路两侧修建浆砌石排水沟,排水沟尺寸为底宽 40 cm,高 40 cm,内外坡为 1∶1,衬砌厚度 30 cm。排水沟断面尺寸详细见图 8-2。

1 号、2 号、3 号施工道路为临时道路,施工结束后需恢复原地貌,采取土地平整措施。

表 8-3 施工道路区水土保持措施

名称	长度(km)	属性	水土保持措施		说明
			工程措施	植物措施	
对外道路(国道 G314—右坝肩)	18.0	国四,永久	两侧修筑浆砌石排水沟		
1 号道路(对外道路—左岸基坑)	0.8	矿三,临时	土地平整	草地恢复	草地恢复措施在移民专业已经考虑,本方案不重复设计
2 号道路(国道 G314—1 号道路)	7.0	矿二,临时	土地平整	草地恢复	
3 号道路(右岸基坑—1 号道路)	0.5	矿二,临时	土地平整	草地恢复	

(2)植物措施。

由于临时道路占地均为天然草地,该项措施工程量移民安置设计已经计列,本方案不再计列。

经计算,排水沟开挖土方 44 640 m^3,砌筑 M7.5 浆砌石 26 640 m^3,土地平整 8.25 hm^2。

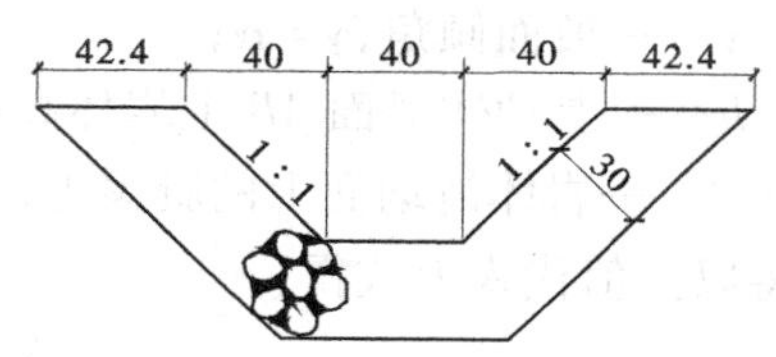

图 8-2 浆砌石排水沟断面图 (单位:cm)

8.4.4 施工生产生活防治区

(1)工程措施。

土地平整:施工结束后采取土地平整及迹地清理。

(2)植物措施。

临时占地区原地貌为天然草地,施工结束植草,进行原地貌恢复。该项措施工程量移民安置设计已经计列,本方案不再计列。

8.4.5 弃渣场防治区

本工程的渣场布置于坝后滩地,渣场底面平均高程 3 040 m,堆渣后渣顶高程为 3 046 m,弃渣场占地面积 5.6 hm^2,其中 1.2 hm^2 位于大坝管理区范围内,渣场容量 54 万 m^3,设计堆渣量 31.72 万 m^3,平均堆渣高度为 5.7 m。设计堆渣边坡为 1:2。根据《水利水电工程水土保持技术规范》(SL 575—2012)规定,弃渣场弃渣量、最大堆渣高度和弃渣场失事对主体工程或环境造成的危害程度确定渣场级别为 5 级,拦渣建筑物级别为 5 级,防洪标准为 10 年一遇。弃渣场特性表见表 8-4。

表 8-4 弃渣场特性表

编号	渣场面积（m^2）	堆渣高程（m）	容量（万 m^3）	堆渣量（万 m^3）	设计堆渣坡度
渣场	5.6	3 046	54	31.72	1:2

8.4.5.1 **弃渣场边坡稳定分析**

边坡稳定性可采用下式进行分析：

$$K = \frac{\tan\varphi}{\tan\alpha} + \frac{4C}{(\gamma h\sin 2\alpha)}$$

式中 K——稳定安全系数；

φ——堆积体内摩擦角，本工程弃渣全是石渣，而且多为角砾状碎石和大块石，根据《水工设计手册》第二卷表 6-3-8 可知，其内摩擦角（或堆放角）均大于 45°，计算时取内摩擦角为 45°；

α——软弱滑裂面 AB 的倾角，分析中与设计边坡一致，为 21.8°；

γ——坡面倾角，$\gamma=\alpha$；

h——滑动体滑面 AB 上岩体高度，$h=0$；

C——岩体滑动面上的凝聚力，本工程弃渣性质为石渣，取 $C=0$。

将以上值代入上式得：

$$K = \tan 45°/\tan\alpha$$

根据上述边坡稳定计算公式进行边坡稳定分析。计算结果为 1.5，边坡稳定系数大于 1.1，说明弃渣场边坡坡度满足边坡稳定要求。

8.4.5.2 **弃渣场防治措施设计**

1. 表土剥离

堆渣前将表土 30 cm 剥离，并集中堆放以作后期渣场绿化覆土之用。

2. 挡渣措施

挡渣墙：在渣场边坡坡脚处布设浆砌石挡渣墙对弃渣进行拦挡，挡渣墙墙体采用重力式结构，墙身、基础均采用 M7.5 浆砌块石，墙身底宽 2 m，顶宽 0.5 m，墙身高度为 2.5 m，其墙面铅直，墙背俯斜，基础厚 0.75 m，基础向墙身前后各延伸 0.3 m，挡渣墙单位体积 5.075 m^3。共设计挡土墙长度为 998 m。浆砌石挡土墙断面见图 8-3。

墙后土压力计算：铅直土压力按上部土重计算，侧向土压力按朗肯主动土压力理论计算。

$$P_a = \gamma H^2 K_a/2 + qHK_a - 2CHK_a^{1/2}$$

式中 γ——土的容重，kN/m^3；

C——土的凝聚力，kPa；

K_a——主动土压力系数，$K_a=\tan^2(45°-\varphi/2)$；

φ——土的内摩擦角。

按正常运行、非常运用两种情况分别进行计算，计算应满足下列各种要求。

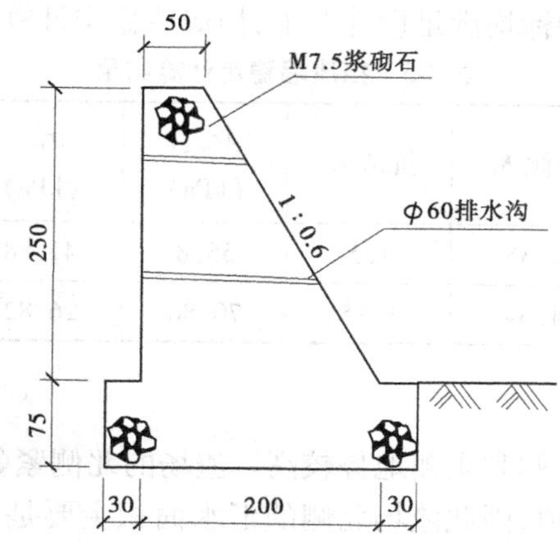

图 8-3　弃渣场挡土墙断面图　（单位：cm）

1）抗倾覆稳定分析

要求挡渣墙在任何不利的荷载组合作用下均不会绕前趾倾覆，且应具有足够的安全系数。

$$K_0 = 抗倾力矩 / 倾覆力矩 \geqslant [K_0]$$

式中　$[K_0]$——容许的抗倾安全系数，取 1.50。

2）抗滑稳定分析

$$K_c = \frac{f\sum G}{\sum H} \geqslant [K_c]$$

式中　K_c——计算的抗滑稳定安全系数；

$[K_c]$——容许抗滑稳定安全系数，基本荷载组合 $[K_c] = 1.30$，特殊荷载组合 $[K_c] = 1.05$；

$\sum G$——竖向力之和；

$\sum H$——水平力之和。

3）地基容许承载力

$$\sigma_{\min}^{\max} = \frac{\sum G}{A}(1 \pm \frac{6e}{B})$$

式中　$\sigma_{\max}$、$\sigma_{\min}$——基底最大和最小压力，kPa；

$\sum G$——竖向力之和，kN；

A——基底面积，m^2；

B——墙底板的高度，m；

e——合力距底板中心点的偏心距，m。

4）应力分布不均匀系数

$$\eta = \sigma_{\max}/\sigma_{\min} < [\eta]$$

式中　η——实际应力分布不均匀系数；

$[\eta]$——基底应力最大值与最小值之比的容许值，采用 $[\eta] = 2.0 \sim 3.0$。

计算结果表明，各项指标均满足设计要求，挡渣墙稳定计算结果见表8-5。

表8-5　挡渣墙稳定计算结果

墙后填料	项目	抗倾 K_0	抗滑 K_c	σ_{max} (kPa)	σ_{min} (kPa)	σ(平均) (kPa)	η
土渣	正常运行	4.35	1.5	55.8	41.88	48.82	1.3
	非常运用	4.64	1.15	70.86	26.82	48.84	2.6

3. 排水措施

根据地形图，渣场的北侧和东侧地势较高。渣场的北侧紧邻2号临时施工道路，2号临时施工道路北侧为溢洪道，因此渣场北侧的汇水面积主要是，溢洪道以下的坡面汇水，汇水面积为2.58 hm^2。渣场东侧为大坝，没有汇水面积。因此，排水措施主要针对排出渣场北侧的上游汇水和渣场顶面的雨水。

(1)排除渣场北侧上游汇水。

渣场上游汇水面积为2.58 hm^2，经计算10年一遇的洪峰流量为4.48×10^{-3} m^3/s，非常少，为排出上游来水，在渣场上游0.5 m处设置梯形浆砌石排水沟，将雨水引入大坝溢洪道内，要求排水沟流量大于等于4.48×10^{-3} m^3/s。排水沟尺寸：底宽0.5 m，深0.5 m，边坡为1∶1，砌石厚度30 cm，设计量0.3 m^3/s，经计算排水长度998 m，排水沟水力计算见表8-6。

表8-6　排水沟水力计算

渠深 (m)	水深 (m)	底宽 (m)	边坡	糙率	过水面积 (m^2)	湿周 (m)	水力半径 (m)	谢才系数	流量 (m^3/s)	流速 (m/s)
0.5	0.30	0.50	1.00	0.025	0.24	1.35	0.178	30.00	0.30	1.27

(2)为了防止渣场顶面雨水对渣场边坡的冲刷，需将渣顶的雨水有序地引出渣场范围，为了达到此目的，设计渣顶挡水土埂+坡面排水沟的排水措施，即渣顶面挡水土埂拦挡雨水，并将雨水有序地引入坡面排水沟中。挡水土埂与边坡距离为0.5 m，挡水土埂顶宽0.4，高0.4 m，边坡1∶1.5。在渣场西侧垂直马道修筑坡面排水沟，将渣顶面来水排出渣场外，坡面排水沟尺寸为：底宽40 cm，高40 cm，内外坡为1∶1，衬砌厚度30 cm。

(3)土地平整：施工结束后对弃渣场的顶面进行土地平整。

4. 植物措施

(1)渣顶绿化：工程结束后，渣场顶部采取植草的方式绿化，混播草籽，草籽选择当地草种碱茅、披碱草、冰草和无芒雀麦，混播比例为1∶1∶1∶1，种植密度为80 kg/hm^2。

(2)护坡措施：渣场边坡采用植草护坡。种植方式和种植密度与渣顶绿化一致。

5. 临时措施

对临时堆存的表土采取临时拦挡措施，临时拦挡采用填筑袋装土摆放在堆土的四周。袋装土土源直接取用开挖土方，单个装土袋长0.8 m，宽0.5 m，高0.25 m，拦挡高度按照三层摆放，摆放后拦挡断面面积为 0.45 m^2。为保证摆放稳定，底层袋装土应垂直堆土放置，第二、三层平行于堆土放置。土料场剥离表土堆放高度 3 m，边坡 1∶1。

弃渣场水土保持防护措施工程量见表 8-7。

表 8-7 弃渣场水土保持防护措施工程量

<table>
<tr><td rowspan="3">弃渣场序号</td><td colspan="6">工程措施</td><td colspan="3">植物措施</td><td>临时措施</td></tr>
<tr><td>剥离表土</td><td colspan="2">挡渣墙</td><td colspan="2">排水沟</td><td rowspan="2">土地平整 (hm²)</td><td>挡水土埂</td><td>护坡</td><td>渣顶绿化</td><td>临时拦挡</td></tr>
<tr><td>剥离表土 (万 m³)</td><td>基础开挖 (m³)</td><td>M7.5 浆砌石 (m³)</td><td>基础开挖 (m³)</td><td>M7.5 浆砌石 (m³)</td><td>填筑土方 (m³)</td><td>植草 (hm²)</td><td>植草 (hm²)</td><td>袋装土方 (m³)</td></tr>
<tr><td>渣场</td><td>1.68</td><td>2 495</td><td>5 089.8</td><td>1 237.52</td><td>738.52</td><td>4.80</td><td>359.28</td><td>0.80</td><td>4.80</td><td>166</td></tr>
</table>

8.4.6 工程管理区

8.4.6.1 工程措施

（1）对工程管理区的建筑用地范围内的土地进行表土剥离，剥离厚度为 30 cm，对剥离的表土回覆在管理区的空闲地内，以便后期绿化。

（2）土地平整：对工程管理区的空闲地采取土地平整及迹地清理。

8.4.6.2 植物措施

工程等级：根据《水利水电工程水土保持技术规范》（SL 575—2012）规定，对于工程永久办公区植被恢复级别定位 1 级。绿化设计应充分考虑景观要求，选用当地的园林树种和草种配置。

在大坝管理区内的空闲地 1 900 m^2 范围内种植些乔、灌木进行绿化，在道路两侧各种植一排绿篱，林下种草绿化（见表 8-8）。

表 8-8 工程管理区水土保持防护措施工程量

工程措施		植物措施			
表土剥离及回覆（万 m^3）	土地平整（hm^2）	种植乔木（株）	种植灌木（株）	植草（hm^2）	绿篱（m）
0.02	0.19	15	300	0.19	80

8.4.7 临时堆料场区

工程临时堆料场区位于大坝下游溢洪道西侧的河滩地内，占地面积为 2.2 hm^2。

8.4.7.1 工程措施

土地平整：施工结束后采取土地平整及迹地清理。

8.4.7.2 植物措施

该区域位于河滩地内，土壤含水量较高，施工结束后，进行植草绿化，撒播草籽，种植密度为 80 kg/hm^2。

8.4.7.3　**临时措施**

在临时堆土期间,对临时堆存的土方采取袋装土方拦挡。袋装土土源直接取用开挖土方,单个装土袋长 0.8 m,宽 0.5 m,高 0.25 m,拦挡高度按照三层摆放,摆放后拦挡断面面积为 0.45 m^2。为保证摆放稳定,底层袋装土应垂直堆土放置,第二、三层平行于堆土放置。

临时堆土场区水土保持防护措施工程量见表 8-9。

表 8-9　临时堆土场区水土保持防护措施工程量

工程措施	植物措施	临时措施
		临时拦挡
土地平整(hm^2)	植草(hm^2)	袋装土方(m^3)
1.88	1.88	175.6

8.4.8　植物措施设计

8.4.8.1　**立地条件分析**

项目区为温带季风大陆性干旱气候,日照充足,气候干燥,冬春季风沙多,降雨稀少,蒸发量大,年平均降水量 82.6 mm,年平均蒸发量 2 167.1 mm,多年平均气温 1.9 ℃,7 月气温最高,平均为 15.5 ℃;1 月最低,平均为 −13.4 ℃,无霜期 108 d,因此水分是该地区植物生长的瓶颈,植物生长期短也是影响植物措施布置的重要因素。

项目区自然植被稀疏,植被覆盖率低,以低矮灌木和草本为主。植物措施布置区域内地形平坦,地面坡度 <5°,土壤类型主要有灰棕漠土。土壤主要特征是:土壤荒漠化,有机质含量低;土壤缺氮、少磷、钾富足;土壤中普遍含盐,偏碱性。

从当地立地条件、生态用水以及各防治区的主要建设内容和施工特点分析确定,道路防治区、施工营地防治区和料场区等防治区不适合设置大量植物措施。本水土保持方案人工植物措施集中布设在工程管理营地的空闲地,以绿化美化为主要目的,另外布置弃渣场和临时堆土场占地范围内的植草,主要为保持水土和原地貌恢复。水库建成后,植物措施灌溉有水源保证。

8.4.8.2　**绿化树草种的选择**

根据对项目区自然和立地条件分析,结合水土保持防护要求,按“适地适树,适地适草”的原则,选择优良的乡土树种和经多年种植已适应环境的树种和草种,要求其抗寒耐旱、耐盐碱、耐瘠薄、固土能力强,兼具水土保持及绿化美化功能;为防止由于树种单一易受病虫害破坏,应尽量选择抗性强的树种并有较合理的构成,同时由于气候条件的特点,不宜选择高大乔木,所选用树种应具备耐修剪的特性。本方案在实地调查的基础上,选择当地适生且生长良好的草种为碱茅、披碱草、冰草和无芒雀麦,其种植方式为四种草种混播,树种可选择新疆杨、青海杨等,灌木可选择白刺、枸杞等。

8.4.8.3 **苗木、种子质量要求**

用于水土保持植物措施的苗木和草籽必须是一级苗和一级种，并且要有“一签、三证”，即要有标签、生产经营许可证、合格证和检疫证。

8.4.8.4 **栽植及抚育管理**

1. 栽植

所用绿化苗木宜选择树形好、抗性强、无病害，根系完整的优质壮苗，起苗时应保证侧根多，主根无劈裂，主杆无擦皮；运输过程中注意保护苗木水分，运到的苗木不能及时栽植时，要做好假植，同时可对苗木采取剪梢、截干、修枝、剪叶、摘芽、泥浆蘸根等处理，也可采用萘乙酸、吲哚乙酸等生长激素和生根粉水浸、沙藏等催根处理。常绿树种及大中型苗木移植时须带土坨，在坑穴底部铺 10 cm 的厩肥。以春季植苗造林为主，乔灌树种以穴状整地为主，绿篱开沟整地，深栽实埋，栽后及时灌水，保证苗木成活。建植草坪的绿化地块需全面整地，表层覆熟土 15 ~ 20 cm，播前保持良好的土壤水分，播种后及时灌水，追施有机肥。

2. 造林种草后的管理技术措施

(1)松土除草：造林后及时松土、除草、施肥。松土与扶苗、施肥等结合进行，对影响幼树生长的高密杂草，要及时割除。

(2)补植、补播：在造林后当年或第二年，根据苗木成活情况，进行补植。对成活率低于85%的或有成块死亡的，需要补植。成活率不合格的草地，及时补播。

(3)灌水：要根据当地情况按适时适量的原则，及时灌溉，管理营地灌溉采用生活区生活用水，用软管引水浇灌。弃渣场灌溉采用库区的洒水车运水，用软管引水浇灌。

(4)幼树管理：根据不同树种，适时进行除蘖、修枝、整形等抚育工作。对具有萌芽能力的，及因干旱、冻害、机械损伤、病虫危害造成生长不良的树种，应及时平茬复壮。对易受冻、旱害的树种，当年冬季应做好防寒(旱)措施，如封冻前灌足冬水，依树种特性、苗木大小分别采用埋土、盖草、塑料棚等防寒措施。同时做好林木的病虫害防治工作。

(5)修剪：对应控制高度的树木定期修剪，要做好幼树期的整形修剪，以晚秋和早春为宜，修枝强度根据树种、年龄、树冠发育状况而定，间隔期 2 ~ 3 年。

8.4.8.5 **植物措施进度安排**

在主体工程完工的同时，及时对各绿化地块进行土地整治，并在第二年 5 月下旬至 6 月上旬造林种草，来年进行补植。

8.5 水土保持措施工程量

本方案水土保持措施工程量包括：各防治区的工程措施、植物措施和临时措施。各防治区水土保持措施工程量汇总详见表 8-10。

表 8-10　各防治区水土保持措施工程量汇总表

编号	措施	工程量名称	单位	数量
一	主体工程区			
（二）	临时措施			
1	临时堆土防护	防尘网	m^2	17 528.00
		袋装土方	m^3	311.45
二	料场区			
（一）	工程措施			
1	表土保护	回覆表土	m^3	118 200.00
2	土地平整		hm^2	40.30
（二）	临时措施			
1	临时覆盖	防尘网	m^2	11 820.00
2	表土临时拦挡	袋装土方	m^3	440.32
三	弃渣场区			
（一）	工程措施			
1	剥离及回覆表土		m^3	16 800.00
2	基础开挖		m^3	2 495.00
3	M7.5 浆砌石（排水沟）		m^3	738.52
4	M7.6 浆砌石（挡土墙）		m^3	5 089.80
5	土地平整		hm^2	4.80
6	土方填筑		m^3	359.28
（二）	植物措施			
1	植草		hm^2	5.60
（三）	临时措施			
1	表土临时拦挡	袋装土方	m^3	166.00
四	施工道路区			
（一）	工程措施			
1	基础开挖		m^3	44 640.00
2	M7.5 浆砌石（排水沟）		m^3	26 640.00
3	土地平整		hm^2	8.25
五	施工生产生活区			
（一）	工程措施			
1	平整土地		hm^2	3.87

续表 8-10

编号	措施	工程量名称	单位	数量
六	临时堆料场区			
（一）	工程措施			
1	平整土地		hm^2	1.88
（二）	植物措施			
1	植草		hm^2	1.88
（三）	临时措施			
1	袋装土方		m^3	175.60
七	工程管理区			
（一）	工程措施			
1	平整土地		hm^2	0.19
2	剥离及回覆表土		m^3	200.00
（二）	植物措施			
1	种植乔木		株	15.00
2	种植灌木		株	300.00
3	绿篱		延米	80.00
4	植草		hm^2	0.19

第 9 章　水土保持工程施工组织设计

9.1　工程量汇总

根据《水利水电工程水土保持技术规范》(SL 575—2012)和《水利水电工程设计工程量计算规定》(SL 328—2005)规定进行工程量调整,项目处于可研阶段,植物措施工程量调整系数为 1.05,工程措施土方开挖和回填工程量调整系数为 1.08,临时工程土方工程量调整系数为 1.13。调整后的唐白河干流防洪治理重点工程水土保持措施量见表 9-1。

表 9-1　鱼卡河水库工程水土保持措施量表

序号	项目	单位	数量
一	工程措施		
1	回覆表土	m^3	12.77
2	土地整治	m^3	59.29
3	剥离及回复表土	万 m^3	1.84
4	基础土方开挖	m^3	50 905.80
5	M7.5 浆砌石(排水沟)	m^3	738.52
6	M7.6 浆砌石(挡土墙)	m^3	5 089.80
7	土方填筑	m^3	388.02
二	植物措施		
1	种植乔木	株	16
2	种植灌木	株	315
3	种植绿篱	延米	88
4	植草	hm^2	13.91
三	临时措施		
1	临时拦挡袋装土方	m^3	1 396
2	防尘网	m^2	37 474.46

9.2　施工条件

对外交通:工程建设区交通便利,有高速公路、国道、省道、县乡公路等,组成了方便快捷的交通网络,在主体工程建设过程中,除充分利用当地交通网络外,工程施工还修建了临时施工道路。根据本工程水土保持措施施工特点,工程施工不需要大型的施工机械设备,仅为普通的交通运输工具、推土机、胶轮车等,当地的交通网络和新建施工便道完全能够满足水土保持措施施工交通运输要求。

材料:水土保持措施建设所需材料主要为防尘网、编织袋、苗木、草籽等,该部分材料均可在当地购买,货源和运距均可满足施工要求。

供水:本工程施工供水以鱼卡河河水作为施工和生产用水水源,从河内抽取根据不同需要处理后使用。

供电:工程施工用电均从坝址东北侧约 6 km 处鱼卡煤矿引接,水土保持工程施工用电从附近主体工程施工处引接。水土保持工程用电负荷均已在主体设计中考虑,因此水土保持工程用电直接从附近的施工区引接。

9.3 施工方法

(1)土地整治:首先通过机械挖出树桩、树根,然后进行深翻,耙磨,将土块碾碎,并使土地得到平整。

(2)土方工程:一般采用人工开挖。临时排水沟土方施工要与主体工程施工同时进行,施工便道开挖的土方可作为垫高路基使用,生产生活区排水沟开挖土方可用于场地平整和垫高之用。施工过程中严格按照相关施工规范要求。

(3)植物工程:主要安排在春季或秋季人工种植。应购买适应性、抗性强的苗木。采用“三埋两踩一提苗”的栽植方法。首先将沟内回填 30 ~ 50 cm 的表土(壤土)和农家肥,翻匀平整后将幼苗放入沟内,回填表土之后将苗轻轻提起,使根系舒展,踩实,再将土回填踩实,做土埂以便于浇水。栽植后要浇水一次,在幼年期对林木进行抚育,保证苗木成活率。

9.4 施工布置

因工程项目较多而且比较分散,各段工程因地制宜进行布置,宜遵循以下原则:施工营地利用主体工程施工生产生活区,不另布设;建筑材料应分类存放在施工区附近或与主体工程相同,并注意有关材料防潮、防湿;施工布置应避免各单项工程间的施工干扰。

9.5 实施进度安排

水土保持方案的实施应按“三同时”制度的要求,与主体工程“同时设计、同时施工、同时投产使用”。根据主体工程施工进度及水土保持工程特点,确定完成水土保持工程期限和年度安排。整个水保工程进度安排应本着先工程措施和土地整治措施,后植物措施的原则进行。在主体工程开工前,应首先进行“三通一平”,主要包括道路、施工场地等的修建及施工准备工作,此部分水土保持措施已经在本方案中进行设计,施工方应根据本方案设计进行施工,做到水土保持施工的三同时。结合主体工程施工建设工程进度图,本方案实施进度安排见表 9-2。

表 9-2　方案实施进度安排表

分区	措施类型		2014年					2015年												2016年												2017年					
			8	9	10	11	12	1	2	3	4	5	6	7	8	9	10	11	12	1	2	3	4	5	6	7	8	9	10	11	12	1	2	3	4	5	6
主体工程区	主体工程																																				
	水保措施	工程措施																																			
		植物措施																																			
		临时措施																																			
弃渣场区	主体工程																																				
	水保措施	工程措施																																			
		植物措施																																			
		临时措施																																			
料场区、临时堆土场区	主体工程																																				
	水保措施	工程措施																																			
		植物措施																																			
		临时措施																																			
施工道路区	主体工程																																				
	水保措施	工程措施																																			
		植物措施																																			
		临时措施																																			
施工生产生活区、工程管理区	主体工程																																				
	水保措施	工程措施																																			
		植物措施																																			
		临时措施																																			

注：实线为主体工程进度，虚线为水保措施进度。

第 10 章　水土保持监测

10.1　监测目的

(1)通过对各项指标的监测,协助建设单位落实水土保持方案,加强水土保持设计和施工管理,优化水土流失防治措施,协调水土保持工程与主体工程建设进度。

(2)通过对项目施工作业方式进行监测,及时、准确地掌握生产建设项目水土流失状况和防治效果,提出水土保持改进措施,减少人为水土流失。

(3)监测过程中及时发现重大水土流失危害隐患,提出水土流失防治对策建议。

(4)水土保持监测成果能全面反映开发建设项目水土流失及其防治情况,提供水土保持监督管理技术依据和公众监督基础信息,促进项目区生态环境的有效保护和及时恢复。

10.2　监测原则

(1)全面监测与重点监测相结合;

(2)以扰动地表为中心进行监测;

(3)以水土流失的重点时序、重点部位、重点工序作为监测重点;

(4)围绕 6 项指标进行监测;

(5)监测点位选取应该有代表性。

10.3　监测范围和监测分区

10.3.1　监测范围

根据工程设计和施工安排,对防治责任范围内的水土流失因子、水土流失状况及水土流失防治效果等内容进行监测。包括水库枢纽区、净水厂区、输水管线区、取土场区、弃渣场区、施工道路区和水库淹没区及其影响区,面积共计 202.53 hm^2。

10.3.2　监测分区

监测分区原则上与水土流失防治分区一致,结合工程施工区域、水土流失程度和特点等进行划分。

10.4 监测时段

监测时段从施工准备期2014年8月开始，至设计水平年2017年结束。

10.5 监测方法

根据《水土保持监测技术规程》，开发建设项目水土流失监测，宜采用地面监测、调查监测和巡查法。结合本工程特点，料场、渣场、主体工程区、临时道路区、施工生产生活区，监测方法采用定点定位监测，设置简易土壤侵蚀观测场外，还采用实地调查、现场巡查相结合的方法进行。主要监测方法说明如下。

10.5.1 地面小区定点监测

采用简易土壤侵蚀观测场法，即在汛期前将直径0.5～1 cm、长50～100 cm(新堆积的土堆要考虑沉降的影响，沉降量大时可加长)的钢钎按一定距离(视坡面面积而定)分上中下、左中右纵横各3排(共9条)打入地下，钉帽与地面齐平，并在钉帽上涂上红漆，编号登记注册。

每次大暴雨后和汛期结束，按编号测量侵蚀厚度。土壤侵蚀量采用公式 $A = ZS/1\,000\cos\theta$ 计算，式中 A 为土壤侵蚀量(m^3)，Z 为侵蚀厚度(mm)，S 为水平投影面积(m^2)，θ 为斜坡坡度值。

10.5.2 现场调查、巡查监测

项目区水土流失因子的监测、水土流失量及水土保持设施的监测采用调查监测的方法。

(1)项目区水土流失因子的监测。水土流失影响因子包括地质、地貌、气候、土壤、植被、水文和土地利用等资料。故采用实地勘测、线路调查等方法对地形、地貌、水系的变化进行监测；采用设计资料分析，结合实地调查对土地扰动面积、程度和林草覆盖度进行监测。

(2)建设过程中的挖填方量及弃土弃渣量监测。建设过程中的挖填方量及弃土弃渣量监测采用详查法。通过查阅设计文件、实地测量和调查，监测建设过程中的挖填方量及弃土弃渣量。

(3)水土保持设施监测。水土保持设施监测采用抽样调查的方法。对施工过程中破坏的水土保持设施数量进行调查和核实，并对新建水土保持设施的质量和运行情况采用随机抽样调查的方式进行监测，如对项目区水土保持防护工程的稳定性、完好程度、运行情况等的监测。

(4)资料收集。向工程建设单位、设计单位、监理单位、质量监督单位等收集有关工程资料，从中分析出对水土保持监测有用的数据。主要资料包括项目区地形图、土地利用现状图及主体工程设计文件；项目区土壤、植被、气象、水文、泥沙资料；监理、监督单位的月报及有关报表等。

（5）询问。通过访问群众，并走访当地水土保持工作人员和有关专家，了解和掌握工程建设造成的水土流失对当地和周边地区的影响。

工程施工期，对施工区施工方式、临时水保措施、施工便道、砂石料临时转运场等进行现场巡查，雨季加强巡视次数，并做好记录，掌握各种可能出现的水土流失问题，及时处理，消除隐患。

现场调查、巡查监测的重点监测内容和要求如下：①工程建设扰动土地面积和水土保持措施防治面积（包括植物措施面积和工程措施面积），以便确定扰动土地治理率；②工程造成水土流失面积和永久建筑物占地面积，以便确定水土流失治理程度；③巡查并量测项目区平均土壤侵蚀模数，并根据项目区允许土壤侵蚀模数确定水土流失控制比；④巡查并量测堆弃渣量和拦渣量，确定拦渣率；⑤巡查并量测植物措施面积，巡查项目区可绿化措施面积，确定植被恢复系数；⑥巡查量测林草措施面积，并根据防治责任范围面积确定林草覆盖率。

10.6 监测内容

水土保持监测的主要内容包括水土流失影响因子监测、水土流失状况监测、水土保持措施防治效果监测，根据工程不同的功能分区及各区的水土流失特点、水土保持防治重点，确定各区的水土保持监测内容和监测重点，并设计相应的监测方法。水土保持监测内容及监测方法见表10-1。

表 10-1 水土保持监测内容和监测方法

时段	监测内容	监测方法
施工准备期	项目区地形、植被、水土流失现状等本底值监测	调查监测
建设期	占地面积及扰动地表面积	调查监测
	水土流失面积、水土流失量、水土流失程度	定位监测、调查监测
	损坏水土保持设施数量和面积	调查监测、场地巡查
	水土流失危害	场地巡查
	弃渣场、取土场场地水土流失	定位监测
设计水平年	防治措施数量和质量	调查监测
	林草措施成活率、保存率、生长情况、覆盖度	调查监测、场地巡查

10.6.1 水土流失影响因子监测

水土流失影响因子主要有植被状况、降雨状况扰动地貌情况等，通过对工程建设期水土流失因子进行监测，获取观测数据，作为项目区水土流失及影响因子的背景值，同时通过各因子的变化进行比较分析，得出监测结果。

（1）植被状况。通过实地全面调查或典型地段观测，对林草植被的分布、面积、种类、生长情况等，计算林地的郁闭度、草地的覆盖度、林草植被覆盖度等指标。植被状况监测每3 个月监测记录一次。

（2）降雨状况。可采用大柴旦气象站气象资料，主要指标包括年降水量、年降水量的季节分布和暴雨情况,监测时段为开工当年至工程施工结束。

(3)扰动地貌情况。采用实地勘测、线路调查等方法对地形、地貌变化进行监测。扰动地貌变化每1个月监测记录一次。

(4)项目占地和扰动地表面积情况。根据设计资料和实地调查对项目实际占地面积变化、扰动地表面积进行监测。项目占地和扰动地表面积每1个月监测记录一次。

(5)填方、借方和弃渣数量情况。通过设计文件和实地量测,监测建设过程中的填方、借方和弃渣数量。共监测多次,重点对施工过程中填方、借方和弃渣数量、土方转运、临时堆土等的变化进行详细的记录,每10天监测记录一次。

10.6.2 水土流失状况监测

采用现场调查的方式,随时对施工组织和工艺提出建议,采取补救措施,以保证最大限度地控制施工造成的水土流失。当日降雨量大于30 mm时,应当进行加测。

(1)水土流失状况。路基边坡和临时堆土边坡采用沟槽监测法估算侵蚀量,取弃土场水土流失量采用建简易水土流失观测场监测,其他地段采用现场调查的方法,根据施工的进度,分期对项目区水土流失面积、水土流失量、水土流失程度等的变化情况进行统计。水土流失状况观测多次,分三个阶段进行:第一阶段观测1次,在水土流失现状调查时进行;第二阶段的观测频次根据水土保持工程的施工阶段安排多次;第三阶段观测1次,在水土保持工程完工后进行。

(2)水土流失危害及其趋势。水土流失危害分析应与原地貌水土流失危害比较分析,以得出较为合理和准确的定性结论。水土流失危害观测多次,分三个阶段进行:第一阶段监测1次,在水土流失现状调查时进行;第二阶段的监测频次根据水土保持工程的施工阶段安排多次;第三阶段监测1次,在水土保持工程完工后进行。因降雨、大风或人为原因发生重大水土流失及危害事件,应于事件发生后1周内完成监测,并向水行政主管部门报告。

10.6.3 水土保持措施防治效果监测

主要监测水土保持设施投入使用初期的防治效果,并对工程的维修、加固和养护提出建议。

(1)防治措施的数量和质量。采用全面调查、实地测量等方法,对各项治理措施面积和保存情况、水土保持工程的数量和质量、水土流失治理度等进行监测,同时对施工中破坏的水土保持设施数量进行调查和核实。本方案设计监测3次,分别在水土流失现状调查、水土保持工程完工和水土保持工程投入使用后的第一个雨季结束时进行。

(2)土地整治工程效果监测。本项目的土地整治对象主要是设施施工场地扰动地表、施工生产生活区和输水管线等区域,采用典型地段调查法进行监测。监测指标包括整地对象、面积、覆土厚度、整治后的土地利用形式等。土地整治工程效果观测2次,分别在工程完成投入使用初期和使用后进行。

(3)林草措施效果监测。采用样方法,对林草措施的成活率、保存率、生长情况及覆盖度进行监测。每3个月监测1次。

10.6.4 水土保持监测设计

根据水土保持监测分区及监测重点区域，布设监测点位，设计工程措施和植物措施监测内容和监测频率。水土保持监测时段、点位、内容及频率等情况见表10-2。

表10-2 水土保持监测时段、点位、内容及频率等情况

监测时段	监测区域	监测点位	监测内容	监测频率
建设期	主体工程区	大坝枢纽基础开挖处设1个监测点	①挖、填方数量及面积；②扰动地表面积，破坏植被面积及程度；③临时堆土的数量、边坡情况；④临时堆土边坡水土流失状况；⑤防护措施数量及防治效果；⑥开挖边坡稳定性以及有无裂缝和变形情况等	①挖、填方数量每10天监测1次，扰动地表面积及程度每个月监测1次；②防护工程防护效果，实施后每月监测1次；③临时堆土边坡水土流失状况雨季（6～9月）每月监测1次，遇暴雨情况加测；④弃渣、借土量在土建施工期前、中、末各1次
	料场区	取土场设1个监测点	①取土数量；②扰动地表面积，破坏植被面积及程度；③临时措施数量及防治效果；④开挖边坡稳定性	①取土、料数量每10天监测1次，扰动地表面积及程度每月监测1次；②临时拦挡工程防护效果，实施后每月监测1次
	弃渣场区	弃渣场设1个监测点	①扰动地表面积，破坏植被面积及程度；②弃渣数量；③临时堆土的数量、边坡情况及临时堆土边坡水土流失状况；④挡墙等防治措施实施情况；⑤渣场边坡稳定性以及有无裂缝和变形情况	①弃渣数量每10天监测1次，扰动地表面积及程度每月监测1次；②拦挡工程、排水工程防护效果，实施后每月监测1次；③临时堆土边坡水土流失状况雨季（6～9月）每月1次，遇暴雨情况加测
	施工生产生活区	生产生活区设1个监测点	同主体工程区的②③⑤	同主体工程区的①②③
	施工道路区	路基填筑	同主体工程区的①②③⑤	同主体工程区的①②③

续表 10-2

监测时段	监测区域	监测点位	监测内容	监测频率
设计水平年	主体工程区	大坝枢纽基础开挖处设1个监测点	①水土流失量变化;②防治措施数量和效果,水土流失治理面积,减少水土流失量情况、拦蓄效果	①水土流失量监测在汛期6~9月进行,大雨后及时加测;②工程措施防治效果,每月监测1次;③水土流失治理面积,每年秋末监测1次
	弃渣场区	弃渣场设1个监测点	①水土流失量变化;②植被生长状况、成活率、覆盖度、防治侵蚀效果;③防治措施数量和效果,水土流失治理面积,减少水土流失量情况、拦蓄效果;④土地整治面积及效果	①水土流失量监测在汛期6~9月进行,大雨后及时加测;②植被生长、成活率、盖度及防治土壤侵蚀效果每3个月监测1次;③工程措施防治效果,每个月监测1次;④水土流失治理面积,每年秋末监测一次;⑤土地整治面积及效果,在工程实施前后各测1次
	取土场区	取土场设1个监测点	同弃渣场区的①②③④	同弃渣场区的①②③④⑤
	施工生产生活区	生产生活区设1个监测点	同弃渣场区的①②③④	同弃渣场区的①②③④⑤
	施工道路区	对外道路1个监测点	同弃渣场区的①③	同弃渣场区的①③④

10.7 监测工作量

本项目水土保持监测利用临时工程布置施工区出口的沉淀池进行监测,因此没有监测土建设施。监测过程中所需要的监测设施、消耗性材料详见表10-3、表10-4。施工第一年由于施工项目多,地点分散,因此需安排3名监测人员,第二、三年按2人考虑。所需监测设备由该项目监测实施单位根据工程监测的实际需要落实。

10.8 监测制度

建设单位应委托具有甲级水土保持监测资质单位，按照有关规定、规范对防治责任范围内的水土流失和水土保持防治情况进行监测，监测资料应及时进行分项整理分析，建立监测档案，每年年底进行年度总结，编制监测报表和报告，向建设单位及相应水行政主管部门汇报监测成果。水土保持监测技术报告应满足水土保持工程专项验收的要求。项目完工后，应当编制项目水土保持监测技术报告，作为水土保持专项工程竣工验收的依据，通过对监测成果的分析，明确6项水土流失防治指标。监测单位在监测过程中应当建立、健全以下监测制度。

(1)监测设备检验制度。

监测设备、设施使用前，应当根据有关技术规程或规范进行试验、校正，保证监测成果的准确性；在监测过程中，每个监测年度初应当对监测设施、设备进行检查、试验。

(2)档案资料管理制度。

监测单位应当对承担的监测项目建立专项档案，并有专人负责进行管理，对监测数据应当按照相应规定，做好数据的整编、分析、评价、归档和保密工作。

(3)重大水土流失事件上报制度。

施工期间因施工造成的重大水土流失事件应于事件发生后1周内上报青海省水行政主管部门，及时采取防治措施，减少水土流失危害。

(4)监测通报制度。

监测单位应建立汛期月报、非汛期季报的制度，定期编制监测月(季)报告或报表，汛期应提交雨季季度监测报告，将水土保持监测成果向业主和水行政主管部门汇报或备案。

(5)监测报告制度。

施工前，应向有关水行政主管部门报送《生产建设项目水土保持监测实施方案》；施工期间，应于每个季度的第一个月内报送上季度的《水土保持监测季度报告》，每年年终编制年报，于次年1月上报，年度监测成果报上一级监测网统一管理；施工结束，水土保持监测任务完成后，应于3个月内报送《水土保持监测总结报告》。

10.9 监测机构

监测机构应委托具有水保监测乙级和乙级以上资质单位进行。

10.10 监测设施和设备

根据工程总体布置情况，本工程共布置5个监测点，具体实施时依据监测内容和监测目标布设临时监测样区，实施水土流失定点监测。在选定的监测区中，每处布置1个简易水土流失观测场，观测场建设尺寸按照《中华人民共和国水利行业标准水土保持监测技术规程》中规定确定。

监测小区需要配备的常规监测设备包括自记雨量计、蒸发皿、取样瓶、烘箱、物理天平和测钎等处理设备。

针对该项目购置的监测设备计入本方案投资估算,其他常规监测设备由监测单位自备,不计入本方案估算中。监测样区的土建建设费用根据监测小区布设情况也在投资估算中计算。

本工程所需水土保持监测设备详见表10-3、表10-4。

表10-3　易耗水土保持监测设备

序号	设备名称	单位	数量
1	自记雨量计	台	5
2	集雨设备	套	5
3	风向风速仪	台	5
4	钢钎	根	225
5	其他设备		10%
6	其他材料费		15%

表10-4　水土保持监测设备

序号	设备名称	单位	数量
1	干燥器	个	5
2	烘箱	台	2
3	土壤水分测定仪	套	1
4	过滤装置	套	2
5	电子天平	台	2
6	手持型 GPS	部	3
7	计算机	台	6
8	打印机	台	1
9	扫描仪	套	1
10	其他仪器设备		10%
11	消耗性材料费		10%

第 11 章　水土保持投资估算与效益分析

11.1　水土保持投资估算

11.1.1　编制范围

估算编制范围:青海省海西州鱼卡河水库工程水土保持方案报告书设计内容。

11.1.2　编制原则

本项目水土保持方案投资估算编制,以主体工程的估算编制定额为依据,不足部分依据水利部颁发标准,适当结合地方标准。

(1)主体工程中具有水土保持功能的投资,计入本方案;

(2)主要材料价格及建筑工程单价根据《开发建设项目水土保持工程概(估)算编制规定》确定;

(3)种苗单价依据当地价格水平确定;

(4)水土保持补偿费按照《青海省水土保持设施补偿费、水土流失防治费征收管理办法(试行)》计算,并纳入水土保持方案新增总投资中;

(5)投资估算表格采用《开发建设项目水土保持工程概(估)算编制规定》中的相应表格形式。

11.1.3　编制依据

(1)《开发建设项目水土保持工程概算定额》(水利部水总〔2003〕67 号);

(2)《开发建设项目水土保持工程概(估)算编制规定》(水利部水总〔2003〕67 号);

(3)《水利建筑工程概算定额》(水利部水建〔2002〕116 号);

(4)《工程勘察设计收费管理规定》(国家计委、建设部计价格〔2002〕10 号);

(5)《关于发布工程监理费有关规定的通知》(国家物价局 建设部〔1992〕价费字 479 号);

(6)《国家计委关于加强对基本建设大中型项目概算中“价格预备费”管理有关问题的通知》(国家发计委计投资〔1999〕1340 号);

(7)《国家计委收费管理司、财政部综合与改革司关于水利建设工程质量监督收费标准及有关问题的复函》(计司收费函〔1996〕2 号);

(8)《国家发展和改革委员会办公厅、建设部办公厅关于印发修订建设监理与咨询服务收费标准的工作方案的通知》(发改办价格〔2005〕632 号);

(9)《开发建设项目水土保持设施验收管理办法》(水利部第 16 号令);

(10)《关于开发建设项目水土保持咨询服务费用计列的指导意见》(保监〔2005〕22号);

(11)《青海省海西州鱼卡河水库工程可行性研究报告》。

11.1.4 估算水平年

水土保持方案是工程项目的组成部分,其价格水平年与主体工程概(估)算的价格水平年相一致,采用2012年第一季度价格水平。

11.1.5 投资估算编制方法和费用构成

11.1.5.1 编制办法

水土保持工程投资计算方法:结合当地实际情况和标准,先确定人工、水、电、材料、苗木、机械台班等的基础价格,编制建筑工程及植物措施单价,再按照工程量乘以单价编制建筑工程、植物工程、临时工程的投资估算,按照编制规定的取费标准计算独立费用,再计算总投资,并根据水土流失防治工程进度的安排,编制分年度投资。

11.1.5.2 基础单价

(1)人工预算单价。

按照工资区划分规定,工程所在地为七类工资区。另外,根据《关于实施艰苦边远地区津贴的方案》(人事部、财政部,2001年2月8日)项目区属于三类地区,地区津贴为160元/月;项目区海拔在3 000~3 200 m,高程调整系数为1.2。按照水总〔2002〕116号文,确定人工预算单价如下:工程措施人工单价为4.89元/h,植物措施人工单价为4.14元/h。

(2)施工用电、水价格。

施工用电、水按照主体工程标准计取,电0.78元/(kW·h),水1元/m^3。

(3)材料预算单价。

工程措施和临时措施的主要及次要材料采用主体工程的材料预算单价;植物措施的材料单价=当地市场价格+运杂费+采购保管费,其中采购保管费按材料运到工地价格的2%计算。

(4)施工机械台时费。

以主体工程使用的施工机械台时费为主,水保措施中需要使用但主体工程没有的施工机械台时费,项目区海拔在3 000~3 200 m,高程调整系数为1.45。按照《开发建设项目水土保持工程概算定额》中附录一"施工机械台时费定额"计算。

(5)原地貌恢复措施中,天然草地的恢复措施中植草的单价,根据《关于我省草原植被恢复收费标准及有关问题的通知》(青发改收费〔2010〕1731号)中高寒草原的恢复单价2 890元/亩,即4.33元/m^2计列。

11.1.5.3 费用构成

本水土保持方案投资费用共两大块:水土保持工程费用和水土保持补偿费行政性收费。其中水土保持工程费用,根据《开发建设项目水土保持工程概(估)算编制规定》和《关于开发建设项目水土保持咨询服务费用计列的指导意见》编制、计列,共包括工程措施、植物措施、施工措施、独立费用、基本预备费等。水土保持补偿费则依据《财政部 国家发展改革委关于发布2007年全国性及中央部门和单位行政事业性收费项目目录的通知》(财综〔2008〕10号)和青海省相关规定执行。

1. 工程措施和植物措施

水土保持工程措施和植物措施工程单价由直接工程费、间接费、企业利润和税金组成。工程单位各项的计算或取费标准如下:

(1)直接工程费,按直接费、其他直接费、现场经费之和计算。

直接费:按照《开发建设项目水土保持工程概算定额》计算,其中人工工资直接采用主体工程的人工预算单价;建筑材料价格按当地市场价格计算。

其他直接费:工程措施取直接费的2.0%,植物措施取直接费的1.5%。

现场经费费率,见表11-1。

表11-1 现场经费费率

序号	工程类别	计算基础	现场经费费率(%)
1	土石方工程	直接费	5
2	混凝土工程	直接费	6
3	植物及其他工程	直接费	4

(2)间接费费率,见表11-2。

表11-2 间接费费率

序号	工程类别	计算基础	间接费费率(%)
1	土石方工程	直接工程费	5
2	混凝土工程	直接工程费	4
3	植物及其他工程	直接工程费	3

(3)企业利润。

工程措施按直接工程费与间接费之和的7%计算,植物措施按直接工程费与间接费之和的5%计算。

(4)税金。

税金按直接工程费、间接费、企业利润之和的3.284%计算。

2. 施工临时工程费

本方案已规划的施工临时工程(如临时排水设施、临时拦挡设施等),按设计方案的工程量乘单价计算,其他临时工程费按"第一部分工程措施"与"第二部分植物措施"投资之和的2%计算。

3. 独立费用

建设单位管理费:按第一至三部分之和的2%计算,并与主体工程建设管理费合并使用,以满足水土保持专项工程评估验收的需要。

工程建设监理费:根据发改办价格〔2005〕632号中关于水土保持工程监理费的规定,

本项目水土保持工程监理期为2.5年(从工程施工准备开始至水土保持工程验收结束),监理人员数量2人,水土保持监理费按100 000元/(人·年)计算,本项目工程建设监理费总计50万元。

科研勘测设计费:勘测设计费和水土保持方案编制费,其中勘测设计费包括主体报告本专业编制费用、初步设计与施工图设计等费用,勘测设计费按国家计委、建设部计价格〔2002〕10号文《工程勘察设计费收费标准》计算计列,经计算勘测设计费为36.55万元。水土保持方案编制费按照水保监〔2005〕22号文规定计列72万元,经计算,本项目科研勘测设计费总计108.55万元。

水土保持监测费:按照水保监〔2005〕22号文规定计列。经计算,水土保持监测费为75万元。

水土保持工程验收技术评估报告编制费:参照水保监〔2005〕22号文结合本工程实际情况,水土保持工程验收技术评估报告编制费为45万元。

4. 基本预备费

基本预备费按第一至四部分之和的6%计算。

5. 水土保持设施补偿费

根据《中华人民共和国水土保持法》《青海省水土保持设施补偿费、水土流失防治费征收管理办法(试行)》,损坏地貌、植被使之降低或丧失保持水土功能的,按破坏面积,每平方米征收0.5元的水土流失补偿费。本工程水土保持设施补偿费为48.52万元,由当地水行政主管部门根据有关规定负责征收。

11.1.6 投资估算结果

经估算,青海省海西州鱼卡河水库工程水土保持方案估算总投资2 734.51万元,其中水保方案新增投资1 744.51万元,主体有的水保投资990万元。新增投资中工程措施投资1 188.53万元;植物措施投资36.96万元,临时措施投资61.78万元;独立费用304.3万元;基本预备费95.49万元;损坏水土保持补偿费57.45万元。投资估算表详见表11-3~表11-8。

表11-3 水土保持方案总估算表 (单位:万元)

序号	工程或费用名称	建安工程费	植物措施费		独立费用	合计	备注	
			栽(种)植费	种子/苗木费			新增	主体已列
第一部分	工程措施	2 178.53				2 178.53	1 188.53	990
1	主体工程区	651.59				651.59		651.59
2	料场区	484.23				484.23	145.82	338.41
3	弃渣场区	229.17				229.17	229.17	
4	施工道路区	811.67				811.67	811.67	
5	施工生产生活区	0.76				0.76	0.76	

续表 11-3

序号	工程或费用名称	建安工程费	植物措施费		独立费用	合计	备注	
			栽(种)植费	种子/苗木费			新增	主体已列
6	临时堆料场区	0.37				0.37	0.37	
7	工程管理区	0.74				0.74	0.74	
第二部分	植物措施		35.25	1.71		36.96	36.96	
1	主体工程区							
2	料场区							
3	弃渣场区		25.46			25.46	25.46	
4	施工道路区							
5	施工生产生活区							
6	临时堆料场区		8.55			8.55	8.55	
7	工程管理区		1.24	1.71		2.95	2.95	
第三部分	临时措施	61.78				61.78	61.78	
1	主体工程区	16.81				16.81	16.81	
2	料场区	16.14				16.14	16.14	
3	弃渣场区	2.10				2.10	2.10	
4	施工道路区							
5	施工生产生活区							
6	临时堆料场区	2.22				2.22	2.22	
7	工程管理区							
8	其他临时工程	24.51				24.51	24.51	
第一至三部分之和		2 240.31	35.25	1.71		2 277.27	1 287.27	990
第四部分	独立费用				304.3	304.3	304.3	
一	水土保持建设管理费				25.75	25.75	25.75	
二	水土保持监理费				50	50	50	
三	科研勘测设计费				108.55	108.55	108.55	
四	水土保持设施竣工验收费				45	45	45	
五	水土保持监测费				75	75	75	
第一至四部分合计		2 240.31	35.25	1.71	304.3	2 581.57	1 591.57	990
基本预备费					95.49	95.49	95.49	
水土保持设施补偿费					57.45	57.45	57.45	
总投资		2 240.31	35.25	1.71	457.24	2 734.51	1 744.51	990

表 11-4　工程措施分项投资表

编号	措施		单位	数量	单价(元)	合价(万元)
	工程措施					1 188.53
一	主体工程区					
二	料场区					145.82
1	表土保护	回覆表土	m^3	127 656	10.8	137.87
2	土地平整		hm^2	40.3	1 972.38	7.95
三	弃渣场区					229.17
1	剥离及回覆表土		m^3	18 144	32.33	58.66
2	基础开挖		m^3	2 694.6	7.91	2.13
3	M7.5 浆砌石(排水沟)		m^3	738.52	289.752	21.4
4	M7.6 浆砌石(挡墙)		m^3	5 089.8	284.675	144.89
5	土地平整		hm^2	4.8	1 972.38	0.95
6	土方填筑		m^3	388.02	29.27	1.14
四	施工道路区					811.67
1	基础开挖		m^3	48 211.2	7.91	38.14
2	M7.5 浆砌石(排水沟)		m^3	26 640	289.752	771.9
3	土地平整		hm^2	8.25	1 972.38	1.63
五	施工生产生活区					0.76
1	土地平整		hm^2	3.87	1 972.38	0.76
六	临时堆料场区					0.37
1	土地平整		hm^2	1.88	1 972.38	0.37
七	工程管理区					0.74
1	土地平整		hm^2	0.19	1 972.38	0.04
2	剥离及回覆表土		m^3	216	32.33	0.7

表 11-5　植物措施分项投资表

序号	项目	单位	数量	种植单价（元）	植物苗木单价（元）	合计（万元）
二	植物措施					36.96
（一）	工程管理区					2.95
1	种植乔木					0.04
	苗木	株	16	2.35	25.5	0.04
2	种植灌木					0.22
	苗木	株	315	0.47	6.63	0.22
3	种植绿篱	m	84	11.86	204	1.81
4	植草					0.88
	种植（芨芨草、针茅）	hm^2	0.20	43 300		0.88
（二）	弃渣场区					25.46
1	渣顶绿化植草	hm^2	5.04	43 300		21.83
2	护坡植草	hm^2	0.84	43 300		3.63
（三）	临时堆料场区					8.55
1	植草	hm^2	1.974	43 300		8.55

表 11-6　施工临时措施分项投资表

序号	项目	单位	数量	单价	投资（万元）
三	临时措施				61.78
（一）	主体工程区				16.81
1	临时拦挡袋装土方	m^3	351.94	111.89	3.94
2	覆盖防尘网	m^2	19 806.64	6.5	12.87
（二）	料场区				16.14
1	临时拦挡袋装土方	m^3	497.56	111.89	5.57
2	覆盖防尘网	m^2	13 356.6	6.5	10.57
（三）	弃渣场区				2.10
1	临时拦挡袋装土方	m^3	187.58	111.89	2.10
（四）	临时堆料场区				2.22
1	临时拦挡袋装土方	m^3	198.428	111.89	2.22
（五）	其他临时工程		1 225.49	2.00%	24.51

表 11-7 独立费用分项投资表

序号	工程或费用名称	取费基础(元)	取费费率	合计(万元)	说明
一	建设单位管理费	1 287.27	2.00%	25.75	以新增投资的一至三部分之和为基数
二	工程建设监理费	2 人 2.5 年	100 000 元/(人·年)	50	2 人 2.5 年
三	科研勘测设计费			108.55	
1	勘测设计费			36.55	按 10 号文计算
2	水土保持方案编制费	主体土建投资 1.47 亿		72	按水保监〔2005〕22 号文计算
四	水土保持监测	主体土建投资 1.47 亿		75	按水保监〔2005〕22 号文计算
五	水土保持工程验收技术评估报告编制费			45	参考保监〔2005〕22 号文计算
合计				304.3	

表 11-8 水土保持措施分年度投资表

工程或费用名称	投资金额(万元)	年度投资(万元)		
		2014 年	2015 年	2016 年
第一部分 水土保持工程措施	2 178.53	1 513.40		665.13
第二部分 水土保持植物措施	36.96	2.29		34.67
第三部分 施工临时工程	61.78	15.44	27.80	18.54
第四部分 独立费用	304.30	219.30	15.00	70.00
第一至四部分合计	2 581.57	1 750.43	42.80	788.34
基本预备费	95.49	57.29	19.10	19.10
水土保持设施补偿费	57.45	57.45		
总投资	2 734.51	1 865.17	61.90	807.44

11.2 效益分析

11.2.1 效益分析的依据和原则

11.2.1.1 效益计算依据

《水土保持综合治理 效益计算方法》(GB/T 15774—1995)。

11.2.1.2 效益分析方法

水土保持方案各项措施的实施,可以预防或治理开发建设项目因工程建设造成的严重的水土流失,这对改善当地生态经济环境,保障公路安全运营都具有极其重要的意义。

方案各项措施实施后的效益,主要表现为生态效益、社会效益和经济效益。

11.2.2 生态效益

11.2.2.1 控制水土流失量的预测

由“水土流失预测”可知,如果不采取措施,工程建设造成的水土流失总量为46 413 t,新增水土流失量为34 022 t,在预测期内原有水土流失量(水土流失背景值)为12 391 t。

1. 设计水平年土壤侵蚀模数的确定

到设计水平年时,主体工程区总占地面积为28.60 hm^2,扰动面积均作为建筑物和硬化面积,不存在水土流失,因此主体工程区的侵蚀模数为975 t/(km^2 · a);到设计水平年时,砂石料场、坝壳填筑料场、取土场、临时堆料场均进行了牧草地恢复,石料场采取了迹地清理措施;到设计水平年时,弃渣场区渣场边坡全部采取了干植物措施护坡,渣场顶面全部植草绿化;到设计水平年时,施工生产生活区、施工临时道路全部进行土地整治和草地恢复,永久道路路面采取硬化和路两侧排水措施;因此到设计水平年时,通过各项措施的防护,建设范围内永久建筑物、永久道路及广场区域内水土流失轻微,可以忽略不计,其他占地区通过平整、绿化和草地恢复等措施,预计植被覆盖度达到70%以上。通过分析和咨询,水土保持治理措施实施后,预测各区域土壤侵蚀模数将会大大降低,预测项目区土壤侵蚀模数将会降至992 t/(km^2 · a)以下。设计水平年土壤侵蚀模数确定为992 t/(km^2 · a)。

2. 水土保持措施实施后控制的水土流失量预测

工程建设期内,如果不采取措施,工程建设造成的水土流失总量为46 413 t。通过防治措施,水土流失大大减轻,通过水土保持措施可减少水土流失量27 184 t。

11.2.2.2 水土保持方案治理目标分析

水土保持方案实施后,通过原主体工程设计的防护措施和本次水土保持方案设计的措施,项目区水土流失可以得到有效的控制。通过本方案的水土保持措施,造成水土流失面积全部得到治理,方案实施后,通过预测计算6项指标均达到防治目标值。

(1)扰动土地的治理率:本项目扰动土地总面积为114.89 hm^2。永久建筑物占地面积+水保措施防治面积为109.94 hm^2,计算出项目区扰动土地的治理率为95.69%,达到了防治目标值。

(2)水土流失治理程度：水土流失治理达标面积为103.92 hm^2，项目建设造成水土流失面积为114.89 hm^2，项目区水土流失治理度为90.45%，达到了防治目标值。

(3)水土流失控制比：通过上节的计算分析，责任范围内采取水土保持措施后，项目区平均土壤侵蚀模数降到992 t/(km^2·a)以下，项目区允许土壤侵蚀模数为1 000 t/(km^2·a)，因此水土流失模数的控制比限制在1.01，达到了防治目标值。

(4)拦渣率：通过治理措施，对弃渣全部进行拦挡，其他部位的临时堆弃土也采取临时拦挡措施和临时排水措施进行防护，施工过程中的运输掉渣等少量渣土可以通过加强施工管理和优化施工组织设计进行减免，这些弃渣可以忽略不计。项目区拦渣率预测计算值为99.57%，达到了防治目标值。

(5)林草植被恢复率：土料场、砂石料场、坝壳填筑料料场、临时堆料场和临时施工道路以及生产生活区中的临时占地，占地地类为牧草地，占地面积为58.12 hm^2，在施工结束后，本方案设计了土地整治措施，移民安置专业采取了牧草恢复措施，本方案在预测林草植被恢复系数中将牧草地恢复面积×0.9作为植物措施面积计列；另外，工程管理区范围内林草植被面积0.2 hm^2。综上所述，林草植被面积为54.39 hm^2，可绿化措施面积为59.52 hm^2，项目区植被恢复系数为91.39%。

(6)林草覆盖率：林草植被面积为54.39 hm^2，项目建设区面积为114.89 hm^2（扣除了水库淹没区面积），计算出项目区总的林草覆盖率为47.34%。

通过水土保持方案的实施，项目区水土流失治理效果均达到或超过治理目标，详见表11-9、表11-10。

表11-9 水土保持方案各项面积统计表

序号	项目	面积（hm^2）
1	损坏水保设施面积	114.89
2	扰动地表面积	114.89
3	责任范围面积	202.53
4	项目建设区面积	193.89
5	直接影响区面积	8.64
6	水土保持措施防治面积	109.94
7	防治责任范围内可绿化面积	59.52
8	已采取的植物措施面积	54.39

表 11-10　工程水土保持方案治理目标预测分析表

评估指标	计算依据	单位	主体工程区	料场区	施工生产生活区	弃渣场区	施工道路区	工程管理区	临时堆料场区	合计	计算结果
扰动土地整治率	水保措施面积+建筑面积	hm^2	22.45	40.3	3.87	5.6	35.25	0.27	2.2	109.94	超过目标值95%
	扰动地表面积	hm^2	27.40	40.3	3.87	5.6	35.25	0.27	2.2	114.89	
	设计达到值(%)		81.93	100	100	100	100	100	100	95.69	
水土流失治理度	水土流失治理达标面积	hm^2	22.45	36.27	3.48	5.04	34.43	0.27	1.98	103.92	超过目标值85%
	区内水土流失面积	hm^2	27.40	40.3	3.87	5.6	35.25	0.27	2.20	114.89	
	设计达到值(%)		81.93	90	100	100	100	100	90	90.45	
控制比	侵蚀模数达到值	$t/(km^2 \cdot a)$	975	1 050	1 050	1 050	920	920	1 050	992	达到目标值1
	侵蚀模数容许值	$t/(km^2 \cdot a)$	1 000	1 000	1 000	1 000	1 000	1 000	1 000	1 000	
	设计达到值		1.03	0.95	0.95	0.95	1.09	1.09	0.95	1.01	
拦渣率	设计拦渣量	万 m^3	31.33	11.82	1.16	33.40		0.02	11.96	89.69	达到目标值85%
	弃渣量	万 m^3	31.72	11.82	1.16	33.40		0.02	11.96	90.08	
	设计达到值(%)		98.78	100	100	100		100	100	99.57	
植被恢复系数	林草植被面积	hm^2	0	36.27	3.48	5.04	7.43	0.19	1.98	54.39	根据工程实际情况而定
	可绿化面积	hm^2	0	39.4	3.87	5.6	8.25	0.19	2.20	59.52	
	设计达到值(%)		100	100	100	100	100	100	100	91.39	

续表 11-10

评估指标	计算依据	单位	主体工程区	料场区	施工生产生活区	弃渣场区	施工道路区	工程管理区	临时堆料场区	合计	计算结果
林草覆盖率	林草植被面积	hm^2	0.00	36.27	3.48	5.04	7.43	0.19	1.98	54.39	根据工程实际情况而定
	项目建设区面积	hm^2	27.40	40.30	3.87	5.60	35.25	0.27	2.20	114.89	
	设计达到值(%)		0.00	90.00	89.95	90.00	21.06	72.01	90.00	47.34	

11.2.3 社会效益

水土保持方案实施后,通过采取绿化、草地恢复措施,建设区水土流失基本得到控制。水土保持方案实施后,减少水土流失危害,减少下游河道含沙量和退水入河泥沙量,保障工程安全,恢复和改善项目区生态环境,对当地及周边经济社会的持续发展都具有积极意义。同时,本方案的实施将对当地水土保持工作起到积极的促进作用。

第 12 章　水土保持工程管理

为贯彻落实《中华人民共和国水土保持法》《中华人民共和国水土保持法实施条例》和国家计委、水利部、国家环保局发布的《开发建设项目水土保持方案管理办法》,确保青海省海西州鱼卡河水库工程水土保持方案顺利实施。在本方案实施过程中,业主单位应切实做好水保工程的招投标工作,落实工程的设计、施工、监理、监测工作,要求各项任务的承担单位具有相应的专业资质,尤其要注意在合同中明确承包商的水土流失防治责任。同时,依法成立方案实施组织领导小组,联合水行政主管部门做好水土保持工程的竣工验收工作。

12.1　落实后续设计

按照《中华人民共和国水土保持法》有关条款的规定,“建设项目中的水土保持设施,必须与主体工程同时设计、同时施工、同时投产使用”。本方案批复后,建设单位应按水土保持方案报告提出的防治措施,委托具有相应工程设计资质的单位完成水土保持部分的初步设计和施工图设计,对水保措施进行优化调整;在施工过程中,由于各种无法预测的因素,如果主体工程设计变更,水土保持方案需变更的要按相应程序报批;主体工程的招投标文件中应包含水土保持方案的内容。

12.2　加强施工管理,明确施工责任

水土保持工程建设应与主体工程一起,实行招标投标制,建设单位应将本项目水土保持方案纳入主体工程施工招标合同,明确承包商以及外购土石料的水土流失防治范围和防治责任。

(1)对发包合同提出要求:工程发包书中要明确水土保持要求,根据水土保持“三同时”原则,在招标合同中明确各标段的水土保持防治责任范围、方案措施量、施工单位的水土保持责任和义务,按照水保方案中水土保持措施建设工序和要求进行。

(2)明确承包商防治水土流失的责任:承包商要严格按照招标合同要求及水土保持方案要求,在文明施工的同时,做好水土保持工作,不得超占工程征地和水土保持防治责任范围。承包商不得违反《中华人民共和国水土保持法》,有义务向自己的施工队伍宣传水土保持法律法规。对于承包商及其施工队伍违反水土保持法的,水土保持监理人员和水土保持监督部门有权令其改正,不听劝阻的,有权令其停工。施工中应做好施工记录和有关资料的管理存档,以备监督检查和竣工验收时查阅。

(3)明确外购土石料的水土流失防治责任:建设单位对于承包商的外购砂石料,若在本方案水土流失防治责任范围以外时,在供应合同中应明确水土流失防治责任。

12.3 实行水土保持工程建设监理制

鱼卡河水库及供水工程的水保工程，在监理合同招标时，要明确指出监理机构应具有水土保持工程监理甲级资质，或要求监理单位聘请注册水土保持生态建设监理工程师从事水保监理工作，评标委员会应对资质证书严格审查，确保监理人员的专业水平，以便在水土保持工程施工中及时发现问题，及时下达处理意见，控制水土流失，切实把水土保持方案落到实处。

建设单位应就本工程的水土保持监理作出承诺。

12.4 落实水土保持监测工作

建设单位应按照水土保持方案中提出的监测要求，委托具有水土保持监测甲级资质的单位进行本工程的水土保持监测，切实把水土保持监测落到实处。监测单位按照水土保持方案中提出的监测要求编制详细的监测实施计划，提出具体的监测地点、所使用的监测方法和监测仪器设备等；对原始监测结果应存档、综合分析、平衡误差，将监测成果定期上报水行政主管部门，监测结果应对外发布。水土保持设施竣工验收时提交监测专项报告。

建设单位应就本工程的水土保持监测作出承诺。

12.5 加强水土保持监督管理工作

在方案组织实施过程中，监理单位应切实负起责任，委派具有水土保持生态建设监理资质的监理工程师进行监理工作。水保监理工程师要及时对本工程水土保持方案的实施进度、质量、资金落实等情况进行监督管理，保证水土保持方案高标准、高质量、按进度完成。同时，应积极接受当地水行政主管部门的监督检查。方案每年的实施情况，都要写出年度总结报告，由当地水行政主管部门进行年检。

12.6 落实方案组织实施方式

根据《中华人民共和国水土保持法》及《中华人民共和国水土保持法实施条例》的规定，本水土保持方案原则上由建设单位组织实施，如果建设单位不愿组织实施或组织实施有困难的，由建设单位提出，经本方案批准机关同意，可由水行政主管部门组织实施。由建设单位组织实施的，建设单位要落实水土保持工程的施工单位、监理单位和监测单位等，要签署合同，明确责任，制定各项规章制度。

12.7 切实做好竣工验收工作

按照三同时制度，水土保持工程应与主体工程同时竣工验收。主体工程验收时，必须验收其水土保持设施。验收的内容、程序等按照《开发建设项目水土保持设施验收规定》执行。

12.8 资金来源及使用管理

依据《中华人民共和国水土保持法》第二十七条，"企业事业单位在建设和生产过程中，必须采取水土保持措施，对造成的水土流失负责治理。本单位无力治理的，由水行政主管部门治理，治理费用由造成水土流失的企事业单位负担"。"建设过程中发生的水土流失防治费用，从基本建设投资中列支"；"生产过程中发生的水土流失防治费用，从生产费用中列支"。因此，该水土保持方案投资作为工程投资的一部分，纳入工程总概算中，确保水土保持措施的资金来源。该资金作为专款专用，并由专职部门负责管理，按施工进度下拨。

第 13 章 结论及建议

13.1 结 论

根据现场调查分析和方案编制过程以及对工程建设与工程设计报告等资料的研究分析,并征询有关专家的意见和建议,完成了《青海省海西州鱼卡河水库工程水土保持方案报告书》(送审稿)。主要结论如下:

(1)本工程由主体工程防治区、料场区、弃渣场区、施工道路区、施工生产生活区和水库淹没区等组成。工程总投资 27 970.64 万元,其中土建投资 14 666.52 万元。本工程总工期 30 个月。本工程总占地面积为 193.89 hm^2,其中施工临时占地面积为 59.02 hm^2,永久占地面积 134.87 hm^2(包括水库淹没区面积 79.00 hm^2)。本工程土石方开挖 45.98 万 m^3,填筑量 85.21 万 m^3,弃渣量 31.72 万 m^3。

(2)通过对主体工程水土保持分析与评价,工程建设符合国家产业政策,在水土保持方面不存在制约因素。经方案比选,推荐方案是可行的。

(3)本工程防治责任范围总面积为 202.53 hm^2。其中项目建设区为 193.89 hm^2,直接影响区 8.64 hm^2。

(4)本项目建设征占地范围内在施工准备期、施工期和自然恢复期可能造成的水土流失总量为 46 413 t,可能产生的新增水土流失量 34 022 t。

(5)通过水土流失预测,水土流失重点防治时段为工程施工期,水土流失防治和监测重点部位为料场区、道路区、主体工程区和弃渣场区。

(6)本方案通过水土流失预测,根据各个区域水土流失特点,将工程建设区分为:主体工程防治区、料场区、弃渣场区、施工道路区、施工生产生活区、工程管理区、临时堆料场区和水库淹没区等。通过对各防治分区可能造成人为水土流失的形式和特点分析,补漏拾遗,因害设防,设计新增水土保持设施有工程措施、植物措施和临时措施三大部分。本方案新增水土保持措施工程量包括各防治区的工程措施、植物措施和临时措施。

①主体工程永久占地区。

临时措施:临时袋装土方 351.94 m^3,铺盖防尘网 19 806.64 m^2。

②料场防治区。

工程措施:回覆表土 127 656 m^3,土地平整 40.30 hm^2。

临时措施:临时袋装土方 497.56 m^3,铺盖防尘网 13 356.6 m^2。

③弃渣场区。

工程措施:剥离及回填表土 18 144 m^3,土地平整 4.8 hm^2,基础开挖土方 2 694.6 m^3,排水沟 M7.5 浆砌石 738.52 m^3,挡土墙 M7.5 浆砌石 5 089.8 m^3,填筑土方 388.02 m^3。

植物措施:植草 5.88 hm^2。

临时措施：表土堆存临时拦挡袋装土方 187.58 m^3。

④施工道路防治区。

工程措施：修筑浆砌石排水沟 36 km，基础开挖土方 48 211.2 m^3，排水沟 M7.5 浆砌石 26 640 m^3，土地平整 8.25 hm^2。

⑤施工生产生活防治区。

工程措施：土地平整 3.87 hm^2。

⑥工程管理区。

工程措施：土地平整 0.19 hm^2。剥离恢复表土 216 m^3。

植物措施：种植乔木 16 株，种植灌木 315 株，种植绿篱 84 m，种草 0.2 hm^2。

⑦临时堆料场区

工程措施：土地平整 1.88 hm^2。

植物措施：种草 1.97 hm^2。

临时措施：表土堆存临时拦挡袋装土方 198.43 m^3。

(7)青海省海西州鱼卡河水库工程水土保持方案估算总投资 2 734.51 万元，其中水保方案新增投资 1 744.51 万元，主体工程水保投资 990 万元。新增投资中工程措施投资 1 188.53 万元；植物措施投资 36.96 万元，临时措施投资 61.78 万元；独立费用 304.3 万元；基本预备费 95.49 万元；损坏水土保持补偿费 57.45 万元。

(8)方案实施后，项目区的扰动土地整治率达 95.69%；水土流失总治理度达 90.45%；土壤流失控制比达到 1.01；拦渣率达到 99.57% 以上；林草植被恢复率达到 91.39%；林草植被覆盖率为 47.34%。

(9)通过对工程建设所造成的水土流失及危害分析，本方案根据规范制定了各项治理措施，在施工中，如果按照本方案进行实施，能够达到防治水土流失、保护生态环境的目的和要求，从水土保持角度来看，本方案是可行的。

13.2 建 议

(1)在主体工程设计及工程招投标时，都要包括防治水土流失、水土保持工程监理和水土保持监测等内容。

(2)加强工程施工管理，严禁随处乱倒弃渣，必须将弃渣堆放于指定的弃渣场。

(3)项目施工建设过程中，临时征占的施工生产生活区、临时工程、临时道路等应尽量控制在征占地范围内，以减少对项目周边地区土壤和地表植被的破坏。

(4)工程施工过程中，对临时措施施工应及时保存影像资料和其他记录，以便在水土保持设施验收时有据可查，使该项验收更加顺利完成。

(5)水土保持工程必须与主体工程同步实施。每完成一项工程，应立即对其施工场地进行清理整治，完善排水设施，及时进行绿化，尽快恢复植被，减少水土流失。

第三部分　贵州清渡河水库工程水土保持方案

清渡河水库工程位于贵州省铜仁市印江自治县境内的乌江右岸一级支流清渡河上。水库坝址位于东经108°30′32″、北纬27°59′01″，印江自治县罗场乡螺丝田村附近，坝址以上流域面积32.84 km^2。清渡河水库工程开发任务是保证农田灌溉、工业用水及农村人畜饮水，推荐方案总库容780万m^3，总供水量1 295.8万m^3，渠道全长27.804 km。工程由水库枢纽和供水灌溉工程组成。水库枢纽主要建筑物由沥青混凝土心墙坝、溢洪道和引水钢管组成。供水灌溉工程采用明渠输水，共布置干渠4条、倒虹吸6座、渠首闸1座、分水闸3座。本工程属Ⅳ等工程，工程规模为小(1)型。

第 1 章 综合说明

1.1 项目建设的必要性

2010 年,贵州省人民政府组织编写了《贵州省水利建设生态建设石漠化治理综合规划》,印江县的清渡河水库被列入该规划。2011 年 7 月,国家发改委对该规划进行了批复。

水利部和贵州省人民政府以水规计〔2011〕545 号对《贵州省铜仁地区社会主义新农村建设水利扶贫规划报告(2011 ~2015 年)》进行了批复。清渡河水库还被列入《贵州省铜仁地区社会主义新农村建设水利扶贫规划报告(2011 ~2015 年)》、《贵州省铜仁市烟草行业“十二五”水源项目援建工程建设规划》和《贵州省印江土家族苗族自治县水利发展“十二五”规划报告》等三个规划。

因此,建设清渡河水库是解决当地生活缺水问题的需要,可以缓解灌溉缺水问题,促进当地农村经济发展,同时是解决特色食品工业集聚区缺水问题的需要。

1.2 项目概况

工程项目名称为印江县清渡河水库工程(以下简称清渡河水库工程),该工程位于贵州省铜仁市印江自治县境内的乌江右岸一级支流清渡河上。水库坝址位于东经 108°30′32″、北纬 27°59′01″,印江自治县罗场乡螺丝田村附近,坝址以上流域面积 32.84 km^2。

清渡河水库工程开发任务是保证农田灌溉、工业用水及农村人畜饮水,推荐方案总库容 780 万 m^3,总供水量 1 295.8 万 m^3,渠道全长 27.804 km。工程由水库枢纽和供水灌溉工程组成。水库枢纽主要建筑物由沥青混凝土心墙坝、溢洪道和引水钢管组成。供水灌溉工程采用明渠输水,共布置干渠 4 条、倒虹吸 6 座、渠首闸 1 座、分水闸 3 座。本工程属Ⅳ等工程,工程规模为小(1)型。

主体工程静态总投资 28 047 万元,土建投资为 13 719 万元。工程水库淹没面积 605.14 亩,工程占地 1 029.57 亩。工程总工期 30 个月(包括施工准备期 13.5 个月)。工程征占地总面积 110.39 hm^2,其中永久占地 65.39 hm^2,临时占地 45.00 hm^2。经过表土利用规划后,本工程土石方开挖总量为 63.89 万 m^3,土石方回填总量为 42.88 万 m^3,借方为 35.18 万 m^3,全部为石方;弃方为 56.18 万 m^3,其中表土 15.51 万 m^3。

块石料场位于坝址左岸下游 600 m 山坡处,料场占地面积为 1.96 hm^2,剥采比为 0.15。砂石料加工系统利用块石料场北侧冲沟,通过料场覆盖层剥离料回填形成加工系统场地。

弃渣场按照工程分布分为枢纽弃渣场和灌溉供水工程弃渣场。枢纽工程选择坝址右岸下游 2 km 白岩沟一支沟作为 1 号弃渣场。主体工程设计了场内 4#道路作为 1 号弃渣场的施工道路。

灌溉、供水工程弃渣场设置于倒虹吸、渡槽涵洞及分水闸等建筑物附近的支毛沟或坡地，渠道沿线弃渣、倒虹吸、渡槽涵洞及分水闸等建筑物开挖料堆弃渣就近运至弃渣场集中堆存。2 ~ 11 号弃渣场的施工道路与主体工程的渠道施工道路结合使用。

生产、生活用水可直接抽取河水，经净化处理后使用。施工用电从坝址附近的缠溪镇 35 kV 变电站引接 10 kV 线路。

工程不涉及搬迁安置人口，拟定本工程移民全部在本村（组）后靠安置，不设置单独的移民安置区。

1.3 项目区概况

印江地处贵州高原的东北边缘向四川盆地和湘西丘陵过渡的斜坡地带，在武陵山主峰梵净山西麓，全县地形呈东部和南部高，中部背状凸起，西、北部低的倾斜之势。全县国土总面积 1 969 km^2。

印江县多年平均气温 16.8 ℃，多年平均降水量为 1 105.0 mm，多年平均年蒸发量为 1 126.9 mm。区域内主要土壤类型有山地黄棕壤、紫色土、黄壤、石灰土、水稻土、潮土和山地灌丛草旬土。黄棕壤系温暖湿润的亚热带季风气候条件下发育而成，富铝化作用表现强烈，发育层次明显，pH 值 6.4 左右。项目区植被属中亚热带常绿或落叶阔叶林区。自然植被有阔叶林、针叶林、竹林、山地灌丛、禾本科蕨类草场等 5 种类型。项目区林草覆盖率为 65.6%。

项目区涉及罗场乡、永义乡、缠溪镇和新寨乡 4 个乡镇，项目区土地总面积为 534.04 km^2，2011 年底项目区总人口 8.46 万人，农业总人口 8.19 万人，耕地面积为 4 636 hm^2。

项目区水土流失轻微，以水力侵蚀为主，土壤流失面积以轻度为主。根据《土壤侵蚀分类分级标准》（SL 190—2007），本工程项目区属于以水力侵蚀为主的西南土石山区，该区土壤容许流失量为 500 t/(km^2 · a)。

项目所在地印江县属于乌江赤水河上中游国家级水土流失重点治理区，同时也属于贵州省水土流失重点治理区。

1.4 设计深度及防治标准

本工程水土保持方案设计深度为可行性研究阶段。本项目的水土流失防治标准执行国家建设类项目水土流失防治一级标准。

1.5 主体工程水土保持分析评价

清渡河水库工程所在区域项目所在地印江县属于乌江赤水河上中游国家级水土流失

重点治理区，同时也属于贵州省水土流失重点治理区。项目区不涉及泥石流易发区、崩塌滑坡危险区以及易引起严重水土流失和生态恶化的地区；本项目为水库及灌溉项目，不属于限制类和淘汰类项目；项目所在区域不属于“县级以上地方人民政府公告的崩塌滑坡危险区和泥石流易发区”，主体工程建设没有水土保持限制性因素。

推荐方案坝址选在廖家山滑坡体的上游，比较方案中坝址右岸即是廖家山滑坡体，从水土保持角度来分析，推荐方案有效地避开了滑坡体，并减少了库区的崩塌、滑坡等危害。

根据本阶段工作深度以及取得的初步成果，混凝土重力坝投资过高，首先排除。沥青混凝土心墙坝和混凝土面板坝两种坝型技术上均可行，但考虑沥青混凝土心墙坝基础处理量小，投资较小，从水土保持角度来分析，沥青混凝土心墙坝土石方开挖量远小于混凝土面板坝，坝体填筑量略大于混凝土面板坝方案，土石方开挖量的减少有利于减少水土流失，而且对弃渣的处理也有利于减小弃渣场的土地占用，减少了对土地的扰动，有利于水土保持。本阶段推荐沥青混凝土心墙坝作为推荐坝型复核水土保持要求。

从水土保持角度来看，方案一（左岸布置方案）线路较方案二（右岸布置方案）短，占地面积较小；方案一较方案二避开了右岸的两个滑坡体，符合“选址（线）必须兼顾水土保持要求，应避开泥石流易发区、崩塌滑坡危险区以及易引起严重水土流失和生态恶化的地区”的规定。

料场区不在崩塌和滑坡危险区、泥石流易发区。料场开采没有诱发崩塌、滑坡、泥石流的可能性。开采区地下水埋藏深，无村寨，不在城镇和景区，距离交通主干道较远，不在正常可视范围内，不会影响景观。

根据主体工程设计，清渡河水库工程共设置12个弃渣场。弃渣场周边无公共设施、工矿企业、居民点等重要保护对象，远离河道及交通干线，不会影响到重要基础设施、人民群众生命财产安全。本工程设计中尽可能减少对林草地和耕地的占用，对工程建设占用的少量耕地，也将通过后期的土地复垦归还给农民继续使用，工程的建设能增加当地的灌溉面积，提高土地的利用率，弥补了工程建设对耕地资源造成的损失。

本工程的工程选址、占地性质、占地类型、土石方流向、施工组织及施工工艺基本符合水土保持相关要求。本方案针对可能产生的水土流失隐患，在以下几个方面进行完善：

（1）补充枢纽工程区的大坝管理用房周边的绿化措施和临时堆土的临时防护措施。

（2）补充灌溉及供水工程区的临时堆土的临时防护措施。

（3）补充永久道路的行道树措施，永久及临时道路的护坡措施，永久及临时道路的护坡绿化措施，临时道路的植物恢复措施，道路排水沟设计。

（4）补充施工生产生活区四周的排水措施和施工结束后的土地整治和植被恢复措施。

（5）补充料场区的表土剥离、覆盖以及临时堆存表土的防护措施和临时的植被恢复措施。

（6）补充弃渣场区的排水措施、拦挡措施、护坡措施、表土资源保护措施、植物措施和临时措施。

1.6 防治责任范围及分区

根据《开发建设项目水土保持方案技术规范》有关规定，水土流失防治责任范围面积包括项目建设区和直接影响区。本项目水土流失防治责任范围总面积为 118.41 hm^2，其中项目建设区面积为 110.39 hm^2，直接影响区面积为 8.02 hm^2。

工程水土流失防治分区根据工程分区特点采用二级划分体系。经综合分析工程设计、施工工艺、方法、布局、占地性质、水土流失特点等，划分为枢纽工程防治区、灌溉供水工程区、施工生产生活防治区、施工道路防治区、料场防治区、弃渣场防治区和水库淹没区等 7 个一级防治区，然后在每个一级分区中根据各自的工程特点划分二级分区。根据防治区划分原则结合本项目特点，共划分为 7 个一级分区和 13 个二级分区。

1.7 水土流失预测结果

经统计分析，本工程建设扰动原地貌和破坏植被总面积 110.39 hm^2。工程建设损坏的征占地总面积为 70.04 hm^2。根据主体工程土石方调配与平衡，本工程土石方开挖总量为 63.89 万 m^3，土石方回填总量为 42.88 万 m^3，借方为 35.18 万 m^3，全部为石方；弃方为 56.18 万 m^3，其中表土 15.51 万 m^3。本项目建设征占地范围内在施工期和自然恢复期可能造成的水土流失预测总量为 7 391 t，新增水土流失量 5 571 t。弃渣场区和灌溉供水工程区为水土流失的主要区域，其新增水土流失量分别占新增水土流失总量的 33.13% 和 28.03%，料场区新增水土流失量分别占新增水土流失总量的 5.99%，虽然比例不高，但由于料场水土流失发生区域集中，也应列入水土流失主要区域。施工期水土流失量占水土流失总量的 81.36%，为水土流失的主要时期。

1.8 水土流失防治目标及防治措施

1.8.1 防治目标

扰动土地整治率 95%，水土流失总治理度 97%，土壤流失控制比 1.1，拦渣率 85%，林草植被恢复率 99%，林草覆盖率 27%。

1.8.2 水土保持措施工程量

1.8.2.1 枢纽工程区

(1)植物措施：种植香樟 353 株，金叶女贞 705 株，撒播种草 0.21 hm^2。

(2)临时措施：土排水沟长度为 724 m，土方开挖 36.20 m^3。

1.8.2.2 灌溉供水工程防治区

1. 供水及灌溉渠道工程区

临时措施：临时袋装土拦挡长度为 3 691.58 m，需袋装土 922.90 m^3。

2. 灌溉渠道倒虹吸工程区

临时措施：临时袋装土拦挡长度为171.19 m，需袋装土42.80 m^3。

1.8.2.3 道路防治区

1. 枢纽永久道路区

(1)植物措施：①永久道路行道树种植乔木3 333株，灌木6 667株。②喷播植草护坡0.14 hm^2。③撒播种草护坡需撒播种草0.16 hm^2。

(2)临时措施：需临时袋装土拦挡136 m，需袋装土68 m^3。

2. 枢纽临时道路区

(1)工程措施：需整治土地10.88 hm^2。

(2)植物措施：①喷播植草护坡0.65 hm^2。②撒播种草护坡0.75 hm^2。③临时占地绿化种植灌木72 533株，撒播种草10.88 hm^2。

(3)临时措施：①临时排水需开挖土排水沟7 170 m，土方开挖358.50 m^3。②临时拦挡需临时袋装土拦挡520 m，需袋装土260 m^3。

3. 灌溉供水工程临时道路区

(1)工程措施：需整治土地10.00 hm^2。

(2)植物措施：①喷播植草护坡0.62 hm^2。②措施名称：撒播种草护坡0.71 hm^2。③临时占地绿化种植灌木66 667株，撒播种草10.00 hm^2。

(3)临时措施：①临时排水开挖土排水沟10 000 m，土方开挖500.00 m^3。②临时袋装土拦挡500 m，需袋装土250 m^3。

1.8.2.4 料场防治区

(1)工程措施：石料场表土剥离及回覆0.59万 m^3。

(2)植物措施：种植灌木10 845株，撒播种草2.44 hm^2。

(3)临时措施：①开挖土排水沟1 560 m，土方开挖78 m^3。②袋装土拦挡99.40 m^3。

1.8.2.5 施工生产生活区防治区

1. 枢纽施工生产生活区

(1)工程措施：土地整治3.62 hm^2。

(2)植物措施：种植灌木12 067株，撒播种草3.62 hm^2。

(3)临时措施：临时排水开挖土排水沟5 340 m，土方开挖271.50 m^3。

2. 业主营地区

(1)工程措施：浆砌石排水沟长约132 m，需土方开挖71.28 m^3，浆砌石填筑59.40 m^3，M10砂浆抹面118.80 m^2。

(2)植物措施：业主营地区的绿化需种植香樟157株，种植月季310株，种植大叶黄杨462株，撒播种草879 m^2。

3. 灌溉供水工程施工生产生活区

(1)工程措施：土地整治2.48 hm^2。

(2)植物措施：绿化种植灌木20 333株，撒播种草6.1 hm^2。

(3)临时措施：临时排水开挖土排水沟8 540 m，土方开挖427.00 m^3。

1.8.2.6　弃渣场防治区

1. 枢纽1号弃渣场

(1)工程措施:①表土剥离及回覆1.2万 m^3。②弃渣拦挡修筑浆砌石挡墙长155.99 m,土方开挖183.28 m^3,填筑浆砌石826.73 m^3,需PVC管103.99 m。③截排水措施需修建浆砌石截水沟303.87 m,土方开挖267.40 m^3,填筑浆砌石161.05 m^3,M10砂浆抹面638.12 m^2。需修筑浆砌石排水沟长约163.56 m,需土方开挖88.32 m^3,浆砌石填筑73.60 m^3,M10砂浆抹面147.20 m^2。④修建2个沉沙池,土方开挖3.77 m^3,砌砖1.65 m^3,砂浆抹面11.34 m^2。⑤修建浆砌石菱形网格护坡,共需浆砌石1 483.70 m^3。

(2)植物措施:灌草混交绿化种植灌木30 133株,撒播种草4.52 hm^2。

(3)临时措施:①临时排水沟长度为672.85 m,需土方开挖33.64 m^3。②袋装土拦挡需填筑袋装土137.30 m^3。

2. 灌溉供水渠道弃渣场水保措施设计

(1)工程措施:①表土剥离及回覆2.54万 m^3。②弃渣拦挡措施需修筑浆砌石挡墙长611.89 m,土方开挖566.00 m^3,填筑浆砌石1 789.78 m^3,需PVC管407.93 m。③截排水措施需修建浆砌石截、排水沟1 456.88 m,土方开挖899.62 m^3,填筑浆砌石721.15 m^3,M10砂浆抹面2 403.85 m^2。④需修建11个沉沙池,土方开挖20.73 m^3,砌砖9.09 m^3,砂浆抹面62.37 m^2。

(2)植物措施:种植灌木63 807株,撒播种草9.57 hm^2。

(3)临时措施:①临时排水开挖土排水沟长度为9 284.40 m,土方开挖464.2 m^3。②袋装土拦挡需填筑袋装土1 686.51 m^3。

1.9　水土保持监测

1.9.1　监测方法

根据《水土保持监测技术规程》,生产建设项目水土流失监测,宜采用地面观测法和调查监测法。结合本工程特点,监测方法主要采用定位观测、调查监测和现场巡查的方法进行。

1.9.2　监测内容

水土保持监测的具体内容要结合水土流失6项防治目标和各个水土流失防治区的特点,主要对施工期内造成的水土流失量及水土流失危害和运行期内水土保持措施效益进行监测。主要内容包括水土流失影响因子监测、水土流失状况监测、水土保持措施防治效果监测和主体工程进度情况监测等。

1.9.3　监测时段

清渡河水库工程监测时段为施工准备期至设计水平年结束。

1.9.4 监测点位布设

工程重点监测地段为弃渣场区、施工道路区和料场区，共布置3个定位监测点。

1.10 投资估算与效益分析

1.10.1 总投资

清渡河水库工程水土保持方案估算投资1 203.80万元，主体工程中具有水土保持功能的措施总投资439.82万元，本方案新增水土保持投资763.98万元。本方案新增投资中工程措施费327.40万元，植物措施费113.65万元，临时工程措施费71.96万元，独立费用174.69万元，其中水土保持工程监理费41.60万元，水土保持监测费42.70万元，基本预备费41.26万元，水土保持补偿费35.03万元。

1.10.2 效益分析

水土保持防治措施实施后，工程各水土流失区域均能得到有效的治理和改善，水土流失6项防治指标均达到方案目标值，即：通过工程建设和水土保持措施，预计扰动土地整治率达到99.5%，水土流失总治理度98.8%，土壤流失控制比为1.1，预计拦渣率可达到95%，植被恢复系数在工程完成后1年内可改善至99%以上，林草覆盖率达60.6%。

水土保持防治措施的实施，不仅有效地防治或治理了生产建设项目造成的水土流失，而且促进了生态环境的改善，为区域的经济发展奠定了坚实的基础，主要表现出生态效益、社会效益和经济效益。

1.11 结论及建议

1.11.1 结论

通过对工程建设制约因素、工程建设方案比选、工程占地、工程弃渣、料场设置等方面的分析，以及主体工程设计中具有水土保持功能的措施的分析，工程建设存在一些制约因素，通过主体工程具有水土保持功能的措施建设和本方案确定的水土保持措施的综合防治，工程建设是可行的，能够有效地防止水土流失，保护生态环境。

1.11.2 建议

1.11.2.1 对下阶段工程实施的建议

(1)建议建设单位在工程招标、施工中建立水土保持相关的规章制度，在主体工程招投标中将水土保持措施纳入，工程若有重大变更，需重新编报水土保持方案，项目水土保持工程竣工后向贵州省水利厅申请验收。

(2)在主体工程施工中应加强临时防护措施，并明确对施工单位的管理措施，避免造成不应有的水土流失。

(3)建议建设单位加强对施工单位的管理,按水土保持方案的水保设计和保证措施搞好水土保持工作,做好生态环境保护工作。

(4)建议施工单位注意拦挡措施的安全,做好截排水工作,建议选择当地适宜的树种进行绿化,及时对各区表土进行剥离,用于后期绿化或其他工程。

1.11.2.2 对监理、监测工作的建议

(1)水土保持监理单位,根据建设单位授权和监理规范要求,切实履行自己的职责,及时发现问题、及时解决问题。对施工单位在施工中违反水土保持法规的行为和不按设计文件要求进行水土保持设施建设的行为,有权予以制止,责令其停工,并作出整改。监理单位在监理工作结束后,要提交监理工程中水土保持设施建设的影像资料和监理报告,作为被验单位,接受水土保持设施竣工验收。

(2)水土保持监测在接受监测工作后,要及时开展工作,特别是在工程建设前,完成水土保持现状调查工作,按照监测规程要求,及时布置监测点位、建设监测设施。认真记录每次监测数据,并及时分析整理,按阶段要求上报建设单位和水行政主管部门。监测完成后,要及时提交监测过程中的影像资料和监测报告,并进行评估,然后报水行政主管部门备案,同时水土保持监测影像资料和监测报告要作为水土保持设施竣工验收的技术文件之一,提交验收管理部门。

第2章　方案编制总则

2.1　编制目的和意义

贵州省铜仁市印江自治县清渡河水库工程是完善区域设施、促进区域经济发展的重要工程。工程建设占用土地破坏植被、扰动地表、开挖和回填土石等对水土流失和周边环境都有一定影响。为依法完成工程建设所应承担的水土流失防治责任，保护项目区生态环境，拟订本工程水土保持方案编制目的如下：

（1）全面落实《中华人民共和国水土保持法》及其相关法律法规，本着“谁开发，谁保护；谁造成水土流失，谁治理”的原则，明确防治责任范围，落实防治义务，明确防治目标。

（2）方案为本工程可行性评估、审批提供理论依据，供上级部门决策参考；为水行政主管部门的水土保持监督执法及管理工作提供依据。

（3）在水土流失预测的基础上，布设科学、合理的综合防治体系，为开发建设单位搞好水土保持提供技术支撑；将工程水土保持投资纳入主体工程投入，落实水土保持工程的资金来源，为“三同时”制度的全面落实奠定经济基础。

（4）有效地防治生产建设项目建设和生产造成的人为水土流失，保护生态环境，确保项目的安全运行，实现开发建设与生态建设同步发展的目的。

《印江县清渡河水库工程水土保持方案报告书》的编制是贯彻落实水土保持法律法规的具体体现，也是水土保持法律法规顺利实施的重要途径，体现了依法治国的基本方略，有重要的法律意义。

水土保持方案从生态环境保护的角度，根据当地自然条件，因地制宜地对项目建设范围进行水土流失防治分区，并提出适宜于本项目的水土流失防治对策和措施，为防治项目区水土流失、工程水土保持的监测和监理以及主管部门依法进行监督管理等提供依据。水土保持方案的编制，是指导下阶段水土保持工作的依据。因此，编制本工程水土保持方案报告书，对防治因工程建设造成的水土流失，减少工程施工建设过程中对周边生态环境、水土保持设施造成的破坏，保障工程建设和安全运行，促进该地区经济社会的可持续发展均具有重要的意义。

2.2　编制依据

2.2.1　法律法规

（1）《中华人民共和国水土保持法》；

（2）《中华人民共和国环境保护法》；

(3)《中华人民共和国环境影响评价法》;

(4)《中华人民共和国水法》;

(5)《中华人民共和国防洪法》;

(6)《中华人民共和国土地管理法》;

(7)《中华人民共和国水土保持法实施条例》;

(8)《建设项目环境保护管理条例》;

(9)《中华人民共和国基本农田保护条例》;

(10)《中华人民共和国河道管理条例》;

(11)《贵州省水土保持条例》;

(12)《贵州省环境保护条例》;

(13)《贵州省河道管理条例》。

2.2.2 部委规章

(1)《开发建设项目水土保持方案编报审批管理规定》(水利部1995年第5号令,根据水利部第24号令修改);

(2)《水土保持生态环境监测网络管理办法》(水利部2002年第12号令);

(3)《开发建设项目水土保持设施验收管理办法》(2002年10月14日水利部第16号令公布,根据水利部第24号令修改);

(4)《水利部关于修改部分水利行政许可规章的决定》(水利部2005年第24号令);

(5)《水利部关于修改或者废止部分水利行政许可规范性文件的决定》(水利部2005年第25号令);

(6)《水利工程建设监理规定》(水利部第28号令);

(7)《水利工程建设监理单位资质管理办法》(水利部第29号令);

(8)《水利工程建设项目验收管理规定》(水利部第30号令);

(9)《生产建设项目水土保持监测资质管理办法》(水利部第45号令)。

2.2.3 规范性文件

(1)《国务院关于加强水土保持工作的通知》(国发〔1993〕5号);

(2)《全国生态环境建设规划》(国发〔1998〕36号);

(3)《全国生态环境保护纲要》(国发〔2000〕38号);

(4)《国务院关于深化改革严格土地管理的决定》(国务院〔2004〕28号);

(5)《国家土地管理局、水利部关于加强土地利用管理搞好水土保持的通知》(国土规字〔1989〕88号);

(6)《开发建设项目水土保持方案管理办法》(水利部、国家计委、国家环保局〔1994〕513号);

(7)《关于印发〈规范水土保持方案编报程序、编写格式和内容的补充规定〉的通知》(水利部司局函,保监〔2001〕15号);

(8)《关于加强水土保持方案审批后续工作的通知》(水利部办公厅,办函〔2002〕154

号）；

（9）《关于颁发〈水土保持工程概（估）算编制规定和定额〉的通知》（水总〔2003〕67号）；

（10）《关于加强大中型开发建设项目水土保持监理工作的通知》（水保〔2003〕89号）；

（11）《关于加强大型开发建设项目水土保持监督检查工作的通知》（水利部办公厅，办水保〔2004〕97号）；

（12）《关于印发〈全国水土保持预防监督纲要〉的通知》（水保〔2004〕332号）；

（13）《水利工程各设计阶段水土保持技术文件编制指导意见》（水总局科〔2005〕3号）；

（14）《关于进一步加强水利建设项目前期工作中征地、移民、环评和水保等工作和完善立项报批程序的通知》（水规计〔2005〕199号）；

（15）《行政事业性收费标准管理暂行办法》（国家发改委、财政部，发改价格〔2006〕532号）；

（16）《转发国家发展改革委建设部关于印发〈建设工程监理与相关服务收费管理规定（发改价格〔2007〕670号）〉的通知》（办建管函〔2007〕267号）；

（17）《财政部、国家发展改革委关于公布〈2011年全国性及中央部门和单位行政事业性收费项目目录〉的通知》（财综〔2012〕47号）；

（18）《贵州省人民政府关于划分水土流失重点防治区的公告》（黔府发〔1998〕52号）；

（19）《贵州省水土保持设施补偿费征收管理办法》（贵州省人民政府第111号令，2009年3月24日）；

（20）《工程勘察设计收费标准》（2002年修订本）；

（21）《水利部办公厅关于印发〈全国水土保持规划国家级水土流失重点预防区和重点治理区复核划分成果〉的通知》（水利部办公厅办水保〔2013〕188号，2013年8月12日）；

（22）《关于规范生产建设项目水土保持监测工作的意见》（水利部水保〔2009〕187号）；

（23）《全国绿化委员会、国家林业局关于进一步规范树木移植管理的通知》（2014年1月30日）；

（24）《关于进一步规范开发建设项目水土保持方案技术评审有关工作的通知》（黔水保监〔2010〕40号）；

（25）《关于印发省级审批生产建设项目水土保持方案技术评审专家研讨会会议纪要的通知》（黔水保监〔2013〕117号）；

（26）《关于省级审批生产建设项目水土保持方案人工预算单价计算和措施单价税率取值有关问题的通知》（黔水保监〔2013〕9号）。

2.2.4 技术规范及标准

(1)《开发建设项目水土保持技术规范》(GB 50433—2008);

(2)《开发建设项目水土流失防治标准》(GB 50434—2008);

(3)《水利水电工程水土保持技术规范》(SL 575—2012);

(4)《水土保持监测技术规程》(SL 277—2002);

(5)《土壤侵蚀分类分级标准》(SL 190—2007);

(6)《水利水电工程施工组织设计规范》(SL 303—2004);

(7)《水利水电工程等级划分及洪水标准》(SL 252—2000);

(8)《水利水电工程设计洪水计算规范》(SL 44—2006);

(9)《水土保持综合治理 效益计算方法》(GB/T 15774—2008);

(10)《水土保持综合治理技术规范》(GB/T 16453.1 ~6);

(11)《水利水电工程制图标准水土保持图》(SL 73.6—2001);

(12)《造林技术规程》(GB/T 15776—2006);

(13)《主要造林树种苗木质量分级》(GB 6000—1999);

(14)《禾本科主要栽培牧草种子质量分级标准》(GB 6142—1985);

(15)《豆科主要栽培牧草种子质量分级标准》(GB 66141—1985);

(16)《防洪标准》(GB 50201—1994);

(17)《堤防工程设计规范》(GB 50286—98);

(18)《水工挡土墙设计规范》(SL 379—2007);

(19)《水利水电工程边坡设计规范》(SL 386—2007);

(20)《农田排水工程技术规范》(SL/T 4—1999)。

2.2.5 技术文件

(1)《印江自治县统计年鉴》(2012 年);

(2)贵州省水土流失重点防治区图;

(3)全国第一次水利普查资料(水土保持专项);

(4)《贵州省暴雨洪水计算实用手册》(修订本)(1983 年);

(5)《印江县清渡河水库工程可行性研究报告》。

2.3 水土流失防治标准执行等级

工程属于建设类的生产建设项目,根据《水利部办公厅关于印发〈全国水土保持规划国家级水土流失重点预防区和重点治理区复核划分成果〉的通知》(办水保〔2013〕188号)与《贵州省人民政府关于划分水土流失重点防治区的公告》(黔府发〔1998〕52号),项目所在地印江县属于乌江赤水河上中游国家级水土流失重点治理区,同时也属于贵州省水土流失重点治理区,该区以水力侵蚀为主,属轻度流失区,根据《开发建设项目水土流失防治标准》(GB 50434—2008),综合考虑项目对区域环境影响的重要程度及项目区自然条件，确定水土流失防治标准按照建设类项目水土流失防治一级标准执行。

2.4 方案设计深度及设计水平年

按照《中华人民共和国水土保持法》水土保持工程必须与主体工程“同时设计、同时施工、同时投产使用”的规定和《开发建设项目水土保持技术规范》（GB 50433—2008）的有关要求，水土保持方案的设计深度必须与主体工程设计深度相适应。鉴于印江县清渡河水库工程项目为可行性研究阶段，故本工程水土保持方案设计深度应当与之相适应，即设计深度确定为可行性研究阶段。

设计水平年指水土保持方案全面到位并初具规模开始发挥作用的时间，即工程完工后的当年或下一年。根据主体工程设计，工程总工期为30个月，工程建设期为2015年1月至2017年6月，水土保持方案设计水平年为2017年。

第 3 章 项目概况

3.1 项目简况

工程项目名称为印江县清渡河水库工程(以下简称清渡河水库工程),清渡河水库工程位于贵州省铜仁市印江自治县境内的乌江右岸一级支流清渡河上。水库坝址位于东经108°30′32″、北纬27°59′01″,印江自治县罗场乡螺丝田村附近,坝址以上流域面积32.84 km^2。坝址区距离罗场乡约15 km,距离印江自治县约35 km,距离铜仁市约150 km,距离遵义市约290 km。从坝址经印江自治县、遵义市到达贵阳约445 km;从坝址经江口县、铜仁市到达贵阳约540 km。罗场乡至经过印江自治县的S303省道约4.0 km,从罗场乡到清渡河坝址有简易乡村公路相连。

清渡河水库工程开发任务是为农田灌溉、工业供水及农村人畜饮水,推荐方案正常蓄水位774.0 m,死水位745.0 m,总库容780万 m^3,总供水量1 295.8万 m^3,供水保证率95%,为多年调节水库。根据规范规定,本工程属Ⅳ等工程,工程规模为小(1)型。

主体工程静态总投资2.80亿元,土建投资1.37亿元,本工程属公益性民生水利工程,工程投资全部由政府拨款解决。

工程水库淹没面积605.14亩,工程占地1 029.57亩。项目工程的规模与特性如下:

项目名称:清渡河水库工程;

建设单位:贵州省铜仁市印江自治县水务局;

建设地点:贵州省铜仁市印江自治县罗场乡螺丝田村;

工程规模:水库总库容780万 m^3;

工程等级:水库属小(1)型水库,工程等级为Ⅳ等工程;

工程性质:新建。

工程总工期30个月(包括施工准备期13.5个月)。工程征占地总面积110.39 hm^2。工程土石方总开挖量为48.37万 m^3(自然方,以下皆为自然方),总回填量为42.88万 m^3,借方量为35.18万 m^3,全部为石方,弃方量为40.67万 m^3。生产、生活用水可直接抽取河水,经净化处理后使用。施工用电从坝址附近的缠溪镇35 kV变电站引接10 kV线路。

3.2 项目规模组成及总体布局

3.2.1 项目规模组成及防护标准

3.2.1.1 项目组成、规模

工程由水库枢纽和供水灌溉工程组成。水库枢纽主要建筑物由沥青混凝土心墙坝、

溢洪道和引水钢管组成。供水灌溉工程主要建筑物由供水灌溉渠道、倒虹吸、分水闸等组成。各项目工程规模分别如下。

1. 水库枢纽

枢纽工程为Ⅳ等工程，工程规模为小(1)型。

永久性主要建筑物级别为4级；次要建筑物为5级，临时性水工建筑物为5级。

2. 供水灌溉工程

灌溉及供水工程等级为Ⅴ等，工程规模为小(2)型。

永久性主要建筑物级别为5级。

综合考虑，清渡河水库工程为Ⅳ等工程，工程规模为小(1)型。

3.2.1.2 项目防护标准

1. 水库枢纽

根据《水利水电工程等级划分及洪水标准》(SL 252—2000)并结合本工程特点，确定各主要建筑物的设计标准如下：考虑清渡河水库库容为771.5万m^3，永久性主要建筑物，按50年一遇洪水($P=2\%$)设计，混凝土坝按500年一遇洪水校核($P=0.2\%$)，当地材料坝按1 000年一遇洪水($P=0.1\%$)校核；下游消能防冲建筑物按20年一遇洪水($P=5\%$)设计。

2. 供水灌溉工程

本供水灌溉工程规模为小(2)型，因此灌溉及供水工程干渠及其建筑物的防洪设计标准为10年一遇。

3.2.1.3 项目投资及工期等情况

工程总投资2.80亿元，土建投资1.37亿元，工程总工期30个月(包括施工准备期13.5个月)。工程征占地总面积110.39 hm^2。工程土石方总开挖量为48.37万m^3(自然方，以下皆为自然方)，总回填量为42.88万m^3，借方量为35.18万m^3，全部为石方，弃方量为40.67万m^3。

3.2.2 总体布置

根据工程的开发任务，清渡河水库工程枢纽布置有拦河大坝、供水灌溉工程等主要建筑物。

3.2.2.1 枢纽工程

1. 大坝工程

1)坝址比选

清渡河水库的开发任务是农田灌溉、工业供水及农村人畜饮水。按照径流调节计算结果，在保证下游河道生态基流0.065 m^3/s的情况下，水库总供水量1 295.8万m^3，其中灌溉供水量680.8万m^3，农村生活供水量136万m^3，工业园区供水量494.7万m^3，灌溉供水保证率80.6%，生活和工业供水保证率96.8%。

为了不淹没杭瑞高速公路桥，并且满足水库的开发任务，分别在螺丝田村上游约100 m处(上坝址)和螺丝田村下游约530 m处(下坝址)选择了两个坝址，经过地质勘探，下坝址右岸为廖家山滑坡体(H1)，该滑坡体位于上坝址下游右岸约480 m冲沟处至下坝址下游400 m处，滑坡沿F4断层为南边界，沿岩层倾向向河床滑动，下坝址整个右岸均在该滑坡体内，该滑坡体体积大于200万 m^3，属大型滑坡体，稳定性差，所以舍弃下坝址，选择上坝址，让滑坡体位于坝下，不改变其状态。

若将坝址选择在快场村附近的河谷狭窄段，要满足水库的开发任务，库容760万 m^3 时，库水位为735.00 m，廖家山滑坡体的底部河床高程为700.00～713.00 m，淹没廖家山滑坡体底部深度为22～35 m，可能引起滑坡体不稳定，造成库内滑坡，堵塞河道。并且此坝址下游农田灌溉不能保证自流，需要提水高度为45 m，增加灌溉运行费用。为了保证水库安全，坝址选择在廖家山滑坡体上游的上坝址。

为了让廖家山滑坡体位于坝址下游，避免其因库水的影响而出现失稳，并且不淹没上游杭瑞高速公路的仙鹤坪大桥桥基，推荐坝址只能选择在螺丝田村上游约150 m处的上坝址，为了满足水库的开发任务，下游农田灌溉为自流时，水库死水位为745.00 m，正常蓄水位为774.00 m，采用无闸门控制的泄流模式，设计洪水位为776.32 m，校核洪水位为777.39 m。100年一遇的设计洪水位为776.57 m，水库回水水面线在杭瑞高速公路桥下游处尖灭，不影响其安全。

2）坝型比选

Ⅰ.坝型布置介绍

（1）碾压混凝土重力坝。

为使下泄水流平顺入河，不致冲刷下游岸坡，碾压混凝土重力坝坝轴线位于沥青混凝土心墙坝下游50 m处。碾压混凝土重力坝由挡水坝段、溢流坝段和引水坝段组成。坝顶长度209.1 m，共分9个坝段，依次为左岸挡水坝段、溢流坝段、右岸挡水坝段。坝顶高程775.20 m，坝基开挖最低高程708.00 m，最大坝高67.2 m，坝顶宽6.0 m。

（2）沥青混凝土心墙坝。

沥青混凝土心墙坝方案枢纽主要建筑物由沥青混凝土心墙坝、溢洪道和引水钢管组成。

沥青混凝土心墙坝坝顶高程777.50 m，最大坝高58.5 m，坝顶长133.50 m。上游坡1∶1.9，下游坡设“之”字形上坝路，宽6 m，公路间坝坡1∶1.4，综合边坡1∶1.83。坝体由上游堆石护坡、上游堆石、过渡层、沥青混凝土心墙、过渡层、下游堆石、下游堆石护坡组成。

大坝防渗体为碾压式沥青混凝土心墙，心墙轴线位于坝轴线上游2 m，心墙厚度按0.6 m均厚设计。心墙顶高程776.50 m，至坝顶高差为1.0 m。沥青混凝土心墙两侧各设3.0 m厚过渡带，过渡带外侧为堆石。心墙底部设钢筋混凝土基座，下部为帷幕灌浆。鉴于坝址区受F1和F2两条断层影响，岩石为碎裂结构，坝基岩体较破碎，帷幕布置2排，排距1.5 m，孔距2.0 m，主帷幕深度深入5 Lu线以下5.0 m，副帷幕深度为主帷幕深度的0.5倍，左右岸帷幕终点根据水库正常蓄水位与地下水位线相交确定。

溢洪道位于右岸，采用河岸侧槽式开敞泄流。泄槽采用直线布置，侧堰轴线与泄槽轴线平行，由引水渠、控制侧堰、泄槽和挑流鼻坎组成。引水渠采用等宽布置，与侧堰宽度相同，为40.0 m宽，进口高程771.50 m。侧堰采用实用堰，堰高2.5 m，宽40.0 m，堰顶高程774.00 m，无闸门控制自由泄流。泄槽分为侧堰段、调整段和泄槽段三部分。侧槽段长

40.0 m，由首端的6.0 m宽渐变到末端的12.0 m宽，底坡 $i=0.04$，砌护顶高程777.50 m；调整段长12.0 m，底坡水平，砌护顶高度与侧槽段相同，为777.50 m；泄槽段长105.0 m，纵坡1∶4.5，前20.0 m宽12.0 m，后55.0 m宽8.0 m，过渡段长30 m。泄槽段末端接长15.0 m的挑流鼻坎，采用挑流消能，鼻坎高程为744.02 m，挑角26°。溢洪道总长度172.0 m。

引水管道布置在左岸，首部进口塔架与导流洞塔架结合布置，进口高程742.00 m。后接直径ϕ1 100 mm钢管引至导流洞后，沿导流洞敷设。在导流洞出口处沿地形明敷至741.00 m高程，后接闸阀室，管道全长323.0 m。管道出口设置锥形阀，后接消能池，灌溉渠道、供水管线、生态基流管道自消能池引出。生态基流通过ϕ100 mm钢管引向河床。

（3）混凝土面板堆石坝。

混凝土面板堆石坝方案采用与沥青混凝土心墙坝相同的工程布置原则，大坝轴线位置相同，工程总体布置相同，仅坝型不同。

Ⅱ.坝型比选

三种坝型比较主要从地形、地质条件、枢纽布置、筑坝材料、施工条件及投资等方面进行。

（1）地形、地质条件比较。

从地形、地质条件看，三种坝型都是可行的。

重力坝对地基要求高，虽然坝基岩石为弱风化卸荷带白云岩，但岩体破碎，基础存在软弱夹泥，且夹泥的连续率随深度的增加而降低，坝基存在深层抗滑稳定问题，需在坝踵处设置混凝土齿槽，基础开挖量大。

面板坝除趾板基础要求较高外，坝壳基础对地基要求较低，但由于左岸地形陡峻，造成趾板线的开挖量很大，并且形成高边坡；右岸存在顺坡向层面，指标较低，趾板开挖宽度较大，边坡稳定较差。

沥青混凝土心墙坝基础要求低，仅在心墙基座部位要求较高，坝壳基础对地基要求较低，心墙基座坡比宜缓于1∶0.35，坝基左岸地形陡峻，坝顶以下坝轴线处平均坡度为1∶0.46，仅需沿地面坡度挖出心墙基座即可，可大大减少坝基开挖量。

（2）枢纽布置比较。

三种方案的枢纽布置都是可行的，各有特点，没有技术上的制约因素。

（3）筑坝材料比较。

坝址附近缺乏天然的混凝土骨料，需要采用人工骨料，块石料和人工骨料均采用料场石料，质量和储量满足要求。三种坝型都用同一料场石料，混凝土重力坝用料较少，但骨料全部用人工轧制，费用较高，且当地水泥需外运，运距较远，外运费用亦较高。面板堆石坝、沥青混凝土心墙坝石料用料多，可采用料场或利用坝体和泄洪建筑物的开挖料。因此，从筑坝材料看，面板堆石坝和沥青混凝土心墙坝的料源更容易得到。

（4）施工条件比较。

因本工程坝址处呈“V”形峡谷，河道狭窄，三种坝型均采用围堰挡水、河床一次断流、隧洞导流的方式，由于沥青混凝土心墙坝和面板坝的坝基较宽，导流洞的长度相对较长，故导流建筑物规模相对较大。

沥青混凝土心墙坝方案:坝体内材料分区相对较少,厚度相对较大,有利于机械化施工,且沥青心墙施工受气候影响较小。

混凝土面板坝方案:坝体内材料分区相对较少,厚度相对较大,有利于机械化施工,面板施工受气候影响较小;分缝、止水太多,施工难度较大。

碾压混凝土重力坝施工不受气候影响,施工道路布置相对简单。

(5)工程量、工期和投资比较。

三种方案泄流建筑物布置因坝型的不同而有差别,针对不同的坝型,灌溉和供水工程的布置完全相同,故本次工程量和投资比较的内容主要为枢纽工程:包括大坝、泄水建筑物、引水建筑物、导截流建筑物的直接投资。混凝土面板坝由于坝坡较陡,填筑量稍小;但开挖量、混凝土量、基础处理量大,工程投资比沥青混凝土心墙坝高476.51万元,约占沥青心墙坝投资的6%。

沥青混凝土心墙坝的开挖量较小,但填筑量较大,由于填筑量的单价较低,且基础处理量较小,所以此坝型的工程投资最小。

碾压混凝土重力坝的基础开挖量大,混凝土方量大,工程直接投资比沥青混凝土心墙坝高7 548.00万元,占沥青混凝土心墙坝投资的88%。

混凝土面板坝和沥青心墙堆石坝的工期相同,重力坝工期短1个月。

(6)坝型比选结论。

根据本阶段工作深度以及取得的初步成果,混凝土重力坝投资过高,首先排除,沥青混凝土心墙坝和混凝土面板坝两种坝型技术上均可行,但考虑沥青混凝土心墙坝基础处理量小,投资较小,故本阶段推荐沥青混凝土心墙坝作为推荐坝型。

3)大坝布置

大坝位于螺丝田村上游约150 m处。坝址两岸山体雄厚,谷底狭窄,左岸基岩裸露,河谷呈"V"形,两岸山顶高程约910 m,河床高程722.6~722.0 m,宽约10.0 m,相对高差182~181.4 m,为低山区。坝址区河谷左岸岸坡较陡,平均坡度大于50°,局部近直立;右岸岸坡较缓,自然坡度约28°。大坝工程总占地为3.62 hm^2。

枢纽布置以"安全可靠,布置紧凑,施工方便,运行灵活,投资节省"为原则,结合坝址区地形地质条件,合理布置枢纽建筑物,主要建筑物由混凝土沥青心墙坝、溢洪道和引水钢管组成,最大坝高58.5 m。

清渡河水库工程布置由沥青混凝土心墙坝、溢洪道和引水钢管组成。

沥青混凝土心墙坝坝顶高程777.50 m,最大坝高58.5 m,坝顶长133.5 m。上游坡1:1.9,下游坡设"之"字形上坝路,宽6 m,公路间坝坡1:1.4,综合边坡1:1.83。坝体由上游堆石护坡、上游堆石、过渡层、沥青混凝土心墙、过渡层、下游堆石、下游堆石护坡组成。

溢洪道位于右坝肩,采用河岸侧槽式开敞泄流,泄槽采用直线布置,侧堰轴线与泄槽轴线平行,由引水渠、控制侧堰、泄槽和挑流鼻坎组成。

引水管道布置在左岸,首部进口塔架与导流洞塔架结合布置。后接直径ϕ1 100 mm钢管引至导流洞后,沿导流洞敷设。

2.导截流工程

导流洞进出口和围堰占地为0.62 hm^2。

1)导流洞

将导流洞布置在左岸,导流洞进口布置于远离坝轴线约 130 m,出口距大坝轴线下游约 120 m。导流洞断面采用城门洞型,初步确定导流洞进口高程 726.0 m,出口高程 723.0 m,洞身长 273 m,洞内坡降 0.011。导流洞尺寸为 3.0 m×4.5 m。

2)围堰

上、下游围堰均采用土石围堰,利用开挖石渣填筑围堰,复合土工膜防渗。结合工程布置和建筑物结构型式,上游围堰、下游围堰与永久建筑物结合。

上游围堰按防御汛期 5 年一遇洪水设计。上游围堰挡水水位 737.50 m,堰顶高程 739.00 m,最大堰高 15 m,堰顶轴线长 48.0 m,堰顶宽 6.0 m,考虑与永久建筑物的结合,迎水面坡比 1:1.9,背水面坡比 1:1.8。堰体为土石混合料围堰,采用土工膜心墙防渗,迎水面采用堆石防护。河床段基础采用挖槽铺复合土工膜垂直防渗。

下游围堰挡水水位 723.30 m,堰顶高程 724.80 m,最大堰高 3.0 m,堰顶轴线长 17 m,堰顶宽度采用 4 m,迎水面坡比 1:2.0,背水面坡比 1:1.8,下游围堰堰体采用复合土工膜斜墙防渗,河床段基础采用挖槽铺复合土工膜垂直防渗。

3.2.2.2 供水灌溉工程

1.方案比选

清渡河水库渠道布置时只沿河谷一侧布置,另一侧以后配套的田间渠道用小的倒虹管和渠道供水。根据现场勘察情况并结合 1:1万地形图,坝址至曾家坳村红沙岭以东段线路布置中存在左岸布置和右岸布置两种方案。

方案一:左岸布置方案。

灌溉及供水工程干渠坝址至曾家坳村红沙岭以东段始于坝下游消力池,沿清渡河左岸山体等高线布置,干渠于距坝址 10.8 km 清河村青岗坪处布置跨河倒虹吸至清渡河右岸,干渠终点位于曾家坳村红沙岭以东处,该段明渠共设计 2 条干渠、3 座倒虹吸、1 座渠首闸及 1 座分水闸,干渠全长 16.605 km。

方案二:右岸布置方案。

灌溉及供水工程干渠坝址至曾家坳村红沙岭以东段始于坝下游消力池,沿清渡河右岸山体等高线布置,经快场村、两河村、坪窝村、清河村、艾梅寨至曾家坳村红沙岭,沿线包括 2 条干渠、1 条隧洞、3 座倒虹吸、1 座渠首闸及 1 座分水闸,渠道长度 17.590 km。

方案一渠线地质条件好,直接工程投资小,渠线短,工程占地少,施工干扰小,渠线水头损失小,沿程水量损失小,更加有利于下游灌区的灌溉,本阶段推荐方案一,即干渠坝址至曾家坳村红沙岭以东段采用左岸布置方案。

2.方案布置

输水方式可采用明渠输水,渠道全长 27.804 km,渠线沿等高线布置,分为四段干渠。1# 干渠全长 13.011 km,设计流量 1.904 m^3/s;2# 干渠全长 3.594 km,设计流量 1.476 m^3/s;3# 干渠全长 6.378 km,设计流量 1.155 m^3/s;4# 干渠全长 4.821 km,设计流量 0.582 m^3/s。

清渡河灌溉及供水工程干渠共布置 4 条干渠、6 座倒虹吸、1 座渠首闸、3 座分水闸。干渠经分水闸分水后,在罗场镇、缠溪镇和新寨乡三个供水点分别设置供水水池。干渠始于大坝下游引水工程消力池，止于棬子村茅草坪，全长 27.804 km。

清渡河灌溉及供水工程干渠渠首布置清渡河水库大坝枢纽下游左岸山体，渠道沿线在供水点附近选择合理位置布置分水口。渠首设置渠首闸，1#干渠沿左岸等高线布置，沿线布置后山沟、田家倒虹吸至清河村青岗坪布置跨河倒虹吸至清渡河右岸，1#干渠终点位于清河村泡东坪以东。2#干渠接 1#干渠沿右岸山体布置，终点位于曾家坳村红沙岭以东，罗场镇艾梅寨附近布置罗场镇供水工程分水口。3#干渠接 2#干渠沿等高线布置，终点位于新寨乡雁水村，沿程布置曾家坳、雁水村 2 座倒虹吸，3#干渠两路口村山重岩以东渠段布置缠溪镇供水工程分水口，3#干渠末端布置新寨乡、小云半工业园区供水工程分水口。4#干渠接 3#干渠布置，终点位于棬子村茅草坪，渠道末端布置茅草坪跨河倒虹吸引水至清渡河左岸覆盖新寨乡整个灌区。渠道工程永久占地为 13.45 hm^2，渠道工程的施工临时占地为 3.59 hm^2。

供水渠道典型剖面见图 3-1 和图 3-2。

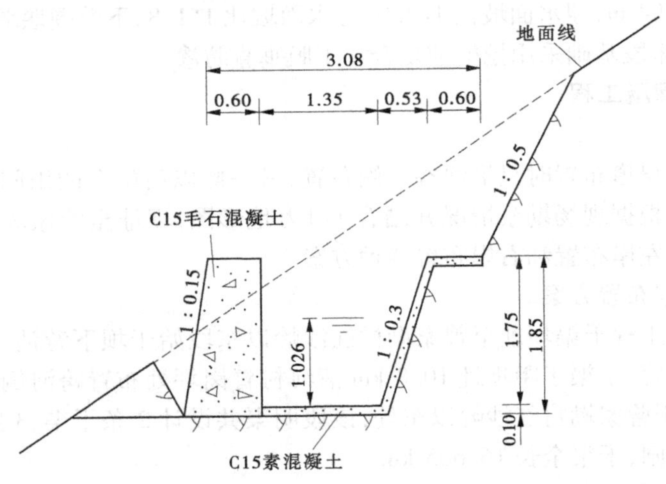

图 3-1　供水渠道典型剖面(一)

3.2.2.3　交通工程

1. 枢纽工程交通部分

1) 对外交通

工程所在地印江县有省道 S304、S303 横穿县境，并均从印江县城通过，与贵阳、铜仁、遵义等大中城市有高速公路、国道及省道相连。工程距印江县 35 km，距铜仁市 150 km，距遵义市 290 km，从铜仁方向距离贵阳市 540 km，从遵义方向距离贵阳市 445 km。工程对外交通条件总体相对较好。

清渡河水库工程位于印江县罗场乡清渡河上游 15 km 河谷处，水库坝址距离罗场乡约 15 km，快场村经罗场乡至省道 S303 段有县级公路相通，路面宽 6 m 左右，路况相对较好，满足工程施工期及运行期外来物资及人员管理进出场要求，可直接利用；坝址至快场村段为乡村道路，部分路况较差，路面坑洼不平，施工期需进行改建，进场改建道路长约 5 km，按国四标准，沥青路面结构，路面宽 6 m。

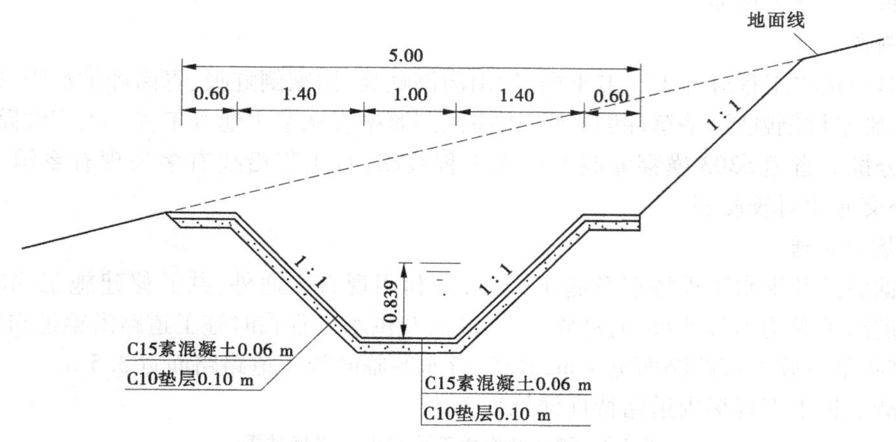

图 3-2　供水渠道典型剖面(二)

2)场内交通

根据工程施工特点,结合施工方法以及施工区场地布置,将场内交通规划布置为上、下左右岸立体交叉闭路循环网络。

根据工程布置、施工机械规格、外来物资运输方式等条件,考虑施工期兴建的道路尽量与永久公路相结合的原则,坝址区左、右岸共布置场内干线交通道路 7 条,干线道路长约 5.17 km,施工支线路 2 km,跨河施工桥 2 座,桥长为 45 m、30 m。

根据开挖、填筑等交通量分析,拟定场内干、支线路等级为矿三级,采用碎石路面结构,路面宽分别为 6.5 m、6 m、4 m,跨河施工桥宽为 6.5 m,下部结构采用混凝土灌注桩基础,上部结构采用简支 T 形梁的布置方案。

场内、外干线道路特性详见表 3-1。

表 3-1　场内、外干线道路特性表

道路名称	起止点	道路长度(km)	路面宽度(m)	道路等级	路面结构	说明
进场道路	罗场乡至坝址	5.0	6	国四	沥青路面	改建
1#道路	施工桥 1 至导流洞进口	1.2	6.5	矿三	碎石路面	新建
2#道路	1#道路接右坝肩	0.8	6.5	矿三	碎石路面	新建
3#道路	右坝肩接线至坝体石渣盖重区	0.6	6	矿三	碎石路面	新建
4#道路	1#道路接线至渣场	0.8	6.5	矿三	碎石路面	新建
5#道路	施工桥 2 至下游围堰	0.22	6.5	矿三	碎石路面	新建
6#道路	施工桥 2 至左坝肩	0.6	4	等外	碎石路面	新建
7#道路	施工桥 1 至块石料场	0.95	6.5	矿三	碎石路面	新建
施工支线路		2	6	矿三	碎石路面	新建
合 计		12.17				

2. 供水工程交通部分

1)对外交通

灌溉及供水工程分为1[#]~4[#]干渠、后山沟倒虹吸、田家倒虹吸、青岗坪倒虹吸、曾家坳倒虹吸、雁水村倒虹吸、茅草坪倒虹吸、山溪涵洞渡槽及调节水池等工程。工程线路长、施工点较分散。省道S303横穿灌溉及供水工程线路,且工程沿线有多条现有乡镇道路通过,对外交通相对较便利。

2)场内交通

根据灌溉及供水工程特点及施工需要,除利用现有交通外,共需修建施工临时道路10 km,道路等级均为等外级,简易碎石路,灌溉及供水工程临时施工道路沿渠道布置。干渠、倒虹吸临时施工道路路面宽4 m,渡槽、分水闸临时施工道路路面宽3.5 m。

灌溉及供水工程场内道路特性详见表3-2。

表3-2 灌溉及供水工程场内道路特性表

序号	项目名称	数量(km)	等级	路面宽度(m)	路面结构	说明
1	1[#]干渠工程临时施工道路	2.5	等外	4	简易碎石	新建
2	2[#]干渠工程临时施工道路	1.0	等外	4	简易碎石	新建
3	3[#]干渠工程临时施工道路	1.5	等外	4	简易碎石	新建
4	4[#]干渠工程临时施工道路	1.0	等外	4	简易碎石	新建
5	至倒虹吸等工程临时施工道路	4.0	等外	4、3.5	简易碎石	新建
合计		10.0				

3.2.2.4 施工生产生活设施

1. 枢纽区施工生产生活设施

依据施工布置原则,结合枢纽工程布置、场内外交通及施工场地布置条件等方面因素,本工程施工总体布置以集中布置为主,工程总体布置在右岸主体施工区。

右岸主体施工区布置有混凝土拌和系统、综合加工厂、施工仓库、汽车机械停放保养厂、施工营地等。具体布置如下:

混凝土拌和系统、沥青混凝土拌和系统集中布置于坝址右岸下游0.7 km山坡处,综合加工厂、施工仓库毗邻布置于坝址右岸下游1.2 km、进场公路上方山坡处,施工营地布置于工厂设施下游200 m缓坡地;渣场利用坝址右岸下游2 km冲沟布置,冲沟容量较大,满足工程施工期堆弃渣要求;汽车、机械停放保养厂位于渣场范围内,不再另行征地布置。

枢纽工程施工工厂设施规模见表3-3。

2. 供水工程施工生产生活设施

灌溉及供水工程线路长,且施工区域较分散。根据线路特点,工程不设大型固定的施

表 3-3　枢纽工程主要施工工厂设施规模表　（单位：m^2）

序号	项目名称	规模	建筑面积	占地面积
1	砂石料加工系统	85 t/h	300	11 000
2	混凝土拌和系统	25 m^3/h	300	4 000
3	沥青混凝土拌和系统	10 m^3/h	150	2 000
4	钢筋加工厂		300	2 000
5	木材加工厂		150	1 000
6	混凝土预制件厂		150	1 000
7	机械停放、修配厂		200	
8	炸药库		300	1 000
9	施工供水		200	1 200
10	施工供电		200	1 000
11	施工仓库		1 000	2 000
12	施工生活区	500 人	5 000	10 000
13	业主营地	12 人	1 100	3 300
合计			9 350	39 500

注：汽车、机械停放保养厂利用渣场弃渣平台，不考虑占地面积。

工工厂设施，主要采用移动式混凝土搅拌机和移动空压机，在倒虹吸、涵洞渡槽等建筑物附近布置相对固定的施工营地，根据施工总布置原则及水工建筑物的分布特点，本工程沿线共划分为 6 个施工分区，各施工区内分别布置有混凝土拌和系统、综合加工厂、施工仓库及施工生活区等生产生活设施。

灌溉及供水工程施工临时设施规模详见表 3-4。

表 3-4　灌溉及供水工程施工临时设施规模表　（单位：m^2）

序号	施工区	项目名称	建筑面积	占地面积	说明
1	施工 1 区	工厂设施	200	2 000	后山沟倒虹吸上游 3.5 km
		综合仓库	200	500	
		施工生活区	600	1 200	

续表 3-4

序号	施工区	项目名称	建筑面积	占地面积	说明
2	施工 2 区	工厂设施	230	2 200	后山沟倒虹吸附近
		综合仓库	200	600	
		施工生活区	850	1 700	
3	施工 3 区	工厂设施	230	2 100	青岗坪倒虹吸附近
		综合仓库	200	600	
		施工生活区	750	1 500	
4	施工 4 区	工厂设施	230	2 100	曾家坳倒虹吸附近
		综合仓库	200	600	
		施工生活区	750	1 500	
5	施工 5 区	工厂设施	230	2 200	雁水村倒虹吸附近
		综合仓库	200	600	
		施工生活区	950	1 900	
6	施工 6 区	工厂设施	200	2 000	茅草坪倒虹吸附近
		综合仓库	200	500	
		施工生活区	500	1 000	
合计			6 920	24 800	

3.2.2.5 渣场场区

弃渣场按照工程分布分为枢纽弃渣场和灌溉供水工程弃渣场。

根据工程区地形情况，枢纽工程选择坝址右岸下游 2 km 白岩沟一支沟作为工程堆弃渣场。为确保堆渣稳定，防止水土流失，应对渣场堆渣体边坡予以防护。主体工程设计了场内 4#道路作为 1 号弃渣场的施工道路。

灌溉、供水工程工程灌溉渠道沿线地形相对较陡，不便于渣料堆放，将弃渣场设置于倒虹吸、渡槽涵洞及分水闸等建筑物附近的支毛沟或坡地，渠道沿线弃渣、倒虹吸、渡槽涵洞及分水闸等建筑物开挖料堆弃渣就近运至弃渣场集中堆存。2 ~ 11 号弃渣场的施工道路与主体工程的渠道施工道路结合使用。

工程弃渣场一览表见表 3-5。

3.2.2.6 料场区

坝体堆石料及混凝土骨料料源均从块石料场开采，本区布置有石料场、砂石料加工系统。块石料场位于坝址左岸下游 600 m 山坡处，砂石料加工系统利用块石料场北侧冲沟，通过料场覆盖层剥离料回填形成加工系统场地。料场占地面积为 1. 96 hm^2。岩性均为厚层状灰色、灰白色白云岩，可作为沥青心墙坝块石料和混凝土人工骨料。料场上部 1. 5 左右为强风化层，可采料厚度为 30 m 以上，平均采料厚度为 10 m，剥采比为 0. 15。

表 3-5　工程弃渣场一览表

名称		占地面积（hm^2）	弃方量（万 m^3）	渣场容量（万 m^3）	堆高范围（m）	最大堆高（m）	渣场类型	弃渣范围
枢纽工程弃渣场(1 号弃渣场)		4.00	31.54	55	735～780	45	沟道型	水库枢纽范围弃渣
渠道工程	渠道工程(2 号弃渣场)	1.06	2.77	6.32	850～875	25	沟道型	K0＋000—K3＋500
	后山沟倒虹吸工程(3 号弃渣场)	0.80	2.27	4.97	800～825	25	坡地型	K3＋500—K6＋128
	田家倒虹吸工程(4 号弃渣场)	0.82	2.34	5.13	640～670	30	沟道型	K6＋128—K8＋820
	青岗坪倒虹吸工程(5 号弃渣场)	0.66	1.83	4.39	730～760	30	坡地型	K8＋820—K11＋000
	曾家坳倒虹吸工程(6 号弃渣场)	0.91	2.50	5.26	625～650	25	沟道型	K14＋011—K17＋000
	雁水村倒虹吸工程(7 号弃渣场)	0.76	2.45	4.89	685～715	30	沟道型	K20＋000—K22＋500
	茅草坪倒虹吸工程(8 号弃渣场)	0.61	2.79	4.59	500～525	25	沟道型	K24＋000—K26＋000
	渠道工程(9 号弃渣场)	0.57	1.57	3.99	775～800	25	沟道型	K26＋000—K27＋888
	罗场镇调节水池(10 号弃渣场)	0.91	2.02	5.19	750～775	25	坡地型	K11＋000—K14＋011
	新寨乡调节水池(11 号弃渣场)	0.46	1.88	3.06	755～775	20	沟道型	K22＋500—K24＋000
	缠溪镇调节水池(12 号弃渣场)	0.91	2.22	5.08	700～725	25	坡地型	K17＋000—K20＋000
	小计	8.47	24.64	52.87				
合计		12.47	56.18	107.87				

3.3　施工组织

3.3.1　施工条件

3.3.1.1　施工场地条件

清渡河水库坝址区河流自南向北，两岸山体雄厚，河谷狭窄，呈“V”形谷。左岸山顶高程约 1 038.0 m，右岸山顶高程约 1 027.0 m，河谷高程 702.0～723.0 m，相对高差 280～330 m。坝址区左岸基岩裸露，坡度较陡，多为 45°～65°，局部近直立，地形一般为上缓下陡；坝址区右岸为第四系松散堆积物，地形一般为上缓下陡，坡度一般为 25°～40°。河床宽约 11 m。覆盖层厚 0～1.0 m，砂砾石层。

坝址附近两岸山体陡峻、河谷狭窄，施工场地布置十分困难。仅坝址下游左岸地形相对较缓。

引水线路沿线区域地形起伏较大，海拔高程 480～1 442 m，最大高差约 900 m。河谷以“V”形谷为主，沿线地形地貌为低山—中山峡谷型地貌。线路沿线地形坡度一般为 25°～35°，局部稍陡，为 40°～50°。线路沿线地表植被较发育，沟谷发育。线路沿线基岩多裸露，部分为第四系残坡积、冲洪积层所覆盖，第四系松散堆积物主要分布于河谷及两岸低洼地带。

引水线路沿线沟谷多、地形坡度较陡,施工场地布置难度较大。

3.3.1.2 主要建筑材料来源,水电供应条件

清渡河水库工程所需的水泥由印江自治县梵净山金顶水泥厂(朗溪镇孟关峡)供应,钢筋、木材、油料等就近从印江自治县城、铜仁市采购。

生产、生活用水可直接抽取河水,经净化处理后使用。施工用电从坝址附近的缠溪镇35 kV 变电站引接10 kV 线路。

3.3.2 天然建筑材料

本工程拦河建筑物为沥青心墙坝,所需主要天然建筑材料为块石料、混凝土粗细骨料,围堰采用土工膜防渗,故本工程不需要土料场。供水线路所需主要天然建筑材料为块石料、混凝土粗细骨料。

清渡河坝址区附近地区,天然砂砾石料缺乏,无满足储量和质量要求的天然砂砾石料场。坝址区勘探石料场,位于坝址左岸下游、螺丝田村东北约250 m,距坝址平均距离约500 m。岩性均为厚层状灰色、灰白色白云岩,可作为沥青心墙坝块石料和混凝土人工骨料。

灌溉及供水工程由于线路较长,混凝土工程量分散,砂石料考虑从工程沿线附近砂石料加工厂购买解决。

3.3.3 导截流施工

3.3.3.1 导流洞

坝址两岸山体雄厚,谷底狭窄,左岸基岩裸露,两岸山顶高程约910 m,河床高程722.0~722.6 m,宽约10.0 m,相对高差181.4~182 m。坝址区河谷左岸岸坡较陡,平均坡度大于50°,局部近直立;右岸岸坡坡度较缓,自然坡度约28°。

进出口明挖采用分台阶自上而下分层开挖,顶层削坡采用手风钻钻孔爆破,人工扒渣,下层开挖采用YQ-100型潜孔钻钻垂直孔、梯段爆破、边壁预裂、底部留保护层开挖。推土机辅助集渣,1 m^3 挖掘机配8 t 自卸汽车运输至渣场堆存。

导流隧洞洞身开挖采用光面爆破法开挖,手风钻钻孔,人工装药,扒渣机装渣,机动三轮车运输至洞外,在洞口采用1.0 m^3 液压反铲挖掘机挖装,59 kW 推土机集料,8 t 自卸汽车运渣。

3.3.3.2 围堰

由于土石围堰具有地基适应性强,施工技术成熟,技术经济指标较优等特点,故上、下游围堰均采用土石围堰。为了加快施工进度、节省工程投资,经比较利用开挖石渣填筑围堰,复合土工膜防渗。结合工程布置和建筑物结构型式,上游围堰、下游围堰与永久建筑物结合。

上游围堰按防御汛期5年一遇洪水设计。上游围堰挡水水位737.50 m,考虑波浪爬高和安全超高后,堰顶高程739.00 m,最大堰高15 m,堰顶轴线长48.0 m,堰顶宽6.0 m,考虑与永久建筑物的结合,迎水面坡比1:1.9,背水面坡比1:1.8。堰体为土石混合料围堰,采用土工膜心墙防渗,迎水面采用堆石防护。河床段基础采用挖槽铺复合土工膜垂直防渗。

下游围堰挡水水位 723.30 m，堰顶高程 724.80 m，最大堰高 3.0 m，堰顶轴线长 17 m，堰顶宽度采用 4 m，迎水面坡比 1:2.0，背水面坡比 1:1.8，下游围堰堰体采用复合土工膜斜墙防渗，河床段基础采用挖槽铺复合土工膜垂直防渗。

围堰石渣填筑采用 74 kW 推土机集料，1 m^3 挖掘机挖装，8 t 自卸汽车自堆渣场运输，14 t 振动碾分层碾压。土工膜施工随堰体上升进行铺设。围堰拆除采用 1 m^3 反铲挖掘机装 8 t 自卸汽车。

3.3.4 枢纽工程施工

枢纽工程由沥青混凝土心墙坝、溢洪道和引水钢管等建筑物组成。

3.3.4.1 **大坝工程施工**

沥青混凝土心墙坝坝顶长度 133.5 m，坝顶高程 777.50 m，最大坝高 58.5 m，坝顶宽 7.0 m。上游坝坡 1:1.9，下游设“之”字形上坝路，宽 6 m，上坝路间坝坡 1:1.4，综合边坡 1:1.83。坝顶上游侧设高 1.2 m、厚 0.3 m 的防浪墙，坝顶下游侧设置防护栏杆。

大坝工程施工主要包括土石方开挖、基础处理、沥青心墙混凝土浇筑、堆石填筑等。

1. 大坝施工程序

截流前进行坝肩岸坡土石方开挖和灌浆平洞的开挖，截流后进行剩余部分岸坡及河床部位土石方开挖。开挖完即进行沥青混凝土心墙基座混凝土浇筑，随后进行基础固结灌浆、帷幕灌浆、沥青混凝土心墙浇筑和坝体过渡料、堆石的填筑。

2. 坝基土石方开挖

坝基土石方开挖包括覆盖层和石方开挖，均采用自上而下分层进行。土方开挖采用 74 kW 推土机剥离，2 m^3 挖掘机装，15 t 自卸汽车运至渣场。

石方开挖采用 YQ－100 型潜孔钻或手风钻造孔，梯段爆破，沿设计开挖线采用预裂爆破技术，74 kW 推土机集料，2 m^3 挖掘机装渣，15 t 自卸汽车运至弃渣场。建基面预留保护层采用手风钻钻孔，少药量爆破。

3. 大坝基础处理

基础处理工程包括沥青混凝土心墙混凝土基座、固结灌浆和帷幕灌浆，并按此顺序依次施工。

1）心墙基座混凝土施工

沥青混凝土心墙混凝土基座为梯形断面，开挖断面底宽 3.5 m，顶宽 6.0 m，顶部与开挖基岩面平齐，深入基岩 2.5 m。基座混凝土共 2 373 m^3，在基岩开挖完成后进行。

心墙基座混凝土采用 3.0 m^3 混凝土搅拌运输车从混凝土拌和站运送至浇筑仓面附近，河床部位直接入仓；岸坡部位经溜槽将混凝土输送入仓；插入式振捣器振捣密实，每一浇筑块浇筑完成后应及时养护和保护。

2）固结灌浆

固结灌浆位于心墙基座混凝土下，总进尺 1 064 m，孔深 5.0 m。在基座混凝土浇筑结束并达到设计强度的 50% 后，按分序加密的原则进行。固结灌浆采用 YQ－100 型潜孔钻钻孔，BW100/15 型灌浆泵自下而上分段进行灌浆。

3）帷幕灌浆

帷幕灌浆位于心墙基座混凝土下，总进尺 3 709 m，最大孔深约 52 m，最低高程约 680

m。帷幕灌浆在固结灌浆完成后施工，按分序逐渐加密的原则进行。采用 SGZ－Ⅰ型液压式钻机一次将灌浆孔钻至设计深度，BW200/60 型灌浆泵自下而上分段进行灌浆。

4. 大坝填筑

大坝由块石护坡、堆石、过渡料和沥青混凝土心墙组成，应尽量平起填筑，均衡施工，以减少削坡处理工程量，并保证压实质量。

1）坝体堆石填筑

坝体堆石有两个来源：一部分来自溢洪道开挖石料的 40%；另一部分来自坝下游石料场。

石料场采用 YQ－100 型潜孔钻钻孔，梯段爆破；料场和堆渣场均采用 2 m^3 挖掘机挖装，15 t 自卸汽车运输，坝面采用 74 kW 推土机平料，18 t 振动碾碾压。

2）过渡料

过渡料来自砂石料加工厂，利用石料场开采的毛石料加工获得。1 m^3 装载机挖装，8 t 自卸汽车运输，坝面采用 74 kW 推土机平料，18 t 振动碾碾压。

过渡料铺筑前，应先牢固架设心墙沥青混凝土钢模板，然后心墙两侧的过渡层同时铺填压实，并防止钢模移动。距钢模 15～20 cm 的过渡层先不压实，待钢模拆除后，与心墙骑缝碾压。

3）块石上、下游护坡

上、下游护坡块石共 19 981 m^3，砌筑随坝体填筑同时进行。块石料由 2 m^3 挖掘机挖装，15 t 自卸汽车运输坝体填筑仓面附近卸料，再由 1 m^3 反铲挖掘机配合人工橇码整齐，并以块石垫塞嵌合牢固。

5. 沥青混凝土心墙施工

沥青混凝土心墙位于上下游过渡料之间，墙顶高程 776.00 m，墙体最大高度 52.4 m，心墙厚度 0.6 m。

1）沥青混凝土心墙施工

沥青混凝土心墙安排在相应部位基座混凝土浇筑、固结灌浆和帷幕灌浆完成后进行，在钢模板保护下铺筑沥青混凝土混合料。

心墙沥青混凝土由沥青混凝土拌和站生产，8 t 自卸保温汽车运输至坝面，然后转 2.0 m^3 轮式装载机将沥青混凝土料转运入仓，人工摊铺；铺料厚度 20～30 cm，整平后抽掉心墙钢模板。采用 1.5 t 振动碾碾压沥青混凝土混合料，并与心墙骑缝碾压相邻的 15～20 cm 过渡料。

沥青混合料采用振动碾在防雨布上进行碾压，先静压 2 遍，再振动碾压 4～8 遍，最后静压 2 遍。振动碾压的遍数，按设计要求的密度通过试验确定。

2）沥青混凝土低温与雨季施工

（1）低温季节施工。

当日平均气温在 5 ℃以下时，属低温季节，沥青混合料不宜施工；当日平均气温虽在 5 ℃以上，但风速大于 4 级时，也不宜施工。

当必须在低温季节施工时，应采取铺筑现场加热沥青混凝土或搭暖棚等措施施工。

（2）雨季施工。

沥青混凝土防渗墙不得雨季施工。遇雨应停止摊铺，未经压实而受雨、浸水的沥青混合料，应全部铲除。如需雨季施工，应采取有效的防雨措施。

6. 灌浆洞施工

灌浆洞位于左岸坝肩，断面尺寸为2.5 m×3.5 m的城门洞形，总长度为45 m。洞挖石方643 m^3。采用手风钻钻孔、全断面爆破开挖，扒渣机装1 m^3机动翻斗车运输至洞口集中堆渣；然后由2 m^3装载机装15 t自卸汽车运输至弃渣场。

灌浆洞混凝土衬砌，采用先浇筑底拱混凝土，再浇筑边墙和顶拱混凝土的方法。底板混凝土采用拉模施工一次完成，顶拱和边墙采用人工立模分段施工。采用10 t自卸汽车运送混凝土至洞口，转HB30型混凝土泵泵送入仓，插入式振捣器振捣密实。

3.3.4.2 溢洪道施工

溢洪道布置于右岸，为无闸门控制的侧槽式溢洪道。溢流堰宽40.0 m，堰顶高程774.00 m，堰型采用WES型实用堰。堰后为12 m长水平过渡段，后接1∶4.5坡度的泄槽，泄槽长度105 m。出口采用挑流消能，挑流鼻坎长度15 m，出口高程744.0 m，挑角26°。溢洪道总长172.0 m。

溢洪道施工包括覆盖层开挖、岩石开挖、混凝土浇筑等。

1. 土石方开挖

覆盖层开挖自上而下分层进行。采用2 m^3挖掘机挖装，88 kW推土机配合，15 t自卸汽车运输至弃渣场。

岩石采用自上而下深孔台阶法爆破、周边预裂及建基面预留保护层爆破开挖。由手风钻配合YQ－100型潜孔钻钻孔，人工装药连线爆破，2 m^3挖掘机挖装，74 kW推土机集料，15 t自卸汽车运输。

2. 混凝土浇筑

溢洪道混凝土按照先上游进口、后泄槽的顺序浇筑。混凝土采用组合钢模板分段分层浇筑，人工立模和绑扎钢筋。由3.0 m^3混凝土搅拌车运输车运输，25 t汽车吊吊1 m^3吊罐入仓，插入式振捣器振捣密实。圆弧段及挑流鼻坎采用滑模施工。

3.3.4.3 引水钢管施工

引水钢管与导流洞相结合，同导流洞布置在左岸。进口位于塔架上，底高程742.0 m，后接直径ϕ1 100 mm钢管引至导流洞后，沿导流洞敷设，经过导流洞接下游灌溉及供水渠道。管道全长323.0 m。

引水钢管施工包括岩石开挖、塔架混凝土浇筑、引渠浆砌石砌筑、管道安装等。

1. 石方开挖

塔架基础石方开挖采用手风钻钻孔，人工装药连线爆破，2 m^3挖掘机挖装，74 kW推土机集料，15 t自卸汽车运输至堆渣场。

2. 混凝土施工

引水洞进口塔架为钢筋混凝土结构，底部高程726.0 m，顶部高程同大坝坝顶高程777.50 m，高度为51.5 m。

塔架采用人工绑扎钢筋，钢模施工。3 m^3混凝土搅拌运输车运送混凝土，底板混凝土直接入仓；塔架混凝土采用QTS－630型塔吊吊3 m^3吊罐入仓浇筑，插入式振捣器振捣密实。

钢管分两期施工，位于塔架内部分与塔架同时进行，采用预埋法施工；导流洞内部分在导流洞封堵后施工，首先浇筑镇墩混凝土，然后自导流洞进口方向开始向导流洞出口方向分段安装钢管。镇墩混凝土采用泵送入仓，人工立钢模浇筑，插入式振捣器振捣；钢管采用洞内卷扬机自导流洞出口牵引到位，人工焊接安装。

3.3.5 灌溉及供水工程施工

灌溉及供水工程包括灌溉及供水渠道1#～4#干渠及位于渠道上的6座倒虹吸、3座蓄水池、3座分水闸、1处涵洞和渡槽。灌溉及供水渠道始于坝下游引水管道消力池，沿清渡河右岸山体布置。

总干渠长27.84 km，其中1#干渠长13.011 km，2#干渠长3.594 km，3#干渠长6.414 km，4#干渠长4.821 km。

灌溉及供水工程主要有土石方开挖和回填、混凝土浇筑、浆砌石砌筑等。

3.3.5.1 渠道、倒虹吸和分水闸施工

1. 土石方开挖

渠道、倒虹吸和分水闸土方开挖采用1 m^3 挖掘机沿设计开挖线开挖，一部分就近堆存在沟槽两侧或建筑物基础周围，供建筑物施工完成后回填；一部分利用8 t自卸汽车运至堆渣场。石方开挖采用手风钻钻孔、爆破，一部分就近堆存，一部分运至堆渣场；1 m^3 挖掘机挖装，8 t自卸汽车运输。

2. 混凝土浇筑

渠道混凝土按伸缩缝分块跳仓立模浇筑，先浇渠底，后浇渠坡。0.4 m^3 混凝土拌和机拌和混凝土，1 m^3 机动翻斗车运输到工作面，人工倒运入仓，插入式振捣器振捣密实。

倒虹吸、分水闸采用人工立钢模板，0.4 m^3 混凝土拌和机拌和，1 m^3 机动翻斗车运输，人工倒运入仓，插入式振捣器振捣密实。

3. 倒虹吸排架、桩基施工

后山沟、田家、青岗坪、曾家坳、雁水村、茅草坪等6座倒虹吸的青岗坪倒虹吸和茅草坪倒虹吸底部为钢筋混凝土排架结构，基础为混凝土灌注桩。

混凝土灌注桩长约10 m，采用CZ－22型冲击钻钻孔，导管法浇筑水下混凝土，0.4 m^3 混凝土拌和机拌和混凝土，1 m^3 机动翻斗车运输到工作面。

钢筋混凝土排架高约25 m，采用人工立钢模施工，0.4 m^3 混凝土拌和机拌和混凝土，1 m^3 机动翻斗车运输到工作面，QY16汽车起重机吊运1 m^3 吊罐入仓，插入式振捣器振捣密实。

3.3.5.2 浆砌石砌筑

分水闸及泄水闸等浆砌石砌筑利用基础开挖石料，采用1 m^3 挖掘机挖装，8 t自卸汽车运输到工作面，人工砌筑。

3.4 工程占地

根据《印江县清渡河水库工程可行性研究报告》成果资料，结合实地查勘，本工程建

设用地包括永久用地和临时用地。永久用地包括枢纽工程占地、灌溉、供水工程区占地、业主营地区占地、枢纽永久道路占地、水库淹没区。临时用地包括灌溉、供水工程区占地、施工道路临时用地、施工生产生活区临时用地、弃渣场临时用地和石料场临时用地等。项目总占地面积为110.39 hm²,其中永久占地65.39 hm²,临时占地45.00 hm²。占地地类:工程占用地类以林地为主,其中永久占地中耕地8.51 hm²,林地47.96 hm²,草地3.95 hm²,水域及水利设施用地4.97 hm²;临时占地中耕地6.61 hm²,林地30.66 hm²,草地7.73 hm²。

印江县清渡河水库工程占地情况详见表3-6。

表3-6 印江县清渡河水库工程占地情况 (单位:hm²)

防治区		永久占地					临时占地				合计
		耕地	林地	草地	水域及水利设施用地	小计	耕地	林地	草地	小计	
枢纽工程		0.49	3.35	0.08	0.31	4.23					4.23
灌溉、供水工程区		4.31	6.92	2.18	0.04	13.45	2.06	1.53		3.59	17.04
施工生产生活区	枢纽施工生产生活区							3.62		3.62	3.62
	业主营地区	0.33				0.33					0.33
	渠道、灌溉及供水施工区						1.18	1.30		2.48	2.48
道路区	枢纽场内永久道路	0.46	6.45	0.13		7.04					7.04
	枢纽场内临时道路							10.88		10.88	10.88
	灌溉工程施工临时道路						1.23	8.77		10.00	10.00
弃渣场区	枢纽工程弃渣场(1号弃渣场)							2.06	1.94	4.00	4.00
	渠道工程弃渣场						2.14	2.50	3.83	8.47	8.47
料场	枢纽工程石料场								1.96	1.96	1.96
水库淹没区		2.92	31.24	1.56	4.62	40.34					40.34
合计		8.51	47.96	3.95	4.97	65.39	6.61	30.66	7.73	45.00	110.39

3.5 土石方平衡

本工程由水库枢纽工程和灌溉渠道工程组成。工程土石方总开挖量为48.37万m³(自然方,以下皆为自然方),总回填量为42.88万m³,借方量为35.18万m³,全部为石方,弃方量为40.67万m³。工程土石方平衡表见表3-7。

本方案将在第5章复核各区的土石方开挖回填量以及表土的调配利用情况,并作土石方平衡表,绘制土石方流向框图。

表 3-7　工程土石方平衡表　（单位：万 m^3）

部位			项目	开挖	回填	调入		调出		外借		废弃	
						数量	来源	数量	来源	数量	来源	数量	来源
枢纽工程区	大坝		土方	5.35								5.35	大坝
枢纽工程区	大坝		石方	1.62	40.66	5.76	溢洪道、导流工程			34.04	石料场	0.77	大坝
枢纽工程区	引水管道		石方	0.31								0.31	引水管道
枢纽工程区	溢洪道		土方	2.9								2.9	溢洪道
枢纽工程区	溢洪道		石方	11.77	1.14			4.71	溢洪道	1.14	石料场	7.06	溢洪道
枢纽工程区	导流工程		石方	1.17				1.06	导流工程			0.12	导流工程
枢纽工程区	导流工程		围堰拆除	0.03								0.03	导流工程
枢纽工程区	块石料场		土方	5.14								5.14	块石料场
灌溉供水工程区	K0 +000—K3 +500	渠道工程	石方	1.19	0.57							0.63	渠道工程
灌溉供水工程区	K0 +000—K3 +500	渠道工程	土方	0.87								0.87	渠道工程
灌溉供水工程区	K3 +500—K6 +128	后山沟倒虹吸工程	石方	1.15								1.15	后山沟倒虹吸工程
灌溉供水工程区	K3 +500—K6 +128	后山沟倒虹吸工程	土方	0.67								0.67	后山沟倒虹吸工程
灌溉供水工程区	K6 +128—K8 +820	田家倒虹吸工程	石方	1.1								1.1	田家倒虹吸工程
灌溉供水工程区	K6 +128—K8 +820	田家倒虹吸工程	土方	0.64								0.64	田家倒虹吸工程
灌溉供水工程区	K8 +820—K11 +000	青岗坪倒虹吸工程	石方	1.06								1.06	青岗坪倒虹吸工程
灌溉供水工程区	K8 +820—K11 +000	青岗坪倒虹吸工程	土方	0.61								0.61	青岗坪倒虹吸工程
灌溉供水工程区	K14 +011—K17 +000	曾家坳倒虹吸工程	石方	1.3								1.3	曾家坳倒虹吸工程
灌溉供水工程区	K14 +011—K17 +000	曾家坳倒虹吸工程	土方	0.77								0.77	曾家坳倒虹吸工程
灌溉供水工程区	K20 +000—K22 +500	雁水村倒虹吸工程	石方	1.26								1.26	雁水村倒虹吸工程
灌溉供水工程区	K20 +000—K22 +500	雁水村倒虹吸工程	土方	0.74								0.74	雁水村倒虹吸工程
灌溉供水工程区	K24 +000—K26 +000	茅草坪倒虹吸工程	石方	1.34								1.34	茅草坪倒虹吸工程
灌溉供水工程区	K24 +000—K26 +000	茅草坪倒虹吸工程	土方	0.79								0.79	茅草坪倒虹吸工程
灌溉供水工程区	K26 +000—K27 +888	山溪涵洞、渡槽工程	石方	0.91								0.91	山溪涵洞、渡槽工程
灌溉供水工程区	K26 +000—K27 +888	山溪涵洞、渡槽工程	土方	0.55	0.04							0.52	山溪涵洞、渡槽工程
灌溉供水工程区	K11 +000—K14 +011	罗场镇调节水池	石方	1.1	0.07							1.03	罗场镇调节水池
灌溉供水工程区	K11 +000—K14 +011	罗场镇调节水池	土方	0.58	0.08							0.5	罗场镇调节水池
灌溉供水工程区	K22 +500—K24 +000	新寨乡调节水池	石方	1.19	0.06							1.13	新寨乡调节水池
灌溉供水工程区	K22 +500—K24 +000	新寨乡调节水池	土方	0.63	0.13							0.5	新寨乡调节水池
灌溉供水工程区	K17 +000—K20 +000	缠溪镇调节水池	石方	1.06	0.07							0.98	缠溪镇调节水池
灌溉供水工程区	K17 +000—K20 +000	缠溪镇调节水池	土方	0.57	0.07							0.5	缠溪镇调节水池
合计				48.37	42.88	5.76	0	5.76		35.18		40.67	

3.6 施工进度

根据主体工程施工特点及导流规划,工程施工期分为工程准备期和主体工程施工期。经比较、分析及优化,工程总工期为30个月。准备期工程施工安排在2015年1月至2016年2月中旬,工期13.5个月;主体工程工期从2016年2月中旬至2017年6月底,工期为16.5个月(见图3-3)。

3.7 拆迁及安置

印江县清渡河水库工程水库区、枢纽工程及供水工程建设征地涉及印江县的罗场乡、永义乡、缠溪镇和新寨乡4个乡镇,共需征占地面积1 655.91亩,其中永久征收980.86亩,临时征用675.05亩。工程建设征地区不涉及村庄,水库淹没零星房屋1 064.83 m^2。

经计算,规划水平年清渡河水库工程建设征地的生产安置人口为131人,其中水库淹没影响33人,枢纽工程19人,供水工程79人。工程不涉及搬迁安置人口。

在分析各村土地容量、征求移民意愿和当地县、乡政府意见的基础上,拟定本工程移民全部在本村(组)后靠安置,不设置单独的移民安置区。

施工项目	单位	工程量	工期(月)	强度(月)
1 清渡河水库工程				
1.1 准备期工程				
1.1.1 施工道路			5	
1.1.2 施工供水、供电线路			5	
1.1.3 施工工厂设施			3	
1.1.4 施工生活区建设			2	
1.1.5 场地平整			2	
1.1.6 导流工程				
1.1.6.1 导流洞施工			10	
1.1.6.2 围堰填筑	万 m^3	2.85	2	1.43
1.1.6.3 围堰拆除	万 m^3	0.04	0.5	0.08
1.1.6.4 导流洞封堵	万 m^3	0.02	1.5	0.01
1.1.6.5 导流洞改建(引水管施工)	项		2	
1.2 主体工程				
1.2.1 大坝工程				
1.2.1.1 岸坡土石开挖	万 m^3	6	6	1
1.2.1.2 河床土石开挖	万 m^3	0.9	1.5	0.6
1.2.1.3 混凝土基座	万 m^3	0.24	1	0.24
1.2.1.4 固结灌浆	万m	0.1	1	0.1
1.2.1.5 帷幕灌浆	万m	0.37	2	0.19
1.2.1.6 坝体填筑至高程(EL.738 m)				
1.2.1.7 沥青心墙填筑	万 m^3	0.32	7.5	0.04
1.2.1.8 过渡料填筑	万 m^3	3.04	7.5	0.41
1.2.1.9 上下游堆石填筑	万 m^3	40.33	7.5	5.38
1.2.1.10 上下游护坡	万 m^3	2	6.5	0.31
1.2.1.11 混凝土防浪墙	万 m^3	0.05	1	0.05
1.2.1.12 坝顶路面	万 m^2	0.08	1.5	0.05
1.2.2 溢洪道工程				
1.2.2.1 土石方开挖	万 m^3	14.67	5	2.93
1.2.2.2 混凝土	万 m^3	0.85	3.5	0.24
1.2.2.3 固结灌浆	万 m^3	0.16	1	0.16
1.2.2.4 金属结构安装			2.5	
1.2.3 灌溉工程				
1.2.3.1 总干渠施工	km	27.84	16	1.74
1.2.3.2 倒虹吸工程施工	座	6	12	
1.2.3.3 分水闸施工			9	
1.2.3.4 山溪涵洞、渡槽施工			9	
1.2.3.5 蓄水池工程施工	座	3	10	

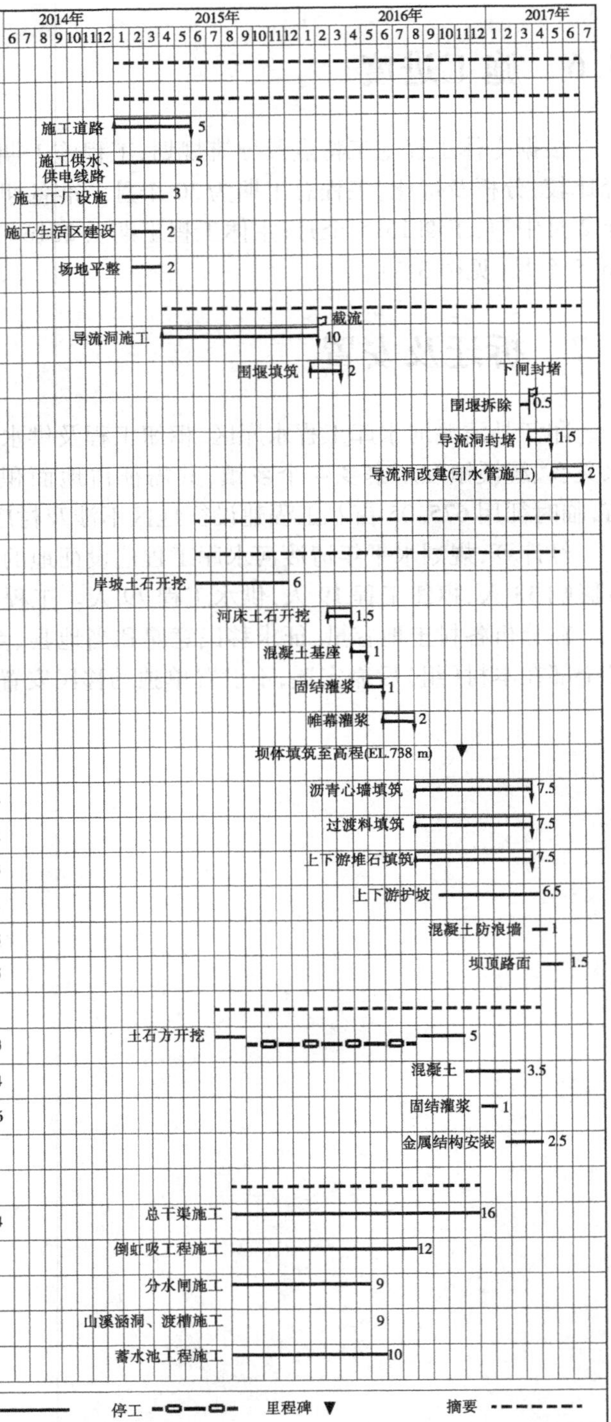

时间轴：2014年 6 7 8 9 10 11 12；2015年 1–12；2016年 1–12；2017年 1 2 3 4 5 6 7

图例：关键线路　进度　停工　里程碑 ▼　摘要

说明：本工程施工总工期30个月，其中准备期13.5个月，主体工程工期16.5个月。

图 3-3　清渡河水库工程施工进度图

第4章 项目区概况

4.1 自然概况

4.1.1 工程地质

清渡河水库工程区地处云贵高原向湘西丘陵和四川盆地过渡的大斜坡地带的黔东低山丘陵区和黔东北中山峡谷之间,属中山—低山地貌。测区为扬子准地台,主要出露地层有震旦系、寒武系、奥陶系、志留系、二叠系、三叠系及第四系地层,缺失泥盆系、石炭系、侏罗系、白垩系及第三系。区内出露的地层岩性主要有灰岩、白云岩、砂岩、页岩、黏土岩等。

库区出露地层为寒武系高台组($\in_2g$)和清虚洞组($\in_1q$)地层及第四系地层。第四系沉积物按成因类型主要有冲积、洪积、坡积、残积及滑坡体堆积物等,分布于库岸斜坡地带、河漫滩及河床,岩性有坡积、残积碎石土,冲积、洪积砂卵石以及局部崩塌、滑坡堆积碎石、块石、巨块石夹黏性土和人工堆积碎石土。

清渡河供水工程与灌溉工程线路采用同一渠道,主要由1[#]~4[#]干渠和6座倒虹吸组成。

灌溉渠道干渠包括1[#]~4[#]干渠,始于坝下游引水管道消力池,沿清渡河右岸山体等高线布置,干渠至甘家寨村红沙岭附近布置倒虹吸穿越清渡河至左岸山体,而后沿左岸山体等高线布置,于两路口村苦荞寨附近引新寨乡及缠溪镇两条分干渠至覆盖相应灌区。沿线出露地层为寒武系($\in$)、奥陶系(O)、志留系(S)、二叠系(P)、三叠系(T)以及第四系(Q_4)松散堆积物。第四系全新统松散堆积物根据成因可分为冲洪积和坡残积堆积物。冲洪积(Q_4^{al+pl})堆积物主要为砂土卵砾石、碎块石夹土层,发育于河谷两岸及其冲沟内,结构较松散—稍密,透水性强,厚2~6 m。坡残积(Q_4^{dl+el})堆积物主要为黏土、碎石土,碎石含量5%~35%不等,碎石呈棱角状,粒径一般为1~20 cm不等,分布于河流两岸,厚0~6 m。渠道线路走向与岩层走向以不同角度相交,边坡主要为斜向坡和逆向坡,边坡稳定性较好,局部为顺向坡,边坡稳定性较差。未发现规模较大的崩塌、滑塌以及泥石流等不良地质现象。

工程区受地形地貌、地层岩性、地质构造、水文地质条件的制约,线路沿线经过的地层主要有寒武系、奥陶系、志留系、二叠系、三叠系及第四系地层。其物理地质现象主要有风化卸荷、崩塌和滑坡,未见大的泥石流。

线路区崩塌现象不发育,主要在沟谷发育且切割较深、地形陡峻的部位有少量发育,规模较小。线路区覆盖层较薄,一般为2~5 m,局部为6~8 m,植被发育,没有产生泥石流的物质来源。地质测绘中除在坝址区下游发现的大型滑坡体——廖家山滑坡体外,其他地方未见大的滑坡体,局部小型的垮塌现象不多,且方量不大,对线路建筑物无不良影响。

根据《贵州省区域地质志》,工程区所属大地构造单元为:一级构造单元为扬子准地台内,二级构造单元为黔北台隆,三级构造单元为遵义断拱,四级构造单元为凤岗北北东向构造变形区。根据国家质量技术监督局2001年2月发布的《中国地震动参数区划图》(GB 18306—2001),工程区地震峰值加速度小于0.05g,地震动反应谱特征周期值为0.35 s,相应地震基本烈度小于Ⅵ度,属相对稳定区,区域构造稳定。

4.1.2 地形地貌

印江县属云贵高原向湘西丘陵和四川盆地过渡的斜坡地带的黔东低山丘陵区和黔东北中山峡谷之间,武陵山脉主峰梵净山位于其东部,形成东高西低、东南向北西倾斜的地形地貌。全县国土总面积1 969 km^2,境内地形可分为中高山及中山、中低山、低山地形,地貌类型有溶蚀、侵蚀地貌。

4.1.3 气象气候

项目区地处中亚热带季风湿润气候区,气候的主要特点是温暖湿润、降水充沛、四季分明,但受季风气候的影响,降雨时空分布不均,旱涝灾害常交替发生。

根据印江气象站观测并经贵州省气候中心整编并刊布的资料,多年平均气温16.8 ℃,最热月7月平均气温27.0 ℃,极端最低气温-9 ℃(1977年1月30日),极端最高气温39.9 ℃(1971年7月21日)。多年平均年蒸发量为1 126.9 mm;平均无霜期290.2 d;多年平均日照时数1 151.9 h,占可照时数的26%;≥10 ℃积温为4 362 ℃。多年平均相对湿度77.8%,大风日数1.4 d,降雪日数7.6 d,积雪日数2.0 d。多年平均风速0.65 m/s,历年定时最大风速20.0 m/s(1977年3月1日),月平均最大风速为1.9 m/s(7月),全年主导风向为东北风。

印江气象站多年平均降水量为1 105.0 mm。最大年降水量为1 621.6 mm,最小年降水量678.7 mm。降雨量主要集中在4~10月,占全年降水量的86%。年际降水变化不大,但年际间各月降水的变化较大,7、8月降水极不稳定,平均变率分别为52.55%和48.14%,常造成干旱和洪涝灾害。20年一遇1 h最大降水为76.39 mm,出现在1968年5月22日,10年一遇1 h最大降水为53.27 mm,出现在1970年7月3日。洪水多由局部性暴雨形成,具有峰高、历时短、破坏性大的特点,为主峰在后的复峰式洪水,洪峰起落快。

4.1.4 水文

清渡河水库位于清渡河上游。清渡河属乌江右岸一级支流,发源于印江自治县的缠溪镇。流域介于东经108°15′~108°45′,北纬27°50′~28°30′。源头地区的何家坪,黄海高程962 m,东南最高山峰为梵净山,黄海高程2 493.8 m,最低高程位于人渡,黄海高程383.5 m。河流由东向西流经坳上,两河、罗场、板山、罗家寨等地后于冉氏堂进入思南县境内,在该县孙家坝镇的小河口汇入乌江。

清渡河坝址以上流域面积32.84 hm^2,多年平均年径流量2 044万m^3,多年平均河流流量0.65 m^3/s,50年一遇设计洪峰流量为285 m^3/s,1 000年一遇校核洪峰流量为

503 m^3/s。

库区地下水根据赋存条件可分为松散岩类孔隙水和碳酸盐岩岩溶水。松散堆积物孔隙水主要分布在两岸第四纪堆积体内，主要受大气降雨下渗补给，以地下径流形式向邻近沟谷排泄或补给碳酸盐岩岩溶水，局部以泉水形式集中排泄。碳酸盐岩岩溶水进一步可分为碳酸盐岩裂隙溶洞水和碎屑岩夹碳酸盐岩溶洞裂隙水，其主要接受降雨和地表水补给。

坝址区地下水位埋深变化较大，河床部位埋深较浅，两岸谷坡埋藏较深，两坝址在河床下部均揭露有承压水，根据钻孔压（注）水试验结果来看，岩体的透水性特征明显，透水率随深度增加而减弱。上坝址中等透水埋深 9.0 ~ 18.5 m，下坝址中等埋深 13.7 ~ 31.5 m。

清渡河水库水系图见图 4-1。

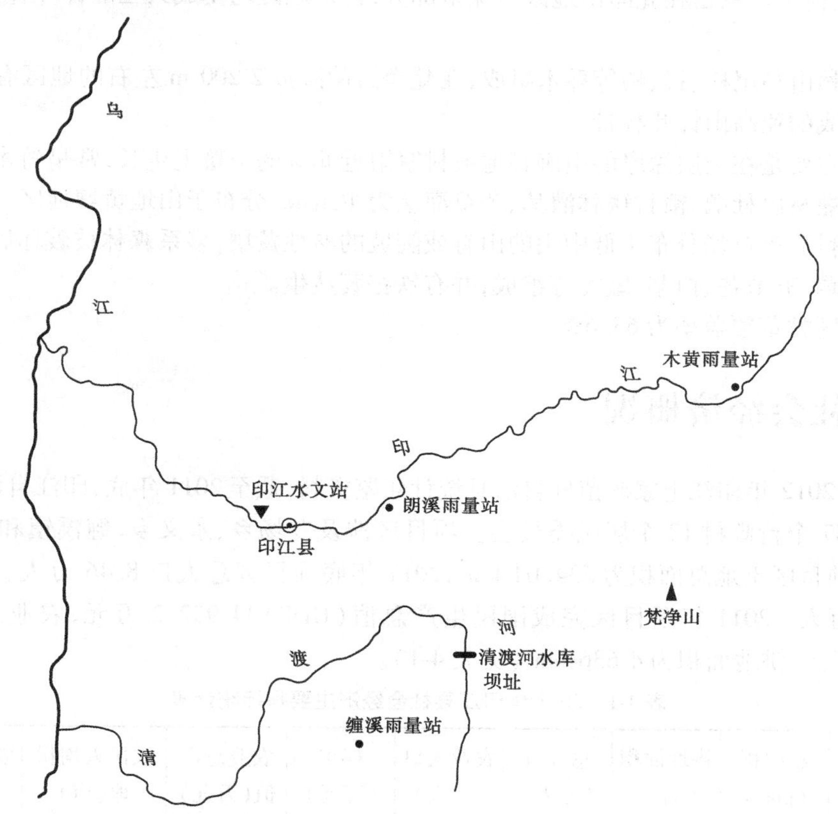

图 4-1　清渡河坝址所在流域水系图

4.1.5　土壤

区域内土壤共有 7 个土类 20 个亚类 42 个土属 92 个土种。主要土壤类型有山地黄棕壤、紫色土、黄壤、石灰土、水稻土、潮土和山地灌丛草甸土。其中，黄壤为地带性土壤类型，其面积最多，石灰土居中，水稻土次之。黄棕壤系温暖湿润的亚热带季风气候条件下发育而成，富铝化作用表现强烈，发育层次明显，pH 值 6.4 左右。

4.1.6 植被

项目区植被属中亚热带常绿或落叶阔叶林区。境内地貌类型多样地势起伏度大的土地条件，加上湿热的气候，因而在植被上既有水平地带性的分布规律，又有垂直差异的特征。

自然植被有阔叶林、针叶林、竹林、山地灌丛、禾本科蕨类草场等5种类型。

阔叶林分常绿阔叶林和落叶阔叶林。常绿阔叶林由栲、青冈，樟、楠、术荷等常绿乔木组成，有油桐、乌柏、油菜、漆等经济林木，同时还有柑橘、柚、枇杷、猕猴桃等亚热带果树；落叶阔叶林以水青冈、枫香、珙桐、白杨以及化香、鹅耳枥等树种为主组成。在这种林分布的地区，常有梨、桃、杏、栗、柿、枣等落叶果树生长。本县的阔叶林，由于人类长期的经济开发，存在极少。只是在梵净山地区尚保留部分，其余地区均变成人工的针叶林或针阔混交林。

针叶林由马尾松、杉、柏等乔木组成，在梵净山麓海拔2 200 m左右的地区有以铁杉、冷杉属组成的亚高山针叶林带。

竹林主要是在土层深厚的山涧谷地或村寨附近润湿的土壤上生长，常呈竹木共生。

山地灌丛以杜鹃、箭竹矮林灌丛、芒草灌丛为主组成，分布于山地黄壤地区。

禾本科蕨类草场分布于低中山的山脊或陡坡的酸性黄壤，多系森林被破坏后形成的。植被以莎草、五节芒、白茅、蕨类等组成，并有铁芒萁丛生。

项目区林草覆盖率为65.6%。

4.2 社会经济概况

根据2012年印江土家族苗族自治县统计年鉴资料，截至2011年底，印江自治县辖17个乡镇347个行政村12个居民委员会。项目区涉及罗场乡、永义乡、缠溪镇和新寨乡4个乡镇，项目区土地总面积为534.04 km^2，2011年底项目区总人口8.46万人，农业总人口8.19万人。2011年项目区完成国民生产总值（GDP）34 952.2万元，农业总产值为27 052万元。耕地面积为4 636 hm^2（见表4-1）。

表4-1　2011年印江县社会经济主要指标统计表

行政区划	总面积(km^2)	耕地面积(hm^2)	总人口（万人）	农业人口（万人）	GDP（万元）	农业总产值（万元）	农民人均耕地（亩）	农民人均纯收入（元）
新寨	130.71	1 749	3.475 3	3.407 1	12 349.8	8 291	0.77	4 348
永义	165.29	765	1.280 9	1.233 9	8 040.8	6 517	0.93	4 462
缠溪	156.29	1 333	2.289 3	2.173 4	9 066.5	7 294	0.92	4 300
罗场	81.75	789	1.416 6	1.376 2	5 495.1	4 950	0.86	4 456
项目区总计	534.04	4 636	8.462 1	8.190 5	34 952.2	27 052		

4.3 土地利用现状

根据2012年印江土家族苗族自治县统计年鉴资料，截至2011年底，全县土地总面积为196 807 hm^2，其中农用地166 228 hm^2，占土地总面积的84.46%；建设用地5 890 hm^2，占土地总面积的2.99%；其他土地24 689 hm^2，占土地总面积的12.55%。

（1）农用地：166 228 hm^2，占土地总面积的84.46%。其中耕地50 671 hm^2，园地1 715 hm^2，林地97 753 hm^2，牧草地824 hm^2，其他农用地15 265 hm^2，分别为土地总面积的25.75%、0.87%、49.67%、0.42%和7.75%。

（2）建设用地：5 890 hm^2，占土地总面积的2.99%。其中城乡建设用地5 316 hm^2，交通水利用地447 hm^2，其他建设用地127 hm^2，分别为土地总面积的2.70%、0.23%和0.06%。

（3）其他土地：24 689 hm^2，占土地总面积的12.55%。其中水域1 483 hm^2，自然保留地23 206 hm^2，分别为土地总面积的0.76%和11.79%。

4.4 水土流失及水土保持现状

4.4.1 水土流失现状

根据《土壤侵蚀强度分类分级标准》（SL 190—2007）和贵州省公布的全国第一次水利普查数据（水土保持专项），结合外业实地调查，项目区水土流失轻微，以水力侵蚀为主。项目区总面积534.04 km^2，水土流失面积为372.87 km^2，占总面积的69.82%，其中轻度流失面积为194.33 km^2，占水土流失面积的52.12%；中度流失面积为116.6 km^2，占水土流失面积的31.27%；强烈流失面积为60.07 km^2，占水土流失面积的16.11%；极强烈流失面积为1.87 km^2，占水土流失面积的0.50%（见表4-2）。图4-2为项目区土壤侵蚀图。

表4-2 项目区土壤侵蚀现状统计表

乡（镇）	总土地面积（km^2）	水土流失面积（km^2）				
		轻度	中度	强烈	极强烈	小计
新寨	130.71	47.56	28.54	14.7	0.46	91.26
永义	165.29	60.15	36.09	18.59	0.58	115.41
缠溪	156.29	56.87	34.12	17.58	0.55	109.12
罗场	81.75	29.75	17.85	9.2	0.28	57.08
合计	534.04	194.33	116.6	60.07	1.87	372.87

根据《土壤侵蚀分类分级标准》（SL 190—2007），本工程项目区位于西南土石山区，该区土壤容许流失量为500 t/(km^2·a)。

4.4.2 水土保持现状

自1999年以来，印江县大力实施天然林保护、防护林工程、石漠化治理、退耕还林还

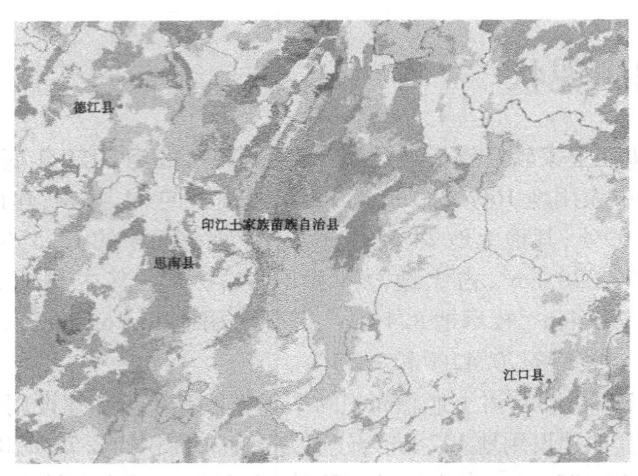

图 4-2 项目区土壤侵蚀图

草、封山育林、荒山造林、绿色通道生态工程建设等林业工程措施，加强水土保持和小流域综合治理。

印江县作为贵州省级水土保持执法试点县，为切实搞好该县水土保持执法监督试点工作，印江县水利局加大《中华人民共和国水土保持法》宣传力度，在城区显要位置设置城市水保宣传广告牌，经常开展宣传活动，营造良好的舆论范围。自 2003 年底实施以来，已发放水土保持宣传材料 10 000 余本，张贴宣传画 10 套等。近年来，普安县把水土保持列为动土项目审批的前置条件，实行最严格的水土保持制度。截至目前，全县共审批水土保持方案报告表（书）330 份，督促开发建设单位投入治理经费 1 900 万元，收缴水土保持补偿费 400 多万元。

4.4.3 项目区水土保持成功经验

（1）生产建设项目的水土保持：认真执行《中华人民共和国水土保持法》，明确工程建设水土流失防治责任的范围和治理要求；遵照水土保持方案审批管理规定，认真编报水土保持方案，实施中严格按照水土保持方案各项措施设计和要求进行施工。

（2）水土保持措施布设科学、合理、可行：不同的生产建设项目对区域地表扰动特点各不相同，因此，水土保持方案必须根据工程建设造成水土流失的特点确定，如工程弃渣场，重点注重施工过程中弃土的堆放和处理；临时堆土要采取有效的拦挡措施，防止降雨、径流造成的堆土流失；边坡防护要采取植物措施和工程措施，防止坡面水土流失；工程临时占地在施工过程中采取撒水保湿，对空闲地进行适当绿化（一般以植草为主），场地建设临时排水系统，有效排除积水预防面蚀等。

（3）严格建设项目水土保持方案的审批、设计、监理、监测、验收：在项目建设中，严格按照水土保持相关法律要求，及时编报了水土保持方案，并根据批复的水土保持方案，在建设中认真落实，加大监理、监测力度，严格进行验收把关。特别是区域内工程建设，从方案编制开始，水土保持设计就始终贯穿于整个设计过程，为水土保持措施的实施打下了坚实基础，建设单位认真落实了监理、监测等工作，为区域内生产建设项目的水土保持起到了很好的示范作用。

4.4.4 同类型生产建设项目的水土保持经验教训

贵州省境内有很多同类型的生产建设项目，在水土流失的防治上，参考经过水土保持验收的遵义鱼塘水电站工程。

鱼塘水电站建设于河谷之中，为保证边坡安全，在挖填方边坡使用挡土墙和混凝土框格进行防护。施工营地为排出上游洪水，在底部埋设排洪涵洞，周边设置截洪沟。

水电站厂内道路两侧、办公生活区、生产厂房周边空地铺种草皮，并栽植美观的绿化树种，以美化场内环境。场内绿化措施由专业的绿化公司承担，合同期内植物管护工作由绿化公司负责，由绿化公司派出专职人员进行苗木抚育，确保林木成活率达到100%。合同期满后则转交给业主，由业主聘请专职人员负责养护，定期进行洒水、施肥、修枝和病虫害防治等工作，签订管护责任状，进一步明确管护责任。运行期每年还安排专门的绿化管护资金，做到专款专用，确保管护工作落到实处。

鱼塘水电站的水土保持工作也存在严重的问题，工程的弃渣场处理不符合水土保持的要求，边坡未进行绿化，且挡墙采用干砌石，防护等级不够。工程的场内场外永久道路两侧均没有种植行道树，在大坝下游河道内违法设置了弃渣场，并且没有防护措施。在汛期时水库放水将弃渣冲向下游，造成了严重的水土流失。在本工程中应引以为鉴，按照防护标准布置防护措施进行防护（见图4-3）。

(a)鱼塘水电站大坝下游

(b)进站公路及边沟

(c)渣场排水沟

(d)渣场干砌石挡墙内填土绿化

图4-3 贵州遵义鱼塘水电站

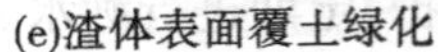

(e)渣体表面覆土绿化

(f)进站公路挡土墙

续图 4-3

4.5 项目区与水土流失区划的相对位置

根据《水利部办公厅关于印发〈全国水土保持规划国家级水土流失重点预防区和重点治理区复核划分成果〉的通知》(办水保〔2013〕188 号)与《贵州省人民政府关于划分水土流失重点防治区的公告》(黔府发〔1998〕52 号),项目所在地印江县属于乌江赤水河上中游国家级水土流失重点治理区,同时也属于贵州省水土流失重点治理区。

第 5 章　主体工程水土保持评价

5.1　主体工程方案比选及制约因素分析与评价

5.1.1　主体工程的水土保持制约因素分析与评价

根据清渡河水库工程所在区域项目所在地印江县属于乌江赤水河上中游国家级水土流失重点治理区，同时也属于贵州省水土流失重点治理区。项目区不涉及泥石流易发区、崩塌滑坡危险区以及易引起严重水土流失和生态恶化的地区；本项目为水库及灌溉项目，不属于限制类和淘汰类项目；项目所在区域不属于"县级以上地方人民政府公告的崩塌滑坡危险区和泥石流易发区"，主体工程建设没有水土保持限制性因素。水土保持制约因素分析评价详见表 5-1。

料场区不在崩塌和滑坡危险区、泥石流易发区。经主体工程地质勘察，料场开采诱发崩塌、滑坡、泥石流的可能性很小。开采区地下水埋藏深，无村寨，不在城镇和景区，距离交通主干道较远，不在正常可视范围内，不会影响景观。

根据主体工程设计，清渡河水库工程共设置 12 个弃渣场。1 号弃渣场为水库枢纽用弃渣场，其余 11 个弃渣场为灌溉渠道用集中弃渣场。1 号弃渣场布置在坝址右岸下游 2 km 白岩沟一支沟内，周边无公共设施、工矿企业、居民点等重要保护对象，不会影响到重要基础设施、人民群众的生命财产安全。渠道的 11 个弃渣场布置在沿线倒虹吸、涵洞、渡槽以及高位水池附近的支沟内，堆渣量较小，远离河道及交通干线，周边无公共设施、工矿企业、居民点等重要保护对象，不会影响到重要基础设施、人民群众生命财产安全。

本工程设计中尽可能减少了对林草地和耕地的占用，对工程建设占用的少量耕地，也将通过后期的土地复垦归还给农民继续使用，工程的建设能增加当地的灌溉面积，提高土地的利用率，弥补了工程建设对耕地资源造成的损失。

5.1.2　主体工程方案比选分析

5.1.2.1　坝址比选分析

推荐方案坝址选在廖家山滑坡体的上游，比较方案中坝址右岸即是廖家山滑坡体，从水土保持角度来分析，推荐方案有效地避开了滑坡体，并减少了库区的崩塌、滑坡等危害。

5.1.2.2　坝型比选分析

根据本阶段工作深度以及取得的初步成果，混凝土重力坝投资过高，首先排除。沥青混凝土心墙坝和混凝土面板坝两种坝型技术上均可行，但考虑沥青混凝土心墙坝基础处理量小，投资较小，从水土保持角度来分析，沥青混凝土心墙坝土石方开挖量远小于混凝土面板坝，坝体填筑量略大于混凝土面板坝方案，土石方开挖量的减少有利于减少水土流

表 5-1　水土保持制约性因素分析表

依据	对主体工程的约束性规定	本项目情况	分析意见
《中华人民共和国水土保持法》	生产建设项目选址、选线应当避让水土流失重点预防区和重点治理区；无法避让的，应当提高防治标准，优化施工工艺，减少地表扰动和植被损坏范围，有效控制可能造成的水土流失	清渡河水库工程所在区域属于乌江赤水河上中游国家级水土流失重点治理区，同时也属于贵州省水土流失重点治理区	提高防治标准，优化施工工艺，减少地表扰动和植被损坏范围，有效控制可能造成的水土流失
《开发建设项目水土保持技术规范》	选址（线）必须兼顾水土保持要求，应避开泥石流易发区、崩塌滑坡危险区以及易引起严重水土流失和生态恶化的地区	清渡河水库工程选址选线避开了上述地区	符合要求
	选址（线）应避开全国水土保持监测网络中的水土保持监测站点、重点试验区。不得占用国家确定的水土保持长期定位观测站	避开了水土保持监测站点、重点试验区。未占用国家确定的水土保持长期定位观测站	符合要求
	选址（线）宜避开生态脆弱区、固定半固定沙丘区、国家划定的水土流失重点预防保护区和重点治理成果区，最大限度地保护现有土地和植被的水土保持功能	清渡河水库工程不在生态脆弱区，但处于国家划定的水土流失重点预防保护区和重点治理成果区	
	工程占地不宜占用农耕地，特别是水浇地、水田等生产力较高的土地	工程建设临时占地包括农耕地	工程建设临时占地包括农耕地，但可以通过复耕措施退还耕地

失，而且对弃渣的处理也有利于减小弃渣场的土地占用，减少了对土地的扰动，有利于水土保持。本阶段推荐沥青混凝土心墙坝作为推荐坝型复核水土保持要求。

三种坝型方案的工程量、静态总投资比较见表 5-2。

5.1.3　供水方案比选分析

从水土保持角度来看，方案一（左岸布置方案）线路较方案二（右岸布置方案）短，占地面积较小；方案一避开了右岸的两个滑坡体，符合“选址（线）必须兼顾水土保持要求，应避开泥石流易发区、崩塌滑坡危险区以及易引起严重水土流失和生态恶化的地区”的规定（见表 5-3）。

表 5-2　三种坝型方案的工程量、静态总投资比较表

项目		单位	沥青混凝土心墙坝方案	面板堆石坝方案	重力坝方案	比选结果
枢纽工程量	土方开挖	m^3	53 496	37 282	45 189	沥青混凝土心墙坝方案优
	石方开挖	m^3	15 587	96 638	311 723	
	坝体填筑	m^3	454 490	419 235		
	混凝土	m^3	3 937	7 374	241 327	
	沥青混凝土	m^3	3 172			
	钢筋	t	49.1	378	623	
	钢筋笼石	m^3			2 400	
	帷幕灌浆	m	7 581	8 628	5 540	
	固结灌浆	m	1 064	2 027	21 804	
挡水、泄水、引水建筑物直接投资		万元	7 580.19	7 972.04	14 820.78	沥青混凝土心墙坝方案优
导截流建筑物直接投资		万元	881.24	965.90	1 098.65	沥青混凝土心墙坝方案优
枢纽工程直接投资		万元	8 461.43	8 937.94	15 919.43	沥青混凝土心墙坝方案优
总工期		月	30	30	29	基本相同
结论		根据本阶段工作深度以及取得的初步成果，混凝土重力坝投资过高，首先排除，沥青混凝土心墙坝和混凝土面板坝两种坝型技术上均可行，但考虑沥青混凝土心墙坝基础处理量小，投资较小，从水土保持角度来分析，沥青混凝土心墙坝土石方开挖量远小于混凝土面板坝，坝体填筑量略大于混凝土面板坝方案，土石方开挖量的减少有利于减少水土流失，而且对弃渣的处理也有利于减小弃渣场的土地占用，减少了对土地的扰动，有利于水土保持。因此，本阶段推荐沥青混凝土心墙坝作为推荐坝型				

表 5-3　清渡河水库灌溉渠道线路方案比选对比表

比选内容	方案一：左岸布置方案	方案二：右岸布置方案	比选结果
比选段线路长度(m)	16 605	17 590	方案一优
渠系建筑物	2 条干渠、3 座倒虹吸、1 座渠首闸及 1 座分水闸	2 条干渠、1 条隧洞、3 座倒虹吸、1 座渠首闸及 1 座分水闸	方案一优
干渠沿线地质条件	地质条件较好，无滑坡体等不良地质条件	地质条件较差，大坝下游清渡河右岸存在两个滑坡体不良地质段	方案一优
施工条件	施工干扰小，施工难度小	布置有隧洞，Ⅳ类围岩，施工难度相对较大	方案一优
结论	方案一线路较方案二短，占地面积较小；方案一避开了右岸的两个滑坡体，符合“选址(线)必须兼顾水土保持要求，应避开泥石流易发区、崩塌滑坡危险区以及易引起严重水土流失和生态恶化的地区”的规定		

5.2 工程占地分析评价

清渡河水库工程项目区面积为 110.39 hm^2，其中工程永久占地面积 65.39 hm^2，工程临时占地面积为 45.00 hm^2（见表 5-4）。下面分工程占地类型、面积和占地性质进行分析评价。

表 5-4　清渡河水库工程项目区面积汇总表　（单位：hm^2）

<table>
<tr><th colspan="2" rowspan="2">防治区</th><th colspan="5">永久占地</th><th colspan="4">临时占地</th><th rowspan="2">合计</th></tr>
<tr><th>耕地</th><th>林地</th><th>草地</th><th>水域及水利设施用地</th><th>小计</th><th>耕地</th><th>林地</th><th>草地</th><th>小计</th></tr>
<tr><td colspan="2">枢纽工程占压</td><td>0.49</td><td>3.35</td><td>0.08</td><td>0.31</td><td>4.23</td><td></td><td></td><td></td><td></td><td>4.23</td></tr>
<tr><td colspan="2">灌溉、供水工程区</td><td>4.31</td><td>6.92</td><td>2.18</td><td>0.04</td><td>13.45</td><td>2.06</td><td></td><td>1.53</td><td>3.59</td><td>17.04</td></tr>
<tr><td rowspan="3">施工生产生活区</td><td>枢纽施工生产生活区</td><td></td><td></td><td></td><td></td><td></td><td></td><td>3.62</td><td></td><td>3.62</td><td>3.62</td></tr>
<tr><td>业主营地区</td><td>0.33</td><td></td><td></td><td></td><td>0.33</td><td></td><td></td><td></td><td></td><td>0.33</td></tr>
<tr><td>渠道、灌溉及供水施工区</td><td></td><td></td><td></td><td></td><td></td><td>1.18</td><td></td><td>1.30</td><td>2.48</td><td>2.48</td></tr>
<tr><td rowspan="3">道路区</td><td>枢纽场内永久道路</td><td>0.46</td><td>6.45</td><td>0.13</td><td></td><td>7.04</td><td></td><td></td><td></td><td></td><td>7.04</td></tr>
<tr><td>枢纽场内临时道路</td><td></td><td></td><td></td><td></td><td></td><td></td><td>9.72</td><td>1.16</td><td>10.88</td><td>10.88</td></tr>
<tr><td>灌溉工程施工临时道路</td><td></td><td></td><td></td><td></td><td></td><td>1.23</td><td>6.27</td><td>2.50</td><td>10.00</td><td>10.00</td></tr>
<tr><td rowspan="2">弃渣场区</td><td>枢纽工程弃渣场（1 号弃渣场）</td><td></td><td></td><td></td><td></td><td></td><td></td><td>4.00</td><td></td><td>4.00</td><td>4.00</td></tr>
<tr><td>渠道工程弃渣场</td><td></td><td></td><td></td><td></td><td></td><td>2.14</td><td>5.09</td><td>1.24</td><td>8.47</td><td>8.47</td></tr>
<tr><td>料场</td><td>枢纽工程石料场</td><td></td><td></td><td></td><td></td><td></td><td></td><td>1.96</td><td></td><td>1.96</td><td>1.96</td></tr>
<tr><td colspan="2">水库淹没区</td><td>2.92</td><td>31.24</td><td>1.56</td><td>4.62</td><td>40.34</td><td></td><td></td><td></td><td></td><td>40.34</td></tr>
<tr><td colspan="2">合计</td><td>8.51</td><td>47.96</td><td>3.95</td><td>4.97</td><td>65.39</td><td>6.61</td><td>30.66</td><td>7.73</td><td>45.00</td><td>110.39</td></tr>
</table>

5.2.1 占地类型分析

通过对工程占地数量分析，工程总占地 110.39 hm^2，其中耕地面积 15.12 hm^2，占总占地的 13.70%；林地 78.62 hm^2，占总占地的 71.22%；草地 11.68 hm^2，占总占地的 10.58%；水域及水利设施用地 4.97 hm^2，占总占地的 4.50%。其中临时占地中 6.61 hm^2 为耕地，在施工结束后全部复耕，78.62 hm^2 为林地，在施工结束后恢复为耕地，符合水土保持要求（见表 5-5）。

表 5-5　工程占地类型统计分析

占地类型	耕地	林地	草地	水域及水利设施用地	小计
占地面积（hm^2）	15.12	78.62	11.68	4.97	110.39
所占比例（%）	13.70	71.22	10.58	4.50	100.00

5.2.2 占地性质分析

工程征占地总面积110.39 hm^2，其中永久占地65.39 hm^2，临时占地45.00 hm^2，临时占地占总征地面积的40.77%，临时占地中灌溉、供水工程区占地3.59 hm^2，施工生产生活区占地6.10 hm^2，施工道路占地20.88 hm^2，弃渣场占地12.47 hm^2，石料场占地1.96 hm^2。临时占地在施工结束后根据实际情况恢复成原地貌或者恢复成耕地等地貌，还地与民，符合水土保持要求。

5.2.3 占地面积分析

工程征占地总面积110.39 hm^2，其中枢纽工程区、灌溉渠道及建筑物、业主营地、枢纽内永久道路以及水库淹没区都是按照相关规范占用，临时占地为石料场、施工道路、施工生产生活区用地、弃渣场用地和工程施工临时用地，工程利用土方临时堆存在料场和弃渣场区内，占用时间短，施工结束后通过复耕措施，恢复土地根据实际情况进行复耕，临时施工道路等根据当地情况予以保留或进行复耕。因此，从征占地面积上分析，主体设计体现了尽可能减少征地的设计思想，符合水土保持要求。

5.2.4 主体设计分析

在本阶段主体设计中，提出了施工用电从坝址附近的缠溪镇35 kV变电站引接10 kV线路，但并未提出此部分设计的占地及具体设计。对施工道路没有进行详细设计，施工道路的永久排水沟及护坡工程的占地没有明确。这几部分的施工防护应纳入本方案，才可以满足水土保持要求，做到不缺项不漏项。但由于没有具体的数据，本方案仅在防治措施章节内提出设计和施工的具体要求，主体工程和施工方按照本方案提出的要求进行设计和施工。

5.3 土石方平衡分析与评价

5.3.1 土方调配利用情况

根据主体工程设计，本工程由水库枢纽工程和灌溉渠道工程组成，将水库枢纽工程考虑成一个点式工程，灌溉渠道工程作为线性工程，按4条干渠划分为4个标段，每个标段内部土石方进行调配，枢纽工程内部进行土石方调配。工程土石方总开挖量为48.37万 m^3（自然方，以下皆为自然方），总回填量为42.88万 m^3，借方量为35.18万 m^3，全部为石方，弃方量为40.67万 m^3。作为弃方的40.67万 m^3 不能利用的原因是：枢纽部分开挖料不满足大坝填筑要求，只能作为废料处理。灌溉渠道部分由于工程线路长，远距离调运距离较长，经济效益太差，而且长距离运输土方容易造成沿路环境污染另外根据主体工程设计，渠道工程施工部分布置了4条干渠，每条干渠的土石方回填首先采用开挖料，整个渠道工程不存在借方。因此，主体的土石方平衡是充分考虑弃渣的综合利用，尽量就地利用，减少土石方的废弃量，符合水土保持要求。

5.3.2 表土剥离、利用分析

《可行性研究报告》中“施工组织设计”章节，对大坝枢纽、灌溉渠道、道路工程等的土石方平衡进行了详细设计，但未考虑表土剥离；“建设征地与移民安置”章节对临时用地中的耕地和林地采取了表土剥离30 cm并运输至弃渣场堆存，在施工结束后将表土运回覆盖至原处，进行土地整治后复垦的措施。本方案根据工程实际地形情况及主体工程设计资料，对工程土石方平衡进行补充完善：料场区和弃渣场区的临时用地中有草地，主体设计中未设计表土的剥离和利用措施，本方案补充该区表土的剥离和利用措施，表土剥离厚度以30 cm计，场地平整不产生多余土方，表土纳入土石方平衡表。本方案将对石料场和弃渣场（部分占地类型为草地，主体设计中没有考虑）的表土利用进行补充完善。

经过表土利用规划后本工程土石方开挖总量为63.89万m^3，土石方回填总量为42.88万m^3，借方为35.18万m^3，全部为石方；弃方为56.18万m^3，其中表土15.51万m^3。

表土资源利用规划表见表5-6。增加表土利用后的土石方平衡汇总表见表5-7。土石方流向框图见图5-1。

主体工程对开挖、石料场取料、弃渣场弃渣均没有采取水土保持防护措施，在本方案中将进行补充完善。

表5-6 表土资源利用规划表

区域	项目	剥离面积（hm^2）	剥离厚度（m）	表土剥离（万m^3）	表土回覆（万m^3）	临时堆存地点	回覆位置
石料场	表土剥离	1.97	0.3	0.59	0.59	石料场	原地利用
渠道工程	表土剥离	0.45	0.3	0.14	0.14	2号弃渣场	原地利用
渠道及后山沟倒虹吸工程	表土剥离	0.34	0.3	0.10	0.10	3号弃渣场	原地利用
渠道及田家倒虹吸工程	表土剥离	0.35	0.3	0.10	0.10	4号弃渣场	原地利用
渠道及青岗坪倒虹吸工程	表土剥离	0.28	0.3	0.08	0.08	5号弃渣场	原地利用
渠道及曾家坳倒虹吸工程	表土剥离	0.38	0.3	0.12	0.12	6号弃渣场	原地利用
渠道及雁水村倒虹吸工程	表土剥离	0.32	0.3	0.10	0.10	7号弃渣场	原地利用
渠道及茅草坪倒虹吸工程	表土剥离	0.26	0.3	0.08	0.08	8号弃渣场	原地利用
渠道工程	表土剥离	0.24	0.3	0.07	0.07	9号弃渣场	原地利用
渠道及罗场镇调节水池	表土剥离	0.39	0.3	0.12	0.12	10号弃渣场	原地利用
渠道及新寨乡调节水池	表土剥离	0.19	0.3	0.06	0.06	11号弃渣场	原地利用
渠道及缠溪镇调节水池	表土剥离	0.39	0.3	0.12	0.12	12号弃渣场	原地利用
施工生产生活区	表土剥离	6.10	0.3	1.83	1.83	1号弃渣场	原地利用
道路区	表土剥离	20.88	0.3	6.26	6.26	1、3、4、6、8、12号弃渣场	原地利用
弃渣场区	表土剥离	19.17	0.3	5.75	5.75	本弃渣场	原地利用
合计				15.51	15.51		

表 5-7　工程土石方平衡汇总表

（单位：万 m^3）

部位			项目	开挖	回填	调入		调出		外借		废弃	
						数量	来源	数量	来源	数量	来源	数量	来源
枢纽工程区	大坝		土方	5.35								5.35	大坝
			石方	1.62	40.66	5.76	溢洪道、导流工程			34.04	石料场	0.77	大坝
	引水管道		石方	0.31								0.31	引水管道
	溢洪道		土方	2.90								2.90	溢洪道
			石方	11.77	1.14			4.71	溢洪道	1.14	石料场	7.06	溢洪道
	导流工程		石方	1.17				1.06	导流工程			0.12	导流工程
			围堰拆除	0.03								0.03	导流工程
灌溉供水工程区	K0 +000—K3 +500	渠道工程	石方	1.19	0.57							0.63	渠道工程
			土方	1.00								1.00	渠道工程
	K3 +500—K6 +128	后山沟倒虹吸工程	石方	1.15								1.15	后山沟倒虹吸工程
			土方	0.77								0.77	后山沟倒虹吸工程
	K6 +128—K8 +820	田家倒虹吸工程	石方	1.10								1.10	田家倒虹吸工程
			土方	0.74								0.74	田家倒虹吸工程
	K8 +820—K11 +000	青岗坪倒虹吸工程	石方	1.06								1.06	青岗坪倒虹吸工程
			土方	0.69								0.69	青岗坪倒虹吸工程
	K14 +011—K17 +000	曾家坳倒虹吸工程	石方	1.30								1.30	曾家坳倒虹吸工程
			土方	0.88								0.88	曾家坳倒虹吸工程
	K20 +000—K22 +500	雁水村倒虹吸工程	石方	1.26								1.26	雁水村倒虹吸工程
			土方	0.84								0.84	雁水村倒虹吸工程
	K24 +000—K26 +000	茅草坪倒虹吸工程	石方	1.34								1.34	茅草坪倒虹吸工程
			土方	0.87								0.87	茅草坪倒虹吸工程
	K26 +000—K27 +888	山溪涵洞、渡槽工程	石方	0.91								0.91	山溪涵洞、渡槽工程
			土方	0.63	0.04							0.59	山溪涵洞、渡槽工程
	K11 +000—K14 +011	罗场镇调节水池	石方	1.10	0.07							1.03	罗场镇调节水池
			土方	0.70	0.08							0.62	罗场镇调节水池
	K22 +500—K24 +000	新寨乡调节水池	石方	1.19	0.06							1.13	新寨乡调节水池
			土方	0.68	0.13							0.56	新寨乡调节水池
	K17 +000—K20 +000	缠溪镇调节水池	石方	1.06	0.07							0.98	缠溪镇调节水池
			土方	0.68	0.07							0.62	缠溪镇调节水池
石料场		强风化覆盖层开挖	土方	5.14								5.14	
		表土	表土	0.59								0.59	石料场
施工生产生活区			表土	1.83								1.83	施工生产生活区
道路区			表土	6.26								6.26	道路区
弃渣场区			表土	5.75								5.75	弃渣场区
合计				63.89	42.88	5.76	0.00	5.76	0.00	35.18	0.00	56.18	

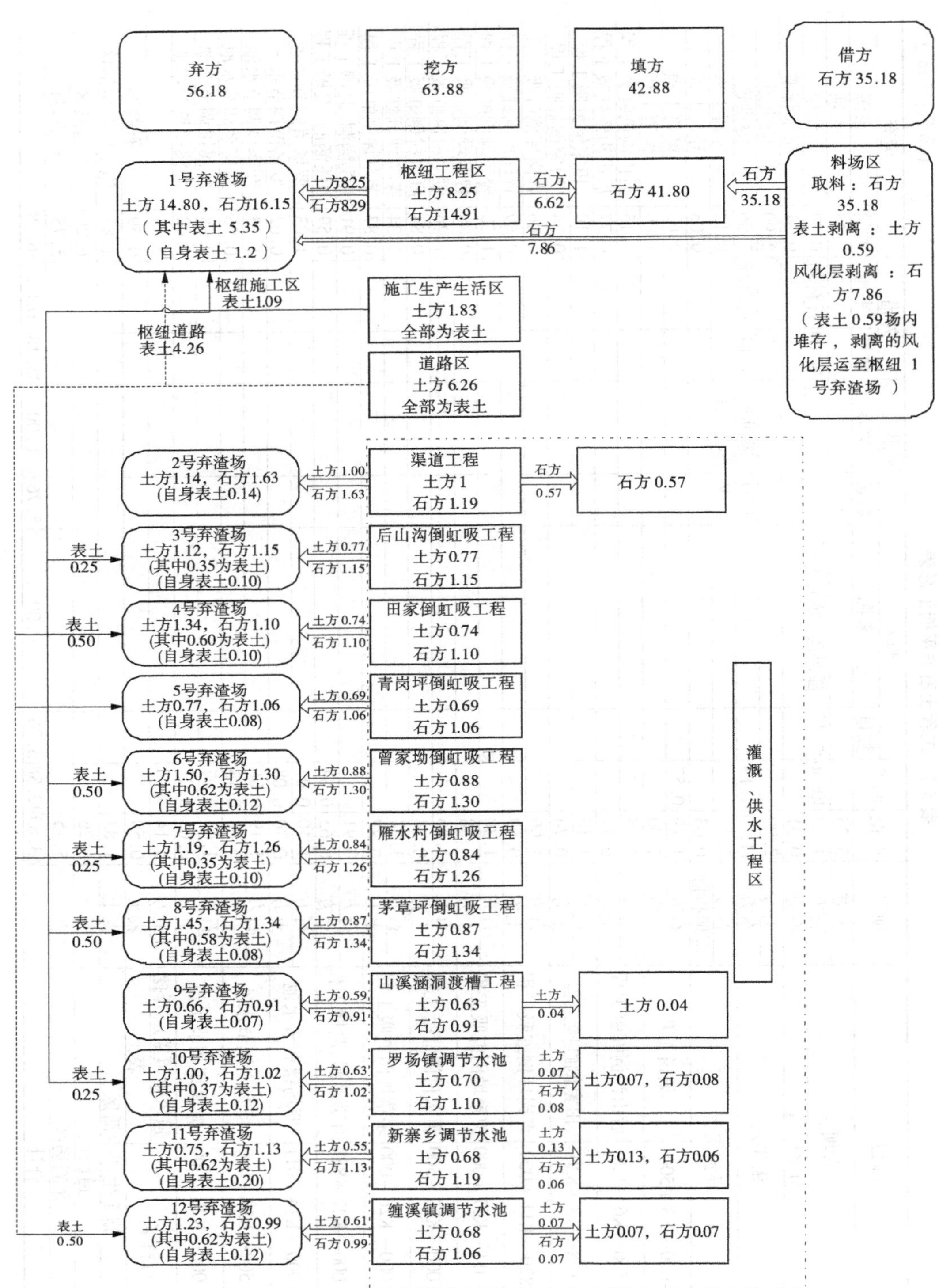

图5-1　土石方流向框图　（单位：万 m^3）

5.4 弃土(渣)场、石料场的布置及渣场库容分析与评价

5.4.1 弃土(渣)场、石料场的布置分析与评价

根据主体工程设计,清渡河水库工程共设置12个弃渣场和1个石料场。1号弃渣场为水库枢纽用弃渣场,其余11个弃渣场为灌溉渠道用集中弃渣场。1号弃渣场布置在坝址右岸下游2 km白岩沟一支沟内。渠道的11个弃渣场布置在沿线倒虹吸、涵洞、渡槽以及高位水池附近的支沟内。石料场位于坝址左岸下游、螺丝田村东北约250 m。具体分析如下:

(1)石料场和弃渣场选址均不在县级以上人民政府划定的崩塌和滑坡危险区、泥石流易发区内,也不在对重要基础设施、人民群众生命财产安全及行洪安全有重大影响的区域。弃渣场没有布置在流量较大的沟道内,符合水土保持要求。

(2)石料场位于坝址左岸下游、螺丝田村东北约250 m,工程选用下游侧岩石出露段作为本工程的块石料场和混凝土骨料场,本工程取石料不会诱发崩塌、滑坡和泥石流,符合水土保持要求。

(3)工程选取的弃渣场均位于远离村庄的支沟内,枢纽弃渣场平均堆高为8 m,最大堆高为45 m,渠道渣场的平均堆渣高度均小于4 m,最大堆高均小于30 m,堆渣结束后,本方案补充:弃渣顶面进行植物措施防护,枢纽弃渣场坡面进行工程与植物措施相结合的防护,渠道弃渣场采用植物护坡恢复,渣场的选址有效利用了有利冲沟地形,周边地质条件稳定,不会诱发山体崩塌、滑坡等灾害,因此弃渣场选址不会改变周边环境的景观符合水土保持要求。综合主体工程施工布置的要求以及水土保持相关规定,在本阶段保留对该渣场选址的意见,方案中须提高相应的防护标准,强化弃渣场的水土流失防治措施。

本工程渠道渣场均选择在缓坡地带,堆渣量较小,远离河道及交通干线。据现场勘察,区域内没有易发泥石流,崩塌滑坡危险等不良地质环境。周边无工业企业,无居民居住;周边无来水及防洪排水重大问题,无重要基础设施,不会影响公共设施及人民群众财产安全。

5.4.2 弃土(渣)场库容分析与评价

可行性研究报告初步估算了弃渣场可堆渣容积,但并未进行详细计算,具体的弃渣量、渣场库容见第3章表3-5。在此,根据复核的弃渣场占地面积和1:5 000地形图计算弃渣场的容积,复核情况如下。

5.4.2.1 1号弃渣场

1号弃渣场为水库枢纽用弃渣场,1号弃渣场布置在坝址右岸下游2 km白岩沟一支沟内。库容计算见表5-8、图5-2。

由计算结果可见,弃渣场可堆渣高程为735~780 m,库容55万 m^3,满足堆渣需求。

表 5-8　1 号弃渣场库容计算表

高程(m)	面积(m^2)	库容(万 m^3)
735	0	0
740	1 695	2.33
745	4 887	6.72
750	8 378	11.52
755	11 353	15.61
760	14 196	19.52
765	20 087	27.62
770	27 382	37.65
775	33 738	46.39
780	40 000	55

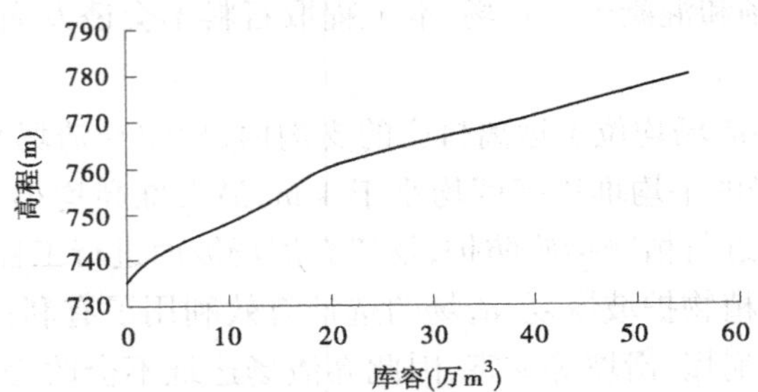

图 5-2　1 号弃渣场高程—库容曲线图

5.4.2.2　2 号弃渣场

2 号弃渣场为灌溉渠道弃渣场,2 号弃渣场布置在渠道 K2 + 126 东侧一支沟内。库容计算见表 5-9、图 5-3。

表 5-9　2 号弃渣场库容计算表

高程(m)	面积(m^2)	库容(万 m^3)
850	0	0
855	604	0.36
860	2 029	1.21
865	4 394	2.62
870	6 960	4.15
875	8 772	5.23
880	10 600	6.32

由计算结果可见,弃渣场可堆渣高程为 850 ~ 880 m,库容 6.32 万 m^3,满足堆渣需求。

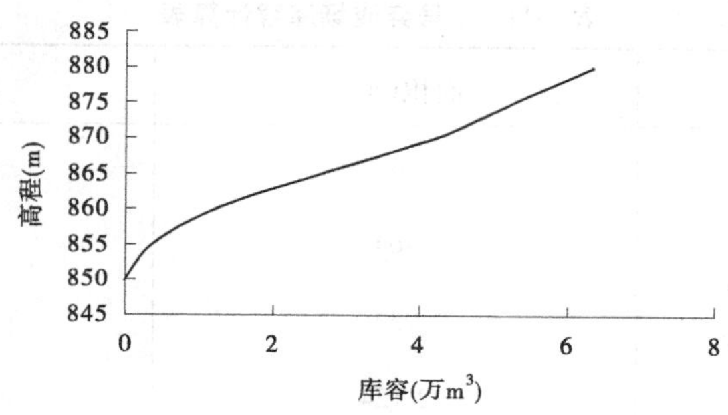

图 5-3　2 号弃渣场高程—库容曲线图

5.4.2.3　3 号弃渣场

3 号弃渣场为灌溉渠道弃渣场,3 号弃渣场布置在 G5 + 798 南侧一处坡地,在后山沟倒虹吸入口附近。库容计算见表 5-10、图 5-4。

表 5-10　3 号弃渣场库容计算表

高程(m)	面积(m^2)	库容(万 m^3)
800	0	0
805	1 272	0.79
810	2 447	1.52
815	4 523	2.81
820	6 004	3.73
825	8 000	4.97

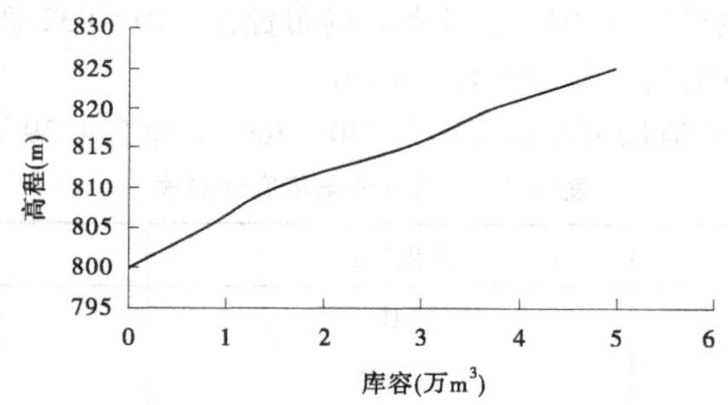

图 5-4　3 号弃渣场高程—库容曲线图

由计算结果可见,弃渣场可堆渣高程为 800 ~ 825 m,库容 4.97 万 m^3,满足堆渣需求。

5.4.2.4　4 号弃渣场

4 号弃渣场为灌溉渠道弃渣场,4 号弃渣场布置在渠道 G8 + 581 附近一支沟内,在田家倒虹吸附近。库容计算见表 5-11、图 5-5。

由计算结果可见,弃渣场可堆渣高程为 640 ~ 670 m,库容 5.13 万 m^3,满足堆渣需求。

表 5-11　4 号弃渣场库容计算表

高程(m)	面积(m²)	库容(万 m³)
640	0	0
645	464	0.29
650	953	1.31
655	2 124	2.92
660	2 633	3.62
665	3 236	4.45
670	8 200	5.13

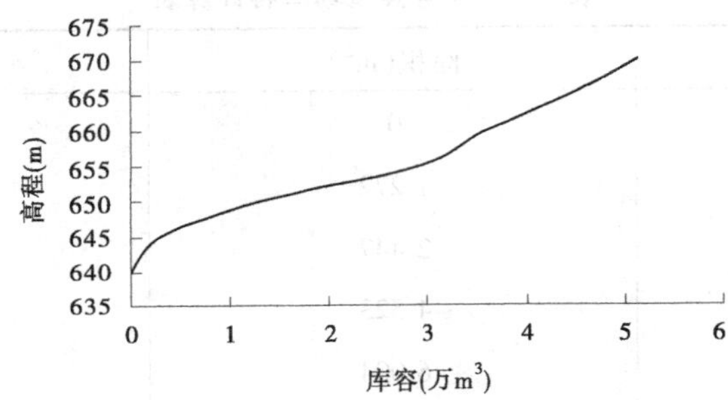

图 5-5　4 号弃渣场高程—库容曲线图

5.4.2.5　5 号弃渣场

5 号弃渣场为灌溉渠道弃渣场，5 号弃渣场布置在 G10 + 032 西侧一处坡地，在青岗坪倒虹吸工程东侧。库容计算见表 5-12、图 5-6。

由计算结果可见，弃渣场可堆渣高程为 730 ~ 760 m，库容 4.39 万 m³，满足堆渣需求。

表 5-12　5 号弃渣场库容计算表

高程(m)	面积(m²)	库容(万 m³)
730	0	0
735	1 097	0.73
740	2 090	1.39
745	3 202	2.13
750	4 600	3.06
755	5 818	3.87
760	6 600	4.39

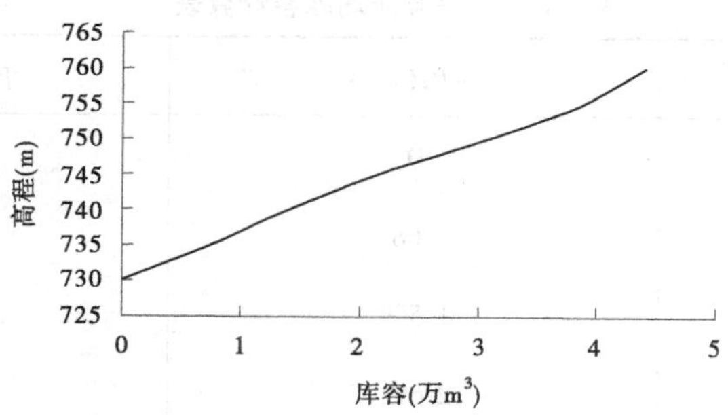

图 5-6　5 号弃渣场高程—库容曲线图

5.4.2.6　6 号弃渣场

6 号弃渣场为灌溉渠道弃渣场，6 号弃渣场布置在渠道桩号 G17 + 013 处南侧一支沟内，此处布置有曾家坳倒虹吸工程。库容计算见表 5-13、图 5-7。

表 5-13　6 号弃渣场库容计算表

高程(m)	面积(m^2)	库容(万 m^3)
625	0	0
630	986	0.57
635	2 331	1.39
640	4 445	2.65
645	6 323	3.77
650	9 100	5.26

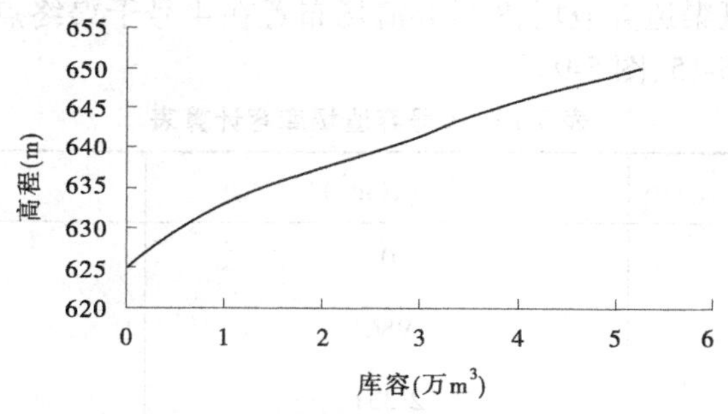

图 5-7　6 号弃渣场高程—库容曲线图

由计算结果可见，弃渣场可堆渣高程为 625 ~ 650 m，库容 5.26 万 m^3，满足堆渣需求。

5.4.2.7　7 号弃渣场

7 号弃渣场为灌溉渠道弃渣场，7 号弃渣场布置在渠道桩号 G21 + 856 处北侧一支沟内，此处布置有雁水村倒虹吸。库容计算见表 5-14、图 5-8。

表 5-14　7 号弃渣场库容计算表

高程(m)	面积(m^2)	库容(万 m^3)
685	0	0
690	668	0.43
695	1 579	1.05
700	2 691	1.79
705	4 240	2.82
710	5 247	3.49
715	7 600	4.89

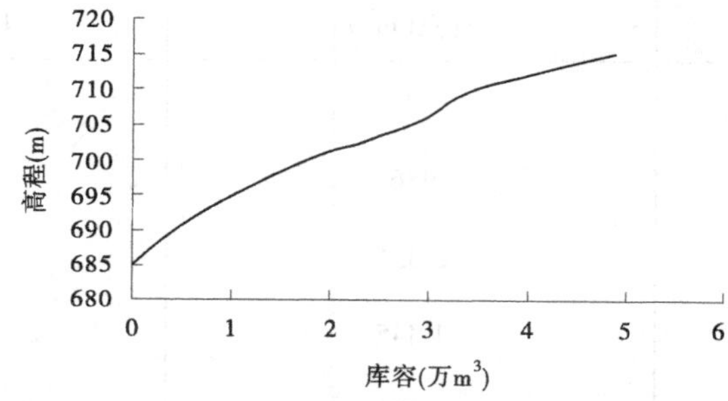

图 5-8　7 号弃渣场高程—库容曲线图

由计算结果可见,弃渣场可堆渣高程为 685 ~715 m,库容 4.89 万 m^3,满足堆渣需求。

5.4.2.8　8 号弃渣场

8 号弃渣场为灌溉渠道弃渣场,8 号弃渣场布置在 4 号干渠终点 G27 +888 南侧一支沟内。库容计算见表 5-15、图 5-9。

表 5-15　8 号弃渣场库容计算表

高程(m)	面积(m^2)	库容(万 m^3)
500	0	0
505	986	0.57
510	2 331	1.39
515	4 445	2.65
520	6 323	3.77
525	6 100	4.59

由计算结果可见,弃渣场可堆渣高程为 500 ~525 m,库容 4.59 万 m^3,满足堆渣需求。

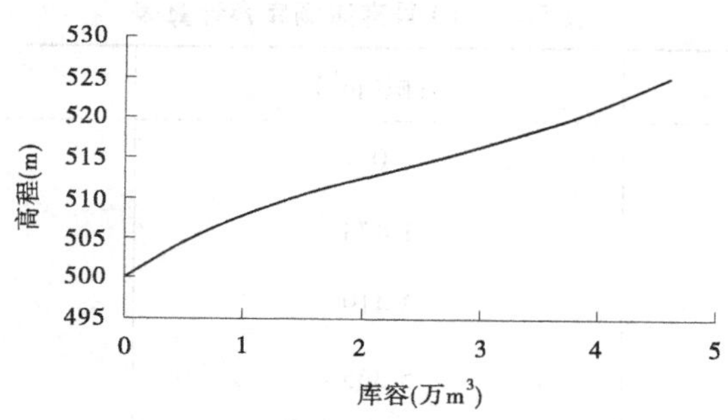

图 5-9　8 号弃渣场高程—库容曲线图

5.4.2.9　9 号弃渣场

9 号弃渣场为灌溉渠道弃渣场,9 号弃渣场布置在渠道桩号 G23 + 749 处一支沟内。库容计算见表 5-16、图 5-10。

表 5-16　9 号弃渣场库容计算表

高程(m)	面积(m^2)	库容(万 m^3)
775	0	0
780	500	0.35
785	1 560	0.93
790	3 136	1.87
795	4 914	2.93
800	5 700	3.99

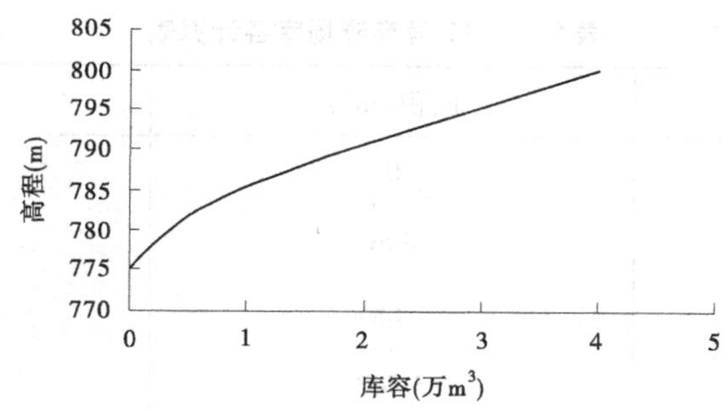

图 5-10　9 号弃渣场高程—库容曲线图

由计算结果可见,弃渣场可堆渣高程为 775 ~ 800 m,库容 3.99 万 m^3,满足堆渣需求。

5.4.2.10　10 号弃渣场

10 号弃渣场为灌溉渠道弃渣场,10 号弃渣场布置在罗场镇调节水池西侧一处坡地上。库容计算见表 5-17、图 5-11。

表 5-17　10 号弃渣场库容计算表

高程(m)	面积(m^2)	库容(万 m^3)
750	0	0
755	1 473	0.84
760	3 419	1.95
765	5 365	3.06
770	7 504	4.28
775	9 100	5.19

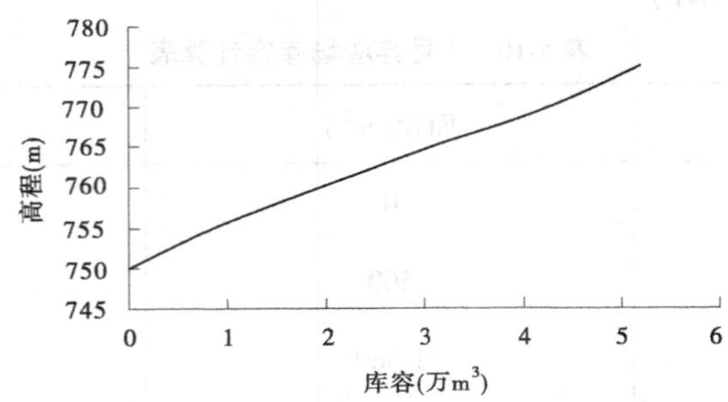

图 5-11　10 号弃渣场高程—库容曲线图

由计算结果可见,弃渣场可堆渣高程为 775 ~ 800 m,库容 3.99 万 m^3,满足堆渣需求。

5.4.2.11　11 号弃渣场

11 号弃渣场为灌溉渠道弃渣场,11 号弃渣场布置在 3 号干渠终点 G22 + 893 处一支沟内。库容计算见表 5-18、图 5-12。

表 5-18　11 号弃渣场库容计算表

高程(m)	面积(m^2)	库容(万 m^3)
755	0	0
760	496	0.33
765	1 684	1.12
770	3 743	2.49
775	4 600	3.06

由计算结果可见,弃渣场可堆渣高程为 755 ~ 775 m,库容 3.06 万 m^3,满足堆渣需求。

5.4.2.12　12 号弃渣场

12 号弃渣场为灌溉渠道弃渣场,12 号弃渣场布置在缠溪镇调节水池东南侧一处坡地上。库容计算见表 5-19、图 5-13。

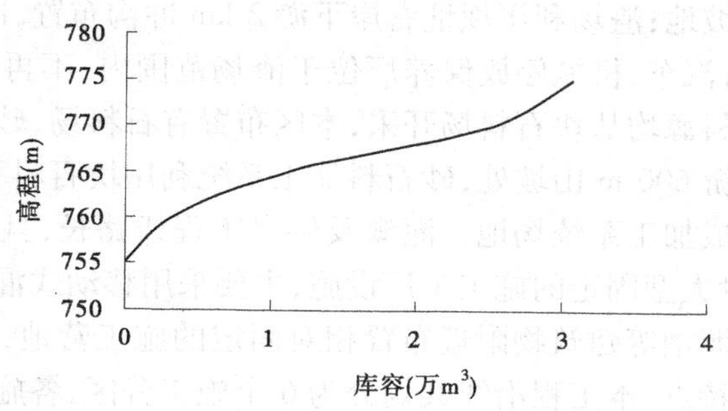

图 5-12　11 号弃渣场高程—库容曲线图

表 5-19　12 号弃渣场库容计算表

高程(m)	面积(m^2)	库容(万 m^3)
700	0	0
705	1 290	0.72
710	3 278	1.83
715	5 249	2.93
720	7 792	4.35
725	9 100	5.08

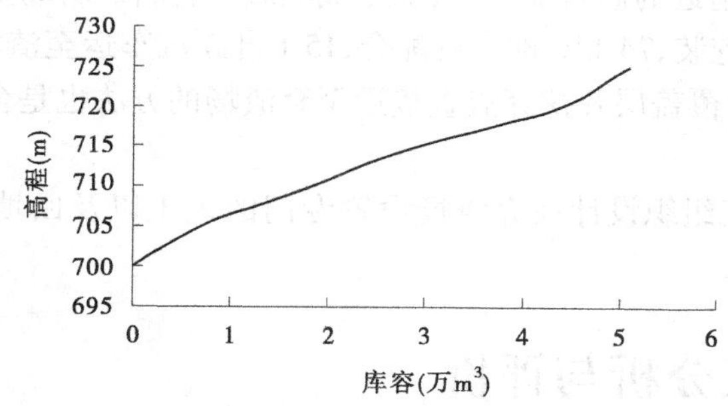

图 5-13　12 号弃渣场高程—库容曲线图

由计算结果可见,弃渣场可堆渣高程为 700 ~ 725 m,库容 5.08 万 m^3,满足堆渣需求。由弃渣场库容分析可知,工程选取的 12 个弃渣场库容均满足弃渣要求。

5.5　主体工程施工组织分析与评价

(1)本工程施工总体布置以集中布置为主、分散布置为辅,共布置 7 个施工区,分别为工程总体分枢纽工程的右岸主体施工区和 6 个渠道施工区。右岸主体施工区布置有混凝土拌和系统、沥青混凝土拌和系统集中布置于坝址右岸下游 0.7 km 山坡处,综合加工厂、施工仓库毗邻布置于坝址右岸下游 1.2 km、进场公路上方山坡处,施工营地布置于工厂设施下游200 m缓坡地；渣场利用坝址右岸下游2 km冲沟布置，冲沟容量较大，满足工程施工期堆弃渣要求；汽车、机械停放保养厂位于渣场范围内，不再另行征地布置。坝体堆石料及混凝土骨料料源均从块石料场开采，本区布置有石料场、砂石料加工系统。块石料场位于坝址左岸下游600 m山坡处，砂石料加工系统利用块石料场北侧冲沟，通过料场覆盖层剥离料回填形成加工系统场地。灌溉及供水工程线路长，且施工区域较分散。根据线路特点，工程不设大型固定的施工工厂设施，主要采用移动式混凝土搅拌机和移动空压机，在倒虹吸、涵洞渡槽等建筑物附近布置相对固定的施工营地，根据施工总布置原则及水工建筑物的分布特点，本工程沿线共划分为6个施工分区，各施工区内分别布置有混凝土拌和系统、综合加工厂、施工仓库及施工生活区等生产生活设施。

在主体工程的施工区布置中，严格控制了施工场地面积，对征地进行重复利用，符合水土保持要求。

(2)开挖土石方除部分利用后，直接运至弃渣场，避免了非利用料的二次倒运，符合水土保持要求。

(3)主体工程设计针对渠道工程独立施工点多、且不连续的特点，采取了分段，分点平行施工的工序，有效地缩短了工程总工期，有效地缩小裸露面积和减少裸露时间，符合水土保持要求。

(4)规范要求“施工开挖、填筑、堆置等裸露面，应采取临时拦挡、排水、沉沙、覆盖等措施”。主体工程设计没有设计临时防护措施，水土保持方案中补充临时的防护措施。

(5)石料开采自上而下分层进行，采用YQ－100型潜孔钻造孔，毫秒微差爆破；74 kW推土机集料，2 m^3 挖掘机挖装，15 t自卸汽车运输；块石料直接上坝，用做混凝土骨料加工的石料运至料场附近的砂石加工厂，加工成混凝土骨料。料场上部0～3 m的强风化层，采用2 m^3 挖掘机挖装，74 kW推土机配合，15 t自卸汽车运至渣场。主体采取的分层开采方式是合理的，对覆盖层开挖弃渣直接运至弃渣场的方法也是合理的，符合水土保持要求。

(6)主体工程施工组织设计在弃渣场设置专门的表土以及回填料堆放区，符合水土保持要求。

5.6 工程施工分析与评价

(1)规范规定“施工道路、伴行路、检修道路等应控制在规定范围内，减小施工扰动范围，采取拦挡、排水等措施，必要时可设置桥隧；临时道路在施工结束后应进行迹地恢复”。主体工程设计了临时道路，但无对临时道路的采取土地复耕措施和临时排水措施，方案中补充道路的复耕和排水措施。

(2)规范规定“主体工程动工前，应剥离熟土层并集中堆放，施工结束后作为复耕地、林草地的覆土”。主体工程设计中有对表土剥离并利用的措施，但是不全面，本方案中将补充设计。

(3)主体工程设计对需要临时堆存利用土方的主体工程处，设计了利用料的临时存放地，符合水土保持要求，但是没有设计临时堆土的防护措施，水土保持方案中补充临时堆土的临时防护措施。

(4)大坝工程施工评价。

大坝工程施工主要包括土石方开挖、基础处理、沥青心墙混凝土浇筑、堆石填筑等。

从整个施工设计上分析,工程施工采用的施工机械和方法符合规范要求,弃土运输和填筑料运输道路都在改建的施工道路上进行,满足要求。对利用料设置专门的临时存放点,施工结束后,对临时堆料处占地进行了原地貌回覆,避免了开挖料无序乱堆的现象,有效地减少水土流失,符合水土保持要求。主体设计缺乏对施工区的临时堆放的利用料进行有效的保护的设计和对管理用房周边绿化的设计,在本方案中补充。

(5)溢洪道工程施工评价。

溢洪道施工包括覆盖层开挖、岩石开挖、混凝土浇筑等。

混凝土和砌石施工均采用最普通施工的施工方法,是可行的,但是对就近布置的砂砾石料没有采取拦挡措施,容易出现无序洒落的现象,因此需要采取临时拦挡措施。覆盖层开挖及岩石的爆破开挖后废料运送至弃渣场。

(6)引水钢管工程施工评价。

引水钢管施工包括岩石开挖、塔架混凝土浇筑、引渠浆砌石砌筑、管道安装等。

混凝土和砌石施工均采用最普通施工的施工方法,虽然可行,但是对就近布置的砂砾石料没有采取拦挡措施,容易出现无序洒落的现象,因此需要采取临时拦挡措施。基础开挖的弃渣直接运送至弃渣场,符合水土保持要求。通过以上分析,引水钢管工程施工符合水土保持要求。

(7)灌溉及供水工程施工评价。

灌溉及供水工程主要有土石方开挖和回填、混凝土浇筑、浆砌石砌筑等。

渠道开挖的石方就近堆存的缺乏临时防护措施,本方案需要增加临时防护措施。混凝土和砌石施工均采用最普通施工的施工方法,是可行的,但是对就近布置的砂砾石料没有采取拦挡措施,容易出现无序洒落的现象,因此需要采取临时拦挡措施。基础开挖的弃渣直接运送至弃渣场,符合水土保持要求。通过以上分析,灌溉及供水工程施工符合水土保持要求。

5.7 主体工程设计的水土保持分析与评价

5.7.1 具有水土保持功能的措施分析与评价

根据主体工程设计和水土保持措施界定原则,主体工程设计具有水土保持功能的措施主要包括表土剥离、表土覆盖及复垦措施。

工程位置:工程临时占用的耕地和林地(根据3.4节工程占地中的分析结果,工程位置为除弃渣场、石料场外的所有临时占地区域)。

工程量:剥离30 cm表土,运至弃渣场堆存,工程完工后进行表土覆盖,土地整治并复垦。复垦面积为37.27 hm^2。主体工程设计对这部分的复垦费用计列了投资并提出了复垦方法。

主体设计中的各项具有水土保持功能的设施能够按照设计标准、规范进行规划设计(见表5-20),达到了水土保持的要求,工程实施后,设施对项目建设区可能发生的水土流失能够起到抑制作用。

表5-20 防洪工程设计中具有水土保持功能的措施分析列表

防治区		措施量(hm^2)
灌溉、供水工程区		3.59
施工生产生活区	枢纽施工生产生活区	3.62
	渠道、灌溉及供水施工区	2.48
道路区	枢纽场内临时道路	10.88
	灌溉工程施工临时道路	10.00
弃渣场区	枢纽工程弃渣场(1号弃渣场)	2.06
	渠道工程弃渣场	4.64
合计		37.27

5.7.2 主体工程设计的工程防护分析评价

5.7.2.1 枢纽工程区防护措施分析与评价

主体设计中没有具有水保功能的措施。主体设计中对施工中临时堆存的利用土石方没有进行临时防护措施设计,因此本水土保持方案中将补充:①大坝管理用房周边的绿化措施;②在主体施工利用土石方堆放期间,为了防止临时堆存的土石方散落到占地区以外,造成新的水土流失,补充临时堆土的临时防护措施。

5.7.2.2 灌溉及供水工程区防护措施分析与评价

主体设计对本区的临时用地采取了表土剥离并运输至弃渣场堆存,在施工结束后将表土运回覆盖至原处,进行土地整治后复垦的措施,应纳入水保措施。主体设计中对施工中临时堆存的利用土石方没有进行临时防护措施设计,因此本水土保持方案中将补充:在主体施工利用土石方堆放期间,为了防止临时堆存的土石方散落到占地区以外,造成新的水土流失,补充临时堆土的临时防护措施。

5.7.2.3 施工道路工程区防护措施分析与评价

主体设计对本区的临时用地采取了表土剥离并运输至弃渣场堆存,在施工结束后将表土运回覆盖至原处,进行土地整治后复垦的措施,应纳入水保措施。主体工程设计中对施工临时道路的占地没有进行植物恢复措施。对于永久道路:①没有考虑在施工期间对上游来水的截排水措施,需要修建道路上游侧的临时排水措施;②没有考虑道路两侧的行道树措施;③没有考虑道路的护坡拦挡措施;④没有考虑道路护坡的绿化措施。对于临时施工道路:①需要在道路一侧修建临时排水措施;②没有考虑施工结束后临时占地的临时植被恢复措施;③没有考虑道路的护坡拦挡措施。因此,本方案中将补充:永久道路的行道树措施,永久及临时道路的护坡措施,永久及临时道路的护坡绿化措施,临时道路的植物恢复措施,道路排水沟设计。

5.7.2.4 施工生产生活区防护措施分析与评价

主体设计对本区的临时用地采取了表土剥离并运输至弃渣场堆存,在施工结束后将表土运回覆盖至原处,进行土地整治后复垦的措施,应纳入水保措施。主体工程设计中对没有考虑场地使用中的临时排水措施以及撤场后的土地整治措施和植物防护措施临时防护措施。本方案中将补充:工厂区四周的排水措施,开挖土排水沟,施工结束后的土地整治和植被恢复措施。

5.7.2.5 料场区防护措施分析与评价

本工程设置1个石料场,通过5.5节的分析评价,可以看出石料场的选址是满足水土保持要求的,石料场占地全部为临时占地,主体设计对占地为林地的石料场没有安排植被恢复措施。本方案报告中将补充:①表土剥离、覆盖以及临时堆存表土的防护措施;②临时的植被恢复措施,熟化土地。

5.7.2.6 弃渣场区防护措施分析与评价

主体设计对本区临时用地中的耕地和林地采取了表土剥离并运输至弃渣场的临时堆土区进行堆存,在施工结束后将表土运回覆盖至原处,进行土地整治后复垦的措施,应纳入水保措施。弃渣场区是水土流失防治的重点区域。主体设计对本工程共设置了12个弃渣场,通过5.5节的分析评价,可以看出弃渣场的选址是满足水土保持要求的,但是主体设计对弃渣场的防护措施没有进行设计。另外,主体工程虽然设计将临时用地剥离的表土运送至弃渣场堆存,但是没有设计临时拦挡措施,根据弃渣场的实际情况,本方案报告中将补充设计相应的水土保持防护措施,包括弃渣场的排水措施,拦挡措施,护坡措施和表土资源保护措施,植物措施和临时措施。

5.7.2.7 水库淹没区

水库淹没区包括正常蓄水位以下的经常淹没区和正常蓄水位以上受水库洪水回水和风浪、船行波等影响的临时淹没区;水库蓄水引起的影响区,包括浸没、坍岸、滑坡等地质灾害,以及其他受水库蓄水影响的地区。主体工程设计中对水库淹没区不做防护措施要求。

5.7.2.8 移民安置区

根据《印江县清渡河水库工程可行性研究报告》,印江县清渡河水库工程水库区、枢纽工程及供水工程建设征地涉及印江县的罗场乡、永义乡、缠溪镇和新寨乡4个乡镇,共需征占地面积1 655.91亩,其中永久征收980.86亩,临时征用675.05亩。工程建设征地区不涉及村庄,水库淹没零星房屋1 064.83 m^2。

经计算,规划水平年清渡河水库工程建设征地的生产安置人口为131人,其中水库淹没影响33人,枢纽工程19人,供水工程79人。工程不涉及搬迁安置人口。

在分析各村土地容量、征求移民意愿和当地县、乡政府意见的基础上,拟定本工程移民全部在本村(组)后靠安置,不设置单独的移民安置区,因此本方案不布设具体措施。

5.7.3 主体工程具有水土保持功能的措施及投资

主体工程中具有水土保持功能的措施总投资439.82万元。

主体工程设计具有水土保持功能设施的投资见表5-21。

表5-21 主体已有水土保持措施投资汇总

<table>
<tr><th colspan="2">防治区</th><th>措施量(hm²)</th><th>投资(万元)</th></tr>
<tr><td colspan="2">灌溉、供水工程区</td><td>3.59</td><td>42.36</td></tr>
<tr><td rowspan="2">施工生产生活区</td><td>枢纽施工生产生活区</td><td>3.62</td><td>42.72</td></tr>
<tr><td>渠道、灌溉及供水施工区</td><td>2.48</td><td>29.26</td></tr>
<tr><td rowspan="2">道路区</td><td>枢纽场内临时道路</td><td>10.88</td><td>128.38</td></tr>
<tr><td>灌溉工程施工临时道路</td><td>10.00</td><td>118.04</td></tr>
<tr><td rowspan="2">弃渣场区</td><td>枢纽工程弃渣场(1号弃渣场)</td><td>2.06</td><td>24.31</td></tr>
<tr><td>渠道工程弃渣场</td><td>4.64</td><td>54.75</td></tr>
<tr><td colspan="2">合计</td><td>37.27</td><td>439.82</td></tr>
</table>

5.8 工程建设对水土流失的影响因素分析

(1)在现阶段的主体工程设计中,料场设计仅提出位置和面积,没有工程、植物及必要的临时防护措施,在雨水、地面径流的作用料场和开挖坡面受到冲蚀,能够造成严重水土流失。

(2)弃渣场坡面没有护坡措施防护,坡面裸露使土壤侵蚀加剧,在降雨、径流的作用下造成严重的弃渣流失。

(3)施工生产生活区的地表、植被和土壤结构在施工期遭到不同程度的破坏,土地裸露,土壤侵蚀加剧。

(4)工程施工要严格规范施工行为,避免征、用地范围以外的耕地被机械碾压,尽量减少施工活动对地表的扰动和破坏,减轻对周围生态环境的影响;施工过程中的临时堆土,要做好临时拦挡防护措施,尽量减少和避免水土流失;土料运输过程中要加强管理,防止沿途洒落、掉土。

(5)主体工程施工,由于对地表进行开挖、破坏,雨天会产生较大的水土流失。

5.9 评价结论

经过分析,确定清渡河工程建设水土保持制约因素。工程选址、占地性质、占地类型、土石方流向、施工组织及施工工艺基本符合水土保持相关要求。本方案针对可能产生的水土流失隐患，在以下几个方面进行完善：

（1）补充枢纽工程区的大坝管理用房周边的绿化措施和临时堆土的临时防护措施。

（2）补充灌溉及供水工程区的临时堆土的临时防护措施。

（3）补充永久道路的行道树措施，永久及临时道路的护坡措施，永久及临时道路的护坡绿化措施，临时道路的植物恢复措施，道路排水沟设计。

（4）补充施工生产生活区四周的排水措施和施工结束后的土地整治和植被恢复措施。

（5）补充料场区的表土剥离、覆盖以及临时堆存表土的防护措施和临时的植被恢复措施。

（6）补充弃渣场区的排水措施、拦挡措施、护坡措施、表土资源保护措施、植物措施和临时措施。

第6章 水土流失防治责任范围和防治分区

6.1 责任范围确定的原则及依据

根据《开发建设项目水土保持方案技术规范》(GB 50433—2008)的规定,水土流失防治责任范围界定原则为"谁开发、谁保护,谁造成水土流失、谁负责治理",凡在工程建设过程中可能造成水土流失的区域,确定为水土流失防治责任范围,并采取措施对新增水土流失进行治理。防治责任范围的确定是依据《中华人民共和国水土保持法》《开发建设项目水土保持方案技术规范》和《印江县清渡河水库工程可行性研究报告》的相关规定和内容进行分析确定的。

结合本工程建设可能影响的水土流失范围,确定该项工程水土流失防治责任范围为项目建设区和直接影响区,其中项目建设区指开发建设单位的征地范围、租地范围和土地使用管辖范围。直接影响区是指施工活动对征占地范围以外影响的区域,即施工过程中可能超出建设项目征占地范围并产生水土流失影响的区域。

根据"谁开发、谁保护,谁造成水土流失、谁负责治理"的原则,凡在工程建设过程中可能造成水土流失的区域,确定该项工程水土流失防治责任范围为项目建设区和直接影响区,总面积118.41 hm^2。

6.1.1 项目建设区

本项目建设区主要包括工程建设新征占的永久占地和施工临时占地区等。项目建设区总面积为110.39 hm^2。

6.1.2 直接影响区

直接影响区主要指工程施工及运行期间对未征、租用土地造成影响的区域。从各单项工程施工及运行情况进行分析:

(1)枢纽工程区:枢纽工程包括大坝工程区和导截流工程区。这些工程的施工采用工程机械开挖、运输、填筑,受施工机械和降水影响,预计影响范围为占地范围周边5 m。

(2)灌溉、供水工程区:灌溉渠道需要工程机械来开挖、运输弃渣,受施工机械和降水影响,预计影响范围为占地范围周边5 m。

(3)施工生产生活区:根据对类比工程的调查观测和分析,施工生产生活区地形平坦,一般都设有围墙或护网,产生的水土流失一般影响到场地外边界有限,因此按区域周边延外2 m范围作为直接影响区。

(4)施工道路:永久道路直接影响区按上边坡开挖外扩2 m计,下边坡回填外扩7 m

计;临时施工道路直接影响区按上边坡开挖外扩 2 m 计,下边坡回填外扩 5 m 计算直接影响区。

(5)料场:石料场开挖,由于受爆破、挖掘机、汽车等施工,以及开挖料的临时堆放、降雨因素的影响,预计四周外延影响区域为 4 m。

(6)弃渣场区:选址都支毛沟根据对类比工程和本项目的现场考察确定,弃渣场直接影响区为渣场周边 2 m 和挡墙下游外延 5 m 的区域计。

(7)水库淹没区:本工程水库淹没区不计算水土流失直接影响区。

根据对该项目区各类工程的布置、施工特点、水土流失特征的分析,确定水土流失防治责任范围划分依据见表 6-1。

表 6-1　项目区水土流失防治责任范围划分依据表

<table>
<tr><th colspan="2" rowspan="2">防治区</th><th colspan="2">水土流失防治责任范围确定依据</th></tr>
<tr><th>项目建设区</th><th>直接影响区</th></tr>
<tr><td colspan="2">枢纽工程区</td><td>占地范围</td><td>影响区按占地范围周边 5 m 计</td></tr>
<tr><td rowspan="2">灌溉、供水工程区</td><td>供水及灌溉渠道占地区</td><td>占地范围</td><td>影响区按占地范围周边 5 m 计</td></tr>
<tr><td>灌溉渠道倒虹吸占地区</td><td>占地范围</td><td>影响区按占地范围周边 5 m 计</td></tr>
<tr><td rowspan="3">施工生产生活区</td><td>枢纽施工生产生活区</td><td>占地范围</td><td>影响区按区域周边延外 4 m 范围计</td></tr>
<tr><td>业主营地区</td><td>占地范围</td><td>影响区按区域周边延外 4 m 范围计</td></tr>
<tr><td>渠道、灌溉及供水施工区</td><td>占地范围</td><td>影响区按区域周边延外 4 m 范围计</td></tr>
<tr><td rowspan="3">道路区</td><td>枢纽场内永久道路</td><td>占地范围</td><td>影响区按上边坡开挖外扩 2 m 计,下边坡回填外扩 7 m 计</td></tr>
<tr><td>枢纽场内临时道路</td><td>占地范围</td><td>影响区按上边坡开挖外扩 2 m 计,下边坡回填外扩 5 m 计</td></tr>
<tr><td>灌溉工程施工临时道路</td><td>占地范围</td><td>影响区按上边坡开挖外扩 2 m 计,下边坡回填外扩 5 m 计</td></tr>
<tr><td rowspan="2">弃渣场区</td><td>枢纽工程弃渣场(1 号弃渣场)</td><td>占地范围</td><td>影响区按渣场周边 2 m 和挡墙下游外延 5 m 的区域计</td></tr>
<tr><td>渠道工程弃渣场
(2~12 号弃渣场)</td><td>占地范围</td><td>影响区按渣场周边 2 m 和挡墙下游外延 5 m 的区域计</td></tr>
<tr><td>料场</td><td>枢纽工程石料场</td><td>占地范围</td><td>影响区按区域周边延外 4 m 范围计</td></tr>
<tr><td colspan="2">水库淹没区</td><td>占地范围</td><td>库区蓄水后可能产生局部崩塌现象,这部分影响到的土地已计入库区永久占地里,因此库区不再计算影响区</td></tr>
</table>

综上所述,水土流失防治责任范围包括项目建设区和直接影响区,总面积为 118.41 hm^2,其中项目建设区面积为 110.39 hm^2,直接影响区面积为 8.02 hm^2,详见表 6-2。

表 6-2 清渡河水库工程水土流失防治责任范围（单位：hm^2）

防治区		项目建设区			直接影响区	合计
		永久占地	临时占地	小计		
枢纽工程区	大坝工程区	3.62		3.62	0.40	4.02
	导截流工程区	0.61		0.61	0.07	0.68
灌溉、供水工程区	供水及灌溉渠道占地区	10.63		10.63	1.31	11.94
	灌溉渠道倒虹吸占地区	2.82	3.59	6.41	0.76	7.17
施工生产生活区	枢纽施工生产生活区		3.62	3.62	0.37	3.99
	业主营地区	0.33		0.33	0.03	0.36
	渠道、灌溉及供水施工区		2.48	2.48	0.25	2.73
道路区	枢纽场内永久道路	7.04		7.04	0.72	7.76
	枢纽场内临时道路		10.88	10.88	1.16	12.04
	灌溉工程施工临时道路		10.00	10.00	1.12	11.12
弃渣场区	枢纽工程弃渣场(1号弃渣场)		4.00	4.00	0.43	4.43
	渠道工程弃渣场(2~12号弃渣场)		8.47	8.47	1.12	9.59
料场	枢纽工程石料场		1.96	1.96	0.26	2.22
水库淹没区		40.34		40.34		40.34
合计		65.39	45.00	110.39	8.02	118.41

6.2 防治分区

6.2.1 防治分区原则

(1)与主体工程功能分区结合；

(2)区域地形地貌及自然条件基本一致；

(3)区域水土流失制约因子的一致性、工程对地表植被扰动的近似性；

(4)区内土地利用方向一致、主导性防治措施选择同一性等；

(5)有利于水土保持专项措施的招投标、水土保持措施的资金筹措及实施等后续水土保持措施设计及施工工作。

6.2.2 防治分区

工程水土流失防治分区根据工程分区特点采用二级划分体系。经综合分析工程设计、施工工艺、方法、布局、占地性质、水土流失特点等，划分为枢纽工程防治区、灌溉供水工程区、施工生产生活区防治区、施工道路防治区、料场防治区、弃渣场防治区和水库淹没区等7个一级防治区，然后在每个一级分区中根据各自的工程特点划分二级分区。根据防治区划分原则结合本项目特点，共划分为7个一级分区和13个二级分区，分区结果见表6-3。

表6-3　清渡河水库工程水土流失防治分区表

<table>
<tr><th>一级分区</th><th>二级分区</th><th>水土流失特征</th></tr>
<tr><td rowspan="2">枢纽工程区</td><td>大坝工程区</td><td rowspan="2">该分区工程施工强度大，占地面积大，影响范围大，土石方开挖量大，施工期易发生水土流失，侵蚀类型主要为水力侵蚀</td></tr>
<tr><td>导截流工程区</td></tr>
<tr><td rowspan="2">灌溉、供水工程区</td><td>供水及灌溉渠道占地区</td><td rowspan="2">该分区建设以“线”为表现形式，施工土石方工程量大，影响范围空间分布广。由于地貌变化，不易管理，水土流失形式多样，面蚀、沟蚀、坍塌等水土流失情况并存</td></tr>
<tr><td>灌溉渠道倒虹吸占地区</td></tr>
<tr><td rowspan="3">施工生产生活区</td><td>枢纽施工生产生活区</td><td rowspan="3">该区建设以“点”为表现形式，水土流失主要形式为面蚀，形式单一，施工期短，影响范围较小</td></tr>
<tr><td>业主营地区</td></tr>
<tr><td>渠道、灌溉及供水施工区</td></tr>
<tr><td rowspan="3">道路区</td><td>枢纽场内永久道路</td><td rowspan="3">该分区建设以“线”为表现形式，施工土石方工程量大，影响范围空间分布广。由于地貌变化，不易管理，水土流失形式多样，面蚀、沟蚀、坍塌等水土流失情况并存</td></tr>
<tr><td>枢纽场内临时道路</td></tr>
<tr><td>灌溉工程施工临时道路</td></tr>
<tr><td rowspan="2">弃渣场区</td><td>枢纽工程弃渣场（1号弃渣场）</td><td rowspan="3">该区建设以“点”为表现形式，水土流失主要表现为沟蚀和面蚀，该区堆土料集中，土石方松散，抗蚀性差，极易发生水土流失</td></tr>
<tr><td>渠道工程弃渣场（2～12号弃渣场）</td></tr>
<tr><td>料场</td><td>枢纽工程石料场</td></tr>
<tr><td colspan="2">水库淹没区</td><td></td></tr>
</table>

第7章　水土流失预测

7.1　预测范围和时段

7.1.1　预测范围

本次预测范围包括枢纽工程防治区、灌溉供水工程防治区、施工生产生活防治区、施工道路防治区、料场防治区、弃渣场防治区和水库淹没区等7个防治区，水库淹没区不做预测。

7.1.2　预测时段

根据工程建设施工特点，水土流失主要发生在工程施工期（含施工准备期）和自然恢复期，因此水土流失预测时段相应划分为工程施工期（含施工准备期）和自然恢复期两个预测时段。根据《开发建设项目水土保持技术规范》，结合清渡河水库建设区和影响区的特点，本项目预测时段分为施工期、自然恢复期，预测时段按最不利的情况考虑，超过雨季（4~10月）长度的按一年计算，不超过雨季长度的按占雨季长度的比例计算。

根据主体工程可研资料，本工程施工期30个月（含施工准备期为13.5个月）。根据当地植被生长条件，自然恢复期取1年。将施工准备期和施工期合并一起进行预测，单项工程施工结束后即进入自然恢复期。

依据上述原则，结合该工程可研报告中的工程概略进度图和本方案水土保持分区情况，确定本工程水土流失预测项目及预测时段划分如下，见表7-1。

7.2　预测方法

根据《开发建设项目水土保持方案技术规范》（GB 50433—2008）的规定，水土流失预测包括五部分内容，由于预测内容的差异，其不同预测项目的主要工作内容及预测方法各不相同。

7.2.1　扰动原地貌、破坏植被面积预测方法

通过查阅工程可研设计资料，结合实地勘测和GPS定位测量，对工程施工过程中占压土地的情况、破坏林草植被的程度和面积进行测算和统计。

7.2.2　弃土、弃渣量的预测方法

工程建设的弃土量主要采用分析工程设计报告中的相关数据，通过土石方挖填平衡

表 7-1　水土流失预测时段

防治区		施工期(含施工准备期)				自然恢复期	
		时段	2015 年	2016 年	2017 年	时段	年限
枢纽工程区	大坝工程区	2015 年 6 月至 2017 年 6 月	1	1	1	2017 年 7 月至 2018 年 7 月	1
	导截流工程区	2015 年 6 月至 2017 年 6 月	1	1	1		
灌溉、供水工程区	供水及灌溉渠道占地区	2015 年 8 月至 2016 年 11 月	1	1			
	灌溉渠道倒虹吸占地区	2014 年 8 月至 2015 年 7 月	1	1		2015 年 8 月至 2016 年 7 月	1
施工生产生活区	枢纽施工生产生活区	2015 年 1 月至 2016 年 4 月	0.4			2016 年 5 月至 2017 年 4 月	1
	业主营地区	2015 年 10 月至 2016 年 6 月		0.4	1	2016 年 7 月至 2017 年 6 月	1
	灌溉供水施工区	2015 年 1 月至 2015 年 4 月	0.4			2015 年 5 月至 2016 年 4 月	1
道路区	枢纽场内永久道路	2015 年 1 月至 2015 年 4 月	0.4			2015 年 5 月至 2016 年 4 月	1
	枢纽场内临时道路	2015 年 1 月至 2015 年 4 月	0.4			2015 年 5 月至 2016 年 4 月	1
	灌溉工程施工临时道路	2015 年 3 月至 2015 年 7 月	1			2015 年 8 月至 2016 年 7 月	1
弃渣场区	枢纽工程弃渣场(1 号弃渣场)	2015 年 6 月至 2017 年 6 月	1	1	1	2017 年 8 月至 2018 年 7 月	1
	灌溉供水工程弃渣场(2～12 号弃渣场)	2015 年 8 月至 2016 年 11 月	1	1		2017 年 12 月至 2018 年 11 月	1
料场	枢纽工程石料场	2015 年 6 月至 2017 年 6 月	1	1	1	2017 年 7 月至 2018 年 6 月	1

分析,提高利用工程开挖中剩余土石方为原则。在此基础上,分析确定工程建设的弃土、弃渣量。

7.2.3　征占地面积预测方法

征占地面积预测是在主体工程对项目区进行土地类型调查的基础上,结合水土保持外业查勘,分别确定工程建设的征占地面积。

7.2.4　可能造成的水土流失量的预测方法

本工程水土流失量的预测以资料调查法和经验公式法进行分析预测为主，根据本工程有关资料，掌握工程建设对地表、植被的扰动情况，了解废弃物的组成、堆放位置和形式。根据规范的规定，对于本工程建设中造成的新增侵蚀量，拟采用经验公式进行，其中经验公式法所采用的参数通过与本工程地形地貌、气候条件、工程性质相似的工程项目类比分析中取得。

(1)土壤流失量预测公式为：

$$W = \sum_{i}^{n} \sum_{k=1}^{3} F_i \times M_{ik} \times T_{ik}$$

(2)新增土壤流失预测公式为：

$$\Delta W = \sum_{i}^{n} \sum_{k=1}^{3} F_i \times \Delta M_{ik} \times T_{ik}$$

式中　W——扰动地表土壤流失量，t；

ΔW——扰动地表新增土壤流失量，t；

i——预测单元；

k——预测时段，$k=1,2,3,\cdots,n$；

F_i——第 i 个预测单元的面积，km^2；

M_{ik}——扰动后不同预测单元、不同预测时段的土壤侵蚀模数，$t/(km^2 \cdot a)$；

ΔM_{ik}——不同单元各时段新增土壤侵蚀模数，$t/(km^2 \cdot a)$；

T_{ik}——预测时段(扰动时段)，a。

7.2.5　水土流失危害预测

根据项目工程布局及施工工艺、项目区地形地貌等，结合实地调查分析，确定可能造成的水土流失危害。

7.2.6　预测参数的选取

7.2.6.1　**预测面积**

工程各分区水土流失预测面积见表 7-2。

表 7-2　工程各分区水土流失预测面积表

防治区		占地面积(hm^2)	硬化或淹没面积(hm^2)	自然恢复面积(hm^2)
一级区	二级区			
枢纽工程区	大坝工程区	3.62	3.15	0.47
	导截流工程区	0.61	0.61	
灌溉、供水工程区	供水及灌溉渠道占地区	10.63	10.63	
	灌溉渠道倒虹吸占地区	6.41	4.92	1.49

续表 7-2

防治区		占地面积（hm^2）	硬化或淹没面积（hm^2）	自然恢复面积（hm^2）
一级区	二级区			
施工生产生活区	枢纽施工生产生活区	3.62		3.62
	业主营地区	0.33		0.33
	灌溉供水施工区	2.48		2.48
道路区	枢纽场内永久道路	7.04	5.93	1.11
	枢纽场内临时道路	10.88		10.88
	灌溉工程施工临时道路	10.00		10.00
弃渣场区	枢纽工程弃渣场(1 号弃渣场)	4.00		4.00
	灌溉供水工程弃渣场(2～12 号弃渣场)	8.47		8.47
料场	枢纽工程石料场	1.96		1.96
合计		70.04	25.24	44.80

7.2.6.2 原地貌土壤侵蚀模数

通过对项目区进行详细调查，以 1∶10 000 的地形图作工作底图，现场勾绘图斑，填写水土流失因子调查表，结合技术资料对水土流失因子进行详细分析，并参照《土壤侵蚀分类分级标准》的土壤侵蚀强度分级标准和面蚀分级指标，在对项目区各地块水土流失强度进行划分的基础上，确定不同地块的侵蚀模数背景值。

项目水土流失因子及流失现状分析统计表见表 7-3。

表 7-3 项目水土流失因子及流失现状分析统计表

防治区	占地类型	面积（hm^2）	强度分级	土壤侵蚀模数（$t/(km^2 \cdot a)$）	年土壤侵蚀量(t)
枢纽工程区	坡耕地	0.49	中度流失	3 700.00	18.23
	林地	3.35	微度流失	500.00	16.77
	草地	0.08	轻度流失	1 500.00	1.13
	水域及水利设施用地	0.31			
	小计	4.23			36.13
灌溉、供水工程区	坡耕地	6.37	中度流失	3 700.00	235.67
	林地	8.44	微度流失	500.00	42.22
	草地	2.18	轻度流失	1 500.00	32.75
	水域及水利设施用地	0.04			
	小计	17.04			310.64

续表 7-3

防治区		占地类型	面积（hm^2）	强度分级	土壤侵蚀模数（t/(km^2·a)）	年土壤侵蚀量(t)
施工生产生活区	枢纽施工生产生活区	林地	3.62	微度流失	500.00	18.10
	业主营地区	坡耕地	0.33	中度流失	3 700.00	12.21
	渠道、灌溉及供水施工区	坡耕地	1.18	中度流失	3 700.00	43.66
		林地	1.30	微度流失	500.00	6.50
		小计	2.48			80.47
道路区	枢纽场内永久道路	坡耕地	0.46	中度流失	3 700.00	17.02
		林地	6.45	微度流失	500.00	32.25
		草地	0.13	轻度流失	1 500.00	1.95
		小计	7.04			51.22
	枢纽场内临时道路	林地	10.88	微度流失	500.00	54.40
	灌溉工程施工临时道路	坡耕地	1.23	中度流失	3 700.00	45.62
		林地	8.77	微度流失	500.00	43.85
		小计	10.00			89.47
弃渣场区	枢纽工程弃渣场（1 号弃渣场）	林地	2.06	微度流失	500.00	10.30
		草地	1.94	轻度流失	1 500.00	29.10
		小计	4.00			39.40
	灌溉供水工程弃渣场（2～12 号弃渣场）	坡耕地	2.14	中度流失	3 700.00	79.18
		林地	2.50	微度流失	500.00	12.50
		草地	3.83	轻度流失	1 500.00	57.45
		小计	8.47			149.13
料场	枢纽工程石料场	草地	1.96	轻度流失	1 500.00	29.40
合计			70.05			870.57

通过对项目区水土流失面积、流失量进行统计，项目区年均水土流失总量 870.57 t，平均土壤侵蚀模数为 1 243 t/(km^2·a)，属轻度水土流失区。项目区容许土壤侵蚀模数 500 t/(km^2·a)。

7.2.6.3 建设期土壤侵蚀模数

工程扰动后的施工期土壤侵蚀模数和自然恢复期土壤侵蚀模数的确定，采取类比和实地调查相结合的方法，类比工程选择遵义鱼塘水电站工程，其地形、地貌、土壤、植被、降水等主要影响因子相似，具有可比性。项目区与类比区水土流失主要影响因子比较见表 7-4。预测项目建设区水土流失量，采取对已实施的遵义鱼塘水电站工程建设水土流失情况进行调查和查阅遵义鱼塘水电站工程水土流失监测报告，通过类比工程施工期与自然恢复期水土流失主要影响因子的对比和水土流失调查，结合项目区的水土流失特点及可能造成水土流失的分析，确定公式中参数 M。本工程水土流失预测时段的土壤侵蚀模数表见表7-5。

表7-4 项目区与类比区水土流失主要影响因子比较表

序号	类比项目	遵义鱼塘水电站工程	本工程
1	工程类型	水电站工程、渠道工程	水库工程、灌溉渠道工程
2	水土流失类型区	西南土石山区	西南土石山区
3	水土流失强度	微度、轻度	微度、轻度
4	水土保持"三区"划分	在"三区"范围内	在"三区"范围内
5	土壤侵蚀类型	水力侵蚀	水力侵蚀
6	降雨特点	冬春雨少，夏秋降水集中	冬春雨少，夏秋降水集中
7	弃渣特点	弃于附近支沟内	弃于附近支沟内
8	弃渣特性	土石方皆有，以石方为主	土石方皆有，以石方为主
9	多年平均降水量(mm)	1 123	1 105
10	多年平均气温(℃)	16.9	16.8

表7-5 清渡河水库工程水土流失预测时段的土壤侵蚀模数

工程区		面积(hm^2)	施工期侵蚀模数($t/(km^2·a)$)			自然恢复期侵蚀模数($t/(km^2·a)$)		
			2015年	2016年	2017年	2016年	2017年	2018年
枢纽工程区	大坝工程区	3.62	6 500	5 000	3 000			1 500
	导截流工程区	0.61	5 000	4 000	3 000			
灌溉、供水工程区	供水及灌溉渠道占地区	10.63	6 500	5 000				
	灌溉渠道倒虹吸占地区	6.41	6 500	5 000			3 000	
施工生产生活区	枢纽施工生产生活区	3.62	6 000			1 500		
	业主营地区	0.33		6 000	3 000			1 500
	灌溉供水施工区	2.48	6 000			2 000		
道路区	枢纽场内永久道路	7.04	7 000			3 000		
	枢纽场内临时道路	10.88	6 000			3 000		
	灌溉工程施工临时道路	10.00	6 000			3 000		

续表 7-5

工程区		面积（hm^2）	施工期侵蚀模数（$t/(km^2 \cdot a)$）			自然恢复期侵蚀模数（$t/(km^2 \cdot a)$）		
			2015 年	2016 年	2017 年	2016 年	2017 年	2018 年
弃渣场区	枢纽工程弃渣场（1 号弃渣场）	4.00	7 000	6 000	6 000			4 000
	灌溉供水工程弃渣场（2～12 号弃渣场）	8.47	7 000	6 000			4 000	
料场	枢纽工程石料场	1.96	7 000	6 000	6 000			3 000
合计		70.04						

7.3　扰动原地貌面积和弃土弃渣量预测

7.3.1　扰动原地貌面积

根据主体工程可研报告及结合项目区调查，对工程建设造成的扰动原地貌、占压土地和破坏植被的面积分别进行测算。经统计分析，本工程建设扰动原地貌和破坏植被总面积 110.39 hm^2。

7.3.2　水土保持征占地面积

损坏和占压水土保持设施预测是在主体工程对项目区进行土地类型调查的基础上，结合水土保持外业查勘，分别确定工程建设损坏各类水土保持设施量，根据《贵州省水土保持设施补偿费征收管理办法》，本工程水土保持征占地面积为除水库淹没面积外的征占地面积，总面积为 70.04 hm^2。

7.3.3　弃土弃渣量

经过表土利用规划后本工程弃方为 56.18 万 m^3，其中表土 15.51 万 m^3。

7.4　新增水土流失量预测与分析

7.4.1　水土流失量背景值预测

背景值预测是在综合考虑工程项目占地范围内水土流失情况进行计算的，预测时段包括施工期、自然恢复期。预测面积主要为工程建设期间扰动面积。

经计算，项目区水土流失背景值流失量为 1 820 t，其中施工期水土流失背景值量为 1 263 t，自然恢复期为 557 t，详见表 7-6。

7.4.2　水土流失量预测

本项目建设征占地范围内在施工期和自然恢复期可能造成的水土流失预测总量为 7 391 t。扣除相应区域水土流失背景值 1 820 t，本项目建设可能新增水土流失量 5 571 t。水土流失量预测见表 7-7，各水土流失防治区预测水土流失量汇总见表 7-8。

表 7-6　水土流失背景值预测表

防治区		施工期(含施工准备期)						自然恢复期				合计
		侵蚀模数(t/(km^2·a))	占地面积(hm^2)	2015 年	2016 年	2017 年	侵蚀量(t)	侵蚀模数(t/(km^2·a))	占地面积(hm^2)	年限(年)	侵蚀量(t)	
枢纽工程区	大坝工程区	1 243	3.62	1	1	1	135	1 243	0.47	1	6	141
	导截流工程区	1 243	0.61	1	1	1	23	1 243				23
灌溉、供水工程区	供水及灌溉渠道占地区	1 243	10.63	1	1		264	1 243				264
	灌溉渠道倒虹吸占地区	1 243	6.41	1	1		159	1 243	1.49	1	18	178
施工生产生活区	枢纽施工生产生活区	1 243	3.62	0.4			18	1 243	3.62	1	45	63
	业主营地区	1 243	0.33		0.4	1	6	1 243	0.33	1	4	10
	灌溉供水施工区	1 243	2.48	0.4			12	1 243	2.48	1	31	43
道路区	枢纽场内永久道路	1 243	7.04	0.4			35	1 243	1.11	1	14	49
	枢纽场内临时道路	1 243	10.88	0.4			54	1 243	10.88	1	135	189
	灌溉工程施工临时道路	1 243	10.00	1			124	1 243	10.00	1	124	249
弃渣场区	枢纽工程弃渣场(1 号弃渣场)	1 243	4.00	1	1	1	149	1 243	4.00	1	50	199
	灌溉供水工程弃渣场(2 ~ 12 号弃渣场)	1 243	8.47	1	1		211	1 243	8.47	1	105	316
料场	枢纽工程石料场	1 243	1.96	1	1	1	73	1 243	1.96	1	24	97
合计			70.04				1 263		44.81		557	1 820

表 7-7　水土流失量预测

防治区		施工期（含施工准备期）								自然恢复期						背景流失量（t）	总流失量（t）	新增流失量（t）
		预测面积（hm^2）	施工期侵蚀模数（$t/(km^2 \cdot a)$）			预测时段			流失量（t）	预测面积（hm^2）	自然恢复期侵蚀模数（$t/(km^2 \cdot a)$）			预测时段（年）	流失量（t）			
			2015 年	2016 年	2017 年	2015 年	2016 年	2017 年			2015 年	2016 年	2017 年					
枢纽工程区	大坝工程区	3.62	6 500	5 000	3 000	1	1	1	525	0.47			1 500	1	7	141	532	391
	导截流工程区	0.61	5 000	4 000	3 000	1	1	1	73							23	73	50
灌溉、供水工程区	供水及灌溉渠道占地区	10.63	6 500	5 000		1	1		1 222							264	1 222	958
	灌溉渠道倒虹吸占地区	6.41	6 500	5 000		1	1		737	1.49		3 000		1	45	178	781	604
施工生产生活区	枢纽施工生产生活区	3.62	6 000			0.4			87	3.62	1 500			1	54	63	141	78
	业主营地区	0.33		6 000	3 000		0.4	1	18	0.33			1 500	1	5	10	23	13
	灌溉供水施工区	2.48	6 000			0.4			60	2.48	2 000			1	50	43	109	66
道路区	枢纽场内永久道路	7.04	7 000			0.4			197	1.11	3 000			1	33	49	230	182
	枢纽场内临时道路	10.88	6 000			0.4			261	10.88	3 000			1	326	189	588	398
	灌溉工程施工临时道路	10.00	6 000			1			600	10.00	3 000			1	300	249	900	651
弃渣场区	枢纽工程弃渣场（1 号弃渣场）	4.00	7 000	6 000	6 000	1	1	1	760	4.00			4 000	1	160	199	920	721
	灌溉供水工程弃渣场（2～12 号弃渣场）	8.47	7 000	6 000		1	1		1 101	8.47		4 000		1	339	316	1 440	1 124
料场	枢纽工程石料场	1.96	7 000	6 000	6 000	1	1	1	372	1.96			3 000	1	59	97	431	334
合计		70.04							6 013	44.81					1 378	1 820	7 391	5 571

表 7-8　各水土流失防治区预测水土流失量汇总表

工程区		总水土流失量（t）	所占比例（%）	新增水土流失量（t）	所占比例（%）
枢纽工程区		605	8.19	442	7.93
灌溉、供水工程区	供水及灌溉渠道占地区	1 222	16.53	958	17.19
	灌溉渠道倒虹吸占地区	781	10.57	604	10.84
施工生产生活区	枢纽施工生产生活区	141	1.91	78	1.40
	业主营地区	23	0.31	13	0.23
	灌溉供水施工区	109	1.48	66	1.18
道路区	枢纽场内永久道路	230	3.12	182	3.26
	枢纽场内临时道路	588	7.95	398	7.15
	灌溉工程施工临时道路	900	12.18	651	11.69
弃渣场区	枢纽工程弃渣场（1 号弃渣场）	920	12.45	721	12.95
	灌溉供水工程弃渣场（2 ~ 12 号弃渣场）	1 440	19.48	1 124	20.18
料场	枢纽工程石料场	431	5.83	334	5.99
合计		7 391	100.00	5 571	100.00

7.5　水土流失危害分析与评价

项目建设过程中不同程度的扰动、破坏了原始地貌和植被，产生大量弃土弃渣，严重破坏了原有生态环境水土保持能力，造成水土流失，如果不采取有效的水土保持防治措施，严重的水土流失对区域土地生产力、区域生态环境、水土资源利用、防洪工程等造成不同程度的危害。

7.5.1　对防洪工程的影响

工程施工开挖扰动原土层，破坏原地貌和植被，使地表裸露增加，为各类侵蚀活动创造了条件。施工过程中的堆土、弃土若不及时有效地进行防护，在降雨和径流的作用下引起水蚀和重力侵蚀，造成严重的水土流失，流失的泥沙冲入河道后，会加大河道含沙量，造成下游河道淤积影响行洪能力。

7.5.2　对土地生产力的影响

地貌植被破坏后导致水土流失加剧，使土壤有机质流失、结构破坏、土壤中的氮、磷和有机物及无机盐含量迅速下降，土地条件恶化，从而降低土地生产力，影响农作物及林木的生长,对土地资源带来不利影响;有些水土流失还可能顺着沟道、坡道流入农田,造成农田淤积,甚至覆盖庄稼,危害作物生长,影响粮食产量。

7.5.3 对区域生态环境的影响

工程建设占压降低了其水土保持功能,加剧了土壤侵蚀,造成严重水土流失,使原本趋于平衡的生态环境遭到破坏,给当地的生态环境带来了不良影响。值得注意的是,工程沿线大量取土对沿线滩区耕地将会造成长期不良影响(生产力下降、内涝),因此必须从环保、水土保持和节约工程投资等因素综合研究,确定科学合理的取土方式。

7.6 预测结论及指导性意见

7.6.1 预测结论

(1)经统计分析,本工程建设扰动原地貌和破坏植被总面积 110.39 hm^2。

(2)工程建设损坏的征占地总面积为 70.04 hm^2。

(3)根据主体工程土石方调配与平衡,本工程弃方为 56.18 万 m^3,其中表土 15.51 万 m^3。

(4)本项目建设征占地范围内在施工期和自然恢复期可能造成的水土流失预测总量为 7 391 t,新增水土流失量 5 571 t。

(5)弃渣场区和灌溉供水工程区为水土流失的主要区域,其新增水土流失量分别占新增水土流失总量的 33.13% 和 28.03%,料场区新增水土流失量分别占新增水土流失总量的 5.99%,虽然比例不高,但由于料场水土流失发生区域集中,也应列入水土流失主要区域。施工期水土流失量占水土流失总量的 81.36%,为水土流失的主要时期。

7.6.2 指导性意见

建设项目水土流失预测是编制水土保持方案的重要内容,准确合理的水土流失预测是正确评价建设项目水土流失程度及其危害的基础,是采取有效防治措施的前提。通过本章水土流失预测分析,得出以下结论:

(1)根据水土流失预测结果,施工期是产生水土流失的重点时段,施工期水土流失量占水土流失总量的 81.36%,因此施工期是本方案水土流失防治的重点时段,也是本工程水土流失监测的重点时段。

(2)弃渣场区、灌溉供水工程区和料场区是水土流失的主要区域,因此以上防治区是本方案水土流失防治的重点区域,也是水土保持监测重点监测区。

(3)施工期间,临时堆土是水土流失的物质源,易产生侵蚀和流失,要加强防护,防护措施与主体工程同步进行施工,落实到位。工程施工道路占地面积较大,土壤侵蚀量也较大,造成的水土流失危害也较重。弃渣场占地面积较大,土壤侵蚀量占总侵蚀量比重较大,局部水土流失也很严重。建议采用工程措施和植物措施综合防治。

(4)对施工进度安排的指导意见。

根据预测结果，施工期是新增水土流失较严重的时期，建议在施工中优化主体工程施工进度安排，有效缩短产生水土流失时段。对于难以避开雨季施工的区域，应加强此时段水土流失的防护措施。

(5)防治措施的指导意见。

通过水土流失预测和对主体工程中设计的水土保持工程分析，结合项目区的地形、水土流失现状，工程在建设过程中新增水土流失较严重，因此在施工过程中要加强临时防护措施，及时调配土石方，严禁乱堆乱弃；同时，主体工程中设计的水土保持工程应该同步进行，最大程度地控制工程性水土流失现象的发生。根据工程建设的实际情况，尽量在场地平整期间实行“先拦挡后开挖”，尽量减少工程建设期间的水土流失。

(6)水土保持监测的指导意见。

根据前述水土流失预测，弃渣场区、灌溉供水工程区和料场区为水土流失重点区域，水土流失重点时段为施工期。

第 8 章　水土流失防治目标及措施布设

8.1　水土流失防治目标

本工程水土保持防治的最终目标为:因地制宜地采用各类水土流失防治措施,全面控制工程建设过程中可能造成的新增水土流失,恢复和保护项目区的植被和其他水土保持设施,有效治理防治责任范围内的原有水土流失,达到地面侵蚀量显著减少,建设区生态环境得以改善,促进工程建设和生态环境协调发展。

根据《水利部办公厅关于印发〈全国水土保持规划国家级水土流失重点预防区和重点治理区复核划分成果〉的通知》(办水保〔2013〕188 号)与《贵州省人民政府关于划分水土流失重点防治区的公告》(黔府发〔1998〕52 号),项目所在地印江县属于乌江赤水河上中游国家级水土流失重点治理区,同时也属于贵州省水土流失重点治理区,按照《开发建设项目水土流失防治标准》(GB 50433—2008),确定本项目的水土流失防治标准执行国家建设类项目水土流失防治一级标准。修正值根据《开发建设项目水土流失防治标准》(GB 50434—2008)规定标准,年降水量在 800 mm 以上的地区,水土流失总治理度、林草植被恢复率、林草覆盖率绝对值提高 2 以上;以轻度侵蚀为主的区域土壤流失控制比应大于或等于 1,高山峡谷地形复杂的地段拦渣率值可减小 10。经过调查,项目区年降水量 1 105.0 mm,土壤侵蚀强度以轻度侵蚀为主,本项目由枢纽工程和灌溉供水工程组成,均处于高山峡谷地形复杂地段,符合拦渣率减小 10 的条件,综合考虑,拦渣率目标减少 3。依据以上因素,对水土流失防治标准进行调整,结果如下:扰动土地整治率 95%,水土流失总治理度 97%,土壤流失控制比 1.1,拦渣率 85%,林草植被恢复率 99%,林草覆盖率 27%。

具体防治目标见表 8-1。

表 8-1　水土流失防治标准及设计水平年防治目标值

项目	一级标准		修正值	设计水平年目标值
	施工建设期	试运行期		
扰动土地整治率(%)	*	95	0	95
水土流失总治理度(%)	*	95	+2	97
土壤流失控制比	0.7	0.8	+0.3	1.1
拦渣率(%)	95	95	-10	85
林草植被恢复率(%)	*	97	+2	99
林草覆盖率(%)	*	25	+2	27

(1)在工程建设过程中,严格控制扰动土地面积,采取有效措施保护水土资源,尽量减少对植被的破坏,尽可能恢复因工程建设破坏的耕地和林草植被,恢复土地生产力。对建设中扰动的土地面积,应及时进行治理,使防治责任范围内的扰动土地整治率达到95%。

(2)工程建设中对防治责任范围内建设施工活动造成的水土流失进行防治,并使各类土地的水土流失量下降到防治目标规定范围内。至水土保持设计水平年,水土流失总治理度达到97%。

(3)为将施工中水土流失量控制在目标范围内,保护当地生态环境,对开挖排弃等场地进行防护、整治,并采取必要的护坡、截排水措施。通过水土保持监测,对施工过程中发生的水土流失及时采取控制措施,土壤流失控制比达到1.1。

(4)弃土弃渣必须有专门设计的存放地,并采取拦挡措施防止流失,禁止向专门存放地以外的其他任何地方倾倒、堆置弃土弃渣,弃土弃渣应先拦后弃,平整覆土恢复植被,弃土弃渣的拦渣率施工期达到85%。

(5)按方案所列各项措施治理后,使工程建设区和直接影响区的生态环境质量得到一定的改善,植被恢复率达到97%,水土保持生态效益和社会效益有所提高。

(6)建设区内宜林宜草地,尽量种植林草,绿化美化环境。建设区内林草覆盖率达到22%,符合工程特点和占地地类实际情况。

8.2 水土流失防治措施体系和总体布局

8.2.1 水土流失防治措施原则

(1)根据清渡河水库工程所处西南土石山区的云贵高原山地区土壤侵蚀类型区特点,结合本工程实际和项目区水土流失轻微的现状,因地制宜,因害设防,科学配置,优化布局。

(2)注重本项目施工过程中造成人为扰动区及产生的护坡废石、建筑垃圾、清基土等废弃物,设计临时性防护措施,尽量减少新增水土流失。

(3)吸收当地水土保持防治经验,尽量做到高科技、低投入、高效益,有效地防治项目建设、生产过程中新增和原有的水土流失。

(4)既注重各防治区内部的科学性,又关注分区之间的联系性、系统性。

(5)防治措施体系布设,特别是对弃土(石、渣)场、取料场,从工程安全、防治效果、施工条件、工程投资等方面进行分析论证,确定最佳方案。

(6)落实科学发展观,树立以人为本、统筹协调、可持续发展、人与自然和谐的基本理念,尊重自然规律,并与周边景观相协调。

(7)防治措施体系布设要与主体工程密切结合,相互协调,形成整体。

(8)工程措施要尽量选用当地材料,做到技术上可行、经济上合理。

(9)植物措施要尽量选用适合当地的品种,并考虑绿化、美化效果。

8.2.2 防治措施体系

水土流失防治体系是一个综合防治体系,围绕“预防为主、保护优先、全面规划、综合治理、因地制宜、突出重点、科学管理、注重效益”的方针，制定防治体系。因此，本工程水土流失防治体系工程措施、植物措施和临时措施。

防治措施总体上按“点、线、面”相结合的方式进行布局，即以工程水土流失重点防治部位为点，以灌溉、供水渠道为线，以枢纽工程、料场区、弃渣场区、施工道路区、施工生产生活区为面，全面、合理、系统地布设水土保持综合防治措施体系，达到有效防止水土流失的目的。

水土流失防治措施体系的设立拟在原有主体工程防护设计的基础上，根据水土保持工程设计原则，进行水土保持工程的措施布局，以形成完整的水土保持防护体系，达到水土流失防治目标。

8.2.2.1 枢纽工程防治区

主体设计中该区具有水土保持功能的措施主要有临时用地采取的表土剥离并运输至弃渣场堆存，在施工结束后将表土运回覆盖至原处，进行土地整治后复垦的措施，本方案新增的主要为植物措施和临时措施。

植物措施：工程竣工后，大坝管理用房外可绿化区域种植香樟、泡桐、金叶女贞等，撒播狗牙根、三叶草等草籽。

临时措施：坝基、坝肩开挖时，对临时堆放的利用料进行临时排水措施。

灌溉、供水工程主体设计中该区具有水土保持功能的措施主要有临时用地采取的表土剥离并运输至弃渣场堆存，在施工结束后将表土运回覆盖至原处，进行土地整治后复垦的措施，本次新增的主要为临时措施。

临时措施：在工程施工过程中，渠道开挖时，建筑物基础开挖时，做临时拦挡措施，采用袋装土填筑进行临时拦挡。

8.2.2.2 施工生产生活区

主体设计中该区具有水土保持功能的措施主要有临时用地采取的表土剥离并运输至弃渣场堆存，在施工结束后将表土运回覆盖至原处，进行土地整治后复垦的措施，本次新增的主要为工程措施、植物措施和临时措施。根据《水利水电水土保持技术规范》（SL 575—2012）的要求，对工程管理区的空闲地采取绿化措施。为了更好地实施绿化措施，对空闲地设计土地整治措施。

工程措施：施工生产区例如混凝土搅拌站，施工过程中必将会残留混凝土，在地表形成硬壳，竣工后要对地面进行平整处理。工程竣工后要对其进行土地整治。业主营地区在施工结束后需在营地范围内修建浆砌石排水沟并设置沉沙池。

植物措施：工程竣工后进行土地绿化，可以采用林分结构设计为草－灌复层混交型。采用草种为狗牙根、三叶草；灌木可选紫穗槐。在业主营地院内空闲地种植观赏性植物，采用香樟、泡桐、金叶女贞等，撒播狗牙根、三叶草等草籽。

临时措施：开挖过程中可以对该区域的坡面上部人工挖临时排水沟，防止雨水冲刷开挖面。在施工初期利用开挖料装袋堆置于填方边坡或道路下游侧做临时拦挡。

8.2.2.3 道路区

主体设计中该区具有水土保持功能的措施主要有临时用地采取的表土剥离并运输至弃渣场堆存，在施工结束后将表土运回覆盖至原处，进行土地整治后复垦的措施，本次新增的主要为工程措施、植物措施和临时措施。

工程措施:本阶段主体工程尚未对道路提出具体的设计,本方案只能对下阶段的设计和施工提出水土保持要求,并初步拟定其水土保持植物措施。

本方案设计对于临时占地性质的临时施工道路在施工结束后要进行土地整治,用于恢复植被。

植物措施:本区植物措施分为三部分,一是在永久道路两侧栽植行道树及灌木,树种选取香樟、泡桐,灌木选取紫穗槐;二是对临时施工道路的挖方边坡和填方边坡进行护坡处理,挖方边坡采用喷播植草进行护坡,填方边坡采用撒播种草护坡;三是在临时施工道路使用结束后对临时占地性质的临时施工道路进行植被恢复,栽植灌木撒播草籽用于土地熟化,待工程竣工后交付当地进行原地类恢复。

临时措施:在工程施工过程中,在临时道路两侧做临时排水措施,以免雨水对道路路面及路基边坡的冲刷,从而造成水土流失或者边坡稳定问题。

8.2.2.4 料场区

主体设计中该区没有具有水土保持功能的措施,本次新增的主要为工程措施、植物措施和临时措施。

工程措施:料场开采前对料场的表土进行剥离,剥离厚度为 30 cm,在料场使用完毕后要将剥离的表土进行回覆。

植物措施:进行土地复垦,料场坡面及底面可采用紫穗槐、狗牙根等树草种。

临时措施:料场区位于大坝处的山顶,产生的汇水很少,且料场区属于临时占地,仅设置临时土排水沟即可满足排水要求。开挖过程中可以对该区域的坡面上部人工挖临时截水沟,防止雨水冲刷开挖面,将截水沟接引至下游临时排水沟。布置临时拦挡措施,拦挡料场区临时堆放的剥离表土。

8.2.2.5 弃渣场区

本工程共设 12 个弃渣场,枢纽工程弃渣场选择坝址右岸下游 2 km 白岩沟一支沟作为工程弃渣场,渠道、灌溉及管线区弃渣场选取沿线荒沟作为弃渣场,共选取 11 个弃渣场。主体设计中该区没有具有水土保持功能的措施,本次新增的主要为工程措施、植物措施和临时措施。

工程措施:渣场弃渣前对渣场进行表土剥离,剥离厚度为 30 cm,渣场弃渣完成后使用剥离的表土进行场地覆土,覆土厚度为 30 cm,渣场坡脚处修建挡渣墙,渣场上游及周边修建浆砌石截、排水沟,排水沟后接沉沙池,对弃渣场坡面采取种草绿化处理。

植物措施:渣面进行土地复垦,渣场坡面的综合护坡可采用紫穗槐、狗牙根、三叶草等草种。

临时措施:剥离的表土临时堆放在渣场上侧,做临时挡水土埂拦挡措施,在堆土区上游侧修建临时排水沟,避免雨水对开挖面的冲刷,造成水土流失或者边坡稳定问题,还需要对临时堆土采取临时覆盖措施。

8.2.2.6 拆迁安置区

地方政府及主管部门在安置及还建时要考虑水土保持,对相应区域进行水土保持论证。如造成新的水土流失,应严格按照“三同时”制度实施防护。

拆迁户在安置过程中主要施工活动为房建,且安置地在村庄附近。项目建设区农村的房屋大多为砖木结构,依山而建,安置区地势一般相对平坦。排水系统一般可利用原排水系统或统一规划排水系统,因此无大规模的土石方开挖和回填活动。

房建施工结束后要及时清运建筑垃圾,并在安置区进行绿化,改善居住环境,同时亦可减少水土流失。应避免安置区挖余废方随处弃置,造成水土流失,堵塞河道,影响行洪。植被恢复时应同时考虑水土保持及景观美化的双重要求。

水土保持分区防治措施体系表见表8-2,水土保持防治措施体系图见图8-1。

表8-2 项目工程水土保持分区防治措施体系表

分区		治理措施		
一级	二级	工程措施	植物措施	临时措施
枢纽工程区	大坝工程区	表土剥离、回覆▲、复垦▲	种植观赏性植物	临时排水沟
	导截流工程区	表土剥离、回覆▲、复垦▲		
施工生产生活区	业主营地区	排水沟、沉沙池	种植观赏性植物	
	枢纽施工生产生活区	表土剥离、回覆▲、复垦▲、土地整治	种灌木、撒播种草	临时排水沟
	灌溉供水施工生产生活区	表土剥离、回覆▲、复垦▲、土地整治	种灌木、撒播种草	临时排水沟
灌溉供水工程区	灌溉及供水渠道占地区			临时拦挡
	灌溉渠道倒虹吸占地区			临时拦挡
道路防治区	枢纽区永久道路		种树、种灌木	临时排水沟、临时拦挡
	枢纽区临时道路	表土剥离、回覆▲、复垦▲、土地整治	种灌木、撒播种草	临时排水沟、临时拦挡
	灌溉供水工程区临时道路	表土剥离、回覆▲、复垦▲、土地整治	种灌木、撒播种草	临时排水沟、临时拦挡
料场	枢纽区石料场	表土剥离、回覆	种灌木、撒播种草	临时拦挡 临时排水沟
弃渣场	枢纽工程弃渣场	表土剥离、回覆▲、复垦▲、表土剥离、挡渣墙、浆砌石排水沟、浆砌石截水沟、沉沙池、覆土	种灌木、种草	表土临时覆盖、临时拦挡、临时排水沟
	灌溉供水工程弃渣场	表土剥离、回覆▲、复垦▲、表土剥离、挡渣墙、浆砌石排水沟、浆砌石截水沟、沉沙池、覆土	种灌木、种草	表土临时覆盖、临时拦挡、临时排水沟

注:表中标"▲"的为主体设计中已有的具有水保功能的措施。

注：图中标“▲”的为主体设计中已有的具有水保功能的措施。

图 8-1 水土保持防治措施体系图

8.3 分区防治措施布设及典型设计

8.3.1 枢纽工程区

8.3.1.1 大坝工程区

1. 植物措施

工程名称:绿化。

措施名称:乔灌草混交绿化。

工程位置:大坝管理区旁空闲地。

工程等级:根据《水利水电工程水土保持技术规范》(SL 575—2012)规定,本工程挡水大坝、泄洪建筑物、取水建筑物等建筑物级别为 4 级;次要建筑物为 5 级。绿化工程定位 3 级,要求满足水土保持和生态保护要求,执行生态公益林绿化标准。

设计内容:在大坝管理区空闲地种树绿化,种植 2 排。种植密度:株行距为 3 m,树种为香樟,苗木规格:胸径为 2 ~ 3 cm,截干高度 2 m。整地方式为穴状整地,规格 60 cm × 60 cm。周边种植灌木,株行距为 1 m × 1 m,树种选用金叶女贞,选择一年生裸根苗,雨季种植,穴状整地,穴长、宽、深均为 30 cm。种草方式为撒播,采用狗牙根、三叶草混合播种,种植密度为 42 kg/hm^2。工程量:共需种植香樟 353 株、金叶女贞 705 株,撒播种草 0.21 hm^2。

2. 临时措施

工程名称:临时排水。

措施名称:开挖土排水沟。

工程位置:坝基、坝肩开挖时,临时堆放的土石方处。

设计内容:根据工程施工组织安排,主体工程开挖土石方部分利用于工程填筑,利用石方临时堆放在专门的临时堆土处,临时堆放高度为 3 m,周边开挖顶宽 0.3 m,底宽 0.2 m,深 0.2 m 的土排水沟用于临时排水,土排水沟长度为 724 m。临时排水沟断面图见图 8-2,措施工程量见表 8-3。

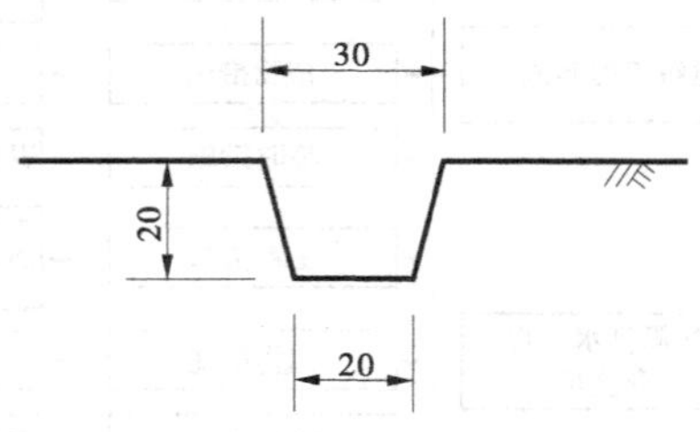

图 8-2 临时排水沟断面图 (单位:cm)

表 8-3　大坝枢纽及其管理范围工程区水土保持防护措施工程量

序号	防治区	措施		工程	单位	工程量
一	枢纽工程区					
1	大坝工程区	临时措施	临时排水	长度	m	724.00
				土方开挖	m^3	36.20
		植物措施	乔木	栽植	株	353
				苗木	株	370
			金叶女贞	栽植	株	705
				苗木	株	740
			狗牙根	栽植	m^2	2 115.00
				草种	kg	8.88

8.3.1.2　施工导截流工程区

本方案在该区无新增措施。

8.3.2　灌溉、供水工程防治区

8.3.2.1　供水及灌溉渠道工程区

工程名称:临时拦挡。

措施名称:袋装土临时拦挡。

工程位置:在施工的临时堆渣区域。

设计内容:根据工程施工组织安排,灌溉渠道沿山体开挖,需在施工期间对开挖产生的未能及时运走的弃渣采取临时拦挡措施,拦挡采用袋装土进行拦挡,先将编织袋土袋布设在临时堆土料的四周,将土袋按照 4 层摆放,土袋堆高 1 m,厚度为 0.5 m,单位长度体积为 0.5 m^3,土袋应相互垂直布置,底层袋装土应垂直于堆土坡面线放置,第二层平行于坡面线放置。编织袋土规格为长 0.8 m,宽 0.5 m,高 0.25 m,土源直接取用开挖料,土袋施工完毕后回收利用。经计算,需布置临时袋装土拦挡长度为 3 691.58 m,需袋装土 922.90 m^3。

8.3.2.2　灌溉渠道倒虹吸工程区

工程名称:临时拦挡。

措施名称:袋装土临时拦挡。

工程位置:在施工的临时堆渣区域。

设计内容:根据工程施工组织安排,需在施工期间对开挖产生的未能及时运走的弃渣采取临时拦挡措施,拦挡采用袋装土进行拦挡,先将编织袋土袋布设在临时堆土料的四周,将土袋按照 4 层摆放,土袋堆高 1 m,厚度为 0.5 m,单位长度体积为 0.5 m^3,土袋应相互垂直布置,底层袋装土应垂直于堆土坡面线放置,第二层平行于坡面线放置。编织袋土规格为长 0.8 m、宽 0.5 m、高 0.25 m,土源直接取用开挖料,土袋施工完毕后回收利用。经计算,需布置临时袋装土拦挡长度为 171.19 m,需袋装土 42.80 m^3。

灌溉、供水工程防治区水土保持防护措施工程量见表8-4。

表8-4 灌溉、供水工程防治区水土保持防护措施工程量

二	灌溉、供水工程区					
1	渠道及灌溉工程占地区	临时措施	临时拦挡	长度	m	3 691.58
				袋装土	m^3	922.90
2	灌溉渠道倒虹吸占地区	临时措施	临时拦挡	长度	m	171.19
				袋装土	m^3	42.80

8.3.3 道路防治区

由于是线性工程，其设计范围较广，且项目区山高坡陡，施工道路主要由半挖半填形成路基，施工道路的修建势必对原地貌造成扰动破坏，增加新的挖填裸露坡面，遇到强降雨条件下，容易造成水土流失。由于设计深度的原因，本阶段主体工程尚未对道路提出具体的设计，本方案只能对下阶段的设计和施工提出水土保持要求，并初步拟定其水土保持植物措施。

8.3.3.1 设计及施工要求

1.设计要求

主体设计中施工应布置截排水措施和拦挡措施。

截排水措施：永久施工道路沿线应设置浆砌石排水边沟，对于岩石地段边沟断面可采用矩形断面，土质地段可采用梯形断面。根据与施工道路交叉支沟的流量，设计相应的桥梁和涵洞。对于上游汇水面积较大的路段，需在开挖边沟上游设置截水沟，防止坡面径流冲蚀坡面造成水土流失。根据以往同类工程经验，截排水措施是施工道路建设不可或缺的一部分，截排水措施的投资也包含在施工道路建设投资中，本阶段由于设计深度的原因，施工道路仅进行了线路布局设计，尚未具体到结构设计，因此截排水及沉沙措施断面设计在下阶段主体工程设计中一并考虑。

拦挡措施：根据沿线的地形地貌条件，路基以挖方和半挖半填为主，部分地形、地质条件较复杂的路段需要设置路堑、路基挡土墙，临时道路回填的下边坡需要采用袋装土临时拦挡。根据以往同类工程经验，路堑、路基挡土墙、临时袋装土拦挡等拦挡措施是施工道路建设不可或缺的一部分，拦挡措施的投资也包含在施工道路建设投资中，本阶段由于设计深度的原因，施工道路主要进行了线路布局设计，尚未具体到结构设计，因此路堑、路基挡土墙和临时袋装土拦挡措施的具体布置位置、断面设计等在下阶段需根据地形地质条件，在主体设计中一并考虑。

2.施工要求

(1)填方路段的施工要求。

项目区内山地坡度较大，土石方量较大，因此在填筑前要求先在道路外侧采取拦挡措施，对填方部位要及时进行碾压，坡面要填到稳定边坡，危险路段设置路基挡土墙，在维护路基稳定的同时，防止在施工过程中发生剧烈水土流失。

(2)挖方路段的施工要求。

开挖前,根据开挖路段上游汇水面积情况,在施工道路开挖部位上方设置截水沟。开挖按照不同的地质条件,设置不同的开挖边坡。土质开挖边坡比控制为1∶1.5～1∶2,岩石边坡的开挖坡比控制为1∶0.75～1∶1,以保证边坡的安全稳定。除开挖边坡开挖到稳定边坡外,需要对开挖坡面进行护坡,危险路段设置路堑挡土墙。

(3)根据其他工程的建设经验,在山区的交通道路往往容易引起严重的水土流失。其施工应尽量避免在雨季施工,开挖弃方应随挖随运,严格执行先挡后弃或先挡后填的原则。

8.3.3.2 枢纽永久道路区

1.植物措施

(1)措施名称:永久道路行道树。

工程位置:枢纽区永久道路两侧。

设计内容:在永久道路修建完毕后,在道路两侧种植乔木+灌木方式绿化,乔木树种推荐香樟和泡桐,规格:胸径2～3 cm,种植密度为:道路两侧各种植一行,株距3 m,整地方式:60 cm×60 cm穴状整地;灌木树种推荐紫穗槐,种植密度为:道路两侧各种植一行,株距为1.5 m,选择一年生裸根苗,雨季种植,穴状整地,穴长、宽、深均为30 cm。经计算,共种植乔木3 333株、灌木6 667株。

(2)措施名称:喷播植草护坡。

工程位置:永久道路挖方边坡。

设计内容:采用喷播机对永久道路的开挖边坡进行喷播植草,由于本阶段道路具体布置方案尚未明确,对该部分工程量进行估算,初步估算需喷播植草0.14 hm^2。

(3)措施名称:撒播种草护坡。

工程位置:永久及临时道路填方边坡。

设计内容:采用喷播机对永久道路的填方边坡进行喷播植草,由于本阶段道路具体布置方案尚未明确,对该部分工程量进行估算,种草方式为撒播,采用狗牙根、三叶草混合播种,种植密度为42 kg/hm^2,初步估算需撒播种草0.16 hm^2。

2.临时措施

工程名称:临时拦挡。

措施名称:袋装土临时拦挡。

工程位置:永久填方边坡或道路下游侧。

设计内容:施工道路位于山丘区,施工初期挖填量较大,遇雨天极易形成水土流失,可能影响下游农田及道路自身的安全,因此本方案考虑在施工初期利用开挖料装袋对置于填方边坡或道路下游侧做临时拦挡。先将编织袋土袋布设在永久及临时施工道路填方边坡或道路下游侧,将土袋按照4层摆放,土袋堆高1 m,厚度为0.5 m,单位长度体积为0.5 m^3,土袋应相互垂直布置,底层袋装土应垂直于堆土坡面线放置,第二层平行于坡面线放置。编织袋土规格为长0.8 m、宽0.5 m、高0.25 m,土源直接取用开挖料,土袋施工完毕后回收利用。由于本阶段道路具体布置方案尚未明确,对该部分工程量进行估算,共需临时袋装土拦挡136 m,需袋装土68 m^3。

8.3.3.3 枢纽临时道路区

1. 工程措施

工程名称:土地整治。

工程位置:枢纽区临时道路临时道路。

设计内容:在临时道路使用完毕后,进行场地平整,使临时道路区地表尽可能多与四周地面平顺,对地面进行翻耕,翻耕厚度30 cm。工程量:共需整治土地10.88 hm^2。

2. 植物措施

(1)措施名称:喷播植草护坡。

工程位置:枢纽临时道路挖方边坡。

设计内容:采用喷播机对临时道路的开挖边坡进行喷播植草,由于本阶段道路具体布置方案尚未明确,对该部分工程量进行估算,初步估算需喷播植草0.65 hm^2。

(2)措施名称:撒播种草护坡。

工程位置:枢纽临时道路填方边坡。

设计内容:采用喷播机对临时道路的填方边坡进行喷播植草,由于本阶段道路具体布置方案尚未明确,对该部分工程量进行估算,种草方式为撒播,采用狗牙根、三叶草混合播种,种植密度为42 kg/hm^2,初步估算需撒播种草0.75 hm^2。

(3)措施名称:临时占地绿化。

工程位置:枢纽区临时道路。

设计内容:在临时道路使用完毕,土地整治以后,采用灌木+撒播种草的方式绿化,灌木树种推荐紫穗槐,种植密度为:株行距为1 m×1 m,选择一年生裸根苗,雨季种植,穴状整地,穴长、宽、深均为30 cm。种草方式为撒播,采用狗牙根、三叶草混合播种,种植密度为42 kg/hm^2。经计算,共种植灌木72 533株,撒播种草10.88 hm^2。

3. 临时措施

(1)工程名称:临时排水。

措施名称:开挖土排水沟。

工程位置:枢纽临时施工道路临坡侧。

设计内容:根据工程施工组织安排,在临时施工道路临坡侧需修建临时截排水沟来避免施工期间上游来水对临时道路的冲刷,临时土截、排水沟尺寸为顶宽0.3 m,底宽0.2 m,深0.2 m,需开挖土排水沟7 170 m,土方开挖358.50 m^3,排水沟断面图见图8-2。

(2)工程名称:临时拦挡。

措施名称:袋装土临时拦挡。

工程位置:枢纽临时施工道路填方边坡或道路下游侧。

设计内容:施工道路位于山丘区,施工初期挖填量较大,遇雨天极易形成水土流失,可能影响下游农田及道路自身的安全,因此本方案考虑在施工初期利用开挖料装袋对置于填方边坡或道路下游侧做临时拦挡。先将编织袋土袋布设在永久及临时施工道路填方边坡或道路下游侧,将土袋按照4层摆放,土袋堆高1 m,厚度为0.5 m,单位长度体积为0.5 m^3,土袋应相互垂直布置,底层袋装土应垂直于堆土坡面线放置,第二层平行于坡面线放置。编织袋土规格为长0.8 m、宽0.5 m、高0.25 m,土源直接取用开挖料,土袋施工完毕后回收利用。由于本阶段道路具体布置方案尚未明确,对该部分工程量进行估算,共需临时袋装土拦挡 520 m,需袋装土 260 m^3。

8.3.3.4 灌溉供水工程临时道路区

1. 工程措施

工程名称:土地整治。

工程位置:灌溉供水工程区临时道路临时道路。

设计内容:在临时道路使用完毕后,进行场地平整,使临时道路区地表尽可能多与四周地面平顺,对地面进行翻耕,翻耕厚度 30 cm。工程量:共需整治土地 10.00 hm^2。

2. 植物措施

(1)措施名称:喷播植草护坡。

工程位置:灌溉供水工程临时道路挖方边坡。

设计内容:采用喷播机对临时道路的开挖边坡进行喷播植草,由于本阶段道路具体布置方案尚未明确,对该部分工程量进行估算,初步估算需喷播植草 0.62 hm^2。

(2)措施名称:撒播种草护坡。

工程位置:灌溉供水工程临时道路填方边坡。

设计内容:采用喷播机对临时道路的填方边坡进行喷播植草,由于本阶段道路具体布置方案尚未明确,对该部分工程量进行估算,种草方式为撒播,采用狗牙根、三叶草混合播种,种植密度为 42 kg/hm^2,初步估算需撒播种草 0.71 hm^2。

(3)措施名称:临时占地绿化。

工程位置:灌溉供水工程临时道路。

设计内容:在临时道路使用完毕,土地整治以后,采用灌木 + 撒播种草的方式绿化,灌木树种推荐紫穗槐,种植密度为:株行距为 1 m×1 m,选择一年生裸根苗,雨季种植,穴状整地,穴长、宽、深均为 30 cm。种草方式为撒播,采用狗牙根、三叶草混合播种,种植密度为 42 kg/hm^2。经计算,共种植灌木 66 667 株,撒播种草 10.00 hm^2。

3. 临时措施

(1)工程名称:临时排水。

措施名称:开挖土排水沟。

工程位置:灌溉供水工程临时施工道路临坡侧。

设计内容:根据工程施工组织安排,在临时施工道路临坡侧需修建临时截排水沟来避免施工期间上游来水对临时道路的冲刷,临时土截、排水沟尺寸为顶宽 0.3 m,底宽 0.2 m,深 0.2 m,需开挖土排水沟 10 000 m,土方开挖 500.00 m^3,排水沟断面图见图 8-2。

(2)工程名称:临时拦挡。

措施名称:袋装土临时拦挡。

工程位置:灌溉供水工程临时施工道路填方边坡或道路下游侧。

设计内容:施工道路位于山丘区,施工初期挖填量较大,遇雨天极易形成水土流失,可能影响下游农田及道路自身的安全,因此本方案考虑在施工初期利用开挖料装袋对置于填方边坡或道路下游侧做临时拦挡。先将编织袋土袋布设在永久及临时施工道路填方边坡或道路下游侧,将土袋按照 4 层摆放,土袋堆高 1 m,厚度为 0.5 m,单位长度体积为 0.5 m^3,土袋应相互垂直布置,底层袋装土应垂直于堆土坡面线放置,第二层平行于坡面线放置。编织袋土规格为长 0.8 m、宽 0.5 m、高 0.25 m,土源直接取用开挖料,土袋施工完毕后回收利用。由于本阶段道路具体布置方案尚未明确，对该部分工程量进行估算，共需临时袋装土拦挡500 m，需袋装土250 m^3。

道路防治区水土保持防护措施工程量见表8-5。

表8-5 道路防治区水土保持防护措施工程量

三	道路防治区					
1	枢纽内永久道路	植物措施	乔木	栽植	株	3 333
				苗木	株	3 500
			紫穗槐	栽植	株	6 667
				苗木	株	7 000
			喷播植草护坡	面积	m^2	1 410.00
			撒播种草护坡	撒播面积	m^2	1 620.00
				草籽质量	kg	6.80
		临时措施	临时拦挡	长度	m	136.00
				袋装土	m^3	68.00
2	枢纽临时道路区	工程措施	土地整治	面积	m^2	108 800.00
		植物措施	紫穗槐	栽植	株	72 533
				苗木	株	76 160
			种草	撒播面积	m^2	108 800.00
				草籽质量	kg	456.96
		临时措施	临时排水	长度	m	7 170.00
				土方开挖	m^3	1 434.00
			临时拦挡	长度	m	520.00
				袋装土	m^3	260.00
3	灌溉工程临时道路区	工程措施	土地整治	面积	m^2	100 000.00
		植物措施	紫穗槐	栽植	株	66 667
				苗木	株	70 000
			种草	撒播面积	m^2	100 000.00
				草籽质量	kg	420.00
		临时措施	临时排水	长度	m	10 000.00
				土方开挖	m^3	2 000.00
			临时拦挡	长度	m	500.00
				袋装土	m^3	250.00

8.3.4 料场防治区

8.3.4.1 工程措施

工程名称:表土利用。

措施名称:表土剥离及回覆。

工程位置:石料场。

设计内容:在石料场开采施工前,将表层耕植土进行剥离,并集中堆放,以作后期绿化用土。剥离厚度 30 cm。施工结束后将表土回覆石料场表面,共剥离及回覆表土 0.59 万 m^3。

8.3.4.2 植物措施

工程名称:绿化。

措施名称:灌草混交绿化。

工程位置:石料场。

工程等级:石料场为临时占用的料场,根据《水利水电工程水土保持技术规范》(SL 575—2012)规定,植被恢复工程定位3级,要求满足水土保持和生态保护要求,执行生态公益林绿化标准。

设计内容:在石料场开采使用完毕后,采用灌木+撒播种草的方式绿化,灌木树种推荐紫穗槐,种植密度为:株行距为 1 m×1 m,选择一年生裸根苗,雨季种植,穴状整地,穴长、宽、深均为 30 cm。种草方式为撒播,采用狗牙根、三叶草混合播种,种植密度为 42 kg/hm^2。经计算,共种植灌木 10 845 株,撒播种草 2.44 hm^2。

8.3.4.3 临时措施

(1)工程名称:临时截、排水沟。

措施名称:开挖土排水沟。

工程位置:石料场周边以及表土临时堆放处。

设计内容:石料场位于山顶,汇水面积很小,且占地类型为临时占地,石料场周边采用临时截水沟来接引石料场内的地表汇水。根据工程施工组织安排,在临时堆料处周边需修建临时截排水沟来避免施工期间上游来水对临时堆放表土的冲刷,周边开挖顶宽 0.3 m、底宽 0.2 m、深 0.2 m 的土排水沟用于临时排水,需开挖土排水沟 1 560 m,土方开挖 78 m^3,排水沟断面图见图 8-2。

(2)工程名称:临时拦挡。

措施名称:袋装土拦挡。

工程位置:表土堆放区。

设计内容:石料场剥离的表土临时堆放在专门的临时堆土处,临时堆放高度为 3 m,采用袋装土进行拦挡,先将编织袋土袋布设在临时堆土料的四周,将土袋按照二层摆放,单位长度体积为 0.25 m^3,土袋应相互垂直布置,底层袋装土应垂直于堆土坡面线放置;第二层平行于坡面线放置。编织袋土规格为长 0.8 m、宽 0.5 m、高 0.25 m,土源直接取用临时堆土,土袋施工完毕后回收利用。经估算,需填筑袋装土 99.40 m^3。典型设计见图 8-3。

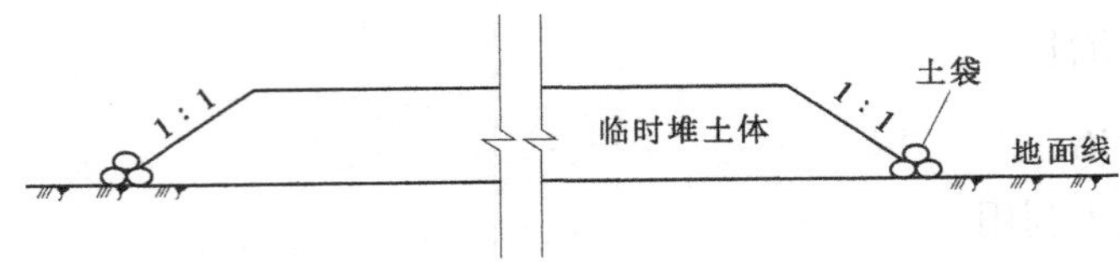

图 8-3 袋装土临时拦挡设计图

料场防治区水土保持防护措施工程量见表 8-6。

表 8-6 料场防治区水土保持防护措施工程量

<table>
<tr><td>四</td><td colspan="6">料场</td></tr>
<tr><td rowspan="10">1</td><td rowspan="10">枢纽石料场</td><td rowspan="2">工程措施</td><td>表土剥离</td><td>方量</td><td>m^3</td><td>5 880.00</td></tr>
<tr><td>表土覆盖</td><td>方量</td><td>m^3</td><td>5 880.00</td></tr>
<tr><td rowspan="4">植物措施</td><td rowspan="2">紫穗槐</td><td>栽植</td><td>株</td><td>10 845</td></tr>
<tr><td>苗木</td><td>株</td><td>11 388</td></tr>
<tr><td rowspan="2">种草</td><td>栽植</td><td>m^2</td><td>32 536.00</td></tr>
<tr><td>草种</td><td>kg</td><td>136.65</td></tr>
<tr><td rowspan="4">临时措施</td><td rowspan="2">临时排水</td><td>长度</td><td>m</td><td>1 560.00</td></tr>
<tr><td>土方开挖</td><td>m^3</td><td>78.00</td></tr>
<tr><td rowspan="2">临时拦挡</td><td>长度</td><td>m</td><td>397.60</td></tr>
<tr><td>袋装土</td><td>m^3</td><td>99.40</td></tr>
</table>

8.3.5 施工生产生活防治区

8.3.5.1 枢纽施工生产生活区

1. 工程措施

工程名称：土地整治。

工程位置：枢纽区施工区及生活区。

设计内容：施工生产生活区使用结束后，进行场地平整，使该区地表尽可能多与四周地面平顺，对地面进行翻耕，翻耕厚度 30 cm。工程量：共需整治土地 3.62 hm^2。

2. 植物措施

工程名称：绿化。

措施名称：灌草混交绿化。

工程位置：枢纽施工区及生活区。

工程等级：施工生产生活区绿化，根据《水利水电工程水土保持技术规范》（SL 575—2012）规定，植被恢复工程定位 3 级，要求满足水土保持和生态保护要求，执行生态公益林绿化标准。

设计内容：在施工生产生活区使用结束后，采用灌木＋撒播种草的方式绿化，灌木树种推荐紫穗槐，种植密度为：株行距为 1 m×1 m，选择一年生裸根苗，雨季种植，穴状整地，穴长、宽、深均为 30 cm。种草方式为撒播，采用狗牙根、三叶草混合播种，种植密度为 42 kg/hm^2。经计算，共种植灌木 12 067 株，撒播种草 3.62 hm^2。

3. 临时措施

工程名称：临时排水。

措施名称：开挖土排水沟。

工程位置：枢纽施工区及生活区。

设计内容：根据工程施工组织安排，在枢纽区和灌溉、供水工程区的施工区及生活区需修建临时截排水沟来避免施工期间周边来水对施工生产生活区的冲刷，临时土截、排水沟尺寸为顶宽 0.3 m，底宽 0.2 m，深 0.2 m，需开挖土排水沟 5 340 m，土方开挖 271.50 m^3，排水沟断面图见图 8-2。

8.3.5.2 业主营地区

1. 工程措施

工程名称：浆砌石排水沟。

工程位置：业主营地区。

设计内容：业主营地区需修建浆砌石排水沟对营地内的地面积水进行排放，因此需要的断面尺寸不大。排水沟采用矩形断面，底宽 0.3 m，高 0.3 m，浆砌石衬砌厚度为 0.3 m，采用 M10 砂浆抹面，厚度为 2 cm，排水沟长约 132 m，需土方开挖 71.28 m^3，浆砌石填筑 59.40 m^3，M10 砂浆抹面 118.80 m^2。业主营地区浆砌石排水沟断面见图 8-4。

2. 植物措施

业主营地区的水土保持防护措施主要是对空闲地进行绿化美化。

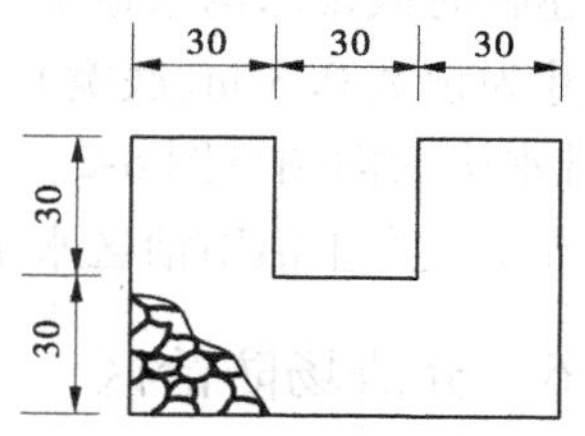

图 8-4 业主营地区浆砌石排水沟断面图 （单位：cm）

工程名称：业主营地区的绿化工程。

措施名称：乔灌草混交园林式绿化。

工程位置：业主营地区的空闲地内。

工程等级：清渡河水库工程主要建筑物级别为 4 级，根据《水利水电工程水土保持技术规范》（SL 575—2012）规定，对于工程永久办公区植被恢复级别可以提高一级，因此业主营地区的绿化工程定位 1 级。绿化设计应充分考虑景观要求，选用当地的园林树种和草种配置。

设计内容：种植香樟，苗木规格为苗高 2 m 以上，胸径 2～3 cm；整地方式为穴状整地，规格 60 cm×60 cm。种植月季，大叶黄杨，整地方式为穴状整地，规格 30 cm×30 cm。撒播种草，种草方式为撒播，采用三叶草播种，种植密度为 42 kg/hm^2。

经计算，共需种植香樟 157 棵，种植月季 310 株，种植大叶黄杨 462 株。撒播种草 879 m^2。

8.3.5.3 灌溉供水工程施工生产生活区

1. 工程措施

工程名称：土地整治。

工程位置：灌溉、供水工程区的施工区及生活区。

设计内容：施工生产生活区使用结束后，进行场地平整，使该区地表尽可能多与四周地面平顺，对地面进行翻耕，翻耕厚度 30 cm。工程量：共需整治土地 2.48 hm^2。

2. 植物措施

工程名称：绿化。

措施名称：灌草混交绿化。

工程位置：灌溉、供水工程区的施工区及生活区。

工程等级：施工生产生活区绿化，根据《水利水电工程水土保持技术规范》（SL 575—2012）规定，植被恢复工程定位 3 级，要求满足水土保持和生态保护要求，执行生态公益林绿化标准。

设计内容：在施工生产生活区使用结束后，采用灌木 + 撒播种草的方式绿化，灌木树种推荐紫穗槐，种植密度为：株行距为 1 m × 1 m，选择一年生裸根苗，雨季种植，穴状整地，穴长、宽、深均为 30 cm。种草方式为撒播，采用狗牙根、三叶草混合播种，种植密度为 42 kg/hm^2。经计算，共种植灌木 20 333 株，撒播种草 6.1 hm^2。

3. 临时措施

工程名称：临时排水。

措施名称：开挖土排水沟。

工程位置：灌溉、供水工程区的施工区及生活区。

设计内容：根据工程施工组织安排，在枢纽区和灌溉、供水工程区的施工区及生活区需修建临时截排水沟来避免施工期间周边来水对施工生产生活区的冲刷，临时土截、排水沟尺寸为顶宽 0.3 m、底宽 0.2 m、深 0.2 m，需开挖土排水沟 8 540 m，土方开挖 427.00 m^3，排水沟断面图见图 8-2。

施工生产生活防治区水土保持防护措施工程量见表 8-7。

8.3.6 弃渣场防治区

8.3.6.1 弃渣场工程措施计算与分析

弃渣场区是水土流失防治的重点区域，渣场类型分为沟道型和坡地型，弃渣场堆渣量均小于 50 万 m^3，但堆渣高度均大于 20 m，所以将本工程 12 个弃渣场均定为 4 级弃渣场。弃渣类型为土石混合型弃渣，以石方为主，最大堆高为 25 ~ 45 m，根据《水利水电工程水土保持技术规范》（SL 575—2012）规定，弃渣堆渣高度 40 m 以上，应分台阶堆置，堆置台阶高度取 20 m，马道宽 1.5 m；弃渣类型以碎石土为主，自然安息角为 1∶1.38 ~ 1∶1.07，对于 4 级渣场，渣场坡度不大于弃渣堆置自然安息角除以渣体正常工况时的安全系数。4 级渣场正常工况安全系数为 1.2。经计算，渣场的边坡为 1.15 ~ 0.89，弃渣场弃渣边坡取 1∶2，不大于 1∶（1.15 ~ 0.89）。

依照《水利水电工程水土保持技术规范》（SL 575—2012）规定，该区水土保持工程的设计防洪标准为 20 年一遇，弃渣场边坡稳定采用简化毕肖普法，边坡稳定安全系数正常运用工况应不小于 1.2，非常工况下不小于 1.05。弃渣场特性见表 8-8。

表 8-7　施工生产生活防治区水土保持防护措施工程量

五	施工生产生活区					
1	枢纽施工生产生活区	工程措施	土地整治	面积	m^2	36 200.00
		植物措施	紫穗槐	栽植	株	12 067
				苗木	株	12 670
			种草	撒播面积	m^2	36 200.00
				草籽质量	kg	152.04
		临时措施	临时排水	长度	m	5 430.00
				土方开挖	m^3	271.50
2	业主管理营地	工程措施	浆砌石排水沟	长度	m	132.00
				土方开挖	m^3	71.28
				浆砌石	m^3	59.40
				砂浆抹面	m^2	118.80
		植物措施	月季	栽植	株	310
				苗木	株	326
			大叶黄杨	栽植	株	462
				苗木	株	485
			香樟	栽植	株	157
				苗木	株	165
			撒播种草	撒播面积	m^2	897.00
				草籽质量	kg	3.77
3	灌溉供水工程施工生产区	工程措施	土地整治	面积	m^2	24 800
		植物措施	紫穗槐	栽植	株	20 333
				苗木	株	21 350
			种草	撒播面积	m^2	61 000
				草籽质量	kg	256.20
		临时措施	临时排水	长度	m	8 540
				土方开挖	m^3	427.00

表 8-8　弃渣场特性

名称		占地（hm^2）	弃方量（万 m^3）	堆高（m）	渣场类型	弃渣场级别	边坡	分级
枢纽工程弃渣场(1 号弃渣场)		4.00	31.54	40	沟道型	4	1:2	3
渠道工程	渠道工程(2 号弃渣场)	2.77	3.47	16	沟道型	4	1:2	1
	后山沟倒虹吸工程(3 号弃渣场)	2.27	2.60	15	坡地型	4	1:2	1
	田家倒虹吸工程(4 号弃渣场)	2.34	2.67	17	沟道型	4	1:2	1
	青岗坪倒虹吸工程(5 号弃渣场)	1.83	2.16	15	坡地型	4	1:2	1
	曾家坳倒虹吸工程(6 号弃渣场)	2.50	2.96	18	沟道型	4	1:2	1
	雁水村倒虹吸工程(7 号弃渣场)	2.45	2.48	18	沟道型	4	1:2	1
	茅草坪倒虹吸工程(8 号弃渣场)	2.79	1.98	17	沟道型	4	1:2	1
	渠道工程(9 号弃渣场)	1.57	1.87	19	沟道型	4	1:2	1
	罗场镇调节水池(10 号弃渣场)	2.02	2.98	17	坡地型	4	1:2	1
	新寨乡调节水池(11 号弃渣场)	1.88	1.49	15	沟道型	4	1:2	1
	缠溪镇调节水池(12 号弃渣场)	2.22	2.97	18	坡地型	4	1:2	1

1. 边坡稳定

1）弃渣边坡稳定分析

边坡稳定性可采用下式进行分析：

$$K = \frac{\tan\varphi}{\tan\alpha} + \frac{4C}{\gamma h \sin 2\alpha}$$

式中　K——稳定安全系数；

φ——堆积体内摩擦角，本工程弃渣大部分是石渣，而且多为角砾状碎石和大块石，根据《水工设计手册》第二卷表 6-3-8 可知，其内摩擦角（或堆放角）均大于 40°，计算时取内摩擦角为 40°；

α——软弱滑裂面 AB 的倾角，分析中与设计边坡一致，为 26.6°；

γ——坡面倾角，$\gamma = \alpha$；

h——滑动体滑面 AB 上岩体高度，$h = 0$；

C——岩体滑动面上的凝聚力，本工程弃渣性质以石渣为主，取 $C = 0.12$。

根据上述边坡稳定计算公式进行边坡稳定分析。计算结果为 1.68，边坡稳定系数大于 1.2，说明弃渣场边坡坡度满足边坡稳定要求。

2）护坡设计

从弃渣场边坡稳定分析计算结果，渣场均为稳定边坡，但是考虑到弃渣属于松散堆体，受重力影响及径流冲刷易造成水土流失，因此必须采取护坡。

1 号弃渣场采取分级堆放，每 20 m 为一级，修建马道，渣场坡比均为 1:2，渣场边坡稳定，渣场表面设置菱形混凝土网格，网格中间撒播草籽，渣场下游设置挡渣墙，防止弃渣流失对下游造成危害。其余渣场采用植物护坡，撒播种草，渣场下游设置挡渣墙，防止弃渣流失对下游造成危害。

灌溉供水工程弃渣场堆渣高度较低，不用进行分级，渣场坡比均为 1∶2，渣场边坡稳定，护坡采用撒播草籽护坡。

2. 弃渣场截、排水沟设计

本工程弃渣场周边汇水面积很小，仅需在渣场周边设置截水沟，并将截水沟接至沉沙池后然后接至下游河道或者下游公路排水沟。本方案选取枢纽 1 号弃渣场和灌溉供水渠道工程的 10 号弃渣场进行排水典型设计。

1）降雨量确定

根据《水利水电工程水土保持技术规范》（SL 575—2012）规定，本工程的防洪标准应为：设计洪水重现期 20～30 年，其中截水沟按下限设计，取为 20 年。

经查《贵州省暴雨洪水计算实用手册》，取用《贵州省年最大 1 h 点雨量均值等值线图》、《贵州省年最大 1 小时点雨量 C_v 值等值线图》，得项目地 1 h 平均点雨量为 47 mm，$C_v = 0.42$，$C_s = 3.5C_v$，取 $P = 5\%$，查《皮尔逊Ⅲ型频率曲线的模比系数 K_p 值表》得 $K_p = 1.817$，由此计算得 20 年一遇最大 1 h 降雨量为 85 mm。

2）洪峰流量

采用经验公式：

$$Q_s = 0.278kIF$$

式中 Q_s——洪峰流量；

k——径流系数，取 0.8；

I——20 年一遇最大 1 h 降雨量；

F——山坡集水面积，根据地形图计算。

经计算，排水沟设计洪峰流量见表 8-9。

表 8-9 排水沟设计洪峰流量

截水沟名称	集雨面积（km^2）	洪峰流量（m^3/s）	流量分配系数	设计洪峰流量（m^3/s）	防洪标准
1 号弃渣场截水沟	0.15	0.79	1	0.79	20 年一遇
10 号弃渣场截水沟	0.05	0.27	1	0.27	20 年一遇

3）水力学计算

（1）计算假定。

断面形式：梯形断面；边坡系数：$m = 0.5$；沟道纵坡：$i = 5\%$。

（2）过水能力计算。

过水能力按下式计算：

$$Q = CA\sqrt{Ri}$$

式中 A——过水断面面积；

R——水力半径，$R = A/\chi$；

χ——湿周；

C——谢才系数，$C=\frac{1}{n}R^{1/6}$；

n——糙率，取 $n=0.018$；

i——渠道纵坡，$i=5\%$。

截水沟水力计算表见表 8-10。

表 8-10　截水沟水力计算表

截水沟名称	设计洪峰流量 (m^3/s)	截排水沟过水断面	水力要素				过水能力 (m^3/s)
			A	χ	R	C	
1 号弃渣场截水沟	0.79	$b_{底}=0.5$ m，$h=0.45$ m	0.23	1.40	0.16	40.96	0.83
10 号弃渣场截水沟	0.27	$b_{底}=0.35$ m，$h=0.3$ m	0.11	0.95	0.11	38.49	0.30

经计算：过流能力 Q 均满足设计洪峰流量 Q_s 的要求。

考虑沟道安全超高，确定选择矩形断面，1 号弃渣场截水沟断面尺寸为 $b_{底}=0.5$ m，$h=0.5$ m；10 号弃渣场截水沟断面尺寸为 $b_{底}=0.35$ m，$h=0.35$ m。

4）断面选定

根据上述计算结果，选定 1 号弃渣场截水沟断面矩形底宽为 0.5 m，高度为 0.5 m，截排水沟纵坡坡度 $i=5\%$，10 号弃渣场截水沟断面矩形底宽为 0.35 m，高度为 0.35 m，截排水沟纵坡坡度 $i=5\%$。截排水沟采用 M7.5 浆砌块石砌筑，厚度 0.3 m，过水面采用 M10 水泥砂浆抹面，厚度 2 cm。1 号弃渣场截排水沟断面见图 8-5，10 号弃渣场截水沟断面见图 8-6。

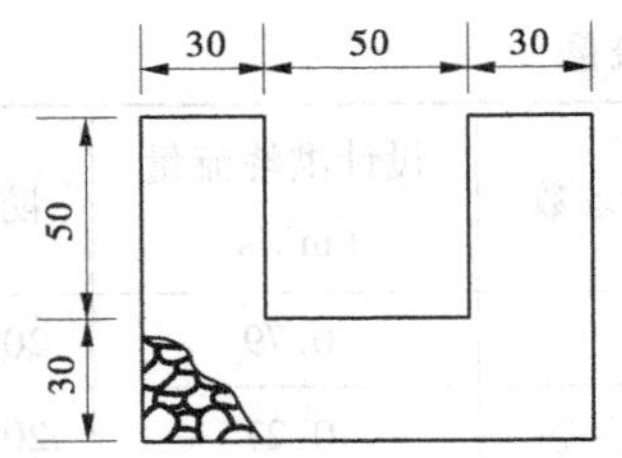

图 8-5　1 号弃渣场截排水沟断面图

（单位：cm）

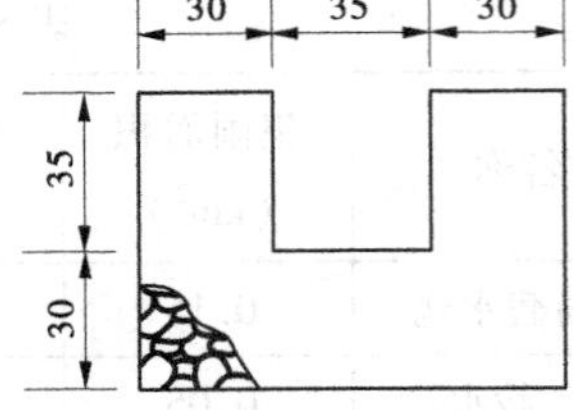

图 8-6　10 号弃渣场截排水沟断面图

（单位：cm）

3. 渣场挡渣墙设计

下游需布设挡渣墙。挡渣墙设计一般先根据经验初步确定尺寸，然后进行抗滑、抗倾和地表承载力验算，当算得墙体稳定时，即为合理尺寸。

1）挡渣墙设计

（1）1 号弃渣场挡渣墙墙体采用重力式结构，墙身、基础均采用 10# 浆砌块石，墙身底宽 2.35 m，顶宽 1 m，墙身高度为 3.5 m，其墙面铅直，墙背俯斜，坡度为 1∶0.25，基础厚 0.5 m，基础向墙身前延伸 0.3 m，向墙身后延伸 0.3 m，为减小挡渣墙渗水压力，挡渣墙墙体设置排水孔，孔径0.05 m，行距、排距为1.5 m，呈梅花形布设，排水孔由里向外倾斜坡度为5%。为避免地基不均匀沉陷而引起墙身开裂，须按墙高和地基性质的变异，设置沉降缝和伸缩缝，每隔10 m设置一道，缝宽3 cm，采用沥青麻丝嵌缝。

挡渣墙断面具体尺寸见图8-7。

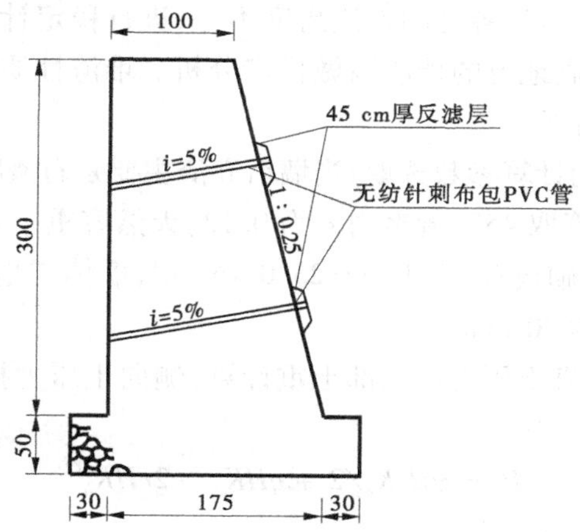

图8-7　挡渣墙断面图　（单位：cm）

(2)10号弃渣场挡渣墙墙体采用重力式结构，墙身、基础均采用10#浆砌块石，墙身底宽1.85 m，顶宽0.75 m，墙身高度为2.5 m，其墙面铅直，墙背俯斜，坡度为1∶0.25，基础厚0.5 m，基础向墙身前延伸0.3 m，向墙身后延伸0.3 m，为减小挡渣墙渗水压力，挡渣墙墙体设置排水孔，孔径0.05 m，行距、排距为1.5 m，呈梅花形布设，排水孔由里向外倾斜坡度为5%。为避免地基不均匀沉陷而引起墙身开裂，须按墙高和地基性质的变异，设置沉降缝和伸缩缝，每隔10 m设置一道，缝宽3 cm，采用沥青麻丝嵌缝。

挡渣墙断面具体尺寸见图8-8。

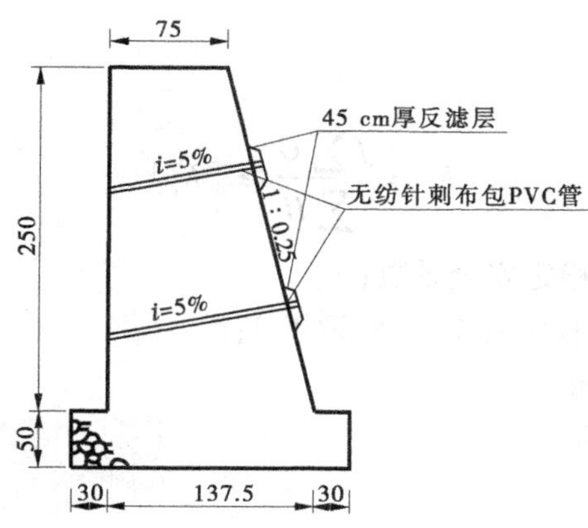

图8-8　挡渣墙断面图　（单位：cm）

2)稳定计算

抗滑稳定验算是为了保证挡渣墙不产生滑动破坏,抗倾稳定验算是为保证挡渣墙不产生绕前趾倾覆而破坏,基底应力验算一般包括两项要求:一是地基应力不超过允许荷载力,以保证地基不出现过大沉陷;二是控制基底应力大小比或基底合力偏心距,以保证挡渣墙不产生前倾变位。弃渣场各处的堆渣高度不一,进行稳定计算时取最不利的情况进行分析,即取堆渣高度最高地方的挡渣墙做稳定分析。堆渣性质相同,选取 1 号和 10 号典型弃渣场的挡墙进行分析。

挡渣墙稳定计算中的计算参数选取:当墙后弃渣主要是石渣时,则弃渣体的内摩擦角 φ 大于45°,为了便于计算取45°,凝聚力 c 为 0.12,天然容重 $\gamma = 17.0\ \mathrm{kN/m^3}$,含水量为 0;挡土墙墙体采用 10#浆砌块石,容重 $\gamma = 23.0\ \mathrm{kN/m^3}$,墙体与地基间摩擦系数 $\mu = 0.5$,基础底面承载力标准值为 90 kPa。

墙后土压力计算:铅直土压力按上部土重计算,侧向土压力按库仑土压力理论计算,计算公式如下:

$$P = \gamma H^2 K_a/2 + qHK_a - 2cHK_a^{1/2}$$

式中 γ——土容重,$\mathrm{kN/m^3}$;

C——土的凝聚力,kPa;

K_a——主动土压力系数,$K_a = \tan^2(45° - \varphi/2)$;

P——基底扬压力,kPa;

φ——土的内摩擦角。

(1)抗倾稳定。

要求挡渣墙在任何不利的荷载组合作用下均不会绕前趾倾覆,且应具有足够的安全系数。计算公式如下:

$$K_0 = 抗倾力矩 / 倾覆力矩 \geqslant [K_0]$$

式中 $[K_0]$——容许的抗倾安全系数,取 1.50。

(2)抗滑稳定。

计算公式如下:

$$K_c = \frac{f\sum G}{\sum H} \geqslant [K_c]$$

式中 K_c——计算的抗滑稳定安全系数;

$[K_c]$——容许抗滑稳定安全系数,取 1.3;

$\sum G$——竖向力之和;

$\sum H$——水平力之和。

(3)地基应力。

$$\sigma_{\min}^{\max} = \frac{\sum G}{A}\left(1 \pm \frac{6e}{B}\right)$$

式中 $\sigma_{\max}$、$\sigma_{\min}$——基底最大和最小压力,kPa;

$\sum G$——竖向力之和,kN;

A——基底面积,m^2;

B——墙底板的高度,m;

e——合力距底板中心点的偏心距,m。

(4)墙底压力的偏心距。

$$e = B/2 - C$$

式中 e——挡渣墙墙底压力的偏心距;

B——挡渣墙墙底宽度,取 3 m;

C——挡渣墙底面上垂直合力作用点与墙前趾之间的距离。

本工程取 $e \leqslant B/4 = 0.75$ m。

(5)稳定验算结果。

①1 号弃渣场的稳定验算结果如下:

计算高度为 3.500 m 处的库仑主动土压力。

按实际墙背计算得到:

第一破裂角 = 24.790°;

$E_a = 43.002 E_x = 36.651 E_y = 22.492$(kN),作用点高度 $Z_y = 1.167$ m。

因为俯斜墙背,需判断第二破裂面是否存在,计算后发现第二破裂面不存在。

墙身截面面积 = 5.181 m^2,重力 = 119.169 kN。

a. 滑动稳定性验算。

基底摩擦系数 = 0.500;

滑移力 = 36.651 kN,抗滑力 = 70.830 kN;

滑移验算满足:$K_c = 1.933 > 1.300$。

b. 倾覆稳定性验算。

相对于墙趾点,墙身重力的力臂 $Z_w = 1.015$ m;

相对于墙趾点,E_y 的力臂 $Z_x = 1.883$ m;

相对于墙趾点,E_x 的力臂 $Z_y = 1.167$ m。

验算挡土墙绕墙趾的倾覆稳定性:

倾覆力矩 = 42.784 kN · m,抗倾覆力矩 = 163.329 kN · m;

倾覆验算满足:$K_0 = 3.817 > 1.500$。

c. 地基应力及偏心距验算。

基础为天然地基,验算墙底偏心距及压应力。

作用于基础底的总竖向力 = 141.660 kN,作用于墙趾下点的总弯矩 = 120.545 kN · m;

基础底面宽度 $B = 2.175$ m,偏心距 $e = 0.237$ m;

基础底面合力作用点距离基础趾点的距离 $Z_n = 0.851$ m;

基底压应力:趾部 = 107.634 kPa,踵部 = 22.628 kPa;

最大应力与最小应力之比 = 107.634/22.628 = 4.757;

作用于基底的合力偏心距验算满足：$e=0.237\leq0.250\times2.175=0.544$(m)；

墙趾处地基承载力验算满足：压应力 =107.634≤600.000(kPa)；

墙踵处地基承载力验算满足：压应力 =22.628≤650.000(kPa)；

地基平均承载力验算满足：压应力 =65.131≤500.000(kPa)。

d. 墙底截面强度验算。

验算截面以上，墙身截面面积 =5.181 m^2，重力 =119.169 kN；

相对于验算截面外边缘，墙身重力的力臂 $Z_w=1.015$ m；

相对于验算截面外边缘，E_y 的力臂 $Z_x=1.883$ m；

相对于验算截面外边缘，E_x 的力臂 $Z_y=1.167$ m。

②10 号弃渣场稳定验算结果如下：

计算高度为 2.500 m 处的库仑主动土压力。

按实际墙背计算得到：

第一破裂角 =27.400°；

$E_a=22.234 E_x=18.950 E_y=11.629$(kN)，作用点高度 $Z_y=0.824$ m。

因为俯斜墙背，需判断第二破裂面是否存在，计算后发现第二破裂面存在：

第二破裂角 =13.953°，第一破裂角 =29.910°；

$E_a=29.166 E_x=15.042 E_y=24.988$(kN)；作用点高度 $Z_y=0.838$ m；

墙身截面面积 =2.806 m^2，重力 =64.544 kN；

墙背与第二破裂面之间土楔重 =0.082 kN，重心坐标为(0.959，-0.833)(相对于墙面坡上角点)。

a. 滑动稳定性验算

基底摩擦系数 =0.500；

滑移力 =15.042 kN，抗滑力 =44.807 kN；

滑移验算满足：$K_c=2.979>1.300$。

b. 倾覆稳定性验算

相对于墙趾点，墙身重力的力臂 $Z_w=0.809$ m；

相对于墙趾点，E_y 的力臂 $Z_x=1.467$ m；

相对于墙趾点，E_x 的力臂 $Z_y=0.838$ m。

验算挡土墙绕墙趾的倾覆稳定性：

倾覆力矩 =12.603 kN·m，抗倾覆力矩 =88.993 kN·m；

倾覆验算满足：$K_0=7.061>1.500$。

c. 地基应力及偏心距验算

基础为天然地基，验算墙底偏心距及压应力。

作用于基础底的总竖向力 =89.613 kN，作用于墙趾下点的总弯矩 =76.390 kN·m；

基础底面宽度 $B=1.675$ m，偏心距 $e=-0.015$ m；

基础底面合力作用点距离基础趾点的距离 $Z_n=0.852$ m；

基底压应力：趾部 =50.637 kPa，踵部 =56.363 kPa；

最大应力与最小应力之比 = 56.363/50.637 = 1.113；

作用于基底的合力偏心距验算满足：$e = -0.015 \leq 0.250 \times 1.675 = 0.419$(m)；

墙趾处地基承载力验算满足：压应力 = 50.637 ≤ 600.000(kPa)；

墙踵处地基承载力验算满足：压应力 = 56.363 ≤ 650.000(kPa)；

地基平均承载力验算满足：压应力 = 53.500 ≤ 500.000(kPa)。

d. 墙底截面强度验算

验算截面以上，墙身截面面积 = 2.806 m^2，重力 = 64.544 kN；

相对于验算截面外边缘，墙身重力的力臂 $Z_w = 0.809$ m；

相对于验算截面外边缘，E_y 的力臂 $Z_x = 1.466$ m；

相对于验算截面外边缘，E_x 的力臂 $Z_y = 0.838$ m。

3）稳定分析结果

经过稳定计算结果，挡渣墙尺寸符合要求。

8.3.6.2 枢纽1号弃渣场水保措施设计

1. 工程措施

（1）工程名称：表土剥离及回覆措施。

措施名称：表土剥离及回覆。

工程位置：1号弃渣场。

设计内容：在弃渣场开始弃渣前，将表层耕植土进行剥离，并集中堆放，以作后期绿化用土。剥离厚度30 cm，施工结束后将表土回覆弃渣场表面及坡面，共剥离及回覆表土1.2万 m^3。

（2）工程名称：弃渣拦挡措施。

措施名称：挡渣墙。

工程位置：1号弃渣场。

设计内容：在弃渣场开始弃渣前，在弃渣场下游修建挡渣墙。弃渣场挡渣墙墙体采用重力式结构，墙身、基础均采用10#浆砌块石，墙身底宽2.35 m，顶宽1 m，墙身高度为3.5 m，其墙面铅直，墙背俯斜，坡度为1∶0.25，基础厚0.5 m，基础向墙身前延伸0.3 m，向墙身后延伸0.3 m，为减小挡渣墙渗水压力，挡渣墙墙体设置排水孔，孔径0.05 m，行距、排距为1.5 m，呈梅花形布设，排水孔由里向外倾斜坡度为5%。为避免地基不均匀沉陷而引起墙身开裂，须按墙高和地基性质的变异，设置沉降缝和伸缩缝，每隔10 m设置一道，缝宽3 cm，采用沥青麻丝嵌缝。1号弃渣场挡墙长155.99 m，土方开挖183.28 m^3，填筑浆砌石826.73 m^3，需PVC管103.99 m。

1号弃渣场挡渣墙断面见图8-7。

（3）工程名称：截排水措施。

措施名称：截排水沟。

工程位置：1号弃渣场。

设计内容：在弃渣场弃渣完成后，在弃渣场上游修建截水沟，在渣场两侧修建排水沟，排水沟接沉沙池后连接下游河道或者下游排水设施。1号弃渣场截水沟断面矩形底宽为

0.5 m,高度为0.5 m,截排水沟纵坡坡度 $i=5\%$,需修建浆砌石截排水沟303.87 m,土方开挖267.40 m^3,填筑浆砌石161.05 m^3,M10砂浆抹面638.12 m^2。1号弃渣场截水沟断面见图8-5。

由于1号弃渣场堆渣高度较高,布设了一级马道进行分级,需要在马道内侧修建排水沟来排除渣场坡面积水,排水沟断面采用矩形,底宽0.3 m、高0.3 m,浆砌石衬砌厚度为0.3 m,采用M10砂浆抹面,厚度为2 cm,排水沟长约163.56 m,需土方开挖88.32 m^3,浆砌石填筑73.60 m^3,M10砂浆抹面147.20 m^2。1号弃渣场排水沟断面见图8-4。

(4)工程名称:沉沙池。

措施名称:砖砌沉沙池,水泥砂浆抹面。

工程位置:所有弃渣场下游,接截、排水沟。

设计内容:在弃渣场下游修建砖砌沉沙池,沉沙池尺寸为1.74 m×1.14 m×0.95 m,底板厚度为0.15 m,墙厚0.12 m,过水面采用M10水泥砂浆抹面,厚度2 cm。需修建2个沉沙池,土方开挖3.77 m^3,砌砖1.65 m^3,砂浆抹面11.34 m^2。

(5)工程名称:工程护坡。

措施名称:浆砌石网格护坡。

工程位置:1号弃渣场。

设计内容:在弃渣场进行堆渣完毕后,在弃渣场边坡上修建浆砌石菱形网格护坡,网格尺寸为5 m×5 m,采用M7.5浆砌石,网格宽度为30 cm。共需浆砌石1 483.70 m^3。

2.植物措施

措施名称:灌草混交绿化。

工程位置:弃渣场的顶面和坡面。

工程等级:施工生产生活区绿化,根据《水利水电工程水土保持技术规范》(SL 575—2012)规定,植被恢复工程定位3级,要求满足水土保持和生态保护要求,执行生态公益林绿化标准。

设计内容:在弃渣场使用结束后,采用灌木+撒播种草的方式绿化,灌木树种推荐紫穗槐,种植密度为:株行距为1 m×1 m,选择一年生裸根苗,雨季种植,穴状整地,穴长、宽、深均为30 cm。种草方式为撒播,采用狗牙根、三叶草混合播种,种植密度为42 kg/hm^2。经计算,共种植灌木30 133株,撒播种草4.52 hm^2。

3.临时措施

(1)工程名称:临时排水。

措施名称:开挖土排水沟。

工程位置:弃渣场表土临时堆放处。

设计内容:根据工程施工组织安排,在表土临时堆放处周边需修建临时截排水沟来避免施工期间上游来水对临时堆放表土的冲刷,临时土截、排水沟尺寸为顶宽0.3 m、底宽0.2 m、深0.2 m,临时排水沟长度为672.85 m,需土方开挖33.64 m^3。断面图见图8-2。

(2)工程名称:临时拦挡。

措施名称:袋装土拦挡。

工程位置:表土堆放区。

设计内容:弃渣场剥离的表土临时堆放在专门的临时堆土处,临时堆放高度为 3 m,采用袋装土进行拦挡,先将编织袋土袋布设在临时堆土料的四周,将土袋按照 2 层摆放,土袋堆高 0.5 m,厚度为 0.5 m,单位长度体积为 0.25 m^3,土袋应相互垂直布置,底层袋装土应垂直于堆土坡面线放置,第二层平行于坡面线放置。编织袋土规格为长 0.8 m、宽 0.5 m、高 0.25 m,土源直接取用开挖料,土袋施工完毕后回收利用。经估算,需填筑袋装土 137.30 m^3。典型设计见图 8-3。

8.3.6.3 灌溉供水渠道弃渣场水保措施设计

1. 工程措施

(1)工程名称:表土剥离及回覆措施。

措施名称:表土剥离及回覆。

工程位置:弃渣场。

设计内容:在弃渣场开始弃渣前,将表层耕植土进行剥离,并集中堆放,以作后期绿化用土。剥离厚度 30 cm,施工结束后将表土回覆弃渣场表面及坡面,共剥离及回覆表土 2.54 万 m^3。

(2)工程名称:弃渣拦挡措施。

措施名称:挡渣墙。

工程位置:全部弃渣场。

设计内容:在弃渣场开始弃渣前,在沟道型弃渣场下游修建挡渣墙,坡地型弃渣场下游和两侧都要修建挡渣墙,本方案选取了 10 号弃渣场的断面作为典型断面,10 号弃渣场挡渣墙墙体采用重力式结构,墙身、基础均采用 10#浆砌块石,墙身底宽 1.85 m,顶宽 0.75 m,墙身高度为 2.5 m,其墙面铅直,墙背俯斜,坡度为 1:0.25,基础厚 0.5 m,基础向墙身前延伸 0.3 m,向墙身后延伸 0.3 m,为减小挡渣墙渗水压力,挡渣墙墙体设置排水孔,孔径 0.05 m,行距、排距为 1.5 m,呈梅花形布设,排水孔由里向外倾斜坡度为 5%。为避免地基不均匀沉陷而引起墙身开裂,须按墙高和地基性质的变异,设置沉降缝和伸缩缝,每隔 10 m 设置一道,缝宽 3 cm,采用沥青麻丝嵌缝。灌溉供水渠道弃渣场挡墙长 611.89 m,土方开挖 566.00 m^3,填筑浆砌石 1 789.78 m^3,需 PVC 管 407.93 m。

10 号弃渣场挡渣墙断面见图 8-7。

(3)工程名称:截排水措施。

措施名称:截排水沟。

工程位置:弃渣场。

设计内容:在弃渣场弃渣完成后,在弃渣场上游修建截水沟,在渣场两侧修建排水沟,排水沟接沉沙池后连接下游河道或者下游排水设施。10 号弃渣场截水沟断面矩形底宽为 0.35 m,高度为 0.35 m,截排水沟纵坡坡度 $i=5\%$。截排水沟采用 M7.5 浆砌块石砌筑,厚度 0.3 m,过水面采用 M10 水泥砂浆抹面,厚度 2 cm,需修建浆砌石截排水沟

1 456. 88 m，土方开挖 899. 62 m^3，填筑浆砌石 721. 15 m^3，M10 砂浆抹面 2 403. 85 m^2。10 号弃渣场截排水沟断面见图 8-5。

(4)工程名称：沉沙池。

措施名称：砖砌沉沙池，水泥砂浆抹面。

工程位置：所有弃渣场下游，接截、排水沟。

设计内容：在弃渣场下游修建砖砌沉沙池，沉沙池尺寸为 1. 74 m × 1. 14 m × 0. 95 m，底板厚度为 0. 15 m，墙厚 0. 12 m，过水面采用 M10 水泥砂浆抹面，厚度 2 cm。需修建 11 个沉沙池，土方开挖 20. 73 m^3，砌砖 9. 09 m^3，砂浆抹面 62. 37 m^2。

2. 植物措施

措施名称：灌草混交绿化。

工程位置：弃渣场的顶面和坡面。

工程等级：施工生产生活区绿化，根据《水利水电工程水土保持技术规范》(SL 575—2012)规定，植被恢复工程定位 3 级，要求满足水土保持和生态保护要求，执行生态公益林绿化标准。

设计内容：在弃渣场使用结束后，采用灌木 + 撒播种草的方式绿化，灌木树种推荐紫穗槐，种植密度为：株行距为 1 m × 1 m，选择一年生裸根苗，雨季种植，穴状整地，穴长、宽、深均为 30 cm。种草方式为撒播，采用狗牙根、三叶草混合播种，种植密度为 42 kg/hm^2。经计算，共种植灌木 63 807 株，撒播种草 9. 57 hm^2。

3. 临时措施

(1)工程名称：临时排水。

措施名称：开挖土排水沟。

工程位置：弃渣场表土临时堆放处。

设计内容：根据工程施工组织安排，在表土临时堆放处周边需修建临时截排水沟来避免施工期间上游来水对临时堆放表土的冲刷，临时土截排水沟尺寸为顶宽 0. 3 m、底宽 0. 2 m、深 0. 2 m，开挖土排水沟长度为 9 284. 40 m，土方开挖 2 971. 1 m^3。排水沟断面图见图 8-2。

(2)工程名称：临时拦挡。

措施名称：袋装土拦挡。

工程位置：表土堆放区。

设计内容：弃渣场剥离的表土临时堆放在专门的临时堆土处，临时堆放高度为 3 m，采用袋装土进行拦挡，先将编织袋土袋布设在临时堆土料的四周，将土袋按照 2 层摆放，土袋堆高 0. 5 m，厚度为 0. 5 m，单位长度体积为 0. 25 m^3，土袋应相互垂直布置，底层袋装土应垂直于堆土坡面线放置，第二层平行于坡面线放置。编织袋土规格为长 0. 8 m、宽 0. 5 m、高 0. 25 m，土源直接取用开挖料，土袋施工完毕后回收利用。经估算，需填筑袋装土 1 686. 51 m^3。

弃渣场防治区水土保持防护措施工程量见表 8-11 。

表 8-11　弃渣场防治区水土保持防护措施工程量

六	弃渣场区					
1	枢纽工程1号弃渣场	工程措施	表土剥离	开挖土方	m^3	12 000.00
			挡渣墙	长度	m	155.99
				土方开挖	m^3	183.28
				浆砌石	m^3	826.73
				PVC 管	m	103.99
			截水沟	长度	m	303.87
				土方开挖	m^3	267.40
				浆砌石	m^3	161.05
				砂浆抹面	m^2	638.12
			浆砌石排水沟	长度	m	163.56
				土方开挖	m^3	88.32
				浆砌石	m^3	73.60
				砂浆抹面	m^2	147.20
			沉沙池	个数	个	2
				土方开挖	m^3	3.77
				砌砖	m^3	1.65
				砂浆抹面	m^2	11.34
			菱形网格	浆砌石	m^3	1 483.70
			渣面覆土	面积	m^2	32 000.00
				土方量	m^3	12 000.00
		植物措施	紫穗槐	栽植	株	30 133
				苗木	株	31 640
			种草	撒播面积	m^2	45 200.00
				草籽质量	kg	189.84
		临时措施	临时拦挡	长度	m	549.19
				袋装土	m^3	137.30
			临时排水	长度	m	672.85
				土方开挖	m^3	33.64

续表 8-11

六	弃渣场区					
2	灌溉供水工程弃渣场	工程措施	表土剥离	开挖土方	m^3	25 410
			挡渣墙	长度	m	611.89
				土方开挖	m^3	566.00
				浆砌石	m^3	1 789.78
				PVC 管	m	407.93
			截排水沟	长度	m	1 456.88
				土方开挖	m^3	899.62
				浆砌石	m^3	721.15
				砂浆抹面	m^2	2 403.85
			沉沙池	个数	个	11
				土方开挖	m^3	20.73
				砌砖	m^3	9.09
				砂浆抹面	m^2	62.37
			渣面覆土	面积	m^2	67 760
				土方量	m^3	25 410
		植物措施	紫穗槐	栽植	株	63 807
				苗木	株	66 998
			种草	撒播面积	m^2	95 711
				草籽质量	kg	401.99
		临时措施	临时拦挡	长度	m	6 746.04
				袋装土	m^3	1 686.51
			临时排水	长度	m	9 284.40
				土方开挖	m^3	2 971.01

8.4 植物选择、种植技术及立地条件分析

8.4.1 布设原则

根据本项目建设与运行的具体要求，项目区植物措施的布局应在服从主体工程顺利建设、安全运行、保持水土、改善环境的基础上，力求全面规划、因地制宜、因害设防、突出重点，确定合理的植物措施布局形式，将点、线、面结合进行综合植物措施设计。通过合理

植物配置及切实可行的植物措施,建成适合立地条件、较为完整的植物防护体系。

8.4.2 立地条件分析

本区气候属中亚热带湿润季风气候,年平均气温16.8 ℃,≥10 ℃的年积温4 362 ℃,年平均降水量1 105 mm。pH 值5.8,土层厚度0.3 ~3 m,坡度 >5°。据现场调查,工程区的土壤主要为黄壤,适于偏酸性速生树种的生长。绿化树种遵循灌草相结合,根据立地条件,以适应性强的乡土型植物品种为主;适宜贫瘠土壤和粗放型管理,可适当考虑经济树种,以利于措施的实施。

8.4.3 树种选择依据

本区属中亚热带云贵高原半干性常绿阔叶林地带,植物措施主要是对大坝坝肩闲置地、裸露地,导流洞、隧洞、料场区、弃渣场区、临时施工道路区布置,另外在永久道路区布置行道树,结构设计为草 - 灌结合型、乔 - 灌结合型和乔 - 灌 - 草结合型,兼有净化空气和美化环境的功能。经过分析,乔木采用香樟、泡桐,灌木采用紫穗槐,草种以狗牙根草与三叶草混播为主(混播比例为1∶3)。

植物树种特性见表8-12。

表8-12 植物树种特性

树种	特性
香樟	香樟为常绿性乔木。为优秀的园林绿化林木。树皮幼时绿色,平滑,老时渐变为黄褐色或灰褐色纵裂;冬芽卵圆形。叶薄革质,卵形或椭圆状卵形,顶端短尖或近尾尖,基部圆形,离基3出脉,近叶基的第一对或第二对侧脉长而显著,背面微被白粉,脉腋有腺点。花黄绿色,春天开,该树种枝叶茂密,冠大荫浓,树姿雄伟,能吸烟滞尘、涵养水源、固土防沙和美化环境,是城市绿化的优良树种,广泛作为庭荫树、行道树及风景林
泡桐 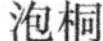 	泡桐是一种喜光的速生树种,原产于中国,春季先叶开花,花大,是不明显的唇形,略有香味,盛花时满树花非常壮观,花落后长出大叶,叶密而大,树荫非常隔光。全体密被棕黄色星状绒毛,枝条及叶表面无毛。叶心形,广卵形,不黏。聚伞花序无总梗或很短。花冠白色或紫色,钟状,在基部弯曲处以上骤然膨大,花萼钟状,裂片卵形深裂,不反卷。蒴果卵形,长4 cm,果皮革质。是良好的绿化和行道树种

续表 8-12

树种	特性
月季 	月季适应性强，不耐严寒和高温、耐旱，对土壤要求不严格，但以富含有机质、排水良好的微带酸性沙壤土最好。喜欢阳光，但是过多的强光直射又对花蕾发育不利，花瓣容易焦枯，喜欢温暖。需日照充足，空气流通，排水性较好而避风的环境，盛夏需适当遮阴。要求富含有机质、肥沃、疏松的微酸性土壤，但对土壤的适应范围较宽。空气相对湿度宜75% ~80%，但稍干、稍湿也可
金叶女贞 	金叶女贞性喜光，耐阴性较差，耐寒力中等，适应性强，对土壤要求不严格，以疏松肥沃、通透性良好的沙壤土为最好。性喜光，稍耐阴，耐寒能力较强，它抗病力强，很少有病虫危害。在我国长江以南及黄河流域等地的气候条件均能适应，生长良好
大叶黄杨 	喜光，亦较耐阴。喜温暖湿润气候亦较耐寒。生山地、山谷、河岸或山坡林下。要求肥沃疏松的土壤，极耐修剪整形
紫穗槐 	紫穗槐属豆科植物，枝叶繁密，落叶灌木，枝褐色、被柔毛，后变光滑，奇数羽状复叶，披针状椭圆形至椭圆形，先端圆或微凹，有小突尖，基部圆形，并有腺点。耐寒、耐旱、耐湿、耐盐碱、抗风沙、抗逆性极强的灌木，在荒山坡、道路旁、河岸、盐碱地均可生长
狗牙根 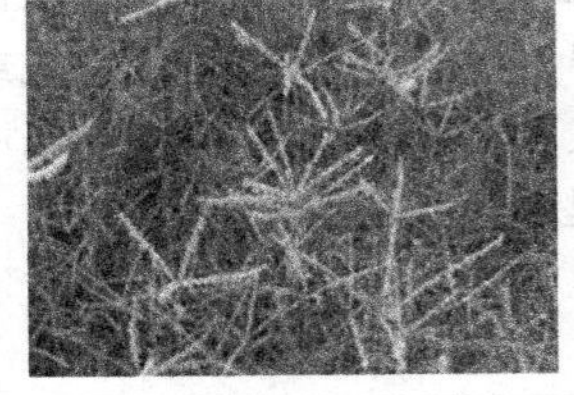	又称百慕大草、爬地草，禾本科，狗牙根属。狗牙根是我国华北以南分布最广的暖地型草种，可采用播种和根茎繁殖两种方法进行建植。最适生长温度为20 ~32 ℃，植株低矮，生长力强，具根状茎或细长匍匐枝。夏、秋季蔓延迅速，节间着地均可生根。在排水良好的肥沃土壤中生长良好

续表 8-12

树种	特性
三叶草 	又名车轴草，多年生草本植物。耐寒、耐贫瘠、耐践踏、耐牧食、绿期长，具自播能力，覆盖效果好；有固氮能力，对肥料要求不多；可适应各种土壤类型，在偏酸性土壤上生长良好；抗有害气体污染和抗病虫害能力强，广泛应用于草坪、绿地速植、种子直播，可快速建立草坪
黑麦草 	黑麦草，禾本科、黑麦草属植物，包括欧亚大陆温带地区的饲草和草场禾草及一些有毒杂草。黑麦草是重要的栽培牧草和绿肥作物。其中多年生黑麦草和多花黑麦草是具有经济价值的栽培牧草。黑麦草生长快、分蘖多、能耐牧，是优质的放牧用牧草，也是禾本科盆养黑麦草盆养黑麦草牧草中可消化物质产量最高的牧草之一

8.5 分区措施数量

本方案设计措施工程量按《水利水电工程设计工程量计算规定》中可研阶段的扩大系数进行调整，工程措施、植物措施、临时措施分别按 1.08、1.05、1.13 系数调整，植物措施按《水土保持工程可行性研究报告编制规程》中可研阶段的扩大系数进行调整，按 1.05 系数调整。各防治区新增水土保持措施主要工程量见表 8-13。

表 8-13 各防治区新增水土保持措施工程量汇总表

序号	防治区	措施		工程	单位	工程量	扩大系数	扩大后工程量
一	枢纽工程区							
1	枢纽工程区	临时措施	临时排水	长度	m	724.00	1.13	818.12
				土方开挖	m^3	36.20	1.13	40.91
		植物措施	乔木	栽植	株	353	1.05	370
				苗木	株	370	1.05	389
			金叶女贞	栽植	株	705	1.05	740
				苗木	株	740	1.05	777
			狗牙根	栽植	m^2	2 115.00	1.05	2 220.75
				草种	kg	8.88	1.05	9.33

续表 8-13

序号	防治区	措施		工程	单位	工程量	扩大系数	扩大后工程量
二	灌溉供水工程区							
1	灌溉供水工程占地区	临时措施	临时拦挡	长度	m	3 691.58	1.13	4 171.49
				袋装土	m^3	922.90	1.13	1 042.87
2	灌溉供水工程倒虹吸占地区	临时措施	临时拦挡	长度	m	171.19	1.13	193.44
				袋装土	m^3	42.80	1.13	48.36
三	道路防治区							
1	枢纽永久道路区	植物措施	乔木	栽植	株	3 333	1.05	3 500
				苗木	株	3 500	1.05	3 675
			紫穗槐	栽植	株	6 667	1.05	7 000
				苗木	株	7 000	1.05	7 350
			喷播植草护坡	面积	m^2	1 410.00	1.05	1 480.50
			撒播种草护坡	撒播面积	m^2	1 620.00	1.05	1 701.00
				草籽质量	kg	6.80	1.05	7.14
		临时措施	临时拦挡	长度	m	136.00	1.13	153.68
				袋装土	m^3	68.00	1.13	76.84
2	枢纽临时道路区	工程措施	土地整治	面积	m^2	108 800.00	1.08	117 504.00
		植物措施	紫穗槐	栽植	株	72 533	1.05	76 160
				苗木	株	76 160	1.05	79 968
			种草	撒播面积	m^2	108 800.00	1.05	114 240.00
				草籽质量	kg	456.96	1.05	479.81
			喷播植草护坡	面积	m^2	6 486.00	1.05	6 810.30
			撒播种草护坡	撒播面积	m^2	7 452.00	1.05	7 824.60
				草籽质量	kg	31.30	1.05	32.86
		临时措施	临时排水	长度	m	7 170.00	1.13	8 102.10
				土方开挖	m^3	358.50	1.13	405.11
			临时拦挡	长度	m	520.00	1.13	587.60
				袋装土	m^3	260.00	1.13	293.80

续表 8-13

序号	防治区	措施		工程	单位	工程量	扩大系数	扩大后工程量
3	灌溉供水工程临时道路区	工程措施	土地整治	面积	m^2	100 000.00	1.08	108 000.00
		植物措施	紫穗槐	栽植	株	66 667	1.05	70 000
				苗木	株	70 000	1.05	73 500
			种草	撒播面积	m^2	100 000.00	1.05	105 000.00
				草籽质量	kg	420.00	1.05	441.00
			喷播植草护坡	面积	m^2	6 204.00	1.05	6 514.20
			撒播种草护坡	撒播面积	m^2	7 128.00	1.05	7 484.40
				草籽质量	kg	29.94	1.05	31.43
		临时措施	临时排水	长度	m	10 000.00	1.13	11 300.00
				土方开挖	m^3	500.00	1.13	565.00
			临时拦挡	长度	m	500.00	1.13	565.00
				袋装土	m^3	250.00	1.13	282.50
四				料场				
1	枢纽石料场	工程措施	表土剥离	方量	m^3	5 880.00	1.08	6 350.40
			表土覆盖	方量	m^3	5 880.00	1.08	6 350.40
		植物措施	紫穗槐	栽植	株	10 845	1.05	11 388
				苗木	株	11 388	1.05	11 957
			种草	栽植	m^2	32 536.00	1.05	34 162.80
				草种	kg	136.65	1.05	143.48
		临时措施	临时排水	长度	m	1 560.00	1.13	1 762.80
				土方开挖	m^3	78.00	1.13	88.14
			临时拦挡	长度	m	397.60	1.13	449.29
				袋装土	m^3	99.40	1.13	112.32

续表 8-13

序号	防治区	措施		工程	单位	工程量	扩大系数	扩大后工程量
五	施工生产生活区							
1	枢纽施工生产生活区	工程措施	土地整治	面积	m^2	36 200.00	1.08	39 096.00
		植物措施	紫穗槐	栽植	株	12 067	1.05	12 670
				苗木	株	12 670	1.05	13 304
			种草	撒播面积	m^2	36 200.00	1.05	38 010.00
				草籽质量	kg	152.04	1.05	159.64
		临时措施	临时排水	长度	m	5 430.00	1.13	6 135.90
				土方开挖	m^3	271.50	1.13	306.80
2	业主管理营地	工程措施	浆砌石排水沟	长度	m	132.00	1.08	142.56
				土方开挖	m^3	71.28	1.08	76.98
				浆砌石	m^3	59.40	1.08	64.15
				砂浆抹面	m^2	118.80	1.08	128.30
		植物措施	月季	栽植	株	310	1.05	326
				苗木	株	326	1.05	342
			大叶黄杨	栽植	株	462	1.05	485
				苗木	株	485	1.05	509
			香樟	栽植	株	157	1.05	165
				苗木	株	165	1.05	173
			撒播种草	撒播面积	m^2	897.00	1.05	941.85
				草籽质量	kg	3.77	1.05	3.96
3	灌溉供水工程施工生产区	工程措施	土地整治	面积	m^2	24 800	1.08	26 784.00
		植物措施	紫穗槐	栽植	株	20 333	1.05	21 350
				苗木	株	21 350	1.05	22 418
			种草	撒播面积	m^2	61 000	1.05	64 050.00
				草籽质量	kg	256.20	1.05	269.01
		临时措施	临时排水	长度	m	8 540	1.13	9 650.20
				土方开挖	m^3	427	1.13	482.51

续表 8-13

序号	防治区	措施		工程	单位	工程量	扩大系数	扩大后工程量
六	弃渣场区							
1	枢纽工程 1 号弃渣场	工程措施	表土剥离	开挖土方	m^3	12 000.00	1.08	12 960.00
			挡渣墙	长度	m	155.99	1.08	168.46
				土方开挖	m^3	183.28	1.08	197.95
				浆砌石	m^3	826.73	1.08	892.86
				PVC 管	m	103.99	1.08	112.31
			截水沟	长度	m	303.87	1.08	328.18
				土方开挖	m^3	267.40	1.08	288.80
				浆砌石	m^3	161.05	1.08	173.93
				砂浆抹面	m^2	638.12	1.08	689.17
			浆砌石 排水沟	长度	m	163.56	1.08	176.64
				土方开挖	m^3	88.32	1.08	95.39
				浆砌石	m^3	73.60	1.08	79.49
				砂浆抹面	m^2	147.20	1.08	158.98
			沉沙池	个数	个	2	1.08	11.00
				土方开挖	m^3	3.77	1.08	4.07
				砌砖	m^3	1.65	1.08	1.78
				砂浆抹面	m^2	11.34	1.08	12.25
			菱形网格	浆砌石	m^3	1 483.70	1.08	1 602.40
			渣面覆土	面积	m^2	32 000.00	1.08	34 560.00
				土方量	m^3	12 000.00	1.08	12 960.00
		植物措施	紫穗槐	栽植	株	30 133	1.05	31 640
				苗木	株	31 640	1.05	33 222
			种草	撒播面积	m^2	45 200.00	1.05	47 460.00
				草籽质量	kg	189.84	1.05	199.33
		临时措施	临时拦挡	长度	m	549.19	1.13	620.58
				袋装土	m^3	137.30	1.13	155.15
			临时排水	长度	m	672.85	1.13	760.32
				土方开挖	m^3	33.64	1.13	38.02

续表 8-13

序号	防治区	措施		工程	单位	工程量	扩大系数	扩大后工程量
六	弃渣场区							
2	灌溉供水工程弃渣场	工程措施	表土剥离	开挖土方	m^3	25 410	1.08	27 442.80
			挡渣墙	长度	m	611.89	1.08	660.84
				土方开挖	m^3	566.00	1.08	611.28
				浆砌石	m^3	1 789.78	1.08	1 932.96
				PVC 管	m	407.93	1.08	440.56
			截、排水沟	长度	m	1 456.88	1.08	1 573.43
				土方开挖	m^3	899.62	1.08	971.59
				浆砌石	m^3	721.15	1.08	778.85
				砂浆抹面	m^2	2 403.85	1.08	2 596.16
			沉沙池	个数	个	11	1.08	11.00
				土方开挖	m^3	20.73	1.08	22.39
				砌砖	m^3	9.09	1.08	9.81
				砂浆抹面	m^2	62.37	1.08	67.36
			渣面覆土	面积	m^2	67 760	1.08	73 180.80
				土方量	m^3	25 410	1.08	27 442.80
		植物措施	紫穗槐	栽植	株	63 807	1.05	66 997.70
				苗木	株	66 998	1.05	70 347.59
			种草	撒播面积	m^2	95 711	1.05	100 496.55
				草籽质量	kg	401.99	1.05	422.09
		临时措施	临时拦挡	长度	m	6 746.04	1.13	7 623.03
				袋装土	m^3	1 686.51	1.13	1 905.76
			临时排水	长度	m	9 284.40	1.13	10 491.38
				土方开挖	m^3	464.2	1.13	524.57

8.6 水土保持施工组织设计

8.6.1 施工条件及布置

8.6.1.1 施工条件

场内外交通：主体工程施工修建了场区施工道路，可满足施工材料运输、施工要求。

建筑材料:水保工程涉及的建筑材料主要为水泥、砂、石块,但用量较少,工程周边建筑材料货源充足,所需主要建筑材料原则上通过外购商品料解决。

施工用水及用电:施工用电可用主体工程自备发电机发的电,施工水源可以直接从附近河流中取用。

苗木种子:工程附近苗圃较多,可以就近从当地购买,尽量避免长途调运,以提高成活率。

8.6.1.2 施工布置

因工程项目较多而且比较分散,各段工程因地制宜进行布置,宜遵循以下原则:施工营地利用主体工程施工生产生活区,不另布设;建筑材料应分类存放在施工区附近或与主体工程相同,并注意有关材料的防潮、防湿;施工布置应避免各单项工程间的施工干扰。

8.6.2 施工工艺和方法

(1)土方工程:土方工程一般采用人工开挖,土方填筑采用人工填筑、夯实,面积大的弃渣场,可采用机械施工的,采用自卸汽车、装载机、推土机配合施工,进行渣场覆土、料场表土剥离及回填等。

(2)植物工程:主要安排在春季或秋季人工种植。应购买适应性、抗性强的苗木。苗木定植前最好先堆肥,然后覆盖表土,栽植后要浇水一次,在幼年期对林木进行抚育,保证苗木成活率;草皮护坡选择适宜当地生长的耐旱、易活的品种。

(3)料场表土剥离,根据工程施工强度,采用分块剥离→防护→分块开挖→分块回填,以利减少防护工程量及水土流失。

8.6.3 施工进度安排

8.6.3.1 安排原则

(1)按照“三同时”原则,坚持预防为主,及时防治,实施进度和位置与主体工程协调一致。

(2)永久性占地区工程措施坚持“先防护后施工”原则,及时控制施工过程中的水土流失。

(3)工程弃渣场坚持“先防护,后堆放”及“防护并行”的原则。

(4)临时占地区使用完毕后需及时拆除并进行场地清理整治。

(5)植物措施应在不打扰主体工程施工的前提下,安排春秋两季进行施工,避免在雨季进行大规模土石方开挖及堆放,避免未经防护处理土方长时间暴露,应及时采取压盖、拦挡防护措施。

8.6.3.2 进度安排

根据水土保持“三同时”制度,规划的各项防治措施应与主体工程同时进行,在不影响主体工程建设的基础上,尽可能早施工、早治理、早发挥效益,减少项目建设期的水土流失量,以最大限度地防治水土流失。

新增水土保持措施施工进度安排应根据主体工程施工对区域的影响情况及主体工程进展情况确定,其安排情况如下:

一是同步于主体工程施工的防治措施:如料场四周修建临时排水沟,剥离的表土临时拦挡。

二是部分在主体工程建设前就应布设的水土保持措施,如施工生产生活区四周修建排水沟应在施工前。

三是因气候原因导致滞后于主体工程安排的进度,如植被恢复措施。

另外,水土保持措施在安排时序上,一般首先采取临时性措施,其次采取工程措施和土地整治措施,最后采取植物措施。

本水土保持方案实施进度与主体工程同步,但由于植物措施的滞后性,水土保持工程完工时间比主体工程完工时间后延3个月。

1.年内安排

根据主体工程施工进度安排,主体工程年内施工时间选在枯水季节,即2~6月及10~12月施工。水土保持方案实施进度按照与主体工程同步的原则,年内施工时间一般为主体工程施工时间后推一个月,即3~7月及9月至次年1月。

2.进度安排

(1)料场区:取料前料场的场地四周布设好临时排水沟;表土剥离临时拦挡措施。

(2)弃渣场区:主体工程施工后,弃渣边弃边整治,在不影响主体工程施工的前提下修建排水沟、挡渣墙;弃渣场植物措施防护。

(3)施工道路:施工前临时道路单侧开挖临时排水沟。

(4)施工生产生活区:施工前场地周边开挖临时排水沟。

结合主体工程施工进度,水土保持方案实施进度安排见表8-14。

表 8-14　水土保持方案实施进度安排

项目			2015年												2016年												2017年					
			1	2	3	4	5	6	7	8	9	10	11	12	1	2	3	4	5	6	7	8	9	10	11	12	1	2	3	4	5	6
枢纽工程占压区	主体工程																															
	水保措施	植物措施																														
		临时措施																														
灌溉供水工程区	主体工程																															
	水保措施	临时措施																														
道路区	主体工程																															
	水保措施	工程措施																														
		植物措施																														
		临时措施																														
料场区	主体工程																															
	水保措施	工程措施																														
		植物措施																														
		临时措施																														
施工生产生活区	主体工程																															
	水保措施	工程措施																														
		植物措施																														
		临时措施																														
弃渣场区	主体工程																															
	水保措施	工程措施																														
		植物措施																														
		临时措施																														

注：主体工程施工：————；水保措施：- - - - - - - -。

第 9 章　水土保持监测

水土保持监测是从保护水土资源和维护良好的生态环境出发，运用多种手段和办法，对新增水土流失的成因、数量、强度、影响范围和后果进行监测，是防治水土流失的一项基础性工作。本项目水土保持监测的目的主要是按照《开发建设项目水土保持技术规范》（GB 50433—2008）、《水土保持监测技术规程》（SL 277—2002）的有关规定，结合本工程的实际情况，通过定位观测、调查监测、场地巡查等监测手段，对主体工程施工前、施工准备期、施工期的水土流失和水土保持治理的情况、治理工程的质量与效果进行监测，并分析该工程水保方案和水保措施的实施情况、实施效果，了解工程建设引起的水土流失的变化情况，及时提出应采取的措施。

9.1　监测目的

清渡河水库工程水土保持监测项目的主要目的如下：

（1）通过对各项指标的监测，协助建设单位落实水土保持方案，加强水土保持设计和施工管理，优化水土流失防治措施，协调水土保持工程与主体工程建设进度。

（2）通过对项目施工作业方式进行监测，及时、准确地掌握生产建设项目水土流失状况和防治效果，提出水土保持改进措施。

（3）监测重大水土流失危害隐患，提出水土流失防治对策建议。

（4）完成详细的水土保持监测报告，使其能够全面反映生产建设项目水土流失及其防治情况，能够作为水土保持监督管理技术依据和公众监督基础信息，促进项目区生态环境的有效保护和及时恢复。

本项目的水土保持监测主要是为水土保持方案的实施和安全生产服务，减少工程建设引起的人为水土流失，为工程水土保持验收提供依据。同时，本次监测工作开展对于贯彻水土保持法规，反映水土流失防治措施实施进度及效果，促进水土保持监督管理工作，促进经济、环境可持续发展都具有十分重要的意义。

9.2　监测区域

清渡河水库工程水土保持监测区域为水土流失防治责任范围。重点监测区域为灌溉供水工程区、施工道路防治区和弃渣场区。水土保持监测分区见表 9-1。

表 9-1　水土保持监测分区

监测分区	主要施工内容	水土流失易发因素
枢纽工程防治区	覆盖层清除、开挖、回填	临时堆土、排水
灌溉供水工程区	开挖	临时堆土、堆料

续表 9-1

监测分区	主要施工内容	水土流失易发因素
施工生产生活区	场地清理、场地排水	建筑材料堆放、施工活动
施工道路区	临时道路修筑、养护	路基边坡、排水
料场防治区	场地清理、取料	临时堆土、堆料
弃渣场区	弃渣	临时堆土、弃渣

9.3 监测时段

清渡河水库工程监测时段为施工准备期 2015 年 1 月至设计水平年 2018 年结束。

本工程具有枢纽工程集中、渠道工程分段连续的特点，工程建设安排以年度实施，枢纽工程持续时间长，渠道工程施工时间不超过一年。根据此种情况，设计对项目进行独立的水土保持监测，监测总时间与主体工程建设实施总时间一致，直至设计水平年 2018 年。年度水土保持监测时段从施工准备期 2015 年开始，至工程结束，工程涉及的各类项目需在新开工项目施工准备前先进行一次观测（本底值监测），作为工程项目开始后水土流失的对比参照数据。

9.4 监测内容

监测的主要内容为项目区的水土流失以及水土保持各项治理工程实施后的保水保土效益。

(1)项目区水土保持生态环境变化监测。

项目区水土保持生态环境变化监测包括地形、地貌和水系的变化情况，建设项目占地和扰动地表面积，挖填方数量及面积，弃土、弃石、弃渣及堆放面积，项目区林草覆盖率等。

(2)项目区水土流失动态监测。

项目区水土流失动态监测，应包括水土流失面积、强度和总量的变化及其对下游周边地区造成的危害与趋势。

(3)水土保持措施防治效果监测。

水土保持措施防治效果监测，应包括各类防治措施的数量和质量，林草措施的成活率、保存率、生长情况和覆盖率，工程措施的稳定性、完好程度和运行情况，以及各类防治措施的拦渣保土效果。

(4)项目区水土流失背景值监测。

项目区水土流失背景值监测，应包括建设区水土流失的量、流失强度等。

(5)主体工程进度情况监测。

对主体工程施工的进度情况进行监测。

9.5 监测方法

根据《水土保持监测技术规程》并结合本工程特点，监测方法主要采用定位观测、调查监测、场地巡查的方法进行。

9.5.1 调查监测

在防治责任区范围内，对土壤侵蚀影响较小的区域进行调查监测。调查监测采用实地勘测的方法对地形、地貌、水系的变化进行监测。首先，对设计资料进行分析，结合实地调查对土地扰动面积和程度、林草覆盖度进行监测；其次，采用调查和量测等方法，对沟道淤积、洪涝灾害及其对周边地区经济、社会发展的影响进行分析，保证水土流失危害评价的准确性；最后，采用查阅设计文件和实地量测的方法，监测建设过程中的挖填方量。调查方法主要有以下几种：

(1)详查。通过野外实地踏勘、测量，对项目区工程建设扰动原地貌、土地和植被，挖方、填方数量与面积、工程建设造成的水土流失及其危害等进行全面综合调查，掌握其动态变化情况。

(2)抽样调查。采用随机抽样调查的方式，监测项目区水土保持防护工程的稳定性、完好程度、运行情况和覆盖度等。

(3)资料收集。向工程建设单位、设计单位、监理单位、质量监督单位等收集有关工程资料，从中分析出对水土保持监测有用的数据。主要资料包括项目区地形图、土地利用现状图及主体工程设计文件；项目区土壤、植被、气象、水文、泥沙资料；监理、监督单位的月报及有关报表等。

(4)询问。通过访问群众，并走访当地水土保持工作人员和有关专家，了解和掌握工程建设造成的水土流失对当地和周边地区的影响。

9.5.2 场地巡查

工程施工期，对施工区施工方式、临时工程设施、临时水保措施等易变动项目进行现场勘察、巡视测量，及时记录相关情况。重点对土料场和弃渣场防护措施进行场地巡查，发现有破损和局部塌陷等不良征兆，认真测量、评估水土流失情况，提出水土保持应急策略，及时上报修复并记录在案。

9.5.3 地面观测

对弃渣场和土料场，采用地面观测方法——桩钉法进行。将直径0.5 cm、长20~30 cm、类似钉子形状的钢钎相距1 m×1 m，分上中下、左中右纵横各3排(共9根)沿坡面垂直方向打入坡面，钉帽与坡面平齐，并在钉帽上涂上红漆，编号登记入册。坡面面积较大时，为提高精度，钢钎密度可加大。每次暴雨后和汛期终了时，观测钉帽出露地面高度，计算土壤侵蚀深度和土壤侵蚀量。在选定的典型坡面的不同部位上(分上、中、下三部分)，分别布设水土流失测钎观测场。观测场由固定桩、连接板(水平在选定的典型坡面的不同部位上(分上、中、下三部分),分别布设水土流失测钎观测场。观测场由固定桩、连接板(水平板和沿坡面装置的竖直板)及有刻度的测钎三部分组成,见图9-1。

图9-1 观测场

9.6 监测频次

工程动工前对本工程项目区水土流失背景值监测一次;调查及巡查每年汛前、汛后及冬季各进行一次,监测一次,汛期每月监测一次;定位观测在监测点布设后,监测期内每年汛前、汛后及冬季各进行一次固定监测,汛期每月监测一次;每年监测频次控制在10~15次。

9.7 监测点位布设

9.7.1 布设原则

根据《水土保持监测技术规程》,水土保持监测区域为项目建设扰动区域,结合本工程特点确定重点监测地段为弃渣场区、施工道路区和料场区。监测区域内布设监测点位时应遵循以下原则:

(1)全面监测与重点监测相结合,以扰动地表为中心进行监测,以水土流失的重点时序、重点部位、重点工序作为监测重点,围绕6项指标进行监测,监测点位的选取应该有代表性。

(2)根据工程总体布置情况和各水土流失防治区内的水土保持重点监测内容,分区分时段布设水土保持监测点。

(3)在整个项目区内监测点布设统一规划,选取预测新增水土流失量较大、具有代表性的项目和区域。

(4)根据水土流失防治重点区的类型、监测的具体目标,合理确定监测点。

(5)监测点布设在水土流失危害可能较大的工程单元。

(6)加强对临时堆土所引起水土流失和植物措施成活率、保存率监测。

9.7.2 监测点位

设计选定10个监测点,其中3个布设定位监测设施。同时根据工程实际情况进行调查监测和巡查监测。3 个定位布设位置为:灌溉供水工程工程区 1 个,料场区 1 个,弃渣场区 1 个。其余监测点采取调查监测和巡查监测。

根据本工程建设特点及可能产生的水土流失的分布情况,对本方案监测重点地段,布设简易水土流失观测场。各防治区内监测点分别在各监测区内设置 1 个(主要观测开挖边坡,临时堆土及施工扰动情况,以及临时堆土和林草植被恢复情况),共设置简易水土流失观测场 3 个,用于监测水土流失状况。简易水土流失观测场设计:在土石方开挖、回填、临时表土堆置等结束后,根据坡面面积将直径 0. 5 cm、长 100 cm 的钉状钢钎按一定距离分上中下、左中右纵横各 3 排,共 9 根布设在 1 m×1 m 的坡面上。钢钎应垂直打入坡面至钉帽与表面平齐,并在钉帽上涂上红漆做好标记,编号登记入册。水土保持监测点详见表 9-2。

具体监测点的布设可根据工程实施情况由水土保持监测单位在水土保持监测实施方案中进一步优化调整。

表 9-2　水土保持监测计划表

监测分区	内容	监测方法	时间、频次	监测点数量
枢纽工程区	地形、地貌及植被扰动变化损坏水保设施数量和质量	现场调查	每季度一次	大坝枢纽坝肩处共计 1 处
	开挖面与临时堆土土壤侵蚀量、林草生长发育状况	现场巡查	每年 6 ~ 8 月各监测一次	
	已实施水土保持措施数量和质量	现场巡查	每季度一次	
灌溉供水工程区	地形、地貌及植被扰动变化损坏水保设施数量和质量	现场巡查	每季度一次,雨量大于 50 mm 加测一次	G13 + 659 处、后山沟倒虹吸处、G20 + 000 渠道处共计 3 处,后山沟倒虹吸处布置简易观测场
	林草生长发育状况	现场巡查	每年 6 ~ 8 月各监测一次;雨量大于 50 mm 加测一次	
	坡面土壤侵蚀量、开挖面与临时堆土土壤侵蚀量	现场巡查	每季度一次,雨量大于 30 mm 加测一次	
	已实施水土保持措施数量和质量	简易观测场法	每季度一次,雨量大于 30 mm 加测一次	
施工生产生活区	地形、地貌及植被扰动变化损坏水保设施数量和质量	现场巡查	每季度一次	主体工程施工生产生活区共计 1 处
	林草生长发育状况	现场巡查	每年 6 ~ 8 月各监测一次	
	坡面土壤侵蚀量、开挖面与临时堆土土壤侵蚀量	现场巡查	每季度一次	

续表 9-2

监测分区	内容	监测方法	时间、频次	监测点数量
施工道路区	地形、地貌及植被扰动变化损坏水保设施数量和质量	现场调查	每季度一次	大坝枢纽区进场道路、灌溉工程区1#干渠工程临时施工道路共计 2 处
	开挖面与临时堆土土壤侵蚀量、林草生长发育状况	现场巡查	每年 6～8 月各监测一次	
	已实施水土保持措施数量和质量	简易观测场法	每季度一次	
弃渣场区	地形、地貌及植被扰动变化损坏水保设施数量和质量	现场调查	每季度一次，雨量大于 50 mm 加测一次	1 号弃渣场、10 号弃渣场共计 2 处，1 号弃渣场处布设简易观测场
	开挖面与临时堆土土壤侵蚀量、林草生长发育状况	现场巡查	每年 6～8 月各监测一次；雨量大于 50 mm 加测一次	
	已实施水土保持措施数量和质量	简易观测场法	每季度一次，雨量大于 30 mm 加测一次	
石料场区	地形、地貌及植被扰动变化损坏水保设施数量和质量	现场调查	每季度一次，雨量大于 50 mm 加测一次	石料场共计 1 处，并布设简易观测场
	开挖面与临时堆土土壤侵蚀量、林草生长发育状况	现场巡查	每年 6～8 月各监测一次；雨量大于 50 mm 加测一次	
	已实施水土保持措施数量和质量	简易观测场法	每季度一次，雨量大于 30 mm 加测一次	

9.8 监测程序

实施监测程序分为前期准备、监测实施及监测成果分析评价 3 个阶段，具体监测程序如图 9-2 所示。

9.9 监测机构

监测机构应委托具有相应水保监测资质和监测经验的单位进行。《关于规范生产建设项目水土保持监测工作的意见》（水保〔2009〕187 号）指出：生产建设类项目征占地面积大于 50 hm^2 或挖填土石方总量大于 50 万 m^3 的，由建设单位委托有甲级水土保持监测资质的机构开展水土保持监测工作；征占地面积 5～50 hm^2 或挖填土石方总量 5 万～50 万 m^3 的，由建设单位委托有乙级以上水土保持监测资质的机构开展水土保持监测工作；

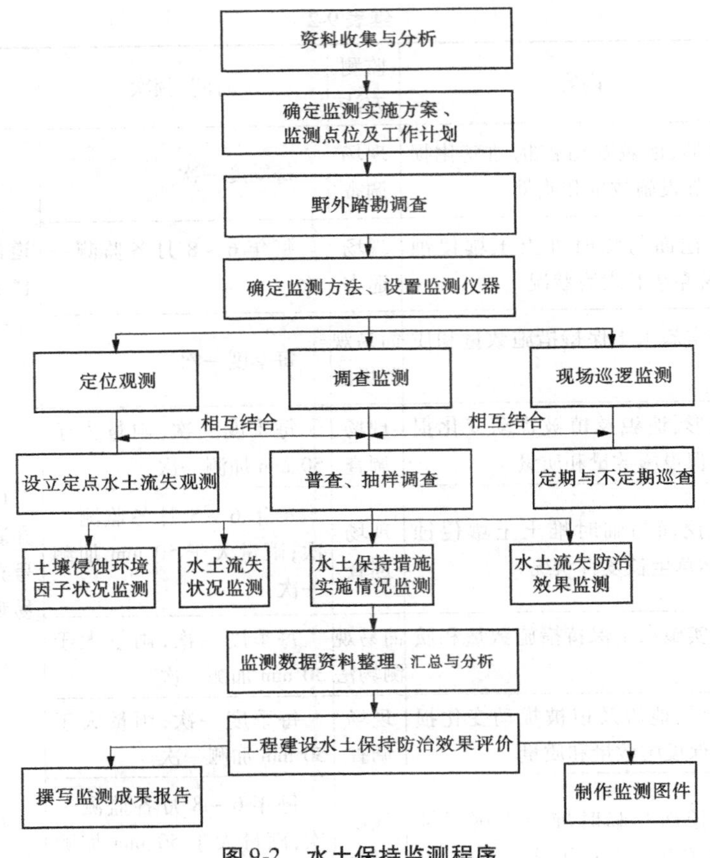

图 9-2　水土保持监测程序

征占地面积小于 5 hm^2 且挖填土石方总量小于 5 万 m^3 的，由建设单位自行安排水土保持监测工作。

9.10　监测制度

(1)监测单位根据监测任务及时制订切实可行的监测计划，对本项目水土保持工程进行全面规划，将监测任务按年度进行分解，落实监测内容和监测项目。

(2)监测单位要根据《水土保持监测技术规程》，严格按照方案制订的监测内容及方案进行监测。为使监测结果准确可靠，能够真正为工程建设治理的水土流失服务，要求每次监测前需要对监测仪器进行校检，合格后方可投入使用。

(3)建立技术监测档案，主要包括水土保持设施设计、建设文件，监测记录文件，仪器设备校核文件及其他有关的技术文件等。

(4)对监测结果要及时统计分析，认真对比，作出简要评价，编写监测报告(应包括六项防治目标的计算表格)，并及时报送水土保持行政主管部门和建设单位；若发现异常情况，应立即通知业主与当地水土保持行政主管部门。

(5)本工程水土保持工作必须接受水行政主管部门的监督检查，水土保持方案经批准后,业主应主动与地方水行政主管部门取得联系,确保方案的按期实施,并做好水土保持宣传教育工作,动员全社会力量,共同参与项目周边地区的荒漠化防治和水土保持治理工作。

9.11 监测设施设备及人员配备

9.11.1 设施设备

本工程水土保持监测需要配备的常规监测设备包括自记雨量计、坡度仪、钢卷尺、GPS 定位仪等耗材。监测设施和设备配置情况见表 9-3 和表 9-4。

监测设备由监测单位自备,监测设施费用根据监测点布设情况在投资估算中计算。

表 9-3 易损易耗监测设备表

序号	设备名称	单位	数量
1	自记雨量计	台	6
2	集雨设备	套	6
3	风向风速仪	台	6
4	钢钎	根	135

表 9-4 耐用监测设备表

序号	设备名称	单位	数量
1	干燥器	个	5
2	烘箱	台	2
3	土壤水分测定仪	套	1
4	过滤装置	套	2
5	电子天平	台	2
6	手持型 GPS	部	3
7	计算机	台	6
8	打印机	台	1
9	扫描仪	套	1

9.11.2 人员配备

根据与类似工程水土流失监测工作的对比分析,本项目设计配备专业监测工程师 2 人。

9.12 监测成果与报送

监测成果包括季度、年度监测成果和项目总成果。监测成果要求主要包含水土保持监测报告、监测相关表格和图件。监测报告主要包括综合说明、编制依据、项目及项目区概况、水土保持监测布局、监测内容和方法等方面的内容。

监测表格指监测过程中填写完成的表格,要求各表格详细准确。监测图件要求包括工程地理位置图、水土流失防治责任范围图、工程建设前水土流失现状图、水土保持措施布置图和工程竣工后水土保持现状图等。此外,还需提供雨季季度检测报告,如遇有重大水土流失事件,需及时进行监测并提交相关报告。

本工程占地面积和挖填土石方总量均大于"双五十"指标,根据相关规定水土保持监测工作由建设单位委托有甲级以上水土保持监测资质的机构完成,并将监测结果报送建设单位和地方水土保持行政主管部门,监测结果作为监督检查和验收达标的依据之一。

每次监测前,对监测仪器进行检验,合格后方可投入使用;对收集、观测、调查的降水量、含沙量、气象、试验数据等资料进行系统的整理、整编及严格的审查。

监测成果应及时整编,工程建设期间,应于每季度的第一个月内报送上季度的《生产建设项目水土保持监测季度报告表》,同时提供重要位置的照片影像资料;因降雨、大风或人为原因发生严重水土流失及危害事件的,应于事件发生后1周内报告有关情况,水土保持监测任务完成后,应于3个月内报送《生产建设项目水土保持监测总结报告》。报送的报告和表要加盖生产建设单位公章,并由水土保持监测项目的负责人签字,《生产建设项目水土保持监测实施方案》《生产建设项目水土保持监测总结报告》还需加盖监测单位公章。

第10章　水土保持投资估算与效益分析

10.1　编制范围与编制原则

清渡河水库工程水土保持投资估算编制范围为工程所涉及的全部区域。

(1)本项目水土保持方案投资估算编制,按照水土保持投资概(估)算编制规定和水土保持工程概算定额进行编制,主要材料价格及价格水平年与主体工程保持一致,不足部分依据水利行业的概算定额编制,并适当结合地方标准。

(2)植物工程单价依据当地价格水平确定。

(3)水土保持补偿费按照《贵州省水土保持设施补偿费征收管理办法》计算,并纳入水土保持方案新增总投资中。

(4)投资估算表格采用《水土保持工程概(估)算编制规定》中的相应表格形式。

10.2　编制依据

(1)《水土保持工程概(估)算编制规定》(水利部水总〔2003〕67号);

(2)《水土保持工程概算定额》(水利部水总〔2003〕67号);

(3)《水利建筑工程概算定额》(水利部水建〔2002〕116号);

(4)《工程勘察设计收费管理规定》(国家计委、建设部计价格〔2002〕10号);

(5)《国家计委关于加强对基本建设大中型项目概算中"价格预备费"管理有关问题的通知》(国家发计委计投资〔1999〕1340号);

(6)《国家发展改革委、建设部关于印发〈建设工程监理与相关服务收费管理规定〉的通知》(发改价格〔2007〕670号);

(7)《开发建设项目水土保持设施验收管理办法》(水利部第16号令);

(8)《贵州省水土保持设施补偿费征收管理办法》(贵州省政府〔2009〕111号);

(9)《转发国家发展改革委、建设部关于印发〈建设工程监理与相关服务收费管理规定〉的通知》(水利部办公厅办建管函〔2007〕267号);

(10)《关于开发建设项目水土保持咨询服务费用计列的指导意见》(水保监〔2005〕22号);

(11)《财政部、国家发展改革委关于公布〈2010年全国性及中央部门和单位行政事业性收费项目目录〉的通知》(财综〔2011〕20号);

(12)《关于省级审批生产建设项目水土保持方案人工预算单价计算和措施单价税率取值有关问题的通知》(黔水保监〔2013〕9号);

(13)《印江县清渡河水库工程可行性研究报告》投资估算的相关内容。

10.3 投资估算水平年

水土保持方案是工程项目的组成部分，其价格水平年与主体工程概（估）算的价格水平年相一致，采用2013年第一季度价格水平。

10.4 编制方法和费用构成

10.4.1 编制方法

（1）本方案编制投资估算范围包括水土保持工程措施、植物措施、临时防治措施。

（2）水土保持建筑工程投资估算中所采用的单价已根据有关规定综合考虑了直接费、间接费和法定利润因素，即为综合单价。

（3）单项工程的投资由工程单价乘以工程量得出。

（4）本方案编制投资估算为本方案水土保持新增投资部分，水土保持新增投资中包括水土保持补偿费。

10.4.2 基础单价

（1）人工费。工程措施人工单价参照主体设计中的技工预算单价计算。植物措施和临时措施按贵州省规定的生产建设项目水土保持方案人工预算单价计算。人工预算单价：工程措施为6.35元/工时，植物措施和临时措施为9.00元/工时。

（2）材料费。工程措施和临时措施的主要及次要材料采用主体工程的材料预算单价：植物措施的材料单价=当地市场价格+运杂费+采购保管费，其中采购保管费按材料运到工地价格的2%计算。

（3）施工用风、电、水价格。施工用电、水按照主体标准计取，电价计1.01元/kWh，水价0.8元/m^3，施工用风价格按照0.19元/m^3计算。

（4）按照《开发建设项目水土保持工程概（估）算定额》中附录一“施工机械台时费定额”计算，其他材料预算价格与主体中的预算价格相同。

10.4.3 费用构成

根据《开发建设项目水土保持工程概（估）算编制规定》和《关于开发建设项目水土保持咨询服务费用计列的指导意见》，水土保持方案投资估算费用构成为：工程费（工程措施、植物措施、临时工程），独立费用（建设单位管理费、工程建设监理费、科研勘测设计费、水土保持监测费、水保验收技术评估报告编制费），基本预备费，水土保持补偿费。

10.4.3.1 工程费

1.工程措施及植物措施工程费

计算方法：水土保持工程措施和植物措施工程单价由直接工程费、间接费、企业利润和税金组成。工程单位各项的计算或取费标准如下：

(1)直接费:按照《开发建设项目水土保持工程概(估)算定额》计算。

(2)其他直接费率:土石方工程按直接费的2.65%计算,植物措施取2.05%。

(3)现场经费费率:见表10-1。

表10-1　现场经费费率表

序号	工程类别	计算基础	现场经费费率(%)
1	土石方工程	直接费	5
2	混凝土工程	直接费	6
3	植物及其他工程	直接费	4

(4)间接费费率,见表10-2。

表10-2　间接费费率表

序号	工程类别	计算基础	间接费费率(%)
1	土石方工程	直接工程费	5
2	混凝土工程	直接工程费	4
3	植物及其他工程	直接工程费	3

(5)计划利润:工程措施按直接工程费与间接费之和的7%计算,植物措施按直接工程费与间接费之和的5%计算。

(6)税金:税金按直接工程费、间接费、计划利润之和的3.28%计算。

2.工程单价

考虑到本设计为可行性研究阶段的深度,工程措施和植物措施的工程单价在按上述方法计算的基础上乘以10%的扩大系数。

3.临时工程费

本方案已规划的临时工程按工程投资计列(如临时排水设施、临时拦挡设施等),其他临时工程费按"第一部分工程措施"与"第二部分植物措施"投资之和的2.0%计算。

10.4.3.2　独立费用

独立费用包括建设管理费、科研勘测设计费、工程建设监理费、水土保持监测费、水土保持技术文件技术咨询服务费、水土保持设施竣工验收技术评估费。

1.建设管理费

按工程措施投资、植物措施投资和临时工程投资三部分之和的2.0%计算。

2.科研勘测设计费

按照《工程勘察设计收费标准》(国家计委、建设部计价格〔2002〕10号),并参照《关于开发建设项目水土保持咨询服务费用计列的指导意见》的有关规定取费。

3.工程建设监理费

按照《建设工程监理与相关服务收费管理规定》(发改价格〔2007〕670号)的有关规定,结合防洪工程实际情况取费。

4.水土保持监测费

按照《关于开发建设项目水土保持咨询服务费用计列的指导意见》(水保监〔2005〕22

号)结合工程实际情况计取。

5. 水土保持技术文件技术咨询服务费

工程总投资 2.80 亿元,土建投资 1.37 亿元,参照《关于开发建设项目水土保持咨询服务费用计列的指导意见》(水保监〔2005〕22 号)结合工程实际情况计取。

6. 水土保持设施竣工验收技术评估费

参照《关于开发建设项目水土保持咨询服务费用计列的指导意见》(水保监〔2005〕22 号)结合工程实际情况计取。

10.4.3.3 基本预备费

本工程属于可行性研究阶段,按一至四部分之和的 6% 计算。

10.4.3.4 水土保持补偿费

根据《贵州省水土保持设施补偿费征收管理办法》的有关规定,对工程在贵州省境内征占地按 0.5 元/m^2 征收水土保持补偿费。

10.5 估算结果

经计算,清渡河水库工程水土保持方案估算投资 763.98 万元,其中工程措施费 327.40 万元,植物措施费 113.65 万元,临时工程措施费 71.96 万元,独立费用 174.69 万元,其中水土保持工程监理费 41.60 万元,水土保持监测费 42.70 万元,基本预备费 41.26 万元,水土保持补偿费 35.02 万元。

清渡河水库工程水土保持估算汇总表见表 10-3,分年度投资表见表 10-4。

表 10-3 清渡河水库工程水土保持估算汇总表 (单位:万元)

序号	工程或费用名称	新增措施投资					合计
		建安工程费	植物措施费		设备费	独立费用	
			栽(种)植费	苗木、种子费			
第一部分	工程措施	327.40					327.40
(一)	料场区	17.72					17.72
(二)	施工生产生活区	13.27					13.27
(三)	道路防治区	39.66					39.66
(四)	弃渣场区	256.74					256.74
第二部分	植物措施		77.18	36.47			113.65
(一)	枢纽工程区		0.14	0.47			0.61
(二)	料场区		1.42	1.50			2.92
(三)	道路防治区		59.43	19.56			78.99

续表 10-3

序号	工程或费用名称	新增措施投资					合计
		建安工程费	植物措施费		设备费	独立费用	
			栽(种)植费	苗木、种子费			
(四)	施工生产生活区		4.24	4.49			8.73
(五)	弃渣场区		11.95	10.44			22.39
第三部分	临时措施	71.96					71.96
(一)	枢纽工程区	0.04					0.04
(二)	灌溉供水工程区	18.02					18.02
(三)	道路防治区	12.23					12.23
(四)	料场区	1.95					1.95
(五)	施工生产生活区	2.12					2.12
(六)	弃渣场区	37.60					37.60
第四部分	独立费用					174.69	174.69
(一)	建设单位管理费					10.25	10.25
(二)	工程建设监理费					41.60	41.60
(三)	科研勘测设计费					56.00	56.00
(四)	水土保持监测(设施费 + 人工费)					42.70	42.70
(五)	水土保持技术文件技术咨询服务费					1.69	1.69
(六)	水土保持工程验收技术评估报告编制费					22.45	22.45
一至四部分合计							687.70
基本预备费							41.26
损坏水土保持设施补偿费							35.02
总投资							763.98

表 10-4　清渡河水库工程水土保持估算分年度投资表　　(单位:万元)

序号	工程或费用名称	合计	2015 年	2016 年	2017 年
第一部分	工程措施	327.40	168.40		159.00
(一)	料场区	17.72			17.72
(二)	施工生产生活区	13.27			13.27
(三)	道路防治区	39.66	30.22		9.44
(四)	弃渣场区	256.74	138.18		118.56

续表 10-4

序号	工程或费用名称	合计	2015 年	2016 年	2017 年
第二部分	植物措施	113.65		73.41	40.24
（一）	枢纽工程区	0.61		0.38	0.23
（二）	料场区	2.92		1.93	0.99
（三）	道路防治区	78.99		56.56	22.43
（四）	施工生产生活区	8.73		2.13	6.60
（五）	弃渣场区	22.39		12.40	9.99
第三部分	临时措施	71.96	28.71	21.08	22.17
（一）	枢纽工程区	0.04	0.04		
（二）	灌溉供水工程区	18.02	9.16	8.86	
（三）	道路防治区	12.23	12.23		
（四）	料场区	1.95	1.95		
（五）	施工生产生活区	2.12	2.12		
（六）	弃渣场区	37.60	3.21	12.22	22.17
第四部分	独立费用	174.69	107.86		66.83
（一）	建设单位管理费	10.26	10.26		
（二）	工程建设监理费	41.60	41.60		
（三）	科研勘测设计费	56.00	56.00		
（四）	水土保持监测（设施费 + 人工费）	42.70			42.70
（五）	水土保持技术文件技术咨询服务费	1.69			1.69
（六）	水土保持工程验收技术评估报告编制费	22.45			22.45
一至四部分合计		687.70	304.97	94.49	288.24
基本预备费		41.26			41.26
损坏水土保持设施补偿费		35.03	35.03		
总投资		763.98	340.00	94.49	329.50

10.6 效益分析

10.6.1 防治效果预测

10.6.1.1 扰动土地整治率

通过工程建设和水土保持措施，建设区内大部分面积得到整治，预计扰动土地整治率达到 99.5%，能够满足方案目标值 95% 的要求。

10.6.1.2　水土流失总治理度

各项水土保持措施实施后，工程各水土流失区域均能得到有效的治理和改善。主体工程区在工程结束后，由浆砌石护坡、建筑物及硬化路面等覆盖；料场、施工道路区、施工生产生活区工程结束后通过土地整治、复耕；弃渣场采取水土保持措施后，因弃渣而引起的剧烈水土流失基本得到治理。根据方案设计，预计水土流失总治理度 98.8%，能够达到防治目标 97% 的要求。

10.6.1.3　土壤流失控制比

项目区土壤侵蚀模数容许值为 500 t/(km^2·a)，经治理后各防治区土壤侵蚀模数平均值预计为 450 t/(km^2·a)，土壤流失控制比为 1.1，能够达到方案目标值要求。

10.6.1.4　拦渣率

工程总弃渣 62.06 万 m^3，施工期同时采取本方案渣场防护措施后，弃渣可以得到很好控制，预计拦渣率可达到 95%，能够满足方案目标值 85% 的要求。

10.6.1.5　林草植被恢复率

工程建设区在实施植物措施后，各个防治区在经过 1 年自然恢复期后，植被基本可恢复。预计整个防治责任范围内的植被恢复系数在工程完成后 1 年内可改善至 99% 以上，达到方案目标值。

10.6.1.6　林草覆盖率

实施植物措施后，经过自然恢复期，防治责任范围内的林草植被基本可恢复，预计整个防治责任范围内的林草覆盖率达 60.6%。由于工程临时占地以耕地和林地为主，施工结束后进行复耕，符合工程实际，满足方案目标值 27% 的要求。

由各项计算结果可以看出，通过水土保持措施治理后，均可满足方案编制提出的目标要求，基础效益良好。

水土保持效益分析表见表 10-5。

表 10-5　水土保持效益分析表

目标名称	项目	单位	数量	效益分析值	防治目标值
扰动土地整治率	1. 水土保持措施面积	hm^2	44.25	99.5%	95.0%
	（1）植物措施面积	hm^2	42.07		
	（2）工程措施面积	hm^2	2.18		
	2. 永久建筑物占地面积	hm^2	18.70		
	3. 场地道路硬化面积	hm^2	5.93		
	4. 水域面积	hm^2	40.95		
	5. 建设区扰动地表面积	hm^2	110.39		

续表 10-5

目标名称	项目	单位	数量	效益分析值	防治目标值
水土流失总治理度	1. 水土保持措施面积	hm^2	44.25	98.8%	97.0%
	(1)植物措施面积	hm^2	42.07		
	(2)工程措施面积	hm^2	2.18		
	2. 永久建筑物占地面积	hm^2	18.70		
	3. 场地道路硬化面积	hm^2	5.93		
	4. 水面面积	hm^2	40.95		
	5. 建设区内未扰动的微度侵蚀面积	hm^2			
	6. 建设区面积	hm^2	110.39		
	7. 建设区水土流失总面积	hm^2	44.81		
土壤流失控制比	1. 项目区容许土壤流失量	$t/(km^2 \cdot a)$	500	1.1	1.1
	2. 方案实施后土壤侵蚀强度	$t/(km^2 \cdot a)$	450		
拦渣率	1. 采取措施后实际拦挡的弃土(石、渣)量	万 t	58.9	94.9%	85%
	2. 弃土(石、渣)总量	万 t	62.06		
林草植被覆盖系数	1. 林草植被面积	hm^2	42.07	99%	99.0%
	2. 可恢复林草植被面积	hm^2	42.62		
林草覆盖率	1. 林草植被面积	hm^2	42.07	60.6%	27.0%
	2. 项目建设区总面积	hm^2	69.44		

10.6.2 水土资源损益分析

本工程是新建工程,工程建设中,虽然扰动范围很大,但通过水土保持措施和工程建设措施,水土流失危害都是可控的。

10.6.3 生态与环境损益分析

通过水土保持措施,工程建设和恢复的植被有草皮护坡、乔木林、灌木、草地等,从立体空间上,改善了工程的生态环境,防止了水土流失,起到了绿化、美化效果。

10.6.4 社会与经济效益

工程建设完成后,通过水土保持治理措施,减少了因工程建设给当地群众生活、生产带来的不利影响。提高植被覆盖度,可使当地的自然环境得到最大程度的改善,促进生态系统向良性循环发展。

本方案各项水土保持防治措施实施后,临时占用地的表土剥离、存放与回填,临时占用耕地的有效复耕,最大限度地保护了耕地资源,减少了对农业的损害。

第11章　方案实施保障措施

为贯彻《中华人民共和国水土保持法》《中华人民共和国水土保持法实施条例》和国家计委、水利部、国家环保局发布的《开发建设项目水土保持方案管理办法》，确保水土保持方案的顺利实施，在方案实施过程中，业主单位应切实做好招投标工作，落实工程的设计、施工、监理、监测，要求各项工作任务的承担单位具有相应的专业资质，尤其注意在合同中明确施工责任，并依法成立方案实施的组织领导单位，狠抓落实，联合水行政主管部门做好水土保持工程的验收工作。

（1）加强组织领导与管理。

根据《中华人民共和国水土保持法》及《中华人民共和国水土保持法实施条例》中规定的组织实施方式和本工程的特点，本项目水土保持方案由建设单位自己组织实施。

建设单位在清渡河水库工程项目前期工作中，应配有熟悉水土保持工作的人员来管理水土保持的实施。在本方案经水利部批复后，建设单位应立即部署本工程的水土保持后续设计及实施工作，制定关于本项目水土保持的工作流程及管理办法等，使本水土保持方案确定的各项要求、规定、技术设计能够在后续工作中得到落实。对水土保持设计、监理、监测、施工和验收做好管理工作。

（2）后续设计。

本方案批复后，承担初步设计、招标设计和施工图等工作的设计单位，要严格按照《中华人民共和国水土保持法》《开发建设项目水土保持技术规范》和《水利工程各设计阶段水土保持技术文件编制指导意见》的各项规定和本方案的技术要求，安排水土保持专业技术人员做好水土保持的设计工作。同时，后续设计工作中，对水土保持方案出现重大变更时，应及时与业主单位沟通，做好水土保持方案的重新编报审批工作。

（3）水土保持工程招标投标工作。

按照《中华人民共和国招标投标法》有关规定及相关资质要求，做好水土保持监理、监测、施工的招标工作，在合同中明确项目承担责任人的工作内容、责任和义务。

根据《关于加强大中型开发建设项目水土保持监理工作的通知》（水利部水保〔2003〕89号）和《水利工程建设监理规定》（水利部第28号令），本工程应开展水土保持监理工作。建设单位在对监理合同招标时，可根据水土保持监理费用的多少选择招标方式或直接委托监理单位。进行招标时，可以与主体工程合并一起进行招标，也可进行单独招标或直接委托，但必须符合相关法规要求。无论何种方式，监理单位必须具有注册水土保持专业的水利工程建设注册监理工程师来承担本工程水土保持工程的施工工作，并在招标文件中予以明确。

监测单位必须由水土保持监测甲级资质的单位承担。

施工单位，必须配备懂得水土保持施工的技术人员参与施工。

（4）水土保持工程建设监理。

取得监理工作的单位，要按照水土保持监理的各项要求，认真开展水土保持监理工作，在监理过程中及时发现和解决水土保持工程施工中的各种问题，及时下达处理意见，确保水土保持工程建设质量，真正达到防止水土流失的目的。水土保持工程监理资料要单独分册装订。

(5)水土保持监测。

根据本工程分年度投资建设和建设周期短等特点，建设单位应在水土保持方案报告书批复后，及时对监测工作进行布置。在进行水土保持监测工作招标或委托时，要对拟承担水土流失监测单位的资质进行严格审查，确保监测单位具有水土保持监测资质，并要求监测单位按照水土保持方案中监测要求编制监测实施方案。

监测单位要按照《水土保持监测技术规程》《关于规范生产建设项目水土保持监测工作的意见》和《开发建设项目水土保持设施验收规程》有关规定，做好监测工作，编制监测报告。在监测中，要按阶段向建设单位和水行政主管部门报告监测成果，并对监测成果进行综合分析，验证水土保持措施的合理性、科学性。水土保持监测结束后要及时提交监测报告。水土保持设施竣工验收时提供水土保持监测总结报告。具体的水土保持监测流程为：实施方案→阶段监测成果表→监测总报告。

(6)施工管理。

水土保持工程的建设应与主体工程一起实行招投标制，建设单位在施工招标中应将各标段中所包含的水土保持工程及其技术要求详细列入招标合同，明确承包商在各承包工程区内的水土流失防治范围与水土流失防治责任，在施工中对主体工程建设区、取弃土场、施工临时占地区应严格按照水土保持方案中的防护措施(包括临时防护措施)与水土保持工程设计图及施工进度安排进行施工。另外，对于外购的砂石料，施工单位应审核供应方开采手续是否合法、齐备，如果供应方属违法开采，无相关合法手续，则施工单位不得购买其砂石料。施工单位在施工中应做好水土保持设施施工记录和有关资料的管理存档，以备监督检查和竣工验收时查阅。

(7)检查与验收。

在主体工程投入运行前，必须验收水土保持设施，验收的内容、程序等按照《开发建设项目水土保持设施验收管理办法》执行。

首先由该工程的水土保持方案实施领导小组组织自查初验，然后由建设单位提出该工程的《竣工验收申请报告》，在该申请报告中，专列一项水土保持工程，文字部分应详细列出防治责任范围、防治分区、各类水土保持防治措施的位置、要求的质量和数量，附图应包括工程总体布局图和各项水保工程单项设计图。

在主体工程由建设单位组织验收时，水土保持工程应同时验收，验收组织中应包括水土保持工程技术人员。验收项目是《竣工验收申请报告》中的水土保持部分，验收的重点是总体布局与防治分区是否科学合理，各项措施是否按设计实施以及水保措施的数量与质量，质量验收中应包括林草成活率、保存率，工程措施经汛期暴雨的考验情况等。

主要的验收程序为：首先对《竣工验收申请报告》的内容全面审查，然后抽样复查工程的自查初验可靠程度，并到现场重点检查少数土料场的防治措施情况、防治后坡面的冲刷情况以及林草成活情况，沿线观察边坡防护情况，最终提出验收意见。

(8)保证资金来源和投入使用。

根据《中华人民共和国水土保持法》第三十二条规定,“开办生产建设项目或从事其他生产建设活动造成水土流失的,应当治理”。“生产建设项目在建设工程中和生产工程中发生的水土保持费用,按照国家统一的财务会计制度处理”。因此,本工程水土保持措施所需资金均来源于工程建设投资中,与主体工程资金同时调拨,并做到专款专用,以确保水保工程与主体工程同时设计、同时施工、同时发挥效益。

在执行水保资金预算过程中,除按照“三同时”原则与主体工程同步安排水保资金外,还应根据水保工程实际需要对资金安排项目顺序进行调整。为在工程建设期间尽量减少水土流失,有些水保工程要先于主体工程建设,如拦挡设施及排水工程,若建设滞后将加剧水土流失,亦影响主体工程安全顺利建设。所以,这些措施应先于主体工程安排资金,先动工,要按水保工程实际进度需要调度安排资金。

水保工程结算付款,要根据完成水保工程的质量、数量和进度拨付。对防治措施超前和优质工程给予表彰和奖励;对预防措施不力、工程进度滞后或治理工程治理质量不合格的,除责令返工外,还应追究责任单位经济责任,以确保本方案贯彻实施和取得最佳的水土保持综合效益。

(9)建立健全技术档案制度。

水土保持技术档案是水土保持工程验收的重要内容之一,建档内容主要包括该项目水土保持方案设计资料,年度施工情况总结及相应图表、文件,各项治理措施所需的材料、经费、劳动力等技术经济指标,水土保持效益指标,施工质量检验验收的全部文件、报告、图表等资料。

档案必须全面、系统、科学、真实,时间和项目齐全,所有的数据资料要准确。年度或工作阶段结束后,要把所有资料及时整理归档。

第12章 结论及建议

12.1 结　论

(1)本项目建设征占地范围内在施工期和自然恢复期可能造成的水土流失预测总量为7 391 t,新增水土流失量5 571 t。工程建设产生的水土流失将会对当地生态环境、土地资源、土壤肥力、河道等造成不同程度的危害。

(2)工程建设防治分区为枢纽工程防治区、灌溉供水工程区、施工生产生活防治区、施工道路防治区、料场防治区、弃渣场防治区和水库淹没区等7个防治区。

通过对各防治区水土流失的形式和特点分析,其中弃渣场区、灌溉供水工程区和料场区为本工程水土流失的防治和监测重点。

(3)对主体工程的评价。

根据分析与评价,清渡河水库工程存在一些水土保持制约因素,但经过本方案布设的措施防治后,符合水土保持要求。

主体工程设计中采用的多种形式防护措施,对稳定边坡、防止水土流失和保障当地地域安全起到了积极的作用,其防护方案和防护工程设计均能满足水土保持要求。

(4)清渡河水库工程水土保持方案估算投资763.98万元,其中工程措施费327.40万元,植物措施费113.65万元,临时工程措施费71.96万元,独立费用174.69万元,其中水土保持工程监理费41.60万元,水土保持监测费42.70万元,基本预备费41.26万元,水土保持补偿费35.03万元。

(5)水土保持防治措施实施后,工程各水土流失区域均能得到有效的治理和改善。

综上所述,清渡河水库工程从水土保持角度分析是可行的。

12.2 建　议

12.2.1 对主体工程设计的建议

(1)工程建设单位配合设计单位和施工单位,认真落实以后各阶段的水土保持措施设计,结合主体工程防护设计,进一步优化和细化水保措施,提高设计质量,使水土保持防治措施真正达到经济合理,切实可行;水保工程实施后,收到良好的基础效益、生态效益、社会效益和经济效益。

(2)主体工程下阶段设计中进一步优化料场位置和料场面积,进行合理、规范取料,节约土地资源;施工时尽量减小料场开挖区的机械碾压、人员踏压范围,尽可能减少扰动面积,进一步优化弃渣场的位置和面积,进行合理、规范的弃渣,节约土地资源,从而保护土地资源,减少水土流失。

(3)优化施工组织设计,通过优化施工工序、施工方法,以减少土石方和弃土回采利用的临时存放时间,减少弃渣的产生量,减少地表裸露时间,从而减少土壤侵蚀量,减少水土流失量,使工程建设造成的水土流失量在最短时间内降到最低,保护项目区的生态环境。

12.2.2　对下阶段工程实施的建议

(1)建议建设单位在工程招标、施工中建立水土保持相关的规章制度,在主体招投标中将水土保持措施纳入,工程若有重大变更,需重新编报水土保持方案,项目水土保持工程竣工后向贵州省水利厅申请验收。

(2)在施工中落实各项水土保持措施,使其充分发挥水土保持功能,并与水土保持方案措施紧密结合,形成综合防护体系,同时节省工程水土保持投资。

(3)在主体工程施工中应加强临时防护措施,并明确对施工单位的管理措施,避免造成不应有的水土流失。

(4)建议建设单位加强对施工单位的管理,按水土保持方案的水保设计和保证措施搞好水土保持工作,做好生态环境保护工作。

(5)建议施工单位注意拦挡措施的安全,做好截排水工作,建议选择当地适宜的树种进行绿化,及时对各区表土进行剥离,用于后期绿化或其他工程。

12.2.3　对监理、监测工作的建议

(1)水土保持监理单位,根据建设单位授权和监理规范要求,切实履行自己的职责,及时发现问题、及时解决问题。对施工单位在施工中违反水土保持法规的行为和不按设计文件要求进行水土保持设施建设的行为,有权予以制止,责令其停工,并作出整改。监理单位在监理工作结束后,要提交监理工程中水土保持设施建设的影像资料和监理报告,作为被验单位,接受水土保持设施竣工验收。

(2)水土保持监测在接受监测工作后,要及时开展工作,特别是在工程建设前,完成水土保持现状调查工作,按照监测结束规程要求,及时布置监测点位、建设监测设施。认真记录每次监测数据,并及时分析整理,按阶段要求上报建设单位和水行政主管部门。监测完成后,要及时提交监测过程中的影像资料和监测报告,并进行评估,然后报水行政主管部门备案,同时水土保持监测影像资料和监测报告要作为水土保持设施竣工验收的技术文件之一,提交验收管理部门。

第四部分　四川永定桥水库工程水土保持方案

永定桥水利工程位于四川雅安市汉源县境内大渡河左岸支流流沙河上。本工程开发任务是解决瀑布沟水电站水库移民流沙河下游安置区灌溉、人畜用水水源和汉源县县城新址的供水问题，改善当地居民的生产生活条件，同时改善流沙河左、右岸部分区域的农业灌溉和农村人畜用水条件。

永定桥水利工程由碾压混凝土重力坝、引水隧洞、渠道等组成。水库正常蓄水位 1 543 m，最大坝高 124.50 m，坝顶长度为 203.00 m，水库正常蓄水位以下库容 1 074 万 m^3。坝身设溢流坝段，消能设施为挑流消能。引水坝段长 30.00 m，坝身埋设有三根引水钢管，引水钢管穿过坝体后合并为一根钢管通至坝后引水灌溉洞。引水灌溉洞末端在关沟处与引水干渠连接。引水渠道工程由干渠和支渠组成，为流沙河两岸灌区、瀑布沟移民安置区和汉源县县城新址供水。渠道全长 90.91 km，其中，干渠长 42.96 km，支渠长 47.95 km。

绪 论

永定桥水利工程位于四川雅安市汉源县境内大渡河左岸支流流沙河上。本工程开发的任务是解决瀑布沟水电站水库移民流沙河下游安置区灌溉、人畜用水水源和汉源县县城新址的供水问题,改善当地居民的生产生活条件,同时改善流沙河左、右岸部分区域的农业灌溉和农村人畜用水条件。

大渡河瀑布沟水电站工程位于四川雅安市汉源县、石棉县与凉山彝族自治州甘洛县交界的大渡河中游河段,装机容量 3 300 MW,是一座以发电为主,兼有防洪、拦沙等综合利用效益的大型水电工程。

瀑布沟水电站农村移民安置方式以大农业安置为主,适当解决口粮田地,依附城镇、集镇安置为辅。安置地以库区汉源、石棉两县安置为主,并结合雅安市内外迁、省内外迁安置。其中汉源县规划安置农村移民 30 396 人,安置地集中在流沙河流域。

流沙河是大渡河中游左岸的一级支流,发源于扇子山东麓,流域走向大致为西北—东南向,流域面积 1 150 km^2,河长 71.0 km,流域略呈扇形,整个流域位于汉源县境内。流域长期处于缺水状态,但是有大量可利用的土地资源待开发,可供改造的坡耕地面积较大。通过水利工程以及结合当地自然资源状况和移民安置过程中的基础设施建设,实现可利用资源的综合开发,基本扭转流沙河流域大部分区域农业生产缺水的状态,既有利于安置移民,也造福于当地居民,解决本区域多年无法解决的问题。通过产业结构的调整,提高土地产出能力,将带动区域的经济发展,弥补部分库区淹没影响,是灌区人民脱贫致富、保持社会稳定的需要,也是汉源县经济可持续发展的需要。因此,建设永定桥水利工程是非常必要的。

永定桥水利工程由碾压混凝土重力坝、引水隧洞、渠道等组成。坝址布置在三交乡河坝村永定桥下游约 3.3 km 处河段,距汉源县县城约 56 km,交通便利。水库正常蓄水位 1 543 m,最大坝高 124.50 m,坝顶长度为 203.00 m,水库正常蓄水位以下库容 1 074 万 m^3。坝身设溢流坝段,消能设施为挑流消能。引水坝段长 30.00 m,坝身埋设有三根引水钢管,引水钢管穿过坝体后合并为一根钢管通至坝后引水灌溉洞。引水灌溉洞末端在关沟处与引水干渠连接。引水渠道工程由干渠和支渠组成,为流沙河两岸灌区、瀑布沟移民安置区和汉源县县城新址供水。渠道全长 90.91 km,其中,干渠长 42.96 km,支渠长 47.95 km。工程计划工期 33 个月,静态投资 8.66 亿元,其中土建投资 4.97 亿元。

工程区地处青藏高原东南缘向四川盆地过渡的高中山峡谷区,区内总体地势西北高、东南低,山岭高程一般 2 500 ~ 3 500 m,河流水系发育,沟谷深切,岭谷高差 1 000 ~ 1 500 m,工程所在地水土流失类型以水力侵蚀为主,其次为重力侵蚀,侵蚀强度以轻度和强度为主,根据《四川省人民政府关于划分水土流失重点防治区的公告》,永定桥水利工程所在区域属四川省水土流失重点监督区。

本工程征占地面积 324.60 hm^2,其中征地 172.50 hm^2,临时占地 152.10 hm^2。土石

方开挖量353.97万m^3(自然方,下同),弃渣量131.92万m^3(折合松方179.85万m^3)。本工程以点型和线型建设工程相结合,施工扰动区域范围大,集中分布在水库淹没区、挡水坝、引水隧洞、三交坪蠕滑体和高粱坪堆积体处理工程、渠道工程、场内道路、弃渣场、料场及施工临时设施等区域。挡水坝和沿线渠道的土石方挖填、弃渣搬运和堆放等施工环节极易造成水土流失。工程建设过程可能造成的水土流失形式主要有面蚀、沟蚀、滑坡、崩塌和泥石流等,可能造成的危害主要有:库区和开挖边坡滑塌,可能造成流沙河下游河道淤积,影响工程施工和枢纽安全;流失土石渣淤埋周边的农田,导致土地退化;渠道弃渣大部分堆置在沿线的沟道内,除对渣体表面侵蚀外,还可能造成渣体滑塌和泥石流等灾害,加大当地水土流失治理难度。

项目组接受委托后,及时组织技术力量,进行了现场查勘,对工程区水土流失现状进行了详细调查分析,收集工程及周边地区自然状况、社会经济等与水土保持相关的资料,根据工程区自然和社会环境现状、水土资源利用、植被损坏程度、侵蚀形式等调查成果,对工程建设可能造成的水土流失及其危害进行预测,确定弃渣场、场内道路、施工临时设施等为本方案水土流失重点防治区。对工程防治责任范围内的施工部位按照"生态效益优先"的原则,采取拦挡、护坡、截排水、土地整治、生态修复等水土保持措施,使工程区水土流失得到有效控制,使汉源县工程沿线的社会经济和生态环境得到可持续发展。

第1章 编制总则

1.1 项目由来

根据《中华人民共和国水土保持法》和《开发建设项目水土保持方案编报审批管理规定》等法律法规的规定，凡有可能造成水土流失的开发建设项目，均须编报水土保持方案。

永定桥水利工程为新建项目，工程土石方开挖总量353.97万m^3，综合利用量222.05万m^3，弃渣量约131.92万m^3，工程扰动原地貌面积324.60 hm^2。工程建设过程中，扰动原地貌面积较大，弃渣量较多，如不采取有效的水土保持措施，将造成较大的水土流失，对工程区及流沙河下游的生态环境等造成危害。因此，根据国家有关法律法规规定，水土保持方案报告书的编制是十分必要的。

2005年7月，开始进行《四川省大渡河瀑布沟水电站移民安置永定桥水利工程水土保持方案报告书》（送审稿）的编制工作，根据技术评审会评审意见，编制完成了《瀑布沟水电站移民安置永定桥水利工程水土保持方案报告书》（报批稿）。

1.2 编制目的

根据《中华人民共和国水土保持法》等法律法规的规定，按照"因地制宜、因害设防、突出重点、注重效益"的原则，编制本方案报告书，编制目的主要为以下几点：

（1）根据工程永久占地和临时占地范围，对工程建设区和直接影响区内扰动原地貌面积进行现场调查，了解和掌握其水土流失现状，确定工程水土流失防治责任范围和建设过程中损坏的水土保持设施的面积与数量。

（2）根据工程施工过程中土石方的开挖量、回填量、弃渣量以及施工部位扰动原地貌面积，分析其水土流失成因，合理确定水土流失预测方法与参数，预测工程建设造成的新增水土流失量，并分析其造成的水土流失危害，确定工程水土流失防治重点，并进行合理的水土流失防治分区。

（3）通过对枢纽工程、弃渣场、料场、施工临时设施、场内道路等区域的水土流失分析和预测，评价其总体布局的合理性。

（4）根据主体工程各建筑物布置及施工工艺，结合区域自然环境和地形概况，对主体工程设计中具有水土保持功能工程（包括永久及临时工程）措施进行水土保持分析和评价，并将具有水土保持功能工程纳入到水土流失防治措施体系中；同时针对工程建设可能造成的新的水土流失特点，进行水土保持措施设计。

（5）确定方案施工组织设计和实施的进度安排，提出水土保持投资估算、效益分析及方案实施的保证措施。

(6)根据对工程区新增水土流失的预测,结合新增水土流失发生的时段和区块,拟定切合实际的水土保持监测内容和方法,提出水土保持监测方案。

(7)通过编制合理、可行的水土保持方案,采取相应的水土流失防治措施,制定落实本工程水土保持方案的技术保证措施,使工程建设新增的水土流失得到有效控制,同时使业主单位明确防治责任范围,为其提供治理水土流失的技术保证,并为水行政主管部门的执法检查、监督和水土保持设施竣工验收提供依据。

1.3 编制依据

1.3.1 法律法规

(1)《中华人民共和国水土保持法》(1991 年 6 月);

(2)《中华人民共和国水法》(2002 年 10 月);

(3)《中华人民共和国森林法》(1998 年 4 月);

(4)《中华人民共和国防洪法》(1997 年 8 月);

(5)《中华人民共和国土地管理法》(1998 年 8 月);

(6)《中华人民共和国环境保护法》(1989 年 12 月);

(7)《中华人民共和国环境影响评价法》(2003 年 9 月);

(8)《中华人民共和国水土保持法实施条例》(1993 年 8 月);

(9)《中华人民共和国河道管理条例》(1988 年 6 月);

(10)《建设项目环境保护管理条例》(国务院令〔1998〕第 253 号);

(11)《四川省实施〈中华人民共和国水土保持法〉办法》(1993 年 12 月)。

1.3.2 部委规章

(1)《开发建设项目水土保持方案编报审批管理规定》(水利部令〔1995〕第 5 号),根据《水利部关于修改部分水利行政许可规章的决定》(水利部令〔2005〕第 24 号)修改;

(2)《土地复垦规定》(国务院,1988 年 11 月);

(3)《水土保持生态环境监测网络管理办法》(水利部令〔2000〕第 12 号);

(4)《开发建设项目水土保持设施验收管理办法》(水利部令〔2002〕第 16 号),根据《水利部关于修改部分水利行政许可规章的决定》(水利部令〔2005〕第 24 号)修改;

(5)《企业投资项目核准暂行办法》(国发〔2004〕19 号)。

1.3.3 规范性文件

(1)《全国生态环境保护纲要》(国发〔2000〕38 号);

(2)《全国水土保持预防监督纲要(2004 ~ 2015)》(水利部水保〔2004〕332 号);

(3)《关于发布〈2004 年全国性及中央部门和单位行政事业性收费项目目录〉的通知》(财政部、国家计委财综〔2005〕6 号);

(4)《关于西部大开发中加强建设项目环境保护管理的若干意见》(环发〔2001〕4号);

(5)《关于颁发〈水土保持工程概(估)算编制规定和定额〉的通知》(水利部水总〔2003〕67号);

(6)《关于加强大中型开发建设项目水土保持监理工作的通知》(水利部水保〔2003〕89号);

(7)《水土保持生态建设工程监理管理暂行办法》(水建管〔2003〕79号);

(8)《国务院关于深化改革严格土地管理的决定》(国发〔2004〕28号);

(9)《关于规范水土保持方案技术评审工作的意见》(水利部办公厅水保〔2005〕121号);

(10)《关于开发建设项目水土保持咨询服务费用计列的指导意见》(水保监〔2005〕22号);

(11)《关于发布〈水利工程各设计阶段水土保持技术文件编制指导意见〉》(水总局科〔2005〕3号);

(12)《关于印发〈四川省水土流失治理费和水土保持设施补偿费的征收标准和使用管理暂行办法〉的通知》(川价费发〔1997〕25号);

(13)《四川省人民政府关于划分水土流失重点防治区的公告》(1998年12月);

(14)《四川省人民政府关于加强水土保持工作意见的通知》(川府发〔1993〕36号);

(15)《四川省水土保持设施补偿费、水土流失防治费征收管理办法(试行)》(川价〔1995〕118号);

(16)《四川省开发建设项目水土保持方案编制中有关技术问题暂行规定》(川水发〔2004〕16号);

(17)《关于切实做好水土保持生态环境监测工作的通知》(川水发〔2006〕14号);

(18)《开发建设项目水土保持方案管理办法》(水保〔1994〕513号)。

1.3.4 设计技术规范及标准

(1)《开发建设项目水土保持方案技术规范》(SL 204—98);

(2)《土壤侵蚀分类分级标准》(SL 190—96);

(3)《水土保持综合治理 技术规范》(GB/T 16453.1~6);

(4)《水土保持综合治理 效益计算方法》(GB/T 15774—1995);

(5)《水利水电工程制图标准 水土保持图》(SL 73.6—2001);

(6)《水土保持监测技术规程》(SL 277—2002);

(7)《防洪标准》(GB 50201—94);

(8)《水利水电枢纽工程等级划分及洪水标准》(SL 252—2000);

(9)《水土保持工程概(估)算编制规定》(水利部水总〔2003〕67号);

(10)《水土保持工程概算定额》(水利部水总〔2003〕67号);

(11)《堤防工程设计规范》(GB 50286—98);

(12)《水利水电枢纽工程等级划分及洪水标准》(SL 252—2000);

(13)《主要造林树种苗木质量等级》(GB 6000—1999);

(14)《生态公益林建设技术规程》(GB/T 18337.3—2001)。

1.3.5 技术文件

(1)《四川省汉源县水土保持总体规划(1997~2010)》(汉源县水土保持委员会办公室)。

(2)《四川省大渡河瀑布沟水电站移民安置永定桥水利工程水土保持方案报告书》专家审查意见。

1.3.6 技术资料

(1)《四川省瀑布沟水电站移民安置永定桥水利工程项目建议书报告》(2005 年 6 月)。

(2)《四川省瀑布沟水电站移民安置永定桥水利工程可行性研究报告》(2006 年 5 月)。

1.3.7 委托书

永定桥水利工程水土保持方案编制委托书。

1.4 方案编制深度

永定桥水利工程目前正在进行可行性研究设计,根据《开发建设项目水土保持方案技术规范》(SL 204—98)的有关规定,编制的水土保持方案应符合主体工程所属阶段的内容和设计深度的要求。因此,本方案按水利工程可行性研究阶段设计深度要求进行编制。

1.5 设计水平年

永定桥水利工程主体工程初步确定于 2009 年 3 月建成投入运行,根据工程水土流失特点、主要水土流失发生及防治时段分析,工程属建设类项目。因此,本工程水土保持方案编制设计水平年确定为工程完工后第 1 年,即设计水平年为 2010 年。

第2章　项目及项目区概况

2.1　项目概况

2.1.1　工程地理位置

汉源县位于四川省西南部，隶属四川省雅安地区，为四川盆地与青藏高原的过渡地带，地跨东经102°16′～103°01′，北纬29°05′～29°43′。东临金口河工农区，南连甘洛县，西靠石棉县和泸定县，北接荥经县和洪雅县。全县幅员面积2 388 km^2，南北稍长。

永定桥水利工程库区位于四川省雅安市汉源县境内流沙河上游河段，坝址布置在三交乡河坝村永定桥下游约3.3 km处河段，距下游宜东镇约6 km，距汉源县城约56 km，距瀑布沟水电站坝址约82 km。水库淹没涉及三交乡和宜东镇两个乡镇。

渠道位于坝址下游流沙河干流两岸，包括干渠、支渠和渠系建筑物，干渠自永定桥水库左岸取水，取水口至两河口渠段位于流沙河左岸，在两河口利用倒虹吸管跨过流沙河至右岸，右岸干渠沿流沙河右岸前行，止于至龙塘沟隧洞后暗渠，干渠末端向东分出萝卜岗支渠，向南分出汉源县城供水管线。左右岸干渠走向基本与流沙河河道平行。渠道沿线途经宜东、大堰、富庄、前域、后域、大岭、河西、市荣、大田等乡镇。

干渠沿线分设支渠，有大田支渠、任家湾支渠、白鹤支渠、梨坪支渠、大岭支渠、萝卜岗支渠、汉源新县城二水厂供水管。其中大田支渠位于流沙河左岸，其他支渠位于流沙河右岸。

2.1.2　工程所在流域概况

流沙河是大渡河中游左岸的一级支流，发源于扇子山东麓，整个流域位于汉源县境内。北面以大相岭和青衣江分水，南面以鸡冠山与大冲河为界，分水岭最高海拔4 021 m。流域走向大致为西北—东南向，略呈扇形。本流域除四周靠近分水岭地区为山区地形外，大部为深、浅丘地貌，中、下游干流沿岸有少量平坝。流域面积1 150 km^2，河长71.0 km，平均比降14.0‰。

永定桥水库位于流域上游，控制集水面积142.7 km^2，河长17.6 km，河道比降46.0‰，控制面积占流沙河面积的12.4%。

2.1.3　工程开发任务和供水区域规划

永定桥水利工程是瀑布沟水电站移民安置配套工程，开发任务是灌溉和供水，包括满足汉源新县城的城市用水、农村移民安置区生活和灌溉用水，并合理安排渠道沿线农村的生活、灌溉、城乡企业工业用水及环境用水。

永定桥水利工程控灌流沙河流域 1 500.00 m 高程以下两岸耕地，工程设计灌溉面积 6 490.8 hm^2，其中耕地面积 4 765.9 hm^2，园地面积 2 174.9 hm^2。

工程供水满足2030年农村13.5万人口人畜综合用水要求和2030年萝卜岗新县城6万人城市用水要求。

2.1.4 工程组成及主要建筑物级别

永定桥水利工程枢纽工程包括库区工程和渠道工程两大部分，施工辅助工程包括导流工程、场内交通、施工临时设施、料场及弃渣场等。同时，工程涉及水库淹没与移民安置，具体项目构成见表2-1。

表2-1 永定桥水利工程项目组成

序号	工程项目		工程组成
1	枢纽工程	库区工程	包括首部枢纽（拦水坝、溢洪道、引水建筑物等）、三交坪蠕滑体和高梁坪堆积体治理工程
		渠道工程	包括主干渠（42.96 km）、支渠（47.95 km）及其他渠系建筑物
2	施工辅助工程	导流工程	包括导流隧洞和围堰
		场内交通	包括首部枢纽场内道路长度19.3 km，渠道工程场内道路69 km（新建道路44 km，改建道路25 km）
		施工临时设施	包括施工生产、生活等设施区，占地16.17 hm^2
		料场	包括大沟头石料场、关顶上石料场和二台子土料场
		弃渣场	包括31处弃渣场
3	水库淹没与移民安置	水库淹没	水库淹没总面积51.74 hm^2
		移民安置	工程生活安置人口594人，生产安置人口1 105人，专项设施复建包括新修乡村路14.74 km，小桥1座，高压线路改线5.9 km

根据国家《防洪标准》（GB 50201—94）及《水利水电枢纽工程等级划分及洪水标准》（SL 252—2000）的规定，永定桥工程属Ⅲ等工程。

其中首部枢纽挡水坝采用碾压混凝土重力坝，按2级建筑物设计，引水隧洞按3级建筑物设计，库区三交坪蠕滑体、高梁坪堆积体防护按3级边坡设计。

渠道工程分干渠、支渠及渠系建筑物，工程等别为Ⅳ等，对于输水干渠和渠系一般建筑物按4级设计，对渠道上的高大、重点交叉建筑物（如倒虹管、架空高度大于40 m的渡槽）按3级建筑物设计，支渠和次要建筑物级别为5级。

永定桥水利工程特性见表2-2。

表 2-2　永定桥水利工程特性

序号及名称	单位	数量		说明
		枢纽工程	灌区工程	
一、水文				
1. 流域面积				
全流域	km^2	1 150		流沙河
坝址以上	km^2	142.7		占全流域面积的 12.4%
2. 利用的水文系列年限	年	1956 ~ 2005		共 47 年(无 1969 年、1970 年)
3. 多年平均年径流量	万 m^3	9 725		
4. 代表性流量				
多年平均流量	m^3/s	3.17		
设计洪水标准及流量	m^3/s	374		重现期 50 年
校核洪水标准及流量	m^3/s	721		重现期 500 年
5. 泥沙				
多年平均悬移质年输沙量	万 t	16		1956 ~ 1968 年、1976 ~ 2003 年资料
多年平均含沙量	g/m^3	1 760		
多年平均推移质年输沙量	万 t	0.9		
二、水库				
1. 水库水位				
校核洪水位	m	1 546.25		
设计洪水位	m	1 543.39		
正常蓄水位	m	1 543		
死水位	m	1 505		
2. 回水长度	km	3.62		
3. 水库容积				
正常蓄水位以下库容	万 m^3	1 074		
总库容	万 m^3	1 244		
兴利库容	万 m^3	922		考虑 50 年淤积情况
死库容	万 m^3	152		
4. 库容系数	%	9.8		
5. 调节特性				年调节
三、下泄流量				
1. 设计洪水位时最大下泄流量	m^3/s	341		

续表 2-2

序号及名称	单位	数量		说明
		枢纽工程	灌区工程	
2. 校核洪水位时最大下泄流量	m^3/s	617		
四、工程效益指标				
1. 灌溉效益				
灌溉面积	hm^2		6 940.8	
灌溉保证率			$P=75\%$	
设计引用流量	m^3/s		2.65	加大流量 3.45 m^3/s
2. 城市供水				
供水保证率			$P=95\%$	
供水人口	万人		6	
总水量	万 m^3		1 095	
设计流量	m^3/s		0.35	
3. 乡村供水				
供水保证率			$P=95\%$	
供水人口	万人		13.5	其中城镇人口 6.6 万人
总水量	万 m^3		1 026	
五、淹没损失及工程永久占地				
1. 人口	人	594		
水库淹没影响区	人	448		
枢纽工程建设区	人	146		
2. 房屋	万 m^2			
水库淹没影响区	万 m^2	2.82		
枢纽工程建设区	万 m^2	0.95		
六、主要建筑物及设备				
1. 大坝				
型式		碾压混凝土重力坝		
地基特性		基岩		
地震基本烈度/设防烈度		8 度/8 度		
地震加速度	cm/s^2	201		
坝顶高程	m	1 547		

续表 2-2

序号及名称	单位	数量		说明
		枢纽工程	灌区工程	
最大坝高	m	124.5		
坝顶长度	m	203		
2. 泄水建筑物				
溢流表孔				实用堰
设计泄洪流量	m^3/s	322		
校核泄洪流量	m^3/s	332		
3. 引水建筑物				
型式				管道分层取水
进口底板高程	m	1 503		
4. 输水建筑物				
1) 干渠				
灌溉面积	hm^2		3 338.07	
总长	km		42.955	
设计流量	m^3/s		2.65	
加大流量	m^3/s		3.45	
暗渠	km		2.779	
隧洞	km/条		37.247/16	
倒虹吸	km/座		2 930/2	
2) 支渠				
条数	条		7	
总长	km		47.95	
七、施工				
1. 工程总工程量				
土石方开挖	万 m^3	353.97		
土石填筑	万 m^3	222.05		
弃渣量	万 m^3	131.92		
2. 主要建筑材料				
水泥	t	107 300	47 511	
木材	m^3		112	
钢筋及钢材	t	2 384	3 807	

续表 2-2

序号及名称	单位	数量		说明
		枢纽工程	灌区工程	
3. 施工总工期	月	33		
八、经济指标				
1. 静态总投资	万元	51 342.06	35 245.56	工程总投资:86 587.62 万元
1)工程部分		44 160.08	30 382.04	
2)移民及环境部分				
建设地点				四川省雅安市汉源县
工程占地	hm^2	324.6		

2.1.5 枢纽工程规模及布置

2.1.5.1 库区工程

1. 首部枢纽

永定桥水库正常蓄水位 1 543.00 m,正常蓄水位以下库容 1 074 万 m^3;设计洪水位 1 543.39 m($P=2\%$),校核洪水位 1 546.25 m($P=0.2\%$),总库容 1 244 万 m^3;死水位 1 505.00 m,死库容 152 万 m^3。

挡水坝采用碾压混凝土重力坝,由溢流坝段、挡水坝和引水坝段组成,坝顶全长 203.00 m,自左至右共分 8 个坝段,坝顶高程 1 547.00 m,最大坝高 124.5 m。

挡水坝段布置在两岸,分别为左岸 1#、2#、3#坝段和右岸 7#、8#坝段,其中左岸坝段长 67.0 m,右岸坝段长 46.0 m,坝顶宽度 7.00 m,坝顶高程 1 549.00 m,坝基开挖最低高程 1 422.50 m,最大坝高 124.50 m。上游坝坡在 1 462.50 m 高程以上竖直,以下为 1:0.2,下游坝坡为 1:0.75,坝体基本剖面为三角形。

溢流坝段布置在河床中部的 5#、6#坝段,长 60.00 m,溢流堰采用无闸门控制的开敞式表孔自由溢流,按两孔布置,每孔净宽 23.50 m,堰顶高程 1 543.00 m,堰型采用 WES 型实用堰。溢流坝末端出流采用挑流消能,挑流鼻坎宽度为 21.01 m。

引水坝段位于左岸 4#坝段,坝段长度为 30.00 m。

2. 引水建筑物

永定桥水利工程设计引水流量 2.65 m^3/s,加大引水流量 3.45 m^3/s,引水建筑物取水口采用坝上布置形式,取水设施布置在左岸引水坝段。

引水建筑物取水口采用分层取水布置,坝身埋设三根取水钢管,高程分别为 1 530.00 m、1 517.00 m 和 1 503.00 m。取水钢管直径均为 1.0 m,每层取水钢管均设置检修阀和工作阀等。取水钢管出坝体后合并接入直径为 1.0 m 的坝后背管,在 1 500.00 m 高程转为水平钢管,沿坝面平敷至左岸,与左岸引水灌溉洞连接。

引水灌溉洞采用城门洞型,洞身开挖尺寸为 2.5 m×3.0 m,钢筋混凝土衬砌厚 0.25

m，为稳定洞内水流流态，进口设静水池，静水池池宽与洞身同宽，池身 3.0 m，池长 10 m。

引水灌溉洞末端在关沟处和引水干渠连接。

3. 三交坪蠕滑体加固工程

三交坪蠕滑体位于永定桥上游约 800 m 的流沙河左岸，该蠕滑体滑顺坡长约 880 m，沿河宽约 500 m，覆盖层平均厚度 25 m，总体积约 900 万 m^3。由流沙河及其支沟卸泥沟、大沟头沟围限，地形上呈两面临沟、一面临河的态势。稳定计算结果表明，该蠕滑体在流沙河的冲刷侵蚀和地下水作用下前缘可能会进一步的发生滑塌变形破坏；随着前缘抗力段的削弱，后部的蠕滑变形会进一步的加剧，需进行必要的工程治理措施。

三交坪蠕滑体的稳定问题是制约永定桥水库建设的重大工程地质问题。为此，主体采用了地质定性分析、地质建议参数值情况的三种极限平衡状态法（简称毕肖普法、M－P 法和传递系数法）的定量分析、各稳定性参数对蠕滑体稳定系数和剩余下滑力的敏感性分析。本阶段推荐下坝址布置的三交坪蠕滑体排水反压方案，作为加固处理方案。

工程采用排除地表水、地下水、削坡减载和反压的方式对其进行加固处理，治理措施有：

1）地表排水

蠕滑体范围以外的地表水，以拦截和旁引为原则；蠕滑体范围以内的地表水，以防渗、尽快汇集和引出为原则。

根据调研及计算分析，跃进堰的漏水对边坡稳定极为不利，必须处理，拟采用土工膜结合 0.1 m 厚混凝土作防渗。同时，跃进堰为开敞明渠，亦起截水沟的作用，拦截地表径流，不使之流入蠕滑体范围之内。

在蠕滑体范围以内的排水系统，应充分利用地形和自然沟谷，作为排除地表水的渠道，因此必须对自然沟谷进行必要的整修、加固和铺砌，使水流通畅。要求蠕滑体坡面上只进行旱地耕作，尽量减少农田灌溉时的渗漏水量。蠕滑体地表水易下渗，坡面需进行整平，夯填裂缝，防止积水。经计算，坡面整平方量约 70.0 万 m^3，可用于反压平台靠流沙河上游侧的填筑 。

蠕滑体范围以内的排水沟，可采用树枝状布置。主沟与蠕滑体滑动方向一致，支沟与滑动方向斜交成 30°～45°，支沟间距 20～30 m。

根据降雨强度、汇水面积，经计算确定坡面径流量及坡面排水沟尺寸。排水主沟为梯形，底宽和渠深均为 1.0 m，边坡为 1∶1，用 M7.5 砂浆砌块石，衬砌厚度 25 cm；排水支沟为矩形断面，支沟宽为 0.6 m，深为 0.8 m，用 M7.5 砂浆砌片石，衬砌厚度为 20 cm。

2）地下排水（边坡体排水）

计算及现场监测均表明，地下水对边坡稳定的影响非常敏感，是三交坪蠕滑体发生发展的主因，且地下水位较高，含水层较深。因而，拟采用地下排水隧洞，减低地下水位，减小下滑力，作为蠕滑体处理的根本措施之一。

排水隧洞共布置三条，全部埋于滑动面以下，通过排水管汇水，排出边坡体内的地下水，降低地下水位，减轻边坡自重，减小下滑力，增大滑带岩土的内摩擦角，增大抗滑力。

排水隧洞断面为 2.1 m×2.7 m（宽×高）圆拱直墙型，圆拱、直墙及底板均用 0.3 m 厚 C20 钢筋混凝土衬砌，在洞底一侧设排水沟，利于洞内汇水自流排出；在洞顶设垂直排水孔(间距3 m,$D=100$ mm),孔内安PVC排水管(渗管),排水孔孔顶高出顶层黏土层0.5 m。为防止排水花管外土层的渗透破坏和塌孔,采用土工布外包排水花管作反滤保护。排水隧洞根据基岩线布置,且隧洞内纵坡不缓于2%,并在一号截水洞高程较低的一侧设排水支洞,将洞内积水自流引出坡外。为方便运行和维修,并且兼作通风之用,在1号、2号排水隧洞端部分别设置交通竖井2个,交通竖井深23~42 m,内径为1.0 m,采用0.3 m厚C20钢筋混凝土衬砌,内设钢爬梯,井口设盖板。

3)反压坡脚

根据《水电枢纽工程等级划分及设计安全标准》(DL 5180—2003),上坝址枢纽工程布置方案对应的三交坪蠕滑体为2级边坡,通过不平衡推力传递法的计算,剩余下滑力取为17 000 kN/m;下坝址枢纽工程布置方案对应的三交坪蠕滑体为3级边坡,通过不平衡推力传递法的计算,剩余下滑力取为7 000 kN/m。上下坝址方案控制工况均为正常运用工况,地震不控制。

在沿流沙河水流向长约750 m范围内,对蠕滑体前缘进行压坡。依据上下坝址布置方案的不同剩余下滑力,计算出压坡高度。结合当地地形条件,三交坪蠕滑体前缘临流沙河,流沙河对岸为稳定的山体,反压平台可将剩余下滑力传递至对岸山体。

三交坪反压平台的内摩擦角φ取38°,水上材料重度取20 kN/m^3,反压平台的抗力按被动土压力公式计算。

下坝址方案三交坪反压平台总方量为128.41万m^3,压坡高度15 m,顶部宽100~200 m,平台布置到流沙河对岸,平台顶面顺水流向设3%的坡度,上下游边坡取1:4。

压坡土体选用开挖的碎石土、砂砾石以及开挖石料,分层碾压密实,要求相对密度不小于0.80。压坡前先清基0.3 m。考虑到压坡后期过水的需要,压坡平台表面用干砌石保护,干砌石下铺土工布作反滤。推荐方案反压平台纵坡3%;溢洪道纵坡1%,设计过流量204 m^3/s(10年),可保证10年一遇洪水自溢洪道过水。

大洪水由平台上泄流。溢洪道采用M10浆砌石结构,表面设台阶消能,下游砌石保护。

反压平台对库容的影响:三交坪反压平台不对库容造成影响。

4.高梁坪堆积体处理工程

高梁坪堆积体位于流沙河左岸,距下坝址约1 km。坡体顺河长约0.55 km,后缘高程约1 580 m,前缘接近河边,高程约1 480 m。堆积体基岩顶面形态总体为前缘陡、中部缓、后缘陡,呈台阶状。根据分析判断,天然状态下,高梁坪堆积体整体处于稳定状态,蓄水后整体也处于稳定状态,但蓄水后由覆盖层组成的该区段岸坡受库水作用,坡体前缘及临沟两侧因地形较陡将发生塌岸破坏,工程采取减重反压和干砌石护坡方式对其进行加固处理。处理措施包括:

(1)搬迁高梁坪上现有居民;

(2)以公路为界,公路以上按1:2.5的边坡开挖坡面的块碎石,将开挖的块碎石填筑在公路以下来反压坡脚,边坡1:2.5;

(3)在高梁堆积体减重范围内,正常蓄水位1 543 m上下5 m的区间,采用干砌块石护坡,砌石下铺设土工布反滤。

2.1.5.2 渠道工程

渠道工程由干渠、支渠及渠系建筑物组成，主要包括明（暗）渠、隧洞、渡槽和倒虹吸等。渠道总长90.91 km，包括干渠42.96 km，支渠47.95 km。

1. 干渠

干渠渠首位于流沙河左岸紧接水库取水隧洞出口（桩号0+000.00），与关沟暗渠相连，采用关沟隧洞穿宜东乡山脊至梨干沟出洞（桩号3+246.02），采用连续的隧洞群（在跨支沟处采用暗渠过沟）前行至富庄乡附近的石岗山隧洞出口（桩号17+779.01），再采用87.46 m长的暗渠前行，折向南设置两河口倒虹吸管跨流沙河，至寨子山隧洞出口（桩号20+388.11）紧接半边街暗渠（长2 239.67 m），干渠折向南东并以隧洞为主前行至后域沟（桩号28+954.56），采用倒虹吸管跨沟后，仍以隧洞为主（跨沟处采用暗渠）继续前行至龙塘沟隧洞出口后止（桩号42+954.84）。

干渠全长42.96 km，其中布置隧洞16座，总长37 247 m，占全渠长的86.71%；布置跨沟暗渠15段和在斜坡上布置的暗渠共3段，长度合计2 778 m；布置倒虹吸管2座，水平长度合计为2 930 m。

隧洞设计统一为城门洞型，断面尺寸1.5 m×1.8 m～2.0 m×2.4 m（宽×高），最长隧洞为大岭隧洞，长4 455 m。

暗渠采用直墙结构支撑钢筋混凝土预制盖板，两侧墙体采用40 cm厚的M7.5砂浆砌块石砌筑，迎水面采用2.5 cm厚的M10砂浆抹面，采用10 cm厚的C15混凝土衬护渠底防渗减糙。

倒虹吸管采用双管敷设，管材采用16MnR，钢管内径0.7～0.9 m，最大设计水头372 m。

干渠渠道规模见表2-3。

表2-3 干渠渠道规模

桩号	长度（m）	设计流量（m^3/s）	渠道型式	设计底宽（m）	设计渠高（m）	说明
K0+018.37	18.37	2.65	暗渠	2.0	2.2	关沟暗渠
K3+246.02	3 227.65	2.65	隧洞	2.0	2.2	关沟隧洞
K3+287.85	41.83	2.65	暗渠	2.0	2.2	梨干沟暗渠
K5+411.54	2 123.69	2.65	隧洞	2.0	2.2	梨干沟隧洞
K5+437.75	26.21	2.60	暗渠	2.0	2.2	银厂沟暗渠
K8+075.02	2 637.27	2.60	隧洞	2.0	2.2	银厂沟隧洞
K8+090.72	15.7	2.60	暗渠	2.0	2.2	水井湾暗渠
K11+459.38	3 368.66	2.55	隧洞	2.0	2.2	有支洞2处，大堰沟隧洞
K11+540.04	80.66	2.55	暗渠	2.0	2.2	水上沟暗渠

续表 2-3

桩号	长度（m）	设计流量（m^3/s）	渠道型式	设计底宽（m）	设计渠高（m）	说明
K12 +532.95	992.91	2.45	隧洞	1.9	2.2	二道坪隧洞
K12 +548.57	15.62	2.45	暗渠	1.9	2.2	二道坪暗渠
K14 +266.07	1 717.5.	2.35	隧洞	1.9	2.2	店子沟 1 号隧洞
K15 +761.85	1 495.78	2.35	隧洞	1.9	2.2	店子沟 2 号隧洞
K15 +778.66	16.81	2.35	暗渠	1.9	2.2	岩脚下暗渠
K17 +779.01	2 000.35	2.30	隧洞	1.9	2.2	石岗山隧洞
K17 +866.47	87.46	2.21	暗渠	1.9	2.2	大田支渠分水口
K19 +864.82	1 998.35	1.89	倒虹吸管	1.8	2.0	两河口倒虹吸管
K20 +388.11	520.53	1.89	隧洞	1.7	2.0	寨子山隧洞
K22 +600.17	2 212.06	1.73	暗渠	1.7	2.0	半边街暗渠
K22 +627.78	27.61	1.73	暗渠	1.7	2.0	任家湾支渠分水口，暗渠
K25 +656.03	3 028.25	1.59	隧洞	1.6	1.9	向阳沟隧洞
K25 +679.72	23.69	1.59	暗渠	1.6	1.9	马桑林沟暗渠
K27 +963.55	2 283.83	1.47	隧洞	1.6	1.9	马桑林沟隧洞，白鹤支渠分水口
K27 +979.02	15.47	1.47	暗渠	1.6	1.9	海子上暗渠
K28 +944.31	965.29	1.47	隧洞	1.6	1.9	白石岩隧洞
K29 +885.73	931.17	1.43	倒虹吸管	1.6	1.9	后域倒虹吸管
K29 +920.07	34.34	1.43	暗渠	1.6	1.9	陈家湾暗渠
K31 +289.82	1 369.75	1.43	隧洞	1.5	1.8	缺马溪隧洞
K31 +311.88	22.06	1.22	暗渠	1.5	1.8	缺马溪暗渠，梨坪支渠分水口
K33 +789.78	2 477.90	1.22	隧洞	1.5	1.8	大岭 1 号隧洞，大岭支渠分水口
K35 +766.86	1 977.08	0.99	隧洞	1.5	1.8	大岭 2 号隧洞
K35 +792.42	25.56	0.99	暗渠	1.5	1.8	李西沟暗渠
K38 +071.65	2 279.23	0.99	隧洞	1.5	1.8	长水塘隧洞
K38 +095.45	23.80	0.99	暗渠	1.5	1.8	磨房沟暗渠
K40 +344.76	2 249.31	0.99	隧洞	1.5	1.8	茶铺子隧洞
K40 +404.39	59.63	0.99	暗渠	1.5	1.8	大坪暗渠
K42 +936.19	2 531.80	0.86	隧洞	1.5	1.8	龙唐沟隧洞
K42 +954.84	18.65	0.86	暗渠	1.5	1.8	龙唐沟暗渠，县城和萝卜岗支渠分水口

2. 支渠

根据灌区耕地分布和瀑布沟电站移民安置点位置，在干渠上共布置大田、任家湾、白鹤、梨坪、大岭、萝卜岗和汉源新县城二水厂供水管等7条支渠，全长47.95 km。

大田支渠在干渠桩号17 +866.47处分水，沿流沙河左岸前行至二郎河采用倒虹吸管跨沟后经永兴乡穿越万坪山(桩号5 +875)和马桑坪等4座隧洞(长3 495 m)，继续沿流沙河左岸前行至大田乡的烂坝子止。该支渠全长15 883 m，其中明渠长11 368 m，布置隧洞4座，总长3 495 m，渡槽2座，长度为95 m，布置田嘴河倒虹吸管1座，水平长度925 m。

任家湾支渠在干渠桩号22 +627.78处分水，后经流沙河右岸呈东北向沿1 483.00 m等高线前行至全合村后缘山坡任家岩止。任家湾支渠全长5 531 m，该渠道全为明渠。

白鹤支渠在干渠桩号25 +679.72处分水，后沿流沙河右岸向东方向沿1 480.00 m等高线前行至永康村一碗水止。白鹤支渠全长2 796 m，该渠道采用低压混凝土预制管线输水。

梨坪支渠在干渠桩号31 +311.88处分水，后沿流沙河右岸呈东北走向沿1 470.00 m等高线前行至河西村大包上止。梨坪支渠全长7 219 m，均为明渠。

大岭支渠在干渠桩号33 +789.78处分水，后逆流沙河右岸呈北东走向沿1 468.00 m等高线前行至尖峰顶止。该支渠全长8 448 m，全为明渠。

萝卜岗支渠在干渠末端桩号42 +954.84处分水，后逆流沙河右岸呈北走向沿1 463.00 m等高线前行至太平村的羊老山止。该支渠全长5 040 m，也采用低压混凝土预制管线输水。

汉源新县城二水厂供水管在干渠末端桩号42 +954.84处分水，后顺坡而下至流沙河口与大渡河相夹的市荣乡横路上止，全长3 036 m。其中：上段供水渠段采用低压混凝土预制管，管径ϕ600 mm，下段采用压力钢管，铺设至规划的二水厂止，管径ϕ600 mm。

支渠隧洞设计与干渠相同，均为城门洞型，断面尺寸为1.5 m×1.8 m~2.0 m×2.4 m(宽×高)。

明渠设计流量均小于0.5 m^3/s，采用混凝土“U”形槽衬护，衬护材料为C20混凝土，“U”形槽衬护厚度为6 cm。

渡槽最大架空高度为10 m，两座渡槽槽身均采用C20钢筋混凝土排架支撑，进出口槽墩基采用M7.5浆砌块石砌筑，渡槽槽身均采用C30钢筋混凝土“U”形断面过流。

田嘴河倒虹吸管采用单管敷设，管材采用16MnR，钢管内径0.6 m，最大设计水头282 m。支渠渠道规模详见表2-4。

表2-4　支渠渠道规模

名称	桩号	长度(m)	说明
大田支渠	K17 +866.47	15 883	隧洞3 495 m，明渠11 368 m
任家湾支渠	K22 +627.78	5 531	明渠5 531 m
白鹤支渠	K25 +679.72	2 796	低压混凝土预制管线输水
梨坪支渠	K31 +311.88	7 219	明渠7 219 m
大岭支渠	K33 +789.78	8 448	明渠8 448 m
萝卜岗支渠	K42 +954.84	5 040	低压混凝土预制管线输水
汉源新县城二水厂供水管	K42 +954.84	3 036	低压混凝土预制管线输水与压力钢管

2.1.6 工程施工总布置

2.1.6.1 施工总布置

1.库区工程施工总布置

根据枢纽布置特点及两岸地形、地质条件分区布置，共分为三大工区，分别为大坝施工区、高粱坪施工区及三交坪蠕滑体处理施工区。

大坝施工区以大坝为中心集中布置，设置大坝施工工厂、砂石加工厂及混凝土拌和系统等施工设施。

高粱坪施工区规模较小，且主要为土石方的开挖及填筑，考虑设置施工生活区及配套生产服务的风、水、电系统及简单的机械停放设施。

三交坪蠕滑体处理施工区由于距大坝施工区较远，且建筑物的布置也较为集中，拟单独设置蠕滑体处理施工区，布置蠕滑体处理混凝土拌和站及施工生活区，以及配套生产服务的风、水、电系统及机械停放、修配站等设施。

库区工程施工区总占地面积 8.10 hm^2。

2.渠道工程施工总布置

根据渠道建筑物特点，沿干渠走向共分为六个工区，整个工区包括明(暗)渠、隧洞、渡槽、倒虹吸等建筑物以及各工区为施工服务布置的交通道路，风、水、电系统、生产及生活服务设施。各工区内根据建筑物布置情况在较大建筑物处设置施工点，均分别布置有相应的临时设施。其中一工区干渠桩号 0 + 000—8 + 091 段，二工区干渠桩号 8 + 091—17 + 866 段，三工区干渠桩号 17 + 866—20 + 388 段，四工区干渠桩号 20 + 388—29 + 886 段，五工区干渠桩号 29 + 886—35 + 792 段，六工区干渠桩号 35 + 792—42 + 955 段(干渠终点)，支渠施工与相邻干渠共用施工区。渠道工程施工区总占地面积 8.07 hm^2。

整个工程施工临时施工区占地面积 16.17 hm^2。

2.1.6.2 天然建筑材料及料场规划

1.工程天然建筑材料需求量

1)库区工程

首部枢纽坝体混凝土骨料采用人工砂石料，共需石料 55 万 m^3。所需石料首先考虑利用开挖石料，坝体岩石开挖量约 63.7 万 m^3，石料利用率考虑 60%，不足部分由石料场开采，料场开采量共 14.1 万 m^3。

三交坪反压平台填筑需土石方 128 万 m^3，尽量利用开挖料，不足部分采用料场开挖的覆盖层及石料，开采量约 32 万 m^3。

二者合计共需开采石料约 46.1 万 m^3，料场初步选择大沟头沟石料场和关顶上石料场。

另需少量黏土料，主要用于围堰防渗料。经地质勘察，选择二台子土料场开采解决。

2)渠道工程

干支渠修筑共需混凝土 9.76 万 m^3，浆砌石 4.41 万 m^3，需混凝土粗骨料 12.02 万 m^3，混凝土细骨料 9.50 万 m^3，块石料 5.20 万 m^3。

混凝土粗细骨料采用人工砂石料，分别由首部枢纽砂石加工厂和汉源县砂石料厂供料。

块石料利用渠道沿线隧洞开挖料，石料分拣后就近堆放，人工装机动车运输至施工区。

2. 石料场规划

1）大沟头沟石料场

大沟头沟石料场距坝址直线距离约0.5 km，距三交坪反压平台直线距离约0.6 km。规划开采面积约2 hm^2，料场自然坡度10°～30°，覆盖无用层厚度5～10 m，为坡残积碎石土，基岩零星出露，料场储量约730万 m^3。

2）关顶上石料场

关顶上石料场位于流沙河左岸，坝址上游约0.5 km，开采面积约2 hm^2，1 490 m高程以下地形陡峭，基岩裸露；其上地形较缓，自然坡度10°～20°。岩性为弱风化中厚层状细晶白云岩，分布高程1 460～1 620 m，无用层厚20～30 m，储量大于200万 m^3。料场附近有机耕道通过，开采条件较好。

3. 土料场

二台子土料场位于永定桥上游流沙河左岸约2.3 km，料场地形较宽阔，自然坡度10°～30°，分布高程1 700～1 750 m，附近有机耕道通过，开采均较方便。料场开采面积约1 500 m^2，剥离层厚度2～3 m，储量大于3万 m^3。

2.1.6.3 施工交通

本工程对外交通运输采用公路运输为主、结合铁路运输的方式。工程施工所需的水泥由峨眉水泥厂供应，粉煤灰由攀枝花供应，钢材由成都供应，油料和木材可由当地供应，火工材料由雅安市供应。

永定桥坝址现有乡村公路在九襄与108国道相接，沿途经过宜东、富庄、九襄等乡镇，九襄至雅安市约158 km；雅安至成都为双向四车道全立交全封闭高速公路，约144 km；108国道在汉源县与省道306公路相接，自汉源县沿大渡河下行36 km至成昆铁路汉源车站，瀑布沟电站工程在车站设有物资转运站。工程区对外交通能够满足工程施工交通运输要求，无需新建和改建对外交通道路。

场内施工交通分为库区工程和渠道工程进行规划布置。共需新建或改建道路88.3 km，征占地54.58 hm^2。其中，永久道路72.25 km，占地面积38.9 hm^2；临时道路16.05 km，占地面积15.68 m^2。按照库区工程和渠道工程划分，库区工程施工区场内道路19.3 km，渠道工程场内道路69 km。

1. 库区工程

库区工程共设场内交通道路13条，合计19.3 km，路面宽4.0～7.5 m。其中永久道路2条，合计3.25 km，采用碎石路面，后期沥青表面处理；施工临时道路11条，合计16.05 km，碎石路面。为连接左右岸施工交通，需在坝址下游设置临时跨河桥1座。库区工程场内交通运输道路主要技术指标见表2-5。

表 2-5　库区工程场内交通运输道路技术指标一览表

序号	道路名称	等级	长度(km)	路面宽(m)	路面结构	说明
1	1#道路(A—B 段)	国四	3.00	7.5	碎石	新建,场内永久,关沟出口至高线混凝土系统
2	2#道路(B—C 段)	国四	3.30	7.5	碎石	其中 1 km 改建,永久;2.3 km 新建,为临时;由高线混凝土系统至高梁坪
3	3#道路(A—C 段)	矿三	2.50	6.5	碎石	改建,场内临时,由关沟出口至高梁坪
4	4#道路(B—D 段)	矿三	0.25	7.5	碎石	新建,场内永久,高线混凝土系统至左坝肩
5	5#道路(E—F 段)	矿三	0.75	7.5	碎石	新建,场内临时,关沟出口至左岸 1 500 m 高程路
6	6#道路(G—H 段)	矿三	0.35	7.5	碎石	新建,场内临时,2#路至关顶上石料场
7	7#道路(I—J 段)	矿三	2.00	7.5	碎石	新建,场内临时,下游交通桥至右坝肩
8	8#道路(K—L 段)	矿三	0.40	7.5	碎石	新建,场内临时,右岸中线施工道路
9	9#道路(I—M 段)	矿三	0.25	6.5	碎石	新建,场内临时,下游交通桥至导流洞洞口
10	10#道路(C—N 段)	矿三	4.50	6.5	碎石	改建,场内临时,高梁坪至三交坪蠕滑体主干道
11	11#道路(O—P 段)	矿三	0.45	7.5	碎石	新建,场内临时,10#路至三交坪反压平台
12	12#道路(Q—R 段)	矿三	0.75	7.5	碎石	新建,场内临时,10#路至大沟头沟石料场
13	13#道路(S—T 段)	矿三	0.80	4.0	碎石	改建,场内临时,三交坪至土料场
	合　计		19.30			
下游临时桥 1 座			位于坝址下游,长度 55 m,桥面宽 7.5 m,桥面高程 1 445 m,荷载标准汽 - 20,用于大坝下游左、右岸交通			

三交坪蠕滑体施工设交通竖井 4 座,竖井深度 13 ~ 42 m,内径为 1 m,采用 0.3 m 厚 C20 钢筋混凝土衬砌,内设钢爬梯,井口设盖板。

2. 渠道工程

渠道工程施工临时设施区分渠道一区 ~ 渠道六区 6 个施工区。工程区内场内交通布置,主要根据各个施工区环境条件,充分利用现有乡村道路,进行扩建和改建,然后再引入施工支线进入各施工区,同时考虑施工和运行管理结合的原则。

场内道路按 4 级单车道修建或改建,根据地形条件每间隔 200 m 左右设错车平台。路面为碎石路面,坡度小于 10%,经施工总布置,本渠道工程共需修建公路 44 km,改建公路 25 km。

2.1.7 施工工艺和方法

2.1.7.1 首部枢纽导流工程施工

坝体导流建筑物包括上下游围堰、导流洞、汛期坝体导流底孔以及后期封堵期间泄流使用的主体建筑物引水系统及坝顶溢洪道，导流临时建筑物级别为 4 级。初期导流时段为第一个枯水期，围堰保护对象为开挖落入河道内的石渣堆积体。第二年汛后恢复围堰挡水，进行大坝基坑的开挖施工。2008 年汛前坝体混凝土浇筑高程已达到 1 475 m 左右，坝体上升已超过堰高，由坝体临时断面挡水度汛，导流洞及坝体预留导流底孔联合泄流。2008 年 11 月下旬至 12 月初，导流洞下闸封堵，导流洞封堵完成后由永久泄水建筑物坝顶溢洪道泄流，施工导流任务完成。

导流隧洞位于流沙河右岸，全长 355 m，洞身为城门洞型，成洞断面为 3 m×4.2 m（宽×高），衬砌厚度 20～30 cm。隧洞进出口明挖采用露天潜孔钻钻孔和手风钻钻孔，分台阶爆破，88 kW 推土机辅助集渣，2 m^3 液压挖掘机挖装，15 t 自卸汽车运输至堆渣场堆存。

隧洞洞身段开挖由出口进行，凿岩台车钻孔，全断面光面爆破，2.0 m^3 轮式装载机装渣，15 t 自卸汽车运输至渣场。隧洞进口采用人工手风钻钻孔，由上至下逐层开挖，爆破后的石渣由挖掘机挖装，自卸汽车运输至堆渣场堆存。

上游围堰采用土石围堰，过水面采用混凝土面板结合大块石护坡。围堰堰顶高程为 1 457.42 m，堰顶宽度 8 m，最大堰高 7.62 m，迎水面坡比 1:2.5，背水面坡比 1:3。下游围堰采用土石围堰，堰顶高程定为 1 446.7 m，最大堰高 2.5 m，迎水面坡比 1:2.5，背水面坡比 1:2.0。

三交坪蠕滑体反压平台施工导流采用导流涵管，建筑物按 4 级设计，导流标准初选为 10 年一遇。涵管断面为 2 m×1.9 m（宽×高），进口高程 1 561 m，出口 1 542 m，长 675 m，平均底坡 3.115%。汛期临时过流明渠为在反压坡体上预留的明渠，明渠底宽 15 m，高度大于 2.5 m，边坡 1:2.0，底坡 3%。

2.1.7.2 渠道工程施工导流

渠道工程沿线穿越溪沟较多，溪沟靠近源头，集水面积都较小，溪沟洪水由暴雨形成，洪水很小，枯季大多数溪沟都断流，跨沟建筑物施工时将受一些支沟洪水影响，需采取导流措施，但是导流措施较简单。区内支流支沟洪枯季节明显，渠系建筑物跨沟施工难度不大，安排在枯水期施工，主要以两河口倒虹吸管为代表进行施工导流设计。

两河口倒虹吸位于流沙河与许家沟交汇处的下游 110 m 处，其中跨河管桥位于河床部位，施工导流建筑物按 5 级设计，上、下游围堰均采用土石围堰，导流标准为 5 年一遇设计洪水，采用分期导流方式。一期导流时段 11 月至翌年 2 月，先围河床左岸，右岸束窄河床导流，河床束窄度 58%；二期导流时段 3～5 月，利用左岸倒虹吸管施工回填后的河床导流。

渠道工程沿线穿越关沟、梨干沟、大堰沟、岩脚下、头道河、流沙河、后越、磨房沟、大沟头、田嘴河、黄路坪沟、冷饭沟等众多大小支流与冲沟，渡槽、倒虹管等建筑物，施工时将受到洪水影响，其施工导流与两河口倒虹管施工导流相似，均可采用分期导流施工。其他众多大小支流与冲沟积雨面积较小,其跨溪沟建筑物采用修筑小基坑围堰导流或开挖小明渠导流方式。导流小明渠开挖底宽1~2 m,开挖深度1 m左右,简单开挖即可导流,围堰填筑高度一般为1~2 m,围堰采用土石围堰,利用工程开挖弃土填筑。

2.1.7.3 挡水坝施工

1.挡水坝岸坡及河床开挖

截流前进行左岸1 530.0 m高程以上、右岸1 500 m高程以上坝肩岸坡开挖和灌浆平洞的开挖,截流后进行剩余部分岸坡及河床部位开挖。开挖完即进行基础处理及基础混凝土的浇筑,随后进行基础固结灌浆及坝体碾压混凝土的浇筑。

坝肩开挖分上、下两个部分分阶段进行,首先进行左岸1 543.0 m高程以上、右岸1 500 m高程以上坝肩岸坡开挖和灌浆平洞的开挖,待导流洞施工完成,形成泄流条件后,再开挖下部坝肩陡崖部分。

1 570 m高程以上石方采用手风钻开挖,土方及石渣开挖采用1 m^3 挖掘机挖装,10 t自卸汽车通过临时施工便道接4#、7#场内道路运输至关沟渣场,平均运距约2.5 km。

1 570 m高程至左岸1 543 m高程、右岸1 500 m高程岩石开挖采用手风钻配合露天潜孔履带钻机钻孔,周边预裂分4~6 m台阶爆破,土方及石渣开挖采用2.0 m^3 液压挖掘机挖装,132 kW推土机辅助集料,15 t自卸汽车运输,左岸可利用料通过4#、1#场内公路运至关沟堆渣场堆存,弃渣料通过4#、2#或5#及3#场内公路运至上游三交坪蠕滑体处理反压平台填筑,右岸可利用料通过7#、8#场内公路接3#、1#或5#场内公路运至关沟堆渣场堆存,弃渣料通过接3#场内公路运至三交坪蠕滑体处理反压平台填筑。

左岸1 543 m高程及右岸1 500 m高程以下石方的开挖采用周边预裂,深孔梯段分台阶定向爆破堆积在河道内,由2.0 m^3 液压挖掘机挖装,132 kW推土机集渣,15 t自卸汽车运输,通过3#、1#场内公路分别将可利用料及弃渣料运至关沟堆渣场及三交坪蠕滑体处理反压平台。坝基建基面3 m范围内预留保护层进行开挖,采用手风钻钻水平预裂爆破孔、孔底设柔性垫层的方法施工。

河床覆盖层开挖采用2.0 m^3 液压反铲挖掘机挖装,132 kW推土机辅助集料,15 t自卸汽车通过3#、1#场内公路运至关沟渣场。河床岩石开挖采用潜孔钻机和手风钻钻孔,周边预裂分台阶梯段爆破,集料及运输同覆盖层开挖。

灌浆洞成洞断面为2.5 m×3.5 m,采用手风钻钻孔,周边光面爆破,洞内石渣采用人工装渣,胶轮手推车运输至洞口后结合坝体开挖出渣,由2.0 m^3 液压挖掘机挖装,15 t自卸汽车运至渣场。

2.引水建筑物施工

引水建筑物施工包括坝身引水钢管、控制阀、预应力混凝土引水管及静水池、引水灌溉洞等。

关沟隧洞出口土方明挖采用1.0 m^3 液压挖掘机挖装,10 t自卸汽车运输;石方明挖采用手风钻钻孔、边坡预裂法施工,1.0 m^3 液压挖掘机挖装,10 t自卸汽车运输至关沟渣场,运距0.5 km。

石方洞挖为减少与大坝施工造成干扰,除坝肩开挖时利用隧洞进口开挖工作面进行施工约300 m长隧洞外,其余洞段开挖采取由出口一个工作面进行施工。采用手风钻钻孔,全断面光面爆破,洞内采用0.2 m^3 铲斗式装岩机装渣,机动翻斗车运输至洞外;洞外采用1.0 m^3 液压挖掘机挖装,88 kW 推土机集渣,10 t 自卸汽车运输至关沟堆渣场。

3. 三交坪蠕滑体及高梁坪堆积体处理

坡面削坡土石方开挖自上而下进行,由88 kW 推土机集料,2 m^3 挖掘机挖装,15 t 自卸汽车运输至下部反压平台。

反压平台填筑料首先利用本工程开挖料及料场剥离料,不足部分由石料场进行开采。填筑料运输至填筑面后,由132 kW 推土机平料,压实层厚80 cm。

反压平台护坡块石料由石料场进行开采,由2.0 m^3 液压挖掘机挖装,15 t 自卸汽车运输,132 kW 推土机铺料,并将大块石推至坡边缘,用1.0 m^3 液压反铲挖掘机调整定位,辅以人工撬码整齐,并以小块石垫塞嵌合牢固。

截水隧洞进口土方开挖与削坡土方一起施工,采用2.0 m^3 液压挖掘机挖装,15 t 汽车运输至反压平台;石方明挖采用手风钻钻孔,梯段爆破,88 kW 推土机配合集料,2.0 m^3 装载机装渣,10 t 汽车运输至反压平台。

交通竖井土方采用人工开挖,卷扬机提升吊斗出渣至井口转渣平台,再由2.0 m^3 装载机装渣,10 t 汽车运输到反压平台。石方采用手风钻钻孔,自上而下全断面爆破开挖,人工装渣,卷扬机提升箕斗出渣至井口转渣平台,2.0 m^3 装载机装渣,10 t 汽车运输到反压平台。

高梁坪堆积体处理同样采用减重压坡的方式,处理坡体,具体施工方法与三交坪蠕滑体加固处理施工方法基本相同。

2.1.7.4 渠道工程施工

1. 明(暗)渠工程

土方开挖采用机械或人工开挖,人工推胶轮车或挖掘机装自卸汽车运输至渠堤外侧或集中弃于渣场。

石方开挖采用人工或风钻钻孔松动爆破,人工装推胶轮车或挖掘机装自卸汽车运输至渠堤外侧或集中弃于堆渣场。

土石方回填利用沿渠开挖的弃渣料,机械辅人力挖运回填。

砌体石料利用开挖料,人工或拖拉机运输至施工现场,砂浆采用0.2 m^3 砂浆机拌制,人工推胶轮车运输,人工抬运安砌、勾缝。

2. 隧洞工程

根据地形地质条件,干渠大堰沟隧洞于桩号10+115.35处设置长173 m施工支洞;干渠店子沟隧洞于桩号14+266.07处设置长239 m施工支洞;干渠大岭隧洞于桩号33+789.78处设置长240 m施工支洞;其他隧洞无设置施工支洞的条件,均设置两个工作面施工。

隧洞进出口土石方开挖自上而下进行,覆盖层采用机械辅人工开挖;石方采用手风钻钻孔,人工装药爆破,120HP 推土机辅助集渣,2 m^3 装载机挖装,10 t 自卸汽车运输至渣场堆存。

洞身开挖采用全断面开挖方法，每条(或每段)洞身由两个工作面相向进行，手风钻钻孔全断面光面爆破，洞内由人工装渣，机动翻斗车出渣，在洞口采用2 m^3装载机挖装，10 t 自卸汽车运输至渣场堆存。

隧洞洞脸采用浆砌块石衬砌，石料利用开挖料拣集，汽运或人工挑抬至施工现场，人工抬运安砌，砂浆采用0.2 m^3拌和机拌制，人力推胶轮车运输至工作面，人工勾缝。

3.渡槽工程

土方开挖采用机械辅人工开挖，就近堆置于槽墩基周围，以利回填。

石方开挖采用Y30型手风钻钻孔，浅孔松动爆破，人工挖渣，人力运输出渣。

土石方回填利用开挖料，机械辅人力挖运回填、蛙式打夯机夯实。

砌体石料由拖拉机或自卸汽车运至工地，砂浆采用0.2 m^3砂浆搅拌机拌制，人工推胶轮车运输，人工砌筑。

4.倒虹吸管

土方开挖采用机械辅人工开挖，1.6 m^3挖掘机挖装，10 t 自卸汽车运输出渣。

石方开挖采用Y30型手风钻钻孔，浅孔松动爆破，0.6 m^3挖掘机挖装，5 t 自卸汽车运输出渣。

土石方回填可利用开挖料，0.6 m^3挖掘机挖装，5 t 自卸汽车运输回填、蛙式打夯机夯实。

砌体石料由拖拉机或自卸汽车运至工地，砂浆采用0.2 m^3砂浆搅拌机拌制，人工推胶轮车运输，人工砌筑。

混凝土灌注桩采用冲击钻钻进，泥浆固壁成孔，导管提升法浇筑混凝土。

2.1.8 工程土石方平衡及弃渣场规划

工程主要土石方开挖施工包括围堰、导流洞、拦河坝、溢洪道、引水隧洞、料场、场内道路、三交坪蠕滑体和高粱坪堆积体处理工程、干渠、支渠等建筑物，以及场内施工道路等。

工程开挖土石方总量为353.97万 m^3(土方173.29万 m^3，石方180.68万 m^3)。包括大坝导流洞、拦河坝、引水隧洞、料场、库区场内道路、三交坪导流、三交坪蠕滑体处理工程、高粱坪导流、高粱坪堆积体处理工程、渠道工程场内道路、干渠支渠等开挖量。

工程综合利用土石方量为222.05万 m^3(土方124.42万 m^3，石方97.63万 m^3)，包括拦河坝工程填筑、三交坪蠕滑体处理工程填筑、高粱坪堆积体处理工程填筑、干渠回填、支渠(灌区工程)回填量等。

工程弃渣总量为131.92万 m^3(土方48.87万 m^3，石方83.05万 m^3)，其中，水库工程弃渣45.38万 m^3，渠道工程弃渣86.54万 m^3。弃渣总量折合松方179.85万 m^3(松散系数土方1.25，石方1.43)。

2.1.8.1 工程土石方平衡

工程土石方平衡见表2-6，工程土石方流向见图2-1。

表 2-6　工程土石方平衡表

（单位：万 m^3）

序号	工程名称	单位	开挖量			填筑量	利用量						弃渣量			说明
			土方	石方	小计	小计	自身利用		调入利用		调出利用		土方	石方	小计	
							土方	石方	土方	石方	土方	石方				
一	水库工程															
1	围　堰	万 m^3								0.64				0.64	0.64	由导流洞工程调入土石方 0.64
2	导流洞	万 m^3	0.01	0.67	0.68							0.64	0.01	0.03	0.04	
3	拦河坝	万 m^3	15.91	63.65	79.56	55.60		39.45		16.15	3.51		12.40	24.20	36.60	自身填筑 42.96
4	三交坪导流	m^3	0.37	0.99	1.36						0.37	0.99				调入三交坪蠕滑体处理工程 1.36
5	高粱坪导流	m^3	0.07	0.33	0.40						0.07	0.33				调入三交坪蠕滑体处理工程 0.4
6	引水隧洞	万 m^3	0.06	0.99	1.05						0.06	0.99				调入三交坪蠕滑体处理工程 1.05
7	料场	万 m^3	13.90	46.23	60.13						13.90	46.23				调入三交坪蠕滑体处理工程 47.49，调入拦河坝工程 12.64
8	库区工程场内道路	万 m^3	7.00	4.20	11.20						7.00	4.20				调入三交坪蠕滑体处理工程 11.2
9	三交坪蠕滑体处理工程	万 m^3	78.50	1.69	80.19	141.68	78.50	1.69	24.91	36.59						自身填筑 80.19
10	高粱坪堆积	万 m^3	18.39		18.39	10.29	10.29						8.10		8.10	自身填筑 10.29
二	渠道工程	万 m^3														
1	干渠	万 m^3	14.66	38.05	52.71	9.75	6.00	3.75					8.66	34.30	42.96	自身填筑 9.75
2	支渠	万 m^3	15.42	19.88	35.30	4.72	4.72						10.70	19.88	30.58	自身填筑 4.72
3	渠道工程场内道路	万 m^3	9.00	4.00	13.00								9.00	4.00	13.00	
合　计			173.29	180.68	353.97	222.05	99.51	44.89	24.91	53.38	24.91	53.38	48.87	83.05	131.92	

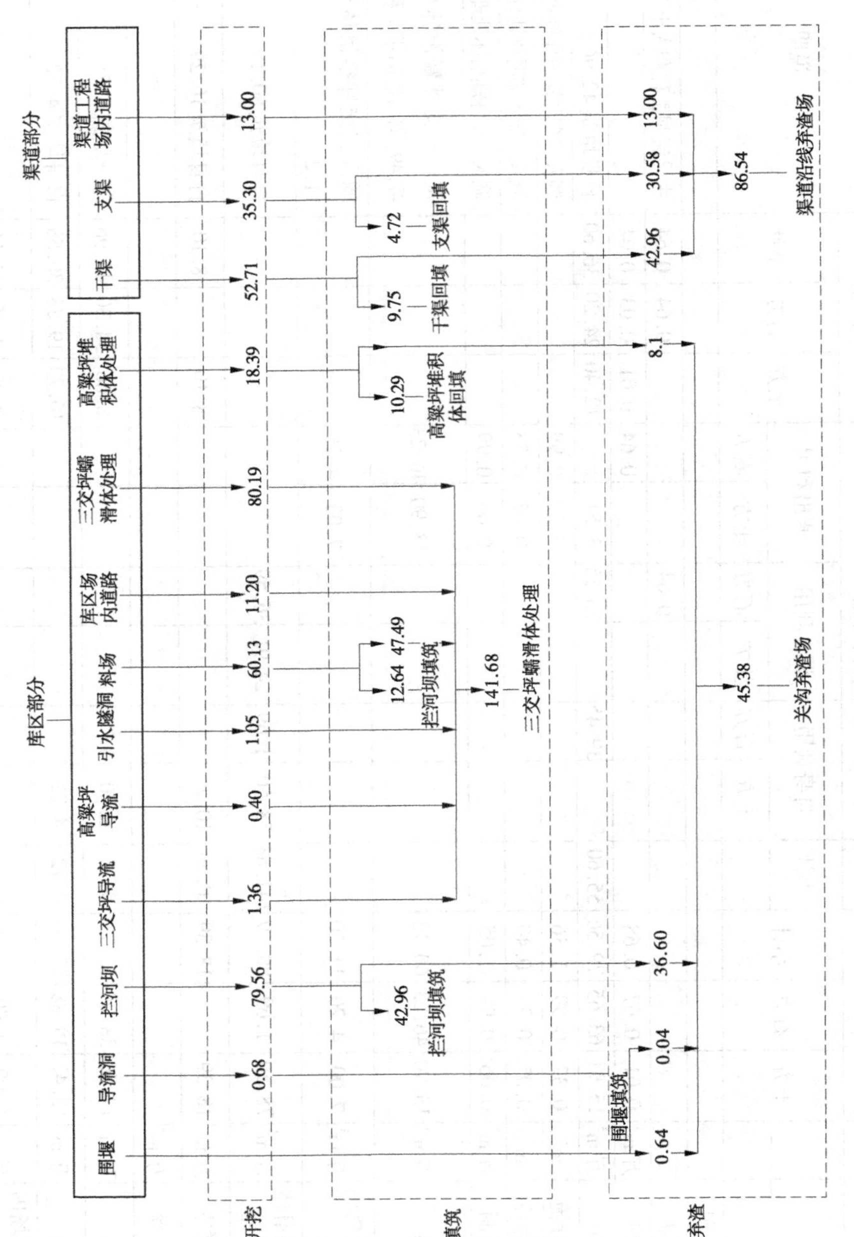

图 2-1 工程土石方流向图

2.1.8.2 **弃渣场规划**

弃渣场选址的原则有：

(1)渠道工程处于流沙河两岸陡峭的山区，高程为1 420～1 500 m，根据现场查勘结果，渠道沿线虽有较多冲沟分布，但大都沟谷深切，上游汇水面积大，常年有水，汛期洪峰流量大，难以防护，不利于弃渣防护，弃渣场选择尽量避开此类冲沟；

(2)优先选用“肚大口小”、堆渣坡脚拦挡措施设置长度较短、地势较为平缓、汇水面积小、堆渣条件好的冲沟作为弃渣场，并尽量避免下游存在建筑物、交通道路等设施；

(3)弃渣场布置在距离弃渣产生施工点较近的沟道和坡面内，以减少运距；

(4)两个相邻隧洞之间产生的弃渣，向外运输需修建较长的出渣道路，就近选择合适位置进行堆放；

(5)弃渣道路充分利用当地现有机耕路和施工临时便道，弃渣场设置时，考虑产生弃渣路段和所选弃渣场之间运输弃渣的可行性，不考虑跨隧洞调运弃渣；

(6)弃渣场选址时需避开可能产生泥石流和滑坡体的区域，并尽量少占用耕地，不占用基本农田。

工程弃渣总量179.85万m^3，其中弃土61.09万m^3，弃石118.76万m^3。

根据工程区地形条件，结合场内交通布置，工程共设31个弃渣场，弃渣场分布于渠道沿线两侧，占地总面积42.60 hm^2，容渣量230.45万m^3(松方，余同)，拟堆渣量179.85万m^3。弃渣场规划见表2-7。

由于本项目渣场数量较多，本阶段选择2个典型的弃渣场进行渣场选址比选和合理性分析，以此为例来说明弃渣场的选择方法。

(1)干渠茶铺子隧洞段、龙塘沟隧洞段部分弃渣1.87万m^3(松方)。根据地形条件和运输条件，就近选取两处冲沟进行方案比选。

方案一：本段干渠附近右侧冲沟，距隧洞出口距离0.6 km，占地面积0.83 hm^2，汇水面积90 hm^2，容渣量2.15万m^3，堆高10 m，占地类型为耕地、园地、未利用地，利用原有乡间道路出渣，无须修筑弃渣便道。

方案二：本段干渠附近左侧冲沟，距隧洞出口距离1.5 km，占地面积1.2 hm^2，汇水面积70 hm^2，容渣量6万m^3，堆高12 m，占地类型为林地、园地、耕地，利用原有乡村道路出渣，无须修筑弃渣便道。

方案一优点：弃渣运输距离短，占地面积小，“肚大口小”；

方案一缺点：汇水面积较大，占用小部分耕地；

方案二优点：汇水面积较小，堆高较小；

方案二缺点：运输距离相对较长，占地面积较大，且占用耕地较多。

综合分析，方案一占用较少耕地，弃渣运输距离短，“肚大口小”，更适合堆渣，故最终选择方案一来堆放干渠茶铺子隧洞段、龙塘沟隧洞段产生的弃渣，即方案选定的大坪渣场。

(2)任家湾支渠后段，开挖产生弃渣3.53万m^3。限于地形条件，弃渣不适于外运，在支渠附近选择合适的堆放弃渣地点。经对本支渠周边进行查勘，在任家湾支渠渠段中间位置右侧选取坡地作为弃渣堆放点，即马桑坪弃渣场(谷坡型弃渣场)。主要原因有：

表 2-7　弃渣场规划一览表

编号	渣场名称	位置	弃渣来源	容渣量（万 m^3）	堆渣量（万 m^3）	占地面积（hm^2）	渣场类型
1#	关沟渣场	K0 +000	库区弃渣 关沟隧洞前半段	100.29	60.29	3.6	冲沟型
2#	梨干沟弃渣场	K3 +246	关沟隧洞后半段 梨干沟隧洞前半段	5.75	4.63	1.93	谷坡型
3#	兵营坎弃渣场	K7 +500	梨干沟隧洞后半段 银厂沟隧洞前半段	4.96	4.31	1.43	冲沟型
4#	水井湾弃渣场	K9 +200	银厂沟隧洞后半段 大堰沟隧洞前半段	5.14	4.47	1.67	冲沟型
5#	大堰沟弃渣场	K13 +300	大堰沟隧洞后半段 二道坪隧洞前半段	4.24	3.69	1.47	谷坡型
6#	打马塘弃渣场	K14 +500	二道坪隧洞后半段 店子沟隧洞前半段	3.53	3.07	1.3	冲沟型
7#	岩脚下 1#弃渣场	K19 +900 K20 +100 K20 +200	店子沟隧洞后半段	2.89	2.51	0.83	冲沟型
8#	岩脚下 2#弃渣场		石岗山隧洞前半段	2.02	1.76	0.6	冲沟型
9#	岩脚下 3#弃渣场		石岗山隧洞后半段	2.08	1.81	0.6	冲沟型

续表 2-7

编号	渣场名称	位置	弃渣来源	容渣量（万 m^3）	堆渣量（万 m^3）	占地面积（hm^2）	渣场类型
10#	全合弃渣场	K21 + 700	寨子山隧洞	7.83	6.81	1.33	冲沟型
			向阳河隧洞				
			任家湾支渠前段				
			向阳河隧洞后半段				
11#	松林头渣场	K22 + 627	任家湾支渠后段	4.12	3.58	1.5	谷坡型
12#	小松林 1#弃渣场	K25 + 679	马桑林沟隧洞	4.62	4.02	1.63	谷坡型
			白石岩隧洞				
			白石岩隧洞后半段				
13#	小松林 2#弃渣场	K25 + 690	白鹤支渠	1.7	1.3	0.77	谷坡型
14#	后域弃渣场	K28 + 700	后域倒虹管	8.43	7.33	1.87	谷坡型
			后域倒虹管右岸				
15#	缺马溪渣场	K30 + 200	缺马溪隧洞	5.54	4.82	1.93	谷坡型
			缺马溪隧洞后半段				
			梨坪支渠部分渠段				
			大岭隧洞前半段				
16#	大包上弃渣场	K31 + 311	梨坪支渠	5.16	4.49	1.4	谷坡型
17#	瓦爪坪 1#弃渣场	K33 + 789	大岭支渠前段	4.66	4.05	1.8	谷坡型
			大岭支渠 2#渣场				
			大岭支渠 3#渣场				

续表 2-7

编号	渣场名称	位置	弃渣来源	容渣量（万 m^3）	堆渣量（万 m^3）	占地面积（hm^2）	渣场类型
18#	瓦爪坪 2#弃渣场	K33 + 789	大岭支渠后段 大岭支渠 5#渣场 大岭支渠 6#渣场	4.08	3.55	1.8	谷坡型
19#	核桃沟弃渣场	K35 + 000	大岭隧洞后半段 长水塘隧洞前半段	3.37	2.93	1.17	冲沟型
20#	磨房沟弃渣场	K38 + 100	长水塘隧洞后半段 茶铺子隧洞前半段	2.1	1.83	0.77	冲沟型
21#	大坪弃渣场	K40 + 180	茶铺子隧洞后半段 龙塘沟隧洞前半段	2.15	1.87	0.83	冲沟型
22#	萝卜岗 1#渣场	K42 + 800 K43 + 951 汉源县供水起点 汉源县供水终点	萝卜岗支渠前段	1.1	0.9	0.4	谷坡型
23#	萝卜岗 2#渣场		萝卜岗支渠后段	0.69	0.6	0.28	谷坡型
24#	下大岗 1#弃渣场		龙塘沟隧洞后半段	1.1	0.96	0.9	冲沟型
25#	下大岗 2#弃渣场		县城供水渠	4.59	3.99	1.03	冲沟型
26#	田嘴河弃渣场	大田支渠起始段	田嘴河倒虹管 田嘴河倒虹管右岸	7.94	6.9	1.8	冲沟型

续表 2-7

编号	渣场名称	位置	弃渣来源	容渣量（万 m^3）	堆渣量（万 m^3）	占地面积（hm^2）	渣场类型
27#	两河口弃渣场	K17+866	两河口倒虹管	16.85	14.65	1.8	谷坡型
			两河口倒虹管右岸				
28#	永新村弃渣场	大田支渠中段	万坪山隧洞	4.12	3.58	1.73	冲沟型
			万坪山隧洞后半段				
			大田支渠部分渠段				
29#	马桑坪弃渣场	马桑坪隧洞进口	马桑平隧洞	4.28	3.72	0.93	冲沟型
			马桑平隧洞后半段				
			大田支渠部分渠段				
30#	杨庄坪弃渣场	杨庄坪隧洞进口	杨庄坪隧洞	3.54	3.08	1.1	冲沟型
			杨庄坪隧洞后半段				
			大田支渠部分渠段				
31#	烂坝子弃渣场	大田支渠中点	将军庙隧洞	9.6	8.35	1.7	冲沟型
			将军庙隧洞后半段				
			大田支渠部分渠段				
合计				238.48	179.85	42.6	

①渣场距离施工出渣点运距合理,最远距离 3 km,且利用原有乡村道路出渣,交通方便。

②渣场容渣量 4.12 万 m^3,满足堆渣要求,且拦挡防护较方便。

③渣场占地类型以园地和未利用地为主,占用耕地较少。

④渣场汇水面积 20 hm^2,截排水工程规模较小。

⑤渣场坡面下方无建筑物、交通道路等敏感防护对象。

⑥渣场周边无滑坡体、松动块体等不良地质体存在。

经综合比选,本项目共选择其中 18 处为冲沟型弃渣场,13 处为谷坡型弃渣场,没有房屋、桥梁、公路、大片耕地等重要设备分布,大部分渣场已有乡村便道连接,无须新建弃渣便道,除关沟弃渣场外,其余弃渣场积水面积均小于 1 km^2,渣场截排水工程规模较小,弃渣场占地类型大部分为林地、未利用地,少量耕地、园地。

2.1.9 工程建设区占地和水库淹没

2.1.9.1 工程水库淹没区

永定桥水库正常蓄水位 1 543 m,水库淹没区涉及汉源县三交乡和宜东镇共 4 个村,淹没总人口 20 户 80 人,全部为农业人口。

淹没土地面积 51.74 hm^2,其中耕地 14.46 hm^2,园地 4.26 hm^2,林地 24.07 hm^2,建设用地 1.86 hm^2,水域 5.49 hm^2,其他土地 160 hm^2。

淹没各类房屋面积 5 498.0 m^2,包括农副业加工设施 1 个;小水电站 3 座,装机总量 575 kW;10 kV 输电线路 3.18 杆 · km;四级公路 3.68 km,乡村路 4.86 km。淹没分乡、分村实物指标详见表 2-8。

表 2-8 永定桥水利工程水库淹没区分村主要实物指标汇总表

序号	项目	单位	淹没区					
			合计	三交乡				宜东镇
				小计	三交村	河坝村	高桥村	永定村
1	土地面积	hm^2	51.74	36.72	11.98	6.56	18.18	15.02
1.1	农用地	hm^2	42.8	30.79	9.39	5.92	15.48	12
1.1.1	耕地	hm^2	14.47	13.8	2.46	5.92	5.42	0.67
1.1.1.1	旱地	hm^2	14.47	13.8	2.46	5.92	5.42	0.67
1.1.2	园地	hm^2	4.26	2.93	0.69	0	2.24	1.33
1.1.2.1	梨园	hm^2	4.26	2.93	0.69	0	2.24	1.33
1.1.3	林地	hm^2	24.07	14.06	6.24	0	7.82	10
1.1.3.1	灌木林	hm^2	24.07	14.06	6.24	0	7.82	10
1.1.3.2	苗圃	hm^2	0	0	0	0	0	0

续表 2-8

序号	项目	单位	淹没区					
			合计	三交乡				宜东镇
				小计	三交村	河坝村	高桥村	永定村
1.2	建设用地	hm^2	1.86	1.86	0.81	0.33	0.72	0
1.2.1	住宅用地	hm^2	0.57	0.57	0.33	0.20	0.04	0
1.2.2	交通运输用地	hm^2	1.29	1.29	0.48	0.12	0.69	0
1.3	未利用土地	hm^2	7.09	4.07	1.77	0.33	1.97	3.02
1.3.1	其他土地	hm^2	1.6	1	0.45	0	0.55	0.6
1.3.2	水域	hm^2	5.49	3.07	1.32	0.32	1.43	2.42
2	户数	户	20	16	9	7		4
3	人口	人	80	73	44	29		7
4	房屋面积	m^2	5 498.00	4 626.87	2 371.71	2 255.16		871.13
4.1	砖混	m^2	336.39	303.30	196.54	106.76		33.09
4.2	砖木	m^2	1 197.03	614.81	298.58	316.23		582.22
4.3	土木	m^2	3 703.30	3 516.48	1 832.19	1 684.29		186.82
4.4	杂房	m^2	261.28	192.28	44.40	147.88		69.00
5	农村工副业、加工设施	个	1	1		1		
6	专项设施							
6.1	小水电站	kW	575.00					
6.2	高压线	杆·km	3.18					
6.3	交通设施	km						
6.3.1	县乡(四级)公路	km	3.68					
6.3.2	乡村路	km	4.86	2.86				2.00
6.3.3	桥梁	m/座	60/2	30/1		30/1		30/1

2.1.9.2 工程建设占地

工程建设占地主要包括首部枢纽占地面积 15.75 hm^2、三交坪蠕滑体和高梁坪堆积体处理工程占地面积 70.00 hm^2、渠道工程占地面积 53.57 hm^2、场内道路占地面积 54.58 hm^2(永久道路占地 38.9 hm^2,临时道路占地 15.68 hm^2)、施工临时设施区占地面积 16.17 hm^2、料场占地面积 7.15 hm^2 和移民安置区占地面积 13.04 hm^2,总占地面积 324.60 hm^2,其中永久占地 172.50 hm^2,临时占地 152.10 hm^2。

永定桥水利工程占地情况详见表2-9。

表2-9　永定桥水利工程占地一览表　（单位：hm^2）

项目	耕地	园地	林地	居民点及交通用地	水域	未利用地	合计
水库淹没区	14.46	4.26	24.07	1.86	5.49	1.60	51.74
大坝枢纽占地	3.09	0.00	8.82	0	1.74	2.10	15.75
三交坪蠕滑体处理	56.92	3.23	1.77	5.05	0.00	2.31	69.28
高粱坪堆积体处理	0.07	0.63	0.00	0.02	0.00	0.00	0.72
施工临时设施区占地	7.10	2.45	2.00	0.66	0.00	3.96	16.17
场内道路	25.44	1.59	15.88	4.32	0.00	7.35	54.58
料场	3.19	0.93	2.57	0	0.00	0.46	7.15
渣场	11.12	6.50	9.24	0	0.00	15.74	42.60
渠道工程	37.59	0.00	10.12	0.53	0.00	5.33	53.57
移民安置区	5.22	1.30	2.61	3.91	0.00	0.00	13.04
合　计	164.20	20.89	77.08	16.35	7.23	38.85	324.60

2.1.10　移民安置

2.1.10.1　移民安置任务

工程移民生活安置人口594人（规划水平年2007年），生产安置人口1 105人（规划水平年2007年），专项设施复建包括道路改线14.74 km、高压线路改线5.9 km。

2.1.10.2　移民安置规划

1. 生活安置规划

农村移民生活安置采用就近后靠集中和分散建房相结合的方式安置，移民安置点选择调整耕作半径适宜、地形地质条件稳定、交通电力、水资源等条件方便的地区。结合当地实际地形条件，经地方政府研究，集中建设三交点、高桥点、河坝点、关华点等4个集中安置点，共安置81户401人，以及其他移民分散建房。安置用地为旱地3.53 hm^2。

2. 生产安置规划

按照确定的生产安置规划目标，共需生产安置人口1 105人，采用在本乡或邻村内调整耕地的方式解决，不新开垦土地。

3. 专项设施复建规划

永定桥水利工程占压影响宜东镇—三交四级公路1条，长7.18 km，乡村路7.56 km，需进行改线复建。淹没小型石拱桥1座，长30 m，拟在回水末端复建桥梁1座。

水库淹没小水电3座，总装机容量575 kW。其中河坝村小电站1座，装机容量100 kW；鱼嘴电站1座，装机容量400 kW；峡口电站1座，装机容量75 kW。该3座电站受淹后进行一次性补偿处理，对受影响的当地群众用电问题从宜东变电站输送电力给予恢复，其长度列入库周电力恢复规划。

永定桥水利工程涉及宜东镇—三交 10 kV 高压线路 3.18 杆·km,需改线长度为 5.9 km。

永定桥水利工程移民安置用地详见表 2-10。

表 2-10 永定桥水利工程移民安置用地 (单位:hm^2)

项目	耕地	园地	林地	居民点及交通用地	合计
生活安置	0.30	0.80	1.10	1.33	3.53
专项设施复建规划	4.92	0.50	1.51	2.58	9.51
合计	5.22	1.30	2.61	3.91	13.04

2.1.11 工程施工进度及投资

2.1.11.1 施工进度计划

工程总体施工进度安排为 33 个月,分首部枢纽工程和渠道工程两大部分组织施工,包括工程准备期、主体工程施工期、完建期。

1. 库区工程

库区工程准备期 15 个月,即 2006 年 7 月 ~2007 年 9 月。主要工程项目为对外交通道路改建及新建、过坝隧洞施工、场内主要干线道路、坝址下游跨河临时施工桥、施工供电线路架设和施工变电站、部分施工供水设施、征地移民、场地平整。

库区工程施工期 15 个月,即 2007 年 10 月 ~2008 年 12 月。在此工期内主要施工项目为:挡水坝基础开挖和基础处理、坝体填筑、趾板及面板混凝土施工、帷幕灌浆、固结灌浆,溢洪道开挖及混凝土浇筑、金属结构安装,引水工程及机电、金属结构安装等。

库区工程完建期 3 个月,即 2009 年 1 ~3 月。

2. 渠道工程

渠道工程施工准备期 2 个月,即 2006 年 7 ~8 月,在此期间完成"三通一平",临时房屋建筑、施工辅助企业及施工所需的临时设施。

渠道工程施工期 28 个月,即 2006 年 9 月 ~2008 年 12 月。

工程完建期 3 个月,即 2009 年 1 ~3 月,主要完成工程的扫尾工作,拆除临时设施,清理施工场地、弃渣等处理工作。

2.1.11.2 工程投资

根据可行性研究阶段编制的投资估算(按 2006 年第一季度市场材料、设备价格水平进行编制),工程静态投资为 8.66 亿元,其中枢纽工程 5.13 亿元,渠道工程 3.53 亿元。其中土建投资为 4.97 亿元。

2.1.12 主体工程设计比选方案的水土保持分析和评价

2.1.12.1 首部枢纽挡水坝坝址比选方案

主体工程设计中,考虑了 2 处坝址进行方案比选,其中上坝址为峡谷入口的三交乡永定桥坝址，下坝址为距上坝址约 3 km 的宜东镇天岗村峡谷末端。

主体工程从控制条件、引水隧洞长等方面对两坝址进行了比较，结果详见表 2-11。

表 2-11　上、下坝址比选一览表

比选因素	上坝址	下坝址	说明
控制条件	距三交坪蠕滑体约 1 km	距三交坪蠕滑体约 4 km	下坝址避开三交坪蠕滑体发生滑动影响
引水隧洞洞长		较上坝址短约 3 km	下坝址短
交通道路	场内道路比下坝址减少约 4.5 km	下坝址比上坝址减少约 3 km	上坝址短
水库淹没	淹没需迁移人口 298 人，淹没土地面积为 54.14 hm^2，淹没房屋 15 390.74 m^2，小水电站 1 座	下坝址淹没需迁移人口 80 人，淹没土地面积为 51.74 hm^2，淹没房屋 5 498.0 m^2	下坝址优
首部枢纽征占地	总占地面积 95.95 hm^2（不含库区内工程占地），永久占地 72.08 hm^2，临时占地 23.87 hm^2	占地面积 68.58 hm^2（不含库区内工程占地），其中永久占地 31.7 hm^2，临时占地 36.88 hm^2	下坝址优
主要工程量	坝体土石方开挖 127.31 万 m^3，坝体填筑 107.78 万 m^3，混凝土 5.04 万 m^3，三交坪土石填筑量 216 万 m^3	坝体土石方开挖 147.02 万 m^3，坝体填筑 0，混凝土 5.04 万 m^3，三交坪土石填筑量 128.4 万 m^3	弃渣量相近，但开挖、回填方量的数量下坝址小
总工期	29 个月	33 个月	上坝址工期短 4 个月
枢纽工程总投资	87 150.80 万元	86 587.62 万元	下坝址投资节省 563.18 万元
综合比选结果		主体工程推荐坝址	

经综合比选，主体工程推荐下坝址。

从水土保持角度分析，下坝址与上坝址相比较，尽管下坝址交通道路的长度较上坝址长约 1.5 km、工期长 4 个月，但下坝址避开了三交坪蠕滑体，其引水隧洞的长度缩短 3 km，水库淹没占地少、移民安置人口少、首部枢纽占地少，开挖、回填土石方量的数量也较上坝址少，因此从水土保持角度分析，下坝址也优于上坝址，比选结果与主体工程一致。

2.1.12.2　输水干渠线路方案比选

主体工程对输水干渠线路布置考虑 2 种方案进行比选，其中方案一以隧洞为主、方案二以暗渠为主,两方案渠道线路比较详见表 2-12。

表 2-12　输水干渠线路方案比较表

项目名称	单位	隧洞（方案一）	暗渠（方案二）	方案一 - 方案二	说明
1　渠线长度	m	42 955	64 926	-21 971	渠线长度仅为供水干渠值,其余渠道不参与比较
其中:暗渠长度	m	2 778	50 501	-47 723	
隧洞长度	m/座	37 247/16	10 809/7	26 438/9	
渡槽长度	m/座	—	52/1	-52/-1	
倒虹吸管长度	m/座	2 930/2	3 564/2	-634/0	
2　渠道占地面积	hm^2	84.97	167.88	-82.91	
3　工程弃渣量	万 m^3	91.29	178.62	-87.33	
4　主要工程量					
土石方开挖	万 m^3	71.296	207.427	-136.131	
石方洞挖	万 m^3	22.711	7.676	15.035	
土石方填筑	万 m^3	14.470	64.994	-50.524	
混凝土及钢筋混凝土	万 m^3	9.911	10.916	-1.005	
5　直接建筑工程投资	万元	34 863.58	41 833.85	-6 970.27	含管道制作安装
投资倍比		1.00	1.20		
主体比选结果		主体推荐方案			

主体工程综合比选后,推荐以隧洞为主方案(方案一)。

从水土保持角度分析,方案一以隧洞为主,其渠线比方案二缩短了 21 971 m,占地减少 82.9 hm^2,相应土石方开挖量比方案二少 121.10 万 m^3,弃渣量也比方案二少 87.33 万 m^3,因此从水土保持角度分析,以隧洞为主的方案一优于以暗渠为主的方案二,与主体工程比选结果一致。

2.1.12.3　料场规划合理性分析

1. 土料场

本工程需部分黏土料用于坝体上游黏土铺盖料及围堰防渗料。通过地表地质调查,初步选择距上坝址上游约 2.5 km 流沙河左岸的二台子土料作为防渗黏土料源。

二台子料场地形较宽阔,自然坡度 10°~30°,分布高程 1 700~1 750 m,料场表层大多为褐黄色崩坡积块碎石土层,厚 2~3 m;料场开采剥离层较薄,有用层厚度大于 10 m,单位面积产生剥离料较少;附近现有机耕路通过,运输道路在原有道路的基础上进行简单改建即可,开采运输条件便利。

从水土保持角度分析,二台子料场具有开采剥离层较薄、剥离料较少、开采运输条件便利等有利于水土保持的条件,因此从水保角度看,二台子土料场选址是合适的。

2. 石料场

根据地质勘测资料,本阶段共选择了 3 个石料场,均位于坝址上游,分别为大沟头沟石料场、飞水沟石料场及关顶上石料场。

主体工程设计中,考虑需石料的坝址区和三交坪处理施工区距离较远,拟分别选择石料场。其中主体工程施工组织设计时,从方便开采及减少施工占地考虑,坝址区初步选择关顶上石料场作为石料场供料;三交坪蠕滑体处理所需的石料,则从运距较近的大沟头沟石料场供料。坝址上游飞水沟石料因地形陡峻,施工场地、物料运输线路的布置比较困难,开采条件较差,且上坝址各方案引水隧洞及对外交通隧洞均从该区域内通过,施工干扰大,因此不考虑该料场。

从上述分析可知:主体工程料场方案比选时,所考虑的料场地形地质条件、无用层开采厚度、运输条件、施工占地等因素与水土保持相一致。

因此从水土保持角度分析,主体工程料场规划成果符合水土保持要求。

2.1.12.4 主体工程施工组织、工艺的分析与评价

挡水坝施工过程中,为了利用溢洪道的开挖石料进行挡水坝填筑,则先期进行溢洪道闸室段、陡槽段开挖,开挖料通过右岸布置的施工道路直接上坝进行填筑。同时为尽快利用开挖料填筑三交坪蠕滑体反压平台,涵洞施工安排在 2 ~ 3 月,前期开挖料首先填筑在右岸滩地上,4 月涵洞施工完成后,首先采用进占方式,在反压平台上游河床填筑堆渣作为枯期围堰,由涵洞泄流,并进行围堰下游平台的填筑,从而避免开挖的临时堆存和二次搬运,有利于水土保持。

主体工程石方明挖采用深孔台阶爆破、边坡预裂法施工,台阶高 10 ~ 15 m,沿边坡设计开挖线进行预裂爆破,以确保边坡的稳定和减少超挖,开采的弃渣场及时运至规划的弃渣场内进行堆存。

为了满足工期要求,利用隧洞进出口作为隧洞施工工作面同时进行全断面开挖施工,以减少土石方施工时间,从而减少水土流失时段。

渠道沿线跨越溪沟施工时,选择枯水期,利于施工的同时,减少沟道径流对开挖、填筑土石方的冲刷侵蚀。

2.2 项目区及周边地区概况

2.2.1 自然环境

2.2.1.1 地形地貌

永定桥水利工程地处青藏高原东南缘向四川盆地过渡的高中山峡谷区。区内总体地势西北高、东南低,山岭高程一般 2 500 ~ 3 500 m,河流水系发育,沟谷深切,岭谷高差 1 000 ~ 1 500 m,植被较为发育。

坝址上游河流总体由北西向南东流经库区,河床纵坡降约 30‰。除库尾段河谷较开阔外,其余库段河谷均较狭窄、谷坡陡峻,河谷两岸谷坡皆有冲沟分布,右岸冲沟一般规模

较小,左岸冲沟相对较大,切割较深,地表上呈多级台阶性悬谷。

首部枢纽工程位于永定桥下游的峡谷河段,河谷狭窄,呈"V"形,两岸地形下陡上缓,左岸 1 610 m 高程以下地形坡度一般 60° ~75°,以上地形坡度一般 15° ~30°;右岸 1 580 ~1 600 m 高程以下谷坡陡峻,自然坡度一般 50° ~75°,以上地形坡度一般 10° ~25°。

渠道沿流沙河干流布设,两岸山体雄厚,但地表冲沟发育,较大的冲沟有关沟、梨干沟、银厂沟、大埝沟、潘家沟、田嘴河、向阳河、前域沟、李西沟、磨房沟等。宜东以上河段谷坡陡峭,坡度一般 40° ~60°,宜东以下河段河谷宽阔,谷坡地形坡度一般 15° ~30°,仅局部临河(沟)谷坡较陡,坡度达 35° ~50°。

2.2.1.2 地质及地震

永定桥水利工程地处青藏高原东南缘向四川盆地过渡的高中山峡谷区。区内地层,除石炭系、白垩系和第三系缺失外,其余各系均有不同程度出露。其中,志留系白云岩主要分布在首部枢纽区,三叠系上统须家河组砂页岩夹煤线和侏罗系紫红色砂泥岩广泛出露于水库淹没区和渠道沿线。第四系松散堆积物主要分布于河谷及两岸低洼地带。

工程区位于川滇南北向构造带东亚带北段,在大地构造部位上隶属扬子准地台西缘的上扬子台褶带范畴,在具体构造部位上处于由金坪断裂、二郎山断裂、保新厂—凰仪断裂和汉源—昭觉断裂所切割的宜东向斜内。

工程区内不具备发生强震的构造条件,历史上也无 6 级以上强地震活动记载,永定桥水利工程库坝区 50 年超越概率 10% 的基岩水平峰值加速度为 201 cm/s^2,地震基本烈度为Ⅷ度。

1. 库区工程地质条件

1)水库淹没区

永定桥水库库岸由基岩岸坡和覆盖层岸坡组成,基岩岸坡整体稳定性较好。第四系松散堆积物主要分布于两岸谷坡中、下部及坡脚,除库尾段左岸三交坪蠕滑体和库首高粱坪堆积体规模较大、稳定性差,对水库影响较大外,其余库段整体稳定,蓄水后受库水涨落影响,仅局部松散覆盖层库岸前缘将可能出现小型塌岸现象,但不致影响水库的安全运行。

2)三交坪蠕滑体

三交坪斜坡位于永定桥上坝址上游约 800 m 的流沙河左岸,由流沙河及其支沟卸泥沟、大沟头沟围限,地形上呈三面临沟(河)、一面临山的态势,斜坡临空条件较好(见图 2-2)。斜坡地形坡度一般 15° ~25°,具有上部(1 750 m 高程以上)陡、下部缓的特点。

三交坪蠕滑体岩体较破碎,为全、强风化,结构松弛,产状略显零乱,显现出蠕动变形特征。除此以外,其余各区地层层次、结构、厚度、产状基本正常,为弱风化岩体。据地面调查、钻孔、浅井勘探揭示,蠕滑体为"碎裂基岩",呈碎裂—松散结构,表浅部(浅井揭示)局部具架空结构,岩性以砂岩、页岩及煤线地层互层为主,蠕滑体底界以下地层以砂岩为主,岩芯完整,为弱风化岩体。

三交坪蠕滑体上、下游大致以脊为界,蠕滑体坡体地面变形破坏现象明显。中部及前缘可见三个规模相对较大的塌滑体,塌滑区呈圈椅状弧形地貌形态;坡体上居民住房墙体及地坪变形张裂缝分布普遍。

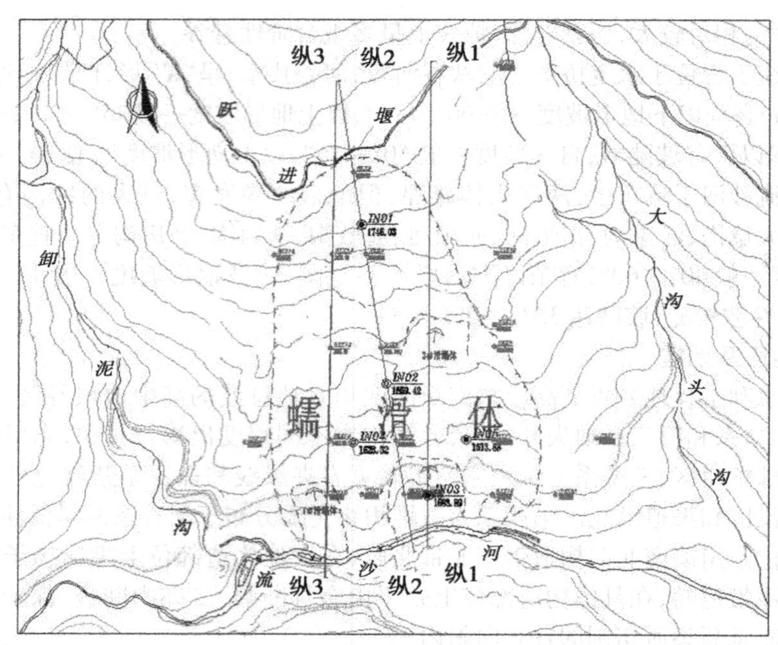

图 2-2　三交坪蠕滑体平面示意图

3）高粱坪堆积体

高粱坪堆积体位于流沙河左岸，距坝址约 1 km。坡体顺河长约 0.55 km，后缘高程约 1 580 m，前缘接近河边，高程约 1 480 m。堆积体由块碎石土组成，厚度 10 ~ 40 m，结构较密实，主要分布于缓坡台地。前缘陡坡区逐渐变薄，至河床岸边基岩出露，后部陡坡区基岩零星出露。下伏为较完整的细晶白云岩，基岩顶面残留有 3 ~ 4 m 厚的漂卵石层，基岩顶面呈台阶状，即前陡、中缓、后陡的态势。坡体变形在前缘临河陡坡区表现为表部松散覆盖层雨季局部垮塌。

地质测绘及勘探揭示，坡体覆盖层厚度一般 30 ~ 40 m，其中前缘相对较薄，厚度 0 ~ 20 m，从上至下可分①、②、③层。上部①层主要为块碎石土，一般厚度 10 ~ 40 m，②层灰黑色含砾粉质黏土层，分布范围有限，连续性差，厚度 0.3 ~ 4.5 m，低部③层漂卵石层，主要分布在前缘，总体不连续，最大厚度 3.72 m。伏基岩为志留系罗惹坪组细晶白云岩，地层产状以 N60° ~ W85°/SW∠8° ~ 20°为主，缓倾坡外偏上游，未见软弱夹层分布。

堆积体在天然状况下整体稳定，水库蓄水后整体也处于稳定状态，但蓄水后由覆盖层组成的该区段岸坡受库水作用，坡体前缘及临沟两侧因地形较陡将发生坍岸破坏，应采取必要的治理措施（见图 2-3）。

4）首部枢纽区

坝肩岩体以罗惹坪组中厚层状白云岩为主，右岸 1 530 m 以上为须家河组（T_{3xj}）砂岩夹页岩，煤线层，其假整合于罗惹坪组白云岩地层之上，第四系覆盖层，崩坡积石土层，主要分布于河床及两岸 1 530 ~ 1 540 m 高程以上。河床覆盖层为漂卵石层，结构松散，具架

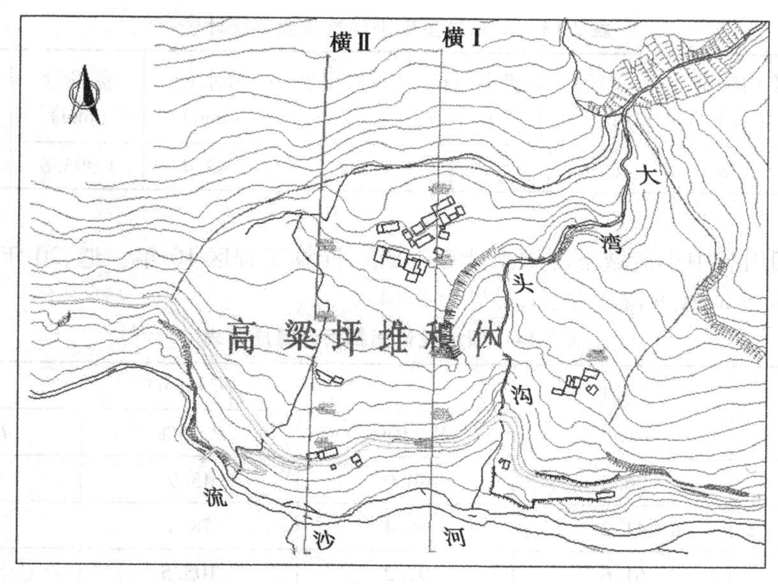

图 2-3　高梁坪堆积体平面示意图

空结构，均一性差，透水性强，最大厚度约为 25 m，两岸缓坡区冲积物。坝基、坝肩未发现具规模的断层带，主要软弱结构面为层间挤压破碎带和陡倾角小破碎带。

两岸坝肩无影响边坡整体稳定的贯通性软弱结构面分布，右岸为反向坡，岩层缓倾下游坡内，谷坡稳定条件较好。左岸为顺向坡，存在缓倾下游坡外的层间错动带等软弱结构面和软弱夹层，但因倾角较缓，大多为 10°～25°，对谷坡的整体稳定不起控制性作用，边坡整体较稳定。

坝区未发现连续性的管道型岩溶现象，仅为地表出露的小型溶蚀穴腔，岩壁钙化以及钻孔岩芯中的溶孔、晶孔等，基本不存在岩溶渗漏问题，主要受岩性、构造和岩体风化卸荷控制。

2.2.1.3　气象

流沙河流域属北温带与季风带之间的亚热带气候区，流域处于大相岭的焚风地带，气候较为干燥，除山区与深丘区外，大致属冬温、春暖、夏热、秋凉的干燥型气候。根据距坝址的直线距离约 52 km 的汉源气象站 1951～1990 年资料统计，多年平均气温 17.8 ℃，极端最高气温 40.9 ℃（1988 年 5 月 2 日），极端最低气温 -3.3 ℃（1955 年 1 月 6 日），多年平均年降水量 748.4 mm，平均年降水日数为 143 d，历年最大日降水量 168.2 mm（1990 年 7 月），冬春干旱，夏秋占全年降水量的 88.2%，多年平均年蒸发量 1 395.6 mm，多年平均相对湿度为 68%，定时最大风速 15.3 m/s（1953 年 11 月 2 日）。

汉源县多年平均气象要素统计表见表 2-13。

表 2-13　汉源县多年平均气象要素统计表

地区	平均气温(℃)	极端最高气温(℃)	极端最低气温(℃)	相对湿度(%)	降水量(mm)	蒸发量(mm)	平均风速(m/s)
汉源县	17.8	40.9	-3.3	68	748.4	1 395.6	0.9

根据《四川省中小流域暴雨洪水计算手册》,推算工程区 10 年一遇、20 年一遇和 100 年一遇的 1 h、6 h、24 h 降雨量,结果见表 2-14。

表 2-14　坝址设计面暴雨计算成果表

时段(h)	均值(mm)	H_P(mm)		
		$P=10\%$	$P=5\%$	$P=1\%$
1	26.5	40.0	45.9	59.1
6	41.2	66.4	78.4	105.5
24	61.6	92.2	105.5	134.9

2.2.1.4　水文

流沙河径流首先来自降水,其次是地下水和高山融雪水补给。流域上游植被较多,中游至下游植被逐渐减少,下垫面调蓄能力从上游至下游递减,径流具有丰沛稳定和年际变化小的特点。

根据流沙河站 1956~1968 年、1971~2005 年共 48 年实测径流资料统计分析,坝址处多年平均流量 3.17 m^3/s,年径流量 1.0 亿 m^3,设计洪水流量为 375 m^3/s($P=2\%$),校核洪水流量 722 m^3/s。

2.2.1.5　泥沙

流沙河流域内除四周靠近分水岭地区为山区地形外,大部为深、浅丘地形。20 世纪 20 年代以前流域植被较好,但 20 世纪 30 年代以后,树木被大量砍伐。出露地层以紫红色、棕红色砂质黏土岩(泥岩)泥质粉砂岩、细沙岩为主。流域气候较干燥,岩体风化较严重。固体径流蕴藏量丰富。冲沟发育,暴雨强度大,泥石流活跃,水土流失较严重。据流沙河水文站悬移质测验资料统计,多年平均年输沙模数为 1 240 $t/(km^2 \cdot a)$,多年平均含沙量 1 760 g/m^3,推悬比为 0.055。

2.2.1.6　土壤

汉源县土壤划分成 11 个土类,其中以水稻土、紫色土、石灰岩土、暗棕壤、黄棕壤和棕壤为主,其次为红壤、冲积土、灰华土、亚高山草甸土、山地草甸土。

工程区土壤以黄棕壤、石灰岩土和水稻土为主。

黄棕壤仅 1 个亚类,分布于海拔 1 500~1 800 m,由非石灰岩、紫色岩类的坡残积母质和基性岩变质岩的洪积母质发育而成。

石灰岩土包括 3 个亚类,主要由各系石灰质岩类、昔格达组硝土岩的坡残积和短距离洪积母质发育而成,均有石灰反应。

水稻土包括5个亚类，主要分布于海拔1 500 m以下的流沙河和大渡河沿岸，多由洪冲积母质发育而成，土壤中性或微碱性，肥力较高。

2.2.1.7 植被

流沙河流域森林植被属川西河谷山原植被区、大渡河高山峡谷植被小区与木里山原植被小区的接壤地带，植物组成成分既有川西南偏干性常绿阔叶林种类，又有川东南盆地偏湿性常绿阔叶林亚带成分，且具有明显的垂直地带性；在海拔2 000 ~2 400 m地带，其植被类型主要是由细叶青冈、青冈、曼青冈、香桦以及多种槭树组成的常绿与落叶阔叶混交林，沟谷阴湿地段或半阴坡有川滇高山栎林、光叶高山栎林等。在阳坡有大面积的矮高山栎、川西栎、刺叶栎等形成的灌丛；中部河谷区（海拔1 600 m以下）森林资源稀少，植被类型为干旱河谷灌丛，以霸王鞭为优势，其他植被有山蚂蝗、扁担木、黄荆、白刺花、刺合欢、小马鞍、羊蹄甲等；沟谷陡峻的"V"形支沟两岸陡坡地带分布有以云南松、桤、青冈、栎为主的纯林及混交林；人工植被分布较广，如农田作物、经济林木等。

工程区主要涉及海拔1 605 m以下地区。区域植被类型以灌丛、荒草地为主，人工植被分布较多，主要是农田作物、经济林木等，区域植被覆盖率约为34%。

区域主要树种有云南松、高山松、华山松、铁杉等针叶树种，川西麻栎等阔叶树种。

农作物主要有水稻、小麦、玉米、土豆等。

经济林木主要有梨树、苹果、柑橘、花椒、核桃、生漆等。

2.2.2 社会经济

2.2.2.1 行政区划与人口

汉源县全县土地总面积2 382 km^2，共辖40个乡镇260个村（居）民委员会。2003年末，全县总人口352 624人，其中农业人口322 741人，占总人口的91.5%。

2.2.2.2 社会经济

汉源县2004年国内生产总值为150 193万元，其中第一产业43 081万元，第二产业58 418万元，第三产业48 694万元，人均国内生产总值4 300元。全年农作物总播种面积47 815 hm^2，其中粮食作物面积37 817 hm^2，粮食作物总产量达146 900 t。农村经济总收入72 050万元，农民人均年收入3 097.91元。汉源县主要的粮食作物有水稻、玉米、红苕、洋芋等，经济作物有油菜、花生、芝麻、蚕桑、烟草等。全县工业主要有采矿、冶金、制糖、造纸、煤炭、建材、食品等。

2.2.2.3 土地利用

工程区周围均为山区，由于地形较陡，土地利用特征体现为以林业用地为主，其次是未利用地、耕地，耕地面积占土地总面积的7.7% ~11.79%，园地、居民点及工矿用地、交通用地及水域所占比例较少。由于长期以来的过度砍伐，有林地占的比例不高。工程涉及利用率分别为汉源县土地利用的67.58%、87.02%和73.32%。

工程涉及汉源县土地利用情况见表2-15。

表 2-15　工程涉及汉源县土地利用情况　（单位：hm^2）

编号	项目	面积	占比（%）
1	农用地	283.39	66.91
1.1	耕地	188.6	44.53
1.2	园地	19.15	4.52
1.3	林地	75.64	17.86
2	居民点及交通用地	13.73	3.24
2.1	住宅用地及交通运输用地	13.73	3.24
3	未利用土地	126.4	29.85
3.1	水域	9.6	2.27
3.2	未利用地	116.8	27.58

2.2.3　区域水土流失现状及防治情况

2.2.3.1　水土流失现状及分布

根据《四川省人民政府关于划分水土流失重点防治区的公告》，工程涉及的汉源县属四川省水土流失重点监督区，水土流失容许值为 500 t/(km^2·a)。

汉源县水土流失类型主要是水力侵蚀、重力侵蚀。水力侵蚀形式以沟蚀和面蚀为主，其中，沟蚀主要分布于大渡河及其支流两岸，重力侵蚀分布于滑坡发育的陡峻岩坡地带。据土壤侵蚀遥感调查成果，汉源县水土流失面积为 1 205.83 km^2，占全县土地总面积的 50.5%，其中轻度流失面积 288.3 km^2，中度流失面积 529.4 km^2。全县年土壤侵蚀总量 672.51 万 t，土壤侵蚀模数 2 815 t/(km^2·a)。

流沙河流域森林覆盖率较低，是汉源县滑坡、泥石流等山地灾害频发地区，水土流失较严重。据汉源县水利部门 2000 年调查成果，流沙河流域土壤侵蚀面积为 295.78 km^2，占该流域土地面积的 37.6%，侵蚀强度以轻度和强度为主。

根据现场调查并结合汉源县遥感资料分析，工程地处河谷地区，土壤侵蚀背景值为 1 870 t/(km^2·a)。各个预测小区土壤侵蚀背景值见表 2-16。

表 2-16　各个预测小区土壤侵蚀背景值汇总表　（单位：t/(km^2·a)）

序号	预测小区	土壤侵蚀背景值
1	水库淹没区	1 750
2	首部枢纽区	1 750
3	三交坪蠕滑体和高梁坪堆积体处理工程	2 050
4	场内道路区	1 950
5	料场区	1 870

续表 2-16

序号	预测小区		土壤侵蚀背景值
6	渠道工程区		1 800
7	施工临时设施区	库区施工区	1 850
		渠道施工区	1 850
8	弃渣场平均值		1 950
9	移民安置区	生活安置区	1 500
		专项设施复建区	1 770
工程区平均值			1 870

2.2.3.2 工程周边区域水土流失成因分析

根据现场调查及相关地质资料显示，工程区水力侵蚀的主要影响因素为坡耕地开垦、顺坡耕作、矿山采掘、石材开采及森林植被的过度砍伐和新建渠堰、道路等人为因素造成；重力侵蚀的主要影响因素为地形地貌、地质、降雨、植被等自然因素，以及过度开垦、工程建设等人为因素。

2.2.3.3 水土流失防治规划情况

近年来，为了有效控制和治理水土流失，国家和当地政府在工程周边地区陆续实施了小流域综合治理、退耕还林还草、天然林保护等项目。通过沟道治理，建设小型水利水保工程、谷坊、沟头防护等工程，有效控制了沟头前进、沟岸扩大和沟底切割；严禁在25°以上陡坡开荒，对已开垦的陡坡地，采取改梯田、林粮间作、保土耕作等措施，进行陡坡耕地改造；加强预防保护和采取积极的植被建设措施，实施封山育林、划定禁伐区，禁采林木和刈草放牧，并通过人工造林、抚育幼林等营林手段，促进植被恢复；禁止在可能引起崩塌、滑坡的破碎地带和泥石流易发区开山、采石和取土挖砂等；同时加大水土保持监督执法。上述措施有效地控制了区域水土流失的发生和发展，对减少水土流失危害、恢复和改善当地的生态环境起到了积极作用。

流沙河流域水土流失治理的主要经验如下。

1. 坡改梯规划

有组织、有计划地将坡度在15°～25°的坡耕地改为梯地，增强其保土保水能力。

2. 保土耕作

在原有农耕措施上，推行等高带状整地，横坡条带种植，沟垄栽培，分带轮作轮耕，适当少耕或棉耕栽培；地内推行增、间、套轮作，早、中、晚熟和高矮秆作物合理搭配的立体经营，以提高复种指数，减少地表冲刷和径流、垮塌，提高土壤抗蚀能力和蓄水能力，达到保持水土和提高单位面积产量、收入，改善生态环境的目的。

3. 坡陡停耕

对大于25°的陡坡地，先行种上生长期长、经济效益好、保水保土功能大的经济林、果木林，逐步退耕为林、果、草用地，减少水土流失。

第3章　水土流失预测

永定桥水利工程工程区水土流失以水力侵蚀为主，其次为重力侵蚀，由于受地形地貌、气候、地质、水文、土壤和植被等自然因素的潜在影响，加之人为施工建设活动（枢纽工程、施工辅助工程等土石方开挖填筑、修建设施地表扰动、弃渣等活动）的诱发、引发、触发作用而产生土壤侵蚀，造成水土流失。

3.1　水土流失影响因素分析

工程区水土流失以水力侵蚀为主，参照同类工程水土流失情况，结合当地水土流失影响因素和施工活动，分析不同施工区域，可能造成水土流失的主要影响因素，为水土流失防治措施的制定提供科学依据，可能造成水土流失的主要区域有水库及库周影响区、库区工程（首部枢纽、三交坪蠕滑体和高粱坪堆积体处理工程）、场内道路、渠道工程、弃渣场、料场、施工临时设施和移民安置区。

工程可能加速水土流失的环节主要表现在以下几个方面：

水库淹没区：水库蓄水，水位浸没线抬高，库周岸坡含水量增加，抗滑能力降低，易造成滑坡、崩塌等重力侵蚀。

首部枢纽：导流工程、挡水坝、引水隧洞、溢洪道、围堰等开挖、填筑及土石方的运输等造成的水土流失。

三交坪蠕滑体和高粱坪堆积体处理工程：对蠕滑体进行削坡、反压、排水等施工过程造成的水土流失。

场内道路：场内道路施工过程中主要水土流失环节为路堤、路堑边坡的开挖填筑散落下坡面浮渣和裸露坡面。

渠道工程：渠道沿线施工过程中破坏原有水土保持设施，边坡的开挖填筑散落下坡面浮渣和裸露坡面，如不采取工程和植物措施，易造成严重的水土流失。

弃渣场：工程设置31个弃渣场，堆渣量131.92万m^3（折松方179.85万m^3），大量裸露松散的堆渣体，如不采取工程植物和植物措施，为水土流失提供大量物质源，易造成滑坡、泥石流等严重的水土流失。

料场：土石料场开挖形成高陡边坡，损坏地表植被，产生大量松散无用层，开挖裸露地表和无用层处于无防护状态，遇暴雨易造成水土流失。

施工临时设施：场平过程中地表植被破坏殆尽，损坏原有土地功能和生产力，降低土体抗侵蚀能力，且降雨时易形成集中汇流，引发水土流失及其危害。

移民安置区：移民安置区主要水土流失发生在拆迁、房建、土地开发及专项设施复建等环节。在房建基础开挖、土地开发和专项设施复建过程中，由于开挖、填筑形成新裸露地表，扰动原地貌，使地表抗侵蚀能力降低或丧失，同时，拆迁产生的建筑垃圾如不采取适当的防护措施，也可能造成水土流失危害。工程建设过程中水土流失影响因素分析见图 3-1。

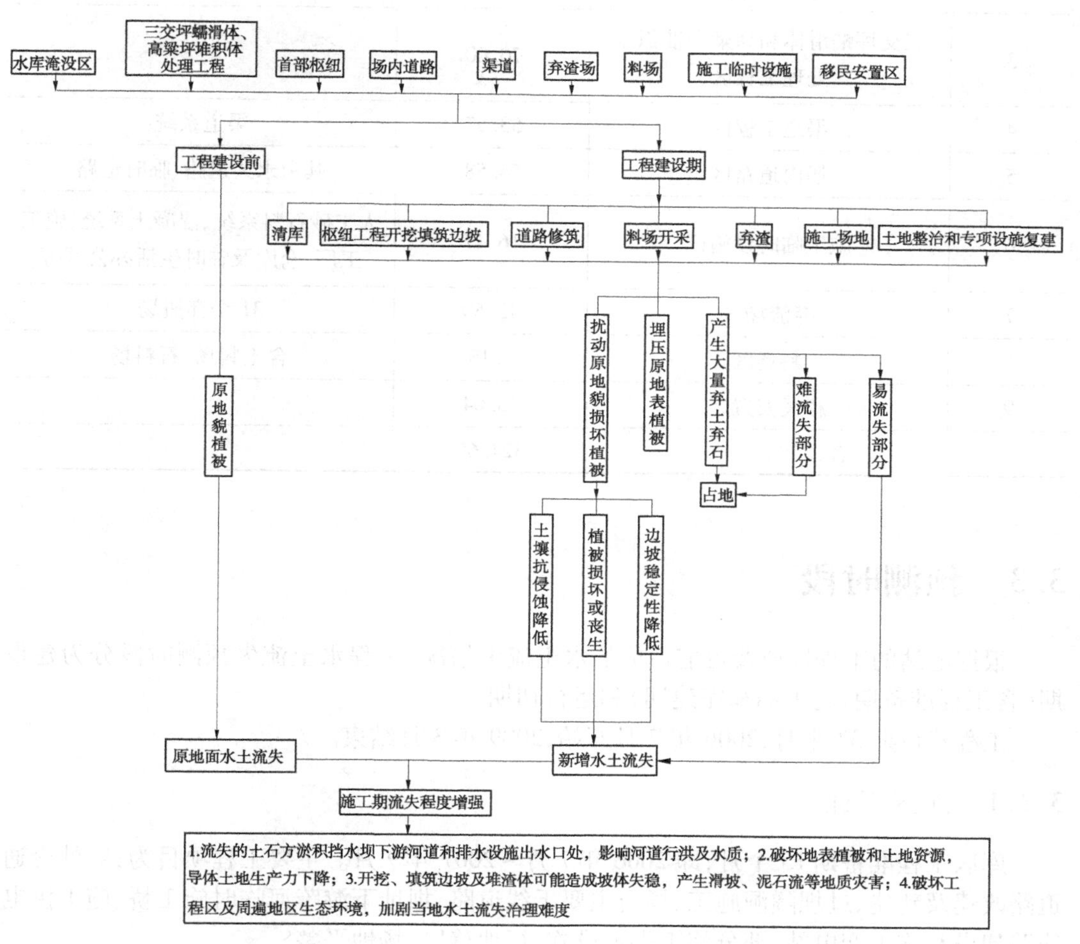

图 3-1　工程建设过程中水土流失影响因素分析

3.2　预测分区

根据各个地块水土流失特点，划分为水库淹没区、首部枢纽区、三交坪蠕滑体和高粱坪堆积体处理工程区、渠道工程区、料场区、场内道路工程区、施工临时设施区、弃渣场区、移民安置区等 9 个预测分区，进行水土流失预测。分区详见表 3-1。

表 3-1　永定桥水库水土流失预测分区表

序号	预测分区	面积(hm²)	说明
1	水库淹没区	51.74	淹没区(扣除重合部分)
2	首部枢纽区	15.75	导流工程、挡水坝、引水隧洞进口等
3	三交坪蠕滑体和高粱坪堆积体处理工程区	70.00	
4	渠道工程区	53.57	渠道系统
5	场内道路区	54.58	其中永久道路、临时道路
6	施工临时设施区	16.17	人工砂石料系统、混凝土系统、施工工厂、仓库及临时生活办公区等
7	弃渣场区	42.60	31 个弃渣场
8	料场区	7.15	含土料场、石料场
9	移民安置区	13.04	
合计		324.60	

3.3　预测时段

根据电站的工程性质及可能造成的水土流失情况,工程水土流失预测时段分为建设期(含工程准备期、施工期和完建期)和运行初期。

工程建设期 33 个月,2006 年 7 月开始,2009 年 3 月结束。

3.3.1　库区工程

库区工程准备期 15 个月,即 2006 年 7 月 ~2007 年 9 月。主要工程项目为:对外交通道路改建及新建、过坝隧洞施工、场内主要干线道路、坝址下游跨河临时施工桥、施工供电线路架设和施工变电站、部分施工供水设施、征地移民、场地平整。

库区工程施工期共 15 个月,从 2007 年 10 月 ~2008 年 12 月。在此工期内主要施工项目为:挡水坝基础开挖和基础处理、坝体填筑、趾板及面板混凝土施工、帷幕灌浆、固结灌浆,溢洪道开挖及混凝土浇筑、金属结构安装,引水工程及机电、金属结构安装等。

库区工程完建期 3 个月,即 2009 年 1 ~3 月。

3.3.2　渠道工程

渠道工程施工准备期 2 个月,即 2006 年 7 ~8 月,在此期间完成"三通一平",临时房屋建筑、施工辅助企业及施工所需的临时设施。

渠道工程施工期 28 个月,即 2006 年 9 月 ~2008 年 12 月。

渠道工程完建期 3 个月,即 2009 年 1 ~3 月,主要完成工程的扫尾工作,拆除临时设施，清理施工场地、弃渣等处理工作。

运行初期开挖扰动地表、占压土地和损坏林草植被等施工活动基本停止，同时，随着工程建设中具有水土保持功能工程的实施，水土流失防治效益逐步发挥，但除永久建筑物覆盖区和硬化地表外，其他区域因植被自然恢复期间，仍将存在一定程度的水土流失。运行初期水土流失预测期限，在充分考虑到当地自然水热条件，运行初期按工程完工后1年计。

水土流失预测重点时段为工程建设期。

3.4 预测内容和方法

3.4.1 扰动原地貌、损坏土地及植被面积预测

工程征、占地面积为324.60 hm^2，包括水库淹没区、首部枢纽区、三交坪蠕滑体和高梁坪堆积体处理区、渠道工程区、场内道路区、施工临时设施区、弃渣场区、料场区和移民安置区等。

工程建设中扰动原地貌、损坏土地和植被面积均在征占范围内，因此工程扰动原地貌面积324.60 hm^2。

土地类型划分，其中扰动耕地164.20 hm^2，园地20.89 hm^2，林地77.08 hm^2，居民点及交通用地16.35 hm^2，水域7.23 hm^2，未利用地38.85 hm^2。

工程扰动原地貌面积见表3-2。

表3-2 工程扰动原地貌面积 （单位：hm^2）

项目	合计	耕地	园地	林地	居民点及交通用地	水域	未利用地
水库淹没区	51.74	14.46	4.26	24.07	1.86	5.49	1.60
首部枢纽区	15.75	3.09	0	8.82	0	1.74	2.1
三交坪蠕滑体处理区	69.28	56.92	3.23	1.77	5.05	0	2.31
高梁坪堆积体处理区	0.72	0.07	0.63	0	0.02	0	0
施工临时设施区	16.17	7.1	2.45	2.00	0.66	0	3.96
场内道路区	54.58	25.44	1.59	15.88	4.32	0	7.35
料场区	7.15	3.19	0.93	2.57	0	0	0.46
弃渣场区	42.60	11.12	6.5	9.24	0	0	15.74
渠道工程区	53.57	37.59	0	10.12	0.53	0	5.33
移民安置区	13.04	5.22	1.30	2.61	3.91	0	0
合　计	324.60	164.20	20.89	77.08	16.35	7.23	38.85

3.4.2 损坏水土保持设施预测

根据对工程区土地利用现状的调查，结合《四川省水土保持设施补偿费、水土流失防治费征收管理办法(试行)》的有关规定，工程建设中损坏水土保持设施面积 271.12 hm^2，其中耕地 149.74 hm^2，园地 16.63 hm^2，林地 53.01 hm^2，居民点及交通用地 14.49 hm^2，未利用地 37.25 hm^2。

工程损坏水土保持设施面积详见表 3-3。

表 3-3 工程损坏水土保持设施面积 (单位：hm^2)

项目	合计	耕地	园地	林地	居民点及交通用地	未利用地
首部枢纽区	14.01	3.09	0.00	8.82	0.00	2.10
三交坪蠕滑体处理区	69.28	56.92	3.23	1.77	5.05	2.31
高粱坪堆积体处理区	0.72	0.07	0.63	0.00	0.02	0.00
施工临时设施区	16.17	7.10	2.45	2.00	0.66	3.96
场内道路区	54.58	25.44	1.59	15.88	4.32	7.35
料场区	7.15	3.19	0.93	2.57	0.00	0.46
弃渣场区	42.60	11.12	6.50	9.24	0.00	15.74
渠道工程区	53.57	37.59	0.00	10.12	0.53	5.33
移民安置区	13.04	5.22	1.30	2.61	3.91	0.00
合计	271.12	149.74	16.63	53.01	14.49	37.25

3.4.3 弃土、弃石、弃渣量预测

工程弃渣量 131.92 万 m^3(折松方 179.85 万 m^3)，其中水库工程产生弃渣 45.38 万 m^3(折松方 61.20 万 m^3)，渠道工程产生弃渣 86.54 万 m^3(折松方 118.65 万 m^3)，其中弃土量 48.87 万 m^3，弃石量为 83.05 万 m^3，土石比约 1∶1.7。

上述弃渣根据工程区地形条件，结合场内交通布置，共设 31 个弃渣场，弃渣场分布于渠道沿线两侧，各弃渣场情况详见表 2-7。

工程各施工部位弃土、弃石及弃渣量见表 3-4。

表 3-4 工程各施工部位弃土、弃石及弃渣量一览表

序号	工程名称	单位	弃渣量(自然方)			弃渣量(松方)		
			土方	石方	小计	土方	石方	小计
一	水库工程	万 m^3	20.51	24.87	45.38	25.64	35.56	61.20
1	围堰	万 m^3		0.64	0.64		0.92	0.92
2	导流洞	万 m^3	0.01	0.03	0.04	0.01	0.03	0.04
3	拦河坝	万 m^3	12.40	24.20	36.60	15.50	34.61	50.11
4	高粱坪堆积	万 m^3	8.10		8.10	10.13		10.13
二	渠道工程	万 m^3	28.36	58.18	86.54	35.45	83.20	118.65
1	干渠	万 m^3	8.66	34.30	42.96	10.83	49.05	59.88
2	支渠	万 m^3	10.70	19.88	30.58	13.37	28.43	41.80
3	渠道工程场内道路	万 m^3	9.00	4.00	13.00	11.25	5.72	16.97
合计		万 m^3	48.87	83.05	131.92	61.09	118.76	179.85

3.4.4 可能造成的水土流失量预测

3.4.4.1 水土流失预测方法

永定桥水利工程水土流失预测采用类比法,类比工程选择瀑布沟水电站,同时结合工程实地调查。

两工程皆位于大渡河流域,自然状况(地形地貌、地质条件、植被、水文、气象、土壤等)、工程施工扰动特点、水土流失类型及影响因子等土壤侵蚀有关的情况基本相同或相似。瀑布沟水电站于2001年8月开始筹建,目前“三通一平”工程已近尾声。两工程相关性比较分析详见表3-5。

表 3-5 永定桥水利工程与瀑布沟水电站相关性分析比较表

项目	瀑布沟水电站	永定桥水利工程
所在流域	大渡河流域	大渡河流域流沙河支流
地理位置	雅安市汉源县、石棉县、凉山州甘洛县	雅安市汉源县
气候特征	川西南山地亚热带气候	川西南山地亚热带气候
土壤与植被	大渡河中游高山峡谷植被小区与木里山原植被小区壤地带,土壤垂直地带性突出	大渡河中游高山峡谷植被小区与木里山原植被小区壤地带,土壤垂直地带性突出
地形地貌	高中山为主	高中山为主
工程开发方式	堤坝式	堤坝式

续表 3-5

项目	瀑布沟水电站	永定桥水利工程
开发任务	发电、防洪和拦沙	防洪、供水
弃渣场形式	山坡型、临河型	山坡型、临河型
料场性质	石料场、土料场	石料场、土料场
土壤侵蚀类型	土壤侵蚀类型以水力侵蚀为主,其次为重力侵蚀,水力侵蚀包括面蚀、沟蚀等,岸坡和沟道有崩塌、泥石流等重力侵蚀	土壤侵蚀类型以水力侵蚀为主,其次为重力侵蚀,水力侵蚀包括面蚀、沟蚀等,岸坡和沟道有崩塌、泥石流等重力侵蚀
水土流失主要影响因子	以地形地貌、降雨、植被、土壤等自然因素为主	以地形地貌、降雨、植被、土壤等自然因素为主
主要施工活动	工程施工活动包括库区、枢纽区、场内道路、弃渣场和施工临时设施等部位开挖、填筑、弃渣等	除渠道工程外,其他造成水土流失的主要施工活动基本相同

由表 3-5 可知:从两工程所在流域、地理位置、气候特征、工程特性、土壤侵蚀类型、水土流失主要影响因子、主要施工活动等方面分析,两工程基本相同或相近,因此选用瀑布沟水电站作为本工程类比工程是合适的。

3.4.4.2 各个预测小区现状

1. 水库淹没区

水库淹没区河段蜿蜒曲折,河流总体由 N40°E 折转为 S80°E 流经库区,河床纵坡降约 30‰。除库尾段河谷较狭窄、谷坡陡峻外,其余库段河谷较开阔,河床漫滩较发育,河谷两岸谷坡皆有冲沟分布,一般规模较小,唯左岸卸泥沟切割较深,规模相对较大。

库岸由基岩岸坡和覆盖层岸坡组成,基岩岸坡整体稳定性较好。除库中左岸三交坪蠕滑体规模较大、稳定性差,对水库影响较大外,其余库段整体稳定。

2. 首部枢纽区

首部枢纽由挡水坝、引水隧洞和导流洞等组成。坝址左右坝肩为陡崖,岩石裸露,坡面分布零星草本植被,自然坡度 50°~70°。

引水隧洞进水口、导流洞进水口处基本为裸岩和荒草地,土壤以黄棕壤、水稻土、石灰岩土为主,植被以稀树灌草为主,自然坡度 30°~50°。导流洞出水口位于坝址下游右岸,为陡崖,岩石裸露,坡面分布零星草本植被,自然坡度 50°~70°。引水隧洞和导流洞洞身系统全部在山体内,无地面扰动。

3. 三交坪蠕滑体和高粱坪堆积体处理工程区

三交坪蠕滑体位于永定桥上坝址上游约 800 m 的流沙河左岸,为土石混合堆积物,以土方为主,土壤为黄棕壤、水稻土和石灰岩土,自然坡度 5°~10°,占地类型以耕地为主,少量建设用地和园地。

4. 渠道工程区

渠道线路沿河两岸山体雄厚，但地表冲沟发育，较大的冲沟有关沟、梨干沟、银厂沟、大埝沟、潘家沟、田嘴河、向阳河、前域沟、李西沟、磨房沟等。河谷形态受出露地层岩性控制，宜东以上河段河谷峡窄，谷坡陡峭，坡度一般40°~60°，部分河段为灰岩峡谷。宜东以下河段河谷宽阔，谷坡地形坡度一般15°~30°，仅局部临河(沟)谷坡较陡，坡度达35°~50°。渠道沿线植被较发育，占地类型以耕地和林地为主，土壤以黄棕壤和水稻土为主，土层深厚。

5. 场内道路区

场内道路包括库区工程区和渠道工程区的改建道路、新建道路。

道路占地主要以耕地、林地等为主，土壤主要为黄棕壤和石灰岩土，土层较厚，自然坡度10°~30°，其中耕地主要种植水稻、萝卜、土豆、玉米等，自然坡度小于10°~30°，土壤为黄棕壤和棕壤，土层较厚。

6. 施工临时设施区

库区施工区(包括大坝施工区、高粱坪施工区及三交坪施工区)，主要布置在河道左岸的阶地上，自下而上台阶式分布，台阶主要为天然土坎，局部为人工石坎。台阶顶面地形平坦，自然坡度15°~25°，现主要为耕地和园地，少量为灌草，土壤以黄棕壤、水稻土和石灰岩土为主，土层深厚。其中库区利用料临时堆放场布置在河道右岸的河滩地上，地形平坦，自然坡度5°~10°，土壤含砂石较多，现主要为耕地和园地，少量为荒草地或砂砾石滩地。

渠道一区~渠道六区6个施工区主要沿渠道布置。自然坡度15°~25°，现主要为耕地、园地，少量为林地和未利用地，土壤以黄棕壤和水稻土为主，土层深厚。

7. 料场区

1)石料场

大沟头沟石料场自然坡度10°~30°，出露地层为弱风化细晶白云岩，出露高程为1 600~1 850 m，土壤以黄棕壤和石灰岩土为主，厚度为1~3 m。植被较发育，主要有玉米、苹果、梨等，部分地表为乔灌植被覆盖。

关顶上石料场1 490 m高程以下地形陡峭，基岩裸露，自然坡度10°~20°，其上地形较缓。

2)土料场

流沙河左岸二台子土料场，料场地形较宽阔，自然坡度10°~30°，分布高程1 700~1 750 m。表层2~3 m为褐黄色崩坡积块碎石土，块碎石含量较高，下层为褐黄色含砾粉质黏土。植被较发育，主要有玉米、萝卜、苹果、梨等，部分地表为乔灌植被覆盖。

8. 弃渣场区

本工程弃渣场共31个，沿渠道沿线布置。

部分弃渣场位于沟谷，以岩质河床为主，沟道平均比降0.5%~3%，两岸边坡较陡。弃渣区沟道右侧坡度较缓，自然坡度15°~45°。

部分弃渣场缓坡地布置，植被以园地、灌草和少量耕地为主，主要种植作物有苹果、梨、核桃、花椒等，土壤以黄棕壤和水稻土为主。

9. 移民安置区

生活安置区以房建为主，根据现场调查，现状地形坡度为10°~20°，土地类型以建设用地和未利用地为主，土壤为黄棕壤。

专项设施复建区为道路建设和用电恢复工程占地。现状地形坡度为5°~15°，土地类型以园地和荒草地为主，土壤主要为黄棕壤和水稻土。

3.4.4.3 **各个预测小区土壤侵蚀背景值**

工程所在地水土流失类型主要是水力侵蚀、重力侵蚀，水力侵蚀形式以面蚀和沟蚀为主，侵蚀强度以轻度和中度为主。

根据现场调查和结合汉源县水土流失遥感资料分析，各个预测小区土壤侵蚀背景值见表3-6。

表3-6 各个预测小区土壤侵蚀背景值 （单位：$t/(km^2 \cdot a)$）

序号	预测小区		土壤侵蚀背景值
1	水库淹没区		1 750
2	首部枢纽区		1 750
3	三交坪蠕滑体和高梁坪堆积体处理工程区		2 050
4	场内道路区		1 950
5	料场区		1 870
6	渠道工程区		1 800
7	施工临时设施区	库区施工区	1 850
		渠道施工区	1 850
8	弃渣场区		1 950
9	移民安置区	生活安置区	1 500
		专项设施复建区	1 770
工程区平均值			1 870

3.4.4.4 **类比工程（瀑布沟水电站）扰动后土壤侵蚀调查**

类比工程扰动后土壤侵蚀模数值，通过现场的水土流失侵蚀调查获取。

2005年，中国水电顾问集团华东勘测设计研究院对瀑布沟水电站工程的施工区右岸上坝公路、三谷庄弃渣场、卡尔沟料场、施工区等地块进行了土壤侵蚀调查。各区块调查基本情况如下：

1. 施工区右岸上坝公路

调查公路边坡的集水区面积约5 400 m^2，侵蚀时间为2003年3月至2005年11月，其侵蚀泥沙量测定主要通过对坡面侵蚀沟的测定，进而推算公路边坡的土壤侵蚀强度为剧烈（见图3-1）。

2. 瀑布沟水电站三谷庄弃渣场

2005年11月雨季结束后，对三谷庄弃渣场坡面进行了调查，测定了坡面在2004年5

图 3-1　施工区右岸上坝公路坡面土壤侵蚀调查

月至 2005 年 11 月雨季的土壤流失量，结合弃渣场坡度、土石比(容重)等情况，推算弃渣场的土壤侵蚀强度为剧烈(约 7 万 t/(km^2 · a))(见图 3-2)。

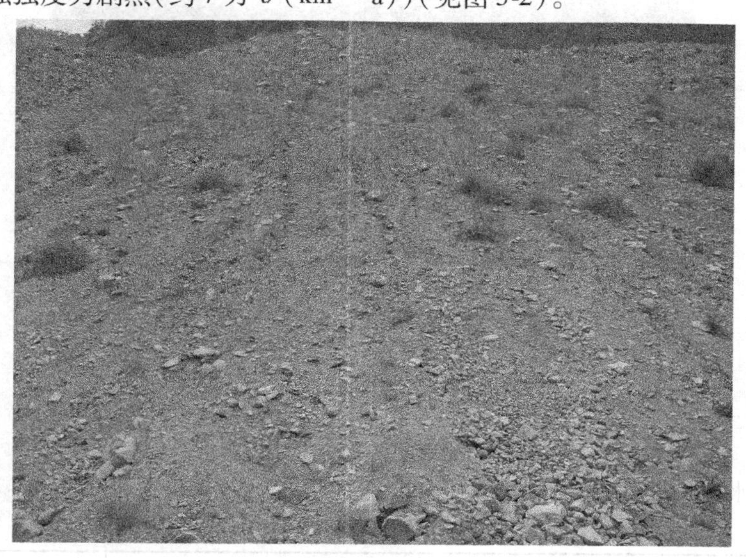

图 3-2　三谷庄弃渣场坡面土壤侵蚀调查

3. 瀑布沟水电站卡尔沟料场

对卡尔沟料场开挖边坡进行调查，测定了坡面在 2004 年 3 月至 2005 年 11 月的土壤流失量，结果表明，料场的土壤侵蚀强度为剧烈(见图 3-3)。

图 3-3　卡尔沟料场坡面土壤侵蚀调查

4. 瀑布沟水电站施工区

经现场调查，施工区开挖坡面土层颗粒组成较粗，以砂砾为主。土壤侵蚀调查时，在坡面分区测定流失土石层的厚度，确定流失期（一个雨季）其坡面土壤侵蚀厚度，进而推算坡面的土壤侵蚀强度为极强度（见图 3-4）。

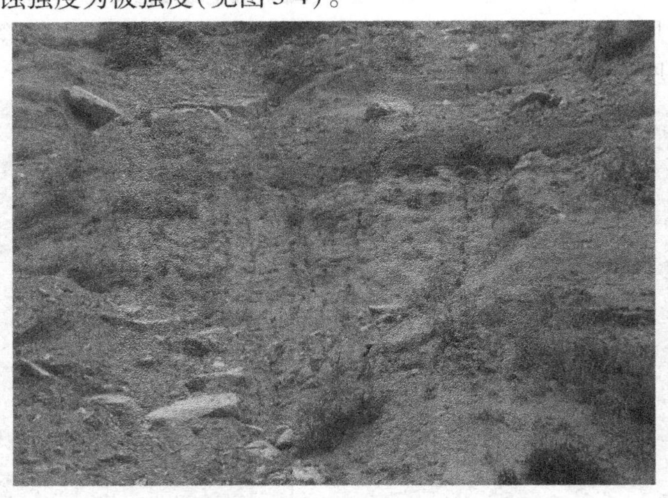

图 3-4　施工区坡面土壤侵蚀调查

瀑布沟水电站土壤侵蚀调查结果详见表 3-7。

表 3-7　瀑布沟水电站土壤侵蚀调查结果

序号	地块	侵蚀强度	说明
1	施工区右岸上坝公路边坡	剧烈	16 600 t/(km^2 · a)
2	三谷庄弃渣场	剧烈	约 70 000 t/(km^2 · a)
3	卡尔沟料场	剧烈	18 000 t/(km^2 · a)
4	施工区	极强度	12 000 t/(km^2 · a)

3.4.4.5 水土流失量计算方法

（1）施工扰动地表区

$$W_{S1} = \sum_{1}^{n} \{F_i \times (M_{S1} - M_0) \times T_i\}$$

式中 W_{S1}——扰动地表新增水土流失量，t；

n——预测单元，1，2，3，…，$n-1$，n；

F_i——第 i 个预测单元的面积，km^2；

M_{S1}——不同预测单元扰动后的土壤侵蚀模数，t/(km^2 · a)；

M_0——不同预测单元土壤侵蚀模数背景值，t/(km^2 · a)；

T_i——预测时段，a。

（2）弃渣场区

$$W_{S2} = \sum_{1}^{n} (S_i \times M_{S2} \times T_i)$$

式中 W_{S2}——弃渣流失量，t；

S_i——第 i 个预测单元的弃渣堆积外表面积，km^2；

M_{S2}——弃渣面土壤侵蚀模数，t/(km^2 · a)；

T_i——预测时段，a。

3.4.4.6 水土流失量预测

1. 水库淹没区

水库淹没区原有土地类型以耕地和林地为主，土壤类型为黄棕壤和棕壤，背景土壤侵蚀模数平均值为 1 750 t/(km^2 · a)。

清库前，库区未进行扰动，侵蚀模数仍为 1 750 t/(km^2 · a)，无新增水土流失。

清库安排在水库蓄水前（工程施工后期），清库时对淹没区的林木进行砍伐，损坏地表植被，降低其水土保持工程，清库土壤侵蚀模数为 11 000 t/(km^2 · a)，侵蚀时间为 0.5 年。

水库完建期（蓄水后）和运行初期，库区完全为水域，也不进行预测。

水库淹没区水土流失预测表见表 3-8。

表 3-8 水库淹没区水土流失预测表

预测时段		面积（hm^2）	背景侵蚀模数（t/(km^2 · a)）	扰动后模数（t/(km^2 · a)）	预测时段（月）	水土流失总量（t）	背景水土流失量（t）	新增水土流失量（t）
建设期	清库前	51.74	1 750	1 750	24	1 811	1 811	0
	清库期	51.74	1 750	11 000	6	2 846	453	2 393
	完建期（蓄水后）	51.74	1 750	—	3	0	226	-226
	小计					4 657	2 490	2 167
运行初期		—	—	—	—	—	—	—
合计						4 657	2 490	2 167

2. 首部枢纽区

首部枢纽区坡度较大，土地类型为耕地、园地和林地，土壤类型以黄棕壤为主，含砂砾石较多，植被以稀树灌草为主，背景土壤侵蚀模数平均值为 1 750 t/(km^2·a)。

工程准备期 15 个月此部分未进行扰动，无新增水土流失。

施工活动主要集中在施工期 15 个月，扰动后土壤侵蚀模数为 15 000 t/(km^2·a)。

工程完建期 3 个月，土壤侵蚀模数为 5 000 t/(km^2·a)。

工程运行初期 1 年，枢纽区大部分被建构筑物覆盖，少量为绿化用地或开挖边坡，土壤侵蚀模数为 2 000 t/(km^2·a)。

首部枢纽区水土流失预测表见表 3-9。

表 3-9　首部枢纽区水土流失预测表

预测时段		面积(hm^2)	背景侵蚀模数(t/(km^2·a))	扰动后模数(t/(km^2·a))	预测时段(月)	水土流失总量(t)	背景水土流失量(t)	新增水土流失量(t)
建设期	准备期	15.75	1 750	1 750	15	345	345	0
	施工期	15.75	1 750	15 000	15	2 953	345	2 609
	完建期	15.75	1 750	5 000	3	197	68	128
	小 计					3 495	758	2 737
运行初期		15.75	1 750	2 000	12	315	276	39
合 计						3 810	1 034	2 776

3. 三交坪蠕滑体和高粱坪堆积体处理工程区

三交坪蠕滑体工程区地形坡度一般 15°~25°，具有上部(1 750 m 高程以上)较陡、下部缓的特点，现土地类型以耕地为主，土壤类型为黄棕壤和棕壤，含砂砾石较多。工程区背景土壤侵蚀模数平均值为 2 050 t/(km^2·a)。

工程施工期 33 个月，扰动后土壤侵蚀模数为 17 000 t/(km^2·a)。

工程运行初期 1 年，土壤侵蚀模数为 6 000 t/(km^2·a)。

三交坪蠕滑体和高粱坪堆积体处理工程水土流失预测表见表 3-10。

表 3-10　三交坪蠕滑体和高粱坪堆积体处理工程水土流失预测表

预测时段	面积(hm^2)	背景侵蚀模数(t/(km^2·a))	扰动后模数(t/(km^2·a))	预测时段(月)	水土流失总量(t)	背景水土流失量(t)	新增水土流失量(t)
施工期	70.00	2 050	17 000	33	32 725	3 946	28 779
运行初期	70.00	2 050	6 000	12	4 200	1 435	2 765
合计					36 925	5 381	31 544

4. 渠道工程区

渠道工程区扰动区土地类型以耕地、林地为主，土壤类型以黄棕壤和水稻土为主。库区工程区背景土壤侵蚀模数平均值为 1 800 t/(km^2·a)。

工程准备期 2 个月此部分未进行扰动，无新增水土流失。

施工期 28 个月，扰动后土壤侵蚀模数为 15 000 t/(km^2·a)。

工程完建期 3 个月，土壤侵蚀模数为 5 000 t/(km^2·a)。

工程运行初期 1 年，渠道工程区大部分被建构筑物覆盖，少量为绿化及开挖边坡，土壤侵蚀模数为 2 000 t/(km^2·a)。

渠道工程水土流失预测表见表 3-11。

表 3-11　渠道工程水土流失预测表

预测时段		面积 (hm^2)	背景侵蚀模数 (t/(km^2·a))	扰动后模数 (t/(km^2·a))	预测时段 (月)	水土流失总量(t)	背景水土流失量(t)	新增水土流失量(t)
建设期	准备期	53.57	1 800	1 800	2	161	161	0
	施工期	53.57	1 800	15 000	28	18 750	2 250	16 500
	完建期	53.57	1 800	5 000	3	669	241	428
	小计					19 580	2 652	16 928
运行初期		53.57	1 800	2 000	12	1 071	964	107
合计						20 651	3 616	17 035

5. 场内道路区

场内道路区沿线地形坡度 10°～30°，占地以耕地、林地为主，土壤主要为黄棕壤和石灰岩土，背景土壤侵蚀模数为 1 950 t/(km^2·a)。

道路施工安排在工程准备期进行，此时进行挖填活动，路面和边坡扰动后土壤侵蚀模数分别为 11 700 t/(km^2·a) 和 16 600 t/(km^2·a)。

施工期、完建期道路已建成，其中场内永久道路路面已硬化，临时道路路面铺有碎石，路面土壤侵蚀模数分别为 0 t/(km^2·a)、5 000 t/(km^2·a)。在此期间，永久、临时道路边坡仍然处于裸露状态，土壤侵蚀模数均为 5 850 t/(km^2·a)。

在运行初期，永久道路路面硬化，土壤侵蚀模数均为 0，临时道路路面仍裸露，土壤侵蚀模数为 4 000 t/(km^2·a)。在此期间，永久、临时道路边坡仍然处于裸露状态，土壤侵蚀模数均为 5 000 t/(km^2·a)。

场内永久道路水土流失预测表见表 3-12，场内临时道路水土流失预测表见表 3-13。

表 3-12　场内永久道路水土流失预测表

预测时段		面积（hm^2）	背景侵蚀模数（t/（km^2 · a））	扰动后模数（t/（km^2 · a））	预测时段（月）	水土流失总量(t)	背景水土流失量(t)	新增水土流失量(t)
路面	准备期	31.12	1 950	11 700	15	4 551	759	3 793
	施工期、完建期	31.12	1 950	0	18	0	910	-910
	小计					4 551	1 669	2 883
边坡	准备期	7.78	1 950	16 600	15	1 614	190	1 425
	施工期、完建期	7.78	1 950	5 850	18	683	228	455
	小计					2 297	417	1 880
合计						6 848	2 086	4 763
路面	运行初期	31.12	1 950	0	12	0	607	-607
边坡	运行初期	7.78	1 950	5 000	12	389	152	237
	合计	38.90				389	759	-370
总计						7 237	2 845	4 393

表 3-13　场内临时道路水土流失预测表

预测时段		面积（hm^2）	背景侵蚀模数（t/（km^2 · a））	扰动后模数（t/（km^2 · a））	预测时段（月）	水土流失总量(t)	背景水土流失量(t)	新增水土流失量(t)
路面	施工期	12.544	1 950	11 700	15	1 835	306	1 529
	施工期、完建期	12.544	1 950	5 000	18	941	367	574
	小计					2 776	673	2 103
边坡	准备期	3.136	1 950	16 600	15	651	76	574
	施工期、完建期	3.136	1 950	5 850	18	275	92	183
	小计					926	168	757
合计						3 702	841	2 860
路面	运行初期	12.544	1 950	4 000	12	502	245	257
边坡	运行初期	3.136	1 950	5 000	12	157	61	96
	合计	15.68				659	306	353
总计						4 361	1 147	3 213

6. 施工临时设施区

施工临时设施区由库区工程施工临时设施区和渠道工程施工临时设施区组成。现状地形坡度5°~25°，土地类型以耕地和园地为主。土壤类型主要为含砾黄棕壤。背景土壤侵蚀模数为1 850 t/(km²·a)。

工程准备期主要进行施工区场地平整、施工设施建设等施工活动，扰动后土壤侵蚀模数为12 000 t/(km²·a)。

施工期和完建期施工临时设施区处于使用阶段，地形已相对平缓，但地表处于裸露状态，扰动后土壤侵蚀模数分别为5 000 t/(km²·a)和4 500 t/(km²·a)。

运行初期场地内施工活动基本停止，但植物措施尚未完全发挥作用，土壤侵蚀模数为3 500 t/(km²·a)。

施工临时设施区水土流失预测表见表3-14。

表3-14　施工临时设施区水土流失预测表

预测时段		面积(hm²)	背景侵蚀模数(t/(km²·a))	扰动后模数(t/(km²·a))	预测时段(月)	水土流失总量(t)	背景水土流失量(t)	新增水土流失量(t)
建设期	准备期	16.17	1 850	12 000	2	323	50	274
	施工期	16.17	1 850	5 000	28	1 887	698	1 188
	完建期	16.17	1 850	4 500	3	182	75	107
	小计					2 392	823	1 569
运行初期		16.17	1 850	3 500	12	566	299	267
合计						2 958	1 122	1 836

7. 料场区

大沟头沟石料场自然坡度10°~30°，土壤以黄棕壤和石灰岩土为主，植被较发育，关顶上石料场自然坡度较大沟头沟石料场坡度缓，但植被覆盖率低，基岩裸露，背景土壤侵蚀模数平均值为1 870 t/(km²·a)。

二台子土料场自然坡度10°~30°，土壤以黄棕壤为主，部分地表为乔灌植被覆盖，部分为耕地，背景土壤侵蚀模数平均值为1 870 t/(km²·a)。

工程准备期的前6个月，料场未进行扰动，无新增水土流失。

料场开采的水土流失环节，主要发生在无用层的剥离和土石采挖过程，扰动后土壤侵蚀模数为18 000 t/(km²·a)。

工程完建期和运行初期开采活动停止，但开采迹地还处于裸露状态，其土壤侵蚀模数分别为10 000 t/(km²·a)和8 500 t/(km²·a)。

料场水土流失预测表见表3-15。

表 3-15 料场水土流失预测表

预测时段		面积（hm^2）	背景侵蚀模数（t/(km^2·a)）	扰动后模数（t/(km^2·a)）	预测时段（月）	水土流失总量(t)	背景水土流失量(t)	新增水土流失量(t)
建设期	准备期	7.15	1 870	1 870	6	67	67	0
	施工期	7.15	1 870	18 000	24	2 574	267	2 307
	完建期	7.15	1 870	10 000	3	179	33	145
	小计					2 820	367	2 452
运行初期		7.15	1 870	8 500	12	608	134	474
合计						3 428	501	2 926

8. 弃渣场区

本工程共布置 31 个弃渣场，总占地 42.60 hm^2，土壤侵蚀强度背景值平均值约 1 950 t/(km^2·a)。

工程弃渣贯穿整个工程建设期（包括准备期、施工期和完建期），考虑本地区降水特征、弃渣场汇水面积、坡度（沟道比降）、土石比等情况，同时结合对瀑布沟水电站现场的水土流失侵蚀调查观测成果、中科院水利部成都山地灾害与环境研究所对同类型泥石流发生情况观测成果，拟对弃渣场按形态分别进行水土流失预测。

1）冲沟型弃渣场

工程区降雨集中，且流沙河流域为泥石流的多发地区，弃渣后在不采取防护措施情况下，土壤侵蚀强度剧烈，发生泥石流的可能性较大，根据成都山地灾害与环境研究所泥石流观测等成果，弃渣后土壤侵蚀模数是背景侵蚀模数的 70 ~ 120 倍，确定此类弃渣场土壤侵蚀强度如下：

建设期平均土壤侵蚀模数按背景值的 100 倍计，即 195 000 t/(km^2·a)。

运行初期平均土壤侵蚀模数按背景值的 70 倍计，即 136 500 t/(km^2·a)。

2）谷坡型弃渣场

由于所处地形条件不同，此类型弃渣场的土壤侵蚀强度发生泥石流的可能性相对较小，相应确定本类型弃渣场土壤侵蚀强度如下：

建设期平均土壤侵蚀模数按背景值的 50 倍计，即 97 500 t/(km^2·a)。

运行初期平均土壤侵蚀模数按背景值的 35 倍计，即 68 250 t/(km^2·a)。

弃渣场水土流失预测表见表 3-16。

表 3-16　弃渣场水土流失预测表

时段	编号	渣场名称	占地面积（hm^2）	扰动后模数（t/（km^2·a））	背景模数（t/（km^2·a））	预测时段（月）	水土流失总量（t）	背景水土流失量（t）	新增水土流失量（t）
建设期	1	关沟弃渣场	3.60	195 000	1 950	32	18 720	187	18 533
	2	梨干沟弃渣场	1.93	97 500	1 950	32	5 018	100	4 918
	3	兵营坎弃渣场	1.43	195 000	1 950	32	7 436	74	7 362
	4	水井湾弃渣场	1.67	195 000	1 950	32	8 684	87	8 597
	5	大堰沟弃渣场	1.47	97 500	1 950	32	3 822	76	3 746
	6	打马塘弃渣场	1.30	195 000	1 950	32	6 760	68	6 692
	7	岩脚下 1# 弃渣场	0.83	195 000	1 950	32	4 316	43	4 273
	8	岩脚下 2# 弃渣场	0.60	195 000	1 950	32	3 120	31	3 089
	9	岩脚下 3# 弃渣场	0.60	195 000	1 950	32	3 120	31	3 089
	10	全合弃渣场	1.33	195 000	1 950	32	6 916	69	6 847
	11	松林头弃渣场	1.50	97 500	1 950	32	3 900	78	3 822
	12	小松林 1# 弃渣场	1.63	97 500	1 950	32	4 238	85	4 153
	13	小松林 2# 弃渣场	0.77	97 500	1 950	32	2 002	40	1 962
	14	后域弃渣场	1.87	97 500	1 950	32	4 862	97	4 765
	15	缺马溪弃渣场	1.93	97 500	1 950	32	5 018	100	4 918
	16	大包上弃渣场	1.40	97 500	1 950	32	3 640	73	3 567
	17	瓦爪坪 1# 弃渣场	1.80	97 500	1 950	32	4 680	94	4 586
	18	瓦爪坪 2# 弃渣场	1.80	97 500	1 950	32	4 680	94	4 586
	19	核桃沟弃渣场	1.17	195 000	1 950	32	6 084	61	6 023
	20	磨房沟弃渣场	0.77	195 000	1 950	32	4 004	40	3 964
	21	大坪弃渣场	0.83	195 000	1 950	32	4 316	43	4 273
	22	萝卜岗 1# 弃渣场	0.40	97 500	1 950	32	1 040	21	1 019
	23	萝卜岗 2# 弃渣场	0.28	97 500	1 950	32	728	15	713
	24	下大岗 1# 弃渣场	0.90	195 000	1 950	32	4 680	47	4 633
	25	下大岗 2# 弃渣场	1.03	195 000	1 950	32	5 356	54	5 302
	26	田嘴河弃渣场	1.80	195 000	1 950	32	9 360	94	9 266
	27	两河口弃渣场	2.50	97 500	1 950	32	6 500	130	6 370
	28	永新村弃渣场	1.73	195 000	1 950	32	8 996	90	8 906
	29	马桑坪弃渣场	0.93	195 000	1 950	32	4 836	48	4 788
	30	杨庄坪弃渣场	1.10	195 000	1 950	32	5 720	57	5 663
	31	烂坝子弃渣场	1.70	195 000	1 950	32	8 840	88	8 752
		小计	42.60				171 392	2 215	169 177

续表 3-16

时段	编号	渣场名称	占地面积（hm^2）	扰动后模数（t/(km^2·a)）	背景模数（t/(km^2·a)）	预测时段（月）	水土流失总量（t）	背景水土流失量（t）	新增水土流失量（t）
运行初期	1	关沟弃渣场	3.60	136 500	1 950	12	4 914	70	4 844
	2	梨干沟弃渣场	1.93	68 250	1 950	12	1 317	38	1 280
	3	兵营坎弃渣场	1.43	136 500	1 950	12	1 952	28	1 924
	4	水井湾弃渣场	1.67	136 500	1 950	12	2 280	33	2 247
	5	大堰沟弃渣场	1.47	68 250	1 950	12	1 003	29	975
	6	打马塘弃渣场	1.30	136 500	1 950	12	1 775	25	1 749
	7	岩脚下 1#弃渣场	0.83	136 500	1 950	12	1 133	16	1 117
	8	岩脚下 2#弃渣场	0.60	136 500	1 950	12	819	12	807
	9	岩脚下 3#弃渣场	0.60	136 500	1 950	12	819	12	807
	10	全合弃渣场	1.33	136 500	1 950	12	1 815	26	1 790
	11	松林头弃渣场	1.50	68 250	1 950	12	1 024	29	995
	12	小松林 1#弃渣场	1.63	68 250	1 950	12	1 112	32	1 081
	13	小松林 2#弃渣场	0.77	68 250	1 950	12	526	15	511
	14	后域弃渣场	1.87	68 250	1 950	12	1 276	36	1 240
	15	缺马溪弃渣场	1.93	68 250	1 950	12	1 317	38	1 280
	16	大包上弃渣场	1.40	68 250	1 950	12	956	27	928
	17	瓦爪坪 1#弃渣场	1.80	68 250	1 950	12	1 229	35	1 193
	18	瓦爪坪 2#弃渣场	1.80	68 250	1 950	12	1 229	35	1 193
	19	核桃沟弃渣场	1.17	136 500	1 950	12	1 597	23	1 574
	20	磨房沟弃渣场	0.77	136 500	1 950	12	1 051	15	1 036
	21	大坪弃渣场	0.83	136 500	1 950	12	1 133	16	1 117
	22	萝卜岗 1#弃渣场	0.40	68 250	1 950	12	273	8	265
	23	萝卜岗 2#弃渣场	0.28	68 250	1 950	12	191	5	186
	24	下大岗 1#弃渣场	0.90	136 500	1 950	12	1 229	18	1 211
	25	下大岗 2#弃渣场	1.03	136 500	1 950	12	1 406	20	1 386
	26	田嘴河弃渣场	1.80	136 500	1 950	12	2 457	35	2 422
	27	两河口弃渣场	2.50	68 250	1 950	12	1 706	49	1 658
	28	永新村弃渣场	1.73	136 500	1 950	12	2 361	34	2 328
	29	马桑坪弃渣场	0.93	136 500	1 950	12	1 269	18	1 251
	30	杨庄坪弃渣场	1.10	136 500	1 950	12	1 502	21	1 480
	31	烂坝子弃渣场	1.70	136 500	1 950	12	2 321	33	2 287
		小计	42.60				44 990	831	44 160
		合计	42.60				216 382	3 046	213 337

9. 移民安置区

1) 生活安置区

现状地形坡度为 10°~20°,土地类型以建设用地和未利用地为主,土壤为黄棕壤,背景土壤侵蚀模数为 1 500 t/(km^2·a)。

工程准备期,生活安置区施工活动以房建为主,主要包括场平及基础开挖,扰动后土壤侵蚀模数为 3 000 t/(km^2·a)。

工程施工期,房建已建成,房前屋后进行四旁绿化,土壤侵蚀模数取 1 000 t/(km^2·a)。工程完建期,生活安置区植物措施已实施完毕,土壤侵蚀模数取 800 t/(km^2·a)。

运行初期,随着植物措施作用的逐步发挥,土壤侵蚀模数取 600 t/(km^2·a)。

2) 专项设施复建区

专项设施复建区包括道路建设和用电恢复工程占地。现状地形坡度为 5°~15°,土地类型以园地和荒草地为主,土壤主要为黄棕壤和水稻土,背景土壤侵蚀模数为 1 770 t/(km^2·a)。

在工程准备期,主要施工活动包括用电杆基和道路建设的开挖回填,扰动后土壤侵蚀模数为 14 000 t/(km^2·a)。

工程施工期,道路建设和用电恢复工程已基本完成,但扰动地表仍处于裸露状态,土壤侵蚀模数取 4 000 t/(km^2·a)。

工程完建期,植物措施逐步发挥水土流失防治作用,土壤侵蚀模数取 3 500 t/(km^2·a)。

运行初期地表自然植被进一步恢复,土壤侵蚀模数取 3 000 t/(km^2·a)。

移民安置区水土流失预测表见表 3-17。

表 3-17 移民安置区水土流失预测表

预测时段		面积(hm^2)	背景侵蚀模数(t/(km^2·a))	扰动后模数(t/(km^2·a))	预测时段(月)	水土流失总量(t)	背景水土流失量(t)	新增水土流失量(t)
生活安置区	准备期	3.53	1 500	3 000	15	132	66	66
	施工期	0.8	1 500	1 000	15	10	15	-5
	完建期	0.8	1 500	800	3	2	3	-1
	小计					144	84	60
专项设施复建区	准备期	9.51	1 770	14 000	15	1 664	210	1 454
	施工期	2.20	1 770	4 000	15	110	49	61
	完建期	2.20	1 770	3 500	3	19	10	10
	小计					1 793	269	1 525
合计						1 937	353	1 585
生活安置区	运行初期	0.8	1 500	600	12	5	12	-7
专项设施复建区	运行初期	2.2	1 770	3 000	12	66	39	27
	合计	13.04				71	51	20
总计						2 008	404	1 605

永定桥水利工程水土流失预测成果见表3-18。

表3-18　永定桥水利工程水土流失预测成果一览表

预测时段	流失部位	面积（hm^2）	水土流失量（t）	背景水土流失量（t）	新增水土流失量（t）
建设期	水库淹没区	51.74	4 657	2 490	2 167
	首部枢纽区	15.75	3 495	758	2 737
	三交坪蠕滑体处理区	70.00	32 725	3 946	28 779
	渠道工程区	53.57	19 580	2 652	16 928
	场内道路区	54.58	10 550	2 927	7 623
	施工临时设施区	16.17	2 392	823	1 569
	料场区	7.15	2 820	368	2 452
	弃渣场区	42.6	171 392	2 215	169 177
	移民安置区	13.04	1 937	353	1 584
	小计	324.60	249 546	16 531	233 015
运行初期	水库淹没区	51.74	—	—	—
	首部枢纽区	15.75	315	276	39
	三交坪蠕滑体处理区	70.00	4 200	1 435	2 765
	渠道工程区	53.57	1 071	964	107
	场内道路区	54.58	1 048	1 064	-17
	施工临时设施区	16.17	565.95	299	267
	砂石料场区	7.15	608	134	474
	弃渣场区	42.60	44 990	831	44 160
	移民安置区	13.04	71	51	20
	小计	324.60	52 869	5 054	47 815
合计		324.60	302 415	21 585	280 830

上述预测表明，永定桥水利工程可能造成的水土流失总量约30.24万t，其中建设期水土流失量24.95万t，运行初期水土流失量5.29万t。新增水土流失总量28.08万t，其中建设期新增水土流失量23.30万t，运行初期新增水土流失量4.78万t。

3.4.5　可能造成的水土流失危害预测

水土流失危害预测是根据工程建设水土流失预测结果，确定水土流失类型、重点侵蚀区域、侵蚀时段等，在此基础上，结合当地水土流失危害调查及重点侵蚀区的工程设施布置、自然资源、居民点、河（沟）道分布等情况，对各个预测分区的水土流失危害进行分析预测,其主要表现形式如下。

3.4.5.1 **水库淹没区**

水库淹没区水土流失主要发生在清库过程和水库蓄水后岸坡失稳两个方面。

清库过程中,损坏地表植被,造成裸露地表,原有水土保持功能降低;水库蓄水后,部分岸坡可能会出现坡体失稳和坍岸再造等地质灾害,库区原有局部松散覆盖层库岸前缘将可能出现小型塌岸现象,且三交坪蠕滑体在天然状态下整体处于临界稳定状态,滑塌等变形趋势至今仍在继续发生和发展,如不采取有效的防治措施,遇暴雨将加剧水土流失程度,同时流失的泥沙进入下游河道,造成淤积。

3.4.5.2 **首部枢纽区**

首部枢纽工程区工程施工中,产生高陡边坡,局部松散覆盖层库岸前缘将可能出现小型塌岸现象;导流工程形成的边坡直接受河道水流冲刷侵蚀,增加水土流失量,影响工程施工安全。

3.4.5.3 **渠道工程区**

渠道施工中开挖边坡容易失稳,产生裸露边坡;下坡面散落零星弃渣极易诱发堆积物边坡失稳,从而造成严重的水土流失;遇暴雨,散落浮渣进入渠道沿线河道、溪沟,增加下游水体的泥沙含量。

3.4.5.4 **场内道路区**

场内道路建设过程中,一方面开挖、填筑形成的裸露边坡;另一方面工程区地质条件复杂,冲积、坡洪积、崩积等堆积物分布广泛,边坡开挖极易诱发堆积物边坡失稳,从而造成严重的水土流失。

3.4.5.5 **施工临时设施区**

施工临时设施区场平过程中,原有地表植被损坏,其水土保持功能丧失,形成裸露地表和坡面;施工期施工场地处于裸露状态,人为施工活动频繁;运行初期人为活动停止,水土保持措施未完全发挥效力,如不采取有效措施,流失的土石渣淤埋施工场地周边土地,造成土地生产力的下降或丧失。

3.4.5.6 **料场区**

料场剥离的无用层,以土方为主,堆置期间易受地表径流侵蚀;开挖边坡较陡,稳定性差;开采迹地扰动后为裸露地表,易受坡面径流侵蚀;石料开采存在高边坡稳定问题,如不采取防护措施,将造成严重的水土流失。

3.4.5.7 **弃渣场区**

松散弃渣为水土流失提供大量的固体源,是产生水土流失量最大的区域。流失的土石渣将淤埋周围的土地,毁坏农田,部分流失进入流沙河河道,淤积河床,对周边生态环境造成不良影响。

3.4.5.8 **移民安置区**

水土流失的发生和危害主要集中在移民生活安置和专项设施复建等环节。

移民生活安置区房建活动、道路、排水、电力等基础设施建设,将扰动地表,损坏水土保持设施,形成一定面积的裸露边坡,易造成水土流失。

3.5 预测结果及综合分析

综上所述，工程建设扰动原地貌面积为324.60 hm^2。损坏水土保持设施面积271.12 hm^2，其中耕地149.74 hm^2，园地16.63 hm^2，林地53.01 hm^2，居民及交通用地14.49 hm^2，未利用地37.25 hm^2。

工程弃渣量131.92万 m^3（折松方179.85万 m^3），其中水库工程产生弃渣45.38万 m^3（折松方61.20万 m^3），渠道工程产生弃渣86.54万 m^3（折松方118.65万 m^3），其中弃土量48.87万 m^3，弃石量为83.05万 m^3，土石比约1∶1.7，共布置31个弃渣场堆放弃渣。

工程建设过程中，可能造成的水土流失总量30.24万t，新增水土流失量28.08万t，从水土流失强度分析，弃渣场因可能造成泥石流、滑坡、崩塌等混合侵蚀和重力侵蚀，其侵蚀强度远大于其他水力侵蚀区。

从水土流失危害分析，对工程区及周边地区生态环境、土地资源等影响较大的区域主要为弃渣场区、场内道路区和施工临时设施区等；对工程建设、运行及当地群众生命财产安全可能造成影响的区域主要为弃渣场区、场内道路区和石料场区等。

从水土流失时段分析，工程建设期水土流失量约占水土流失总量的83%，为重点流失时段。因此，为保证水土流失防治的时效性，水土保持措施制定和实施必须与重点流失时段相对应。

水土流失预测结果见表3-19。

表3-19 水土流失预测结果一览表

项目	扰动原地貌面积（hm^2）	损坏水土保持设施（hm^2）	可能造成的水土流失量（t）			
			建设期	运行初期	小计	比例（%）
水库淹没区	51.74		4 657	0	4 657	1.5
首部枢纽区	15.75	14.01	3 495	315	3 810	1.3
三交坪蠕滑体、高梁坪堆积体处理区	70.00	70.00	32 725	4 200	36 925	12.2
渠道工程区	53.57	53.57	19 580	1 071	20 651	6.8
场内道路区	54.58	54.58	10 550	1 048	11 598	3.8
施工临时设施区	16.17	16.17	2 392	566	2 958	1.0
料场区	7.15	7.15	2 820	608	3 428	1.1
弃渣场区	42.60	42.60	171 392	44 990	216 382	72
移民安置区	13.04	13.04	1 937	71	2 008	0.7
合计	324.60	271.12	249 546	52 869	302 415	100.0

根据以上水土流失预测综合分析，结合主体工程设计防护措施，本方案将弃渣场区、料场区、场内道路区、施工临时设施区等区域作为本方案水土流失重点防治区域，弃渣场区等处亦是水土保持监测的重点部位；建设期为水土流失重点防治时段。相应建设期也是水土保持监测的重点时段。

第4章　水土流失防治方案

4.1　方案编制的原则和目标

4.1.1　编制原则

(1)符合相关法律法规及技术规范的原则:水土保持方案在技术可行的前提下,符合国家对水土保持、环境保护的总体要求。

(2)方案优化的原则:防护措施在满足防治水土流失的要求下,对其施工工艺、方法及时序进行方案优化,并进行多方案比较,以取得最佳防护效益。

(3)全面防护、重点突出的原则:对工程范围内可能造成水土流失的部位进行防护,避免遗漏或错失防护时机;对渠道工程、场内道路、施工临时设施、料场、弃渣场等水土流失重点区域进行重点防护。

(4)坚持开挖土石方综合利用的原则:主体工程中围堰填筑利用开挖料,同时为保证施工后期绿化覆土需要,先期开挖的表层土进行集中堆放,并进行有效防护。最大限度地对开挖料进行利用,减少工程弃渣场和渣场占地。

(5)预防为主、防治并重、因害设防的原则:工程地质条件复杂,库区范围内沿江岸坡沟道易诱发滑坡、垮塌和泥石流等地质灾害。通过施工前期对工程区地质进行调查,初步确定可能发生灾害的区域,有针对性地进行措施布设,施工过程中进行重点监测,若有异常,及时采取预防和防治措施,以减少水土流失危害。

(6)"三同时"的原则:坚持水土保持措施与主体工程同时设计、同时施工、同时投产使用。结合各个水土流失部位的特点,做到施工影响一片,措施防护一片。

(7)统一协调,生态效益优先的原则:主体工程和水土保持工程统一协调,在措施实施、开挖料综合利用、施工时序等方面,进行全面协调,制定合理可行的措施;在治理的过程中,把控制水土流失、恢复植被和土地生产力、保护和改善工程区的生态环境放在首位。

(8)区域可持续发展原则:工程区经济发展水平较低,生态环境较脆弱,工程建设中必须采取有效的防护措施,减少对水土保持设施的损坏,控制新增的水土流失,使有限的水土资源得到持续利用。

4.1.2　防治目标

永定桥水利工程为新建项目,工程区除道路和渠道施工为线型工程外,其余皆为点型工程。工程位于大渡河支流流沙河上,为国家级和省级水土流失重点监督区,结合工程情况和水土流失防治特点,具体防治目标见表4-1。

表 4-1 永定桥水利工程水土流失防治目标

序号	指标名称	工程建设期	设计水平年	计算公式
1	扰动土地整治率(%)	*	95	(水土保持措施防治面积+永久建筑物面积+水库水面面积)/扰动地表面积
2	水土流失总治理度(%)	*	95	水土保持措施防治面积/造成水土流失面积(除永久建筑物及水库水面面积)
3	土壤流失控制比	1.5	1.2	方案目标值/项目区允许值
4	拦渣率(%)	95	95	实际拦渣量/总弃渣量
5	林草植被覆盖率(%)	*	23	植物措施总面积/防治责任范围
6	植被恢复系数(%)	*	98	植物措施面积/可绿化面积

注:1. “*”表示指标值应根据批准的水土保持方案水土保持措施实施进度,通过动态监测获得计算林草覆盖率时,水库淹没面积不计算在防治责任范围内。

2. 工程建设期防治标准是建设期工程监理、监测和监督检查的控制指标。设计水平年防治标准是工程竣工验收的控制指标。

4.1.2.1 扰动土地整治率

枢纽工程区、施工临时设施区、料场区、弃渣场区、场内道路区及移民安置区等扰动区域,方案实施后,使工程区扰动土地整治率达到95%。

4.1.2.2 水土流失总治理度

工程建设竣工时,工程区水土流失防治责任范围内(不计永久建筑物、水库淹没面积及道路路面等硬化地表)基本得到治理,使水土流失总治理度达到95%。

4.1.2.3 土壤流失控制比

结合工程区自然条件及水土流失特点,采取适应各个水土流失区域的工程措施、植物措施及耕作措施,使工程建设新增水土流失得到有效控制,建设期控制比为1.5,至设计水平年,控制比为1.2,并最终使工程区水土流失强度逐步恢复到项目区容许值500 $t/(km^2 \cdot a)$。

4.1.2.4 拦渣率

工程弃渣场堆置弃渣量179.85万m^3,对弃渣场制定合理有效的拦挡措施、截排水系统及植被恢复措施,使工程建设期和运行初期的拦渣率皆达到95%。

4.1.2.5 林草植被覆盖率

采取植物措施,恢复和改善工程区生态环境状况,在库区工程区、渠道工程区、施工临时设施区、场内道路区、弃渣场区、料场区、移民安置区等范围内的可绿化区域,除部分复耕外,其余全部进行植树种草绿化,使工程区林草植被覆盖率达23%。

4.1.2.6 植被恢复系数

根据绿化区的立地条件,采取当地乡土树种,逐步恢复因工程建设影响或损坏的原地表植被,使水土流失防治责任范围内恢复植被面积与可绿化面积之比达到98%。

永定桥水利工程水土流失方案总体及分区防治目标方案总体及分区防治目标见表4-2。

表 4-2　永定桥水利工程水土流失方案总体及分区防治目标

序号	项　目	扰动土地整治率(%)	水土流失总治理度(%)	土壤流失控制比	拦渣率(%)	林草植被覆盖率(%)	植被恢复系数(%)
1	库区工程区	95	—	1.2	98	—	—
2	渠道工程区	95	95	1.0	98	—	98
3	场内道路工程区	95	95	1.2	98	25.0	98
4	料场区	97	95	1.0	98	90.0	98
5	弃渣场区	97	95	1.2	98	90.0	98
6	施工临时设施区	95	95	1.2	98	90.0	98
7	移民安置区	95	95	1.0	—	20.0	—
总体防治目标		95	95	1.2	98	23	98

4.2　防治责任范围

4.2.1　防治责任范围

本工程防治责任范围为工程建设区和由于工程建设活动而可能造成水土流失及其危害的直接影响区,其防治责任范围共计424.4 hm^2。

工程建设区:工程建设区防治责任范围324.60 hm^2,其中,水库淹没区51.74 hm^2,库区工程占地85.75 hm^2,渠道工程占地53.57 hm^2,场内道路占地54.58 hm^2,施工临时设施占地16.17 hm^2,弃渣场占地42.60 hm^2,料场占地7.15 hm^2,移民安置占地13.04 hm^2。

直接影响区:直接影响区防治责任范围99.8 hm^2,其中,水库库周影响区25 hm^2,坝址下游影响河段2.00 hm^2(坝址下游1 km范围),渠道附近(按渠道下坡面外5 m范围计)及沿线溪沟下游影响区25.2 hm^2(下游50~100 m),道路施工影响区42 hm^2(永久道路两侧按10 m计,临时道路两侧按5 m计),施工临时设施区开挖区周边影响范围和排水设施出水口下游影响区0.6 hm^2,料场开挖区周边及排水沟出水口处下游影响区0.34 hm^2,弃渣场周边影响范围及排水设施出水口下游影响区4.66 hm^2(排水沟、挡土墙下游出水口处影响区)。

永定桥水利工程水土流失防治责任范围见表4-3。

表 4-3　永定桥水利工程水土流失防治责任范围

防治范围	区域	防治责任范围（hm^2）	说明
工程建设区	水库淹没区	51.74	水库正常蓄水位加 1 m 安全超高以下淹没区
	库区工程区	85.75	包括首部枢纽工程（导流工程、挡水坝、溢洪道）、三交坪蠕滑体和高粱坪堆积体处理工程
	渠道工程区	53.57	包括主干渠、右干渠和左干渠
	场内道路区	54.58	包括永久道路和临时道路
	施工临时设施区	16.17	包括施工生产、生活等设施区
	料场区	7.15	包括土料场和石料场
	弃渣场区	42.60	共 31 个弃渣场
	移民安置区	13.04	暂按移民规划阶段实物指标和安置标准估算
	小计	324.6	
直接影响区	水库库周影响区	25	库周可能引起的滑塌、崩岸等区域
	坝址下游影响河段	2	按坝址下游 1 km 河道范围计列
	渠道工程影响区	25.2	渠道附近及沿线溪沟下游影响区
	道路施工影响区	42	道路两侧施工影响范围和道路排水设施出水口下游影响区
	施工临时设施区	0.6	开挖区周边影响范围和排水设施出水口下游影响区
	料场开挖影响区	0.34	料场开挖区周边及排水沟出水口下游影响区
	弃渣场影响区	4.66	弃渣场周边影响范围及排水设施出水口下游影响区
	小计	99.8	
合计		424.4	

4.2.2　防治责任者

根据《中华人民共和国水土保持法》第八条的要求，从事可能引起水土流失的生产建设活动的单位和个人，必须采取措施保护水土资源，并负责治理因生产建设活动造成的水土流失，严格履行“谁开发、谁保护，谁造成水土流失、谁负责治理”的原则。因此，本工程的水土流失防治责任者为四川雅安市永定桥水库管理局。

4.3　水土流失防治分区

根据工程布局、影响范围、建设时序等特点，水土流失防治划分为 7 个防治分区，各个防治分区范围如下：

Ⅰ区（库区工程防治区）：防治范围164.49 hm^2，包括水库淹没区51.74 hm^2，首部枢纽区15.75 hm^2，三交坪蠕滑体和高梁坪堆积体处理工程区70 hm^2，库周影响区25 hm^2，坝址下游影响河段范围2.0 hm^2。

Ⅱ区（渠道工程防治区）：防治范围78.77 hm^2，包括渠道工程区53.57 hm^2，渠道沿线溪沟下游影响区25.2 hm^2。

Ⅲ区（场内道路防治区）：防治范围96.58 hm^2，包括场内道路占地54.58 hm^2，道路两侧施工影响范围和道路排水设施出水口下游影响区42 hm^2。

Ⅳ区（料场防治区）：防治范围7.49 hm^2，包括土料场占地0.15 hm^2，石料场占地7.0 hm^2，料场开挖区周边影响范围和排水设施出水口下游影响区0.34 hm^2。

Ⅴ区（弃渣场防治区）：防治范围47.26 hm^2，包括弃渣场占地42.60 hm^2，弃渣场周边影响范围及排水设施出水口下游影响区4.66 hm^2。

Ⅵ区（施工临时设施防治区）：防治范围16.77 hm^2，包括库区工程施工临时设施占地8.1 hm^2，渠道工程施工临时设施占地8.07 hm^2，开挖区周边影响范围和排水设施出水口下游影响区0.6 hm^2。

Ⅶ区（移民安置防治区）：防治范围13.04 hm^2，包括生活安置占地3.53 hm^2，复建工程占地9.51 hm^2。

其中，Ⅱ区、Ⅲ区、Ⅳ区、Ⅴ区、Ⅵ区为水土流失重点防治区。

4.4 主体工程设计中水土保持功能措施的分析与评价

4.4.1 主体工程中具有水土保持功能的工程

4.4.1.1 Ⅰ区（库区工程防治区）

1. 挡水坝工程

挡水坝左、右坝肩开挖形成高陡边坡，为保证边坡稳定和施工安全，主体工程设计中，对边坡进行加固处理。开挖坡面采用护面混凝土或挂网喷混凝土，并设置排水孔。局部不稳定坡面采用锚杆或锚索进行支护。

挡水坝工程具有水土保持动能的防护措施工程量见表4-4。

表4-4 挡水坝工程具有水土保持功能的防护措施工程量

序号	项目	单位	工程量
一	挡水工程		
1	喷混凝土C20（厚10 cm）	m^3	2 508
2	块石护坡	m^3	28 500
3	浆砌石护坡	m^3	1 925
4	锚索（2 000 kN，L=35 m）	根	105
5	锚杆（ϕ=28，L=4 m）	根	1 328
6	锚杆（ϕ=25，L=2.5 m）	根	3 150

2. 三交坪蠕滑体处理工程

三交坪蠕滑体位于永定桥坝址上游约1.0 km的流沙河左岸，作为库区不良地质体，有可能引发剧烈重力侵蚀，主要处理措施包括地表及地下排水、削坡减载及坡脚反压平台等。

蠕滑体范围以外的地表水，以拦截和旁引为原则；蠕滑体范围以内的地表水，以防渗、尽快汇集和引出为原则。

蠕滑体范围以内的排水沟，可采用树枝状布置。主沟与蠕滑体滑动方向一致，支沟与滑动方向斜交成30°~45°，支沟间距20~30 m。

据降雨强度、汇水面积，经计算确定坡面径流量及坡面排水沟尺寸。排水主沟为梯形，底宽和渠深均为1.0 m，边坡为1∶1，用M7.5砂浆砌块石，衬砌厚度25 cm；排水支沟为矩形断面，支沟宽为0.6 m，深为0.8 m，用M7.5砂浆砌片石，衬砌厚度为20 cm。

地下排水拟采用地下排水隧洞，减低地下水位，减小下滑力。

排水隧洞共布置3条，全部埋于滑动面以下，通过排水管汇水，排出边坡体内的地下水。

排水隧洞断面为2.1 m×2.7 m（宽×高）圆拱直墙型，圆拱、直墙及底板均用0.3 m厚C20钢筋混凝土衬砌，在洞底一侧设排水沟，利于洞内汇水自流排出；在洞顶设垂直排水孔（间距3 m，$D=100$ mm），孔内安PVC排水管（渗管），排水孔孔顶高出顶层黏土层0.5 m。为防止排水花管外土层的渗透破坏和塌孔，采用土工布外包排水花管作反滤保护。排水隧洞根据基岩线布置，且隧洞内纵坡不缓于2%，并在1号、2号排水洞的一端设排水支洞，将洞内积水自流引出坡外。为方便运行和维修，并且兼作通风之用，在1号、2号排水隧洞端部分别设置交通竖井2个，交通竖井深23~42 m，内径为1.0 m，采用0.3 m厚C20钢筋混凝土衬砌，内设钢爬梯，井口设盖板。

坡脚反压平台压坡土体选用开挖的碎石土、砂砾石以及开挖石料，分层碾压密实。压坡前先清基0.3 m。考虑到压坡后期过水的需要，压坡平台表面用干砌石保护，干砌石下铺土工布作反滤。推荐方案反压平台纵坡3%；溢洪道纵坡1%，设计过流量204 m^3/s，可保证10年一遇洪水自溢洪道过水；大洪水由平台上泄流。溢洪道采用M10浆砌石结构，表面设台阶消能，下游砌石保护。

地表排水沟拦截地表径流，使之不流入蠕滑体范围之内，减少了对蠕滑体表面的冲刷，从而减少水土流失。

削坡减载及坡脚反压平台，增加蠕滑体坡面整体稳定，防止坡面滑塌入库，从而减少水土流失。

同时，反压填筑材料设计采用坝区弃渣，综合利用弃渣后减少了水土流失物质源。

三交坪蠕滑体处理工程防护措施工程量见表4-5。

表 4-5　三交坪蠕滑体处理工程防护措施工程量

项目	单位	工程量	说明
削坡土石方开挖	万 m^3	70.0	
截水洞土石方明挖	万 m^3	2.94	
截水洞石方洞挖	万 m^3	1.03	含交通竖井井挖量
交通竖井土石方洞挖	m^3	333	
反压平台土石方填筑	万 m^3	128.4	其中大部分利用开挖料
浆砌石	m^3	5 822	
混凝土	万 m^3	1.28	
排水孔	m	29 911	

3. 高粱坪堆积体处理工程

高粱坪堆积体位于流沙河左岸，距下游坝址约 1 km。蓄水后由覆盖层组成的该区段岸坡受库水作用，坡体前缘及临沟两侧因地形较陡将发生塌岸破坏，有可能引发剧烈重力侵蚀，主体设计采取以下工程措施：

(1)对高粱坪堆积体采用减重压坡的方式处理坡体。

(2)在高粱坪堆积体减重范围内，正常蓄水位(1 543 m)上下 5 m 的区间，采用干砌块石保护边坡。

削坡减载及坡脚反压平台同时采用干砌块石保护边坡，以上措施的实施增加了蠕滑体坡面整体稳定，防止坡面滑塌入库，同时，反压填筑材料设计采用坝区弃渣，综合利用弃渣后减少了水土流失物质来源。高粱坪堆积体处理工程防护措施工程量见表 4-6。

表 4-6　高粱坪堆积体处理工程防护措施工程量

序号	项目	单位	数量
1	土方开挖	万 m^3	17.84
2	清基	m^3	5 531
3	土石填筑	万 m^3	8.75
4	干砌石	m^3	4 739
5	土工布	m^2	5 923

4.4.1.2　Ⅱ区(渠道工程防治区)

渠道总长 90.91 km，分为干渠和支渠，主要由明(暗)渠、隧洞、渡槽和倒虹吸组成。主体设计将分别对其进行边坡防护、拦挡、截排水等相关防护措施设计。

1. 明(暗)渠工程

渠道基础大多为覆盖层(崩坡积块碎石土或坡残积含块碎石土)，少量为强卸荷基岩，岩石破碎，裂隙发育，设计大都采用稳定性好、便于施工的梯形断面。当渠道外边坡高而陡,采用填方工程量太大时,渠道外侧采用浆砌块石挡墙收坡脚,可有效地减少土石方挖填工程量。

渠道顶部外侧,设截水沟拦洪,以防山洪影响边坡稳定。

渠道开挖施工,遇小的浅的滑坡,采用边坡喷锚支护、挡土墙处理;遇中、大型滑坡,采用板桩式抗滑桩治理。

2. 隧洞工程

隧洞的进出口段,多数为Ⅳ类、Ⅴ类围岩,进出口洞脸和两侧边坡尽可能避开高边坡开挖,无法避开时,采用锚杆和喷混凝土的方式进行支护。

渠道工程具有水土保持功能的防护措施工程量见表4-7。

表4-7 渠道工程具有水土保持功能的防护措施工程量

序号	项目	单位	数量
一	明(暗)渠工程		
1	浆砌石 M7.5	m^3	7 300
2	土基衬砌混凝土 C20	m^3	30 281
3	岩基衬砌混凝土 C20	m^3	9 027
4	土石方回填	m^3	71 787
5	喷混凝土	m^3	9 136
二	隧洞工程		
1	土基衬砌混凝土 C20	m^3	12 058
2	岩基衬砌混凝土 C20	m^3	5 168

4.4.1.3 Ⅲ区(场内道路防治区)

道路设计中包含了公路沿线边坡防护、拦挡工程、排水工程等相关防护措施。

1. 边坡防护

开挖边坡采取随机锚杆、喷素混凝土、浆砌片石护面墙、干砌石护坡等措施进行边坡支护,并设置排水孔。对于岩面风化破碎较严重的地带和崩坡积层,采用护面墙进行支护。对于高陡边坡开挖时,进行坡面喷混凝土,布设锚杆、排水孔等。

2. 拦挡工程

地形较陡的特殊填方路段,采用路堤墙或路肩墙对路基进行拦挡防护,减少路基占地,并可控制填筑路基过程中产生的水土流失。

3. 排水工程

为保证排水通畅,在挖方路段路堑外侧设置截水沟,道路两侧设置排水边沟,与现有的沟渠和沟道形成完整的排水系统。

目前,场内道路设计处于规划阶段,各项防护措施工程量尚未明确,主体工程设计中临时道路拦挡、边坡防护及排水等防护投资暂按8万元/km估列,永久道路拦挡、边坡防护及排水等防护投资暂按12万元/km估列。

主体工程中具有水土保持功能的措施工程量见表4-8。

表4-8　主体工程中具有水土保持功能的措施工程量

序号	工程	单位	数量
Ⅰ区(库区工程防治区)			
一	导流工程		
1	喷混凝土	m^3	500
2	C20混凝土	m^3	8 780
3	锚杆($\phi=22,L=3$ m)	根	2 082
4	钢筋	t	351
5	回填灌浆	m^2	1 050
6	固结灌浆	m^2	1 230
二	挡水坝工程		
1	喷混凝土C20(厚10 cm)	m^3	2 508
2	块石护坡	m^3	28 500
3	浆砌石护坡	m^3	1 925
4	锚索(2 000 kN,$L=35$ m)	根	105
5	锚杆($\phi=28,L=4$ m)	根	1 328
6	锚杆($\phi=25,L=2.5$ m)	根	3 150
三	三交坪蠕滑体处理工程		
1	削坡土石方开挖	万m^3	70.0
2	截水洞土石方明挖	万m^3	2.94
3	截水洞石方洞挖	万m^3	1.03
4	交通竖井土石方洞挖	m^3	333
5	反压平台土石方填筑	万m^3	128.4
6	浆砌石	m^3	5 822
7	混凝土	万m^3	1.28

续表 4-8

序号	工程量	单位	数量
8	排水孔	m	29 911
四	高梁坪堆积体处理工程		
1	土方开挖	万 m^3	17. 84
2	清基	m^3	5 531
3	土石填筑	万 m^3	8. 75
4	干砌石	m^3	4 739
5	土工布	m^2	5 923
Ⅱ区(渠道工程防治区)			
一	明(暗)渠工程		
1	浆砌石 M7. 5	m^3	7 300
2	土基衬砌混凝土 C20	m^3	30 281
3	岩基衬砌混凝土 C20	m^3	9 027
4	土石方回填	m^3	71 787
5	喷混凝土	m^3	9 136
二	隧洞工程		
1	土基衬砌混凝土 C20 二	m^3	12 058
2	岩基衬砌混凝土 C20 二	m^3	5 168
Ⅲ区(场内道路防治区)			
一	临时道路		
1	拦挡、边坡防护及排水等防护工程	16. 05 km	暂按 8 万元/km 估列
二	永久道路		
2	拦挡、边坡防护及排水等防护工程	72. 25 km	暂按 12 万元/km 估列

4. 4. 2 主体工程中具有水土保持功能的措施分析与评价

上述各项主体工程中具有水土保持功能措施在满足主体工程需要的同时,具有确保边坡稳定，避免坡体滑塌，减少水力冲刷侵蚀，起到一定的水土保持功能。在此基础上，结合水土保持要求，需对各防治分区进一步补充和完善相应的防治措施，主要有以下几个方面。

4.4.2.1 Ⅰ区（库区工程防治区）

本区采取的工程措施基本能够满足工程区水土保持要求，但仍需加强施工过程中水土保持管理，进一步明确施工过程中的水土保持要求，同时保护好库周现有森林，加强对坝址下游影响河段的调查监测。

4.4.2.2 Ⅱ区（渠道工程防治区）

在主体工程设计的防护措施的基础上，由于渠道长达 90.91 km，施工影响范围较广，管理难度大，应进一步明确施工过程中的水土保持要求，补充完善施工管理措施和施工期间临时防护措施。

4.4.2.3 Ⅲ区（场内道路防治区）

在主体工程防护措施的基础上，结合道路景观要求，补充植物措施，对扰动区域进行生态修复，防治水土流失；明确施工过程中水土保持要求，补充完善施工管理措施。

4.4.2.4 Ⅳ区（料场防治区）

料场开挖面积较大，原有地形开挖后可能形成开挖高边坡，如不采用有效的防护措施，边坡在自身裂隙、爆破裂隙综合作用下可能产生崩塌或滑坡。且土料场、石料场坡脚邻近库区道路，将对库区交通造成影响，需补充完善拦挡设施。

在料场开采前，对剥离的无用覆盖层，需进行临时防护。

开采过程中，严格控制开挖边坡，确保边坡稳定，并设置截排水沟，排导料场上游来水和周边来水。

开采结束后，开采迹地需布设相应的生态修复措施。

4.4.2.5 Ⅴ区（弃渣场防治区）

工程弃渣量较大，本防治区是水土流失防治的重点区域，需补充完善防护设计，对堆渣体做好拦挡和排水设施，保证沟水排导通畅，确保渣体稳定。

渣场堆渣结束后，均需根据水土流失防治要求，从土地利用、生态修复和景观等方面进行土地综合整治。

4.4.2.6 Ⅵ区（施工临时设施防治区）

本防治区水土流失防治的主要环节为施工场地平整、临建设施建设、场地内防护及施工迹地处理等。

施工场平过程中，剥离的地表无用层需进行临时防护，作为后期迹地绿化覆土。

施工过程中，场地布置简易排水设施，做好施工期的临时排水。

施工结束后，清除施工迹地临建设施和建筑垃圾，结合原有土地功能进行复垦，恢复土地功能，控制可能造成的水土流失。

4.4.2.7 Ⅶ区（移民安置防治区）

完善安置区的四旁绿化和田埂绿化防护，选择具有经济价值的绿化树种；补充道路、输变电线路等专项复建设施的水土流失防护措施，对扰动地表进行平整和施工迹地恢复。

4.5 水土流失防治措施总体布局

永定桥水利工程水土流失防治措施体系见图4-1。

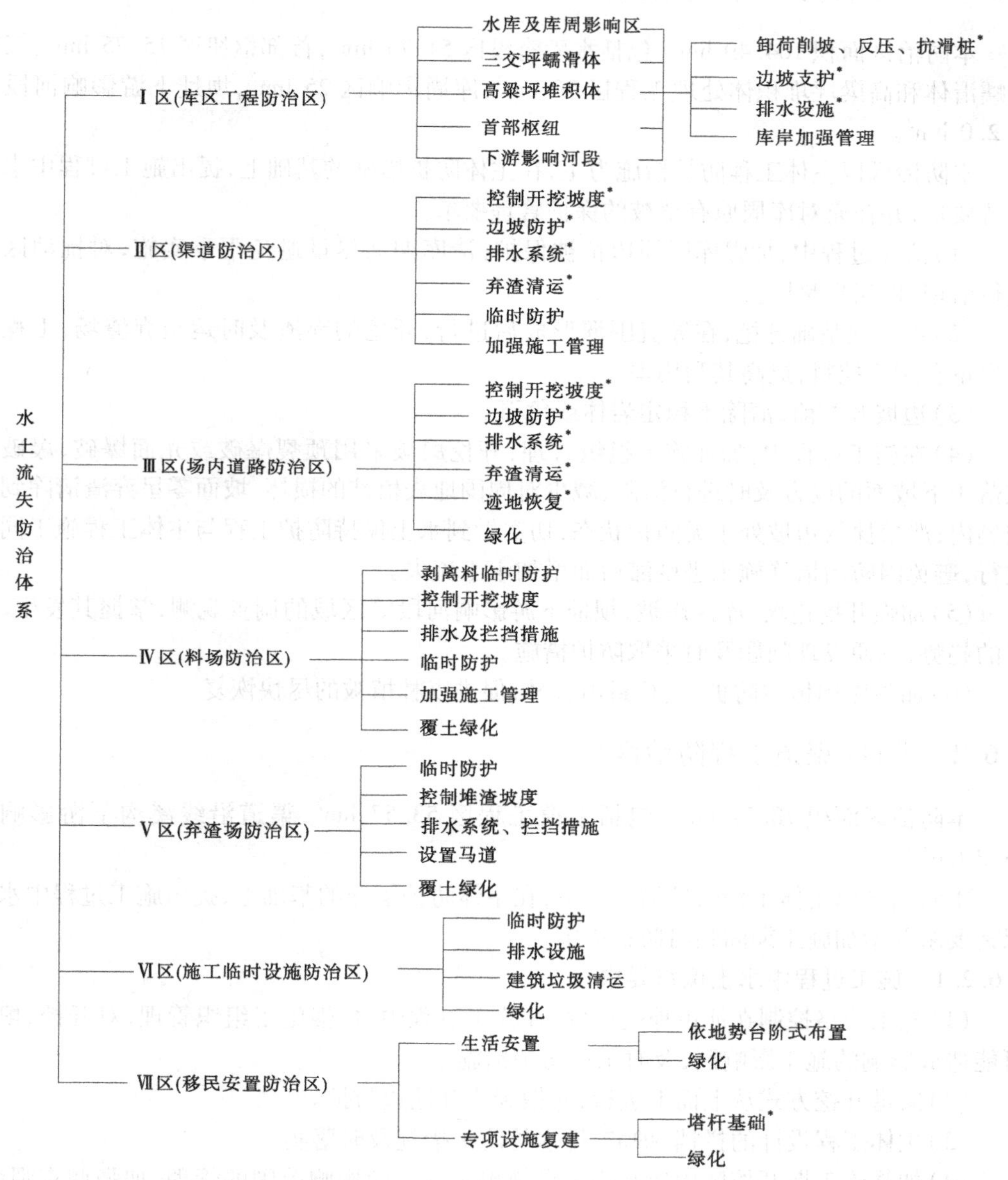

注：* 号表示主体工程设计中已考虑的措施。

图4-1 永定桥水利工程水土流失防治措施体系图

4.6 分区防治措施设计

4.6.1 Ⅰ区(库区工程防治区)

本防治区面积164.49 hm^2,包括水库淹没区51.74 hm^2,首部枢纽区15.75 hm^2,三交坪蠕滑体和高梁坪堆积体处理工程区70 hm^2,库周影响区25 hm^2,坝址下游影响河段范围2.0 hm^2。

本防治区以主体工程防护措施为主,在主体防护措施的基础上,提出施工过程中水土保持要求,并补充对库周原有植被的保护管理要求。

(1)清库过程中,加强库区周边植被保护,清库期间尽量避免雨季实施,对扰动区域进行清理,地表平整压实。

(2)挡水坝基础开挖,在导流围堰形成后进行,开挖的弃渣及时运至弃渣场,工程填筑尽量利用开挖料,提高其利用率。

(3)边坡开挖前,清除不稳定岩体或危石。

(4)在施工过程中,加强施工组织管理,开挖爆破采用预裂爆破或光面爆破,爆破中散落于下坡面的废方及时进行清除,减少对周围地表植被的损坏,坡面零星弃渣清除到弃渣场内;严禁裸露边坡处于无防护状态,切实做到水土保持防护工程与主体工程施工同步进行,避免因防治措施施工进度滞后而增加水土流失。

(5)加强开挖边坡、库区岸坡、坝址下游影响河段等区域的调查观测,掌握其发生、发展的趋势,以便发现问题及时采取防护措施。

(6)加强库周植被防护,实行封山育林,促进森林植被的尽快恢复。

4.6.2 Ⅱ区(渠道工程防治区)

本防治区面积78.77 hm^2,包括渠道工程区53.57 hm^2,渠道沿线溪沟下游影响区25.2 hm^2。

本防治区以主体工程防护措施为主,在主体防护措施的基础上,提出施工过程中水土保持要求并增加施工期间临时防护措施。

4.6.2.1 施工过程中水土保持要求

(1)施工严格控制在征占地范围内,在施工过程中,加强施工组织管理,对开挖、填筑可能造成影响的施工影响区,及时采取防护措施。

(2)渠道开挖方式从上而下进行,并做到边开挖边防护。

(3)主体工程设计的拦挡、护坡、排水等防护措施及时落实。

(4)加强施工期开挖区周边和排水设施出水口下游影响范围的管理,加强调查观测,如有淤堵进行清除。

(5)严禁向河道、冲沟等部位倾倒弃渣;撒落于坡面的浮渣,及时进行清除;注意地表植被的保护。

(6)明渠开挖、填筑等施工活动尽量避开雨日。

（7）切实做到水土保持防护措施与主体工程施工同步进行。

4.6.2.2　施工临时工程防护措施设计

渠道施工过程中，部分渠段会产生需要临时堆置的土石方，如：隧洞出口处临时堆置洞渣，明渠段和支渠段开挖后需要回采的土石方，临时堆置期间如不防护可能造成大量水土流失。

对临时堆置的土石方采取临时防护措施，如填土草包围护（或进行拍实并用木板、竹排防护网等围护）。

新开挖松散临时堆土在遇大雨时需采用塑料彩条布覆盖防护。

用于临时围护的填土草包堆体，采用梯形断面，顶宽 50 cm，高 1.5 m，两侧边坡坡比为1∶0.5，填土草包的土源利用开挖的表层土，填土草包工程量为 2 000 m^3。其他临时防护工程计入其他临时工程中。

4.6.3　Ⅲ区（场内道路防治区）

本防治区面积 96.58 hm^2，包括场内道路占地 54.58 hm^2，道路两侧施工影响范围和道路排水设施出水口下游影响区 42 hm^2。

本防治区在边坡防护、截排水等防护措施基础上，根据道路布置、施工方法和水土流失特点，提出施工期的水土保持要求，并补充植物措施。

4.6.3.1　施工过程中水土保持要求

（1）加强管理，坚持文明施工，库区工程施工道路开挖的余方及时用于三交坪蠕滑体和高粱坪堆积体处理工程填筑；渠道工程施工道路开挖的弃渣运往指定弃渣场集中堆放；洒落于坡面的浮渣，及时进行清除。

（2）主体工程设计的拦挡、护坡、排水等防护措施及时落实，严禁扰动地表长时间处于裸露无防护状态。对于可能存在滑坡、崩塌的路段，进行重点防护，消除不利影响，确保施工进度和安全。

（3）为了保证土石方调运的交通畅通，严格按照施工方案规定的施工时序进行施工，合理安排施工组织方案，力求各工点施工顺利进行。

（4）保证排水顺畅，排水设施出水口与天然沟道顺接，以避免对其下游的冲刷侵蚀。

4.6.3.2　植物措施设计

场内道路植物措施包括施工期绿化和后期临时道路施工迹地绿化。

永久道路两侧路肩种植行道树。道路行道树树种直杆桉，株距 3 m，需直杆桉数量 3.18 万株，路堤边坡采用播草绿化，草种选用马桑和高羊茅混播，需撒播草种 7.78 hm^2。

临时道路在清理场地建筑垃圾后根据原有占地类型进行土地恢复，原占地类型为耕地的施工迹地，在场地平整后交由地方政府进行统一管理。原占地类型为非耕地的施工迹地，施工结束后对其实施植物措施。由于施工期临时道路迹地碾压密实，因此在实施植物措施前需对施工道路进行松土。以灌草为主，辅以乔木。撒播灌草籽选用马桑、黄茅和高羊茅混播，并辅以栽植当地经济作物核桃和花椒，栽植季节一般选择在春季或秋季。

各项植物措施的种植密度、混交比例、配置方式详见表 4-9。

表 4-9 场内道路防治区植物措施配置方式一览表

项目	造林树种或草种	株行距（m×m）	植林密度或播种量	混交或播种方式	混交比
1	核桃×花椒	2.0×2.0	3 330 株/hm^2	带状	5:5
2	灌草混播（马桑、黄茅和高羊茅）		40 kg/hm^2	撒播	1:2:2
3	播草（黄茅和高羊茅）		40 kg/hm^2	撒播	1:1

4.6.4 Ⅳ区（料场防治区）

本防治区面积 7.49 hm^2，包括土料场占地 0.15 hm^2，石料场占地 7.0 hm^2，料场开挖区周边影响范围和排水设施出水口下游影响区 0.34 hm^2。

料场开采期间，做好排水、剥离无用层临时围护和拦挡等措施，施工结束后，对开采迹地进行土地整治并绿化。

4.6.4.1 施工过程中水土保持要求

（1）料场采挖时间尽可能安排在非雨日进行，以减免降雨对料场开采迹地的侵蚀，减少水土流失。

（2）开采自上而下分层进行，严格控制开挖边坡，确保开挖边坡在自然状态下稳定，局部破碎坡体及时进行清除。

（3）大沟头沟石料场下坡面邻近道路，施工过程中加强管理，禁止超范围开挖，并采取相应的拦挡设施，防止滚石。

4.6.4.2 工程措施

1. 拦挡工程

料场开挖中根据地质条件，确定开挖边坡，建议按弱风化 1:0.5，微风化—新鲜岩石 1:0.3控制，并每隔 15 ~20 m 高差设马道，宽度控制在 3 m 左右。

大沟头沟石料场和关顶上石料场下坡面均临近库区永久道路，为防止开挖爆破碎石滚落影响道路运行安全，距离道路外侧 15 ~20 m 处设置 M7.5 浆砌石挡墙，高 1.8 m，梯形断面，顶宽0.4 m，面坡1:0.2，背坡1:0.3，挡墙墙身每隔10 ~15 m 设一道伸缩缝，缝间用沥青麻丝填塞。大沟头沟石料场挡墙长约260 m，关顶上石料场挡墙长约 120 m。

2. 截排水工程

料场开采面上游坡顶 5 m 外设置截水沟，设计标准采用 20 年一遇防洪标准，对应暴雨强度 45.9 mm/h。根据《四川省中小流域暴雨洪水计算手册》推求料场洪峰流量，确定截水沟的过流能力及断面尺寸。

采用公式如下：

$$Q = 0.278\varphi iF$$

式中 Q——最大流量，m^3/s；

φ——洪峰径流系数；

i——最大平均暴雨强度,mm/h;

F——集水面积,km^2。

土料场上游及周边汇水面积为0.11 km^2,20年一遇的洪峰流量为0.910 m^3/s。截水沟采用梯形断面,M7.5浆砌片石砌筑,厚度30 cm,底宽0.5 m,净高0.5 m,边坡比为1∶0.5,沟底纵坡比降不缓于0.02,排水沟断面过水能力为1.00 m^3/s,可满足20年一遇截排洪要求。截水沟总长为580 m。

大沟头沟石料场和关顶上石料场上游及周边汇水面积分别为0.1 km^2 和0.12 km^2,根据推理公式法计算,20年一遇的洪峰流量分别为0.830 m^3/s 和0.860 m^3/s,较土料场略小,考虑施工便利,截水沟断面取同一规格,沟长合计1 360 m。

截水沟出口处设置调节沉沙池,沟水在池内沉池并稳定流态后,就近排入周边天然沟道。沉沙池的尺寸为5 m(长)×4 m(宽)×2 m(高),M7.5浆砌片石砌筑,厚度30 cm,池内表面用M10水泥砂浆抹面,厚度为2cm。共设置6个沉沙池,工程量为土方开挖390 m^3,M7.5浆砌片石127 m^3,M10水泥砂浆7.8 m^3。

3.其他工程

土料场和石料场无用层剥离料用于三交坪蠕滑体和高粱坪堆积体处理工程反压平台填筑。开采结束后,坡面和坡脚进行清坡处理,清除碎石、危石及边缘局部不稳定覆盖层。

4.6.4.3 植物措施设计

土料场和石料场开采结束后,形成坡脚台地。先清理坡脚台地,后利用临时堆置的剥离表层土对料场表面覆土,以利于植物措施的实施,覆土厚度约50 cm。植物措施为栽植乔木,林下播灌草。

由于料场坡脚台地地形平坦,可开发为经济林,初步选择栽植核桃、花椒等经济树种,穴状栽植,整地规格30 cm(穴径)×30 cm(穴深),栽植株行距为2 m×2 m。绿化措施起到水土保持作用的同时,也可提高当地农民的经济收入。林下播灌草,撒播灌草籽选用马桑、黄茅和高羊茅。

4.6.4.4 施工临时工程防护措施设计

土料场和石料场剥离表层土2.9万 m^3,临时堆放,用于后期开采迹地覆土绿化。剥离表层土在三个料场就近堆存,堆放场地选择在料场坡脚适当位置,以不影响料场开采施工为基本要求。

临时堆土采用填土草包围护,草包堆体采用梯形断面,顶宽50 cm,高1.5 m,两侧边坡坡比为1∶0.5,填土草包的土源利用开挖的表层土。填土草包工程量为1 600 m^3。

三处临时堆放场堆土边坡均控制缓于1∶1.5,堆放高度控制在3 m以下,表面适当拍实,合计占地面积1 hm^2。

为控制土体临时堆放期间的水土流失,堆土场表面撒播草籽,草籽选用黄茅和高羊茅,混播比例1∶1,播种量40 kg/hm^2。

料场防护措施工程量见表4-10。

表 4-10　料场防护措施工程量

序号	防护部位及措施	单位	工程量
一	工程措施		
(一)	拦挡工程		
	土石方开挖	m^3	438
	M7.5 浆砌块石	m^3	733
(二)	截排水工程		
	土石方开挖	m^3	4 137
	M7.5 浆砌片石	m^3	1 610
	M10 水泥砂浆	m^3	7.8
	弃渣清运	m^3	25 000
	清坡	m^3	9 000
二	植物措施		
(一)	开采迹地绿化		
1	场地平整	hm^2	7.15
2	覆土	m^3	29 000
5	播灌草	hm^2	7.15
6	核桃	株	10 000
7	花椒	株	10 000
(二)	临时堆土表面绿化		
1	撒播草籽	hm^2	1.0
三	施工临时工程		
	填土草包	m^3	1 600

4.6.5　Ⅴ区(弃渣场防治区)

弃渣场防治区面积 47.26 hm^2,本工程共产生弃渣 131.92 万 m^3,折合松方 179.85 万 m^3,包括 31 个弃渣场,在渠道沿线均有分布,占地 42.60 hm^2,弃渣场周边影响范围及排水设施出水口下游影响区 4.66 hm^2。

4.6.5.1　弃渣场概况

弃渣场选址的主要原则有:

(1)渠道工程处于流沙河两岸陡峭的山区,高程为 1 420 ~ 1 500 m,根据现场查勘结果,渠道沿线虽有较多冲沟分布,但大都沟谷深切,上游汇水面积大,常年有水,汛期洪峰流量大,难以防护,不利于弃渣防护,弃渣场选择尽量避开此类冲沟。

（2）优先选用“肚大口小”、堆渣坡脚拦挡措施设置长度较短、地势较为平缓、汇水面积小、堆渣条件好的冲沟作为弃渣场，并尽量避免下游存在建筑物、交通道路等设施。

（3）弃渣场布置在距离弃渣产生施工点较近的沟道和坡面内，以减少运距。

（4）两个相邻隧洞之间产生的弃渣，若向外运输需修建较长的出渣道路，可就近选择合适位置进行堆放。

（5）弃渣道路充分利用当地现有机耕路和施工临时便道，弃渣场设置时，考虑产生弃渣路段和所选弃渣场之间运输弃渣的可行性，不考虑跨隧洞调运弃渣。

（6）弃渣场选址时需避开可能产生泥石流和滑坡体的区域，并尽量少占用耕地，不占用基本农田。

本方案选定的31个弃渣场的概况如下。

1.关沟弃渣场

关沟弃渣场位于干渠起点附近右侧2.0 km，为冲沟型弃渣场，堆渣处沟道宽度约25 m，沟底纵坡9%，两岸山体坡度约50°，渣场占地面积3.6 hm^2，占地类型为耕地、园地、未利用地，汇水面积18.60 km^2，容渣量100.29万m^3，拟堆渣60.29万m^3，用于堆置库区工程和关沟隧洞前半段弃渣。弃渣场起堆点高程1 445.0 m，堆高约70 m，弃渣场顶部高程1 515.0 m。弃渣最大运距为3.0 km。

2.梨干沟弃渣场

梨干沟弃渣场位于干渠K3+246右侧1.7 km，为谷坡型弃渣场，地面坡度3°~5°，渣场占地面积1.93 hm^2，占地类型为林地、未利用地，汇水面积60 hm^2，容渣量5.75万m^3，拟堆渣4.63万m^3，用于堆置关沟隧洞后半段、梨干沟隧洞前半段弃渣。弃渣场起堆点高程1 490.0 m，堆高20 m，弃渣场顶部高程1 510.0 m。弃渣最大运距为2.5 km。

3.兵营坎弃渣场

兵营坎弃渣场位于主干渠K7+500右侧1.2 km，为冲沟型弃渣场，堆渣处沟道宽度约15 m，沟底纵坡8%，两岸山体坡度约55°，渣场占地面积1.43 hm^2，占地类型为林地，汇水面积30 hm^2，容渣量4.96万m^3，拟堆渣4.31万m^3，用于堆置梨干沟隧洞后半段、银厂沟隧洞前半段弃渣。弃渣场起堆点高程1 400.0 m，堆高50 m，弃渣场顶部高程1 450.0 m。弃渣最大运距为1.5 km。

4.水井湾弃渣场

水井湾弃渣场位于主干渠K9+200右侧0.8 km，为冲沟型弃渣场，堆渣处沟道宽度约15 m，沟底纵坡6%，两岸山体坡度约55°，渣场占地面积1.67 hm^2，占地类型为林地、未利用地，汇水面积99 hm^2，容渣量5.14万m^3，拟堆渣4.47万m^3，用于堆置银厂沟隧洞后半段、大堰沟隧洞前半段弃渣。弃渣场起堆点高程1 440.0 m，堆高40 m，弃渣场顶部高程1 480.0 m。弃渣最大运距为1.0 km。

5.大堰沟弃渣场

大堰沟弃渣场位于干渠K13+300右侧1.7 km，为谷坡型弃渣场，地面坡度3°~50°，渣场占地面积1.47 hm^2，占地类型为林地、园地、耕地，汇水面积84 hm^2，容渣量4.24万m^3，拟堆渣3.69万m^3，用于堆置大堰沟隧洞后半段、二道坪隧洞前半段弃渣。弃渣场起堆点高程1 460.0 m，堆高10 m，弃渣场顶部高程1 470.0 m。弃渣最大运距为1.5 km。

6. 打马塘弃渣场

打马塘弃渣场位于主干渠 K14 +500 右侧 1.8 km，为冲沟型弃渣场，堆渣处沟道宽度约 18 m，沟底纵坡 8%，两岸山体坡度约 55°，渣场占地面积 1.30 hm^2，占地类型为未利用地、耕地、园地，汇水面积 96 hm^2，容渣量 3.53 万 m^3，拟堆渣 3.07 万 m^3，用于堆置二道坪隧洞后半段、店子沟隧洞前半段弃渣。弃渣场起堆点高程 1 460.0 m，堆高 40 m，弃渣场顶部高程 1 500.0 m。弃渣最大运距为 1.0 km。

7. 岩脚下 1[#] ~3[#] 弃渣场

岩脚下 1[#] ~3[#] 弃渣场分别位于主干渠 K19 +900 右侧 1.4 km、主干渠 K20 +100 右侧 0.9 km 和主干渠 K20 +200 右侧 1.8 km，均为冲沟型弃渣场，堆渣处沟道宽度分别约 15 m、12 m、16 m，沟底纵坡 7% ~10%，两岸山体坡度约 55°，渣场占地面积分别为 0.83 hm^2、0.6 hm^2、0.6 hm^2，占地类型为林地、未利用地、耕地、园地，汇水面积分别为 80 hm^2、32 hm^2、23 hm^2，容渣量分别为 2.89 万 m^3、2.02 万 m^3、2.08 万 m^3，3 个弃渣场拟堆渣 6.08 万 m^3，用于堆置店子沟隧洞后半段、石岗山隧洞前半段、石岗山隧洞后半段弃渣。3 个弃渣场起堆点高程均为 1 490.0 m，堆高分别为 18 m、13 m、16 m。弃渣最大运距为 2.0 km。

8. 全合弃渣场

全合弃渣场位于干渠 K21 +700 左侧 2.5 km，为冲沟型弃渣场，堆渣处沟道宽度约 17 m，沟底纵坡 10%，两岸山体坡度约 45°，渣场占地面积 1.33 hm^2，占地类型为林地、园地、未利用地，汇水面积 94 hm^2，容渣量 7.83 万 m^3，拟堆渣 6.81 万 m^3，用于堆置寨子山隧洞、向阳河隧洞、任家湾支渠前段产生的弃渣。弃渣场起堆点高程 1 450.0 m，堆高 20 m，弃渣场顶部高程 1 470.0 m。弃渣最大运距为 2.5 km。

9. 松林头弃渣场

松林头渣场位于任家湾支渠右侧 0.5 km，为谷坡型弃渣场，地面坡度 3° ~5°，渣场占地面积 1.5 hm^2，占地类型为林地、园地、耕地，汇水面积 20 hm^2，容渣量 4.12 万 m^3，拟堆渣 3.58 万 m^3，用于堆置任家湾支渠后段产生的弃渣。弃渣场起堆点高程 1 390.0 m，堆高 25 m，弃渣场顶部高程 1 415.0 m。弃渣最大运距为 2.5 km。

10. 小松林 1[#]、2[#] 弃渣场

小松林 1[#]、2[#] 弃渣场分别位于干渠 K25 +679 左侧 1.2 km 和白鹤支渠左侧 1.7 km，均为谷坡型弃渣场，地面坡度 3° ~5°，渣场占地面积分别为 1.63 hm^2、0.77 hm^2，占地类型为林地、园地、耕地，汇水面积分别为 40 hm^2、10 hm^2，容渣量分别为 4.62 万 m^3、1.70 万 m^3，拟堆渣 4.02 万 m^3、1.3 万 m^3，用于堆置马桑林沟隧洞、白石岩隧洞、白鹤支渠产生的弃渣。弃渣场起堆点高程分别为 1 370 m、1 400.0 m，堆高分别为 20 m、7 m，弃渣场顶部高程分别为 1 390 m、1 407.0 m。弃渣最大运距为 1.5 km。

11. 后域弃渣场

后域弃渣场位于后域倒虹吸右侧 0.6 km，为谷坡型弃渣场，地面坡度 3° ~5°，渣场占地面积 1.87 hm^2，占地类型为林地、园地、耕地，汇水面积 39 hm^2，容渣量 8.43 万 m^3，拟堆渣 7.33 万 m^3，用于堆置后域倒虹管、产生的弃渣。弃渣场起堆点高程 1470.0 m，堆高 8 m，弃渣场顶部高程 1 478.0 m。弃渣最大运距为 2.5 km。

12. 缺马溪渣场

缺马溪渣场位于干渠 K30 +200 左侧 2. 6 km，为谷坡型弃渣场，地面坡度 3° ~5°，渣场占地面积 1. 93 hm^2，占地类型为林地、园地、耕地，汇水面积 21 hm^2，容渣量 4. 82 万 m^3，拟堆渣 5. 54 万 m^3，用于堆置缺马溪隧洞、梨坪支渠部分渠段、大岭隧洞前半段产生的弃渣。弃渣场起堆点高程 1 460. 0 m，堆高 15 m，弃渣场顶部高程 1 475. 0 m。弃渣最大运距为 3. 0 km。

13. 大包上弃渣场

大包上弃渣场位于梨坪支渠左侧 0. 6 km，为谷坡型弃渣场，地面坡度 3° ~5°，渣场占地面积 1. 40 hm^2，占地类型为林地、园地、未利用地，汇水面积分别为 7 hm^2，容渣量 5. 16 万 m^3，拟堆渣 4. 49 万 m^3，用于堆置梨坪支渠产生的弃渣。弃渣场起堆点高程 1 440. 0 m，堆高 60 m。弃渣最大运距为 2. 0 km。

14. 瓦爪坪 1#、2#弃渣场

瓦爪坪 1#、2#弃渣场分别位于大岭支渠左侧 1. 3 km、大岭支渠后段渠道西北侧 1. 7 km，均为谷坡型弃渣场，地面坡度 7° ~10°，渣场占地面积均 1. 8 hm^2，占地类型为林地、耕地、未利用地，汇水面积分别为 28 hm^2、15 hm^2，容渣量分别为 4. 66 万 m^3、4. 08 万 m^3，拟堆渣 4. 05 万 m^3、3. 55 万 m^3，用于堆置大岭支渠产生的弃渣。弃渣场起堆点高程分别为 1 450. 0 m、1 330 m，堆高分别为 10 m、15 m，弃渣场顶部高程分别为 1 455. 0 m、1 340 m。弃渣最大运距为 1. 2 km。

15. 核桃沟弃渣场

核桃沟弃渣场位于干渠 K35 +000 左侧 3. 1 km，为冲沟型弃渣场，堆渣处沟道宽度约 16 m，沟底纵坡 11%，两岸山体坡度约 42°，渣场占地面积 1. 17 hm^2，占地类型为耕地、园地、未利用地，汇水面积 90 hm^2，容渣量 3. 37 万 m^3，拟堆渣 2. 93 万 m^3，用于堆置大岭隧洞后半段、长水塘隧洞前半段产生的弃渣。弃渣场起堆点高程 1 400. 0 m，堆高 20 m，弃渣场顶部高程 1 420. 0 m。弃渣最大运距为 3. 0 km。

16. 磨房沟弃渣场

磨房沟弃渣场位于长水塘隧洞出口附近 2. 8 km，为冲沟型弃渣场，堆渣处沟道宽度约 10 m，沟底纵坡 9%，两岸山体坡度约 48°，渣场占地面积 0. 77 hm^2，占地类型为林地、未利用地，汇水面积 70 hm^2，容渣量 2. 1 万 m^3，拟堆渣 1. 83 万 m^3，用于堆置长水塘隧洞后半段、茶铺子隧洞前半段产生的弃渣。弃渣场起堆点高程 1 440. 0 m，堆高 40 m，弃渣场顶部高程 1 480. 0 m。弃渣最大运距为 1. 5 km。

17. 大坪弃渣场

大坪弃渣场位于茶铺子隧洞出口处 3. 2 km，为冲沟型弃渣场，堆渣处沟道宽度约 12 m，沟底纵坡 10%，两岸山体坡度约 50°，渣场占地面积 0. 83 hm^2，占地类型为耕地、林地、园地，汇水面积 90 hm^2，容渣量 2. 15 万 m^3，拟堆渣 1. 87 万 m^3，用于堆置茶铺子隧洞后半段、龙塘沟隧洞前半段产生的弃渣。弃渣场起堆点高程 1 440. 0 m，堆高 10 m，弃渣场顶部高程 1 450. 0 m。弃渣最大运距为 2. 0 km。

18. 萝卜岗 1#、2#弃渣场

萝卜岗 1#、2#弃渣场分别位于萝卜岗支渠右侧 0. 6 km 和 2. 2 km，均为谷坡型弃渣场，地面坡度5°～8°，渣场占地面积分别为0.4 hm^2、0.28 hm^2，占地类型为耕地、林地、园地，汇水面积分别为10 hm^2、2 hm^2，容渣量分别为1.10万 m^3、0.69万 m^3，拟堆渣分别为0.9万 m^3、0.6万 m^3，用于堆置萝卜岗支渠段产生的弃渣。弃渣场起堆点高程分别为1 220.0 m、1 213.0 m，堆高分别为5 m、7 m，弃渣场顶部高程1 225.0 m、1 220.0 m。弃渣最大运距为1.5 km。

19. 下大岗1#、2#弃渣场

下大岗1#、2#弃渣场分别位于汉源县供水起点0.4 km和中点1.1 km附近，均为冲沟型弃渣场，堆渣处沟道宽度分别约8 m和16 m，沟底纵坡5%～8%，两岸山体坡度约40°，渣场占地面积分别为0.9 hm^2、1.03 hm^2，占地类型为耕地、林地、未利用地，汇水面积分别为24 hm^2、10 hm^2，容渣量分别为1.1万 m^3、4.59万 m^3，拟堆渣分别为0.96万 m^3、3.99万 m^3，用于堆置龙塘沟隧洞后半段、县城供水产生的弃渣。弃渣场起堆点高程分别为1 450.0 m、1 460.0 m，堆高分别为20 m、30 m。弃渣最大运距为3.0 km。

20. 田嘴河弃渣场

田嘴河弃渣场位于大田支渠起始段附近0.8 km，为冲沟型弃渣场，堆渣处沟道宽度约25 m，沟底纵坡7%，两岸山体坡度约40°，渣场占地面积1.8 hm^2，占地类型为未利用地、耕地，汇水面积14 hm^2，容渣量7.94万 m^3，拟堆渣6.9万 m^3，用于堆置田嘴河倒虹管产生弃渣。弃渣场起堆点高程1 240.0 m，堆高20 m，弃渣场顶部高程1 560.0 m。弃渣最大运距为2.0 km。

21. 两河口弃渣场

两河口弃渣场位于两河口附近2.0 km，为谷坡型弃渣场，地面坡度3°～5°，渣场占地面积2.50 hm^2，占地类型为林地、未利用地，汇水面积13 hm^2，容渣量16.85万 m^3，拟堆渣14.65万 m^3，用于堆置两河口倒虹管施工产生弃渣。弃渣场起堆点高程1 470.0 m，堆高40 m，弃渣场顶部高程1 510.0 m。弃渣最大运距为1.0 km。

22. 永新村弃渣场

永新村弃渣场位于大田支渠中段附近0.5 km，为冲沟型弃渣场，堆渣处沟道宽度约18 m，沟底纵坡12%，两岸山体坡度约55°，渣场占地面积1.73 hm^2，占地类型为林地、未利用地、耕地，汇水面积59 hm^2，容渣量4.12万 m^3，拟堆渣3.58万 m^3，用于堆置万坪山隧洞、大田支渠部分渠段弃渣。弃渣场起堆点高程1460.0 m，堆高30 m，弃渣场顶部高程1 490.0 m。弃渣最大运距为3.0 km。

23. 马桑坪弃渣场

马桑坪弃渣场位于马桑坪隧洞进口附近1.4 km，为冲沟型弃渣场，堆渣处沟道宽度约18 m，沟底纵坡8%，两岸山体坡度约40°，渣场占地面积0.93 hm^2，占地类型为林地、未利用地，汇水面积30 hm^2，容渣量4.28万 m^3，拟堆渣3.72万 m^3，用于堆置马桑平隧洞、大田支渠部分渠段产生的弃渣。弃渣场起堆点高程1 430.0 m，堆高50 m，弃渣场顶部高程1 480.0 m。弃渣最大运距为2.0 km。

24. 杨庄坪弃渣场

杨庄坪弃渣场位于杨庄坪隧洞进口附近2.3 km，为冲沟型弃渣场，堆渣处沟道宽度约22 m，沟底纵坡12%，两岸山体坡度约55°，渣场占地面积1.10 hm^2，占地类型为园地、耕地、未利用地，汇水面积96 hm^2，容渣量3.54万m^3，拟堆渣3.08万m^3，用于堆置杨庄坪隧洞、大田支渠部分渠段产生的弃渣。弃渣场起堆点高程1 470.0 m，堆高20 m，弃渣场顶部高程1 490.0 m。弃渣最大运距为1.0 km。

25. 烂坝子弃渣场

烂坝子弃渣场位于大田支渠段附近0.9 km，为冲沟型弃渣场，堆渣处沟道宽度约26 m，沟底纵坡10%，两岸山体坡度约55°，渣场占地面积1.7 hm^2，占地类型为耕地、园地、未利用地，汇水面积58 hm^2，容渣量9.60万m^3，拟堆渣8.35万m^3，用于堆置将军庙隧洞、大田支渠部分渠段产生的弃渣。弃渣场起堆点高程1 410.0 m，堆高30 m，弃渣场顶部高程1 440.0 m。弃渣最大运距为1.5 km。

各弃渣场基本概况见表4-11。

表4-11　弃渣场基本概况一览表

序号	弃渣场名称	容渣量（万m^3）	堆渣量（万m^3）	占地面积（hm^2）	汇水面积（hm^2）	最大堆高（m）	渣场类型
1	关沟弃渣场	100.29	60.29	3.60	1 860	70	冲沟型
2	梨干沟弃渣场	5.75	4.63	1.93	60	20	谷坡型
3	兵营坎弃渣场	4.96	4.31	1.43	30	50	冲沟型
4	水井湾弃渣场	5.14	4.47	1.67	99	40	冲沟型
5	大堰沟弃渣场	4.24	3.69	1.47	84	10	谷坡型
6	打马塘弃渣场	3.53	3.07	1.30	96	40	冲沟型
7	岩脚下1#弃渣场	2.89	2.51	0.83	80	18	冲沟型
8	岩脚下2#弃渣场	2.02	1.76	0.60	32	13	冲沟型
9	岩脚下3#弃渣场	2.08	1.81	0.60	23	16	冲沟型
10	全合弃渣场	7.83	6.81	1.33	94	20	冲沟型
11	松林头弃渣场	4.12	3.58	1.50	20	25	谷坡型
12	小松林1#弃渣场	4.62	4.02	1.63	40	20	谷坡型
13	小松林2#弃渣场	1.70	1.3	0.77	10	7	谷坡型
14	后域弃渣场	8.43	7.33	1.87	39	8	谷坡型
15	缺马溪弃渣场	5.54	4.82	1.93	21	15	谷坡型
16	大包上弃渣场	5.16	4.49	1.40	7	60	谷坡型
17	瓦爪坪1#弃渣场	4.66	4.05	1.80	28	10	谷坡型
18	瓦爪坪2#弃渣场	4.08	3.55	1.80	15	15	谷坡型

续表 4-11

序号	弃渣场名称	容渣量（万 m^3）	堆渣量（万 m^3）	占地面积（hm^2）	汇水面积（hm^2）	最大堆高（m）	渣场类型
19	核桃沟弃渣场	3.37	2.93	1.17	90	20	冲沟型
20	磨房沟弃渣场	2.10	1.83	0.77	70	40	冲沟型
21	大坪弃渣场	2.15	1.87	0.83	90	10	冲沟型
22	萝卜岗1#弃渣场	1.10	0.9	0.40	10	5	谷坡型
23	萝卜岗2#弃渣场	0.69	0.6	0.28	2	7	谷坡型
24	下大岗1#弃渣场	1.10	0.96	0.90	24	20	冲沟型
25	下大岗2#弃渣场	4.59	3.99	1.03	10	30	冲沟型
26	田嘴河弃渣场	7.94	6.9	1.80	14	20	冲沟型
27	两河口弃渣场	16.85	14.65	2.50	13	40	谷坡型
28	永新村弃渣场	4.12	3.58	1.73	59	30	冲沟型
29	马桑坪弃渣场	4.28	3.72	0.93	30	50	冲沟型
30	杨庄坪弃渣场	3.54	3.08	1.10	96	20	冲沟型
31	烂坝子弃渣场	9.60	8.35	1.70	50	30	冲沟型
	合计	238.48	179.85	42.6			

4.6.5.2 弃渣场工程措施设计

1. 设计原则和设计标准

弃渣场防护均采用渣体坡脚修建挡渣墙拦挡，渣场上游及周边修建截排水沟引排上游地表径流至渣场下游，并汇入天然沟道，渣体边坡修整并恢复植被的综合防治措施。

挡渣墙按5级次要永久性建筑物设计。

弃渣场排水均按20年一遇洪水标准设计，50年一遇洪水标准校核。关沟弃渣场由于弃渣量较大，达60.29万 m^3，为确保渣体稳定，对渣场排水工程作单独典型设计，其他渣场排水按统一标准设计。

渣场边坡修整以确保弃渣堆体整体稳定为前提，统一按1:2边坡修整，并设置马道。

弃渣场在修建过程中遵循“先挡（排）后弃”的原则，拦挡措施在弃渣之前修建，以减少弃渣过程中水土流失。

2. 工程措施设计

1）弃渣堆置方式设计及渣体稳定分析

工程设置的31处弃渣场地形地质条件基本类似，弃渣堆置边坡统一按1:2控制，渣体坡脚高程低于挡墙顶高程1.0 m，弃渣过程中每隔2 m分层碾压，以提高渣体的密实性和稳定性；堆渣体每隔10 m高程设置一条宽2 m的马道。

根据《开发建设项目水土保持方案技术规范》及相关技术规范对渣体稳定的要求，渣体抗滑稳定安全系数允许值为1.3。

$$F_S = \frac{M_R}{M_S} \geqslant 1.3$$

计算假定：

(1)由于渣料中土石比约为1:1.7,渣料黏聚力较低,因此稳定计算时,按无黏性料考虑,渣料黏聚力 C 值取0;

(2)堆渣体渣料单一均匀;

(3)不计马道对平均渣体坡度的降低作用。

计算公式：

堆渣体稳定性分析采用目前较为成熟、运用广泛的瑞典圆弧法进行计算,计算公式如下：

$$F_S = \sum (c_i l_i + W_i \cos\theta_i \tan\varphi_i) / \sum W_i \sin\theta_i$$

式中 F_S——稳定安全系数,应大于1.25;

i——土条编号;

c——土条黏聚力;

l——土条沿划裂面的长度;

W——土条重量;

θ——土条沿划裂面的坡角;

φ——土条内摩擦角。

计算方法和结果：

由于堆渣体边坡设计坡比为1:2,此角度缓于堆渣体的自然休止角(35°~38°),一般不会发生通过渣体的剪切破坏而导致堆渣体边坡失稳,最有可能发生的破坏是堆渣体沿渣场底部的接触面发生整体滑动。

根据各弃渣场渣体物质组成、堆渣高度、堆放坡度,选定渣体黏聚力 c、φ 值,采用北京水科院陈祖煜编制的土石坝边坡稳定分析程序STAB95,计算出渣场不同堆渣高度相应的最小安全系数,计算结果见表4-12。

表4-12 弃渣场堆渣体稳定计算结果一览表

弃渣场堆渣高度(m)	堆渣坡度		渣体容重(kN/m^3)	渣体黏聚力 c(kN/m^3)	渣体内摩擦角 φ(°)	抗滑安全系数
10	1:2	26.56°	18	0	38	1.340
20						1.339
30						1.339
40						1.337
50						1.334
60						1.332
70						1.331

从表4-12可知，根据本工程弃渣场特点，在保持1∶2设计边坡的情况下，当堆渣高度达到70 m时，堆渣体仍可保持1.331的抗滑安全系数。

对照工程各渣场堆渣设计成果，堆渣体最大堆高为70 m（关沟弃渣场），最小堆高为5 m（萝卜岗1#弃渣场），各渣场稳定安全系数均达到规范要求，堆渣体在拟定堆放坡度下能保持稳定。

2）拦挡措施设计及稳定分析

各渣场在保持堆渣体整体稳定的前提下，为了进一步减少渣场表面的水土流失，固定渣体坡脚，在渣场坡脚处修建拦渣设施防护。

挡渣墙采用梯形断面，顶宽0.5 m，背坡1∶0.2，面坡1∶0.4，采用M7.5浆砌石砌筑，挡墙基础开挖至弱风化层上限；挡墙顶部采用C15混凝土压顶10 cm，挡渣墙每隔10 m设一道结构缝，缝宽2～3 cm，缝间填塞沥青油毡；根据各渣场挡渣墙实际高度，在墙身底部、中部、上部"梅花形"设置ϕ100 PVC排水管，排水管纵向间距2 m，水平间距4 m，墙背侧用土工布包裹，墙前伸出墙面20 cm，并保持倾向墙面3%的比降。

关沟、梨干沟等临溪沟的弃渣场，为避免汛期洪水冲刷挡墙基础，挡渣墙墙脚外侧抛填块石，块石粒径不小于30 cm，抛填厚度不小于1.0 m。

根据相关技术规范对挡渣墙稳定的要求，挡渣墙抗滑稳定安全系数允许值为1.3，抗倾覆稳定安全系数允许值为1.5，地基承载力安全系数允许值为1.2。

挡渣墙稳定计算采用以下公式：

（1）抗滑稳定计算公式

$$K_e = \frac{f\sum G}{\sum P} \geqslant 1.3$$

（2）抗倾覆稳定计算公式

$$K_c = \frac{\sum M(+)}{\sum M(-)} \geqslant 1.5$$

（3）基底应力计算公式

$$\sigma_{\max}(\sigma_{\min}) = \frac{\sum G}{B} \pm \frac{6\sum M}{B \times B}$$

地基承载力安全系数≥1.2。

（4）荷载工况。

基本组合，指挡土墙承载能力计算时，永久荷载作用和可变荷载作用的组合，在本方案设计中，永久荷载指挡渣墙自重和墙内侧土压力；可变荷载指挡渣墙内侧由于渣体内汇水可能产生的静水压力。

（5）计算成果。

挡渣墙稳定性分析成果见表4-13。

表 4-13　挡渣墙稳定性分析成果一览表

项目	工况	抗滑稳定验算	抗倾覆稳定验算	地基承载力验算	
		安全系数 K_e	安全系数 K_c	基底最大压应力（MPa）	安全系数
3 m 高挡渣墙	基本组合	$1.376>1.300$	$3.597>1.500$	$46.077<150$	$3.255>1.200$
4 m 高挡渣墙	基本组合	$1.310>1.300$	$3.447>1.500$	$66.592<150$	$2.25>1.200$
5 m 高挡渣墙	基本组合	$1.379>1.300$	$3.608>1.500$	$84.631<150$	$1.772>1.200$

由表 4-13 中计算所得数据可知，所有安全系数都满足规范要求。

弃渣场挡渣墙工程量见表 4-14。

表 4-14　弃渣场挡渣墙工程量

序号	弃渣场名称	挡墙长度（m）	挡渣墙高度（m）	土方开挖量（m^3）	M7.5 浆砌石量（m^3）	C15 混凝土（m^3）	抛填块石（m^3）
1	关沟弃渣场	90	3	138.6	410.9	5.0	354.8
2	梨干沟弃渣场	120	3	184.8	547.8	6.6	160.1
3	兵营坎弃渣场	25	3	38.0	112.6	1.4	
4	水井湾弃渣场	19	3	29.0	85.9	1.0	
5	大堰沟弃渣场	80	5	171.7	880.6	4.4	73.8
6	打马塘弃渣场	28	4	52.6	211.2	1.6	
7	岩脚下1#弃渣场	18	3	27.7	82.2	1.0	
8	岩脚下2#弃渣场	18	3	27.7	82.2	1.0	
9	岩脚下3#弃渣场	22	3	33.3	98.6	1.2	
10	全合弃渣场	34	4	62.9	252.6	1.9	
11	松林头弃渣场	120	3	184.8	547.8	6.6	
12	小松林1#弃渣场	140	3	215.6	639.1	7.7	
13	小松林2#弃渣场	160	3	246.4	730.4	8.8	
14	后域弃渣场	130	3	200.2	593.5	7.2	
15	缺马溪弃渣场	31	3	47.7	141.3	1.7	
16	大包上弃渣场	34	3	52.4	155.3	1.9	
17	瓦爪坪1#弃渣场	140	3	215.6	639.1	7.7	
18	瓦爪坪2#弃渣场	64	5	136.7	701.4	3.5	
19	核桃沟弃渣场	26	3	40.2	119.1	1.4	

续表 4-14

序号	弃渣场名称	挡墙长度（m）	挡渣墙高度（m）	土方开挖量（m^3）	M7.5 浆砌石量（m^3）	C15 混凝土（m^3）	抛填块石（m^3）
20	磨房沟弃渣场	15	3	22.5	66.6	0.8	13.4
21	大坪弃渣场	24	3	37.7	111.8	1.3	
22	萝卜岗 1#弃渣场	130	3	200.2	593.5	7.2	
23	萝卜岗 2#弃渣场	160	3	246.4	730.4	8.8	
24	下大岗 1#弃渣场	36	3	55.4	164.3	2.0	
25	下大岗 2#弃渣场	22	3	33.3	98.6	1.2	
26	田嘴河弃渣场	396	3	609.8	1 807.7	21.8	363
27	两河口弃渣场	41	3	62.5	185.3	2.2	
28	永新村弃渣场	44	4	82.1	329.7	2.4	
29	马桑坪弃渣场	23	3	36.0	106.8	1.3	
30	杨庄坪弃渣场	20	3	31.4	93.1	1.1	
31	烂坝子弃渣场	35	5	75.5	387.5	1.9	
	合计	2 246.0		3 598.7	11 706.7	123.5	965.1

3. 排水措施设计

1）弃渣场排水设施布置

堆渣结束后在渣场周边沿堆渣边界线设排水沟，以拦截和排泄弃渣场周边集水区汇集的地表径流，避免水流直接冲刷渣体表面，防止水土流失。

排水沟采用 M7.5 浆砌片石砌筑，梯形断面，边坡坡比为 1∶0.5，浆砌石衬砌厚 30 cm，沟底纵坡比降不缓于 0.015。渣场排水沟断面尺寸分为 0.5 m×0.5 m（底宽×净高，下同）、0.6 m×0.6 m、0.8 m×0.8 m、1.0 m×1.0 m 四种，相应过水能力分别为 1.00 m^3/s、1.34 m^3/s、2.88 m^3/s、5.30 m^3/s，具体选择根据不同弃渣场汇水面积及相应的洪水流量确定。

弃渣场排水沟在设计流量下的水流在经过较陡的地段时，水流急，具有较大的能量，为避免水流冲刷，在较陡地段的排水沟内设置跌水坎，跌水坎采用 M7.5 浆砌石砌筑，跌水坎一般坎高为 20 cm，坎宽 60 cm，局部可根据地面坡度对坎高和坎宽进行调整。

为排泄渣体内渗水，堆渣前在渣体底部设置盲沟，盲沟按原沟道水流走向铺设，末端与挡渣墙墙身相接，城门洞形穿越墙体底部。盲沟采用梯形断面，底宽 2.0 m，深 1.0 m，边坡 1∶0.5，沟底部铺设 70 cm 大块石，然后再铺 30 cm 卵石，顶部覆盖土工布，土工布之上设 20 cm 砂砾石垫层。

2）水力计算

采用中国公路科学研究所经验公式计算弃渣场来水的洪水流量，根据洪水流量设计渣场排水沟断面尺寸。排水沟最大下泄能力按20年一遇暴雨强度(45.9 mm/h)洪水流量设计,50年一遇暴雨强度(51.2 mm/h)洪水流量校核。

利用《四川省中小流域暴雨洪水计算手册》推求暴雨流量,采用推理公式同料场排水设计。

根据洪水过程,排水泄流能力按明渠均匀流公式计算:

$$Q = \omega C \sqrt{Ri}$$

式中 ω——过流断面面积;

C——谢才系数;

R——水力半径;

i——涵洞底坡。

根据以上公式计算各个弃渣场相应防洪标准下的洪水流量,再根据洪水流量设计排水沟断面尺寸。各个弃渣场排水沟及盲沟设计规模及工程量见表4-15。

4.关沟弃渣场工程措施设计

关沟弃渣场堆渣量达60.29万m^3,渣场规模远大于其他30处弃渣场,由于弃渣场规模较大,使用年限较长,且关沟集水面积达18.60 km^2(其他30处弃渣场汇水面积均小于1 km^2),为常年流水沟,故选择本弃渣场做典型设计。

1)设计原则和设计标准

弃渣场遵循"先挡(排)后弃"的原则,排水和拦挡措施在弃渣之前先修建,以防止弃渣过程中因无防护措施而造成水土流失。

根据《水电枢纽工程等级划分及设计安全标准》(DL 5180—2003),结合主体工程等别,确定本工程弃渣场防护措施的标准等级。

拦挡设施和沟水处理工程:4级次要永久性建筑物,设计洪水标准采用30年一遇,校核洪水标准采用50年一遇。

弃渣场地排水工程:20年一遇设计洪水标准。

2)工程措施设计

关沟弃渣场工程措施主要包括沟水处理工程、堆渣工程、拦挡工程、弃渣场地排水工程等。

弃渣场堆渣之前,先对沟水进行处理,渣场上游来水采用挡水坝拦挡,并形成沟水调蓄池,以稳定沟水流态,并由右岸排水渠道引排至石棕材沟;渣场下游修建挡渣墙,并修建渣场两侧排水沟,渣场底部铺设盲沟。待以上设施修建完毕后才能堆置弃渣。

Ⅰ.沟水处理工程

渣场上游来水采用挡水坝拦挡,并形成沟水调蓄池,以稳定沟水流态,引水渠道布置在关沟右侧,由进水口、引水渠道和出口段组成,自沟道右岸将池内沟水引至石棕材沟。

沟水处理建筑物按4级建筑物考虑,设计洪水标准为30年一遇洪水设计,挡水坝选用浆砌石结构,长30 m,最大高度8.5 m,顶宽2.0 m,上游坡度1:0.25,下游坡度1:0.4。坝体上游侧设钢筋混凝土防渗面板,厚0.5 m;下游侧顶部设止水铜片。

表 4-15　弃渣场排水设施设计规模及工程量一览表

序号	项目	长度(m)	形式	底宽×净深(m×m)	坡比	土石方开挖(m^3)	M7.5 浆砌石(m^3)	设计流量(m^3/s)	过流能力(m^3/s)
1	关沟弃渣场	920	梯形	0.8×0.8	1:0.5	3 441	765	3.21	5.76
2	梨干沟弃渣场	353	梯形	1.0×1.0	1:0.5	1 321	294	5.95	10.6
3	兵营坎弃渣场	329	梯形	0.8×0.8	1:0.5	2 022	409	2.98	5.76
4	水井湾弃渣场	341	梯形	1.0×1.0	1:0.5	2 097	424	9.83	10.6
5	大堰沟弃渣场	282	梯形	1.0×1.0	1:0.5	1 053	234	8.34	10.6
6	打马塘弃渣场	234	梯形	0.5×0.5	1:0.5	1 440	291	0.99	2.00
7	岩脚下 1#弃渣场	192	梯形	1.0×1.0	1:0.5	1 178	238	7.94	10.6
8	岩脚下 2#弃渣场	134	梯形	0.8×0.8	1:0.5	826	167	3.18	5.76
9	岩脚下 3#弃渣场	138	梯形	0.8×0.8	1:0.5	516	115	2.28	5.76
10	全合弃渣场	520	梯形	1.0×1.0	1:0.5	1 943	432	9.33	10.6
11	松林头渣场	273	梯形	0.6×0.6	1:0.5	1 022	227	1.98	2.68
12	小松林 1#弃渣场	307	梯形	0.8×0.8	1:0.5	1 046	249	3.97	5.76
13	小松林 2#弃渣场	99	梯形	0.5×0.5	1:0.5	610	123	0.99	2.00
14	后域弃渣场	559	梯形	0.8×0.8	1:0.5	2 092	465	3.87	5.76
15	缺马溪渣场	368	梯形	0.6×0.6	1:0.5	2 261	457	2.08	2.68
16	大包上弃渣场	343	梯形	1.0×1.0	1:0.5	2 107	426	6.95	10.6

续表 4-15

序号	项目	长度(m)	形式	底宽×净深(m×m)	坡比	土石方开挖(m^3)	M7.5 浆砌石(m^3)	设计流量(m^3/s)	过流能力(m^3/s)
17	瓦爪坪 1#弃渣场	309	梯形	0.8×0.8	1:0.5	1 156	257	2.78	5.76
18	瓦爪坪 2#弃渣场	271	梯形	0.5×0.5	1:0.5	1 665	337	1.49	2.00
19	核桃沟弃渣场	224	梯形	0.8×0.8	1:0.5	836	186	8.93	10.6
20	磨房沟弃渣场	140	梯形	1.0×1.0	1:0.5	859	174	6.95	10.6
21	大坪弃渣场	143	梯形	1.0×1.0	1:0.5	534	119	8.93	10.6
22	萝卜岗 1#弃渣场	69	梯形	0.5×0.5	1:0.5	234	56	0.99	2.00
23	萝卜岗 2#弃渣场	46	梯形	0.5×0.5	1:0.5	156	37	0.20	2.00
24	下大岗 1#弃渣场	73	梯形	0.6×0.6	1:0.5	250	60	2.38	2.68
25	下大岗 2#弃渣场	304	梯形	0.5×0.5	1:0.5	1 872	378	0.99	2.00
26	田嘴河弃渣场	526	梯形	0.6×0.6	1:0.5	1 969	438	1.39	2.68
27	两河口弃渣场	1 118	梯形	0.6×0.6	1:0.5	3 812	908	1.29	2.68
28	永新村弃渣场	273	梯形	1.0×1.0	1:0.5	1 022	227	5.86	10.6
29	马桑坪弃渣场	284	梯形	0.8×0.8	1:0.5	968	231	2.98	5.76
30	杨庄坪弃渣场	235	梯形	1.0×1.0	1:0.5	801	165	9.53	10.6
31	烂坝子弃渣场	637	梯形	0.8×0.8	1:0.5	2 173	449	4.96	5.76
合计		9 405				41 108	8 887		

引水渠道总长 834 m，分明渠段和隧洞段，渠道进水口距离挡水坝坝肩约 30 m，其中明渠段长 420 m，隧洞段长 414 m，明渠断面为梯形，断面尺寸为 2.5 m×3.5 m，两侧边坡为 1∶0.3，全断面混凝土护面，底坡 3%。隧洞断面选用城门洞型，尺寸为 3.5 m×4.5 m，全断面钢筋混凝土衬砌，底坡 3%。渠道末端设跌水坎和导水建筑物，减弱渠道来水对石棕材沟两岸冲刷。关沟弃渣场沟水处理工程量详见表 4-16。

表 4-16　关沟弃渣场沟水处理工程量汇总表

序号	项目	单位	数量
1	明渠土方开挖	m^3	2 600
2	明渠石方明挖	m^3	7 800
3	明渠衬砌混凝土	m^3	740
4	隧洞石方洞挖	m^3	8 300
5	喷混凝土	m^3	520
6	锚杆	根	1 320
7	衬砌混凝土（C25）	m^3	1 950
8	钢筋	t	65
9	浆砌石	m^3	670

Ⅱ. 堆渣工程

弃渣场堆渣之前先完成沟水处理工程，再修建拦渣墙及弃渣区场地排水设施，待以上设施修建完毕后渣场即可投入使用。弃渣便道利用主体工程施工道路，无须新建。

拦河闸坝、导流工程等开挖料部分用于填筑，土石渣挖填在施工时段上存在时间差，需进行临时堆存，考虑到工程区位于高山峡谷区，受施工场地限制，此部分填筑土石渣若临时堆放在施工场地内，将占用大面积施工用地，影响施工进度，难度较大。因此，工程对于挖填不能衔接的土石渣，先期全部运至挖关沟弃渣场堆放，根据施工组织设计，渣场容量和填筑时序，完全满足堆存要求。待填筑时再从弃渣场回采运至填筑区，虽增加二次搬运费用，但考虑到施工场地的实际情况，此处理方式较为合理。同时，土石渣从弃渣场挖取利用后，及时对扰动堆渣部位进行平整，坑洼回填，严格按照堆渣坡度进行修整，保证渣场稳定，防止松散土石渣流失。

堆渣从 1 445 m 起坡，按 1∶2的坡比堆置，每隔 10 m 高差设一级马道，马道宽 2 m，马道的设置有利于堆渣体的稳定和安全，同时在弃渣场后期实施植物措施和抚育管理时，便于人员、机械通行及设备停放等。堆渣体顶部高程 1 515 m。

堆渣体稳定分析结果详见表 4-12。

Ⅲ. 拦挡工程

弃渣前在距沟口 100 m 处设置挡渣墙拦渣坝，挡渣墙拦渣坝采用 M7.5 浆砌块石砌筑，墙顶长约 90 m，最大墙高 5 m，梯形断面，顶宽 0.5 m，背坡 1∶0.2，面坡 1∶0.4，采用 M7.5 浆砌石砌筑，挡墙基础开挖至弱风化层上限；挡墙顶部采用 C15 混凝土压顶 10 cm，挡渣墙每隔 10 m 设一道结构缝，缝宽 2 ~3 cm，缝间填塞沥青油毡；根据各弃渣场挡渣墙实际高度，在墙身底部、中部、上部按梅花形设置 ϕ100 PVC 排水管，排水管纵向间距 2 m，水平间距 4 m，墙背侧用土工布包裹，墙前伸出墙面 20 cm，并保持倾向墙面 3% 的比降。

挡渣墙墙脚外侧抛填块石，块石粒径不小于 30 cm，抛填厚度不小于 1.0 m。

挡渣墙墙基坐落在弱风化岩层上。局部覆盖层比较厚的地方，可根据实际开挖情况对开挖深度和基础回填厚度进行调整。基坑开挖边坡 1∶1，坑内回填碎石。

挡渣墙稳定分析结果详见表 4-13。

Ⅳ. 弃渣区场地排水工程

在弃渣场两侧沿堆渣边界线设排水沟，以拦截和排泄弃渣场两侧坡面来水。

弃渣场左右侧山坡集水面积为 3.6 hm^2（引以做关沟沟水处理，本集雨面积不含上游沟道部分），根据水文计算，两侧山坡 20 年一遇的洪峰流量为 3.21 m^3/s。

排水沟采用 M7.5 浆砌片石砌筑，梯形断面，边坡为 1∶0.5，浆砌石衬砌厚 30 cm，沟底比降为 0.01。底宽 80 cm，深 80 cm；过水能力分别为 5.76 m^3/s。

弃渣场排水沟在设计流量下的水流在经过较陡的地段时，水流急，具有较大的能量，为避免水流冲刷，在较陡地段的排水沟内设置跌水坎，跌水坎采用 M7.5 浆砌石砌筑，跌水坎一般坎高为 20 cm，坎宽 60 cm，局部可根据地面坡度对坎高和坎宽进行调整。

为排泄渣体内渗水，堆渣前在渣体底部设置盲沟，盲沟按原沟道水流走向铺设，末端与挡渣墙墙身相接，城门洞形穿越墙体底部。盲沟采用梯形断面，底宽 2.0 m，深 1.0 m，边坡 1∶0.5，沟底部铺设 70 cm 大块石，然后再铺 30 cm 卵石，顶部覆盖土工布，土工布之上设 20 cm 砂砾石垫层。

弃渣场工程措施工程量见表 4-17。

表 4-17　弃渣场工程措施工程量汇总表

序号	防护部位及措施	单位	工程量
一	工程措施		
（一）	关沟弃渣场		
1	渣体拦挡工程		
	土石方开挖	m^3	138.6
	M7.5 浆砌石	m^3	410.9
	混凝土压顶（C15 素混凝土）	m^3	5.0
	抛填块石	m^3	354.8
2	弃渣场排水工程		
（1）	排水沟		
	土石方开挖	m^3	3 441
	M7.5 浆砌片石	m^3	765
3	沟水处理工程		

续表 4-17

序号	防护部位及措施	单位	工程量
	明渠土方开挖	m^3	2 560
	明渠石方明挖	m^3	7 678
	明渠衬砌混凝土	m^3	550
	隧洞石方洞挖	m^3	7 610
	喷混凝土	m^3	480
	锚杆	根	1 200
	衬砌混凝土(C25)	m^3	1 800
	钢筋	t	65
(二)	梨干沟弃渣场		
1	渣体拦挡工程		
	土石方开挖	m^3	184.8
	M7.5 浆砌石	m^3	547.8
	混凝土压顶(C15 素混凝土)	m^3	6.6
	抛填块石	m^3	160.1
2	弃渣场排水工程		
(1)	排水沟		
	土石方开挖	m^3	1 321
	M7.5 浆砌片石	m^3	294
(三)	兵营坎弃渣场		
1	渣体拦挡工程		
	土石方开挖	m^3	38.0
	M7.5 浆砌石	m^3	112.6
	混凝土压顶(C15 素混凝土)	m^3	1.4
2	弃渣场排水工程		
(1)	排水沟		
	土石方开挖	m^3	2 022
	M7.5 浆砌片石	m^3	409
(四)	水井湾弃渣场		
1	渣体拦挡工程		
	土方开挖	m^3	29.0
	M7.5 浆砌石	m^3	85.9

续表 4-17

序号	防护部位及措施	单位	工程量
	混凝土压顶(C15 素混凝土)	m^3	1.0
2	弃渣场排水工程		
(1)	排水沟		
	土方开挖	m^3	2 097
	M7.5 浆砌片石	m^3	424
(2)	盲沟	m	183
(五)	大堰沟弃渣场		
1	渣体拦挡工程		
	土石方开挖	m^3	171.7
	M7.5 浆砌石	m^3	880.6
	混凝土压顶(C15 素混凝土)	m^3	4.4
	抛填块石	m^3	73.8
2	弃渣场排水工程		
(1)	排水沟		
	土石方开挖	m^3	1 053
	M7.5 浆砌片石	m^3	234
(2)	盲沟	m	273
(六)	打马塘弃渣场		
1	渣体拦挡工程		
	土石方开挖	m^3	52.6
	M7.5 浆砌石	m^3	211.2
	混凝土压顶(C15 素混凝土)	m^3	1.6
2	弃渣场排水工程		
(1)	排水沟		
	土石方开挖	m^3	1 440
	M7.5 浆砌片石	m^3	291
(2)	盲沟	m	253
(七)	岩脚下 1#弃渣场		
1	渣体拦挡工程		
	土石方开挖	m^3	27.7
	M7.5 浆砌石	m^3	82.2

续表 4-17

序号	防护部位及措施	单位	工程量
	混凝土压顶(C15 素混凝土)	m^3	1.0
2	弃渣场排水工程		
(1)	排水沟		
	土石方开挖	m^3	1 178
	M7.5 浆砌片石	m^3	238
(八)	岩脚下 2[#]弃渣场		
1	渣体拦挡工程		
	土石方开挖	m^3	27.7
	M7.5 浆砌石	m^3	82.2
	混凝土压顶(C15 素混凝土)	m^3	1.0
2	弃渣场排水工程		
(1)	排水沟		
	土石方开挖	m^3	826
	M7.5 浆砌片石	m^3	167
(2)	盲沟	m	197
(九)	岩脚下 3[#]弃渣场		
1	渣体拦挡工程		
	土石方开挖	m^3	33.3
	M7.5 浆砌石	m^3	98.6
	混凝土压顶(C15 素混凝土)	m^3	1.2
2	弃渣场排水工程		
(1)	排水沟		
	土石方开挖	m^3	516
	M7.5 浆砌片石	m^3	115
(十)	全合弃渣场		
1	渣体拦挡工程		
	土方开挖	m^3	62.9
	M7.5 浆砌石	m^3	252.6
	混凝土压顶(C15 素混凝土)	m^3	1.9
2	弃渣场排水工程		
(1)	排水沟		

续表 4-17

序号	防护部位及措施	单位	工程量
	土石方开挖	m^3	1 943
	M7.5 浆砌片石	m^3	432
（十一）	松林头弃渣场		
1	渣体拦挡工程		
	土石方开挖	m^3	184.8
	M7.5 浆砌石	m^3	547.8
	混凝土压顶(C15 素混凝土)	m^3	6.6
2	弃渣场排水工程		
（1）	排水沟		
	土石方开挖	m^3	1 022
	M7.5 浆砌片石	m^3	227
（十二）	小松林 1#弃渣场		
1	渣体拦挡工程		
	土石方开挖	m^3	215.6
	M7.5 浆砌石	m^3	639.1
	混凝土压顶(C15 素混凝土)	m^3	7.7
2	弃渣场排水工程		
（1）	排水沟		
	土石方开挖	m^3	1 046
	M7.5 浆砌片石	m^3	249
（十三）	小松林 2#弃渣场		
1	渣体拦挡工程		
	土石方开挖	m^3	246.4
	M7.5 浆砌石	m^3	730.4
	混凝土压顶(C15 素混凝土)	m^3	8.8
2	弃渣场排水工程		
（1）	排水沟		
	土石方开挖	m^3	610
	M7.5 浆砌片石	m^3	123
（2）	盲沟	m	177
（十四）	后域弃渣场		

续表 4-17

序号	防护部位及措施	单位	工程量
1	渣体拦挡工程		
	土石方开挖	m^3	200.2
	M7.5 浆砌石	m^3	593.5
	混凝土压顶(C15 素混凝土)	m^3	7.2
2	弃渣场排水工程		
(1)	排水沟		
	土石方开挖	m^3	2 092
	M7.5 浆砌片石	m^3	465
(2)	盲沟	m	213
(十五)	缺马溪弃渣场		
1	渣体拦挡工程		
	土石方开挖	m^3	47.7
	M7.5 浆砌石	m^3	141.3
	混凝土压顶(C15 素混凝土)	m^3	2
2	弃渣场排水工程		
(1)	排水沟		
	土石方开挖	m^3	2 261
	M7.5 浆砌片石	m^3	457
(十六)	大包上弃渣场		
1	渣体拦挡工程		
	土石方开挖	m^3	52.4
	M7.5 浆砌石	m^3	155.3
	混凝土压顶(C15 素混凝土)	m^3	1.9
2	弃渣场排水工程		
(1)	排水沟		
	土石方开挖	m^3	2 107
	M7.5 浆砌片石	m^3	426
(2)	盲沟	m	227
(十七)	瓦爪坪 1# 弃渣场		
1	渣体拦挡工程		
	土石方开挖	m^3	215.6

续表 4-17

序号	防护部位及措施	单位	工程量
	M7.5 浆砌石	m^3	639.1
	混凝土压顶(C15 素混凝土)	m^3	7.7
2	弃渣场排水工程		
(1)	排水沟		
	土石方开挖	m^3	1 156
	M7.5 浆砌片石	m^3	257
(十八)	瓦爪坪 2# 弃渣场		
1	渣体拦挡工程		
	土石方开挖	m^3	136.7
	M7.5 浆砌石	m^3	701.4
	混凝土压顶(C15 素混凝土)	m^3	3.5
2	弃渣场排水工程		
(1)	排水沟		
	土石方开挖	m^3	1 665
	M7.5 浆砌片石	m^3	337
(2)	盲沟	m	232
(十九)	核桃沟弃渣场		
1	渣体拦挡工程		
	土石方开挖	m^3	40.2
	M7.5 浆砌石	m^3	119.1
	混凝土压顶(C15 素混凝土)	m^3	1.4
2	弃渣场排水工程		
(1)	排水沟		
	土石方开挖	m^3	836
	M7.5 浆砌片石	m^3	186
(2)	盲沟	m	136
(二十)	磨房沟弃渣场		
1	渣体拦挡工程		
	土石方开挖	m^3	22.5
	M7.5 浆砌石	m^3	66.6
	混凝土压顶(C15 素混凝土)	m^3	0.8

续表 4-17

序号	防护部位及措施	单位	工程量
	抛填块石	m^3	13.4
2	弃渣场排水工程		
(1)	排水沟		
	土石方开挖	m^3	859
	M7.5 浆砌片石	m^3	174
(二十一)	大坪弃渣场		
1	渣体拦挡工程		
	土石方开挖	m^3	37.7
	M7.5 浆砌石	m^3	111.8
	混凝土压顶(C15 素混凝土)	m^3	1.3
2	弃渣场排水工程		
(1)	排水沟		
	土石方开挖	m^3	534
	M7.5 浆砌片石	m^3	119
(2)	盲沟	m	151
(二十二)	萝卜岗 1#弃渣场		
1	渣体拦挡工程		
	土石方开挖	m^3	200.2
	M7.5 浆砌石	m^3	593.5
	混凝土压顶(C15 素混凝土)	m^3	7.2
2	弃渣场排水工程		
(1)	排水沟		
	土石方开挖	m^3	234
	M7.5 浆砌片石	m^3	56
(二十三)	萝卜岗 2#弃渣场		
1	渣体拦挡工程		
	土石方开挖	m^3	246.4
	M7.5 浆砌石	m^3	730.4
	混凝土压顶(C15 素混凝土)	m^3	8.8
2	弃渣场排水工程		
(1)	排水沟		

续表 4-17

序号	防护部位及措施	单位	工程量
	土石方开挖	m^3	156
	M7.5 浆砌片石	m^3	37
（二十四）	下大岗 1[#]弃渣场		
1	渣体拦挡工程		
	土石方开挖	m^3	55.4
	M7.5 浆砌石	m^3	164.3
	混凝土压顶(C15 素混凝土)	m^3	2.0
2	弃渣场排水工程		
(1)	排水沟		
	土石方开挖	m^3	250
	M7.5 浆砌片石	m^3	60
(2)	盲沟	m	147
（二十五）	下大岗 2[#]弃渣场		
1	渣体拦挡工程		
	土石方开挖	m^3	33.3
	M7.5 浆砌石	m^3	98.6
	混凝土压顶(C15 素混凝土)	m^3	1.2
2	弃渣场排水工程		
(1)	排水沟		
	土石方开挖	m^3	1 872
	M7.5 浆砌片石	m^3	378
(2)	盲沟	m	176
（二十六）	田嘴河弃渣场		
1	渣体拦挡工程		
	土石方开挖	m^3	609.8
	M7.5 浆砌石	m^3	1 807.7
	混凝土压顶(C15 素混凝土)	m^3	21.8
	抛填块石	m^3	363.0
2	弃渣场排水工程		
(1)	排水沟		
	土石方开挖	m^3	1 969

续表 4-17

序号	防护部位及措施	单位	工程量
	M7.5 浆砌片石	m^3	438
（二十七）	两河口弃渣场		
1	渣体拦挡工程		
	土石方开挖	m^3	62.5
	M7.5 浆砌石	m^3	185.3
	混凝土压顶(C15 素混凝土)	m^3	2.2
2	弃渣场排水工程		
（1）	排水沟		
	土石方开挖	m^3	3 812
	M7.5 浆砌片石	m^3	908
（二十八）	永新村弃渣场		
1	渣体拦挡工程		
	土石方开挖	m^3	82.1
	M7.5 浆砌石	m^3	329.7
	混凝土压顶(C15 素混凝土)	m^3	2.4
2	弃渣场排水工程		
（1）	排水沟		
	土石方开挖	m^3	1 022
	M7.5 浆砌片石	m^3	227
（二十九）	马桑坪弃渣场		
1	渣体拦挡工程		
	土石方开挖	m^3	36.0
	M7.5 浆砌石	m^3	106.8
	混凝土压顶(C15 素混凝土)	m^3	1.3
2	弃渣场排水工程		
（1）	排水沟		
	土石方开挖	m^3	968
	M7.5 浆砌片石	m^3	231
（三十）	杨庄坪弃渣场		
1	渣体拦挡工程		
	土石方开挖	m^3	31.4

续表 4-17

序号	防护部位及措施	单位	工程量
	M7.5 浆砌石	m^3	93.1
	混凝土压顶(C15 素混凝土)	m^3	1.1
2	弃渣场排水工程		
(1)	排水沟		
	土石方开挖	m^3	801
	M7.5 浆砌片石	m^3	165
(三十一)	烂坝子弃渣场		
1	渣体拦挡工程		
	土石方开挖	m^3	75.5
	M7.5 浆砌石	m^3	387.5
	混凝土压顶(C15 素混凝土)	m^3	1.9
2	弃渣场排水工程		
(1)	排水沟		
	土石方开挖	m^3	2 173
	M7.5 浆砌片石	m^3	449

4.6.5.3 弃渣场植物措施设计

弃渣场堆渣完毕后,在确保弃渣场稳定的基础上,对弃渣场表面进行场地平整、覆土,并实施植物措施,恢复植被,营造水土保持生态林,以保持水土和改善生态环境。

1. 立地条件分析及土地整治

关沟弃渣中土石比例约1:1.2,弃渣场立地条件较好。其他弃渣场以堆放隧洞弃渣为主,弃渣以石方比较高,弃渣场立地条件较差。

弃渣堆毕后,渣顶多形成堆状地貌,坡面结构松散,土石混杂,需进行土地整治。

弃渣场造林之前先进行场地平整,其中以堆放隧洞弃渣为主的弃渣场还需覆土(厚30 cm),为植物栽植创造立地条件。弃渣场覆土总量12.0 万 m^3,覆土土源为弃渣场在堆放弃渣之前剥离的表层土。

2. 树(草)种选择

考虑弃渣场立地条件和弃渣区周边植被情况,弃渣场绿化初期以灌草为主,覆土撒播灌草籽,以便及时覆绿弃渣场坡面和顶面,防止水土流失。在灌草绿化的基础上,栽植乔木,以提高乔木成林后林草植被的水土保持功能。

从渣场生态修复的目的出发,按照“适地适树”的原则,营林树种选择乡土树种。现阶段推荐云南松、麻栎作为乔木树种,采取针阔混交的方式栽植,混交林具有更高的生态效益,能更多地截留大气降水,减少地表径流,减免水土流失。林下灌草种选择马桑、黄茅、高羊茅混播。

树(草)种的生物学特征如下。

1)云南松

云南松为常绿乔木针叶树种,喜温凉、抗旱、耐贫瘠、深根性,对土壤要求不高,根系发达,生长迅速,对环境条件要求不高,分布于云南、贵州、四川等地,分布的海拔为1 000~3 000 m,在贫瘠的石砾地、严重冲刷的荒坡以及石灰岩发育的红壤上均能生长。工程区内广泛分布,云南松在涵养水源方面有重要作用。

2)麻栎

落叶乔木阔叶树种,在我国分布很广,是喜光树种,深根性,萌生力很强,耐干旱贫瘠,具有抗风、抗蚀和护坡的作用,在混交林和密林中能迅速生长,是绿化荒山荒滩的优良树种。

3)马桑

落叶灌木,耐旱、耐贫瘠,是荒山造林先锋树种,也是水土保持树种,四川省各县均有分布。

4)黄茅

禾本科,多年生直立草本,丛生,高度可达1 m以上。多生于高海拔地区,广泛分布于我国云南、四川和贵州等地。

5)高羊茅

禾本科羊茅属多年生草本。性喜寒冷潮湿、温暖的气候,对高温有一定的抗性,耐旱,喜光,耐半阴,抗逆性强,耐酸、耐瘠薄,抗病性强。高羊茅的适应性很强,在干旱或潮湿环境下都能良好生长,抗寒性强。分布很广,适宜于温暖湿润的中亚热带。

3.植物措施配置方式

渣场顶面、坡面和马道云南松、麻栎种植株行距1.5 m×2 m,种植密度为3 330株/hm^2。采用带状混交,混交比例6:4,"品"字型配置。林下撒播马桑、黄茅和高羊茅,播种量为40 kg/hm^2,混播比例为1:2:2。

云南松、麻栎均采用两年生一、二级壮苗,穴状整地,整地规格40 cm(穴径)×40 cm(穴深),一般春季或秋季造林。

弃渣场植物措施工程量见表4-18。

表4-18 弃渣场植物措施工程量一览表

序号	弃渣场名称	场地平整(hm^2)	覆土量(万 m^3)	云南松(株)	麻栎(株)	播灌草(kg)
1	关沟弃渣场	3.60		7 193	4 795	3.60
2	梨干沟弃渣场	1.93	0.58	3 856	2 571	1.93
3	兵营坎弃渣场	1.43	0.43	2 857	1 905	1.43
4	水井湾弃渣场	1.67	0.50	3 337	2 224	1.67
5	大堰沟弃渣场	1.47	0.44	2 937	1 958	1.47

续表 4-18

序号	弃渣场名称	场地平整（hm^2）	覆土量（万 m^3）	云南松（株）	麻栎（株）	播灌草（kg）
6	打马塘弃渣场	1.30	0.39	2 597	1 732	1.30
7	岩脚下 1#弃渣场	0.83	0.25	1 658	1 106	0.83
8	岩脚下 2#弃渣场	0.60	0.18	1 199	799	0.60
9	岩脚下 3#弃渣场	0.60	0.18	1 199	799	0.60
10	全合弃渣场	1.33	0.40	2 657	1 772	1.33
11	松林头弃渣场	1.50	0.45	2 997	1 998	1.50
12	小松林 1#弃渣场	1.63	0.49	3 257	2 171	1.63
13	小松林 2#弃渣场	0.77	0.23	1 538	1 026	0.77
14	后域弃渣场	1.87	0.56	3 736	2 491	1.87
15	缺马溪弃渣场	1.93	0.58	3 856	2 571	1.93
16	大包上弃渣场	1.40	0.42	2 797	1 865	1.40
17	瓦爪坪 1#弃渣场	1.80	0.54	3 596	2 398	1.80
18	瓦爪坪 2#弃渣场	1.80	0.54	3 596	2 398	1.80
19	核桃沟弃渣场	1.17	0.35	2 338	1 558	1.17
20	磨房沟弃渣场	0.77	0.23	1 538	1 026	0.77
21	大坪弃渣场	0.83	0.25	1 658	1 106	0.83
22	萝卜岗 1#弃渣场	0.40	0.12	799	533	0.40
23	萝卜岗 2#弃渣场	0.28	0.08	559	373	0.28
24	下大岗 1#弃渣场	0.90	0.27	1 798	1 199	0.90
25	下大岗 2#弃渣场	1.03	0.31	2 058	1 372	1.03
26	田嘴河弃渣场	1.80	0.54	3 596	2 398	1.80
27	两河口弃渣场	2.50	0.75	4 995	3 330	2.50
28	永新村弃渣场	1.73	0.52	3 457	2 304	1.73
29	马桑坪弃渣场	0.93	0.28	1 858	1 239	0.93
30	杨庄坪弃渣场	1.10	0.33	2 198	1 465	1.10
31	烂坝子弃渣场	1.70	0.51	3 397	2 264	1.70
合计		42.60	12	85 115	56 743	42.6

对于距离人口聚居地相对较近，有条件和必要恢复为耕地的渣场，在进行覆土和场地平整后交由当地政府统一进行复耕。

4.6.5.4 弃渣场施工临时工程设计

弃渣场造林之前需先进行场地平整。关沟弃渣中土石比例约1∶1.2,弃渣场立地条件较好。其他弃渣场以堆放隧洞弃渣为主,弃渣以石方比例较高,弃渣场立地条件较差,场地平整后需覆土厚30 cm,为植物栽植创造立地条件。考虑到需要对弃渣场表面整体绿化,堆渣体顶面和坡面均需覆土,渣场覆土总量约12.0万 m^3。各弃渣场覆土量详见表4-18,覆土土源为弃渣场在堆放弃渣之前剥离的表层耕植土。

施工期间,各弃渣场剥离的表层耕植土临时堆放在弃渣场一角,并用填土草包临时围护。填土草包顶宽50 cm,高1.5 m,两侧边坡坡比为1∶0.5。堆土边坡为1∶1.5,表面适当拍实。共需填土草包量6 800 m^3。

4.6.6 Ⅵ区(施工临时设施防治区)

本区防治范围16.77 hm^2,包括库区工程施工临时设施占地8.8 hm^2,渠道工程施工临时设施占地8.07 hm^2。

4.6.6.1 施工过程中水土保持要求

(1)施工设施场平过程中,依地势进行布置,减少土石方工程量,并尽量做到挖填平衡。

(2)施工场地主要布置在缓坡地上,部分场地所在区域地形较陡,采用台阶式布置,设置拦挡和排水设施。

(3)严格控制施工开挖扰动范围,排水设施出水口加强调查观测,保证排水通畅,若对下游产生侵蚀,及时采取防护措施。

(4)建设过程中,建筑垃圾及时进行清除,扰动区域控制在征地红线范围内,严禁破坏周边的土地资源。

(5)加强施工期开挖填筑区周边和排水设施出水口下游影响范围的管理,加强调查观测,如有淤堵,应进行清除。

4.6.6.2 工程措施设计

施工区设置简易排水沟,引排场地周边及上游地表径流,以保证施工区地表排水通畅,减少裸露地表侵蚀强度。简易排水沟采用土石沟,梯形断面,底宽0.5 m,净高0.5 m,边坡比为1∶0.5,表面拍实,沟底纵坡比降为0.03。截水沟总长为1 500 m,开挖土方620 m^3。

排水沟的出水口处设置沉沙池,根据施工区个数并结合施工区面积及排水沟布置,共设置12个,以减少进入下游河道径流含沙量。沉沙池采用地埋平流式设计,标准尺寸为5 m(长)×4 m(宽)×2 m(高),M7.5浆砌片石砌筑,厚度30 cm,内侧采用M10水泥砂浆抹面,厚2 cm。

沉沙池的工程量为基础开挖780 m^3,M7.5浆砌片石254 m^3,M10水泥砂浆14.8 m^3。

4.6.6.3 植物措施设计

施工场地绿化主要包括施工迹地和临时堆土场等区域。

施工结束后,在施工迹地整治的基础上,根据原有土地类型对场地进行迹地恢复。原有土地类型为耕地的7.10 hm^2 施工迹地,在场地平整后交由当地政府统一管理。原有土地类型为林地和未利用地的9.77 hm^2 施工迹地,采用乔、灌、草相结合的绿化方式恢复植被。树(草)种以当地乡土树(草)种为主,主要栽植核桃、花椒等经济树种,植物措施在起到水土保持作用的同时,也可提高当地农民的经济收入。林下播灌草,草籽选用马桑、黄茅和高羊茅。植物措施配置方式与料场坡脚台地绿化相同。

4.6.6.4 施工临时工程防护措施设计

各个施工场地开挖的部分表层土临时堆放在各个施工场地一侧,并用填土草包拦挡坡脚。临时堆土共计5.7万 m^3,堆土边坡坡比1:1.5,堆土高度2~3 m,占地面积1.9 hm^2。填土草包围护采用梯形断面,顶宽50 cm,高1.5 m,两侧边坡坡比1:0.5,工程量为3 325 m^3。填土草包的土源利用开挖的表层土。

临时堆土场表面撒播草籽,草籽选用黄茅和高羊茅,混播比例1:1,播种量40 kg/hm^2。

表4-19为施工临时设施区防护措施工程量一览表。

表4-19 施工临时设施区防护措施工程量一览表

序号	防护部位及措施	单位	工程量
一	工程措施		
(一)	排水工程		
	土石方开挖	m^3	1 400
	M7.5浆砌片石	m^3	254
	M10水泥砂浆	m^3	14.8
二	植物措施		
(一)	施工临时设施区绿化		
1	场地平整	hm^2	16.17
2	覆土	万 m^3	5.2
3	播灌草	hm^2	10.53
4	核桃	株	12 800
5	花椒	株	12 800
三	临时防护措施		
1	填土草包	m^3	3 325
2	临时堆土表面撒播草籽绿化	hm^2	1.9

4.6.7 Ⅶ区(移民安置防治区)

本防治区防治面积13.04 hm^2,包括生活安置占地3.53 hm^2,复建工程占地9.51 hm^2。

4.6.7.1 移民安置水土保持要求

(1)安置点设置应结合村镇规划,充分利用现有村镇中已具备的基础设施和公共设施,减少重复建设,少占用土地,减少对植被的破坏。

(2)部分安置点为山坡地,为减少土石方开挖,房屋结构、走向和基础高程等结合原地形,依地势进行台阶式布置,采取半挖半填的形式;房建构筑物周围设置完善的截水、排水设施。

(3)基建过程中产生的弃土、弃渣,尽可能用于场地平整,严禁随意倾倒。

(4)复建道路参照场内道路防治区相关要求及措施进行防治。

(5)电力等其他设施复建主要为塔杆基础、场平修建减少扰动地表面积,基础场平要求采用半挖半填的方式,尽可能做到挖填平衡。

4.6.7.2 植物措施设计

生活安置区内“四旁”用地,设计栽植核桃、花椒等经济树种,穴状栽植,整地规格30 cm(穴径)×30 cm(穴深),单行栽植株距2.0 m,多行栽植株行距为2 m×2 m。绿化面积分别为0.4 hm^2。

复建道路施工结束后,对道路两侧边坡撒播草进行绿化,绿化面积约1.00 hm^2。电力等其他设施复建扰动主要为塔杆基础施工,施工结束后,进行场平,撒播灌草进行绿化,灌木选用草籽选用马桑、黄茅和高羊茅,植物措施配置方式与料场坡脚台地绿化相同,绿化面积约0.20 hm^2。

移民安置区防治措施工程量见表4-20。

表4-20 移民安置区防治措施工程量一览表

序号	防护部位及措施	单位	工程量
一	生活安置区绿化		
1	场地平整	hm^2	1.8
2	核桃	株	590
3	花椒	株	590
二	专项设施复建区绿化		
1	场地平整	hm^2	1.2
2	播灌草	hm^2	1.2

第5章　水土保持施工组织设计

5.1　水土保持工程施工组织设计原则

(1)水土保持工程施工组织尽可能与主体工程施工相结合。

(2)施工场地、施工工厂、混凝土系统等施工临时设施利用主体工程设置的施工临时设施为主,部分施工场地可利用料场或弃渣场占地区。

(3)水土保持工程相对主体工程工程量较小,且大多采用常规施工方法,水土保持工程施工用水、用电及建筑材料等由主体工程一并供应。

5.2　施工条件

5.2.1　施工场内外交通

5.2.1.1　对外交通

对外交通利用现有的G108国道和S306省道以及连接的县乡公路,可以满足新增水土保持工程对外交通运输要求。

水土保持措施所需的外来建筑材料,包括钢筋、水泥、汽油、柴油等物资供应与主体工程施工相同;植物措施苗木来源于汉源县,绿化苗木采用裸根苗,采用5 t汽车运输,运至栽植区平均距离40 km。

5.2.1.2　场内道路

水土保持工程场内道路利用主体工程场内施工道路和现有乡村道路。场内施工道路已布置到工程设置的料场和弃渣场范围内,水土保持工程无须新修施工道路。

5.2.2　施工场地

水土保持工程施工集中在主体工程工程区范围内,且工程量较小,所需的施工场地面积较小,为避免施工设施重复建设,施工场地利用主体工程施工场地。

料场、弃渣场水土保持工程施工时,可充分利用料场开采后的台地和弃渣场顶面作为施工场地。

5.2.3　施工用水、用电

施工用电和工程措施施工用水同主体工程一致,植物措施中苗木栽植施工用水就近取自流沙河或两岸溪沟,采用人工挑抬方式。

5.3 施工方法、工艺

5.3.1 工程措施

5.3.1.1 拦挡设施施工

1. 土石方开挖

弃渣场主要位于渠道工程沿线，考虑到弃渣区地形条件，弃渣道路充分利用当地现有机耕路和施工临时便道，弃渣场拦挡设施基础土方开挖采用0.5 m^3 反铲挖掘机结合人工开挖的方法施工，石方开挖以手风钻或气腿钻为主，出渣采用手推车或拖拉机。土石方开挖料除少量回填外，其余作为弃渣处理。

2. 砌石砌筑

所需块、片石料从弃渣中人工拣集，并辅以人工胶轮车或5～10 t自卸汽车运输，人工修整、砌筑，水泥砂浆利用主体工程设施拌和系统，距离较远部位则采用小型拌和机械现场拌制。

5.3.1.2 排水沟、沉沙池施工

1. 基础开挖

排水沟、沉沙池基础采用人工开挖，开挖的土石方就近堆放并平整。沟槽人工修坡、整底。

2. 浆砌石砌筑

与挡渣墙施工方法相同。

5.3.1.3 土地整治及覆土施工

弃渣场、料场及施工临时占地等施工迹地土地整治，采用74 kW推土机进行覆土平整，覆土土源来自施工场地剥离的表土层和工程弃土，采用10 t自卸汽车运输土料。

5.3.1.4 临时拦挡措施施工

填土草包堆筑采用草包就地装土堆筑，土源采用临时堆放的弃土，土料采用1.5 m^3 挖掘机装载配合15 t自卸汽车运输，平均运距约0.5 km。

施工后期，填土草包拆除，与临时堆土一起全部用于绿化覆土。

5.3.2 植物措施

植物措施的实施主要涉及选苗、苗木运输、苗木栽植和抚育管理等几个施工环节。

5.3.2.1 选苗

绿化中除枢纽工程办公区绿化美化苗木部分采用大苗外，其余绿化苗木采用两年生一、二级壮苗。

绿化苗木选苗按以下标准：

(1)根系发达而完整，主根短直，接近根径一定范围内有较多的侧根和须根，根系要有一定长度；

(2)苗干粗状通直，有一定的适合高度，上下均匀，充分木质化，枝叶繁茂；

(3)苗木的茎根比值较小,而重量大;

(4)无病虫害和机械损伤;

(5)针叶树种要有发育正常而饱满的顶芽。

5.3.2.2 苗木运输

苗木采用汽车运输,裸根苗为防车板磨损苗木,车箱内先垫上草袋等物。乔木苗装车根系向前,树梢向后,顺序安放。同时,为防止运输期间苗木失水,苗根干燥,同时也避免碰伤,将苗木用绳子捆住,苗木根部用浸水草袋包裹。

5.3.2.3 苗木栽植和灌草绿化

为保持苗木的水分平衡,栽植前应对苗木进行适当处理,进行修根、浸水、蘸泥浆等措施处理。

苗木栽植采用穴坑整地,人工挖土,穴坑挖好后,栽植苗木采用2人一组,先填3~5 cm表土于穴底,堆成小丘状,放苗入穴,看根幅与穴的大小和深浅是否合适,如不合适,则进行适当修理。栽植时,一人扶正苗木,一人先填入松散湿润的表层土,填土约达穴深1/2时,轻提苗,使根呈自然向下舒展,然后踩实(黏土不可重踩),继续填满穴后,再踩实一次,最后盖上一层土与地面持平,乔木使填土与原根颈痕相平或高3~5 cm,灌木则与原根颈痕相平。穴面结合降雨和苗木需水条件进行整修,一般整修成下凹状,利于满足苗木的水分要求。播灌草采用人工撒播,并覆土2 cm。

5.3.2.4 抚育管理

幼林抚育时间为3年,第一年抚育2次,第二、三年抚育1次。

考虑栽植苗木主要为裸根苗,在栽后2~3天内浇一次水,以保幼树成活。其他灌溉的时机为早春树液流动前和干旱季节(每年11月至次年4月),利用蓄水池内蓄水进行灌溉。

植林后必须对幼林进行抚育管理。造林初年,苗木以个体状态存在,树体矮小,根系分布浅,生长比较缓慢,抵抗力弱,适应性差,因此需加强苗木的初期管理,采取松土、灌溉、施肥等措施进行管理。对于自然灾害和人为损坏的苗木应采取一定的补植措施,幼林补植需采用同一树种的大苗或同龄苗,造林一年后,在规定的抽样范围内,成活率(或出苗率)在85%以上,低于41%则重新进行造林绿化,避免“只造不管”和“重造轻管”,提高造林的实际成效,及早发挥水土保持功能。

5.4 水土保持措施工程量及实施进度计划

水土保持防治措施是永定桥水利工程的重要组成部分,包括工程措施、植物措施和施工临时工程三个部分,其中主体工程中具有水土保持功能的措施,作为本方案的组成部分,其工程量计入主体工程中,在此不重复计列。

各防治区防护工程量及年度安排见表5-1。

新增水土保持措施工程实施进度安排见表5-2。

表 5-1　各防治区防护工程量及年度安排表

编号	工程及费用名称	单位	数量	准备期	建设期		
					第一年	第二年	第三年
	第一部分 工程措施						
	Ⅳ区(料场防治区)						
(一)	拦挡工程						
	土石方开挖	m^3	438		438		
	M7.5 浆砌块石	m^3	733		733		
(二)	截排水工程						
	土方开挖	m^3	4 137		4 137		
	M7.5 浆砌片石	m^3	1 610		1 610		
	M10 水泥砂浆	m^3	7.8		7.8		
(三)	其他工程						
	弃渣清运	m^3	25 000		25 000		
	清坡	m^3	9 000			9 000	
	Ⅴ区(弃渣场防治区)						
(一)	渣体拦挡工程						
	土石方开挖	m^3	3 598.7	3 598.7			
	M7.5 浆砌石	m^3	11 706.7	11 706.7			
	C15 素混凝土	m^3	123.5	123.5			
	抛填块石	m^3	965.1	965.1			
(二)	渣体排水工程						
	土石方开挖	m^3	41 108	41 108			
	M7.5 浆砌石	m^3	8 887	8 887			
	盲沟	m	2 365	2 365			
(三)	关沟沟水处理						
	土石方开挖	m^3	6 800	6 800			
	M7.5 浆砌石	m^3	8 887	8 887			
	盲沟	m	2 365	2 365			
	喷混凝土	m^3	640	640			
	锚杆	根	1 200	1 200			
	衬砌混凝土(C25)	m^3	1 600	1 600			
	钢筋	t	64	64			
	Ⅵ区(施工临时设施防治区)						
(一)	排水工程						
	土石方开挖	m^3	1 400	1 400			
	M7.5 浆砌片石	m^3	254	254			
	M10 水泥砂浆	m^3	14.80	14.80			
	第二部分 植物措施						
	Ⅲ区(场内道路防治区)						
(一)	道路绿化	km	88.30	29.50			58.80
	Ⅳ区(料场防治区)						

续表 5-1

编号	工程及费用名称	单位	数量	准备期	建设期		
					第一年	第二年	第三年
（一）	开采迹地绿化						
1	场地平整	hm^2	7.15			6.50	0.65
2	覆土	m^3	29 000			26 364	2 636
3	播灌草	hm^2	7.15			6.50	0.65
4	核桃	株	10 000			9 091	909
5	花椒	株	10 000			9 091	909
（二）	临时堆土表面绿化						
1	播灌草	hm^2	1	1			
	Ⅴ区（弃渣场防治区）						
（一）	渣场绿化						
	覆土	万 m^3	12.00				12
1	场地平整	hm^2	42.60				64.40
2	云南松	株	85 115				128 560
3	麻栎	株	56 743				85 707
4	播草籽	hm^2	42.60			35.50	7.10
	Ⅵ区（施工临时设施防治区）						
（一）	施工临时设施区绿化						
1	场地平整	hm^2	16.17	3.40			12.77
2	覆土	万 m^3	5.20				5.20
3	播灌草	hm^2	10.53				10.53
4	核桃	株	12 800				12 800
5	花椒	株	12 800				12 800
（二）	临时堆土表面绿化						
1	播灌草	hm^2	1.90	1.90			
	Ⅶ区（移民安置防治区）						
（一）	生活、生产安置区绿化						
1	场地平整	hm^2	1.80	1.80			
2	核桃	株	590	590			
3	花椒	株	590	590			
（二）	专项设施复建区绿化						
1	场地平整	hm^2	1.20	1.20			
2	播灌草	hm^2	1.20	1.20			
	第三部分　施工临时工程						
	Ⅱ区（渠道工程防治区）						
1	填土草包	m^3	2 000		1 000	1 000	
	Ⅳ区（料场防治区）						
1	填土草包	m^3	1 600		1 600		
	Ⅵ区（施工临时设施防治区）						
1	填土草包	m^3	3 325	3 325			
	Ⅴ区（弃渣场防治区）						
1	填土草包	m^3	6 800	6 800			

表 5-2　新增水土保持措施工程实施进度安排表

编号	工程及费用名称	准备期	建设期		
			第一年	第二年	第三年
	第一部分　工程措施				
	Ⅳ区(料场防治区)				
(一)	拦挡工程				
(二)	截排水工程				
(三)	其他工程				
	弃渣清运				
	清坡				
	Ⅴ区(弃渣场防治区)				
(一)	渣体拦挡工程				
(二)	渣体排水工程				
	Ⅵ区(施工临时设施防治区)				
(一)	排水工程				
	第二部分　植物措施				
	Ⅲ区(场内道路防治区)				
(一)	道路绿化				
	Ⅳ区(料场防治区)				
(一)	开采迹地绿化				
(二)	临时堆土表面绿化				
	Ⅴ区(弃渣场防治区)				
(一)	渣场绿化				
	Ⅵ区(施工临时设施防治区)				
(一)	施工临时设施区绿化				
(二)	临时堆土表面绿化				
	Ⅶ区(移民安置防治区)				
(一)	生活、生产安置区绿化				
(二)	专项设施复建区绿化				
	第三部分　施工临时工程				
	Ⅱ区(渠道工程防治区)				
	Ⅳ区(料场防治区)				
	Ⅵ区(施工临时设施防治区)				
	Ⅴ区(弃渣场防治区)				

第 6 章　水土保持监测

6.1　监测目的

（1）通过工程建设期水土保持监测，掌握工程建设的水土流失情况，准确评价工程建设可能产生的水土流失量及其影响程度和范围。

（2）通过对不同阶段和不同部位的水土保持监测，监控水土保持设施运行状况，更好地掌握水土流失变化规律，为水土保持设施进一步完善和发挥作用提供依据。

（3）通过运行期水土保持监测，分析验证水土保持方案实施后蓄水保土、防蚀减灾等效果。

（4）分析整理监测结果，检验水土流失防治目标的准确性，确定各种条件下水土流失发生规律、流失强度等情况，为优化水土保持设施和水土保持验收提供依据，为同类工程的水土保持方案编制积累经验。

6.2　监测体系

水土保持监测实施前建立完善的监测体系，具体内容见图 6-1。

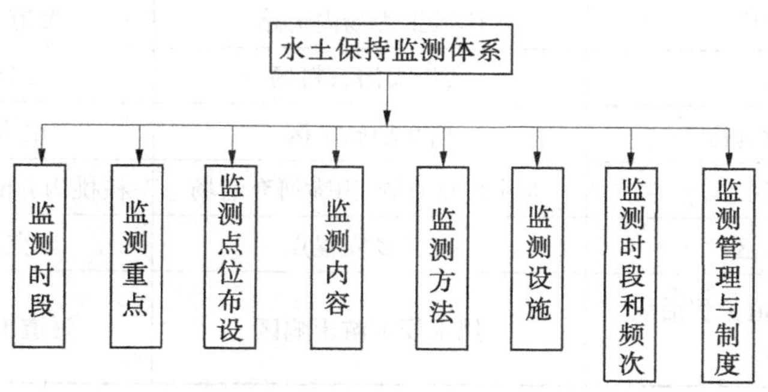

图 6-1　水土保持监测体系

6.3　监测时段

永定桥水利工程为新建建设类项目，监测时段包括工程建设期和运行初期，其中工程建设期为 33 个月，运行初期为工程完工后 12 个月。

6.4 监测重点

结合水土流失预测和现场调查情况，确定水土保持监测重点为以下区域：

(1)弃渣场；

(2)场内道路和料场开挖边坡；

(3)库区三交坪蠕滑体和高粱坪堆积体；

(4)施工临时设施。

6.5 监测点位布设

结合各个区域的水土流失特点，为充分掌握各个侵蚀类型的水土流失情况，了解水土保持设施的防治效果，按照“典型监测、便于监测”的原则，确定监测单元，并根据水土流失预测结果，确定不同防治类型区水土流失及防护情况。

水土保持监测点位布设情况见表6-1。

表6-1　水土保持监测点位布设情况一览表

监测区	监测点	
	1	2
水库淹没区	库岸	三交坪蠕滑体和高粱坪堆积体
枢纽工程区	挡水坝坝肩开挖边坡	渠道开挖边坡
场内道路区	库区工程场内道路	渠道工程场内道路
料场区	大沟头沟石料场	二台子土料场
施工临时设施区	挡水坝施工区	渠道工程施工区
弃渣场区	水井湾弃渣场、田嘴河弃渣场	核桃沟弃渣场、马桑坪弃渣场
移民安置区	三交乡安置点	宜东镇安置点
挡水坝下游及渠道工程沿线影响区	挡水坝下游影响区	渠道工程沿线影响区

6.6 监测内容、方法及监测设施

6.6.1 水库淹没区

监测内容：水库淹没区主要监测内容包括水库消落带、岸坡失稳和不良地质区等重力侵蚀情况，以及库岸防护林林草植被生长状况。

监测方法：以调查监测为主，并辅以场地巡查。

水库消落带和库岸失稳区为水库蓄水后，采取不定期巡查的方式；结合地质调查，对不良地质区在各项防护措施实施后，主要集中在雨季前后监测，并采集主体工程监测设施相关监测数据进行分析。

要求主体对库区三交坪蠕滑体和高粱坪堆积体加强稳定监测。

6.6.2 枢纽工程区

监测内容：边坡稳定、防护效果及危害等，监测重点为引水隧洞进水口、中控楼及进厂交通洞开挖边坡。

监测方法：以调查监测为主，并辅以场地巡查。

在监测过程中，充分利用主体工程高边坡监测设施（如钻孔倾斜仪和位移计等）及监测数据，主要监测时段为工程建设期。

6.6.3 场内道路区

监测内容：扰动情况、施工坡面抛洒情况、水土流失量、边坡稳定、防护效果及林草植被生长情况等。监测点布设在库区施工道路和渠道施工道路。

监测方法：以地面观测和调查监测为主，辅以场地巡查。

6.6.3.1 地面观测

采用简易观测场方法对水土流失量进行监测。

在开挖坡面采用钢钎法进行监测，在雨季前将直径0.5～1 cm、长50～100 cm、类似钉子状的钢钎，根据坡面面积，按一定距离分上中下、左中右纵横3排共9根布设。每次大暴雨后和雨季结束，观测钉帽距地面高度，计算土壤侵蚀厚度和总的土壤侵蚀量。

同时，收集工程区附近气象站的气象水文资料。

6.6.3.2 调查监测和场地巡查

调查监测内容主要包括扰动情况、弃渣量、边坡稳定、防护效果等情况。监测过程中采取普查法进行。监测人员在道路施工过程中采取实地测量、施工单位调查访问等形式。尤其在道路施工过程中，进行调查监测，采集相关监测数据，雨季前后和非雨季进行不定期场地巡查。

场内道路监测主要集中在工程建设期。

6.6.4 料场区

料场监测则对工程设置的大沟头沟石料场、关顶上石料场和二台子土料场进行水土保持监测。

监测内容：边坡稳定、扰动情况、林草植被生长状况等。

监测方法：以地面观测和调查监测为主，辅以场地巡查。

对扰动情况采取实地测量的方法，主要监测时段为建设期，即石料开挖过程、开挖结束后及防护措施实施过程中，对扰动面积进行测量；林草植被生长采取样方调查的方法进行。

主要监测时段为工程建设期。

6.6.5 施工临时设施区

监测重点选择库区工程施工区和渠道工程施工区。

监测内容:扰动情况、水土流失量、防护效果和林草植被生长状况等。

监测方法:以地面观测和调查监测为主,辅以场地巡查。监测贯穿工程建设期和运行初期。

6.6.5.1 地面观测

地面观测充分利用施工区范围内,排水沟末端设置的沉沙池。定期对沉沙池内淤积泥沙量和水样,进行测量和采集,以确定其水土流失量。

施工区临时堆土场设置简易观测场,堆土坡面采用钢钎法进行监测,在雨季前将直径0.5~1 cm、长50~100 cm、类似钉子状的钢钎,根据坡面面积,按一定距离分上中下、左中右纵横3排共9根布设。每次大暴雨后和雨季结束,观测钉帽距地面高度,计算土壤侵蚀厚度和总的土壤侵蚀量。

6.6.5.2 调查监测和场地巡查

对扰动情况、防护效果和林草植被生长状况等情况,进行调查监测,采取实地测量、抽查样地等方法进行监测。

监测贯穿工程建设期和运行初期。

6.6.6 弃渣场区

本工程弃渣规模较大,弃渣场是水土保持监测的重点。因此,工程选择水井湾弃渣场、田嘴河弃渣场、核桃沟弃渣场和马桑坪弃渣场进行重点监测。

监测内容:拦挡设施及渣体稳定、渣体侵蚀及危害、林草植被生长状况、排水及对堆渣坡脚下游的冲刷等情况。

监测方法:以地面观测和调查监测为主,辅以场地巡查。

6.6.6.1 地面观测

在弃渣场坡面和顶面采用简易观测场法,测定土壤侵蚀厚度,考虑新堆放的渣体由于沉降产生的影响,还需在平坦地段设置对照观测或应用沉降率,计算沉降高度,根据最终土壤侵蚀厚度推算水土流失量。

6.6.6.2 调查监测

对拦挡设施及渣体稳定、林草植被生长状况、排水及对堆渣坡脚下游的冲刷等情况,采取调查监测方法。

对排水情况进行调查,确定排水沟过水线、沟底淤积等情况,以判定排水是否通畅及排导效果;对堆渣坡脚的冲刷情况进行实地调查,以判定弃渣场排导出的水流对下游是否存在影响及影响范围;林草植被生长状况也采取样地抽查的方式进行。

6.6.6.3 场地巡查

对弃渣场的拦挡设施及渣体稳定、排水等情况进行不定期场地巡查,巡查时间主要集中在雨季。

主要监测时段为工程建设期和运行初期。

6.6.7 移民安置区

移民安置区监测点选择三交乡安置点和宜东镇安置点。

监测内容:扰动情况、林草植被覆盖率和耕作措施保水保土效益等情况。

监测方法:以调查监测为主,辅以场地巡查。

移民安置区涉及生活安置区和生产安置区,在实施过程中通过实地调查,确定扰动面积及居民点林草植被生长状况等。

生产安置区采取抽样调查的方法,对整治后耕地的保水保土进行调查,分析测定土壤含水量、有机质含量等指标。

主要监测时段为工程建设期。

6.6.8 挡水坝下游及渠道工程沿线影响区

监测内容:防护效果、冲刷侵蚀范围及边坡稳定。

监测方法:以调查监测为主,辅以场地巡查。

对挡水坝下游及渠道工程沿线影响区进行实地调查,确定其影响范围。通过主体工程布设的监测设施,采集下游影响边坡稳定的相关监测数据。

主要监测时段为工程运行初期。

6.7 监测时段和频次

地面观测主要集中在 6 ~ 10 月的雨季,雨季每月监测 1 次,其他月份 2 个月监测 1 次,遇大于 50 mm 降雨加测 1 次。调查监测依据调查内容具体确定,其中林草植被生长状况样地调查一般在每年春季和秋季进行。场地巡查为不定期监测,贯穿整个监测过程,每年不少于 3 次。

6.8 监测管理与制度

工程建设单位委托具有相应监测资质的机构,严格按照《水土保持监测技术规程》(SL 277—2002)有关技术要求,进行水土保持监测方案的编制和实施,并接受水利部水土保持监测中心和四川省水土保持生态环境监测总站的管理和监督。

定期对监测的原始资料进行系统的汇总、整编,编制月、季度水土保持监测报表和年度水土保持监测报告。

建立监测汇报制度,对月、季度和年度监测成果,及时上报水行政主管部门及监测部门,以便加强水土保持监测的监督管理,为水土保持设施竣工验收提供依据。

第 7 章　水土保持投资估算及效益分析

7.1　水土保持投资估算

7.1.1　编制原则与依据

水土保持投资估算是工程总估算的组成部分，因此水土保持投资与主体工程估算编制标准一致，采用水利行业标准编制，水利行业定额中未包括的部分单价分析项目参照《水土保持工程概(估)算编制规定》及《水土保持工程概算定额》的有关规定进行编制，主要依据有：

(1)《水利工程设计概(估)算编制规定》(水利部水总〔2002〕116 号)；

(2)《水利建筑工程概算定额》(水利部水总〔2002〕116 号)；

(3)《水利建筑工程预算定额》(水利部水总〔2002〕116 号)；

(4)《水利工程施工机械台时费定额》(水利部水总〔2002〕116 号)；

(5)《水利水电设备安装工程概算定额》(水利部水总〔2002〕116 号)；

(6)《水土保持工程概(估)算编制规定》(水利部水总〔2003〕67 号)；

(7)《水土保持工程概算定额》(水利部水总〔2003〕67 号)；

(8)《关于颁发〈水土保持工程概(估)算编制规定和定额〉的通知》(水利部水总〔2003〕67 号)；

(9)《关于开发建设项目水土保持咨询服务费用计列的指导意见》(水利部保监〔2005〕22 号)；

(10)《四川省水土保持设施补偿费、水土流失防治费征收管理办法(试行)》(四川省物价局、财政厅、水利电力厅，1995 年 8 月)。

7.1.2　价格水平年

本方案价格水平年为 2006 年第一季度。

7.1.3　基础价格

7.1.3.1　人工预算单价

本方案人工预算单价计算方法与主体工程一致，即基本工资按六类地区工资标准计算，年应工作天数 251 工日，日工作时间 8 工时/工日，人工工时预算单价见表 7-1。

表 7-1 人工工时预算单价

名 称	库区工程(元/工时)	渠道工程(元/工时)
工 长	7.11	5.05
高级工	6.61	4.70
中级工	5.62	4.01
初级工	3.04	2.17

7.1.3.2 主要材料预算价格

主要材料的预算价格根据工程所在地编制年的价格水平及主体工程施工组织设计，依照有关编制规定计算，主要材料预算价格见表 7-2。

表 7-2 主要材料预算价格

序号	材料名称	单位	材料预算单价	
			库区工程	渠道工程
1	柴油	元/t	5 219.59	5 195.90
2	汽油	元/t	5 632.79	5 609.10
3	水泥 32.5	元/t	429.80	338.42
4	钢筋	元/t	3 810.39	3 699.90
5	2#岩石铵梯炸药	元/t	6 932.05	6 899.42
6	4#抗水岩石梯炸药	元/t	7 605.89	7 573.26
7	板枋材	元/m^3	1 335.47	1 423.43

7.1.3.3 施工用电、风、水价格

施工用电、风、水价格与主体工程一致，按照水利部水总〔2002〕116 号文规定，结合施工组织设计，施工用电、风、水预算价格见表 7-3。

表 7-3 施工用电、风、水预算价格

材料名称	库区工程	渠道工程
电(元/(kW·h))	0.75	0.82
水(元/m^3)	0.59	0.68
风(元/m^3)	0.10	0.14

7.1.3.4 砂石料预算价格单价

施工用砂石料价格与主体工程一致，其砂石料预算价格见表 7-4。

表 7-4　砂石料预算价格

材料名称	库区工程	渠道工程
砂(元/m^3)	61.43	55.50
碎石(元/m^3)	33.32	47.12
块石(元/m^3)	19.97	32.45

7.1.3.5　施工机械台班费

与主体工程一致,按照水利部水总〔2002〕116 号文颁发的《水利工程施工机械台时费定额》计算。

7.1.3.6　混凝土材料单价

与主体工程一致,根据设计确定的混凝土强度等级、级配,参照水利部水总〔2002〕116 号文颁发的《水利建筑工程概算定额》进行计算。

7.1.4　工程单价

工程措施和植物措施单价均由直接工程费、间接费、企业利润和税金组成,其中工程措施单价按水利部水总〔2002〕116 号文颁发的《水利工程设计概(估)算编制规定》和《水利建筑工程概算定额》编制估算单价,植物措施单价按水利部水总〔2003〕67 号文颁发的《水土保持工程概(估)算编制规定》及《水土保持工程概算定额》编制估算单价。

7.1.4.1　直接工程费

直接工程费由直接费、其他直接费和现场经费组成。

1. 直接费

包括人工费、材料费和施工机械使用费。

人工费 = 定额劳动量(工时) × 人工预算单价(元/工时)

材料费 = 定额材料用量 × 材料预算单价

施工机械使用费 = 定额机械使用量(台时) × 施工机械台时费(元/时)

2. 其他直接费

其他直接费 = 直接费 × 其他直接费率

3. 现场经费

现场经费 = 直接费 × 现场经费费率

7.1.4.2　间接费

间接费 = 直接工程费 × 现场经费费率

7.1.4.3　企业利润

企业利润 = (直接工程费 + 间接费) × 企业利润率

7.1.4.4　税金

税金 = (直接工程费 + 间接费 + 企业利润) × 综合税率

7.1.4.5　工程(植物)措施单价

工程(植物)措施单价 = 直接工程费 + 间接费 + 企业利润 + 税金

工程(植物)措施费率见表7-5。

表7-5　工程(植物)措施费率

序号	费用项目	计算基础	工程措施(%)	植物措施(%)
一	直接工程费			
1		直接费	2	1.5
2		其他直接费		
3		现场经费		
A	库区工程			
	土石方工程	直接费	9	4
	混凝土浇筑工程	直接费	8	4
	钻孔灌浆及锚固工程	直接费	7	4
	其他工程	直接费	7	4
B	渠道工程			
	土方工程	直接费	4	4
	石方工程	直接费	6	4
	混凝土浇筑工程	直接费	6	4
	钻孔灌浆及锚固工程	直接费	7	4
	其他工程	直接费	5	4
二	间接费			
A	库区工程			
	土石方工程	直接工程费	9	3
	混凝土浇筑工程	直接工程费	5	3
	钻孔灌浆及锚固工程	直接工程费	7	3
	其他工程	直接工程费	7	3
B	渠道工程			
	土方工程	直接工程费	4	3
	石方工程	直接工程费	6	3
	混凝土浇筑工程	直接工程费	4	3
	钻孔灌浆及锚固工程	直接工程费	7	3
	其他工程	直接工程费	5	3
三	企业利润	直接工程费＋间接费	7	5
四	税金	直接工程费＋间接费＋企业利润	3.22	3.22

7.1.5 估算编制

本工程估算费用由工程措施费、植物措施费、施工临时工程费、独立费用、预备费、建设期贷款利息等组成,各部分均依据有关编制方法规定及费用计算标准进行计算。

7.1.5.1 工程措施费

工程措施费按工程量乘以单价计算。

7.1.5.2 植物措施费

植物措施费按工程量乘以单价计算。

场内道路新增水土保持措施为植物措施,因主体工程为可研阶段设计深度,因此其场内道路新增水土保持措施投资参照同类型道路单位指标进行估算,结合本工程道路等级、施工区地形等因素,补充考虑水土保持措施投资计列标准为1万元/km。

7.1.5.3 施工临时工程费

临时防护工程费用按实际工程量乘以单价计列,其他临时工程费用按工程措施和植物措施费用的2%计取。

7.1.5.4 独立费用

独立费用包括以下几项:

(1)建设管理费:按水土保持工程新增项目估算的工程措施、植物措施、施工临时工程三项之和的2%计列。

(2)工程建设监理费:按每年2人,每人8万元/年计列。

(3)科研勘测设计费:参照水利部保监〔2005〕22号文,并结合实际工作量与建设单位协商计列。

(4)水土保持监测费:参照水利部保监〔2005〕22号文,并结合实际工作量计列。

(5)工程质量监督费:按水土保持新增项目估算工程措施、植物措施、施工临时工程三项之和的0.15%计列。

(6)水土保持设施竣工验收技术评估报告编制费:参照水利部保监〔2005〕22号文计列。

(7)水土保持技术文件咨询服务费:参照水利部保监〔2005〕22号文计列。

7.1.5.5 预备费

预备费由基本预备费和价差预备费组成。

基本预备费按水土保持工程新增项目估算的工程措施、植物措施、施工临时工程、独立费用四项之和的6%计取,价差预备费不计列。

7.1.5.6 建设期贷款利息

本方案投资属主体工程一部分,主体工程设计投资估算中已对该部分计算建设期贷款利息,故本方案不再计列贷款利息。

7.1.5.7 水土保持设施补偿费

根据《四川省水土保持设施补偿费、水土流失防治费征收管理办法(试行)》有关规定,对损坏水土保持林草的每平方米收取补偿费0.50元。

7.1.5.8 **其他说明**

考虑到设计深度要求,工程措施和植物措施单价在估算编制的基础上,乘以10%的扩大系数。

7.1.6 水土保持方案总投资及年度安排

7.1.6.1 主体工程设计中具有水土保持功能措施的投资

主体工程设计中,部分防护措施在满足主体工程设计功能的同时,具有一定的水土保持功能,主要包括边坡防护、截排水设施等,此部分投资为8 519.18万元,已计入主体工程投资中。

主体工程设计中具有水土保持功能措施投资估算表见表7-6。

表7-6 主体工程设计中具有水土保持功能措施投资估算表

编号	工程或费用名称	单位	数量	单价(元)	合计(万元)
	主体工程设计中具有水土保持功能投资				8 519.18
	Ⅰ区(库区工程防治区)				4 740.24
一	导流工程				554.49
1	喷混凝土	m^3	500	574.67	28.73
2	C20混凝土	m^3	8 780	317.25	278.55
3	锚杆($\phi=22,L=3$ m)	根	2 082	108.16	22.52
4	钢筋	t	351	5 809.95	203.93
5	回填灌浆	m^2	1 050	57.38	6.02
6	固结灌浆	m^2	1 230	119.79	14.73
二	挡水坝工程				748.71
1	喷混凝土C20(厚10 cm)	m^3	2 508	573.04	143.72
2	块石护坡	m^3	28 500	66.85	190.52
3	浆砌石护坡	m^3	1 925	208.8	40.19
4	锚索(2 000 kN,$L=35$ m)	根	105	30 651.83	321.84
5	锚杆($\phi=28,L=4$ m)	根	1 328	132.15	17.55
6	锚杆($\phi=25,L=2.5$ m)	根	3 150	110.75	34.89
三	三交坪蠕滑体处理工程				2 143.97
1	削坡土石方开挖	m^3	700 000	9.92	694.40
2	截水洞土石方明挖	m^3	29 400	14.57	42.84
3	截水洞石方洞挖	m^3	10 300	196.85	202.76
4	交通竖井土石方洞挖	m^3	333	66.95	2.23
5	反压平台土石方填筑	m^3	1 284 000	4.75	609.90

续表 7-6

编号	工程或费用名称	单位	数量	单价(元)	合计(万元)
6	浆砌石	m^3	5 822	186.85	108.78
7	混凝土	m^3	12 800	297.85	381.25
8	排水孔	m	29 911	34.04	101.82
四	高梁坪堆积体处理工程				1 293.07
1	土方开挖	m^3	178 400	14.62	260.82
2	清基	m^3	5 531	14.62	8.09
3	土石填筑	m^3	87 500	2.08	18.20
4	干砌石	m^3	4 739	89.15	42.25
5	土工布	m^3	5 923	9.97	5.91
	Ⅱ区(渠道工程防治区)				2 783.54
一	明(暗)渠工程				2 157.21
1	浆砌石 M7.5	m^3	7 300	153.79	112.27
2	土基衬砌混凝土 C20	m^3	30 281	340.89	1 032.25
3	岩基衬砌混凝土 C20	m^3	9 027	416.57	376.04
4	土石方回填(200 m)	m^3	71 787	18.74	134.53
5	喷混凝土	m^3	9 136	549.61	502.12
二	隧洞工程				626.33
1	土基衬砌混凝土 C20	m^3	12 058	340.89	411.05
2	岩基衬砌混凝土 C20	m^3	5 168	416.57	215.28
	Ⅲ区(场内道路防治区)				995.4
一	临时道路				
1	拦挡、边坡防护及排水等防护工程	km	16.05	80 000	128.40
二	永久道路				
2	拦挡、边坡防护及排水等防护工程	km	72.25	120 000	867.00

7.1.6.2 本方案新增的水土保持投资估算及年度安排

本方案新增水土保持投资 1 997.06 万元,其中工程措施 927.44 万元,植物措施 457.49 万元,施工临时工程 130.94 万元,独立费用 240.26 万元,基本预备费 105.37 万元,水土保持设施补偿费为 135.56 万元,详见表 7-7 ~ 表 7-12。

表 7-7　本方案新增水土保持投资估算表　（单位:万元）

编号	工程或费用名称	建安工程费	植物措施费		独立费用	合计
			栽(种)植费	苗木、草、种子费		
	第一部分　工程措施	927.44				927.44
一	Ⅳ区(料场防治区)	133.58				133.58
二	Ⅴ区(弃渣场防治区)	788.12				788.12
三	Ⅵ区(施工临时设施防治区)	5.75				5.75
	第二部分　植物措施		330.80	126.69		457.49
三	Ⅲ区(场内道路防治区)		52.98	35.32		88.30
四	Ⅳ区(料场防治区)		39.30	5.45		44.75
五	Ⅴ区(弃渣场防治区)		165.76	78.14		243.90
六	Ⅵ区(施工临时设施防治区)		65.04	7.33		72.37
七	Ⅶ区(移民安置防治区)		7.72	0.45		8.17
	第三部分　施工临时工程	130.94				130.94
一	临时防护工程	103.24				103.24
二	其他临时工程	27.70				27.70
	第四部分　独立费用				240.26	240.26
一	建设管理费				30.32	30.32
二	工程建设监理费				42.67	42.67
三	科研勘察设计费				50.00	50.00
四	水土保持监测费				80.00	80.00
五	工程建设质量监督费				2.27	2.27
六	水保技术咨询服务费				5.00	5.00
七	水保设施竣工验收技术评估报告编制费				30.00	30.00
	一至四部分合计	1 058.38	330.80	126.69	240.26	1 756.13
	基本预备费6%					105.37
	水土保持设施补偿费					135.56
	本方案新增投资					1 997.06

表 7-8　工程措施估算表

编号	工程或费用名称	单位	数量	单价(元)	合计(万元)
	第一部分 工程措施				927.44
一	Ⅳ区(料场防治区)				133.58
1	拦挡工程				13.37
	土石方开挖	m^3	438	6.87	0.30
	M7.5 浆砌块石	m^3	733	178.33	13.07
2	截排水工程				33.38
	土石方开挖	m^3	4 137	11.55	4.78
	M7.5 浆砌片石	m^3	1 610	174.36	28.07
	M10 水泥砂浆抹面	m^3	7.8	670.36	0.52
3	其他工程				86.83
	弃渣清运	m^3	25 000	23.69	59.24
	清坡	m^3	9 000	30.66	27.59
二	Ⅴ区(弃渣场防治区)				788.12
(一)	关沟弃渣场				380.61
1	渣体拦挡工程				8.68
	土石方开挖	m^3	138.6	4.47	0.06
	M7.5 浆砌石	m^3	410.9	158.91	6.53
	混凝土压顶(C15 素混凝土)	m^3	5.0	335.00	0.17
	抛填块石	m^3	354.8	54.25	1.92
2	渣体排水工程				371.93
(1)	排水沟				14.43
	土石方开挖	m^3	3 441	7.18	2.47
	M7.5 浆砌片石	m^3	765	156.26	11.95
(2)	沟水处理工程				357.50
	明渠土方开挖	m^3	2 600	12.24	3.18
	明渠石方开挖	m^3	7 800	40.10	31.28
	明渠衬砌混凝土(C15)	m^3	740	255.28	18.89
	隧洞石方洞挖	m^3	8 300	144.55	119.98
	喷混凝土	m^3	520	618.08	32.14
	锚杆	根	1 320	55.65	7.35
	衬砌混凝土(C20)	m^3	1 950	508.04	99.07

续表 7-8

编号	工程或费用名称	单位	数量	单价(元)	合计(万元)
	钢筋制安	t	65	5 468.58	35.55
	浆砌块石	m^3	670	150.39	10.08
(二)	梨干沟弃渣场				15.42
1	渣体拦挡工程				9.88
	土石方开挖	m^3	184.8	4.47	0.08
	M7.5 浆砌石	m^3	547.8	158.91	8.70
	混凝土压顶(C15 素混凝土)	m^3	6.6	335.00	0.22
	抛填块石	m^3	160.1	54.25	0.87
2	渣体排水工程				5.54
(1)	排水沟				5.54
	土石方开挖	m^3	1 321	7.18	0.95
	M7.5 浆砌片石	m^3	294	156.26	4.59
(三)	兵营坎弃渣场				9.70
1	渣体拦挡工程				1.85
	土石方开挖	m^3	38.0	4.47	0.02
	M7.5 浆砌石	m^3	112.6	158.91	1.79
	混凝土压顶(C15 素混凝土)	m^3	1.4	335.00	0.05
2	渣体排水工程				7.84
(1)	排水沟				7.84
	土石方开挖	m^3	2 022	7.18	1.45
	M7.5 浆砌片石	m^3	409	156.26	6.39
(四)	水井湾弃渣场				13.92
1	渣体拦挡工程				1.41
	土方开挖	m^3	29.0	4.47	0.01
	M7.5 浆砌石	m^3	85.9	158.91	1.37
	混凝土压顶(C15 素混凝土)	m^3	1.0	335.00	0.03
2	渣体排水工程			0.00	12.51
(1)	排水沟			0.00	8.13
	土方开挖	m^3	2 097	7.18	1.51
	M7.5 浆砌片石	m^3	424	156.26	6.63
(2)	盲沟	m	183	239.26	4.38

续表 7-8

编号	工程或费用名称	单位	数量	单价(元)	合计(万元)
(五)	大堰沟弃渣场				25.56
1	渣体拦挡工程				14.62
	土石方开挖	m^3	171.7	4.47	0.08
	M7.5 浆砌石	m^3	880.6	158.91	13.99
	混凝土压顶(C15 素混凝土)	m^3	4.4	335.00	0.15
	抛填块石	m^3	73.8	54.25	0.40
2	渣体排水工程				10.94
(1)	排水沟				4.41
	土石方开挖	m^3	1 053	7.18	0.76
	M7.5 浆砌片石	m^3	234	156.26	3.66
(2)	盲沟	m	273	239.26	6.53
(六)	打马塘弃渣场				15.07
1	渣体拦挡工程				3.43
	土石方开挖	m^3	52.6	4.47	0.02
	M7.5 浆砌石	m^3	211.2	158.91	3.36
	混凝土压顶(C15 素混凝土)	m^3	1.6	335.00	0.05
2	渣体排水工程				11.64
(1)	排水沟				5.58
	土石方开挖	m^3	1 440	7.18	1.03
	M7.5 浆砌片石	m^3	291	156.26	4.55
(2)	盲沟	m	253	239.26	6.05
(七)	岩脚下 1# 弃渣场				5.92
1	渣体拦挡工程				1.35
	土石方开挖	m^3	27.7	4.47	0.01
	M7.5 浆砌石	m^3	82.2	158.91	1.31
	混凝土压顶(C15 素混凝土)	m^3	1.0	335.00	0.03
2	渣体排水工程				4.57
(1)	排水沟				4.57
	土石方开挖	m^3	1 178	7.18	0.85
	M7.5 浆砌片石	m^3	238	156.26	3.72
(八)	岩脚下 2# 弃渣场				9.27

续表 7-8

编号	工程或费用名称	单位	数量	单价(元)	合计(万元)
1	渣体拦挡工程				1.35
	土石方开挖	m^3	27.7	4.47	0.01
	M7.5 浆砌石	m^3	82.2	158.91	1.31
	混凝土压顶(C15 素混凝土)	m^3	1.0	335.00	0.03
2	渣体排水工程				7.92
(1)	排水沟				3.20
	土石方开挖	m^3	826	7.18	0.59
	M7.5 浆砌片石	m^3	167	156.26	2.61
(2)	盲沟	m	197	239.26	4.71
(九)	岩脚下 3[#]弃渣场				3.79
1	渣体拦挡工程				1.62
	土石方开挖	m^3	33.3	4.47	0.01
	M7.5 浆砌石	m^3	98.6	158.91	1.57
	混凝土压顶(C15 素混凝土)	m^3	1.2	335.00	0.04
2	渣体排水工程				2.17
(1)	排水沟				2.17
	土石方开挖	m^3	516	7.18	0.37
	M7.5 浆砌片石	m^3	115	156.26	1.80
(十)	全合弃渣场				12.25
1	渣体拦挡工程				4.11
	土石方开挖	m^3	62.9	4.47	0.03
	M7.5 浆砌石	m^3	252.6	158.91	4.01
	混凝土压顶(C15 素混凝土)	m^3	1.9	335.00	0.06
2	渣体排水工程				8.15
(1)	排水沟				8.15
	土石方开挖	m^3	1 943	7.18	1.40
	M7.5 浆砌片石	m^3	432	156.26	6.75
(十一)	松林头弃渣场				13.29
1	渣体拦挡工程				9.01
	土石方开挖	m^3	184.8	4.47	0.08
	M7.5 浆砌石	m^3	547.8	158.91	8.70

续表 7-8

编号	工程或费用名称	单位	数量	单价(元)	合计(万元)
	混凝土压顶(C15 素混凝土)	m^3	6.6	335.00	0.22
2	渣体排水工程				4.28
(1)	排水沟				4.28
	土石方开挖	m^3	1 022	7.18	0.73
	M7.5 浆砌片石	m^3	227	156.26	3.55
(十二)	小松林 1# 弃渣场				15.15
1	渣体拦挡工程				10.51
	土石方开挖	m^3	215.6	4.47	0.10
	M7.5 浆砌石	m^3	639.1	158.91	10.16
	混凝土压顶(C15 素混凝土)	m^3	7.7	335.00	0.26
2	渣场排水工程				4.64
(1)	排水沟				4.64
	土石方开挖	m^3	1 046	7.18	0.75
	M7.5 浆砌片石	m^3	249	156.26	3.89
(十三)	小松林 2# 弃渣场				18.61
1	渣体拦挡工程				12.01
	土石方开挖	m^3	246.4	4.47	0.11
	M7.5 浆砌石	m^3	730.4	158.91	11.61
	混凝土压顶(C15 素混凝土)	m^3	8.8	335.00	0.29
2	渣场排水工程				6.60
(1)	排水沟				2.36
	土石方开挖	m^3	610	7.18	0.44
	M7.5 浆砌片石	m^3	123	156.26	1.92
(2)	盲沟	m	177	239.26	4.23
(十四)	后域弃渣场				23.63
1	渣体拦挡工程				9.76
	土石方开挖	m^3	200.2	4.47	0.09
	M7.5 浆砌石	m^3	593.5	158.91	9.43
	混凝土压顶(C15 素混凝土)	m^3	7.2	335.00	0.24
2	渣场排水工程				13.87
(1)	排水沟				8.77

续表 7-8

编号	工程或费用名称	单位	数量	单价(元)	合计(万元)
	土石方开挖	m^3	2 092	7.18	1.50
	M7.5 浆砌片石	m^3	465	156.26	7.27
(2)	盲沟	m	213	239.26	5.10
(十五)	缺马溪弃渣场				11.09
1	渣体拦挡工程				2.32
	土石方开挖	m^3	47.7	4.47	0.02
	M7.5 浆砌石	m^3	141.3	158.91	2.25
	混凝土压顶(C15 素混凝土)	m^3	2	335.00	0.06
2	渣场排水工程				8.77
(1)	排水沟				8.77
	土石方开挖	m^3	2 261	7.18	1.62
	M7.5 浆砌片石	m^3	457	156.26	7.14
(十六)	大包上弃渣场				16.16
1	渣体拦挡工程				2.55
	土石方开挖	m^3	52.4	4.47	0.02
	M7.5 浆砌石	m^3	155.3	158.91	2.47
	混凝土压顶(C15 素混凝土)	m^3	1.9	335.00	0.06
2	渣场排水工程				13.60
(1)	排水沟				8.17
	土石方开挖	m^3	2 107	7.18	1.51
	M7.5 浆砌片石	m^3	426	156.26	6.66
(2)	盲沟	m	227	239.26	5.43
(十七)	瓦爪坪 1# 弃渣场				15.36
1	渣体拦挡工程				10.51
	土石方开挖	m^3	215.6	4.47	0.10
	M7.5 浆砌石	m^3	639.1	158.91	10.16
	混凝土压顶(C15 素混凝土)	m^3	7.7	335.00	0.26
2	渣场排水工程				4.85
(1)	排水沟				4.85
	土石方开挖	m^3	1 156	7.18	0.83
	M7.5 浆砌片石	m^3	257	156.26	4.02

续表 7-8

编号	工程或费用名称	单位	数量	单价(元)	合计(万元)
(十八)	瓦爪坪 2# 弃渣场				23.34
1	渣体拦挡工程				11.32
	土石方开挖	m^3	136.7	4.47	0.06
	M7.5 浆砌石	m^3	701.4	158.91	11.15
	混凝土压顶(C15 素混凝土)	m^3	3.5	335.00	0.12
2	渣场排水工程				12.01
(1)	排水沟				6.46
	土石方开挖	m^3	1 665	7.18	1.20
	M7.5 浆砌片石	m^3	337	156.26	5.27
(2)	盲沟	m	232	239.26	5.55
(十九)	核桃沟弃渣场				8.72
1	渣体拦挡工程				1.96
	土石方开挖	m^3	40.2	4.47	0.02
	M7.5 浆砌石	m^3	119.1	158.91	1.89
	混凝土压顶(C15 素混凝土)	m^3	1.4	335.00	0.05
2	渣场排水工程				6.76
(1)	排水沟				3.51
	土石方开挖	m^3	836	7.18	0.60
	M7.5 浆砌片石	m^3	186	156.26	2.91
(2)	盲沟	m	136	239.26	3.25
(二十)	磨房沟弃渣场				4.50
1	渣体拦挡工程				1.17
	土石方开挖	m^3	22.5	4.47	0.01
	M7.5 浆砌石	m^3	66.6	158.91	1.06
	混凝土压顶(C15 素混凝土)	m^3	0.8	335.00	0.03
2	抛填块石	m^3	13.4	54.25	0.07
(1)	渣场排水工程				3.34
	排水沟				3.34
	土石方开挖	m^3	859	7.18	0.62
	M7.5 浆砌片石	m^3	174	156.26	2.72
(二十一)	大坪弃渣场				7.69

续表 7-8

编号	工程或费用名称	单位	数量	单价(元)	合计(万元)
1	渣体拦挡工程				1.84
	土石方开挖	m^3	37.7	4.47	0.02
	M7.5 浆砌石	m^3	111.8	158.91	1.78
	混凝土压顶(C15 素混凝土)	m^3	1.3	335.00	0.04
2	渣场排水工程				5.86
(1)	排水沟				2.24
	土石方开挖	m^3	534	7.18	0.38
	M7.5 浆砌片石	m^3	119	156.26	1.86
(2)	盲沟	m	151	239.26	3.61
(二十二)	萝卜岗 1#弃渣场				10.80
1	渣体拦挡工程				9.76
	土石方开挖	m^3	200.2	4.47	0.09
	M7.5 浆砌石	m^3	593.5	158.91	9.43
	混凝土压顶(C15 素混凝土)	m^3	7.2	335.00	0.24
2	渣场排水工程				1.04
(1)	排水沟				1.04
	土石方开挖	m^3	234	7.18	0.17
	M7.5 浆砌片石	m^3	56	156.26	0.88
(二十三)	萝卜岗 2#弃渣场				12.70
1	渣体拦挡工程				12.01
	土石方开挖	m^3	246.4	4.47	0.11
	M7.5 浆砌石	m^3	730.4	158.91	11.61
	混凝土压顶(C15 素混凝土)	m^3	8.8	335.00	0.29
2	渣场排水工程				0.69
(1)	排水沟				0.69
	土石方开挖	m^3	156	7.18	0.11
	M7.5 浆砌片石	m^3	37	156.26	0.58
(二十四)	下大岗 1#弃渣场				7.34
1	渣体拦挡工程				2.70
	土石方开挖	m^3	55.4	4.47	0.02
	M7.5 浆砌石	m^3	164.3	158.91	2.61

续表 7-8

编号	工程或费用名称	单位	数量	单价(元)	合计(万元)
	混凝土压顶(C15 素混凝土)	m^3	2.0	335.00	0.07
2	渣场排水工程				4.63
(1)	排水沟				1.12
	土石方开挖	m^3	250	7.18	0.18
	M7.5 浆砌片石	m^3	60	156.26	0.94
(2)	盲沟	m	147	239.26	3.52
(二十五)	下大岗 2#弃渣场				13.08
1	渣体拦挡工程				1.62
	土石方开挖	m^3	33.3	4.47	0.01
	M7.5 浆砌石	m^3	98.6	158.91	1.57
	混凝土压顶(C15 素混凝土)	m^3	1.2	335.00	0.04
2	渣场排水工程				11.46
(1)	排水沟				7.25
	土石方开挖	m^3	1 872	7.18	1.34
	M7.5 浆砌片石	m^3	378	156.26	5.91
(2)	盲沟	m	176	239.26	4.21
(二十六)	田嘴河弃渣场				39.96
1	渣体拦挡工程				31.70
	土石方开挖	m^3	609.8	4.47	0.27
	M7.5 浆砌石	m^3	1 807.7	158.91	28.73
	混凝土压顶(C15 素混凝土)	m^3	21.8	335.00	0.73
	抛填块石	m^3	363.0	54.25	1.97
2	渣场排水工程				8.26
(1)	排水沟				8.26
	土石方开挖	m^3	1 969	7.18	1.41
	M7.5 浆砌片石	m^3	438	156.26	6.84
(二十七)	两河口弃渣场				19.97
1	渣体拦挡工程				3.05
	土石方开挖	m^3	62.5	4.47	0.03
	M7.5 浆砌石	m^3	185.3	158.91	2.94
	混凝土压顶(C15 素混凝土)	m^3	2.2	335.00	0.07

续表 7-8

编号	工程或费用名称	单位	数量	单价(元)	合计(万元)
2	渣场排水工程				16.93
(1)	排水沟				16.93
	土石方开挖	m^3	3 812	7.18	2.74
	M7.5 浆砌片石	m^3	908	156.26	14.19
(二十八)	永新村弃渣场				9.64
1	渣体拦挡工程				5.36
	土石方开挖	m^3	82.1	4.47	0.04
	M7.5 浆砌石	m^3	329.7	158.91	5.24
	混凝土压顶(C15 素混凝土)	m^3	2.4	335.00	0.08
2	渣场排水工程				4.28
(1)	排水沟				4.28
	土石方开挖	m^3	1 022	7.18	0.73
	M7.5 浆砌片石	m^3	227	156.26	3.55
(二十九)	马桑坪弃渣场				6.06
1	渣体拦挡工程				1.76
	土石方开挖	m^3	36.0	4.47	0.02
	M7.5 浆砌石	m^3	106.8	158.91	1.70
	混凝土压顶(C15 素混凝土)	m^3	1.3	335.00	0.04
2	渣场排水工程				4.31
(1)	排水沟				4.31
	土石方开挖	m^3	968	7.18	0.70
	M7.5 浆砌片石	m^3	231	156.26	3.61
(三十)	杨庄坪弃渣场				4.68
1	渣体拦挡工程				1.53
	土石方开挖	m^3	31.4	4.47	0.01
	M7.5 浆砌石	m^3	93.1	158.91	1.48
	混凝土压顶(C15 素混凝土)	m^3	1.1	335.00	0.04
2	渣场排水工程				3.15
(1)	排水沟				3.15
	土石方开挖	m^3	801	7.18	0.58
	M7.5 浆砌片石	m^3	165	156.26	2.58

续表 7-8

编号	工程或费用名称	单位	数量	单价(元)	合计(万元)
(三十一)	烂坝子弃渣场				14.83
1	渣体拦挡工程				6.25
	土石方开挖	m^3	75.5	4.47	0.03
	M7.5 浆砌石	m^3	387.5	158.91	6.16
	混凝土压顶(C15 素混凝土)	m^3	1.9	335.00	0.06
2	渣场排水工程				8.58
(1)	排水沟				8.58
	土石方开挖	m^3	2 173	7.18	1.56
	M7.5 浆砌片石	m^3	449	156.26	7.02
三	Ⅵ区(施工临时设施防治区)				5.75
(一)	排水工程				5.75
	土石方开挖	m^3	1 400	7.51	1.05
	M7.5 浆砌石片石	m^3	254	156.26	3.97
	M10 水泥砂浆	m^3	14.8	493.40	0.73

表 7-9　植物措施估算表

编号	工程或费用名称	单位	数量	单价(元)	合计(万元)
	第二部分　植物措施				457.49
一	Ⅲ区(场内道路防治区)				88.30
(一)	道路绿化	km	88.3	10 000.00	88.30
二	Ⅳ区(料场防治区)				44.75
(一)	开采迹地绿化				44.55
1	场地平整	hm^2	7.15	24 229.63	17.32
2	栽(种)植工程				20.64
	覆土	m^3	29 000	6.58	19.08
	核桃	株	10 000	0.77	0.77
	花椒	株	10 000	0.54	0.54
	混播灌草	hm^2	7.15	353.26	0.25
3	草籽、苗木				5.29
	核桃	株	10 000	3.00	3.00

续表 7-9

编号	工程或费用名称	单位	数量	单价(元)	合计(万元)
	花椒	株	10 000	1.00	1.00
	灌草籽	kg	286	45.14	1.29
4	抚育工程				1.30
	幼林抚育	hm^2	7.15	1 817.97	1.30
(二)	临时堆土表面绿化				0.19
1	栽(种)植工程				0.03
	混播草籽	hm^2	1.0	339.94	0.03
2	草籽				0.16
	混合草籽	kg	40.0	40.00	0.16
三	Ⅴ区(弃渣场防治区)				243.90
(一)	关沟弃渣场				14.45
1	场地平整	hm^2	3.60	17 886.24	6.44
2	栽(种)植工程				0.94
	云南松	株	7 193	0.67	0.49
	麻栎	株	4 795	0.74	0.35
	播灌草	hm^2	3.6	285.63	0.10
3	草籽、苗木				6.60
	云南松	株	7 193	4.51	3.24
	麻栎	株	4 795	5.65	2.71
	灌草籽	kg	144	45.14	0.65
4	抚育工程				0.47
	幼林抚育	hm^2	3.60	1 297.70	0.47
(二)	梨干沟弃渣场				11.36
1	场地平整	hm^2	1.93	17 886.24	3.45
2	栽(种)植工程				4.12
	覆土	m^3	5 800	6.23	3.61
	云南松	株	3 856	0.67	0.26
	麻栎	株	2 571	0.74	0.19
	播灌草	hm^2	1.93	285.63	0.06
3	草籽、苗木				3.54
	云南松	株	3 856	4.51	1.74

续表 7-9

编号	工程或费用名称	单位	数量	单价(元)	合计(万元)
	麻栎	株	2 571	5.65	1.45
	灌草籽	kg	77.2	45.14	0.35
4	抚育工程				0.25
	幼林抚育	hm^2	1.93	1 297.70	0.25
(三)	兵营坎弃渣场				8.42
1	场地平整	hm^2	1.43	17 886.24	2.56
2	栽(种)植工程				3.05
	覆土	m^3	4 300	6.23	2.68
	云南松	株	2 857	0.67	0.19
	麻栎	株	1 905	0.74	0.14
	播灌草	hm^2	1.43	285.63	0.04
3	草籽、苗木				2.62
	云南松	株	2 857	4.51	1.29
	麻栎	株	1 905	5.65	1.08
	灌草籽	kg	57.2	45.14	0.26
4	抚育工程				0.19
	幼林抚育	hm^2	1.43	1 297.70	0.19
(四)	水井湾弃渣场				9.82
1	场地平整	hm^2	1.67	17 886.24	2.99
2	栽(种)植工程				3.55
	覆土	m^3	5 000.0	6.23	3.12
	云南松	株	3 337	0.67	0.23
	麻栎	株	2 224	0.74	0.16
	播灌草	hm^2	1.67	285.63	0.05
3	草籽、苗木				3.06
	云南松	株	3 337	4.51	1.50
	麻栎	株	2 224	5.65	1.26
	灌草籽	kg	66.8	45.14	0.30
4	抚育工程				0.22
	幼林抚育	hm^2	1.67	1 297.70	0.22
(五)	大堰沟弃渣场				8.64

续表 7-9

编号	工程或费用名称	单位	数量	单价(元)	合计(万元)
1	场地平整	hm^2	1.47	17 886.24	2.63
2	栽(种)植工程				3.13
	覆土	m^3	4 400.0	6.23	2.74
	云南松	株	2 937	0.67	0.20
	麻栎	株	1 958	0.74	0.14
	播灌草	hm^2	1.47	285.63	0.04
3	草籽、苗木				2.70
	云南松	株	2 937	4.51	1.32
	麻栎	株	1 958	5.65	1.11
	灌草籽	kg	58.8	45.14	0.27
4	抚育工程				0.19
	幼林抚育	hm^2	1.47	1 297.70	0.19
(六)	打马塘弃渣场				7.65
1	场地平整	hm^2	1.3	17 886.24	2.33
2	栽(种)植工程				2.77
	覆土	m^3	3 900.0	6.23	2.43
	云南松	株	2 597	0.67	0.18
	麻栎	株	1 732	0.74	0.13
	播灌草	hm^2	1.30	285.63	0.04
3	草籽、苗木				2.38
	云南松	株	2 597	4.51	1.17
	麻栎	株	1 732	5.65	0.98
	灌草籽	kg	52.0	45.14	0.23
4	抚育工程				0.17
	幼林抚育	hm^2	1.30	1 297.70	0.17
(七)	岩脚下 1#弃渣场				4.89
1	场地平整	hm^2	0.83	17 886.24	1.48
2	栽(种)植工程				1.77
	覆土	m^3	2 500.0	6.23	1.56
	云南松	株	1 658	0.67	0.11
	麻栎	株	1 106	0.74	0.08

续表 7-9

编号	工程或费用名称	单位	数量	单价(元)	合计(万元)
	播灌草	hm^2	0.83	285.63	0.02
3	草籽、苗木				1.52
	云南松	株	1 658	4.51	0.75
	麻栎	株	1 106	5.65	0.62
	灌草籽	kg	33.2	45.14	0.15
4	抚育工程				0.11
	幼林抚育	hm^2	0.83	1 297.70	0.11
(八)	岩脚下 2#弃渣场				3.53
1	场地平整	hm^2	0.6	17 886.24	1.07
2	栽(种)植工程				1.28
	覆土	m^3	1 800.0	6.23	1.12
	云南松	株	1 199	0.67	0.08
	麻栎	株	799	0.74	0.06
	播灌草	hm^2	0.60	285.63	0.02
3	草籽、苗木				1.10
	云南松	株	1 199	4.51	0.54
	麻栎	株	799	5.65	0.45
	灌草籽	kg	24.0	45.14	0.11
4	抚育工程				0.08
	幼林抚育	hm^2	0.60	1 297.70	0.08
(九)	岩脚下 3#弃渣场				3.53
1	场地平整	hm^2	0.6	17 886.24	1.07
2	栽(种)植工程				1.28
	覆土	m^3	1 800.0	6.23	1.12
	云南松	株	1 199	0.67	0.08
	麻栎	株	799	0.74	0.06
	播灌草	hm^2	0.60	285.63	0.02
3	草籽、苗木				1.10
	云南松	株	1 199	4.51	0.54
	麻栎	株	799	5.65	0.45
	灌草籽	kg	24.0	45.14	0.11

续表 7-9

编号	工程或费用名称	单位	数量	单价(元)	合计(万元)
4	抚育工程				0.08
	幼林抚育	hm^2	0.60	1 297.70	0.08
(十)	全合弃渣场				7.83
1	场地平整	hm^2	1.33	17 886.24	2.38
2	栽(种)植工程				2.84
	覆土	m^3	4 000.0	6.23	2.49
	云南松	株	2 657	0.67	0.18
	麻栎	株	1 772	0.74	0.13
	播灌草	hm^2	1.33	285.63	0.04
3	草籽、苗木				2.44
	云南松	株	2 657	4.51	1.20
	麻栎	株	1 772	5.65	1.00
	灌草籽	kg	53.2	45.14	0.24
4	抚育工程				0.17
	幼林抚育	hm^2	1.33	1 297.70	0.17
(十一)	松林头弃渣场				8.83
1	场地平整	hm^2	1.5	17 886.24	2.68
2	栽(种)植工程				3.20
	覆土	m^3	4 500.0	6.23	2.80
	云南松	株	2 997	0.67	0.20
	麻栎	株	1 998	0.74	0.15
	播灌草	hm^2	1.50	285.63	0.04
3	草籽、苗木				2.75
	云南松	株	2 997	4.51	1.35
	麻栎	株	1 998	5.65	1.13
	灌草籽	kg	60.0	45.14	0.27
4	抚育工程				0.19
	幼林抚育	hm^2	1.50	1 297.70	0.19
(十二)	小松林 1#弃渣场				9.60
1	场地平整	hm^2	1.63	17 886.24	2.92
2	栽(种)植工程				3.48

续表 7-9

编号	工程或费用名称	单位	数量	单价(元)	合计(万元)
	覆土	m^3	4 900.0	6.23	3.05
	云南松	株	3 257	0.67	0.22
	麻栎	株	2 171	0.74	0.16
	播灌草	hm^2	1.63	285.63	0.05
3	草籽、苗木				2.99
	云南松	株	3 257	4.51	1.47
	麻栎	株	2 171	5.65	1.23
	灌草籽	kg	65.2	45.14	0.29
4	抚育工程				0.21
	幼林抚育	hm^2	1.63	1 297.70	0.21
(十三)	小松林 2# 弃渣场				4.52
1	场地平整	hm^2	0.77	17 886.24	1.38
2	栽(种)植工程				1.63
	覆土	m^3	2 300.0	6.23	1.43
	云南松	株	1 538	0.67	0.10
	麻栎	株	1 026	0.74	0.08
	播灌草	hm^2	0.77	285.63	0.02
3	草籽、苗木				1.41
	云南松	株	1 538	4.51	0.69
	麻栎	株	1 026	5.65	0.58
	灌草籽	kg	30.8	45.14	0.14
4	抚育工程				0.10
	幼林抚育	hm^2	0.77	1 297.70	0.10
(十四)	后域弃渣场				11.00
1	场地平整	hm^2	1.87	17 886.24	3.34
2	栽(种)植工程				3.98
	覆土	m^3	5 600	6.23	3.49
	云南松	株	3 736	0.67	0.25
	麻栎	株	2 491	0.74	0.18
	播灌草	hm^2	1.87	285.63	0.05
3	草籽、苗木				3.43

续表 7-9

编号	工程或费用名称	单位	数量	单价(元)	合计(万元)
	云南松	株	3 736	4.51	1.68
	麻栎	株	2 491	5.65	1.41
	灌草籽	kg	74.8	45.14	0.34
4	抚育工程				0.24
	幼林抚育	hm^2	1.87	1 297.70	0.24
(十五)	缺马溪弃渣场				11.36
1	场地平整	hm^2	1.93	17 886.24	3.45
2	栽(种)植工程				4.12
	覆土	m^3	5 800	6.23	3.61
	云南松	株	3 856	0.67	0.26
	麻栎	株	2 571	0.74	0.19
	播灌草	hm^2	1.93	285.63	0.06
3	草籽、苗木				3.54
	云南松	株	3 856	4.51	1.74
	麻栎	株	2 571	5.65	1.45
	灌草籽	kg	77.2	45.14	0.35
4	抚育工程				0.25
	幼林抚育	hm^2	1.93	1 297.70	0.25
(十六)	大包上弃渣场				8.24
1	场地平整	hm^2	1.4	17 886.24	2.50
2	栽(种)植工程				2.98
	覆土	m^3	4 200.0	6.23	2.62
	云南松	株	2 797	0.67	0.19
	麻栎	株	1 865	0.74	0.14
	播灌草	hm^2	1.40	285.63	0.04
3	草籽、苗木				2.57
	云南松	株	2 797	4.51	1.26
	麻栎	株	1 865	5.65	1.05
	灌草籽	kg	56.0	45.14	0.25
4	抚育工程				0.18
	幼林抚育	hm^2	1.40	1 297.70	0.18

续表 7-9

编号	工程或费用名称	单位	数量	单价(元)	合计(万元)
(十七)	瓦爪坪 1#弃渣场				10.59
1	场地平整	hm^2	1.8	17 886.24	3.22
2	栽(种)植工程				3.84
	覆土	m^3	5 400.0	6.23	3.37
	云南松	株	3 596	0.67	0.24
	麻栎	株	2 398	0.74	0.18
	播灌草	hm^2	1.80	285.63	0.05
3	草籽、苗木				3.30
	云南松	株	3 596	4.51	1.62
	麻栎	株	2 398	5.65	1.35
	灌草籽	kg	72.0	45.14	0.33
4	抚育工程				0.23
	幼林抚育	hm^2	1.80	1 297.70	0.23
(十八)	瓦爪坪 2#弃渣场				10.59
1	场地平整	hm^2	1.80	17 886.24	3.22
2	栽(种)植工程				3.84
	覆土	m^3	5 400.0	6.23	3.37
	云南松	株	3 596	0.67	0.24
	麻栎	株	2 398	0.74	0.18
	播灌草	hm^2	1.80	285.63	0.05
3	草籽、苗木				3.30
	云南松	株	3 596	4.51	1.62
	麻栎	株	2 398	5.65	1.35
	灌草籽	kg	72.0	45.14	0.33
4	抚育工程				0.23
	幼林抚育	hm^2	1.80	1 297.70	0.23
(十九)	核桃沟弃渣场				6.88
1	场地平整	hm^2	1.17	17 886.24	2.09
2	栽(种)植工程				2.49
	覆土	m^3	3 500	6.23	2.18
	云南松	株	2 338	0.67	0.16

续表 7-9

编号	工程或费用名称	单位	数量	单价(元)	合计(万元)
	麻栎	株	1 558	0.74	0.11
	播灌草	hm^2	1.17	285.63	0.03
3	草籽、苗木				2.15
	云南松	株	2 338	4.51	1.05
	麻栎	株	1 558	5.65	0.88
	灌草籽	kg	46.8	45.14	0.21
4	抚育工程				0.15
	幼林抚育	hm^2	1.17	1 297.70	0.15
(二十)	磨房沟弃渣场				4.52
1	场地平整	hm^2	0.77	17 886.24	1.38
2	栽(种)植工程				1.63
	覆土	m^3	2 300	6.23	1.43
	云南松	株	1 538	0.67	0.10
	麻栎	株	1 026	0.74	0.08
	播灌草	hm^2	0.77	285.63	0.02
3	草籽、苗木				1.41
	云南松	株	1 538	4.51	0.69
	麻栎	株	1 026	5.65	0.58
	灌草籽	kg	30.8	45.14	0.14
4	抚育工程				0.10
	幼林抚育	hm^2	0.77	1 297.70	0.10
(二十一)	大坪弃渣场				4.89
1	场地平整	hm^2	0.83	17 886.24	1.48
2	栽(种)植工程				1.77
	覆土	m^3	2 500.0	6.23	1.56
	云南松	株	1 658	0.67	0.11
	麻栎	株	1 106	0.74	0.08
	播灌草	hm^2	0.83	285.63	0.02
3	草籽、苗木				1.52
	云南松	株	1 658	4.51	0.75
	麻栎	株	1 106	5.65	0.62

续表 7-9

编号	工程或费用名称	单位	数量	单价(元)	合计(万元)
	灌草籽	kg	33.2	45.14	0.15
4	抚育工程				0.11
	幼林抚育	hm^2	0.83	1 297.70	0.11
(二十二)	萝卜岗 1[#]弃渣场				2.35
1	场地平整	hm^2	0.40	17 886.24	0.72
2	栽(种)植工程				0.85
	覆土	m^3	1 200.0	6.23	0.75
	云南松	株	799	0.67	0.05
	麻栎	株	533	0.74	0.04
	播灌草	hm^2	0.40	285.63	0.01
3	草籽、苗木				0.73
	云南松	株	799	4.51	0.36
	麻栎	株	533	5.65	0.30
	灌草籽	kg	16.0	45.14	0.07
4	抚育工程				0.05
	幼林抚育	hm^2	0.40	1 297.70	0.05
(二十三)	萝卜岗 2[#]弃渣场				1.62
1	场地平整	hm^2	0.28	17 886.24	0.50
2	栽(种)植工程				0.57
	覆土	m^3	800.0	6.23	0.50
	云南松	株	559	0.67	0.04
	麻栎	株	373	0.74	0.03
	播灌草	hm^2	0.28	285.63	0.01
3	草籽、苗木				0.51
	云南松	株	559	4.51	0.25
	麻栎	株	373	5.65	0.21
	灌草籽	kg	11.2	45.14	0.05
4	抚育工程				0.04
	幼林抚育	hm^2	0.28	1 297.70	0.04
(二十四)	下大岗 1[#]弃渣场				5.30
1	场地平整	hm^2	0.90	17 886.24	1.61

续表 7-9

编号	工程或费用名称	单位	数量	单价(元)	合计(万元)
2	栽(种)植工程				1.92
	覆土	m^3	2 700.0	6.23	1.68
	云南松	株	1 798	0.67	0.12
	麻栎	株	1 199	0.74	0.09
	播灌草	hm^2	0.90	285.63	0.03
3	草籽、苗木				1.65
	云南松	株	1 798	4.51	0.81
	麻栎	株	1 199	5.65	0.68
	灌草籽	kg	36.0	45.14	0.16
4	抚育工程				0.12
	幼林抚育	hm^2	0.90	1 297.70	0.12
(二十五)	下大岗 2#弃渣场				6.07
1	场地平整	hm^2	1.03	17 886.24	1.84
2	栽(种)植工程				2.20
	覆土	m^3	3 100.0	6.23	1.93
	云南松	株	2 058	0.67	0.14
	麻栎	株	1 372	0.74	0.10
	播灌草	hm^2	1.03	285.63	0.03
3	草籽、苗木			0.00	1.89
	云南松	株	2 058	4.51	0.93
	麻栎	株	1 372	5.65	0.78
	灌草籽	kg	41.2	45.14	0.19
4	抚育工程				0.13
	幼林抚育	hm^2	1.03	1 297.70	0.13
(二十六)	田嘴河弃渣场				10.59
1	场地平整	hm^2	1.80	17 886.24	3.22
2	栽(种)植工程				3.84
	覆土	m^3	5 400	6.23	3.37
	云南松	株	3 596	0.67	0.24
	麻栎	株	2 398	0.74	0.18
	播灌草	hm^2	1.80	285.63	0.05

续表 7-9

编号	工程或费用名称	单位	数量	单价(元)	合计(万元)
3	草籽、苗木			0.00	3.30
	云南松	株	3 596	4.51	1.62
	麻栎	株	2 398	5.65	1.35
	灌草籽	kg	72.0	45.14	0.33
4	抚育工程				0.23
	幼林抚育	hm^2	1.80	1 297.70	0.23
(二十七)	两河口弃渣场				14.71
1	场地平整	hm^2	2.50	17 886.24	4.47
2	栽(种)植工程				5.33
	覆土	m^3	7 500	6.23	4.67
	云南松	株	4 995	0.67	0.34
	麻栎	株	3 330	0.74	0.24
	播灌草	hm^2	2.50	285.63	0.07
3	草籽、苗木				4.59
	云南松	株	4 995	4.51	2.25
	麻栎	株	3 330	5.65	1.88
	灌草籽	kg	100.0	45.14	0.45
4	抚育工程				0.32
	幼林抚育	hm^2	2.50	1 297.70	0.32
(二十八)	永新村弃渣场				10.18
1	场地平整	hm^2	1.73	17 886.24	3.09
2	栽(种)植工程				3.69
	覆土	m^3	5 200	6.23	3.24
	云南松	株	3 457	0.67	0.23
	麻栎	株	2 304	0.74	0.17
	播灌草	hm^2	1.73	285.63	0.05
3	草籽、苗木				3.17
	云南松	株	3 457	4.51	1.56
	麻栎	株	2 304	5.65	1.30
	灌草籽	kg	69.2	45.14	0.31
4	抚育工程				0.22

续表 7-9

编号	工程或费用名称	单位	数量	单价(元)	合计(万元)
	幼林抚育	hm^2	1.73	1 297.70	0.22
(二十九)	马桑坪弃渣场				5.48
1	场地平整	hm^2	0.93	17 886.24	1.66
2	栽(种)植工程				1.99
	覆土	m^3	2 800.0	6.23	1.74
	云南松	株	1 858	0.67	0.13
	麻栎	株	1 239	0.74	0.09
	播灌草	hm^2	0.93	285.63	0.03
3	草籽、苗木				1.71
	云南松	株	1 858	4.51	0.84
	麻栎	株	1 239	5.65	0.70
	灌草籽	kg	37.2	45.14	0.17
4	抚育工程				0.12
	幼林抚育	hm^2	0.93	1 297.70	0.12
(三十)	杨庄坪弃渣场				6.47
1	场地平整	hm^2	1.10	17 886.24	1.97
2	栽(种)植工程				2.34
	覆土	m^3	3 300.0	6.23	2.06
	云南松	株	2 198	0.67	0.15
	麻栎	株	1 465	0.74	0.11
	播灌草	hm^2	1.10	285.63	0.03
3	草籽、苗木				2.02
	云南松	株	2 198	4.51	0.99
	麻栎	株	1 465	5.65	0.83
	灌草籽	kg	44.0	45.14	0.20
4	抚育工程				0.14
	幼林抚育	hm^2	1.10	1 297.70	0.14
(三十一)	烂坝子弃渣场				10.00
1	场地平整	hm^2	1.70	17 886.24	3.04
2	栽(种)植工程			0.00	3.62
	覆土	m^3	5 100.0	6.23	3.18

续表 7-9

编号	工程或费用名称	单位	数量	单价(元)	合计(万元)
	云南松	株	3 397	0.67	0.23
	麻栎	株	2 264	0.74	0.17
	播灌草	hm^2	1.70	285.63	0.05
3	草籽、苗木				3.12
	云南松	株	3 397	4.51	1.53
	麻栎	株	2 264	5.65	1.28
	灌草籽	kg	68.0	45.14	0.31
4	抚育工程				0.22
	幼林抚育	hm^2	1.70	1 297.70	0.22
四	Ⅵ区(施工临时设施防治区)				72.37
(一)	施工临时设施区绿化				72.01
1	场地平整	hm^2	16.17	17 886.24	28.92
2	栽(种)植工程				33.97
	覆土	m^3	52 000	6.23	32.41
	核桃	株	12 800	0.60	0.76
	花椒	株	12 800	0.39	0.50
	混播灌草	hm^2	10.53	285.63	0.30
3	草籽、苗木				7.02
	核桃	株	12 800	3.00	3.84
	花椒	株	12 800	1.00	1.28
	灌草籽	kg	421.2	45.14	1.90
4	抚育工程				2.10
	幼林抚育	hm^2	16.17	1 297.70	2.10
(二)	临时堆土表面绿化				0.36
1	栽(种)植工程				0.05
	混播草籽	hm^2	1.9	272.31	0.05
2	草籽				0.30
	混合草籽	kg	76.0	40.00	0.30
五	Ⅶ区(移民安置防治区)				8.17
(一)	生活、生产安置区绿化				5.00
1	场地平整	hm^2	1.8	24 229.63	4.36

续表 7-9

编号	工程或费用名称	单位	数量	单价(元)	合计(万元)
2	栽(种)植工程				0.08
	核桃	株	590	0.77	0.05
	花椒	株	590	0.54	0.03
3	苗木				0.24
	核桃	株	590	3.00	0.18
	花椒	株	590	1.00	0.06
4	抚育工程				0.33
	幼林抚育	hm^2	1.8	1 817.97	0.33
(二)	专项设施复建区绿化				3.17
1	场地平整	hm^2	1.2	24 229.63	2.91
2	栽(种)植工程				0.04
	混播灌草	hm^2	1.2	353.26	0.04
3	草籽				0.22
	灌草籽	kg	48.0	45.14	0.22

注:场内道路防治区估算按 1 万元/km 计。

表 7-10　临时措施估算表

编号	工程或费用名称	单位	数量	单价(元)	合计(万元)
	第三部分　施工临时工程				130.94
一	临时防护工程				103.24
(一)	Ⅱ区(渠道工程防治区)				14.52
	填土草包		2 000	72.61	14.52
(二)	Ⅳ区(料场防治区)				15.21
	填土草包	m^3	1 600	95.04	15.21
(三)	Ⅴ区(弃渣场防治区)				49.37
	填土草包	m^3	6 800	72.61	49.37
(四)	Ⅵ区(施工临时设施防治区)				24.14
	填土草包	m^3	3 325	72.61	24.14
二	其他临时工程	万元	1 384.93	2%	27.70

表 7-11　独立费用估算表

编号	工程或费用名称	单位	数量	单价（元）	合计（万元）	备注
第四部分　独立费用					240.26	
一	建设管理费	万元	1 515.87	2%	30.32	以一至三部分投资之和为计算基础
二	工程建设监理费	万元	2.67	80 000	42.67	按每年 2 人，计 2.67 年，每人 8 万元/年计列
三	科研勘察设计费				50.00	参照水保监〔2005〕22 号计列
四	水土保持监测费				80.00	参照水保监〔2005〕22 号计列
五	工程建设质量监督费	万元	1 515.87	0.15%	2.27	以一至三部分投资之和为计算基础
六	水保技术咨询服务费	项	1.00		5.00	参照水保监〔2005〕22 号计列
七	水保设施竣工验收技术评估报告编制费	项	1.00		30.00	参照水保监〔2005〕22 号计列

表 7-12　水土保持设施补偿费估算表

序号	损坏水土保持设施	损坏水土保持设施面积（hm^2）	补偿标准（元/m^3）	小计（万元）
1	耕（田）地	149.74	0.5	74.87
2	园地	16.63	0.5	8.32
3	林地	53.01	0.5	26.50
4	居民点及交通用地	14.49	0.5	7.25
5	未利用地	37.25	0.5	18.82
合计		271.12	0.5	135.56

根据工程进度安排，以及水土保持工程与主体工程同时设计、同时施工、同时投产使用的原则，水土保持投资分年度计划详见表 7-13。

表 7-13　水土保持投资分年度计划　（单元：万元）

工程或费用名称	合计	准备期	建设工期		
			第一年	第二年	第三年
第一部分　工程措施	927.44	793.87	105.98	27.59	0.00
第二部分　植物措施	457.49	14.51	0.00	41.27	401.71
第三部分　施工临时工程	130.94	89.68	24.59	8.64	8.03
第四部分　独立费用	240.26	107.64	18.14	42.67	71.81
一至四部分合计	1 756.13	1 005.70	148.71	120.17	481.55
基本预备费	105.37	60.34	8.93	7.21	28.89
水土保持设施补偿费	135.56	135.56			
本方案新增投资	1 997.06	1 201.60	157.64	127.38	510.44

7.2　效益分析

根据《水土保持综合治理　效益计算方法》（GB/T 15774—1995）及水利部《开发建设项目水土保持方案技术规范》（SL 204—98），从生态效益、基础效益、社会效益和经济效益等 4 个方面，对本方案进行综合效益分析。

7.2.1　生态效益

方案实施后，使工程扰动区域的水土流失得到治理。库区工程、渠道工程、场内道路、料场、弃渣场等皆采取相关的水土保持措施，避免可能造成的水土流失危害，结合水土流失防治和景观要求，采用综合措施治理工程建设可能造成的水土流失，绿化面积 103.2 hm^2，恢复原有的地表植被的水土保持功能和自然生态景观，改善永定桥水利工程建设区的生态环境，使工程区生态环境向良性循环发展。

永定桥水利工程建成后，可以改善当地植被的灌溉条件，对保持和改善生态环境具有重大作用。

7.2.2　基础效益

7.2.2.1　扰动土地治理率

1. 工程建设期

在工程施工结束后，除水库淹没区水域面积和枢纽工程、场内道路等永久建筑物硬化地表外，其余皆采取相应的水土保持措施，扰动土地治理情况如下：

（1）水库淹没区蓄水后，51.74 hm^2 范围全部为水域面积。

（2）场内道路路面硬化面积 22.9 hm^2，道路拦挡设施、排水设施、路堑（堤）边坡等构筑物和硬化面积 1.0 hm^2，道路路肩、边坡及临时道路迹地绿化面积 30.68 hm^2。

（3）料场开采结束后，采取植物措施进行绿化，对坡面采取削坡、清坡等工程措施，保证边坡稳定基础上，覆土绿化，绿化面积 7.15 hm^2。

(4)弃渣场弃渣结束后,渣场顶面、马道和渣场坡面46.2 hm² 采用乔木+灌草进行绿化。

(5)施工结束后,施工区临建设施进行拆除,清除硬化地表,对施工迹地进行清理,平整场地,施工临时设施区可绿化面积16.17 hm²,全部进行绿化。

(6)移民生活安置区13.04 hm²,其中房屋等永久建筑物面积2.03 hm²,公共绿化用地0.8 hm²;专项设施复建区9.51 hm²,永久建筑物面积7.31 hm²,其余2.2 hm² 可绿化面积撒播灌草进行绿化。

2. 工程运行初期

运行初期不再进行新的扰动,水土保持各项防治措施在建设期已全部实施。

工程扰动土地治理率见表7-14。根据表7-14中统计,工程建设期和运行初期各个分区及总体扰动土地治理率均达到或超过防治目标。

表7-14　永定桥水利工程扰动土地治理率一览表

防治分区		扰动土地治理率(%)	扰动地表面积(hm²)	水土保持措施防治面积(hm²)	永久建筑物面积(hm²)	水域面积(hm²)	水土流失总治理度(%)
水库淹没区	建设期	100	51.74			51.74	100
	运行初期	—	51.74			51.74	—
首部枢纽区	建设期	100	15.75		15.75		100
	运行初期	100	15.75		15.75		100
三交坪蠕滑体和高粱坪堆积体处理区	建设期	100	70		70		100
	运行初期	100	70		70		100
渠道工程区	建设期	100	53.57		53.57		100
	运行初期	100	53.57		53.57		100
场内道路区	建设期	100	54.58	33.68	20.9		100
	运行初期	100	54.58	33.68	20.9		100
料场区	建设期	100	7.15	7.15			100
	运行初期	100	7.15	7.15			100
弃渣场区	建设期	100	42.6	42.6			100
	运行初期	100	42.6	42.6			100
施工临时设施区	建设期	100	16.17	16.17			100
	运行初期	100	16.17	16.17			100
移民安置区	建设期	100	13.04	5.73	7.31		100
	运行初期	100	13.04	5.73	7.31		100
合计	建设期	100	324.60	105.33	167.53	51.74	100
	运行初期	100	324.60	105.33	167.53	51.74	—

7.2.2.2 水土流失总治理度

工程建设中造成水土流失的面积为 324.60 hm^2，根据各个施工区的水土流失情况，除水库淹没区 51.74 hm^2 水域和枢纽工程区、场内道路区、移民安置区等永久建筑物 167.53 hm^2 外，对其余 105.33 hm^2 皆进行了治理，使工程总体防治目标建设期水土流失治理度大于 90%，运行初期水土流失治理度大于 95%。各个分区建设期和运行初期水土流失总治理度也都达到或超过防治目标。

7.2.2.3 土壤侵蚀控制比

工程建设期可能造成的水土流失量为 24.95 万 t，通过对库区工程、渠道工程、施工临时设施区、料场、场内道路、弃渣场等可能造成水土流失部位进行治理，减少水土流失量为 23.89 万 t，水土流失控制率为 95.8%。

工程运行初期可能造成的水土流失量为 5.29 万 t，治理后减少水土流失量为 5.12 万 t，水土流失控制率为 96.8%。

各个分区土壤流失控制比皆达到防护目标，具体情况见表 7-15。

表 7-15 实施治理措施后工程区减少水土流失量一览表

预测时段	流失部位	流失面积（hm^2）	预测水土流失量（t）	实施措施后侵蚀模数（t/(km^2·a)）	实施措施后水土流失量(t)	减少水土流失量(t)
建设期	水库淹没区	51.74	4 657	1 000	1 423	3 234
	首部枢纽区	15.75	3 495	1 000	433	3 061
	三交坪蠕滑体和高梁坪堆积体处理区	70.00	32 725	1 500	2 888	29 838
	渠道工程区	53.57	19 580	1 200	1 768	17 812
	场内道路区	54.58	10 550	1 000	1 501	9 049
	施工临时设施区	16.17	2 392	800	356	2 036
	料场区	7.15	2 820	1 200	236	2 584
	弃渣场区	42.60	171 392	1 500	1 757	169 635
	移民安置区	13.04	1 937	800	287	1 651
	小计	324.60	249 546		10 648	238 898
运行初期	水库淹没区	51.74				
	首部枢纽	15.75	315	300	47	268
	三交坪蠕滑体和高梁坪堆积体处理区	70.00	4 200	800	560	3 640
	场内道路区	53.57	1 071	500	268	804
	渠道工程区	54.58	1 048	300	164	884
	施工临时设施区	16.17	566	400	65	501
	料场区	7.15	608	600	43	565
	弃渣场区	42.60	44 990	1 000	426	44 564
	移民安置区	13.04	71	400	52	19
	小计	324.60	52 869		1 625	51 244
	合计		302 415		12 273	290 143

7.2.2.4 拦渣率

本工程共产生弃渣131.92万m^3，折合松方179.85万m^3，由表7-15可知，弃渣场经过各项措施防护后，水土流失量1 757 t，拦渣率约为99%；弃渣场运行初期水土流失量426 t，拦渣率约为99%。工程拦渣率超过分区和总体防治目标。

7.2.2.5 植被恢复系数

工程区可绿化面积103.2 hm^2（不含水库淹没面积），其中场内道路防治区30.68 hm^2、料场防治区7.15 hm^2、弃渣场防治区46.2 hm^2、施工临时设施防治区16.17 hm^2、移民安置防治区3.00 hm^2。施工结束后，可绿化区域全部进行绿化，植被恢复系数为100%。

7.2.2.6 林草覆盖率

由表7-16可知，本方案防治责任范围内绿化面积103.21 hm^2，工程区防治责任范围424.4 hm^2，则工程建设期防治责任范围林草覆盖率为24.32%；运行初期绿化面积和防治责任范围不变，林草植被覆盖率也为24.32%。

表7-16 工程林草覆盖及植被恢复情况一览表

防治分区		林草覆盖率(%)	防治责任范围面积(hm^2)	可绿化面积(hm^2)	植物措施面积(hm^2)	植被恢复系数(%)
Ⅰ区(库区工程防治区)	建设期		164.49			100
	运行初期		164.49			100
Ⅱ区(渠道工程防治区)	建设期		78.77			100
	运行初期		78.77			100
Ⅲ区(场内道路防治区)	建设期	31.77	96.58	30.68	30.68	100
	运行初期	31.77	96.58	30.68	30.68	100
Ⅳ区(料场防治区)	建设期	95.46	7.49	7.15	7.15	100
	运行初期	95.46	7.49	7.15	7.15	100
Ⅴ区(弃渣场防治区)	建设期	97.76	47.26	46.2	46.2	100
	运行初期	97.76	47.26	46.2	46.2	100
Ⅵ区(施工临时设施防治区)	建设期	96.42	16.77	16.17	16.17	100
	运行初期	96.42	16.77	16.17	16.17	100
Ⅶ区(移民安置区)	建设期	23.01	13.04	3	3	100
	运行初期	23.01	13.04	3	3	100
防治责任范围	建设期	24.32	424.4	103.2	103.21	100
	运行初期	24.32	424.4	103.2	103.21	100

注：此表不包括水库淹没区及其影响区占地面积。

综合上述基础效益分析，各项防治指标在方案实施后，皆超过防治目标值，实施后情况见表7-17。

表 7-17　方案实施后情况一览表

序号	项 目	扰动土地治理率(%)	水土流失总治理度(%)	土壤流失控制比	拦渣率(%)	林草覆盖率(%)	植被恢复系数(%)
1	库区工程区	100	—	1.2	98	—	—
2	渠道工程区	100	100	0.6	98	—	100
3	场内道路工程区	100	100	1	98	31.77	100
4	料场区	100	100	1.2	98	95.46	100
5	弃渣场区	100	100	1.2	98	97.76	100
6	施工临时设施区	100	100	0.8	98	96.42	100
7	移民安置区	100	100	0.8	—	23.01	—
总体防治目标		100	100	1.2	98	24.32	100

7.2.3　社会效益

各项水土保持措施的落实实施，有效控制工程建设中可能造成的水土流失，得到有效治理，防止流失的土石方侵入河道。对枢纽开挖边坡、开挖边坡、弃渣场等进行防护，使工程区边坡稳定，消除安全隐患，保证施工和当地居民生命、财产安全。

永定桥水利工程的兴建，能大大提高灌区和城镇用水的保证率，促进库区资源充分利用，带动地区经济发展。汉源县流沙河流域长期处于缺水状态，但是有大量可利用的土地资源待开发，以及大量坡耕地可供改造。通过水利工程以及结合当地自然资源状况和移民安置过程中的基础设施建设，实现可利用资源的综合开发，既有利于安置移民，也造福于当地居民。

7.2.4　经济效益

水土保持方案实施后，工程区水土流失得到有效控制，消除了水土流失危害，产生了一定的经济效益。工程综合利用土石渣 222.05 万 m^3，可节约工程投资，且减少弃渣场的征占地面积，减少征地费用；施工迹地进行全面平整，恢复土地生产力，迹地绿化面积 103.2 hm^2，恢复土地资源和林业资源，为当地经济发展提供基本生产资料等。

第 8 章　方案实施保证措施

8.1　组织领导及管理措施

8.1.1　组织领导及责任

8.1.1.1　组织机构

根据《中华人民共和国水土保持法》,水土保持方案报请水行政主管部门批准后,由建设单位负责组织实施。为保证水土保持方案的顺利实施,建立强有力的组织机构是十分必要的,负责水土保持方案的委托编制、报批和方案实施工作。

8.1.1.2　工作职责

(1)认真贯彻、执行"预防为主、全面规划,综合防治、因地制宜,加强管理、注重效益"的水土保持方针,确保水土保持工程安全,充分发挥水土保持工程效益。

(2)建立水土保持目标责任制,把水土保持列为工程进度、质量考核的内容之一,按年度向水行政主管部门报告水土流失治理情况,并制订水土保持方案详细实施计划。

(3)工程施工期间,负责与设计、施工、监理单位保持联系,协调好水土保持方案与主体工程的关系,确保水土保持工程的正常施工,并按时竣工,最大限度地减少人为造成的水土流失和生态环境的破坏。

(4)深入工程现场进行检查和观测,掌握工程施工期和运行期间的水土流失状况及其防治措施落实情况,为有关部门决策提供基础资料。

(5)建立健全各项档案,积累、分析整编资料,为水土保持工程验收提供相关资料。

8.1.2　管理措施

在日常管理工作中,建设单位主要采取以下管理措施:

(1)水土保持措施是生态建设的重要内容,建设单位要把水土保持工作列入重要议事日程,切实加强领导,真正做到责任、措施和投入"三到位",认真组织方案的实施和管理,定期检查,接受社会监督。

(2)加强水土保持的宣传、教育工作,提高施工承包商和各级管理人员以及工程附近村民的水土保持意识。

(3)制订详细的水土保持方案实施进度,加强计划管理,以确保各项水土保持措施与主体工程同步实施、同时完成、同时验收。

8.2 技术保证措施

8.2.1 后续水土保持设计

（1）本方案经水行政主管部门批复后，建设单位必须委托具有相应资质的设计单位完成水土保持工程招标设计和施工图设计，并报水行政主管部门备案。

（2）水土保持方案和水土保持工程设计的变更应按规定报水行政主管部门报审批准。

8.2.2 水土保持工程招投标

（1）水土保持工程和主体工程一起参与招投标工作，对参与项目投标的施工单位，进行严格的资质审查，确保施工队伍的技术素质。

（2）水土保持工程可单独进行招投标，也可分别落实到主体工程各主体标内。招标文件明确承包商的水土流失防治责任范围、水土保持要求、工程量、设计参数和费用计量支付办法等内容。

8.2.3 水土保持工程施工

（1）建设单位根据批复的水土保持方案，对施工单位水土保持实施提出具体要求。施工单位在施工过程中，对其责任范围内的水土流失负责。

（2）施工单位应采取各种有效措施，防止在其防治范围内发生水土流失，避免对其范围外的土地进行扰动、破坏地表植被，避免对周边生态环境的影响。

（3）严格按照水土保持要求进行施工，施工过程中，如需进行设计变更，及时与建设单位、设计单位和监理单位协商，按相关程序变更或补充设计批准后，再进行相应的施工。

（4）植物措施施工过程中，应注意加强绿化植物的后期抚育工作，抓好幼林抚育和管护，确保各种植物的成活率，尽早发挥植物措施的水土保持效益。

8.3 水土保持工程监理

根据国家计委和水利部的要求，水土保持生态工程的建设纳入基本建设管理程序，经水利部批复的水土保持方案，在其实施过程中必须进行水土保持监理，监理成果是本项目水土保持设施验收的主要依据之一。

建设单位根据水土保持方案中各项防护措施的设计要求，委托具有相应水土保持监理资质的单位，进行水土保持工程监理工作，形成以项目法人（业主）、承包商、监理工程师三方相互制约，以监理工程师为核心的合同管理模式，以期达到有效合理的资金投入，确保施工进度，提高水土保持工程施工质量的目的。

水土保持监理单位严格按照水土保持相关要求，做好施工阶段的监理工作，其主要职责和任务是：

(1)依据合同相关内容，监督施工单位切实履行其水土保持责任。组织设计单位向施工单位进行设计交底，审核施工单位组织设计，经批准后施工单位方可进行开工申请。同时，在施工过程中，建立工程材料检验和复验制度，建立工序质量检查和技术复核制度。

(2)对施工组织实施情况，监理工程师以监理日记、月报和年报的形式进行记录，说明施工进度、施工质量、资金使用以及存在的问题、处理意见、有价值的经验等，全面控制水土保持工程的实施。监理月报、年报应报水行政主管部门备案。

(3)协调建设单位和施工单位、建设单位与设计单位之间有关水土保持措施实施、水土保持监测等方面的工作。

8.4 水土保持监测

本工程水土保持监测应由具有相应水土保持监测资质的单位进行，监测单位按本方案中的监测要求和《水土保持监测技术规程》(SL 277—2002)，编制监测方案和实施监测计划，开展水土保持监测工作，监测成果定期向水行政主管部门报告。水土保持设施竣工验收时提交监测专项报告。

8.5 资金来源及管理使用办法

工程施工活动中，对可能产生新的水土流失的部位，必须采取相应的水土流失防治措施。合理的水土保持措施对水土流失防治起到决定性的作用。除主体工程中已考虑的具有水土保持功能的工程措施和植物措施所需的投资外，本水土保持方案新增水土保持投资应列入主体工程总估算中。其资金来源和主体工程建设资金来源相同，由建设单位筹措解决，并负责管理使用。

新增水土保持投资由建设单位按水土保持实施进度与资金年度计划，按期拨付。水土流失防治费应专款专用，严格执行财经制度，并接受财政、物价、审计等部门的监督、检查。

8.6 监督保障措施

(1)建设单位要加强对开发建设活动的监督管理，成立专业的技术监督队伍，预防人为活动造成新的水土流失，并及时对开发建设活动造成的水土流失进行治理。确保工程质量。

(2)水土保持方案经批准后，建设单位应主动与各级水行政主管部门联系，接受地方水行政主管部门的监督检查。

8.7 工程竣工验收及后续管理

8.7.1 工程竣工验收

(1)水土保持工程完工后,主体工程投入运行前,建设单位应接受水行政主管部门的检查,报请水行政主管部门对水土保持设施进行验收。水土保持工程验收不合格的,主体工程不得投入运行。

(2)水土保持设施验收的内容、程序等按照《开发建设项目水土保持设施验收管理办法》执行。

8.7.2 水土保持设施后续管理

工程水土保持工作不仅包括各项水土保持防护措施的落实和实施,也包括水土保持工程建成运行后的设施维护。

水土保持设施验收合格投入运行后,工程区的水土保持设施后续管理和维护由建设单位负责,定期或不定期地对已验收的水土保持工程进行检查和观测,随时掌握其运行状态,进行日常管护维修,消除隐患,维护工程安全、有效运行。

第9章　结论和建议

9.1 结　论

(1)工程区属中部河谷堆积地貌区,两岸阶地发育,山体雄厚,河谷宽一般100~150 m,谷坡下部多被崩坡积的块碎石土覆盖,岸坡自然坡度20°~60°。

(2)工程区水土流失侵蚀类型以水力侵蚀为主,其次为重力侵蚀,水土流失侵蚀强度以轻度和强度为主,根据《四川省人民政府关于划分水土流失重点防治区的公告》,永定桥水利工程区属四川省水土流失重点监督区。

(3)工程开挖土石方总量353.97万m^3,综合利用量222.05万m^3,弃渣量131.92万m^3(折合松方179.85万m^3)堆置到规划的渠道沿线的31个弃渣场,弃渣场容渣量240.19万m^3,容量满足弃渣要求。

(4)工程扰动原地貌面积324.60 hm^2,损坏水土保持设施面积271.12 hm^2,其中梯田149.74 hm^2,园地16.63 hm^2,林地53.01 hm^2,居民及交通用地14.49 hm^2,未利用地37.25 hm^2。

(5)工程可能造成的水土流失总量约30.24万t,其中建设期水土流失量24.95万t,运行初期水土流失量5.29万t。新增水土流失总量28.08万t,其中建设期新增水土流失量23.30万t,运行初期新增水土流失量4.78万t。

(6)本工程防治责任范围424.4 hm^2,包括工程建设区和直接影响区。

工程建设区防治责任范围324.60 hm^2,其中水库淹没区51.74 hm^2,库区工程占地85.75 hm^2,渠道工程占地53.57 hm^2,场内道路占地54.58 hm^2,施工临时设施占地16.17 hm^2,弃渣场占地42.60 hm^2,料场占地7.15 hm^2,移民安置占地13.04 hm^2。

直接影响区防治责任范围99.80 hm^2,其中包括水库库周影响区25 hm^2、坝址下游影响河段2.00 hm^2(坝址下游1 km范围)、渠道附近及沿线溪沟下游影响区25.2 hm^2(下游50~100 m)、道路施工影响区42 hm^2(永久道路两侧按10 m计,临时道路两侧按5 m计),施工临时设施区开挖区周边影响范围和排水设施出水口下游影响区0.6 hm^2,料场开挖区周边及排水沟出水口处下游影响区0.34 hm^2和弃渣场周边影响范围及排水设施出水口下游影响区4.66 hm^2(排水沟、挡土墙下游出水口处影响区)。

(7)水土流失防治分为7个防治分区:Ⅰ区(库区工程防治区)、Ⅱ区(渠道工程防治区)、Ⅲ区(场内道路防治区)、Ⅳ区(料场防治区)、Ⅴ区(弃渣场防治区)、Ⅵ区(施工临时设施防治区)和Ⅶ区(移民安置防治区)。其中Ⅱ区、Ⅲ区、Ⅳ区、Ⅴ区、Ⅵ区为水土流失重点防治区。

(8)本工程水土保持工程总投资10 516.24万元,其中主体工程中已考虑的具有水土保持功能的工程投资8 519.18万元,新增的水土保持专项投资1 997.06万元,单位水土流失量治理费用362.50元/t。全部列入工程总估算中，其资金来源由建设单位筹措解决，负责管理使用。

(9)四川雅安市永定桥水库管理局负责组织实施永定桥水利工程水土保持方案，治理因工程建设造成的水土流失。

(10)从水土保持角度分析，本方案实施后，永定桥水利工程各项防治指标可达到防治目标要求，工程区水土流失及其危害得到有效的防治。

因此，本工程在采取相应的水土保持措施的前提下，工程建设是可行的，不存在制约工程建设的水土保持问题。

9.2 建　议

9.2.1 对下阶段水土保持工程设计及实施的建议

(1)在防治措施设计中，充分利用主体工程现有施工条件，避免施工设施的重复设置。

(2)施工弃渣前期，保证弃渣场拦挡、排水等设施实施到位，使筹建期弃渣得到有效防护。

(3)场地道路施工安排在工程筹建期进行，且为山区沿河施工，由于建设管理此阶段尚不完善，往往易造成严重的水土流失，因此为保证场内道路施工各项水土保持措施有效实施，此阶段要加强施工管理，严格落实水土保持监理。

(4)加强工程施工期临时防护措施的设计，如临时堆料的防护、临时施工区的排水设施等。

9.2.2 对下阶段主体工程设计的建议

(1)在主体工程设计过程中，将防治水土流失设计理念融入其中，主体工程设计方案比选工程中应加入水土保持因素的考虑。

(2)主体工程在可行性研究设计阶段，从施工、地质、水土保持等方面，进一步分析开挖料用于轧制砂石骨料的可能，以提高开挖土石渣利用率，减少工程弃渣量和石料开采量，从而减少工程投资，提高工程效益。

(3)工程筹建期的“三通一平”施工主要内容为场地平整和场内道路，是水土流失防治重点，应加强工程筹建期的施工管理。施工筹建期施工开挖的土石渣，及时堆放在规划的弃渣场，弃渣前保证弃渣场拦挡、排水等防护设施已完建，保证弃渣得到有效防护，严禁任意堆置或沿江弃渣。

(4)在主体工程设计中，对施工临时设施、临时道路等临时工程，提出具体的设计方案和防护措施，加强方案优化比选和合理性分析。